AF537352

Bayerischer Landwirtschaftsverlag

DAS GROSSE
BLV HANDBUCH

Ewald Gerhardt | Marina Gerhardt

Insekten

Über 1.360 heimische Arten, 3.640 Fotos

Inhalt

Tagpfauenauge

Hosenbiene

Gemeine Keiljungfer

Nachtigall-Grashüpfer

Über dieses Buch

Das vorliegende Buch ist ein Abbildungswerk über Insekten. Es enthält Beschreibungen und Abbildungen von mehr als 1300 Arten. Dafür waren die Autoren etwa 13 Jahre intensiv im Nordosten Deutschlands, hauptsächlich Berlin und Brandenburg, unterwegs, haben fotografiert, bestimmt und beschrieben. Die Aufnahmen entstanden vorwiegend in der Natur am Originalstandort. Die moderne Digitalfotografie und ausgefeilte Blitztechniken kamen uns dabei sehr entgegen. Wir achteten immer darauf, dass kein Insekt zu Schaden kam, falls es einmal »im Studio« fotografiert werden musste. Auf das Anlegen einer Insektensammlung haben wir selbstredend verzichtet.

Um das Buch einer breiteren Öffentlichkeit zugänglich zu machen, haben wir die Verwendung von Fachwörtern möglichst vermieden. Auch sind die Beschreibungen der äußeren Merkmale eher kurz ausgeführt, da die Fotos oft für sich sprechen. Neben Größenangaben und ökologischen Daten enthalten die beschreibenden Texte Bestimmungsmerkmale und Verwechslungshinweise.

Bei einigen Insektengattungen ist eine sichere Bestimmung bis zur Art nach äußeren Merkmalen nicht möglich. Dazu bedarf es der Untersuchung der Genitalien oder der Einbeziehung genetischer Merkmale. Dafür hätte das Tier getötet werden müssen. Deshalb steht bei einigen Arten zwischen Gattungs- und Artnamen ein »cf.«, zum Beispiel Schneeball-Wickler, *Aphelia* cf. *viburnana*. Das »cf.« steht für »vergleiche« und deutet auf eine unsichere Bestimmung hin. Bei seltenen oder besonders interessanten Insekten nennen wir in den Texten die Funddaten.

Von dem vorliegenden Werk kann man natürlich keine vollständige Erfassung der Insektenfauna erwarten. Dafür ist der Beobachtungszeitraum zu kurz. Dennoch ist die dargestellte Artenzahl recht beachtlich und auch einige Seltenheiten sind darunter. Wir sahen Insekten, die wir leider nicht fotografieren konnten, weil sie schnell davonflogen, oder wir fanden nur das Larvenstadium, nicht aber das erwachsene Tier. Von einigen Arten weiß man, dass sie in unserem Gebiet vorkommen. Es gelang uns aber in mehr als einem Jahrzehnt nicht, sie aufzuspüren.

Wir hoffen, dass wir mit dem Buch dazu beitragen können, dass den interessanten Insekten mehr Beachtung und Wohlwollen geschenkt wird. Sie hätten es verdient, denn sie sind für die Natur und damit auch für den Menschen äußerst wichtig.

Dr. Ewald Gerhardt und Marina Gerhardt

Einführung in das Handbuch

KAPITEL-KURZÜBERSICHT

Wissenswertes über die Insekten

Insekten gehören zu den arten- und formenreichsten Tiergruppen der Erde. Weltweit gibt es etwa eine Million Arten. Sie haben alle Lebensräume besiedelt.

Kennzeichen der Insekten

Insekten besitzen weder einen Blutkreislauf noch ein Knochengerüst. Um ihren Körper zu stabilisieren, ist er von einer weichen, teils auch festen Chitinhülle, einem sogenannten Außen- oder Exoskelett, umgeben. Die Atmung erfolgt über Tracheen, die durch Poren in der Außenhülle mit der Umgebung verbunden sind. Die meisten Insekten sind flugfähig. Ursprünglich besaßen sie alle vier Flügel. Die heute lebenden Zweiflügler (Fliegen, Schnaken u. a.) haben nur ein Flügelpaar. Das zweite Paar ist zu Schwingkölbchen **(1)** reduziert, die vermutlich der Stabilisation beim Flug dienen. Bei einigen Gruppen (z. B. Käfern) hat sich das vordere Flügelpaar zu festen Flügeldecken entwickelt. Aktiv wird hier nur mit den hinteren, weichen Hautflügeln geflogen, während die ausgebreiteten Flügeldecken für Auftrieb sorgen.
Der Insektenkörper besteht aus drei Hauptabschnitten, die sich bei allen Insektengruppen in Abwandlungen wiederholen: Cephalus (Kopf), Thorax (Vorderkörper) und Abdomen (Hinterleib). Am Kopf befinden sich wichtige Organe wie Fühler, Mundwerkzeuge und die für Insekten typischen Facettenaugen. An der Unterseite des Vorderkörpers entspringen drei Beinpaare. Jedes Bein ist in Schenkel, Schiene und Fuß unterteilt. Das Fußteil ist mehrfach gegliedert, wobei am Endglied gewöhnlich Krallen sitzen, mit denen sich das Tier fast überall festhalten kann. Der in Segmente unterteilte Hinterleib beherbergt am Ende den After, die Geschlechtsteile und manchmal einen wehrhaften Stachel oder einen Legebohrer.
Die Entwicklung vieler Insekten beginnt mit dem Ei **(2)**. Aus diesem schlüpft die Larve, die je nach Gruppe auch Nymphe, Afterraupe oder Raupe genannt wird **(3, 4)**. Bei einigen Insektengruppen, z. B. Wasserkäfern oder Libellen, leben die Larven im Wasser **(5)** und ernähren sich räuberisch. Nach mehreren Häutungen

(1) Schwingkölbchen am Beispiel der Kohlschnake

(2) Eigelege der Grünen Stinkwanze

(3) Larven eines Schnellkäfers

(4) Raupe des Schwalbenschwanzes

(5) Larve des Gelbrandkäfers

(6) Erdpuppe des Mondvogels

entsteht eine Puppe. In dieser vollzieht sich die Umwandlung (Metamorphose) zum fertigen Tier, dem Imago. Der gesamte Vorgang kann mehrere Jahre dauern oder, je nach Tiergruppe, nur wenige Wochen. Bei den Schmetterlingen werden drei Erscheinungsformen von Puppen unterschieden. Am häufigsten ruht die Puppe im Erdboden **(6)**. Die Gürtelpuppe **(7)** ist mit einem gürtelartigen Seidenfaden an Pflanzenteilen befestigt und die Stürzpuppe **(8)** hängt mit dem noch nicht entwickelten Kopf nach unten an Teilen der Wirtspflanze.

Ökologie der Insekten

Zwischen Insekten herrscht ein ständiger Überlebenskampf. Fast jede Artengruppe wird von räuberischen Verwandten gefressen **(9, 10)** oder die Brut wird von spezialisierten Arten parasitiert **(11)**. Für Spinnen, Vögel, Lurche oder Kleinsäuger bieten Insekten eine wichtige Nahrungsquelle, die inzwischen auch der Mensch für sich entdeckt hat. Ihre äußerst wichtige Funktion als Bestäuber von Blüten wird oft unterschätzt. Nicht nur die viel gelobte Honigbiene wäre hier zu nennen, sondern alle Insekten, die Blüten von Bäumen, Sträuchern oder Kräutern zu Nahrungszwecken besuchen **(12, 13, 14)**. Einige Käferarten und Fliegen sind als Aasfresser bekannt und erfüllen damit eine wichtige Hygienefunktion. Man könnte noch viele Gründe nennen, die für eine Daseinsberechtigung der Insekten sprechen, auch wenn es einige Vertreter gibt, die uns durch Stiche lästig werden können. Zusammenfassend kann man sagen, dass ein Leben, wie wir es kennen, ohne Insekten nicht möglich wäre.

(7) Gürtelpuppe des Großen Kohlweißlings

(8) Stürzpuppe des Tagpfauenauges

(9) Skorpionsfliege saugt Käfer aus …

(10) … und wird selbst zum Opfer einer Raubfliege

(11) Jungraupe, kontaminiert mit Kokons einer Brackwespe

(12) Widderchen und Furchenbiene an Teufelsabbiss

(13) Schmetterlinge am Oregano

(14) Verschiedene Fliegenarten auf Blüten der Engelwurz

Naturschutz und Klimawandel

In den Beschreibungen stehen bei etlichen Arten hinter dem Namen Kürzel, die auf den Naturschutz hinweisen. »**RL**« steht allgemein dafür, dass die Art in mindestens einem deutschen Bundesland in der Roten Liste aufgeführt ist. Diese Listen informieren über die Gefährdungssituation der Tier- und Pflanzenarten. Auf die Nennung des Gefährdungsgrades wurde in diesem Buch verzichtet, da dieser je nach Bundesland variiert. Auch kann keine Garantie für Vollständigkeit gegeben werden, da sich die Verhältnisse jährlich ändern.

(15) Warnschild Eichenprozessionsspinner

»**§**« gibt einen Hinweis auf die Bundesartenschutzverordnung. In den Anlagen zu dieser Verordnung sind alle wild lebenden Tier- und Pflanzenarten gelistet, die in Deutschland unter gesetzlichem Schutz stehen.

Naturschutz ist wichtig und gut. Doch leider dauert es immer noch viel zu lange, bis entsprechende Gesetze erlassen und Maßnahmen durchgesetzt werden. Das beginnt beim Kleingärtner, der einen sterilen Garten mit kurz geschorenem Rasen will, und endet beim Bauern, der nicht auf den massiven Einsatz von Insektiziden verzichten möchte. Wenn es beispielsweise darum geht, den Eichenprozessionsspinner zu vernichten, werden sofort massive Gegenmaßnahmen eingeleitet **(15)**. Zugegeben, eine Berührung mit den Haaren seiner Raupe ist sehr unangenehm und kann Allergien auslösen. Ob man aber deshalb die Eichen von Flugzeugen aus mit Insektiziden besprühen und damit auch alle anderen an Eichen gebundenen Insekten flächendeckend vernichten muss, erscheint fraglich. Glücklicherweise sieht man in Brandenburg neuerdings Getreidefelder, die an den Rändern einen Streifen blühender Kräuter aufweisen. Das sind positive, doch leider noch seltene Beispiele für ein Umdenken. Überbevölkerung, Industrie und städtische Baumaßnahmen sind naturfeindlich. Doch was sollen wir machen. Wir sind einfach zu viele und können eine fortlaufende Zerstörung des natürlichen Gleichgewichts und die damit verbundene Verarmung der Artenvielfalt im Tier- und Pflanzenreich nur eindämmen, nicht aber verhindern. Innerhalb der letzten zehn Jahre konnten wir sehen, dass die Zahl der Insekten deutlich abgenommen hat. Auffällige Tagfalter wie Kohlweißling, Tagpfauenauge, Kleiner Fuchs, C-Falter und andere waren besonders in den letzten drei Jahren im Frühjahr kaum zu sehen. Der Insektenschwund betrifft aber auch weniger auffallende Gruppen wie Fliegen, Käfer, Wildbienen, Wespen und viele andere.

Und damit sind wir beim **Klimawandel**, der sich bei Fauna und Flora bemerkbar macht. Die Durchschnittstemperatur des Jahres ist angestiegen. Nicht nur in Brandenburg macht sich das sowohl durch ein zu trockenes Frühjahr als auch durch fehlenden Schnee im Winter und sinkende Wasserstände bemerkbar. Im Rest des Jahres nehmen Unwetter- und Sturmtage zu. Als Mykologe merke ich, dass im Frühling gewisse Pilzarten seltener werden oder bereits verschwunden sind. Auch hat sich das Aufkommen von Großpilzen und damit die Pilzsaison für Sammler merklich in Richtung Oktober verschoben. Für Insekten gilt, dass ursprünglich beheimatete Arten allmählich durch wärmeliebende verdrängt oder gar ersetzt werden.

An der Scheibe unseres Wohnzimmers flog vor Kurzem eine Orientalische Mauerwespe auf und nieder und in der Natur finden wir diverse Tag- und Nachtfalter, die vorher nur in Süddeutschland zu Hause waren. In Privatgärten wurde aktuell mehrmals der aus Süddeutschland bekannte, schöne Segelfalter gesichtet. Seit einigen Jahren häufen sich auch Funde der zu den Fangschrecken gehörenden Gottesanbeterin. Selbst im innerstädtischen Bereich der Hauptstadt Berlin hat sich die Art dauerhaft angesiedelt. Sie ist in Deutschland etwas kleiner als die Tiere, die wir aus dem mediterranen Raum kennen.

Die Anzeichen für den Klimawandel sind eindeutig und sollten uns zu denken geben.

Segelfalter, eine in Deutschland geschützte Tagfalter-Art

Abkürzungen, Symbole, Fachwörter

Auf dieser Seite finden Sie alle Fachbegriffe und Abkürzungen, die im Buch verwendet werden.

Abkürzungen und Symbole

§: gesetzlich geschützt
(§): gesetzlicher Schutzstatus umstritten
agg.: Aggregat, Sammelart
cf.: confer, vergleiche (unsichere Bestimmung)
Fam.: Familie
L.: Länge, Körperlänge
RL: in »Roter Liste« aufgeführt, gefährdet
Spw.: Spannweite
Subfam.: Unterfamilie
var.: Varietät
♀: weiblich
♂: männlich

Schachbrett

Fachwörter

Abdomen: Hinterleib
adult: erwachsen, geschlechtsreif
Afterbusch: rostgelblicher Haarfilz am Hinterende der Weibchen einiger Falter, z.B. Schwan oder Goldafter
Analsegment: letztes Hinterleibssegment
Analhorn: hornförmiger, aufwärts gerichteter Auswuchs am Hinterende der Schwärmerraupen
Basicosta: Verdickung am Flügelgelenk der Goldfliegen
Cephalus: Kopf
Clypeus: Schild, hier meist Gesichtsschild
coprophil: kotliebend
Diskalpunkt: dunkler Punkt auf Flügelmitte einiger Kleinspanner
Ektoparasit: ein Parasit, der sich außerhalb des Wirtes entwickelt
Endoparasit: ein Parasit, der sich im Innern des Wirtes entwickelt
Femur: Beinschenkel
Makel: typisch geformter Fleck auf Schmetterlingsflügeln
Mandibeln: Kauwerkzeuge bei Insekten
Nebenrückenlinie: seitlich der Mittellinie sitzende, farblich abgesetzte Längslinie am Rücken von Schmetterlingsraupen
polyphag: sich vielseitig ernährend
rudimentär: unvollständig entwickelt
Spießfleck: länglicher Fleck, z.B. am Vorderkörper von Libellen
Sternit: Hinterleibssegment, bauchseitig
Tarsus: Fuß
Tergit: Hinterleibssegment, rückenseitig
Thorax: Vorderkörper
Tibia: Beinschiene
tomentiert: allgemeiner Begriff für einen matten Bereich im Gegensatz zur glänzenden Oberfläche
Ubiquist: in verschiedenen Lebensräumen auftretende Art

Übersicht der behandelten Insektenfamilien

Die Insekten in diesem Buch sind in elf Gruppen eingeteilt. Jeder Gruppe ist eine Farbe zugeordnet, die Sie im Kapitel mit den Beschreibungen der Arten-Porträts ab Seite 24 als Farbbalken am Rand wiederfinden. So lassen sich die einzelnen Gruppen schneller finden.

Raupe der Ahorn-Rindeneule

S. 22–115 Schmetterlinge (Tagfalter)
Echte Edelfalter
(Fam. *Nymphalidae*, Subfam. *Nymphalinae*)
Passionsblumenfalter
(Fam. *Nymphalidae*, Subfam. *Heliconiinae*)
Schillerfalter
(Fam. *Nymphalidae*, Subfam. *Apaturinae*)
Augenfalter
(Fam. *Nymphalidae*, Subfam. *Satyrinae*)
Ritterfalter (Fam. *Papilionidae*)
Bläulinge, Feuerfalter, Zipfelfalter
(Fam. *Lycaenidae*)
Weißlinge, Gelblinge (Fam. *Pieridae*)
Dickkopffalter (Fam. *Hesperiidae*)

S. 116–385 Schmetterlinge (Nachtfalter, Motten und andere)
Zahnspinner (Fam. *Notodontidae*)
Schneckenspinner (Fam. *Limacodidae*)
Schwärmer (Fam. *Sphingidae*)
Eulenfalter 1 (Fam. *Noctuidae*)
Eulenfalter 2 (Fam. *Erebidae*)
Eulenfalter 3 (Fam. *Nolidae*)
Bärenspinner
(Fam. *Erebidae*, Subfam. *Arctiinae*)
Trägspinner
(Fam. *Erebidae*, Subfam. *Lymantriinae*)
Wurzelbohrer (Fam. *Hepialidae*)
Glucken, Spinner (Fam. *Lasiocampidae*)
Spanner 1
(Fam. *Geometridae*, Subfam. *Ennominae*)
Spanner 2
(Fam. *Geometridae*, Subfam. *Geometrinae*)
Spanner 3
(Fam. *Geometridae*, Subfam. *Sterrhinae*)
Spanner 4
(Fam. *Geometridae*, Subfam. *Larentiinae*)
Zünsler 1 (Fam. *Crambidae*)
Zünsler 2 (Fam. *Pyralidae*)
Glasflügler (Fam. *Sesiidae*)
Widderchen (Fam. *Zygaenidae*)
Federmotten, Federgeistchen
(Fam. *Pterophoridae*)
Wickler 1
(Fam. *Tortricidae*, Subfam. *Tortricinae*)
Wickler 2
(Fam. *Tortricidae*, Subfam. *Olethreutinae*)
Gespinstmotten, Knospenmotten
(Fam. *Yponomeutidae*)
Langhornmotten (Fam. *Adelidae*)

Braune Tageule

Wippflügelfalter (Fam. *Douglasiidae*)
Prachtfalter (Fam. *Cosmopterigidae*)
Spreizflügelfalter (Fam. *Choreutidae*)
Breitflügelmotten (Fam. *Chimabachidae*)
Faulholzmotten (Fam. *Oecophoridae*)
Miniermotten (Fam. *Gracillariidae*)
Palpenmotten (Fam. *Gelechiidae*)
Schleiermotten, Halbmotten 1
(Fam. *Plutellidae*)
Schleiermotten, Halbmotten 2
(Fam. *Ypsolophidae*)
Flachleibmotten (Fam. *Depressariidae*)
Echte Motten (Fam. *Tineidae*)
Miniersackmotten (Fam. *Incurvariidae*)
Urmotten (Fam. *Micropterigidae*)

S. 386–425 Schmetterlinge (Raupen)

Zahnspinner (Fam. *Notodontidae*)
Eulenspinner, Sichelflügler (Fam. *Drepanidae*)
Pfauenspinner (Fam. *Saturniidae*)
Schwärmer (Fam. *Sphingidae*)
Prozessionsspinner (Fam. *Thaumetopoeidae*)
Bärenspinner
(Fam. *Erebidae*, Subfam. *Arctiinae*)
Trägspinner
(Fam. *Erebidae*, Subfam. *Lymantriinae*)
Eulenfalter (Fam. *Noctuidae*)
Glucken (Fam. *Lasiocampidae*)
Holzbohrer (Fam. *Cossidae*)
Spanner (Fam. *Geometridae*)
Zünsler (Fam. *Pyralidae*)
Wickler (Fam. *Tortricidae*)
Sackträger (Fam. *Psychidae*)
Gespinstmotten, Knospenmotten
(Fam. *Yponomeutidae*)

S. 426–719 Fliegen (Zweiflügler)

Schwebfliegen (Fam. *Syrphidae*)
Schweber (Fam. *Bombyliidae*)
Bremsen (Fam. *Tabanidae*)
Baumfliegen (Fam. *Dryomyzidae*)
Dungfliegen (Fam. *Scatophagidae*)
Echte Fliegen (Fam. *Muscidae*)
Blumenfliegen (Fam. *Anthomyiidae*)
Fleischfliegen (Fam. *Sarcophagidae*)
Raupen- und Wanzenfliegen
(Fam. *Tachinidae*)
Schmeißfliegen (Fam. *Calliphoridae*)
Dasselfliegen (Fam. *Oestridae*)
Stilett- oder Luchsfliegen (Fam. *Therevidae*)

Gemeine Feldschwebfliege

Schnepfenfliegen (Fam. *Rhagionidae*)
Waffenfliegen (Fam. *Stratiomyidae*)
Holzwaffenfliegen (Fam. *Xylomyidae*)
Hornfliegen (Fam. *Sciomyzidae*)
Dickkopf- oder Blasenkopffliegen (Fam. *Conopidae*)
Langbeinfliegen (Fam. *Dolichopodidae*)
Tanzfliegen (Fam. *Empididae*)
Schmuckfliegen (Fam. *Ulidiidae*)
Scheufliegen (Fam. *Heleomyzidae*)
Nacktfliegen (Fam. *Psilidae*)
Faulfliegen, Polierfliegen (Fam. *Lauxaniidae*)
Bohrfliegen, Fruchtfliegen (Fam. *Tephritidae*)
Raubfliegen (Fam. *Asilidae*)
Schnaken 1 (Fam. *Tipulidae*)
Schnaken 2 (Fam. *Cylindrotomidae*)
Faltenmücken (Fam. *Ptychopteridae*)
Stelzmücken (Fam. *Limoniidae*)
Haarmücken (Fam. *Bibionidae*)
Stechmücken (Fam. *Culicidae*)
Wintermücken (Fam. *Trichoceridae*)
Zuckmücken (Fam. *Chironomidae*)
Schmetterlingsmücken (Fam. *Psychodidae*)
Lausfliegen (Fam. *Hippoboscidae*)

S. 720–759 »Fliegen« (Vierflügler), Läuse, Schaben, Ohrwürmer

Skorpionsfliegen (Fam. *Panorpidae*)
Kamelhalsfliegen (Fam. *Raphidiidae*)
Ameisenjungfern (Fam. *Myrmeleontidae*)
Florfliegen (Fam. *Chrysopidae*)
Taghafte (Fam. *Hemerobiidae*)
Schlammfliegen (Fam. *Sialidae*)
Steinfliegen (Fam. *Nemouridae*)
Glashafte (Fam. *Baetidae*)
Eintagsfliegen 1 (Fam. *Ephemeridae*)
Eintagsfliegen 2 (Fam. *Heptageniidae*)
Köcherfliegen 1 (Fam. *Limnephilidae*)
Köcherfliegen 2 (Fam. *Phryganeidae*)
Köcherfliegen 3 (Fam. *Leptoceridae*)
Röhrenschildläuse (Fam. *Ortheziidae*)
Höhlenschildläuse (Fam. *Margarodidae*)
Röhrenblattläuse (Fam. *Aphididae*)
Schaben (Fam. *Blattellidae*)
Eigentliche Ohrwürmer (Fam. *Forficulidae*)

S. 760–805 Libellen

Edellibellen (Fam. *Aeshnidae*)
Falkenlibellen (Fam. *Corduliidae*)
Flussjungfern (Fam. *Gomphidae*)
Segellibellen (Fam. *Libellulidae*)
Federlibellen (Fam. *Platycnemidae*)
Schlanklibellen (Fam. *Coenagrionidae*)
Teichjungfern (Fam. *Lestidae*)
Prachtlibellen (Fam. *Calopterygidae*)

S. 806–893 Hautflügler 1 (Bienen, Hummeln)

Bienen, Hummeln (Fam. *Apidae*)

S. 894–1055 Hautflügler 2 (Wespen, Ameisen)

Faltenwespen, Hornissen (Fam. *Vespidae*)
Dolchwespen (Fam. *Scoliidae*)
Rollwespen (Fam. *Tiphiidae*)
Echte Blattwespen (Fam. *Tenthredinidae*)
Bürsthornblattwespen (Fam. *Argidae*)
Buschhornblattwespen (Fam. *Diprionidae*)
Gespinstblattwespen (Fam. *Pamphiliidae*)
Keulhornblattwespen (Fam. *Cimbicidae*)
Echte Grabwespen (Fam. *Crabronidae*)
Sand- und Mauerwespen (Fam. *Sphecidae*)
Wegwespen (Fam. *Pompilidae*)
Holzwespen (Fam. *Siricidae*)
Schwertwespen (Fam. *Xiphydriidae*)
Keulenwespen (Fam. *Sapygidae*)
Erzwespen 1 (Fam. *Chalcididae*)
Erzwespen 2 (Fam. *Torymidae*)
Goldwespen (Fam. *Chrysididae*)
Halmwespen (Fam. *Cephidae*)
Gichtwespen (Fam. *Gasteruptiidae*)
Schlupfwespen (Fam. *Ichneumonidae*)
Parasitische Pflanzenwespen (Fam. *Orussidae*)
Ameisen (Fam. *Formicidae*)

S. 1056–1101 Heuschrecken, Fangschrecken, Grillen

Laubheuschrecken (Fam. *Tettigoniidae*)
Feldheuschrecken (Fam. *Acrididae*)
Dornschrecken (Fam. *Tetrigidae*)
Fangschrecken (Fam. *Mantidae*)
Grillen (Fam. *Gryllidae*)

S. 1102–1399 Käfer

Laufkäfer (Fam. *Carabidae*, Subfam. *Carabinae*)
Sandlaufkäfer (Fam. *Carabidae*, Subfam. *Cicindelinae*)

Blatthornkäfer (Fam. *Scarabaeidae*)
Erdkäfer (Fam. *Trogidae*)
Mistkäfer, Rosskäfer (Fam. *Geotrupidae*)
Hirschkäfer, Schröter (Fam. *Lucanidae*)
Bockkäfer (Fam. *Cerambycidae*)
Schwimmkäfer (Fam. *Dytiscidae*)
Wasserkäfer (Fam. *Hydrophilidae*)
Ölkäfer (Fam. *Meloidae*)
Schwarzkäfer (Fam. *Tenebrionidae*)
Aaskäfer (Fam. *Silphidae*)
Stutzkäfer (Fam. *Histeridae*)
Scheinbockkäfer (Fam. *Oedemeridae*)
Blattkäfer (Fam. *Chrysomelidae*)
Marienkäfer (Fam. *Coccinellidae*)
Weichkäfer, Fliegenkäfer (Fam. *Cantharidae*)
Werftkäfer (Fam. *Lymexylonidae*)
Buntkäfer (Fam. *Cleridae*)
Glanzkäfer (Fam. *Nitidulidae*)
Prachtkäfer (Fam. *Buprestidae*)
Feuerkäfer (Fam. *Pyrochroidae*)
Rotdeckenkäfer (Fam. *Lycidae*)
Pilzkäfer (Fam. *Erotylidae*)
Wollkäfer (Fam. *Lagriidae*)
Pflanzenkäfer (Fam. *Alleculidae*)
Speckkäfer, Pelzkäfer (Fam. *Dermestidae*)
Stachelkäfer (Fam. *Mordellidae*)
Stäublingskäfer (Fam. *Endomychidae*)
Zipfelkäfer (Fam. *Malachiidae*)
Kahnkäfer (Fam. *Scaphidiidae*)
Blütenfresser (Fam. *Byturidae*)
Holzbohrkäfer (Fam. *Bostrichidae*)
Kurzflügler (Fam. *Staphylinidae*)
Schnellkäfer (Fam. *Elateridae*)
Blattroller, Dickkopfrüssler (Fam. *Attelabidae*)
Breitrüssler (Fam. *Anthribidae*)
Rüsselkäfer (Fam. *Curculionidae*)
Triebstecher (Fam. *Rhynchitidae*)

S. 1400–1487 Wanzen

Lederwanzen, Randwanzen (Fam. *Coreidae*)
Bodenwanzen, Langwanzen (Fam. *Lygaeidae*)
Glasflügelwanzen (Fam. *Rhopalidae*)
Wolfsmilchwanzen (Fam. *Stenocephalidae*)
Feuerwanzen (Fam. *Pyrrhocoridae*)
Erdwanzen (Fam. *Cydnidae*)
Baumwanzen (Fam. *Pentatomidae*)
Stachelwanzen (Fam. *Acanthosomatidae*)
Schildwanzen (Fam. *Scutelleridae*)
Stelzenwanzen (Fam. *Berytidae*)
Krummfühlerwanzen (Fam. *Alydidae*)
Rindenwanzen (Fam. *Aradidae*)
Weichwanzen, Blindwanzen (Fam. *Miridae*)
Raubwanzen, Mordwanzen (Fam. *Reduviidae*)
Sichelwanzen (Fam. *Nabidae*)
Skorpionswanzen (Fam. *Nepidae*)
Rückenschwimmer (Fam. *Notonectidae*)
Wasserläufer (Fam. *Gerridae*)

S. 1488–1503 Zikaden

Blutzikaden (Fam. *Cercopidae*)
Buckelzikaden (Fam. *Membracidae*)
Käferzikaden (Fam. *Issidae*)
Laternenträger (Fam. *Dictyopharidae*)
Schaumzikaden (Fam. *Aphrophoridae*)
Zwergzikaden (Fam. *Cicadellidae*)

Blutzikade

Schmetterlinge (Tagfalter)

ÜBERSICHT DER FAMILIEN IM KAPITEL

Echte Edelfalter (Fam. *Nymphalidae*, Subfam. *Nymphalinae*)

Trauermantel RL, §

Nymphalis antiopa

Spw. 50-70 mm

Der **Falter** (1-3) hält sich gerne hoch fliegend in Laub- und Mischwäldern auf. Gelegentlich sitzt er auf der Rinde von Birken *(Betula)* oder Weiden *(Salix)*, an denen er an verletzten Stellen Flüssigkeiten aufsaugt und in Rissen und Spalten seine Eier ablegt. Gärendes Obst wird gerne angenommen, während Blüten kaum besucht werden. Die auffallend helle Umrandung der Flügel kann weiß oder gelblich gefärbt sein. Im Untersuchungsgebiet ist der Trauermantel nicht sehr häufig, wird aber oft übersehen, da er sich in den Baumkronen aufhält.

Die **Raupe** ernährt sich von Blättern verschiedener Birken- und Weidenarten. Sie entwickelt sich zu einer Stürzpuppe, wie für diese Faltergruppe typisch.

(2) *Nymphalis antiopa*

(3) *Nymphalis antiopa*

(1) *Nymphalis antiopa*

(1) *Aglais urticae*

Kleiner Fuchs

Aglais urticae *(Nymphalis urticae)*

Spw. 40-50 mm

Der **Falter (1-3)** besucht blühende Kräuter oder Sträucher verschiedenster Arten. Er ist an Feld-, Wiesen- und Waldrändern überall häufig anzutreffen. Auf der Oberseite aller vier roten oder gelborangenen Flügel liegen typisch angeordnete schwarze und weiße Flecken. Die schwarzen, hellblau gepunkteten Außenränder der Flügel sind leicht ausgerandet. Die Unterseiten **(3)** sind dunkel schwarzbraun und an den Außenrändern heller abgesetzt.

Die **Raupe (4)** ernährt sich, dem Namen entsprechend (*urticae* = auf Brennnessel vorkommend), von Blättern der Großen Brennnessel *(Urtica dioica)*.

(2) *Aglais urticae*

(3) *Aglais urticae*

(4) *Aglais urticae* Raupe

Tagpfauenauge
Aglais io *(Inachis io)*

Spw. 50-60 mm

Der **Falter (1-2)** ist ein eifriger Besucher blühender Kräuter, Sträucher und Bäume. Er ist überall häufig und einer der relativ früh im Jahr erscheinenden, auffälligen Schmetterlinge.

Die **Raupe** ernährt sich von der Großen Brennnessel *(Urtica dioica)* und kann dort in günstigen Jahren massenhaft auftreten. Jungraupen **(3)**, erwachsene Raupen **(4)** sind typisch weiß punktiert und lang bestachelt. Die Puppe ist wie bei vielen Gattungen der Edelfalter *(Nymphalidae)* eine Stürzpuppe **(5)**, die senkrecht am Substrat hängt. Bild **(6)** zeigt den schlüpfenden Falter.

(1) *Aglais io*

(2) *Aglais io*

(3) *Aglais io* Jüngere Raupen

(5) *Aglais io* Puppe

(4) *Aglais io* Erwachsene Raupe

(6) *Aglais io* Schlüpfender Falter

Landkärtchen,
Netzfalter
Araschnia levana

Spw. 30-40 mm

Der **Falter** besitzt an seiner Flügelunterseite ein auffälliges Netzmuster, welches einer Landkarte ähnelt - darauf bezieht sich der Name der Art. Das Landkärtchen ist ein überall häufiger Blütenbesucher. Der Falter erscheint in zwei sehr unterschiedlich aussehenden Varianten: der hellen Frühlingsgeneration (fm. *levana*) **(1-2)** und der sehr dunklen Sommergeneration (fm. *prorsa*) **(3-4)**. Die Frühlingsform erinnert in Farbe und Aufbau an einen Scheckenfalter.

Die **Raupe (5)** ist der des Tagpfauenauges ähnlich und frisst auch an Brennnessel *(Urtica)*. Die Abbildung zeigt ein jüngeres Stadium. Erwachsene Raupen sind vorwiegend schwarz gefärbt. Ihre Stacheln sind stärker verzweigt.

(2) *Araschnia levana* Frühlingsgeneration

(3) *Araschnia levana* Sommergeneration

(1) *Araschnia levana* Frühlingsgeneration

(4) *Araschnia levana* Sommergeneration

(5) *Araschnia levana* Raupen

(1) *Polygonia c-album*

C-Falter §
Polygonia c-album

Spw. 40–50 mm

Der **Falter (1)** besitzt typisch grob ausgerandete Flügelränder. Sein prägnanter Name bezieht sich auf ein weißes Zeichen an der Flügelunterseite, welches wie ein nach oben offenes C aussieht **(2)**. Daran kann die in Muster und Farbe variable Art stets erkannt werden. Der Falter ist relativ häufig und erscheint regelmäßig in Gärten. Gerne saugt er auch an Kot von Wildtieren **(3)**, besucht aber regelmäßig Blüten von Kräutern und Stauden.

Die **Raupe (4)** kann an Brennnesseln und Blättern diverser Laubbäume und Sträucher gefunden werden. Auf dem hinteren Teil der Oberseite besitzt sie einen weißen Belag, der Vogelkot vortäuschen soll. Diese Farbgebung schützt die Raupe vor Fressfeinden.

(2) *Polygonia c-album*

(3) *Polygonia c-album*

(4) *Polygonia c-album* Raupe

Admiral
Vanessa atalanta

Spw. 50–60 mm

Der relativ große **Falter (1-4)** ist etwa ab Mai zu beobachten. Er besucht Blüten, saugt aber auch gerne an saftigen oder gärenden Früchten **(4).** Da er den Winter in unserer Gegend nicht überstehen würde, wandert er aus wärmeren Regionen ein (Wanderfalter). Die Art ist relativ häufig und scheint momentan in ihrem Bestand nicht gefährdet zu sein.

Die nackt wirkende **Raupe** ist unscheinbar dunkel gefärbt und mit groben Stacheln schütter besetzt. Sie ernährt sich von Blättern der Großen Brennnessel *(Urtica dioica).*

(1) *Vanessa atalanta*

(2) *Vanessa atalanta*

(3) *Vanessa atalanta*

(4) *Vanessa atalanta*

Distelfalter

Vanessa cardui *(Cynthia cardui)*
Spw. 45-55 mm

Der **Falter (1-3)** besucht blühende Kräuter und Stauden, besonders die namengebenden Disteln, an denen er auch seine Eier ablegt. Ober- und Unterseite der Flügel sind durch ein kompliziertes Fleckenmuster sehr charakteristisch gezeichnet. Er ist wie der Admiral (S. 32) ein Wanderfalter. In Brandenburg erscheint er etwa ab Juni und ist relativ häufig.

Die **Raupe** ernährt sich hauptsächlich von verschiedenen Distelarten und Kletten *(Carduus, Cirsium, Arctium)*, jedoch auch von Brennnesseln *(Urtica)*, Malven *(Malva)* und anderen Kräutern.

(1) *Vanessa cardui*

(2) *Vanessa cardui*

(3) *Vanessa cardui*

(1) *Melitaea athalia*

Wachtelweizen-Scheckenfalter,
Gemeiner Scheckenfalter RL, §
Melitaea athalia

Spw. 25–40 mm

Unter den Scheckenfaltern ist diese Art die weitaus häufigste. Der **Falter (1–4)** besucht diverse blühende Kräuter auf Wiesen und an Waldrändern. Er ist in Stadtnähe schon relativ selten geworden. Die einzelnen Arten der Gattung erkennt man besonders an dem Muster der Flügelunterseite, da die Oberseiten sehr ähnliche, komplizierte Muster aufweisen.

Die **Raupe (5)** ist auffällig dick bestachelt. Sie frisst vorzugsweise an Wachtelweizen *(Melampyrum)*, doch auch an Spitzwegerich *(Plantago)*, Ehrenpreis *(Veronica)* und anderen Kräutern.

(2) *Melitaea athalia*

(3) *Melitaea athalia*

(4) *Melitaea athalia*

(5) *Melitaea athalia* Raupe

(2) *Melitaea cinxia*

Wegerich-Scheckenfalter RL, §

Melitaea cinxia

Spw. 30-40 mm

Der **Falter (1-3)** ist ein Blütenbesucher und auf waldnahen Magerwiesen und Trockenrasen zu finden. Er kommt zusammen mit dem Wachtelweizen-Scheckenfalter vor, ist aber deutlich seltener. Um beide Arten im Feld sicher unterscheiden zu können, sollte besonders die Flügelunterseite betrachtet werden.

Die **Raupe (4)** ist schwarz und grob borstig. Nur der Kopf ist auffällig rot gefärbt. Sie ernährt sich von Spitzwegerich *(Plantago)* und anderen Kräutern.

Fotobelege: Brandenburg, Kienbaum, nahe der Löcknitz; Raupe: 12.5.2017, hier am Kleinen Habichtskraut *(Hieracium pilosella)*; Falter: 2.-15.6.2017.

(1) *Melitaea cinxia*

(4) *Melitaea cinxia* Raupe

(3) *Melitaea cinxia*

(1) *Argynnis paphia* ♂

(3) *Argynnis paphia* ♀

Passionsblumenfalter (Fam. *Nymphalidae*, Subfam. *Heliconiinae*)

Kaisermantel §

Argynnis paphia

Spw. 50-70 mm

Der **Falter (1-6)** saugt gerne an Doldenblütlern, aber auch Zwergholunder *(Sambucus ebulus)* und Gewöhnlichem Dost *(Origanum vulgare)*. Er gehört zu den mäßig verbreiteten Perlmuttfaltern. Das Männchen **(1-2)** ist durch ein dunkles Streifenmuster an der Oberseite der Vorderflügel gekennzeichnet. Die Normalform beider Geschlechter ist leuchtend orangefarben. Nur das Weibchen **(3-4)** kann in einer selteneren, dunkel olivfarbenen Variante auftreten (fm. *valesina*) **(5)**. Die Paarung **(6)** zeigt ein Männchen mit einer weiblichen fm. *valesina* (im Bild der rechte Falter).

Die **Raupe** ernährt sich von verschiedenen Veilchenarten *(Viola)* oder von Mädesüß *(Filipendula)*.

Fotobeleg: Brandenburg, Kienbaum, nahe der Löcknitz, *Argynnis paphia* fm. *valesina*: 16.6.2018.

(4) *Argynnis paphia* ♀

(5) *Argynnis paphia* fm. *valesina* ♀

(2) *Argynnis paphia* ♂

(6) *Argynnis paphia* Paarung

(1) *Speyeria aglaja*

Großer Perlmuttfalter RL, §

Speyeria aglaja *(Argynnis aglaja)*

Spw. 50-60 mm

Der **Falter (1-3)** gehört zu den größeren, in Brandenburg seltenen Arten seiner Gattung. Es werden diverse Farbvarianten beschrieben. Von weiblichen Exemplaren des Kaisermantels, mit denen er oft zusammen erscheint, ist er durch die mit rundlichen, perlmuttfarbenen Flecken besetzte Unterseite und die auffallend hell umrandeten Flügel zu unterscheiden. Gelegentlich saugt er gerne an Tierkot **(3)** oder feuchter Erde.

Die **Raupe** frisst an Veilchenarten *(Viola)* und tritt daher in Konkurrenz zum Kaisermantel.

Fotobelege: Brandenburg, Kienbaum, nahe der Löcknitz, 16.-21.6.2018.

(2) *Speyeria aglaja*

(3) *Speyeria aglaja*

Kleiner Perlmuttfalter §
Issoria lathonia

Spw. 30-45 mm

Der überall häufige **Falter (1-4)** ist regelmäßig auf Feldern, Äckern und Waldrändern zu finden, auf denen er blühende Kräuter und Stauden besucht. Die Unterseite seiner Hinterflügel ist mit großen, länglichen, silbrig glänzenden Flecken besetzt **(2)**. Diese erinnern an Perlmutt (Name). Man erkennt die Art gut an den dunklen Flügelbereichen links und rechts neben dem Körper. Bild **(4)** zeigt eine Paarung.

Die **Raupe** lebt am Acker-Stiefmütterchen *(Viola arvensis)*.

(1) *Issoria lathonia*

(2) *Issoria lathonia*

(3) *Issoria lathonia*

(4) *Issoria lathonia* Paarung

Feuriger Perlmuttfalter RL, §

Fabriciana adippe

Spw. 40-45 mm

Der **Falter (1-2)** gehört zu den mittelgroßen Arten seiner Gattung. Im Untersuchungsgebiet ist er nicht häufig. Wegen der hell gefleckten Unterseite der Hinterflügel kann er leicht für den Kleinen Perlmuttfalter (S. 41) gehalten werden. Die Flecken glänzen aber nicht silbrig und haben keine längliche Form. Neben den hellen Flecken ist noch eine Reihe rot oder rotbraun umrandeter, weißer Punkte vorhanden. Dem Namen entsprechend kann die Oberseite feurig rot gefärbt sein.

Die **Raupe** frisst an verschiedenen Veilchenarten *(Viola)*.

(1) *Fabriciana adippe*

(2) *Fabriciana adippe*

Braunfleckiger Perlmuttfalter, Sumpfwiesen-Perlmuttfalter §
Boloria selene

Spw. 28–40 mm

Der **Falter (1–2)** zeichnet sich durch einige braune Flecken aus, die in der Mitte einen dunklen, rundlichen Punkt aufweisen. Form und Anordnung aller braunen und weißen Felder ist arttypisch und muss für eine Bestimmung genau verglichen werden. Ähnliches gilt auch für die Oberseite. In Brandenburg scheint diese Art seltener zu sein. Wir fanden sie stets beim Besuch von Blüten der Echten Brombeere *(Rubus fruticosus)* in der Nähe von Feuchtwiesen.
Sehr ähnlich ist der Silberfleck-Perlmuttfalter *(B. euphrosyne)*.

Die **Raupe** ernährt sich von Blättern verschiedener Veilchenarten, z.B. des Sumpf-Veilchens *(Viola palustris)*.

Fotobelege: Brandenburg, Glau, 5.6.2020; Kienbaum, nahe der Löcknitz, 23.6.2020.

(1) *Boloria selene*

(2) *Boloria selene*

(1) *Boloria dia*

Magerrasen-Perlmuttfalter RL, §

Boloria dia *(Clossiana dia)*

Spw. 30–35 mm

Der **Falter (1-3)** ist einer der kleinsten Perlmuttfalter. Die Oberseite besitzt eine besonders kräftige, dunkle Zeichnung. Das Muster der Flügelunterseite hebt sich deutlich von den anderen hier beschriebenen Arten ab (siehe Fotos). Die Aufnahmen (2) und (3) zeigen, wie unterschiedlich Farbe und Muster der Flügelunterseiten ausfallen können. Das betrifft z.T. auch die Oberseiten. Über die Gründe dafür ist wenig zu erfahren. Die Art liebt Magerrasen auf Kalkböden, kommt aber auch auf Sandböden vor. Sie ist in Norddeutschland deutlich seltener als in südlichen Bundesländern.

Die **Raupe** bevorzugt Veilchen *(Viola)* als Nahrungspflanze.

Fotobelege: Brandenburg, Zesch am See, 6.8.2011

(2) *Boloria dia*

(3) *Boloria dia*

Mädesüß-Perlmuttfalter RL, §
Brenthis ino

Spw. 30–40 mm

Der **Falter (1–3)** ähnelt bei bloßer Betrachtung der Flügeloberseite mehreren anderen Perlmuttfaltern. Die Unterseite mit ihren dunkelbraunen Feldern lässt bei einem direkten Vergleich eine Abgrenzung eher zu. Die Art bewohnt feuchte Wiesenbiotope, auf denen Mädesüß vorkommt. Obwohl sie hier an Brombeerblüten aufgenommen wurde, handelt es sich nicht um den selteneren Brombeer-Perlmuttfalter *(Brenthis daphne)*. Auch der deutlich kleinere Magerrasen-Perlmuttfalter (S. 44) ist ziemlich ähnlich.

Die **Raupe** ernährt sich hauptsächlich von Blättern des Echten Mädesüß *(Filipendula ulmaria)*, das am Fundort häufig vorkommt.

Fotobelege: Brandenburg, Kienbaum, feuchte Orchideenwiese nahe der Löcknitz, 16.6.2019.

(2) *Brenthis ino*

(3) *Brenthis ino*

(1) *Brenthis ino*

Schillerfalter (Fam. *Nymphalidae*, Subfam. *Apaturinae*)

Kleiner Schillerfalter RL, §
Apatura ilia

Spw. 55-65 mm

Der **Schillerfalter (1-3)** kann die Farbe der Flügel je nach einfallendem Licht extrem ändern. Es handelt sich um eine passive Farbänderung, bedingt durch die Lage der feinen Flügelschuppen. Bei schräg auffallendem Licht schillert der Falter **(2)** blau-lila. Er ist in Norddeutschland selten. Der sehr ähnliche, kaum größere Große Schillerfalter *(Apatura iris)* kommt im Untersuchungsgebiet ebenfalls vor.

Die grüne **Raupe** ernährt sich von Blättern der Zitterpappel *(Populus tremula)*. Sie fällt durch zwei gabelartige Fortsätze im Kopfbereich auf.

Fotobelege: Brandenburg, Auwald bei Glashütte/Baruth, 25.6.2011; Glau, 6.7.2020.

(1) *Apatura ilia*

(2) *Apatura ilia*

(3) *Apatura ilia*

Augenfalter (Fam. *Nymphalidae*, Subfam. *Satyrinae*)

Großes Ochsenauge

Maniola jurtina

Spw. 35-45 mm

Den sehr häufigen **Falter (1-5)** findet man überall auf Wiesen, Weiden, Äckern und an Waldrändern, wo er Blüten verschiedener Kräuter und Stauden anfliegt. Meistens hält er die Flügel geschlossen. Weibchen **(1-2)** sind dann durch die hell abgesetzte Längsbinde vom trist gefärbten Männchen **(3-4)** zu unterscheiden. Im schwarzen Augenfleck des Weibchens befinden sich manchmal zwei weiße Punkte. Bei einer Paarung **(5)** sind beide Geschlechter deutlich zu unterscheiden.

Die hellgrüne, haarige **Raupe** ernährt sich von verschiedenen Gräsern (*Bromus, Festuca, Poa* u.a.).

(4) *Maniola jurtina* ♂

(1) *Maniola jurtina* ♀

(2) *Maniola jurtina* ♀

(3) *Maniola jurtina* ♂

(5) *Maniola jurtina* Paarung

Brauner Waldvogel,
Schornsteinfeger
Aphantopus hyperantus

Spw. 35–45 mm

Der **Falter (1–4)** ist im Frühsommer einer der häufigsten Blütenbesucher an Waldrändern, auf Wiesen und Weiden. Er hat ähnliche ökologische Ansprüche wie das Große Ochsenauge und teilt mit diesem die Standorte. Die Geschlechter sind äußerlich schwer unterscheidbar, wie auf dem Paarungsbild **(4)** zu sehen ist. Das Weibchen **(1)** ist heller und besitzt auf der Flügeloberseite deutlicher gelb umrandete Augenflecke.

Die **Raupe** ernährt sich von Gräsern (*Bromus, Carex, Festuca* u.a.).

(2) *Aphantopus hyperantus* ♂

(1) *Aphantopus hyperantus* ♀

(3) *Aphantopus hyperantus*

(4) *Aphantopus hyperantus* Paarung

Ockerbindiger Samtfalter,
Rostbinde RL, §
Hipparchia semele

Spw. 45-50 mm

Der **Falter (1-4)** sitzt fast immer mit geschlossenen Flügeln auf sandiger Erde oder an Baumrinden. Durch seine graubraunen Grundfarben ist er gut getarnt. Er bevorzugt sandige Magerrasen und ist überall selten.

Die **Raupe** ernährt sich von verschiedenen Gräsern (*Bromus, Festuca, Briza* u.a.). Die Puppen entwickeln sich in der Erde.

Fotobelege: (1-3): Brandenburg, Wünsdorf, 21.-31.7.2016. (4): Niederlausitz, Schlaubetal, 31.7.2015.

(1) *Hipparchia semele*

(2) *Hipparchia semele*

(3) *Hipparchia semele*

(4) *Hipparchia semele*

Eisenfarbiger Samtfalter,
Kleine Rostbinde RL, §
Hipparchia statilinus

Spw. 35-45 mm

Der **Falter (1-3)** hält seine Flügel meist geschlossen. Durch seine unauffällig graubraunen Farben ist er am Erdboden schwer zu entdecken **(3)**. Die selten sichtbaren geöffneten Flügel sind oberseits dunkelbraun. Die Art ist wärmeliebend und viel seltener als der Ockerbindige Samtfalter.

Die **Raupe** entwickelt sich an Gräsern verschiedener Gattungen. Zur Verpuppung wandert sie in die Erde.

Fotobelege: Brandenburg, Glau, 20.-21.8.2015.

(1) *Hipparchia statilinus*

(2) *Hipparchia statilinus*

(3) *Hipparchia statilinus*

Schachbrett, Schachbrettfalter §

Melanargia galathea

Spw. 40-50 mm

Der **Falter (1-5)** fällt durch sein auffälliges schwarz-weißes Fleckenmuster auf, welches an ein Schachbrett erinnert. Er ist ein häufiger Besucher blühender Kräuter und Stauden auf Wiesen, Äckern und an krautbestandenen Waldrändern. Gelegentlich erscheinen die dunklen Farben der Flügel in aufgehellten Brauntönen (2). Beide Geschlechter sind kaum unterscheidbar. Blasse Formen kommen anscheinend bei weiblichen Tieren häufiger vor.

Die kurzhaarige **Raupe** kann grünlich oder bräunlich gefärbt sein. Sie ernährt sich ausschließlich von Gräsern (*Carex, Bromus, Festuca, Poa* u.a.). Die Puppe liegt auf dem Erdboden, oft zwischen Gräsern versteckt.

(3) *Melanargia galathea*

(1) *Melanargia galathea*

(4) *Melanargia galathea*

(5) *Melanargia galathea*

(2) *Melanargia galathea*

(1) *Pararge aegeria*

(2) *Pararge aegeria*

Waldbrettspiel

Pararge aegeria

Spw. 30-40 mm

Der **Falter (1-6)** ist in manchen Jahren ein relativ häufiger Bewohner lichter Wälder, Waldränder oder Waldwege. Er erscheint jahreszeitlich zusammen mit dem Braunen 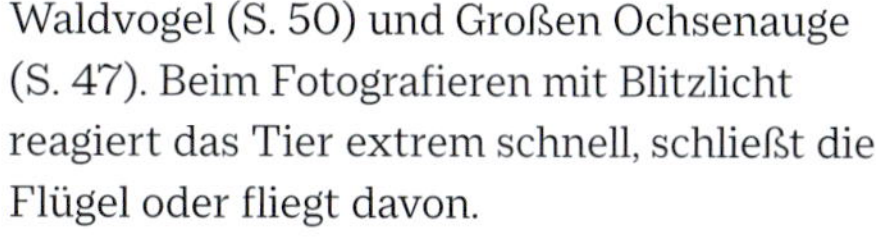 Waldvogel (S. 50) und Großen Ochsenauge (S. 47). Beim Fotografieren mit Blitzlicht reagiert das Tier extrem schnell, schließt die Flügel oder fliegt davon.

Die grüne **Raupe** nutzt als Futterpflanze diverse Gräser (*Carex, Festuca, Glyceria, Poa* u.a). Sie überwintert manchmal, genau wie die ausgebildete Stürzpuppe.

(3) *Pararge aegeria*

(4) *Pararge aegeria*

(5) *Pararge aegeria*

(6) *Pararge aegeria*

(1) *Coenonympha pamphilus*

Kleines Wiesenvögelchen,
Heufalter §
Coenonympha pamphilus

Spw. 25-30 mm

Der **Falter (1-3)** kommt häufig auf Wiesen, Äckern, an Waldrändern, in Parks und Gärten vor und ist die häufigste Art seiner Gattung. Sitzend hält er fast immer seine Flügel geschlossen, deren Zeichnung der des Großen Ochsenauges (S. 47) ähnelt. Durch seine geringere Größe und die etwas raue Oberfläche ist er von diesem zu unterscheiden.

Die grüne **Raupe** benötigt für ihre Ernährung verschiedene Süßgräser der häufigen Gattungen *Poa, Festuca* und *Agrostis*.

(2) *Coenonympha pamphilus*

(3) *Coenonympha pamphilus* Paarung

(2) *Coenonympha glycerion*

Rotbraunes Wiesenvögelchen §

Coenonympha glycerion

Spw. 25-30 mm

Der **Falter (1-4)** bevorzugt trockenere Wiesen und Magerrasen. Er ist seltener als das etwa gleich große Kleine Wiesenvögelchen (S. 59). Durch die weiß umrandeten Augenflecke seiner Hinterflügel und den fehlenden schwarzen Augenfleck der Vorderflügel ist er deutlich unterscheidbar.

Als Nahrung für die grüne **Raupe** wird die Aufrechte Trespe *(Bromus erectus)* angegeben. Die Stürzpuppe wird dort ebenfalls angeheftet.

(3) *Coenonympha glycerion*

(1) *Coenonympha glycerion*

(4) *Coenonympha glycerion*

Weißbindiges Wiesenvögelchen, Perlgrasfalter §

Coenonympha arcania

Spw. 25-35 mm

Der **Falter (1)** ist durch seine breite weiße Querbinde und die gelb-schwarz umrandeten Augenflecken der Hinterflügel gut zu erkennen. Im Untersuchungsgebiet ist er relativ selten anzutreffen. Ähnlich ist das hier bisher nicht gefundene, sehr seltene Wald-Wiesenvögelchen *(C. hero)*, dessen Augenflecke sich mit der schmaleren weißen Querbinde nicht überschneiden.

Die **Raupe** ernährt sich im Wesentlichen vom Wolligen Honiggras *(Holcus lanatus)*.

(1) *Coenonympha arcania*

Ritterfalter (Fam. *Papilionidae*)

Schwalbenschwanz RL, §
Papilio machaon

Spw. 50-70 mm

Der **Falter (1-3)** ist einer der auffälligsten Erscheinungen unserer Schmetterlingsfauna. In Berlin und Brandenburg ist er relativ verbreitet, aber nicht häufig. Als Nektarquelle fliegt er gerne größere Doldengewächse wie Fenchel *(Foeniculum)*, Pastinak *(Pastinaca)*, Wilde Möhre *(Daucus)*, Bärwurz *(Meum)*, Bärenklau *(Heracleum)* und Engelwurz *(Angelica)* an, ist aber nicht nur an diesen zu finden. Ein weiterer Ritterfalter ist der entfernt ähnliche wärmeliebende Segelfalter.

Die auffällig gezeichnete **Raupe (4)** besucht ähnliche Futterpflanzen wie der Falter. Wir fanden sie auch am hochgiftigen Gefleckten

(1) *Papilio machaon*

Schierling *(Conium maculatum)*. Das erwachsene Tier wehrt sich gegen Fressfeinde durch einen aggressiven Geruch, der bei einer Störung von einem roten, gabelartigen Gebilde (Osmaterium **(5)**) hinter dem Kopf abgegeben wird. Dieses Abwehrverhalten ist auch bei Raupen anderer, auch tropischer Ritterfalter häufig zu beobachten. Die **Puppe (6)** ist eine Gürtelpuppe, welche sich an Pflanzenstängeln anheftet.

Fotobelege: Falter: Berlin, Privatgarten 14.6.2018; Raupe: Brandenburg, Museumsdorf Glashütte/Baruth 2.8.2011; Puppe: Berlin, Privatgarten 3.6.2018.

(4) *Papilio machaon* Raupe

(2) *Papilio machaon*

(5) *Papilio machaon* Raupe

(3) *Papilio machaon*

(6) *Papilio machaon* Puppe

Segelfalter RL, §
Iphiclides podalirius

Spw. 60–80 mm

Der **Falter (1–3)** hat eine entfernte Ähnlichkeit mit dem Schwalbenschwanz (S. 62), der schon längere Zeit in Norddeutschland heimisch ist. Die Anhängsel der Hinterflügel sind auffallend lang. Seit mehr als zehn Jahren wird diese wärmeliebende Art in Brandenburg gesichtet. Wir sahen den Falter beim Blütenbesuch an Sommerflieder *(Buddleja)* und Lavendel *(Lavendula)*. Er besucht zur Nektaraufnahme aber auch Kräuter oder Blüten verschiedener Bäume. Im Mittelmeerraum fliegen zwei weitere, sehr ähnliche Arten: *I. alexanor* und *I. feisthamelii*.

(1) *Iphiclides podalirius*

(2) *Iphiclides podalirius*

Die grüne **Raupe (4–6)** weicht in ihrer Form deutlich von der des Schwalbenschwanzes ab. Ihr Abwehrmechanismus ist ähnlich, indem bei Gefahr hinter dem Kopf eine streng riechende Nackengabel (Osmaterium) ausgestülpt wird. Nahrungspflanzen sind *Prunus*-Arten, Weißdorn *(Crataegus)* oder Eberesche *(Sorbus)*. Das abgebildete Tier fanden wir an Blättern der Spätblühenden Traubenkirsche *(Prunus serotina)*. Bild **(6)** zeigt dieselbe Raupe, die sich nach gelblicher Entfärbung in eine Vorpuppe umgewandelt hat. Durch einen dünnen Seidenfaden ist sie am Stängel der Wirtspflanze befestigt.

Fotobelege: Falter: Brandenburg, Münchehofe, Privatgarten, 7.8.2020; Raupe: Brandenburg, Streganz, 4.10.2020.

(4) *Iphiclides podalirius* Raupe

(3) *Iphiclides podalirius*

(5) *Iphiclides podalirius* Raupe

(6) *Iphiclides podalirius* Vorpuppe

Bläulinge, Feuerfalter, Zipfelfalter (Fam. *Lycaenidae*)

Kleiner Sonnenröschen-Bläuling RL, §
Aricia agestis

Spw. 22–28 mm

Der **Falter (1–3)** gehört zu den Bläulingen, die nicht blau gefärbt sind. Die Flügeloberseite ist bei beiden Geschlechtern dunkelbraun, die Unterseite deutlich heller. Für eine Bestimmung der Art ist die Anordnung der hell umrandeten Punkte der Unterseite wichtig. Bei geöffneten Flügeln ist erkennbar, dass das Weibchen auf dem Vorderflügel etliche orangefarbene Randflecken besitzt, das Männchen aber nicht. Auf einem Foto **(3)** sind beide abgebildet. Die Art tritt in Berlin und Brandenburg zerstreut auf.

Futterpflanzen der **Raupe** sind Sonnenröschen *(Helianthemum nummularium)*, Storchschnabel *(Geranium)* und Reiherschnabel *(Erodium)*.

Fotobelege: Brandenburg, Mönchswinkel, nahe der Spree, 1.8.2013; Brandenburg, Kienbaum, nahe der Löcknitz, 29.6.2018, 31.8.2018.

(2) *Aricia agestis* ♀

(1) *Aricia agestis* ♀

(3) *Aricia agestis* ♂ + ♀

Faulbaum-Bläuling §
Celastrina argiolus

Spw. 25–30 mm

Der **Falter (1–4)** ist ein überall häufiger Besucher an Bäumen und Sträuchern. Zur Nektaraufnahme werden aber auch Blüten verschiedener Kräuter angeflogen. Das Männchen **(3, 4)** besitzt an den Oberseiten der Flügel schmale, dunkle Ränder, während diese beim Weibchen (2) deutlich breiter sind. Die Geschlechter sind deshalb nur bei geöffneten Flügeln oder im Flug sicher zu unterscheiden.

Die **Raupe** ernährt sich von Blättern diverser Sträucher, seltener von Stauden. Genannt werden u.a. Brombeere *(Rubus)*, Faulbaum *(Frangula)*, Blutweiderich *(Lythrum)*, Efeu *(Hedera)*, Hartriegel *(Cornus)* und Mädesüß *(Filipendula)*.

(1) *Celastrina argiolus*

(3) *Celastrina argiolus* ♂

(2) *Celastrina argiolus* ♀

(4) *Celastrina argiolus* ♂

Argus-Bläuling,
Geißklee-Bläuling RL, §
Plebejus argus

Spw. 20–30 mm

Der **Falter (1-4)** ist vor allem in Heidegebieten zu finden und in Brandenburg in entsprechenden Biotopen nicht selten. Das Weibchen **(1-2)** besitzt eine braune Flügeloberfläche, während das Männchen **(3-4)** oberseits azurblau gefärbt ist. Ein wichtiges Merkmal sind die in den schwarzen Punkten der Unterseite der Hinterflügel befindlichen hellblau glänzenden Schüppchen. Mehrere Arten mit diesem Merkmal werden »Silberfleck-Bläulinge« genannt. Die einzelnen Arten sind schwer voneinander abzugrenzen.

Die **Raupe** ernährt sich von Hornklee *(Lotus)*, Kronwicke *(Coronilla)* und Hufeisenklee *(Hippocrepis)*.

Fotobelege: Brandenburg, Wünsdorf, Kiefernheide, 16.8.2016 und 19.7.2017.

(2) *Plebejus argus* ♀

(1) *Plebejus argus* ♀

(3) *Plebejus argus* ♂

(4) *Plebejus argus* ♂

Vogelwicken-Bläuling §

Polyommatus amandus *(Plebicula amanda)*

Spw. 30–35 mm

Der **Falter (1-5)** gehört zu den Bläulingen, deren Geschlechter sich durch die Farben der Flügeloberseiten trennen lassen: Weibchen **(1-3)** sind braun und die Männchen **(4-5)** blau. Auch deren Unterseiten sind deutlich heller. Um die Art von anderen ähnlichen Bläulingen abzutrennen, ist das Muster der hinteren Flügelunterseiten genau zu vergleichen. In Brandenburg ist der Vogelwicken-Bläuling an geeigneten Standorten nicht selten.

Die **Raupe** bezieht ihre Nahrung von der Vogel-Wicke *(Vicia cracca)*.

(3) *Polyommatus amandus* ♀

(1) *Polyommatus amandus* ♀

(4) *Polyommatus amandus* ♂

(2) *Polyommatus amandus* ♀

(5) *Polyommatus amandus* ♂

Himmelblauer Bläuling RL, §

Polyommatus bellargus *(Lysandra bellargus)*

Spw. 25-30 mm

Der **Falter (1-3)** gehört zu den selteneren Arten. Das Muster der Unterseite der Hinterflügel ähnelt dem des häufigen Hauhechel-Bläulings (S. 72). Ein gutes Unterscheidungsmerkmal ist der weiße Spießfleck, der - im Gegensatz zu diesem - keinen dunklen Strich enthält. Das Weibchen besitzt meist eine braune, oft verwaschene Flügeloberseite. Beim Männchen ist diese leuchtend blau.

Die **Raupe** frisst an Hufeisenklee *(Hippocrepis comosa).*

Fotobelege: Brandenburg, Mallnow, Kalktrockenrasen nahe der Oder, 23.7.2016.

(1) *Polyommatus bellargus*

(3) *Polyommatus bellargus*

(2) *Polyommatus bellargus*

Hauhechel-Bläuling §

Polyommatus icarus

Spw. 25-30 mm

Der **Falter** **(1-5)** ist überall ziemlich häufig. Die beiden Geschlechter sind leicht an ihren unterschiedlichen Farben zu unterscheiden: Weibchen **(1-2)** sind generell etwas dunkler und haben eine meist braune Flügeloberseite. Männchen **(3-4)** fallen durch ihr leuchtendes Blau auf. Die Hinterflügel beider Geschlechter besitzen unterseits in der Mitte einen weißen Spießfleck, der innen mit einem schwarzen Strichfleck ausgefüllt ist. Durch eine zusätzliche Blässe am Hinterflügel **(2, 5)** ist die Art gut erkennbar.

Die **Raupe** nutzt Schmetterlingsblütler als Nahrung: z. B. Hornklee *(Lotus)*, Hauhechel *(Ononis)*, Luzerne *(Medicago)* und Kleearten *(Trifolium)*. Die Stürzpuppen werden an entsprechenden Kräutern angeheftet.

(1) *Polyommatus icarus* ♀

(2) *Polyommatus icarus* ♀

(3) *Polyommatus icarus* ♂

(4) *Polyommatus icarus* ♂

(5) *Polyommatus icarus* Paarung

Rotklee-Bläuling RL, §

Polyommatus semiargus
(Cyaniris semiargus)

Spw. 25–33 mm

Der **Falter (1–4)** ist an den Unterseiten seiner Hinterflügel weniger bunt gezeichnet als vergleichbare Arten. Weibchen **(1–2)** sind oberseits einfarbig dunkelbraun. Beim Männchen **(3–4)** fällt eine deutliche dunkle Längsaderung der meist verwaschen blauen Oberseite auf. Die Flügel beider Geschlechter sind dünn weiß umrandet. Die Art ist in Brandenburg nicht selten.

Die **Raupe** ernährt sich von Klee-Arten, besonders von Rotklee *(Trifolium pratense)*.

(1) *Polyommatus semiargus* ♀

(2) *Polyommatus semiargus* ♀

(3) *Polyommatus semiargus* ♂

(4) *Polyommatus semiargus* ♂

Großer Feuerfalter RL, §

Lycaena dispar

Spw. 28–40 mm

Der **Falter (1–4)** bevorzugt mit Ampfer bestandene Feuchtwiesen. Die Aufnahmen zeigen ausschließlich weibliche Exemplare, deren Flügeloberseiten mit dunklen Randzeichnungen und Flecken verziert sind. Die Männchen sind weitgehend einfarbig orangerot. Sie ähneln dem Dukaten-Feuerfalter (S. 80). Die seltene Art ist sehr gefährdet und streng geschützt.

Die **Raupe** benötigt als Nahrung säurearme Ampfer-Arten *(Rumex)*. Sie wandelt sich in eine Gürtelpuppe um.

Fotobelege: Brandenburg, Museumsdorf Glashütte/Baruth, Feuchtwiese, 23.8.2013; Brandenburg, Glau, 25.7.2016.

(2) *Lycaena dispar* ♀

(1) *Lycaena dispar* ♀

(3) *Lycaena dispar* ♀

(4) *Lycaena dispar* ♀

Kleiner Feuerfalter §
Lycaena phlaeas

Spw. 25-30 mm

Der **Falter (1-4)** liebt Sandgebiete und ist deshalb in Brandenburg nicht selten. Im Gegensatz zum Großen Feuerfalter (S. 75) sind hier die beiden Geschlechter äußerlich kaum unterscheidbar, wie an der Paarung **(4)** zu sehen ist. Nur einige Exemplare besitzen an den Hinterflügeln je vier bläulich aufleuchtende Schuppenpunkte **(2)**, die an die »Silberfleck-Bläulinge« (z. B. an den Argus-Bläuling, S. 68) erinnern. Die Art ist eine der häufigsten Feuerfalter, die auch in ungünstigen Jahren erscheinen. Die Weibchen des Braunen Feuerfalters (S. 78) können ähnlich aussehen. Sie unterscheiden sich deutlich durch die abweichend gefärbten Flügelunterseiten.

Die **Raupe** ernährt sich von verschiedenen Ampfer-Arten *(Rumex)*.

(1) *Lycaena phlaeas*

(3) *Lycaena phlaeas*

(4) *Lycaena phlaeas* Paarung

(2) *Lycaena phlaeas*

Brauner Feuerfalter §

Lycaena tityrus

Spw. 25-32 mm

Der **Falter (1-4)** besucht gerne Feuchtwiesen mit Beständen von Sauerampfer. Der Name »Brauner Feuerfalter« bezieht sich vor allem auf das dunkelbraun gefärbte Männchen **(3-4)**.

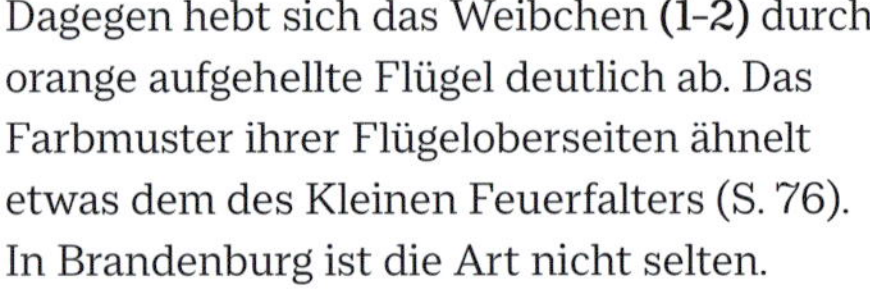

Dagegen hebt sich das Weibchen **(1-2)** durch orange aufgehellte Flügel deutlich ab. Das Farbmuster ihrer Flügeloberseiten ähnelt etwas dem des Kleinen Feuerfalters (S. 76). In Brandenburg ist die Art nicht selten.

Die **Raupe** ernährt sich von Oxalsäure enthaltenden Ampfer-Arten (*Rumex acetosella* und *R. acetosa*).

(1) *Lycaena tityrus* ♀

(2) *Lycaena tityrus* ♀

(3) *Lycaena tityrus* ♂

(4) *Lycaena tityrus* ♂

(1) *Lycaena alciphron* ♀

(2) *Lycaena alciphron* ♀

Violetter Feuerfalter RL, §
Lycaena alciphron

Spw. 30–35 mm

Der seltene **Falter** (1–3) könnte für einen Bläuling gehalten werden. Das typische Punktmuster der hellen Unterseite **(3)** ist aber bei den Bläulingen nicht zu finden. Alle Abbildungen zeigen Weibchen, deren Flügel braun gefärbt sind. Hinterflügel sind am unteren Rand mit orangefarbenen Flecken besetzt. Arttypisch sind die bläulich glitzernden Schuppenpunkte, die nur selten fehlen. Männchen sind etwas violettlich gefärbt und ihre Flügeloberseiten sind mit dunklen Längsadern versehen.

Die **Raupe** entwickelt sich vermutlich an Ampfer-Arten *(Rumex)*.

Fotobelege: Brandenburg, Kienbaum, feuchte Orchideenwiese nahe der Löcknitz, 21.6.2019.

(3) *Lycaena alciphron* ♀

Dukaten-Feuerfalter RL, §

Lycaena virgaureae

Spw. 28-35 mm

Der in Brandenburg seltene **Falter (1-4)** besucht blütenreiche Feuchtwiesen. Das Männchen **(3-4)** fällt durch leuchtend orange gefärbte, schwarz umrandete Flügel mit weißer Kante auf. Weibchen **(1-2)** besitzen dunkel gefleckte Flügeloberseiten. Die Außenseite geschlossener Flügel beider Geschlechter ist durch eine Reihe arttypischer weißer Flecke gekennzeichnet. Dieses Merkmal unterscheidet den Dukaten-Feuerfalter von ähnlich aussehenden Arten.

(1) *Lycaena virgaureae* ♀

(3) *Lycaena virgaureae* ♂

Die **Raupe** ist einfarbig grün gefärbt und fein borstig behaart. Sie ernährt sich von Ampfer-Arten *(Rumex)*, z.B. dem Sauerampfer *(R. thyrsiflorus)* und dem Wiesen-Sauerampfer *(R. acetosa)*.

Fotobelege: Brandenburg, Kienbaum, nahe der Löcknitz, 5.7.2016, 3.9.2016, 16.6.2018.

(2) *Lycaena virgaureae* ♀

(4) *Lycaena virgaureae* ♂

(1) *Callophrys rubi*

Grüner Zipfelfalter,
Brombeer-Zipfelfalter
Callophrys rubi

Spw. 22–26 mm

Der inzwischen seltene **Falter (1)** ist an den Unterseiten der Flügel leuchtend grün gefärbt. Dort befindet sich eine Reihe kleiner, weißlicher Punkte. Oft sind diese sehr schwach ausgebildet, können aber auch völlig fehlen. Flügeloberseiten sind einfarbig graubraun. Die leuchtend grüne Beschuppung ist vergänglich und kann sogar völlig verschwinden. Beim abgebildeten Exemplar ist davon leider nur noch ein Rest sichtbar. Wir fanden den Falter in Brandenburg bisher nur einmal.

Die grüne **Raupe** frisst an verschiedenen Sträuchern und Kräutern. Genannt werden z.B. Ginster *(Genista)*, Heidelbeere *(Vaccinium)*, Fingerkraut *(Potentilla)* und Hornklee *(Lotus)*.

Fotobeleg: Brandenburg, Museumsdorf Glashütte/Baruth, 15.8.2011.

Blauer Eichen-Zipfelfalter §

Neozephyrus quercus

Spw. 28-35 mm

Der **Falter (1-2)** benötigt für seine Entwicklung Eichen, vor allem die Stieleiche *(Quercus robur)*. Er scheint in Brandenburg nicht häufig zu sein, da wir ihn nur einmal fanden. Es handelte sich um ein Weibchen, bei dem die blau schillernden Flügel, im Gegensatz zum Männchen, nicht dunkel umrandet sind. Auch sind die dunkelbraunen Vorderflügel weiblicher Falter oberseits mit nur wenigen blau schillernden Flecken besetzt. Bei dem abgebildeten Exemplar fehlt leider der linke Hinterflügel **(2)**. Die hellgraue Unterseite der Flügel **(1)** steht in deutlichem Kontrast zur Oberseite.

Fotobelege: Brandenburg, Groß Schauen, Eichenwiese, 4.7.2013.

(2) *Neozephyrus quercus* ♀

(1) *Neozephyrus quercus* ♀

Pflaumen-Zipfelfalter RL, §

Satyrium pruni *(Fixsenia pruni)*

Spw. 25–30 mm

Der **Falter (1–2)** besucht gerne blühende Kräuter und Stauden an sonnigen Waldrändern. Er ist in Brandenburg relativ häufig. Ähnlich, aber weniger auffällig gezeichnet sind der seltenere Kleine Schlehen-Zipfelfalter *(Satyrium acaciae)*, der für seine Entwicklung ausschließlich die Schlehe *(Prunus spinosa)* benötigt, und der Braune Eichen-Zipfelfalter *(Satyrium ilicis)*.

Die **Raupe** ernährt sich von Obstbäumen, z.B. Blättern der Schlehen, Mirabellen oder Pflaumen (*Prunus* spec.).

(1) *Satyrium pruni*

(2) *Satyrium pruni*

Ulmen-Zipfelfalter RL, §
Satyrium w-album

Spw. 30-35 mm

Der **Falter (1-3)** fliegt zur Nektaraufnahme blühende Kräuter und Stauden verschiedenster Arten an. Er scheint im Untersuchungsgebiet einer der häufigsten Zipfelfalter am Rande feuchter Auenwälder zu sein. Ein gutes Erkennungsmerkmal ist das weiße w-förmige Zeichen der Hinterflügel, welches bei keiner anderen Art vorkommt.

Die Nahrung der **Raupe** beschränkt sich auf Blätter diverser Ulmenarten *(Ulmus)*.

(1) *Satyrium w-album*

(2) *Satyrium w-album*

(3) *Satyrium w-album*

(1) *Thecla betulae*

(2) *Thecla betulae* ♀

Nierenfleck-Zipfelfalter §

Thecla betulae

Spw. 30–36 mm

Der hübsche **Falter (1–2)** bekam seinen Namen nach dem orangenen nierenförmigen Fleck auf der braunen Oberseite der Vorderflügel. Dieser ist beim Weibchen besonders ausgeprägt. Jedoch sieht man das Kennzeichen nur bei geöffneten Flügeln. Die Farben der Flügelunterseiten variieren zwischen Braun und Orange. Die Männchen sind meist trister gefärbt. Eine beliebte Nektarpflanze ist die eingebürgerte Kanadische Goldrute *(Solidago canadensis)*.

Die **Raupe** frisst an Blättern verschiedener Bäume wie Birken *(Betula)*, Quitten *(Chaenomeles)*, Pflaume oder Süßkirsche *(Prunus)*.

Weißlinge, Gelblinge (Fam. *Pieridae*)

Kleiner Kohlweißling

Pieris rapae

Spw. 40–50 mm

Der **Falter (1–4)** ist überall häufig und besucht Blüten verschiedenster Kräuter und Stauden. Vom Großen Kohlweißling (S. 88) unterscheidet er sich neben der Größe durch seinen kaum am Flügelrand herablaufenden, schwarzen Eckfleck. Das Männchen **(1)** hat auf dem Vorderflügel nur je einen schwarzen Fleck, während das Weibchen **(2)** je zwei besitzt.

Die einfarbig grüne **Raupe (5)** frisst Blätter verschiedener Kohlarten und anderer Kreuzblütler. Die junge Gürtelpuppe ist einfarbig hellgrün **(6)**, ihr Endstadium **(7)** ist dunkler und bunter gezeichnet.

(1) *Pieris rapae* ♂

(3) *Pieris rapae* ♂

(4) *Pieris rapae*

(2) *Pieris rapae* ♀

(5) *Pieris rapae* Raupe

(6) *Pieris rapae* Puppe

(7) *Pieris rapae* Puppe

(1) *Pieris brassicae*

(2) *Pieris brassicae* Eiablage

Großer Kohlweißling
Pieris brassicae

Spw. 50–65 mm

Der häufige **Falter** (1–2) ist etwas größer als der Kleine Kohlweißling (S. 86). Sein schwarzer Eckfleck läuft im Gegensatz zu diesem weiter am Flügelrand herab. Das Weibchen **(2)** legt seine Eier **(3)** häufig an Kreuzblütlern ab, hier an Rucola *(Diplotaxis)*.

Die **Raupe (4)** entwickelt sich hauptsächlich an diversen Kohlarten *(Brassica)*, doch auch an anderen Pflanzen wie z. B. der in Gärten häufig angepflanzten Kapuzinerkresse *(Tropaeolum)*. Es werden Gürtelpuppen **(5–6)** gebildet. Kurz vor dem Schlüpfen des Falters kann man Augen, Flügel und Fühler schon deutlich erkennen **(6).** Der Entwicklungszyklus vom Ei bis zum fertigen Falter dauerte an einem beobachteten Standort nur 27 Tage.

(4) *Pieris brassicae* Raupe

(5) *Pieris brassicae* Puppe

(3) *Pieris brassicae* Eier

(6) *Pieris brassicae* Puppe

Grünader-Weißling,
Raps-Weißling
Pieris napi

Spw. 30–40 mm

Der **Falter (1–4)** gehört zu den sehr häufigen Vertretern seiner Gattung. Typisch ist seine dunkle, unscharfe Aderung an der Unterseite der Hinterflügel. Das Weibchen **(1)** besitzt auf den Vorderflügeln je zwei schwarze Punkte, das Männchen **(2)** nur einen. Bei der Paarung **(4)** sind die Geschlechter kaum unterscheidbar. Zur Nektaraufnahme werden Blüten vieler verschiedener Kräuter und Stauden aufgesucht, hauptsächlich Kreuzblütler wie Knoblauchsrauke *(Alliaria petiolata)* oder Wiesen-Schaumkraut *(Cardamine pratensis)*.

Die **Raupe** wählt für ihre Nahrung ähnliche Pflanzen wie der Falter. Bei geringer Auswahl wird auch die häufige Graukresse *(Berteroa incana)* gerne angenommen.

(1) *Pieris napi* ♀

(2) *Pieris napi* ♂

(4) *Pieris napi* Paarung

(3) *Pieris napi*

Aurorafalter §

Anthocharis cardamines

Spw. 35-45 mm

Das Männchen **(1-2, 6)** des **Falters** ist im Flug leicht an den orange gefärbten Flügelmalen zu erkennen. Es sucht nach bevorzugten Futterpflanzen, vorwiegend Kreuzblütlern wie Wiesen-Schaumkraut *(Cardamine pratensis)* oder Knoblauchsrauke *(Alliaria petiolata)*. Dem Weibchen **(3-4)** fehlen orangene Farbtöne. Wegen der grün gesprenkelten Unterseite seiner Hinterflügel kann es leicht für einen Reseda-Weißling (S. 98) gehalten werden. Das paarungswillige Weibchen richtet seinen Hinterleib senkrecht nach oben **(5)**.

Die **Raupe** ernährt sich von verschiedenen Kreuzblütlern (*Sinapis, Cardamine, Lunaria, Alliaria, Arabis, Rorippa* u.a.). Die grünliche, schlanke Gürtelpuppe ist an beiden Enden zugespitzt.

(2) *Anthocharis cardamines* ♂

(3) *Anthocharis cardamines* ♀

(1) *Anthocharis cardamines* ♂

(6) *Anthocharis cardamines* ♂

(4) *Anthocharis cardamines* ♀

(5) *Anthocharis cardamines* Pärchen

Baum-Weißling RL

Aporia crataegi

Spw. 50-60 mm

Der **Falter (1-2)** entspricht in der Größe dem Großen Kohlweißling (S. 88), besitzt aber eine deutliche schwarze Aderung auf den Flügeln. In günstigen Jahren sieht man ihn öfter an Waldrändern, Waldwegen und auf krautreichen Wiesen umherfliegen. Er besucht Blüten von Kräutern, Stauden und Holzgewächsen.

Die **Raupe (3-4)** benötigt Blätter diverser Bäume (*Crataegus, Prunus, Sorbus* und *Frangula*) oder Beerensträucher *(Ribes)*. Dort entwickeln sich auch die farbenfrohen Gürtelpuppen **(5-6)**.

(1) *Aporia crataegi*

(2) *Aporia crataegi*

(3) *Aporia crataegi* Raupe

(4) *Aporia crataegi* Raupe

(5) *Aporia crataegi* Puppe

(6) *Aporia crataegi* Puppe

(1) *Pontia edusa* ♂

Reseda-Weißling
Pontia edusa

Spw. 30–45 mm

Der in Brandenburg zerstreut vorkommende **Falter (1–4)** ist ein wärmeliebender Wanderfalter, der in günstigen Jahren auch in Deutschland verweilt. Durch die grün-weiß gefleckte Unterseite seiner Hinterflügel könnte er mit Weibchen des Aurorafalters (S. 92) verwechselt werden. Die Bestimmung birgt gewisse Zweifel. Die südlich-westlich verbreitete Art, der Westliche Reseda-Weißling *(Pontia daplidice)*, ist nach äußeren Merkmalen nicht zu unterscheiden. Da die Funde in Berlin und Brandenburg liegen, ist es vernünftig, den Namen »*edusa*« zu verwenden.

Die **Raupe (5)** benötigt Blätter der Wilden Resede *(Reseda lutea)* als Futterpflanze, gibt sich aber auch mit anderen Kreuzblütlern zufrieden.

(2) *Pontia edusa* ♂

(4) *Pontia edusa* ♀

(3) *Pontia edusa*

(5) *Pontia edusa* Raupe

Tintenfleck-Weißling,
Senf-Weißling §
Leptidea sinapis

Spw. 25–35 mm

Der nicht seltene **Falter (1–3)** gehört zu den kleineren Weißlingen. Zur Nektaraufnahme fliegt er gerne auf Schmetterlingsblütler, an denen er meist mit geschlossenen Flügeln sitzt. Die verwaschene Zeichnung der Hinterflügel erinnert an einen Tintenfleck (Name!). In neuerer Zeit werden zwei wärmeliebende Arten genannt, die äußerlich nicht zu unterscheiden sind: *L. juvernica* und *L. reali*. Ob und wo diese den »Echten« Tintenfleck-Weißling allmählich verdrängen, muss erst noch wissenschaftlich ergründet werden.

Die **Raupe** ist grün, fein behaart und besitzt auf jeder Seite einen gelblichen, dünnen Längsstreifen. Auf dem Rücken befindet sich eine helle Doppellinie. Sie ernährt sich von Wicken (*Vicia* und *Coronilla*), Wiesen-Platterbse (*Lathyrus*) und Kleearten (*Medicago* und *Lotus*).

(1) *Leptidea sinapis*

(2) *Leptidea sinapis*

(3) *Leptidea sinapis*

(1) *Colias hyale*

(2) *Colias hyale*

Weißklee-Gelbling, Goldene Acht RL, §

Colias* cf. *hyale

Spw. 35–45 mm

Der **Falter (1–2)** erhielt den Beinamen »Goldene Acht« aufgrund eines an der Außenseite seiner Hinterflügel angebrachten Zeichens, welches an die Zahl 8 erinnert. Die Art ist in Brandenburg selten und wurde von uns nur zweimal beobachtet. Der noch seltenere Hufeisenklee-Gelbling *(Colias alfacariensis)* ist nur am Zeichnungsmuster seiner Raupe (grün, mehr als zwei gelbe Streifen, schwarze Punkte) zu unterscheiden. Die Bestimmung innerhalb dieser Artengruppe ist nach äußeren Merkmalen stets unsicher, zumal noch der Wander-Gelbling *(Colias crocea)* als mögliche dritte Art hinzukommt. Seine Raupen gleichen denen des Weißklee-Gelblings.

Die **Raupe** des Weißklee-Gelblings ist grün, hat aber nur zwei gelbe Längsstreifen und ist nicht punktiert. Sie ist an verschiedenen Klee-Arten *(Medicago, Trifolium)*, Hornklee *(Lotus)*, Kronwicke *(Coronilla)* und *Vicia*-Arten zu finden.

Fotobelege: Brandenburg, bei Streganz, 24. 7. 2015; Brandenburg, nahe Storkow, 16. 9. 2018.

Zitronenfalter
Gonepteryx rhamni

Spw. 45–55 mm

Der überall häufige **Falter (1–4)** gehört zu den besonders früh erscheinenden Tagfaltern. Einmal sahen wir die ersten Exemplare bereits im Februar. In Ruhestellung sind die Flügel immer geschlossen, weshalb man die Flügeloberseiten fast nie sehen kann. Sie sind wie die Unterseite gefärbt und mit je einem unscheinbaren rötlichen Punkt versehen. Weibchen **(1–2)** sind etwas heller und grüngelb, während die Männchen **(3–4)** wärmere Gelbtöne aufweisen. Die Unterscheidung ist nicht immer leicht. Der Falter besucht zur Aufnahme von Nektar Kräuter diverser Pflanzenfamilien, was auf den Fotos dokumentiert ist. Der Zitronenfalter war in Deutschland Insekt des Jahres 2002.

Die einfarbig grüne **Raupe** holt sich ihre Nahrung von Bäumen wie Faulbaum *(Frangula)* oder Kreuzdorn *(Rhamnus)*.

(1) *Gonepteryx rhamni* ♀

(3) *Gonepteryx rhamni* ♂

(4) *Gonepteryx rhamni* ♂

(2) *Gonepteryx rhamni* ♀

Dickkopffalter (Fam. *Hesperiidae*)

Rostfarbener Dickkopffalter

Ochlodes sylvanus
(Ochlodes venatus)

Spw. 25-30 mm

Der häufige **Falter** (1-3) breitet im Sitzen seine Flügel nie gänzlich aus, wodurch die typische »Deltaform« entsteht. Männchen (1) haben an der Flügeloberseite einen dunklen, kommaförmigen Duftschuppenfleck, der den Weibchen (2) fehlt. Die Unterseite der Hinterflügel (3) ist mit schwach kontrastierten Flecken besetzt, die auch gänzlich fehlen können. Sehr ähnlich ist der im Untersuchungsgebiet weitaus seltenere Kommafalter (S. 105), dessen Flügelunterseiten kontrastreicher gefleckt sind.

Die Körperfarbe der **Raupe** ist grün, wodurch sich der dunkelbraune Kopf deutlich absetzt. Ihre Nahrung bezieht die Raupe von verschiedenen Gräsern (*Phleum, Molinia, Agrostis, Calamagrostis* u.a.), wo auch die Eier abgelegt werden.

(2) *Ochlodes sylvanus* ♀

(1) *Ochlodes sylvanus* ♂

(3) *Ochlodes sylvanus*

(1) *Hesperia comma* ♂

(2) *Hesperia comma* ♀

(3) *Hesperia comma*

Komma-Dickkopffalter RL, §

Hesperia comma

Spw. 25–30 mm

Der **Falter (1-3)** ähnelt sehr dem häufigeren Rostfarbenen Dickkopffalter (S. 104), ist aber seltener, da er anscheinend mehr an Trockenrasen gebunden ist. Der dunkle, schmale Duftschuppenstreifen des Männchens **(1)**, das »Komma«, ist namengebend. Es fehlt dem Weibchen **(2)**. Bestes Trennmerkmal zum Rostfarbenen Dickkopffalter ist die mit kontrastreichen, hellen Flecken besetzte Unterseite der Hinterflügel **(3)**.

Als Nahrung für die braune **Raupe** werden die Süßgräser Ausdauernder Lorch *(Lolium perenne)* und Schafschwingel *(Festuca ovina)* genannt.

Fotobelege: Brandenburg, bei Wünsdorf, Trockenrasen, 12. 8. 2016 und 22. 7. 2018.

(1) *Carcharodus alceae*

(2) *Carcharodus alceae*

Malven-Dickkopffalter RL, §

Carcharodus alceae

Spw. 25–35 mm

Der **Falter (1–2)** ist in Brandenburg selten und wurde von uns bisher nur einmal gefunden. Seine braunen Flügel zeichnen sich durch ein kompliziertes würfelartiges Muster aus. Eine gewisse Ähnlichkeit hat der Kronwicken-Dickkopffalter (S. 108), der jedoch einfarbig braune Hinterflügel besitzt.

Der Kopf der grau oder braun gefärbten **Raupe** ist schwarz und hat am Hinterkopf drei auffallend gelbe Flecken. Ihre Nahrung besteht hauptsächlich aus Blättern von Malven *(Malva)*.

Fotobeleg: Brandenburg, Glau, 8. 7. 2017.

Gelbwürfeliger Dickkopffalter

Carterocephalus palaemon

Spw. 22-28 mm

Der **Falter (1-3)** fällt an grasigen Wegen und Waldlichtungen durch seine auffallend gelb gefleckten Flügel auf. Die Unterseiten seiner Hinterflügel erinnern etwas an die des Spiegelfleck-Dickkopffalters (S. 108). Die Art ist in Brandenburg zerstreut verbreitet, wird aber nicht in jedem Jahr gefunden.

Die **Raupe** ist grün gefärbt und besitzt einen schwarzen Kopf. Sie ernährt sich von verschiedenen Süßgräsern (*Holcus, Dactylis, Phleum, Calamagrostis* u.a.).

(1) *Carterocephalus palaemon*

(2) *Carterocephalus palaemon*

(3) *Carterocephalus palaemon*

(1) *Erynnis tages*

Kronwicken-Dickkopffalter RL

Erynnis tages

Spw. 24–28 mm

Der **Falter (1)** ist wegen seiner braunen Grundfärbung wenig auffällig und kann leicht übersehen werden. Nur auf den Vorderflügeln ist eine verwaschene Zeichnung zu erkennen. Die Art befliegt extensiv genutzte Weiden und Trockenrasen. Sie scheint in Brandenburg nicht häufig zu sein.
Die **Raupe** ist hellgrün gefärbt und hat einen braunen Kopf. Sie frisst an Bunter Kronwicke *(Coronilla varia)* und an diversen Klee-Arten *(Lotus, Hippocrepis).*

Fotobeleg: Brandenburg, Kienbaum, nahe der Löcknitz, 16. 5. 2013.

Spiegelfleck-Dickkopffalter §

Heteropterus morpheus

Spw. 30–35 mm

Der **Falter (1–4)** sitzt in Ruhestellung fast immer mit geschlossenen Flügeln an Blüten, Stängeln oder Halmen. In dieser Stellung sind die hellen, dunkel umrandeten Flecken **(1, 4,** S. 110, 111) sehr auffällig. Die braunen, mehr oder weniger weiß gefleckten Oberseiten sieht man selten, da sich der Falter kaum öffnet. Auffällig ist auch der unruhige, »hüpfende« Flug des Falters. In Norddeutschland und Brandenburg ist die Art relativ häufig auf Feuchtwiesen oder an Teichrändern zu beobachten.

Die grüne **Raupe** entwickelt sich an Pfeifengras *(Molinia)* und Reitgras *(Calamagrostis)*, in deren Blätter sie sich einspinnt.

(2) *Heteropterus morpheus*

(3) *Heteropterus morpheus*

(1) *Heteropterus morpheus*

(4) *Heteropterus morpheus*

(1) *Pyrgus malvae*

(2) *Pyrgus malvae*

(3) *Pyrgus malvae*

Kleiner Würfel-Dickkopffalter RL, §

Pyrgus malvae

Spw. 20–25 mm

Der kleine **Falter (1–3)** erinnert mit geöffneten Flügeln farblich an den Spiegelfleck-Dickkopffalter (S. 108), ist aber auffälliger weiß gefleckt. Er besucht zur Nektaraufnahme gerne feuchtere Wiesen, die mit Fingerkraut *(Potentilla)*, Odermennig *(Agrimonia)* oder dem Kleinen Wiesenknopf *(Sanguisorba minor)* bewachsen sind. In Brandenburg scheint er aktuell relativ selten zu sein. Auf trockenen Wiesen nahe der Löcknitz sahen wir ihn häufiger.

Die hellgrüne **Raupe** ernährt sich außerdem noch von Erdbeere *(Fragaria)* und Mädesüß *(Filipendula)*.

Schwarzkolbiger Braun-Dickkopffalter

Thymelicus lineolus

Spw. 22–25 mm

Der **Falter (1–4)** besucht blühende Kräuter auf feuchten oder trockenen Wiesen und Weiden. Seine Flügel hält er meistens halb geschlossen. Die Art unterscheidet sich von dem sehr ähnlichen, häufigeren Braunkolbigen Braun-Dickkopffalter (S. 115) durch die unterseits an der Spitze schwarzbraun gefärbten Fühler **(4)**. Braun-Dickkopffalter ähneln in Aussehen und Haltung den Dickkopffaltern der Gattungen *Ochlodes* und *Hesperia*, sind aber kleiner.

Die grüne **Raupe** ernährt sich hauptsächlich von Gräsern (*Carex, Dactylis, Triticum, Holcus* u.a.).

(1) *Thymelicus lineolus*

(2) *Thymelicus lineolus*

(3) *Thymelicus lineolus*

(4) *Thymelicus lineolus*

(1) *Thymelicus sylvestris*

Braunkolbiger Braun-Dickkopffalter

Thymelicus sylvestris

Spw. 22-25 mm

Der häufige, kleine **Falter (1-3)** ist vom ähnlichen Schwarzkolbigen Braun-Dickkopffalter (S. 113) schwer zu unterscheiden, wenn man nicht auf die Färbung seiner Fühler achtet. Diese sind an der Unterseite ihrer Spitzen nicht dunkel schwarzbraun, sondern hell beigefarben. Auch insgesamt erscheinen die Tiere etwas heller.

Die **Raupe** entwickelt sich vorwiegend an Honiggras *(Holcus)*.

(2) *Thymelicus sylvestris*

(3) *Thymelicus sylvestris* Paarung

Schmetterlinge (Nachtfalter, Raupen)

ÜBERSICHT DER FAMILIEN IM KAPITEL

Nachtfalter

Zahnspinner (Fam. *Notodontidae*)

Birken-Gabelschwanz RL, §

Furcula bicuspis

Spw. 30–45 mm

Der **Falter (1-3)** hält sich an Birken auf und ist durch seine auffallend schwarz-weiße Zeichnung nicht leicht zu entdecken. Die Arten der Gattung sind oft schwer auseinanderzuhalten. Ähnlich sind der an Buchen lebende Buchen-Gabelschwanz *(F. furcula)*, besonders aber der Espen-Gabelschwanz (*F. bifida*, Raupe S. 386), den man an Zitterpappeln finden kann.

Der Name »Gabelschwanz« bezieht sich auf die doppelten Hinterleibsanhänge der **Raupen**. Sie ernähren sich von Blättern der Birke *(Betula)* oder Erle *(Alnus)*.

Fotobelege: Brandenburg, Seeufer bei Linum, 9. 8. 2014.

(2) *Furcula bicuspis*

(3) *Furcula bicuspis*

(1) *Furcula bicuspis*

(1) *Cerura vinula*

Großer Gabelschwanz

Cerura vinula

Spw. 60–75 mm

Der hellgraue oder weißliche **Falter (1)** ist an Körper und Beinen wollig behaart. Die Vorderflügel sind mit dünnen, schwarzen Längslinien und Punkten verziert. Ein gutes Unterscheidungsmerkmal zum ähnlichen Weißen Gabelschwanz *(C. erminea)* sind die zusätzlichen gelblichen Längsadern, die bei der Schwesterart fehlen.

(2) *Cerura vinula* Raupe

Die bis zu 80 mm lange erwachsene **Raupe (2)** zieht bei Gefahr den Kopf ein, wodurch ein verbreitertes, rot und weiß umrandetes »Gesicht« entsteht. Als letzte Abwehr kann sie aus einer Drüse Ameisensäure verspritzen. Bild **(3)** zeigt eine sehr junge Raupe. Als Nahrung werden Blätter von verschiedenen Pappel-Arten *(Populus)* oder Weiden *(Salix)* bevorzugt.

Fotobeleg: Jungraupe **(3):** Brandenburg, zwischen Limsdorf und Werder, Rand einer Orchideenwiese, an Salweide, 15. 6. 2020.

(3) *Cerura vinula* Raupe

(1) *Phalera bucephala*

(2) *Phalera bucephala*

Mondvogel

Phalera bucephala

Spw. 50-60 mm

Der **Falter (1-2)** ist durch Muster und Farbe seiner Flügel sehr gut getarnt, besonders wenn er auf Birkenrinde sitzt. Das nachtaktive Tier kann gelegentlich auch tagsüber beobachtet werden. Mit zusammengefalteten Flügeln imitiert es einen Aststummel.

Die bis zu 60 mm lange **Raupe (3)** fällt durch schwarz-gelbliche Farben, flaumige Behaarung und dunkel abgesetzten Kopf mit V-Zeichnung auf. Jüngere Stadien sitzen beim Fressen auf den Blättern gerne in dichten Gruppen, den sog. Raupenspiegeln. Bei der Wahl ihrer Bäume sind sie nicht sehr wählerisch. Bevorzugt werden Laubbäume wie z. B. Birken *(Betula)*, Weiden *(Salix)*, Zitterpappeln *(Populus)*, Eichen *(Quercus)*, Rotbuchen *(Fagus)* oder Linden *(Tilia)*.

(3) *Phalera bucephala* Raupe

(1) *Ptilodon capucina*

Kamel-Zahnspinner

Ptilodon capucina

Spw. 40-45 mm

Der rotbraune **Falter (1)** kann gelegentlich schlafend in der bodennahen Krautschicht (hier an Brennnessel) beobachtet werden. Seine für alle Zahnspinner typisch geformten Flügel sind in Ruhestellung geschlossen. Sie fallen durch eine dunkle Aderung und fein gezackten Rand auf. Die Rückenlinie ist mit einem höckerartigen Haarbüschel versehen.

Die **Raupe** kann grün oder braun gefärbt sein. Ihr Futter sind Blätter diverser Laubbäume. Bei einer Störung wird der vordere Teil mit dem Kopf ruckartig zurückgezogen (Abwehrhaltung). Puppen werden in der Erde gebildet.

Schneckenspinner (Fam. *Limacodidae*)

Großer Schneckenspinner
Apoda limacodes

Spw. 20-30 mm

Der kleine **Falter (1-3)** kann tagsüber an Baumrinden von Eichen beobachtet werden. Seine Flügel sind oft halb geschlossen. Im Gegensatz zum Kleinen Schneckenspinner *(Heterogenea asella)* sind die Flügeloberseiten mit je zwei nicht parallelen, dunklen Linien verziert. Obwohl die Art nicht selten ist, wurde sie bisher nur in einem Jahr gefunden.

Die ovale, fast beinlose **Raupe** bewegt sich ähnlich einer Schnecke mit wellenförmigen Bewegungen auf einer von ihr erzeugten Schleimspur.

Fotobelege: Brandenburg, Dubrow bei Gräbendorf, Eichenwald, 3. 7. 2015 und 17. 7. 2015.

(1) *Apoda limacodes*

(2) *Apoda limacodes*

(3) *Apoda limacodes*

Schwärmer (Fam. *Sphingidae*)

Mittlerer Wein-Schwärmer
Deilephila elpenor

Spw. 50-60 mm

Der **Falter (1-2)** gehört zu den bunten Arten seiner Gattung. Im Sitzen sind seine Flügel halb geöffnet und präsentieren die für Schwärmer typische Deltaform. Am Tage ist er als ausgesprochen nachtaktive Art kaum zu sehen, obwohl er weit verbreitet und auch in Mitteldeutschland in bestimmten Jahren häufig ist. Für alle Schwärmer ist der hochstehende, stachelartige Anhang (Enddorn) am Hinterende der Raupen kennzeichnend.

Die **Raupe (3-5)** wird bis zu 80 mm lang. Sie kann grün oder braun gefärbt sein. Bei Störungen zieht sie ihren Kopf ein und bläht das Vorderende auf **(4)**, was an eine Kobra erinnert. Die beiden kontrastreichen Augen-

(1) *Deilephila elpenor*

(2) *Deilephila elpenor*

flecke verstärken diesen Eindruck. Wir fanden die Raupen stets in Wassernähe am Rauhaarigen Weidenröschen *(Epilobium hirsutum)*. Blutweiderich *(Lythrum salicaria)* und Gewöhnliche Nachtkerze *(Oenothera biennis)* werden als Futterpflanzen ebenfalls genannt. Die Puppe **(6)** entwickelt sich in der Erde.

(4) *Deilephila elpenor* Raupe

(3) *Deilephila elpenor* Raupe

(5) *Deilephila elpenor* Raupe

(6) *Deilephila elpenor* Puppe

Oleander-Schwärmer

Daphnis nerii

Spw. 60-90 mm

Der **Falter (1-2)** ist vorwiegend grün gefärbt und bunt gescheckt. In Ruhestellung bilden die Flügel die typische Deltaform. Beide Geschlechter sind nur schwer zu unterscheiden (siehe Paarung **(2)**). Die wärmeliebende Art ist, wohl bedingt durch die Klimaerwärmung, ab 2016 auch in Brandenburg und Mecklenburg-Vorpommern aufgetreten. Die hier gezeigten Fotos stammen jedoch aus dem Schmetterlingshaus der Biosphäre Potsdam. Der Falter ernährt sich vom Nektar verschiedener Pflanzen. Genannt werden neben Oleander *(Nerium oleander)* auch Tabak *(Nicotiana)*, Geißblattgewächse *(Lonicera)* und Seifenkraut *(Saponaria)*.

Die grüne oder braune **Raupe (3-4)** erreicht eine Länge von ca. 100 mm. Sie frisst vorwiegend Blätter des Oleanders, aber auch andere Pflanzen. Bild **(5)** zeigt zwei Puppen in verschiedenen Ansichten.

(2) *Daphnis nerii* Paarung

(3) *Daphnis nerii* Raupe

(4) *Daphnis nerii* Raupe

(5) *Daphnis nerii* Puppe

(1) *Daphnis nerii*

Hummel-Schwärmer RL, §

Hemaris fuciformis

Spw. 40–45 mm

Der **Falter (1–2)** ist an seinen Futterpflanzen auch am Tage zu beobachten. Seine durchsichtigen Flügel erinnern an die meist kleineren Glasflügler *(Sesiidae)*. Der lange Saugrüssel ist gut an tiefere, trichterförmige Blüten angepasst, die der Falter kurz anfliegt und dabei wie ein Kolibri in der Luft schwebt. Die Art ist in Brandenburg verbreitet, aber nicht häufig.

Die **Raupe** ernährt sich von Blättern der Schneebeere *(Symphoricarpos)* und Heckenkirsche *(Lonicera)*.

Fotobelege: Brandenburg, Tramnitz, Privatgarten, 10. 6. 2016.

(1) *Hemaris fuciformis*

(2) *Hemaris fuciformis*

(1) *Hyles euphorbiae*

(2) *Hyles euphorbiae*

Wolfsmilch-Schwärmer RL, §

Hyles euphorbiae

Spw. 60-75 mm

Der dämmerungs- und nachtaktive **Falter** (1-3) besitzt Vorderflügel, deren dunkel gefärbte Partien olivbraun abgesetzt sind. Die verkürzten Hinterflügel sind rot und schwarz umrandet.

Die bis zu 80 mm lange, bunte **Raupe** (4-5) lebt und frisst an Wolfsmilchgewächsen, vorwiegend an der Zypressen-Wolfsmilch *(Euphorbia cyparissias)*. Mehrere Farbvarianten sind hier im Foto dargestellt. Typisch für alle Schwärmerraupen ist das Analhorn am hinteren Ende. Die Puppe (6) wird in einem aus Pflanzenresten verwobenen Kokon am Erdboden gebildet.

(3) *Hyles euphorbiae*

(4) *Hyles euphorbiae* Raupe

(5) *Hyles euphorbiae* Raupe

(6) *Hyles euphorbiae* Puppe

(1) *Sphinx ligustri*

Liguster-Schwärmer
Sphinx ligustri

Spw. 80–120 mm

Der große, dämmerungs- und nachtaktive **Falter (1)** besitzt braune Vorderflügel mit einem schwarzbraunen Längswisch auf der inneren Hälfte. Sehr dunkel ist auch die Oberseite des Vorderkörpers. Bei geöffneten Flügeln sieht man eine dunkle Querbänderung auf den kleineren Hinterflügeln und den schwarz und weinrot gemusterten Hinterleib.

(2) *Sphinx ligustri* Raupe

Die bis zu 100 mm lange **Raupe (2)**, hier in typischer »Sphinx-Haltung«, ist auf leuchtend grünem Grund mit sieben weiß-lila gefärbten, dünnen Querstreifen besetzt. Am Ende sitzt das bei allen Schwärmern vorkommende, gebogene Analhorn. Die Raupe ernährt sich von Blättern verschiedener Büsche und Bäume, darunter auch des namengebenden Liguster.

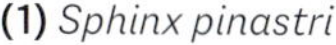
(1) *Sphinx pinastri*

Kiefern-Schwärmer

Sphinx pinastri *(Hyloicus pinastri)*

Spw. 70–90 mm

Der farblich recht unscheinbare graubraune **Falter (1-3)** ist dämmerungs- und nachtaktiv. Er bewohnt Nadel- und Mischwälder mit Kiefernbeständen und wird trotz seiner relativen Häufigkeit leicht übersehen. Wir fanden ihn einmal saugend am Ausfluss einer älteren Eiche **(1)**.

Die bunte, auffällig grün-weiß gezeichnete **Raupe (4)** frisst vorwiegend Kiefernnadeln *(Pinus)*, ist aber auch an Tannen *(Abies)* und Lärchen *(Larix)* anzutreffen.

(3) *Sphinx pinastri* Paarung

(2) *Sphinx pinastri*

(4) *Sphinx pinastri* Raupe

Totenkopf-Schwärmer
Acherontia atropos

Spw. 90–110 mm

Der dämmerungs- und nachtaktive **Falter (1–2)** besitzt dunkel graubraune, pelzige Vorderflügel mit einer schwachen, hellen Zeichnung. Die Hinterflügel sind gelborange und dunkel quer gebändert. Sehr auffallend und namengebend ist das helle Zeichen auf dem Vorderkörper, welches an einen Totenkopf erinnert. Der Schwärmer ist ein Wanderfalter, der in Südeuropa beheimatet ist. Er fliegt alljährlich nach Norden und ist nachweislich bereits bis nach Brandenburg vorgedrungen. Alle hier gezeigten Fotos stammen jedoch aus dem Schmetterlingshaus der Biosphäre Potsdam. In der Natur besucht der Falter Bienenstöcke, da er sich vorwiegend von Honig ernährt. Durch Abgabe spezieller Geruchsstoffe wird er von Bienen geduldet.

Die bis zu 150 mm lange **Raupe (3–4)** erscheint in einer gelbgrünen **(3)** und einer braunen Form **(4)**. Ihre Nahrung besteht aus Blättern kultivierter Nachtschattengewächse *(Solanaceae)* wie Kartoffeln, Tomaten, Auberginen und diversen Kräutern, Sträuchern und Bäumen anderer Pflanzenfamilien.

(2) *Acherontia atropos*

(3) *Acherontia atropos* Raupe

(1) *Acherontia atropos*

(4) *Acherontia atropos* Raupe

(1) *Macroglossum stellatarum*

Taubenschwänzchen
Macroglossum stellatarum

Spw. 40-50 mm

Der **Falter (1-3)** ist ein tagaktiver Wanderfalter, der alljährlich aus wärmeren Gegenden einfliegt. Sein sehr langer Rüssel ermöglicht es, zur Nektaraufnahme tief in die Blüten einzutauchen. Während des Saugens »steht« der Falter, ähnlich wie ein Kolibri, schwirrend in der Luft. Nach mehreren Blütenbesuchen fliegt er für eine kurze Ruhepause in die umliegenden Baumkronen, erscheint aber bald wieder an den Futterquellen. Wir fanden ihn meistens am Echten Seifenkraut *(Saponaria officinalis)*. Die Art ist in günstigen Jahren häufiger, blieb aber 2019 und 2020 in diesem Gebiet weitgehend verschollen.

Die grüne, in Längsrichtung gestreifte **Raupe** ernährt sich von verschiedenen Labkraut-Arten *(Galium)*.

Fotobelege: Brandenburg, Glau, hier stets an Seifenkraut, 12.-23. 8. 2015.

(2) *Macroglossum stellatarum*

(3) *Macroglossum stellatarum*

Eulenfalter 1 (Fam. *Noctuidae*)

Bunte Bandeule
Noctua fimbriata

Spw. 45-60 mm

Der **Falter (1-2)** sitzt gerne mit geschlossenen Flügeln an Baumrinden. Die Grundfarben der bunt gefleckten Flügel variieren zwischen braunen und olivfarbenen Tönen. Die selten sichtbaren Hinterflügel sind, ähnlich wie bei der häufigen Hausmutter (S. 137), schwarz-orange gefärbt. Die Art ist nicht selten und kaum gefährdet.

Die **Raupe (3)** ist in ihrer Nahrung nicht wählerisch. Man findet sie an verschiedenen Bäumen, Sträuchern und Kräutern. Die kleinen schwarzen Punkte dicht über dem hellen Seitenstreifen der Raupe sind für die Art kennzeichnend.

(1) *Noctua fimbriata*

(2) *Noctua fimbriata*

(3) *Noctua fimbriata* Raupe

Janthe-Bandeule

Noctua* cf. *janthe

Spw. 35–45 mm

Der **Falter (1–2)** ist durch düstere Farben und ein verwaschenes Muster auf der Oberseite der Flügel gekennzeichnet. Die in Ruhestellung selten sichtbaren Hinterflügel sind gelborange und breit schwarzbraun gerandet. Sehr ähnlich ist die etwas häufigere Janthina-Bandeule *(Noctua janthina)*. Da wir das fotografierte Tier nicht einfangen konnten, bleibt die Bestimmung unsicher.

Die **Raupen** beider Arten ernähren sich von Blättern mehrerer Laubbäume und Sträucher. Die Herbstraupen überwintern an krautigen Pflanzen.

Fotobelege: Brandenburg, Tramnitz, Privatgarten, 9. 8. 2017.

(2) *Noctua janthe*

(1) *Noctua janthe*

(1) *Noctua pronuba*

(3) *Noctua pronuba*

Hausmutter
Noctua pronuba

Spw. 45-55 mm

Der **Falter (1-3)** besitzt oberseits grau- oder rotbraune Grundfarben mit sehr unterschiedlicher Musterung. Wenn er ausnahmsweise seine Flügel öffnet, werden die orangerötlichen, dunkel abgesetzten Hinterflügel **(3)** sichtbar. Die überall häufige Art sucht in der kühleren Jahreszeit häufig in Gebäuden Unterschlupf.

Die **Raupe (4-5)** kann grün oder braun gefärbt sein. Sie fällt durch ihre doppelte Strichelung im hinteren Teil auf. Die Nahrung bezieht sie von diversen Holzgewächsen und Kräutern.

(2) *Noctua pronuba*

(4) *Noctua pronuba* Raupe

(5) *Noctua pronuba* Raupe

(1) *Autographa gamma*

Gamma-Eule

Autographa gamma

Spw. 30–35 mm

Der überall sehr häufige, tag- und nachtaktive **Falter (1–4)** ist am Tage meist sitzend in bodennaher Vegetation zu beobachten. Auf seinen geschlossenen Flügeln ist ein helles, an ein »Gamma« erinnerndes Zeichen sichtbar. Bei einbrechender Dunkelheit besucht der Falter zur Nektaraufnahme eifrig verschiedene blühende Kräuter und Stauden. Er ist deshalb auch in Gärten ein häufiger Gast.

Die grüne **Raupe (5)** besitzt nur zwei Bauchfußpaare. Sie nimmt daher manchmal die Haltung einer Spannerraupe ein. Bei der Wahl ihrer Futterpflanzen ist die Raupe sehr vielseitig, was die Häufigkeit der Art begründet.

(2) *Autographa gamma*

(3) *Autographa gamma*

(4) *Autographa gamma*

(5) *Autographa gamma* Raupe

(1) *Macdunnoughia confusa*

Schafgarben-Silbereule
Macdunnoughia confusa

Spw. 28-32 mm

Der **Falter** (1-3) ähnelt der häufigeren Gamma-Eule (S. 139), ist aber etwas kleiner. Das helle Zeichen auf den Flügelseiten ist an der Basis kaum verbreitert, daher eher kommaförmig. Wir fanden diese Art im eigenen Garten meist in Gesellschaft der Gamma-Eule.

Als Futterpflanzen für die **Raupe** sind Brennnessel *(Urtica)*, Waldrebe *(Clematis)*, Taubnesseln *(Lamium)*, Schafgarbe *(Achillea)*, Beifuß *(Artemisia)* u.a. bekannt.

(2) *Macdunnoughia confusa*

(3) *Macdunnoughia confusa*

Silbergestreiftes Grasmotteneulchen,

Silbereulchen

Deltote bankiana

Spw. 18–22 mm

Der kleine **Falter (1–3)** ist eine relativ häufige Erscheinung trockener oder feuchter Wiesen und grasiger Wald- und Wegränder. Durch die auffallende doppelte Streifung seiner dunklen Vorderflügel ist er kaum mit anderen Arten zu verwechseln. Man sieht ihn fast immer mit geschlossenen Flügeln.

Die grüne, schlanke **Raupe** ist an Grashalmen gut getarnt.

(2) *Deltote bankiana*

(1) *Deltote bankiana*

(3) *Deltote bankiana*

Buschrasen-Grasmotteneulchen
Deltote deceptoria

Spw. 20-25 mm

Der häufige **Falter (1-3)** ist an denselben Biotopen zu finden wie sein Gattungsverwandter, *Deltote bankiana* (S 141). Die völlig abweichende doppelte Querstreifung unterscheidet ihn deutlich. Eine gewisse Ähnlichkeit besteht mit dem Waldrasen-Grasmotteneulchen (S. 143), welches sich gerne an Baumrinden aufhält. Bei dieser Art ist nur der hintere Flügelbereich weißlich abgesetzt.

Die grüne **Raupe** lebt an Gräsern, von denen sie auch ihre Nahrung bezieht.

(1) *Deltote deceptoria*

(2) *Deltote deceptoria*

(3) *Deltote deceptoria*

(1) *Protodeltote pygarga*

(2) *Protodeltote pygarga*

(3) *Protodeltote pygarga*

Waldrasen-Grasmotteneulchen

Protodeltote pygarga *(Deltote pygarga)*

Spw. 22–25 mm

Der kleine **Falter (1–3)** hält sich wie seine Gattungsgenossen gerne in grasigem Gelände auf, sitzt aber auch gelegentlich an Baumrinden. Das helle Querband im hinteren Bereich der Flügelflächen ist arttypisch, da es nie die Außenränder erreicht.

Die bräunliche **Raupe** ernährt sich von Gräsern der Gattungen *Molinia, Dactylis, Phalaris* und *Brachypodium*.

Dreieck-Grasmotteneulchen RL
Pseudeustrotia candidula

Spw. 20–25 mm

Der auffällig gemusterte **Falter (1–2)** ist tagaktiv, fliegt aber auch nachts. Auf jedem der beiden Flügel ist ein größeres Dreieck zu sehen, welches sich vom hellen Untergrund deutlich abhebt. Der Falter erinnert in seiner äußeren Erscheinungsform an einen Wickler. Er liebt trockenwarme Graslandschaften und Waldränder, wo er tagsüber an Blüten diverser Kräuter zu sehen ist. Die Art ist selten und wohl auch stark gefährdet. Sie gilt in einigen Bundesländern als ausgestorben.

Die **Raupe** ist schlank und zunächst grün gefärbt. Später weicht das Grün fleischrötlichen Farbtönen. Die Raupe soll sich unter anderem vom Kleinen Sauerampfer *(Rumex acetosella)* und Schlangen-Knöterich *(Polygonum bistorta)* ernähren.

Fotobelege: Brandenburg, Glashütte/Baruth, Auwald, 15. 6. 2010 und 5. 8. 2012.

(1) *Pseudeustrotia candidula*

(2) *Pseudeustrotia candidula*

Ackerwinden-Bunteulchen RL
Emmelia trabealis
(Acontia trabealis)

Spw. 18–22 mm

Der kleine **Falter (1–2)** fällt durch seine schwarz-weiße Längsstreifung auf, die an ein Zebra erinnert. Die weißlichen Farbanteile können auch hellgelb sein. Die nachtaktive, in Brandenburg nicht seltene Art ist oft am Tage, sitzend in der niedrigen Krautschicht, zu beobachten.

Die dunkle **Raupe** ist durch ihren hellen Längsstreifen gut gekennzeichnet. Sie ernährt sich von der Ackerwinde *(Convolvulus arvensis)*.

(2) *Emmelia trabealis*

(1) *Emmelia trabealis*

(1) *Acronicta rumicis*

Ampfer-Eule
Acronicta rumicis

Spw. 35-40 mm

Der nachtaktive, vorwiegend dunkel graubraun gefärbte **Falter (1)** wird nur selten am Tage beobachtet. Bei der Bestimmung muss die feine Zeichnung genau übereinstimmen, da es einige Verwandte mit ähnlichem Muster gibt.

Die **Raupe (2-4)** ist farblich ziemlich variabel und kann öfter an diversen Kräutern und Gräsern gefunden werden. Typisch ist ihr doppeltes, weißes Strichelmuster, welches in Längsrichtung fast über die gesamte Länge der Raupe verteilt ist. Bild **(4)** zeigt ein jüngeres Raupenstadium.

(3) *Acronicta rumicis* Raupe

(2) *Acronicta rumicis* Raupe

(4) *Acronicta rumicis* Raupe

Pfeil-Eule

Acronicta psi

Spw. 35–45 mm

Der **Falter (1–2)** besitzt eine hellgraue Grundfarbe. Die Oberseite seiner Vorderflügel ist mit schwarzen, parallel verlaufenden pfeilförmigen Zeichen besetzt. Auf Baumrinden ist er dadurch bestens getarnt. Erlen-Pfeileule *(A. cuspis)* und Dreizack-Pfeileule *(A. tridens)* sind sehr ähnlich. Unterschiede sind eher an ihren erwachsenen Raupen erkennbar.

Die **Raupe** der Pfeil-Eule **(3–5)** frisst Blätter verschiedener Laubbäume. In der Literatur werden als Nahrungspflanzen fast alle häufigeren, laubtragenden Büsche und Bäume genannt. Dafür wird der Fachbegriff »polyphag« verwendet. Wir fanden die Raupen in der Nähe von Zitterpappeln *(Populus tremula)* und an Salweide *(Salix caprea)*.

(2) *Acronicta psi*

(1) *Acronicta psi*

(4) *Acronicta psi* Raupe

(3) *Acronicta psi* Raupe

(5) *Acronicta psi* Raupe

Seladon-Eule,
Orion-Eule RL
Moma alpium

Spw. 35–45 mm

Der **Falter (1–2)** ist nachtaktiv, wird aber gelegentlich am Tage an der Rinde seiner Wirtsbäume aufgefunden. Der Volksname »Seladon« bezieht sich auf den graugrünen Farbton der Seladon-Keramik. Hauptsächlich wird der Falter an Eichen *(Quercus)* beobachtet. Er legt seine Eier aber auch an Rotbuchen *(Fagus)*, Rosskastanien *(Aesculus)*, Hainbuchen *(Carpinus)*, Pappeln *(Populus)*, Birken *(Betula)* und anderen Laubbäumen ab. Ein sehr ähnlicher Nachtfalter ist die Grüne Eicheneule (S. 151), die an gleichen Standorten vorkommt. Die Art ist in Deutschland weit verbreitet, wurde im Untersuchungsgebiet von uns jedoch nur einmal gefunden.

Die langhaarige, rot-schwarz gemusterte **Raupe** ernährt sich von Blättern diverser Laubbäume, von denen Eichen offensichtlich bevorzugt werden.

Fotobelege: Brandenburg, Dubrow bei Grabendorf, auf Eichenrinde, 13. 6. 2015.

(1) *Moma alpium*

(2) *Moma alpium*

Grüne Eicheneule,
April-Eule RL, §
Griposia aprilina *(Dichonia aprilina)*

Spw. 40–50 mm

Der nachtaktive **Falter (1–2)** ist, seinem Namen entsprechend, an Eichen *(Quercus)* gebunden. Der Name »aprilina« soll sich auf das frische Grün des Monats April beziehen, nicht jedoch auf die Flugzeit des Falters. Den gleichen Wirtsbaum bevorzugt auch die sehr ähnliche Seladon-Eule (S. 150). Bei einem direkten Vergleich erkennt man Unterschiede im Muster der Flügel, die schwer zu beschreiben sind.

Die dunkelbraune, kahle **Raupe** frisst Blätter von Eichen und anderen Laubbäumen. Sie unterscheidet sich deutlich von der Raupe der Seladon-Eule.

Fotobelege: Niederlausitz, Schlaubetal, Eichenwald, 28. 9. 2012.

(1) *Griposia aprilina*

(2) *Griposia aprilina*

Schattenmönch §
Cucullia umbratica

Spw. 40-50 mm

Der farblich recht unscheinbare **Falter (1)** ist nachtaktiv. Bei einbrechender Dunkelheit besucht er gerne lange, trompetenförmige Blüten, um ihren Nektar aufzusaugen. Wir sahen ihn einmal im eigenen Garten an Phlox zusammen mit der Gamma-Eule.

Die dunkelbraune, ziemlich große **Raupe (2-3)** ist durch ihre dunkle Farbe gut getarnt. Sie ist ebenfalls nachtaktiv und frisst an Gänsedistel *(Sonchus)*, Habichtskraut *(Hieraceum)*, Wegwarte *(Cichorium)* und Löwenzahn (*Taraxacum* und *Leontodon*).

(1) *Cucullia umbratica*

(2) *Cucullia umbratica* Raupe

(3) *Cucullia umbratica* Raupe

(1) *Tyta luctuosa*

(2) *Tyta luctuosa*

(3) *Tyta luctuosa*

Ackerwinden-Trauereule RL
Tyta luctuosa

Spw. 22–25 mm

Der nicht überall häufige **Falter (1–3)** ist die einzige Art seiner Gattung. Er ist tag- und nachtaktiv und besucht zur Nektaraufnahme diverse blühende Kräuter. Die Abbildungen zeigen den Falter an einer Glockenblume *(Campanula)*. In einigen Bundesländern ist die Art schon selten, sie wird in Mecklenburg-Vorpommern zu den bedrohten Arten gezählt.

Die **Raupe** ist in der Wahl ihrer Nahrung sehr spezialisiert, da sie wohl nur an Winden *(Convolvulus)* frisst.

Fotobelege: Brandenburg, bei Wünsdorf, Sand-Trockenrasen, 17. 7. 2011.

Hornkraut-Tageulchen RL
Panemeria tenebrata

Spw. 20-22 mm

Wie der Name des kleinen **Falters (1-2)** bereits aussagt, ist er tagaktiv und besucht zur Nektaraufnahme blütenreiche, ungedüngte Wiesen und Waldränder. In Farbe und Größe erinnert er an die Zünsler der Gattung *Pyrausta*.

Die **Raupe** ernährt sich von verschiedenen Hornkraut-Arten *(Cerastium)* und Vogelmiere *(Stellaria)*.

(1) *Panemeria tenebrata*

(2) *Panemeria tenebrata*

(1) *Heliothis viriplaca*

(3) *Heliothis viriplaca*

(2) *Heliothis viriplaca*

(4) *Heliothis viriplaca* Raupe

(5) *Heliothis viriplaca* Raupe

Karden-Sonneneule RL

Heliothis viriplaca

Spw. 25–32 mm

Der relativ kleine **Falter (1–3)** ist einer der häufigsten tag- und nachtaktiven Schmetterlinge an Blüten verschiedenster Art, an denen er schwirrend Nektar saugt. Das Muster seiner Vorderflügel ist arttypisch, während die Farben relativ veränderlich sein können. Um ihn von ähnlichen Arten unterscheiden zu können, z. B. von der sehr ähnlichen Östlichen Sonneneule (S. 156), müssen die Flügel zur Beurteilung ihres Musters in Ruhestellung sein.

Die Farbe der **Raupe (4–5)** kann grün oder rötlich sein. In der Wahl ihrer Nahrung ist sie ebenso vielfältig wie der Falter. Meist werden diverse häufige Wiesenkräuter bevorzugt, an denen sie sich auch tagsüber aufhält.

Östliche Sonneneule
Heliothis adaucta

Spw. 25–32 mm

Der **Falter (1–2)** ist ein seltener Doppelgänger der Karden-Sonneneule (S. 155), welche an gleichen Standorten zu finden ist. Seine dunkle Mittelbinde verbreitert sich am inneren Flügelrand in Richtung Kopf deutlich. Bei der Karden-Sonneneule ist die Binde an dieser Stelle schmaler. Sie bildet zur Flügelkante in etwa einen rechten Winkel. Bevorzugte Lebensräume sind Trockenhänge oder Magerrasen auf Sand.

Die **Raupe** frisst vorwiegend Blätter verschiedener Schmetterlings- und Korbblütler.

(1) *Heliothis adaucta*

(2) *Heliothis adaucta*

(1) *Amphipyra pyramidea*

(2) *Amphipyra pyramidea*

(3) *Amphipyra pyramidea* Raupe

Pyramiden-Eule

Amphipyra pyramidea

Spw. 40–50 mm

Der nachtaktive **Falter (1–2)** ist oberseits dunkler oder heller graubraun gefärbt. Die Oberseiten der Flügel zeichnen sich durch je einen hellen kleinen Augenring und ein quer liegendes Zackenmuster aus. Die selten sichtbaren Hinterflügel sind orange aufgehellt. Die ziemlich häufige Art sucht, ähnlich wie die Hausmutter (S. 137), gelegentlich Unterschlupf in von Menschen bewohnten Häusern und Wohnungen. Äußerlich kaum unterscheidbar ist Svenssons Pyramiden-Eule *(A. berbera)*, die früher als Varietät der Pyramiden-Eule angesehen wurde.

(4) *Amphipyra pyramidea* Puppe

Die grüne **Raupe (3)** ernährt sich von Blättern verschiedener Laubbäume. Sie besitzt einen kleinen Endstachel, der an eine Schwärmerraupe erinnert. Die Puppe **(4)** entwickelt sich in der Erde.

Magerwiesen-Bodeneule
Agrotis clavis

Spw. 35-40 mm

Der **Falter (1)** ist nachtaktiv, kann aber manchmal tagsüber in Bodennähe auf Erde, an Grashalmen oder Blättern beobachtet werden. Er gehört zu einer Gruppe sehr ähnlich aussehender Arten, die auf jedem Flügel oberseits ein kommaförmiges Zeichen und einige mehr oder weniger deutliche Halbmonde besitzen. Die Männchen sind durch die Lage der kammartigen Bewimperung ihrer Fühler zu unterscheiden. Bei der Magerwiesen-Bodeneule besetzen sie etwa drei Viertel der Gesamtlänge. Leider sind die Fühler des abgebildeten Männchens angelegt, weshalb dieses Merkmal kaum erkennbar ist.

Die dunkel gefärbten **Raupen** in dieser Artengruppe fressen an Blättern von Laubbäumen und Kräutern. Da einige Arten auch Kulturpflanzen befallen, können sie auf Feldern Schäden anrichten.

(1) *Agrotis clavis* ♂

Breitflügelige Erdeule RL
Agrotis bigramma *(Agrotis crassa)*

Spw. 40-50 mm

Der überwiegend nachtaktive **Falter (1-2)** zeichnet sich durch relativ breite Flügel und kräftigen Körperbau aus. Das für die Gruppe typische Muster der Flügeloberseiten ist deutlich ausgeprägt. Die Fühler der Männchen (hier nicht abgebildet) sind fast bis zur Spitze gekämmt. Die Hinterflügel sind weißlich gefärbt, was sie von den grauen Hinterflügeln der Weibchen unterscheidet. Falter haben eine Vorliebe für die Blüten der Kanadischen Goldrute (siehe Bild **(1)**).

Die **Raupe** frisst vorwiegend an Wurzeln von Süßgräsern *(Poa)*. Durch den Wurzelfraß werden die Raupen gelegentlich zu Kulturschädlingen, so z. B. in Weinbergen.

(1) *Agrotis bigramma* ♀

(2) *Agrotis bigramma* ♀

Ausrufungszeichen
Agrotis exclamationis

Spw. 35-45 mm

Der nachtaktive **Falter** (1-2) gehört zu den häufigen Arten seiner Gattung. Er ist auch in Gärten und Parks öfter zu beobachten. Gelegentlich wird er auch am Tage bei Blütenbesuchen gesehen. Die schwärzliche Komma- und Punktzeichnung der Flügel ist besonders kräftig, was dem Tier seinen Namen gab. Die Fühler der Männchen (siehe Fotos) sind über die gesamte Länge fein gekämmt. In diesem Fall ist das eher ein Lupenmerkmal.

Die dunkle, graubraune **Raupe** ernährt sich von verschiedenen Gräsern und Kräutern.

(1) *Agrotis exclamationis* ♂

(2) *Agrotis exclamationis* ♂

(1) *Agrotis segetum* ♂

Saat-Eule

Agrotis segetum

Spw. 30–40 mm

Der häufige nachtaktive **Falter** (1–2) ist heute vorwiegend auf Äckern und Feldern mit Gemüseanbau und in Gärten zu finden. Die Zeichnung der meist grauen oder bräunlichen Vorderflügel kann sehr undeutlich sein, manchmal auch gänzlich verblassen. Die Fühler der Männchen (1) sind etwa bis zur Mitte deutlich gekämmt, während die Weibchen (2) ungekämmte, peitschenförmige Fühler besitzen.

Die **Raupe** bezieht ihre Nahrung sowohl von Nadelbäumen wie Fichte *(Picea)* und Lärche *(Larix)* als auch von Kräutern und Kulturpflanzen.

(2) *Agrotis segetum* ♀

(1) *Anarta trifolii*

(2) *Anarta trifolii*

(3) *Anarta trifolii*

Melden-Flureule,
Klee-Eule
Anarta trifolii *(Discestra trifolii)*

Spw. 30-35 mm

Der tag- und nachtaktive **Falter (1-4)** besitzt eine graue bis beigefarbene Grundtönung mit kompliziertem, wenig einprägsamem Muster. Die dunkel geaderten Hinterflügel sind einfarbig grau und am Außenrand hell gerandet. Die Art scheint nicht selten zu sein, wird aber wohl oft nicht erkannt.

Die hell- bis dunkelgrüne **Raupe** wurde an Beifuß *(Artemisia)*, Königskerze *(Verbascum)*, Gänsefuß *(Chenopodium)*, Melde *(Atriplex)* und diversen Kulturpflanzen wie Kohl, Salat, Spargel und Sellerie gefunden.

(4) *Anarta trifolii*

Weißpunkt-Graseule

Mythimna albipuncta

Spw. 30-35 mm

Der häufige **Falter (1-2)** gehört zu den Arten, die sich in grasigem Gelände aufhalten und gelegentlich tagsüber Blüten besuchen. Auf den Vorderflügeln befindet sich je ein weißes, punktförmiges Zeichen. Die Grundfarbe der Flügel kann von Braun bis Hellbeige variieren. Bei der Weißfleck-Graseule *(M. conigera)* ist das weißliche Punktmal etwas dreieckig verlängert. Der ähnlichen Kapuzen-Graseule *(M. ferrago)* fehlen oft die weißen Punkte.

Die bräunliche **Raupe** besitzt zwei schwarze, unterbrochene Seitenstreifen. Sie ernährt sich von verschiedenen Süßgräsern *(Brachypodium, Molinia, Elymus, Calamagrostis, Poa)*.

(1) *Mythimna albipuncta*

(2) *Mythimna albipuncta*

(1) *Mythimna impura*

Stumpfflügel-Graseule

Mythimna impura

Spw. 30–35 mm

Der **Falter (1)** hält sich gerne auf feuchteren Wiesen oder an Teichrändern auf. Seine hellen, fast einfarbig wirkenden Flügel sind in Längsrichtung fein liniert und etwas geadert. Bei genauerem Hinsehen sind einige sehr feine, schwärzliche Punkte im hinteren Bereich der Flügel zu sehen. Sehr ähnlich sind die Bleiche Graseule *(M. pallens)* und Spitzflügel-Graseule *(M. straminea)*. Sie unterscheiden sich nur gering durch Farbe, Flügelform und Punktierung.

Die **Raupe** frisst vorwiegend an Seggen *(Carex)* und Schilfrohr *(Phragmites)*, doch auch an Süßgräsern.

Rotbraune Graseule RL

Mythimna turca

Spw. 35–45 mm

Der vorwiegend nachtaktive **Falter (1)** besiedelt feuchtere Moor- und Bruchwälder oder Wiesen. Er zeichnet sich durch rotbraune Farben aus. Typisch sind zwei dunkle Querlinien auf den Vorderflügeln und mittig je ein kleiner, heller Quermakel, der aber nicht immer deutlich ausgebildet ist. Beim abgebildeten Exemplar ist der rote Farbanteil verblasst. Es existieren ähnlich aussehende Arten.

Die Farbe der **Raupen** variiert von Grün bis Rotbraun. Sie bevorzugen als Nahrungsquelle verschiedene Süß- und Sauergräser, gelegentlich auch Sternmiere *(Stellaria)*.

(1) *Mythimna turca*

Variable Kätzcheneule
Orthosia incerta

Spw. 30-38 mm

Der dämmerungs- und nachtaktive **Falter (1)** ist äußerlich sehr veränderlich. Unsere Abbildung zeigt ein dunkles, nahezu einfarbiges Tier, welches in Ruhestellung auf einem Eschenblatt gefunden wurde. Die Art kommt nicht selten in Laub- oder Mischwäldern vor, da sie dort ihre Eier ablegt.

Die grüne **Raupe (2)** ernährt sich von Blättern verschiedener Laubbäume und Sträucher wie Schlehe *(Prunus)*, Heckenkirsche *(Lonicera)*, Pappel *(Populus)*, Weide *(Salix)*, Birke *(Betula)*, Eiche *(Quercus)*, Linde *(Tilia)* u. a.

(1) *Orthosia incerta*

(2) *Orthosia incerta* Raupe

(1) *Hecatera bicolorata*

(2) *Hecatera bicolorata*

(3) *Hecatera bicolorata* Raupe

Hasenlattich-Eule

Hecatera bicolorata

Spw. 28–35 mm

Der kleine **Falter (1-2)** ist auffallend schwarz-weiß gefärbt. Die Vorderflügel sind auf hellem Grund mit einem schwarzen bis schwarzgrauen, wellig ausgerandeten Querband versehen. Die Beine sind schwarz-weiß geringelt. Das abgebildete Tier wurde aus einer am 5. 7. 2020 aufgefundenen, fast erwachsenen Raupe gezogen. Es schlüpfte am 4. 8. 2020 und wurde dann in die Freiheit entlassen.

Die **Raupe (3)** hat ausgewachsen eine Länge von etwa 25 mm. Als Futterpflanzen werden diverse Korbblütler angegeben, darunter Habichtskraut *(Hieracium)* und der namengebende Hasenlattich *(Prenanthes purpurea)*.

(1) *Agrochola circellaris*

Rötlichgelbe Herbsteule,
Ulmen-Herbsteule
Agrochola circellaris
(Sunira circellaris)

Spw. 30-40 mm

Der nachtaktive **Falter (1)** ist relativ häufig in Laubwäldern, Parks und Gärten zu finden. Charakteristisch ist der dunkle Punkt auf jeder Flügeloberseite, der die feine, rötliche Umrandung nicht ausfüllt. Das abgebildete Exemplar ist relativ blass gefärbt.

Die **Raupen** fressen gerne Kätzchen von Weiden und Pappeln, später auch an Kräutern verschiedener Art.

Große Grasbüscheleule
Apamea monoglypha

Spw. 45-58 mm

Der vorwiegend nachtaktive **Falter (1-2)** ist in seinem äußeren Erscheinungsbild sehr variabel. Helle, auffällig gemusterte und nahezu einfarbige, dunkelbraune Exemplare kommen vor. Am Tage kann man ihn mit etwas Glück schlafend an grasigen Standorten, Bach-, Feld- und Waldrändern in niedriger Vegetation oder an Baumrinde aufspüren. In Gärten fliegt der Falter öfter Blüten des Sommerflieders *(Buddleja)* an.

Die **Raupe** ernährt sich von Wurzeln verschiedener häufig vorkommender Gräser. Sie überwintert und verpuppt sich dann in der Erde.

(1) *Apamea monoglypha*

(2) *Apamea monoglypha*

(1) *Apamea aquila*

(2) *Apamea aquila*

Dunkle Pfeifengras-Grasbüscheleule RL, §

Apamea aquila

Spw. ca. 35 mm

Der **Falter (1-3)** ist dunkelbraun und besitzt auf jedem Vorderflügel einen halbmondförmigen, mehr oder weniger umrandeten, weißen Fleck. Die übrige Fläche ist mit kaum auffallenden, dunkleren Wellenlinien und einer undeutlichen Längsstreifung versehen. Die Hinterflügel sind grau gefärbt. Die Art scheint selten zu sein.

Als Nahrung für die **Raupe** ist Pfeifengras *(Molinia)* bekannt, vielleicht frisst sie aber auch andere Gräser.

Fotobelege: Berlin, Lichtenrade, grasbestandener Privatgarten, 4. 7. 2019.

(3) *Apamea aquila*

Gelbbraune Stängeleule
Amphipoea fucosa

Spw. 30-40 mm

Der **Falter (1-3)** besitzt auf seinen braunen Vorderflügeln je zwei orange-gelbliche Flecken, von denen der untere etwas größer und mondförmig gebogen ist. Die hell berandeten Hinterflügel sind einfarbig graubräunlich. In Hochmooren lebt die Moor-Stängeleule *(A. lucens)*, die aufgrund des Fundortes ausgeschlossen werden kann. Auch die Rotbraune Stängeleule *(A. oculea)* kann sehr ähnlich sein. Im Zweifel müssen Untersuchungen der Genitalien vorgenommen werden.

Über Aussehen und Nahrung der **Raupe** ist wenig bekannt. Nach Literaturangaben soll sie sich an Gräsern entwickeln.

(1) *Amphipoea fucosa*

(2) *Amphipoea fucosa*

(3) *Amphipoea fucosa*

(1) *Caradrina clavipalpis*

(2) *Caradrina clavipalpis* Raupe

(3) *Caradrina clavipalpis* Raupe

Heu-Staubeule RL

Caradrina clavipalpis
(Paradrina clavipalpis)

Spw. 28–35 mm

Der **Falter (1)** ist in Grundfarbe und Muster relativ veränderlich. Die Art scheint gerne in Häuser und Wohnungen einzudringen. Wir fanden im Dachboden ein Exemplar, dessen dunkle Augenflecke auf der Oberseite der Flügel kaum ausgeprägt waren. Die Grundfarbe kann zwischen hellen Braun- und Grautönen variieren. Die einfarbig weißlichen Hinterflügel sind fein dunkel umrandet.

Die **Raupe (2–3)** ist unauffällig bräunlich gefärbt und besitzt einen schwarzen Kopf. Sie scheint sich von Wegerich *(Plantago)* und diversen Gräsern zu ernähren.

(1) *Actinotia polyodon*

(2) *Actinotia polyodon*

(3) *Actinotia polyodon*

Vielzahn-Johanniskrauteule

Actinotia polyodon

Spw. 30-38 mm

Der **Falter (1-3)** besitzt sehr charakteristisch gemusterte Vorderflügel. Das längs ausgerichtete, spitz-zahnartig auslaufende Streifenmuster wird auf jedem Flügel durch einen hell umrandeten Nierenfleck unterbrochen. Der Falter ist auf trockenen Kräutern besonders gut getarnt (siehe Bild **(1)**). Sehr ähnlich ist die Trockenrasen-Johanniskrauteule *(A. radiosa)*, deren Hinterflügel schwarz gefärbt sind.

Die Futterpflanze der dunkelbraunen **Raupe** ist das Echte Johanniskraut *(Hypericum perforatum)*.

Feldholz-Wintereule,
Schwarzgefleckte Wintereule
Conistra rubiginosa

Spw. 30–35 mm

Der häufige, graubräunliche **Falter** (1–3) ist gut an seinen kontrastreichen, schwarzen Flügelflecken zu erkennen, welche die nierenförmigen Ringmakel nur zum Teil ausfüllen. Typisch ist auch die helle Längsaderung der Flügel. Bei manchen Exemplaren fehlen die schwarzen Flecken der Flügeloberseiten völlig. Sie werden als fm. *immaculata* abgetrennt. Die abgebildeten Tiere wurden in den Wintermonaten Dezember und Februar gefunden, was den Namen »Wintereule« erklärt. Es gibt aber wohl auch Sommergenerationen.

Die **Raupen** sind braun gefärbt und hinter dem Kopf schwarz abgesetzt. Sie ernähren sich unter anderem von Knospen verschiedener Sträucher und Bäume, z. B. Apfelbaum *(Malus)*, Pflaume und Schlehe *(Prunus)*, Flieder *(Syringa)* und Kulturrosen *(Rosa)*.

(2) *Conistra rubiginosa*

(3) *Conistra rubiginosa*

(1) *Conistra rubiginosa*

Rotbraune Frühlings-Bodeneule,
Braunrote Wegericheule
Cerastis rubricosa

Spw. 30-38 mm

Der **Falter (1-2)** kann grau- bis rötlich braune Grundfarben haben. Auch die Zeichnung der Vorderflügel variiert. Die bei vielen Eulenfaltern in dieser Gruppe vorkommenden Ringmakel sind hier nur schwach ausgebildet. In der Flügelmitte befindet sich oft eine rötliche, dünne, gewinkelte Querbänderung, die auch beim abgebildeten Exemplar zu sehen ist. Ähnlich kann die Variable Kätzcheneule (S. 164) aussehen, die aber eine grün gefärbte Raupe besitzt. Im Frühjahr schlüpfende Falter saugen gerne an blühenden Weidenkätzchen.

Die braune **Raupe (3)** fällt durch eine weißliche Strichelung (Nebenrückenlinien) an der Oberseite und eine dunkle Querbänderung auf. Jüngere Raupenstadien sind oft mit einem weißen Längsstreifen an jeder Seite versehen. Die Nahrung besteht aus Blättern verschiedener Kräuter, darunter besonders Orchideenarten.

(1) *Cerastis rubricosa*

(2) *Cerastis rubricosa*

(3) *Cerastis rubricosa* Raupe

(1) *Cosmia trapezina*

(2) *Cosmia trapezina*

Trapez-Eule

Cosmia trapezina

Spw. 30-40 mm

Die breiten Flügel des häufigen **Falters** (1-2) können verschiedene Grundfarben haben. Sie variieren zwischen blassen und kräftigen Braun- und Grautönen. Sehr typisch sind die dünnen, trapezförmig zusammenlaufenden Querlinien der Vorderflügel. Lebensräume sind Laub- und Mischwälder, Wiesen und Felder.

Die grüne **Raupe** ist dafür bekannt, dass sie gelegentlich andere Raupen frisst. Sie wird deshalb als »Mordraupe« bezeichnet. Als pflanzliches Futter werden Blätter von diversen Laubbäumen angenommen.

Marmoriertes Gebüscheulchen
Elaphria venustula

Spw. ca. 20 mm

Der auffällig gefärbte **Falter (1–2)** ist deutschlandweit relativ häufig, wurde von uns aber nur einmal beobachtet. Am Tage sitzt er gelegentlich an krautigen Pflanzen oder Büschen. Größe und Färbung erinnern eher an eine »Motte«.

Die **Raupe** ernährt sich von den Blüten ihrer Wirte: Brombeere *(Rubus)*, Hundsrose *(Rosa canina)*, Ginster *(Sarothamnus)* u. a.

Fotobelege: Brandenburg, Dubrow bei Gräbendorf, an trockenen Douglasien-Zweigen, 13. 6. 2015.

(1) *Elaphria venustula*

(2) *Elaphria venustula*

Gelbfleck-Waldschatteneule
Euplexia lucipara

Spw. 27–35 mm

Der vorwiegend nachtaktive **Falter (1–2)** ist besonders durch seine gelben Flecken gekennzeichnet, die an den äußeren Flügelseiten unterhalb des dunklen Querbandes angebracht sind. Bei kräftig gefärbten Exemplaren ist dieses Merkmal besonders deutlich. Der Falter ist in der Wahl seiner Biotope (Wälder, Gärten, Parks) nicht sehr wählerisch.

Die grüne **Raupe** frisst an diversen Kräutern und Farnen. An ihrem Hinterende befinden sich zwei kleine weiße Punkte, was sie von anderen Raupen gleicher Farbe unterscheidet.

(1) *Euplexia lucipara*

(2) *Euplexia lucipara*

Gelbbraune Staubeule, Gemeine Staubeule
Hoplodrina octogenaria

Spw. 26–33 mm

Der relativ unscheinbare **Falter** (1–2) kommt überall in Deutschland vor und ist nicht selten. Die gelblich oder rötlich braunen Farben bieten dem Tier am Boden eine gute Tarnung. Nahestehende, ähnlich aussehende Arten wie Hellbraune Staubeule *(H. ambigua)* oder Graubraune Staubeule *(H. blanda)* sind schwer zu unterscheiden.

Die **Raupe** ist an krautigen Pflanzen zu finden. Sie überwintert und verpuppt sich dann in der Erde.

(1) *Hoplodrina octogenaria* ♀

(2) *Hoplodrina octogenaria* ♀

(1) *Mesapamea secalis*

(2) *Mesapamea secalis*

Getreide-Halmeule

Mesapamea* cf. *secalis

Spw. 30-35 mm

Der hübsche, nicht seltene **Falter (1-2)** ist, auch tagsüber, besonders in grasigem Gelände zu finden. Er erscheint in einer rotbraunen und dunkelgrauen Variante. Die Flügeloberseiten tragen je ein weißes, halbmondförmiges Zeichen. Gelegentlich kann dieses auch gelbbräunlich gefärbt sein und fällt dann weniger auf. In neuerer Zeit wurde erkannt, dass eine zweite Art, die Didyma-Halmeule *(M. didyma)* existiert, die nur durch Genitaluntersuchungen unterschieden werden kann. Sie wird auch Kleine Getreide-Halmeule genannt.

Die **Raupe** entwickelt sich in den Halmen größerer Gräser, z. B. im Gewöhnlichen Knäuelgras *(Dactylis glomerata)* und Rohr-Schwingel *(Festuca arundinacea)*.

(1) *Oligia strigilis*

(2) *Oligia strigilis*

Striegel-Halmeulchen

Oligia strigilis

Spw. 22–28 mm

Der kleine **Falter (1–2)** hat eine dunkelbraune bis schwärzliche Grundfarbe und am hinteren Ende der Flügeldecken eine weißliche, geschwungene Binde. Dadurch ähnelt er etwas dem Waldrasen-Grasmotteneulchen (S. 143). Das Striegel-Halmeulchen besiedelt grasige Lebensräume, Feuchtwiesen und Halbtrockenrasen.

Die **Raupe** ernährt sich von verschiedenen Süßgräsern *(Dactylis, Deschampsia, Poa)*.

Möndchen-Eule

Calophasia lunula

Spw. 25–33 mm

Der interessante **Falter (1–2)** ist überwiegend dämmerungsaktiv, kann aber auch am Tage beobachtet werden. Namengebend ist der weiße, halbmondförmige Ringmakel auf den Vorderflügeln, welcher bei dem unruhigen Muster nicht sehr auffällt (*lunula* = mit kleinen Mondflecken). Die wärmeliebende Art scheint nicht gefährdet zu sein. Sie wird bisher in keiner Roten Liste geführt.

Die auffällig gemusterte **Raupe (3)** ernährt sich vorwiegend von verschiedenen Leinkraut-Arten *(Linaria)*.

(1) *Calophasia lunula*

(2) *Calophasia lunula*

(3) *Calophasia lunula* Raupe

Achat-Eule

Phlogophora meticulosa

Spw. 45-50 mm

Der überall häufige, nachtaktive **Falter** (1-2) hält in Ruhestellung fast immer seine Flügel geschlossen. Sie täuschen ein dürres Blatt vor. Die zipfelig ausgezogenen Enden sind sehr typisch und machen die Art, zusammen mit dem dunklen Dreieckmuster, unverwechselbar.

Die grüne **Raupe** (3-4) ist in der Wahl ihrer Nahrung nicht wählerisch. Diverse Kräuter, Sträucher und Bäume kommen dafür infrage.

(2) *Phlogophora meticulosa*

(3) *Phlogophora meticulosa* Raupe

(4) *Phlogophora meticulosa* Raupe

(1) *Phlogophora meticulosa*

(1) *Xanthia icteritia*

Bleich-Gelbeule

Xanthia icteritia

Spw. 25-30 mm

Der **Falter (1)** gehört zu einer Gruppe von Eulenfaltern, die sich durch orangegelbe Grundfarben auszeichnen. Je nach Art besitzen sie unterschiedliche braunviolette Muster auf ihren Vorderflügeln. Die Zeichnung der Bleich-Gelbeule kann sehr blass gefärbt sein. Dann fällt der kleine dunkle Punkt, der auf jedem Flügel vorhanden ist, besonders auf.

Die jungen **Raupen** entwickeln sich zunächst in den Kätzchen von Pappeln *(Populus)* oder Weiden *(Salix)*. Ab einer bestimmten Größe fressen sie an verschiedenen bodennahen Kräutern.

Violett-Gelbeule

Xanthia togata

Spw. 28-32 mm

Der **Falter (1)** unterscheidet sich von der Bleich-Gelbeule (siehe links) durch sein relativ breites, braun- bis rotviolettes Querband auf den Flügeloberseiten. Er bewohnt vor allem mit Weiden bestandene Orte wie Feuchtwiesen und Gewässerränder. Die Eier werden an Weidenästen, seltener an Pappeln, nahe der Blütenknospe abgelegt.
Die dunkelbraunen, unscheinbaren **Raupen** schlüpfen nach Überwinterung der Eier und fressen im Innern der Blütenkätzchen. Nachdem diese abfallen, ernähren sie sich von Blättern der Brombeere *(Rubus)* oder krautigen Pflanzen.

(1) *Xanthia togata*

Dunkle Knötericheule

Dypterygia scabriuscula

Spw. ca. 35 mm

Der **Falter (1-3)** besitzt dunkelbraune bis anthrazitfarbene Vorderflügel mit einer feinen, wenig auffallenden Linienzeichnung. Der innere Teil ist in typischer Weise heller abgesetzt. Damit ist das Erscheinungsbild des Schmetterlings nahezu unverwechselbar. Die meist versteckten Hinterflügel sind einfarbig graubraun. Das abgebildete, ältere Tier fanden wir im Wohnzimmer. Durch den abgetragenen Haarpelz hinter dem Kopf ist der orangefarbene Untergrund zu sehen.

Die **Raupe** ernährt sich laut Literaturangaben vom Winden-Knöterich *(Polygonum convolvulus)*.

(1) *Dypterygia scabriuscula*

(2) *Dypterygia scabriuscula*

(3) *Dypterygia scabriuscula*

Eulenfalter 2 (Fam. *Erebidae*)

Rotes Ordensband §
Catocala nupta

Spw. 60-80 mm

Der überwiegend nachtaktive **Falter (1-4)** ist vielleicht die bekannteste Art dieser Gattung mit rot-schwarz gebänderten Hinterflügeln. Immerhin existieren in Deutschland neun Verwandte mit roter Hinterflügelfarbe. Die Gattung beherbergt aber auch Arten, bei denen der rote Farbstoff durch Blau oder Gelb ersetzt ist, z. B. Blaues Ordensband *(C. fraxini)* oder Gelbes Ordensband *(C. fulminea)*. Das Rote Ordensband ist gelegentlich tagsüber an Hauswänden **(4)** zu finden oder erscheint in Gärten und Anlagen.

Die **Raupe** ernährt sich von Pappel- oder Weidenblättern.

(2) *Catocala nupta*

(3) *Catocala nupta*

(4) *Catocala nupta*

(1) *Catocala nupta*

(1) *Catocala promissa*

(2) *Catocala promissa*

(3) *Catocala promissa*

Kleines Eichenkarmin RL, §

Catocala promissa

Spw. ca. 60 mm

Der seltene **Falter (1-4)** ähnelt dem Roten Ordensband (S. 184), da er ebenfalls schwarz-rote Hinterflügel besitzt. Er ist streng an die Eiche gebunden. Am späteren Nachmittag eines heißen Tages fanden wir zahlreiche Exemplare an der Rinde älterer Eichen, zusammen mit dem etwas größeren Konkurrenten, dem Großen Eichenkarmin (S. 187). Die Falter saugen gelegentlich den an verletzten Stellen austretenden Baumsaft. Interessant war, dass bei kühleren Temperaturen kein Falter mehr zu sehen war. Ab 35 Grad Celsius im Schatten tauchten sie wieder auf.

(4) *Catocala promissa*

Die **Raupe** entwickelt sich an Stiel- und Traubeneichen *(Quercus)* und frisst deren Blätter.

Fotobelege: Brandenburg, NSG Dubrow bei Gräbendorf, an *Quercus robur*, 30. 6. 2019.

Großes Eichenkarmin RL, §

Catocala sponsa

Spw. ca. 70 mm

Der **Falter (1-2)** konkurriert mit dem Kleinen Eichenkarmin (S. 186), da er die gleichen ökologischen Ansprüche hat. Er ist geringfügig größer und besitzt ebenfalls schwarz-rote Hinterflügel. Die Vorderflügel haben eine etwas abweichende, vom kleineren Verwandten aber durchaus unterscheidbare Zeichnung. Wir fanden beide Arten am gleichen Tag zusammen an denselben älteren Stieleichen.

Die **Raupe** ernährt sich von Eichenblättern.

Fotobelege: Brandenburg, NSG Dubrow bei Gräbendorf, an *Quercus robur*, 30. 6. 2019.

(1) *Catocala sponsa*

(2) *Catocala sponsa*

(1) *Euclidia mi*

(2) *Euclidia mi*

(3) *Euclidia mi*

Scheck-Tageule

Euclidia mi *(Callistege mi)*

Spw. 25-30 mm

Der **Falter (1-4)** ist ausschließlich tagaktiv. Durch seine auffällig braun-weiße Flügelzeichnung ist er unverkennbar. Bei einigen Exemplaren sind die weißen Bereiche durch einen mehr oder weniger gelblichen Farbton ersetzt **(4)**. Der Schmetterling ist relativ ängstlich und empfindlich gegen Blitzlicht.

Die schlanke **Raupe** besitzt nur zwei funktionierende Bauchbeinpaare. Sie bewegt sich daher ähnlich wie eine Spannerraupe. Als Nahrungspflanzen werden Rotklee *(Trifolium pratense)*, Flügelginster *(Genista sagittalis)*, Echter Steinklee *(Meliotus officinalis)* und Vogelwicke *(Vicia cracca)* genannt.

(4) *Euclidia mi*

Braune Tageule
Euclidia glyphica

Spw. 25–30 mm

Der tagaktive **Falter (1–3)** erscheint häufig auf feuchten wie trockenen Wiesen, Wald- und Feldrändern, Streuobstwiesen und Trockenrasen. Seine Lebensweise gleicht der der deutlich selteneren Scheck-Tageule (S. 188), von der er sich durch dunkel gefärbte Vorderflügel und das Fehlen weißlicher Zeichnungsmuster unterscheidet. Nur die Hinterflügel und Flügelunterseiten weisen gelbe Farbtöne auf.

Die **Raupe** besitzt drei Bauchbeinpaare. Sie ernährt sich von diversen Wiesenpflanzen wie Klee (*Trifolium*), Luzerne *(Medicago)*, Platterbse *(Lathyrus)* u. a.

(1) *Euclidia glyphica*

(2) *Euclidia glyphica*

(3) *Euclidia glyphica*

Zackeneule,
Zimteule, Krebssuppe
Scoliopteryx libatrix

Spw. 35–45 mm

Der relativ häufige **Falter (1–2)** besitzt eine typische Farbmusterung auf den Vorderflügeln, welche die Art leicht erkennen lässt. Die Ränder der Flügel sind grob gezackt. Die Art bewohnt Laubwälder mit Weiden- oder Pappelbeständen und erscheint auch in Gärten. Die Falter haben einen kräftigen Saugrüssel, mit dem sie weiche Früchte, z. B. Brom- und Himbeeren, anstechen können.

Die **Raupe** ernährt sich von Blättern verschiedener Laubbäume wie Weiden *(Salix)* oder Zitterpappeln *(Populus tremula)*.

(1) *Scoliopteryx libatrix*

(2) *Scoliopteryx libatrix*

Seideneulchen
Rivula sericealis

Spw. 17–22 mm

Der kleine **Falter (1–2)** ist vorwiegend dämmerungs- bis nachtaktiv, fliegt aber manchmal auch am Tage. Man findet ihn öfter auf Halmen oder Blättern in der niedrigen Vegetation. Seine Farben sind kräftig gelb, meist aber blass oder nur weißlich. Auf jedem Flügel befindet sich ein grauer, ovaler Fleck, der wiederum je zwei schwarze Punkte enthält.

Die haarige **Raupe** ist dunkelgrün und hat zwei weiße, ausgezackte Längslinien. Als Nahrung benötigt sie verschiedene Gräser, an denen sie auch als Puppe überwintert.

(1) *Rivula sericealis*

(2) *Rivula sericealis*

Nessel-Schnabeleule
Hypena proboscidalis

Spw. 30-45 mm

Der häufige **Falter (1-3)** ist zu fast allen Tages- und Nachtzeiten aktiv. Er ist häufig an der Großen Brennnessel *(Urtica dioica)* zu beobachten, an der er auch seine Eier ablegt. Die Vorderflügel sind durch zwei geschwungene, dünne Querlinien gekennzeichnet, von denen die vordere manchmal verkümmert **(3)**. Kräftiger gefärbte Exemplare besitzen am unteren Flügelrand je einen dunklen Fleck.

Die grüne **Raupe** frisst an Brennnessel.

(1) *Hypena proboscidalis*

(2) *Hypena proboscidalis*

(3) *Hypena proboscidalis*

(1) *Hypena rostralis*

(2) *Hypena rostralis*

Hopfen-Schnabeleule,
Hopfen-Zünslereule
Hypena rostralis

Spw. 24–30 mm

Der überwiegend nachaktive, graue oder graubraune **Falter (1–2)** gehört zu den kleineren Arten seiner Gattung. Sein äußeres Erscheinungsbild ist ziemlich veränderlich. Es schwankt zwischen gemustert und einfarbig. Auf dem Rücken befindet sich immer ein kleines, zwischen den Flügeln hervorstehendes Haarbüschel. Die häufige Art ist oft in menschlichen Behausungen zu finden, wo sie vom Licht angelockt wurde.

Die **Raupe** ernährt sich von Brennnessel *(Urtica)* oder Hopfen *(Humulus)*. Sie ist grün und hat einen weißen Rückenstreifen.

(1) *Hypena crassalis*

Heidelbeer-Schnabeleule

Hypena crassalis

Spw. 30-35 mm

Der hübsch gezeichnete **Falter (1)** ist dämmerungs- und nachtaktiv. Wie bei allen Schnabeleulen ist der Kopf durch die Taster der Mundwerkzeuge (Palpen) schnabelartig verlängert. Durch das Licht angelockt, verirren sich einige Tiere nicht selten in Häuser und Wohnungen. Im Untersuchungsgebiet gehört die Heidelbeer-Schnabeleule zu den selteneren Arten der Gattung.

Die **Raupe** ernährt sich vorwiegend von Heidelbeergewächsen *(Vaccinium)* oder Heidekraut *(Erica)*.

Bogenlinien-Spannereule

Herminia grisealis

Spw. 25-30 mm

Der weit verbreitete **Falter (1)** hält sich gerne in Laub- und Mischwäldern auf, wo er auch tagsüber in der krautigen Vegetation gefunden wird. Von ähnlichen Arten ist er durch seine gebogene untere Querlinie zu unterscheiden. Die oberste Querlinie verläuft dagegen völlig gerade. Die Grundfarbe seiner Flügel kann hellgrau oder bräunlich sein.

Die dunkle **Raupe** besitzt eine schwärzliche, dünne Rückenlinie. Sie ernährt sich von Blättern verschiedener Holunderarten *(Sambucus)* oder Hartriegel *(Cornus)*.

(1) *Herminia grisealis*

Braungestreifte Spannereule

Herminia tarsicrinalis

Spw. 30-35 mm

Der **Falter (1-2)** ist dämmerungs- und nachtaktiv und wird, obwohl er häufig ist, am Tage seltener beobachtet. Der bräunliche Querstreifen zwischen den oberen Querlinien der Vorderflügel ist ein wichtiges, artbestimmendes Merkmal. Bei der sehr ähnlichen Laubgehölz-Spannereule *(H. tarsipennalis)* fehlt er.

Auch die **Raupen** sind unterschiedlich gezeichnet. Nur bei der Braungestreiften Spannereule ist deren Rückenlinie v-förmig markiert. Über die Art ihrer Nahrung ist noch wenig bekannt.

Fotobelege: Brandenburg, Glashütte/Baruth, Auwald, 9. 6. 2017.

(1) *Herminia tarsicrinalis*

(2) *Herminia tarsicrinalis*

Trübgelbe Spannereule
Paracolax tristalis

Spw. 25–35 mm

Der **Falter (1–3)** ist auch tagsüber nicht selten zwischen am Boden liegendem Laub oder an Baumrinden aufzuspüren. Er benötigt offensichtlich Eichen für seine Entwicklung. Die Farbe der Flügel variiert zwischen gelblichen und bräunlichen Tönen. Spannereulen haben deutlich verlängerte Mundwerkzeuge. Sie dürfen nicht mit echten Spannern verwechselt werden.

Die dunkelbraune **Raupe** ernährt sich von Eichenblättern, frisst aber auch Blätter anderer Laubhölzer.

(1) *Paracolax tristalis*

(2) *Paracolax tristalis*

(3) *Paracolax tristalis*

(1) *Lygephila pastinum*

(2) *Lygephila pastinum*

Nierenfleck-Wickeneule

Lygephila pastinum

Spw. 40–50 mm

Der **Falter (1–2)** ist nachtaktiv, wird aber gelegentlich am Tage schlafend in der niedrigen Vegetation gefunden. Auffallend sind sein schwarzsamtiger Kopfbereich und die schwarzen Nierenmakel auf den Flügeloberseiten. Bevorzugte Biotope sind grasige feuchte oder halbtrockene Wiesen, auf denen Wicken *(Vicia)* vorkommen.

Die **Raupen** ernähren sich von Blättern verschiedener Wicken-Arten *(Vicia, Coronilla)* oder Bärenschote *(Astragalus)*. Die Verpuppung erfolgt nach der Überwinterung meist im Erdboden.

Eulenfalter 3 (Fam. *Nolidae*)

(1) *Meganola strigula*

Hellgraues Graueulchen RL
Meganola strigula

Spw. 20–24 mm

Der kleine, hübsch gezeichnete **Falter (1)** ist nachts in Laub- und Mischwäldern unterwegs. Sein bevorzugter Wirtsbaum, an dem er seine Eier ablegt, ist Eiche *(Quercus)*, manchmal wohl auch Rotbuche *(Fagus)* und andere Laubbäume. Wir fanden ihn tagsüber an Eichenrinde in der Nähe eines Saftausflusses.

Die Nahrung der haarigen, bunt gemusterten **Raupe** besteht aus Eichenblättern.

Buchen-Kahneule
Pseudoips prasinana

Spw. 30–38 mm

Der **Falter (1-3)** hat eine hellgrüne Farbe. Er ist damit auf grünen Blättern bestens getarnt. Auf jedem Flügel befinden sich einige schmale, weiße Querlinien. Die Flügelecken sind zugespitzt. Das abgebildete Tier ist ein Weibchen, welches tagsüber schlafend auf dem Blatt einer Spätblühenden Traubenkirsche *(Prunus serotina)* gefunden wurde. Eichen waren in der Nähe, aber keine Buchen. Fühler und Beine haben einen rötlichen Farbton. Bei den Männchen (nicht abgebildet) weicht das helle Streifenmuster der Flügel leicht ab. Sehr ähnlich ist die Eichen-Kahneule *(Bena bicolorana)*. Die weißen Streifen ihrer Flügel sind dünner und die Oberseite ist weniger haarig. Die Art ist in Brandenburg ebenfalls gesichtet worden.

Die grüne **Raupe** frisst Blätter verschiedener Laubbäume, z. B. Rotbuche *(Fagus)*, Birke *(Betula)* oder Stieleiche *(Quercus robur)*.

(2) *Pseudoips prasinana* ♀

(3) *Pseudoips prasinana* ♀

(1) *Pseudoips prasinana* ♀

(1) *Arctia caja*

Bärenspinner (Fam. *Erebidae*, Subfam. *Arctiinae*)

Brauner Bär RL, §

Arctia caja

Spw. 45-60 mm

Der noch relativ häufige nachtaktive **Falter (1-3)** ist nur mit etwas Glück am Tage aufzufinden, vorwiegend in feuchterer Bodenvegetation in Wassernähe. In schlafender Haltung sind die Flügel geschlossen. Bei Störungen öffnen sie sich etwas und zeigen als Warnung die rot-schwarz gezeichneten Hinterflügel. Der Falter ist nicht sehr scheu und bleibt meist sitzen.

Die erwachsene, langhaarige **Raupe (4)** ist zweifarbig. Der rotbraune vordere Teil ist deutlich gegen den schwarzbraunen hinteren Bereich abgegrenzt. Auf dem Körper befinden sich weiße Punktreihen. Die Raupe frisst fast alles, was grün ist. Blätter verschiedener Laubbäume und Sträucher, Gräser, Kräuter und Stauden werden angenommen.

(3) *Arctia caja*

(4) *Arctia caja* Raupe

(2) *Arctia caja*

Zimtbär

Phragmatobia fuliginosa

Spw. 28-32 mm

Der vorwiegend nachtaktive **Falter (1-2)** ist dunkel zimtbraun. Auf den Vorderflügeln befinden sich meist ein bis zwei wenig auffallende, schwärzliche Punkte. Körper und Teile der Hinterflügel sind eher karminrot.

Die Art ist im Untersuchungsgebiet nicht selten.

Die **Raupe (3)** ist mit langen Haarbüscheln bedeckt und auf ihrem Rücken zeichnet sich oft eine helle Mittellinie ab. Als Futterpflanzen werden diverse Kräuter, aber auch Holzgewächse wie Brombeere *(Rubus fruticosus)* und Schlehe *(Prunus spinosa)* genannt. Die Verpuppung erfolgt in Bodennähe in einem Kokon.

(1) *Phragmatobia fuliginosa*

(2) *Phragmatobia fuliginosa*

(3) *Phragmatobia fuliginosa* Raupe

(1) *Diacrisia purpurata*

(2) *Diacrisia purpurata*

(3) *Diacrisia purpurata*

Purpurbär RL, §

Diacrisia purpurata (*Rhyparia purpurata*)

Spw. 40–50 mm

Der nachtaktive **Falter (1–3)** besitzt kräftig gelb-orange gefärbte, dunkel punktierte Vorderflügel. Nur die Hinterflügel haben eine leuchtend purpurrote Grundfarbe. Die Art ist weit verbreitet, aber nicht häufig. In vielen Gegenden sind ihre Bestände rückläufig.

Die **Raupe (4)** ist in ihrer Ernährung vielseitig. Diverse überall häufige Bäume und Sträucher, Wiesenkräuter und Stauden bilden ihre Nahrung.

(4) *Diacrisia purpurata* Raupe

(1) *Diacrisia sannio* ♂

Rotrandbär

Diacrisia sannio

Spw. 35–45 mm

Der **Falter** (1–3) ist vorwiegend nachtaktiv. Er bewohnt feuchte oder trockene, ungedüngte Wiesen, wo er sich auch tagsüber aufhält. Bei einer Störung fliegt er sofort auf, um sich nach einigen Metern wieder niederzulassen. Die Vorderflügel der Männchen (1) sind hell gefärbt und besitzen neben dem dunkler orange abgesetzten Innenrand zwei kräftige, kommaförmige Markierungen. Weibchen (2–3) sind an den dunkleren, deutlich geaderten Flügeln zu erkennen.

Die **Raupe** ernährt sich von Weidenröschen *(Epilobium)*, Labkraut *(Galium)*, Wegerich *(Plantago)*, Schafgarbe *(Achillea)* und anderen auf Wiesen und an Waldrändern vorkommenden Kräutern.

(2) *Diacrisia sannio* ♀

(3) *Diacrisia sannio* ♀

Schönbär §

Callimorpha dominula

Spw. 40–50 mm

Der auffallend bunt gezeichnete **Falter (1–2)** ist zwar dämmerungs- und nachtaktiv, fliegt aber auch tagsüber an seine Futterpflanzen, um Nektar zu saugen. Die Art scheint in Brandenburg selten zu sein.

Die schwarze, borstige **Raupe (3)** besitzt auffallend gelbe Längsstreifen. Ihre Nahrung besteht aus Blättern verschiedener Laubbäume, Sträucher und Kräuter.
Eine verwandte Art mit hell gestreiften Flügeln ist der seltene Russische Bär (S. 207).

Fotobelege: Brandenburg, Museumsdorf Glashütte/Baruth, Raupe: Fußweg 14. 4. 2013; Falter: Auwaldrand 18. 6. 2011.

(1) *Callimorpha dominula*

(2) *Callimorpha dominula*

(3) *Callimorpha dominula* Raupe

(1) *Euplagia quadripunctaria*

(2) *Euplagia quadripunctaria*

Russischer Bär,
Spanische Flagge RL, §
Euplagia quadripunctaria

Spw. 40–50 mm

Der tag- und nachtaktive **Falter (1–2)** besitzt blauschwarze Vorderflügel mit auffälligen weißen, schräg verlaufenden Streifen. Die leuchtend roten Hinterflügel sind schwarz gefleckt, in Ruhestellung aber oft nicht sichtbar. Der gut ausgebildete Saugrüssel ermöglicht es dem Falter, beim Blütenbesuch Nektar aufzunehmen. Die Art erinnert an den Schönbär (S. 205), mit dem sie verwandt ist. Die seltene Art ist in südlichen Bundesländern verbreitet. Ein bekanntes nördlicheres Vorkommen liegt im Harz. Von dort stammt das Exemplar auf Bild **(2)**.

Die schwarz-rot gefärbte, borstige **Raupe** ernährt sich von Blättern verschiedener Kräuter und Holzgewächse.

Fotobeleg: Bild **(2)**: Nordharz, Wieda, 13. 8. 2020.

(1) *Diaphora mendica* ♀

Grauer Fleckleibbär,
Graubär
Diaphora mendica

Spw. 25–30 mm

Bei diesem **Falter (1–2)** sind beide Geschlechter völlig unterschiedlich gefärbt: Weibchen **(1–2)** sind weiß und spärlich schwarz gepunktet, während die Männchen unscheinbar dunkel graubraun gefärbt sind. Die Weibchen ähneln mehreren anderen Arten verwandter Gattungen. Grasige Standorte wie Mager- und Trockenrasen werden bevorzugt. Dort kann man sie auch tagsüber beobachten.

Die **Raupe** frisst an Bäumen und Sträuchern oder diversen Kräutern, welche grasige Biotope besiedeln.

(2) *Diaphora mendica* ♀

(1) *Spilarctia lutea* ♂

(2) *Spilarctia lutea* ♀

Gelber Fleckleibbär

Spilarctia lutea *(Spilosoma luteum)*

Spw. 30-40 mm

Der vorwiegend nachtaktive, relativ häufige **Falter (1-3)** liebt offene Wälder, Wiesen, Gärten und Parks. Die Grundfarbe seiner Flügel ist gelblich ocker, kann aber auch reinweiß sein **(3)**. Die Oberseiten der Flügel schmückt oft eine schwärzliche, gebogene Punktreihe, die bei Männchen meist deutlicher ausgeprägt ist. Die Fühler der Männchen **(1)** sind stets fein gekämmt.

Die **Raupe** ernährt sich unter anderem von häufigen Sträuchern wie Pfaffenhütchen *(Evonymus)* und Schneebeere *(Symphoricarpos)*, aber auch Kräutern wie Brennnessel *(Urtica)*, Ampfer *(Rumex)* und Distel *(Cirsium)*.

(3) *Spilarctia lutea* ♀

Rosaroter Flechtenbär, Rosen-Flechtenbärchen
Miltochrista miniata

Spw. 22–28 mm

Den kleinen rosarot gefärbten **Falter (1–2)** könnte man bei bloßer Betrachtung auch für einen Zünsler halten. Er ist vorwiegend nachtaktiv, wurde aber auch tagsüber beim Blütenbesuch beobachtet.

Die unscheinbar grau gefärbte **Raupe** ernährt sich von Flechtenarten, darunter die überall häufige, holzbewohnende Gelbflechte *(Xanthoria parietina)*. Die Verpuppung erfolgt in einem Kokon an flechtenbewachsenen Ästen.

Fotobelege: Brandenburg, Großschauener See, an Wasserdost *(Eupatorium cannabinum)*, 25. 7. 2009.

(1) *Miltochrista miniata*

(2) *Miltochrista miniata*

(1) *Cybosia mesomella*

(2) *Cybosia mesomella*

Elfenbein-Flechtenbärchen

Cybosia mesomella

Spw. 25-32 mm

Der nachtaktive **Falter (1-2)** sitzt am Tage auf Blättern von Büschen oder Kräutern. Seine weißen, gelb umrandeten Flügel sind gewöhnlich geschlossen und überlappend. Man sieht dann nur drei schwarze Punkte, obwohl es eigentlich vier sind. Bei dieser Art treten gelegentlich Varianten auf, bei denen die Flügel gänzlich gelb gefärbt sind.

Die schwarze **Raupe** ernährt sich von diversen Flechtenarten, z. B. der Gelbflechte (*Xanthoria parietina*).

Weißgraues Flechtenbärchen

Eilema caniola

Spw. 28-32 mm

Der **Falter (1)** gehört zu den Flechtenbärchen, deren Flügel in Ruhestellung kaum überlappen. Typisch für diese Art ist die kräftig dottergelbe Farbe von Kopf und Halskrause, die im Kontrast zu den tristen, schwach gelblich umrandeten Flügeln stehen. Das ähnlich gefärbte Gelbleib-Flechtenbärchen (S. 211) besitzt eine abweichende Flügelhaltung.

Die bräunlich gefärbten **Raupen** fressen sowohl Stein- und Erdflechten als auch Blüten verschiedener Kräuter.

(1) *Eilema caniola*

(1) *Eilema complana*

(2) *Eilema complana*

(3) *Eilema complana*

Gelbleib-Flechtenbärchen,
Gewöhnlicher Flechtenbär
Eilema complana

Spw. 27–33 mm

Der **Falter (1–3)** ähnelt dem Weißgrauen Flechtenbärchen (S. 210). Sein gelber Flügelrand ist deutlicher ausgeprägt und zur Spitze hin nicht verschmälert. In Ruhestellung überlappen sich die Flügel und werden um den Leib gerollt **(2)**, der sog. Rollflügel-Typ. Wie alle Flechtenbärchen ist auch diese Art überwiegend nachtaktiv.

Die schwarze **Raupe** besitzt auf dem Rücken eine Doppelreihe orangener Punkte. Sie ernährt sich von verschiedenen Flechten.

(1) *Eilema depressa*

(1) *Eilema griseola*

Nadelwald-Flechtenbärchen

Eilema depressa *(Eilema deplana)*

Spw. 28–35 mm

Den häufigen, nachaktiven **Falter (1)** finden wir bevorzugt in sandigen Nadelwäldern. In Ruhestellung sind beide Flügel übereinandergelegt. Die hellgrauen, gelblich umrandeten Flügel und der abgeflachte Körper zeigen das typische Erscheinungsbild mehrerer Flechtenbärchen des Flachflügeltyps. Die Farben dieser Art können auch deutlich dunkler sein.

Die **Raupe** ernährt sich von diversen Nadelholz besiedelnden Rindenflechten. Sie besitzt einen breiten, zweimal unterbrochenen, hellen Rückenstreifen.

Bleigraues Flechtenbärchen

Eilema griseola

Spw. 28–35 mm

Bei diesem **Falter (1)** des Flachflügeltyps überwiegen die hellgrauen Farben der Flügel, deren Ränder nur zart gelblich abgesetzt sind. Tagsüber können die Tiere oft in der niedrigen Vegetation beobachtet werden. Eine gewisse Ähnlichkeit hat das im Nadelwald vorkommende Nadelwald-Flechtenbärchen (siehe links).

Die schwarze, erwachsene **Raupe** trägt auf ihrem Rücken eine Doppelreihe ockerfarbener Warzen. Sie frisst verschiedene Rindenflechten, die Laubgehölze besiedeln.

Dunkelstirniges Flechtenbärchen RL
Eilema lutarella

Spw. 22-30 mm

Der nicht sehr häufige **Falter (1-2)** ist mehr oder weniger einfarbig gelb. Nur die Stirn (Kopfteil zwischen den beiden Fühlern) ist dunkelbraun abgesetzt **(2)**. Dieses Merkmal ist für die Bestimmung ausschlaggebend, kann aber leicht übersehen werden. An der schlanken Figur sieht man, dass die Art zum Rollflügel-Typ gehört, bei dem die Flügel in Ruhestellung um den Körper gerollt werden. Siehe auch Gelbleib-Flechtenbärchen (S. 211).

Die **Raupe** ernährt sich vermutlich von verschiedenen Stein- und Erdflechten.

(1) *Eilema lutarella*

(2) *Eilema lutarella*

Dottergelbes Flechtenbärchen

Eilema sororcula

Spw. 25–30 mm

Der relativ häufige **Falter** (1-3) sitzt tagsüber gerne auf Blättern verschiedener Sträucher. Seine einfarbig orangenen Flügel sind dann flach zusammengelegt (Flachflügel-Typ). Die gestreckten Beine haben eine silbrig glänzende, graue Farbe. Gelegentlich treten blasse, fast weißliche Formen auf (3).

Die haarige, fast bunte **Raupe** ernährt sich von Flechten und vermutlich auch Grünalgen.

(1) *Eilema sororcula*

(2) *Eilema sororcula*

(3) *Eilema sororcula*

(1) *Pelosia muscerda*

Erlenmoor-Flechtenbärchen, Mausgraues Flechtenbärchen RL
Pelosia muscerda

Spw. 22–28 mm

Der nachtaktive **Falter** (1) besiedelt feuchtere Biotope wie Erlenbrüche, Moore oder Teich- und Flussränder. Die hell- oder silbergrauen Flügel sind mit wenigen schwarzen Punkten bedeckt. Die zylindrische Form des in Ruhe befindlichen Falters erinnert an den Rollflügel-Typ einiger Arten der Gattung *Eilema*.

Die **Raupe** ähnelt denen der Gattung *Eilema*. Sie ernährt sich vermutlich ebenfalls von Flechten.

Gestreifter Grasbär RL, §
Spiris striata

Spw. 28–35 mm

Der seltene, tagaktive **Falter** (1–2) bewohnt trockene Grasbiotope auf Sandböden. Er heftet sich gerne an senkrecht stehende Grashalme. Bei der geringsten Störung fliegt er hektisch davon, um sich nach einigen Metern wieder an einen Halm zu setzen. Das Verhalten erinnert an die kleineren Graszünsler, mit denen er die Standorte teilt. Das Männchen (nicht abgebildet) ist dunkler und auffälliger längs gestreift.

Die schwarze **Raupe** (3) ist mit Büscheln von starren Borsten bedeckt. Bevorzugte Nahrungspflanzen sind verschiedene Gräser der Gattungen *Bromus*, *Festuca* und *Poa*, aber auch Sauerampfer *(Rumex acetosella)* oder Wiesen-Salbei *(Salvia pratensis)*.

(1) *Spiris striata* ♀

(2) *Spiris striata* ♀

(3) *Spiris striata* Raupe

Fotobelege: Brandenburg, Wünsdorf, Trockenrasen, Falter: 10. 7. 2016; Raupe: 5. 5. 2012.

Weißfleckwidderchen RL, §

Amata phegea (*Syntomis phegea*)

Spw. 35–45 mm

Der tagaktive **Falter (1–3)** erinnert an das Aussehen einiger echter Widderchen der Gattung *Zygaena*, ist aber mit diesen nicht verwandt. Das für Vögel giftige Veränderliche Widderchen (S. 336) ist besonders ähnlich. Deshalb wird auch das Weißfleckwidderchen von Vögeln verschmäht (Mimikri). In manchen Jahren ist der Falter in Brandenburg nicht selten an blühenden Kräutern krautbestandener Bach- und Waldränder zu bewundern.

Die dunkelbraune, fast wollig behaarte, rotköpfige **Raupe** frisst verschiedene Gräser und Wiesenkräuter.

Fotobelege: Brandenburg, Linum, 4. 7. 2013 und 2. 7. 2014.

(1) *Amata phegea*

(2) *Amata phegea*

(3) *Amata phegea* Paarung

Braunfleckwidderchen, Kammerjungfer RL, §

Dysauxes ancilla

Spw. 22–26 mm

Der wenig auffallende **Falter (1–2)** ist in Deutschland überall selten. Seine ocker- bis zimtbraunen Vorderflügel tragen je 3 helle Punkte, von denen der äußere kleiner ist als die beiden anderen. Die Art scheint sandige Trockenrasen und ähnliche Grasbiotope zu bevorzugen. Wir fanden sie nektarsaugend an Wiesen-Schafgarbe *(Achillea millefolium).*

Die dunkle **Raupe** besitzt zwei helle Fleckenlinien auf der Oberseite und ist mit borstigen Haarbüscheln bedeckt. Über ihre Nahrungspflanzen ist noch wenig bekannt.

Fotobelege: Brandenburg, NSG bei Rangsdorf, 31. 7. 2012.

(1) *Dysauxes ancilla*

(2) *Dysauxes ancilla*

Trägspinner (Fam. *Erebidae*, Subfam. *Lymantriinae*)

Schwan

Euproctis similis *(Sphrageidus similis)*

Spw. 28-35 mm

Der nachtaktive **Falter (1-3)** ist vorwiegend in Laub- und Mischwäldern, besonders feuchteren Auen- und Bruchwäldern anzutreffen. Während das Männchen an den inneren Flügelrändern grau-schwärzliche Flecken besitzt, ist das Weibchen reinweiß. Am Ende des Hinterleibs befindet sich bei beiden Geschlechtern ein rostgelblicher Afterbusch **(3)**. Mit dieser Afterwolle bedeckt das Weibchen später seine Eier. Sehr ähnlich ist der Goldafter *(Euproctis chrysorrhoea)*, dessen Afterbusch weit stärker ausgebildet ist.

Die **Raupe (4)** ernährt sich hauptsächlich von Blättern vieler verschiedener Laubbäume wie Weide *(Salix)*, Hainbuche *(Carpinus)*, Hasel *(Corylus)*, Eiche *(Quercus)* u. a.

(1) *Euproctis similis* ♂

(2) *Euproctis similis* ♀

(3) *Euproctis similis*

(4) *Euproctis similis* Raupe

Schwammspinner
Lymantria dispar

Spw. 40-75 mm

Der nachtaktive **Falter (1)** kann gelegentlich schlafend an der Rinde von Bäumen beobachtet werden. Das Weibchen überdeckt seine Eier mit einem braunen, schwammartigen Gewebe, welches aus ihrer Afterwolle gebildet wird. Die fertigen Gelege **(2)** können eine mehrere Quadratzentimeter große Fläche der Baumrinde bedecken. Das Männchen ist dunkler und deutlich kleiner.

Die bis zu 70 mm lange **Raupe (3)** nutzt viele verschiedene Laubbäume und Sträucher als Futterpflanzen.

(1) *Lymantria dispar* ♀

(2) *Lymantria dispar* Gelege

(3) *Lymantria dispar* Raupe

(1) *Lymantria monacha* ♂

Nonne
Lymantria monacha

Spw. 35–50 mm

Der **Falter (1–3)** fliegt vorwiegend nachts, ist aber auch tagsüber aktiv. Neben den auffällig schwarz-weiß gezeichneten kommen öfter abgedunkelte, graubraune Exemplare vor **(2)**. Auf Bild **(2)** ist links neben den Faltern noch eine Puppe zu sehen. Die Männchen **(1)** zeichnen sich durch auffallend beidseitig gekämmte Fühler aus. Die Nonne entwickelt sich in Laub- und Nadelwäldern, wo sie bei stärkerem Befall erhebliche Waldschäden anrichten kann.

Die bis zu 60 mm lange **Raupe (4–5)** ist kaum wählerisch. Sie frisst an vielen verschiedenen Laub- und Nadelbäumen. Wir fanden sie meist an Kiefern, auf deren Rinde sie besonders gut getarnt ist **(5)**.

(2) *Lymantria monacha* Falter und Puppe

(3) *Lymantria monacha*

(4) *Lymantria monacha* Raupe

(5) *Lymantria monacha* Raupen

Kleiner Bürstenspinner, Schlehen-Bürstenspinner

Orgyia antiqua

Spw. 25–30 mm

Der überall häufige **Falter (1–2)** ist tagaktiv. Das Männchen **(1)** erinnert mit seinen braunen Flügeln, die je einen weißlichen Fleck aufweisen, an das Braunfleckwidderchen (S. 217). Das flügellose Weibchen wartet an Baumrinden auf die herumfliegenden Männchen, um sich paaren zu können. Ihre abgegebenen Sexuallockstoffe locken die Männchen schnell an. Auf dem Foto hat das Weibchen **(2)** sofort nach der Befruchtung die Eier gelegt. Diese werden in dichten Gruppen (Eierspiegel) auf einer Gespinstunterlage befestigt. Eier der zweiten Generation **(4)**, hier an der Rinde einer Linde, überwintern.

Die hübsche **Raupe (3)**, die häufig auf diversen Stauden und Büschen zu finden ist, nimmt ihre Nahrung von sehr vielen verschiedenen Sträuchern und Bäumen an, darunter die namengebende Schlehe *(Prunus spinosa)*.

(2) *Orgyia antiqua* ♀

(3) *Orgyia antiqua* Raupe

(4) *Orgyia antiqua* Eier

) *Orgyia antiqua* ♂

Wurzelbohrer (Fam. *Hepialidae*)

Ampfer-Wurzelbohrer

Triodia sylvina

Spw. 30–40 mm

Der sitzende **Falter** (1–2) erinnert äußerlich an einen Zahnspinner. Die Männchen (siehe Fotos) sind im Gegensatz zu den blasseren, etwas größeren Weibchen orange-bräunlich gefärbt. Lebensräume sind Wiesen, Wälder und Waldränder, aber auch menschliche Siedlungsräume. Gelegentlich findet man den Falter in Gärten und an beleuchteten Hauswänden.

Die **Raupe** lebt an Wurzeln verschiedener Kräuter wie Ampfer *(Rumex)*, Wegerich (*Plantago*) und Malven *(Malva)*. An Kopfsalat *(Lactuca sativa)* kann sie unerwünschte Fraßschäden verursachen.

(2) *Triodia sylvina* ♂

(1) *Triodia sylvina* ♂

Glucken, Spinner (Fam. *Lasiocampidae*)

Kiefern-Spinner RL
Dendrolimus pini

Spw. 50–75 mm

Der vorwiegend nachtaktive **Falter (1–3)** hält sich gerne an Kiefern auf, an deren Rinde er gut getarnt ist. Auch seine Eier werden dort ablegt. Die frisch gelegten Eier **(1–2)** sind grün und dunkeln später nach. Die Grundfarbe der Flügel schwankt zwischen Grau- und Brauntönen.

Die bis zu 70 mm lange **Raupe** frisst in erster Linie an Waldkiefern *(Pinus sylvestris)*, wurde aber auch an Fichte *(Picea)* und Weißtanne *(Abies)* beobachtet.

Fotobelege: Brandenburg, Groß Köris, sandiger Kiefernwald, 2. 8. 2011.

(1) *Dendrolimus pini*

(2) *Dendrolimus pini*

(3) *Dendrolimus pini*

(1) *Macrothylacia rubi* ♀

Brombeer-Spinner
Macrothylacia rubi

Spw. 40-60 mm

Der **Falter** (1-3) gehört zu den häufigsten Arten seiner Gattung. Während das Weibchen (siehe Fotos) ausschließlich nachtaktiv ist, fliegt das Männchen bereits am Tage auf der Suche nach Weibchen umher. Nach der Befruchtung legt das Weibchen die Eier in größeren Gruppen an Pflanzenteilen ab **(3)**. Von ähnlichen Arten unterscheidet sich der Brombeer-Spinner durch zwei dünne, helle Querstreifen auf den Vorderflügeln. Die Hinterflügel sind einfarbig braun.

Die ausgewachsene **Raupe (5)** wird bis zu 80 mm lang. Sie besitzt einen dunkelbraunen, stark behaarten Körper. Jüngere Stadien **(4)** sind schwarz, spärlich behaart und fallen durch gelb-orangene Querstreifen auf. Ihre Nahrung beziehen sie von vielen verschiedenen Bäumen, Sträuchern und Kräutern, darunter auch Himbeere und Brombeere *(Rubus)*.

(2) *Macrothylacia rubi* ♀

(3) *Macrothylacia rubi* ♀

(4) *Macrothylacia rubi* Raupe

(5) *Macrothylacia rubi* Raupe

Spanner 1 (Fam. *Geometridae*, Subfam. *Ennominae*)

Ulmen-Fleckspanner,
Ulmen-Harlekin §
Abraxas sylvata

Spw. 30-40 mm

Der **Falter (1)** ist durch seine weißen, mit helleren und dunkleren Flecken versehenen Flügel gut bestimmbar. Er bewohnt feuchtere Laubmischwälder, wo er sich tagsüber mit ausgebreiteten Flügeln auf Blättern niederlässt. Sein Erscheinungsbild erinnert an Vogelkot. Im Untersuchungsgebiet ist er nicht häufig, da er von uns nur zweimal gefunden wurde.

Die **Raupe** frisst Blätter verschiedener Laubbäume und Sträucher, darunter auch die namengebende Ulme *(Ulmus)*.

Fotobeleg: Brandenburg, Glashütte/Baruth, Auwald, 23. 7. 2011.

(1) *Abraxas sylvata*

Stachelbeer-Spanner, Stachelbeer-Harlekin RL

Abraxas grossulariata

Spw. 35–40 mm

Der **Falter (1–2)** ist an seinen Vorderflügeln auf weißem Untergrund mit schwarzen Flecken und gelben Querbändern verziert. Auch der gelborangene Körper ist mit schwarzen Flecken besetzt. Fühler und Beine sind ebenfalls schwarz. Durch die auffällige Zeichnung ist er unverwechselbar. Wir fanden die inzwischen selten gewordene Art einmal ruhend auf der Borke einer Eiche.

(1) *Abraxas grossulariata*

Die helle **Raupe** ist ebenfalls schwarz punktiert. Sie ernährt sich dem Namen entsprechend von Blättern der Stachelbeere *(Ribes uva-crispa = R. grossularia)*, aber auch von diversen anderen Laubgehölzen.

Fotobelege: Brandenburg, Glashütte/Baruth, 30. 6. 2020.

(2) *Abraxas grossulariata*

Schlehen-Spanner

Angerona prunaria

Spw. 35–50 mm

Der häufige **Falter (1)** ist in vielen unterschiedlichen Lebensräumen anzutreffen. Seine Grundfarben können sehr variieren, weshalb einige Varianten beschrieben werden. Die Art ist an ihrem typischen, aus kurzen Querstrichen bestehenden Muster zu erkennen. Die Abbildung zeigt ein hellfarbiges Weibchen, welches an Schilfblättern saß.

Die Nahrung der **Raupe** besteht aus Blättern verschiedener Laubbäume und Beerensträucher, z. B. Schlehe *(Prunus)*, Weide *(Salix)*, Eiche *(Quercus)*, Hasel *(Corylus)*, Stachel- und Himbeere *(Rubus)*.

(1) *Angerona prunaria* ♀

Weißstirn-Weißspanner
Cabera pusaria

Spw. 25–30 mm

Der häufige **Falter (1–2)** ist nachtaktiv, kann aber häufig auch am Tage, meistens auf Blättern sitzend, aufgefunden werden. Die reinweißen Flügel sind durch drei dünne, wenig kontrastreiche Linien verziert. Dazwischen befinden sich feine schwärzliche Schüppchen. Bei den Männchen sind die Fühler kammartig verbreitert (2). Sehr ähnlich ist der Braunstirn-Weißspanner *(Cabera exanthemata)*, dessen Stirn schwach bräunlich gefärbt ist. Kleinspanner der Gattung *Scopula* können ebenfalls ähnlich aussehen.

Die **Raupe** ernährt sich von Blättern verschiedener Laubbäume und Sträucher, z. B. Eiche *(Quercus)*, Weide (*Salix*), Birke (*Betula*) und Schneeball *(Viburnum)*.

(1) *Cabera pusaria* ♀

(2) *Cabera pusaria* ♂

(1) *Campaea margaritaria* ♂

(2) *Campaea margaritaria* ♂

(3) *Campaea margaritaria* ♂

Perlglanz-Spanner, Silberblatt

Campaea margaritaria

Spw. 30-40 mm

Der **Falter (1-3)** ist oft relativ blass smaragdgrün gefärbt, kann aber auch silbrig-weiß sein. Die dünn rötlich gesäumten Vorderflügel sind mit zwei hellen, dünnen Querstreifen versehen, von denen sich nur der untere auf den Hinterflügeln fortsetzt. Auf den Fotos sind Männchen abgebildet, was an den gekämmten Fühlern **(3)** zu erkennen ist. Grünliche Formen des Zweibindigen Nadelwaldspanners (S. 232) sind ähnlich.

Die **Raupe** frisst Blätter verschiedener Laubbäume und Sträucher.

(1) *Hylaea fasciaria*

(2) *Hylaea fasciaria*

Zweibindiger Nadelwaldspanner

Hylaea fasciaria

Spw. 30–40 mm

Der **Falter (1–2)** besitzt etwa auf Mitte der Vorderflügel zwei dünne, hellere oder dunklere, geschwungene Querlinien. Das Feld dazwischen kann dunkler ausgefüllt sein. Die Grundfarben der Flügeloberflächen variieren zwischen Fleischrötlich, Rosabräunlich und Grünlich. Grüne Formen werden als fm. *prasinaria* abgetrennt. Diese ähneln besonders dem Perlglanz-Spanner (S. 231), dessen Querlinien etwas abweichend geformt sind.

Die **Raupe** der abgebildeten Variante verzehrt Kiefernnadeln, während die der grünen Falter Nadeln von Fichten, Lärchen oder Weißtannen bevorzugt. Man nimmt daher an, dass es sich um zwei trennbare Arten handeln könnte.

Zackensaum-Heidelbeerspanner
Cepphis advenaria

Spw. 30–35 mm

Der **Falter (1–3)** ist durch seine grob ausgerandeten Flügel gekennzeichnet. Oft sieht man ihn mit nur halb geöffneten Flügeln auf Blättern oder Blüten sitzen, in einer für die Art typischen Haltung. Im Untersuchungsgebiet ist sie an krautreichen Waldrändern nicht selten am Tage zu beobachten. Beim Männchen **(1–2)** sind die Fühler deutlich kammartig verbreitert.

Die durch ein Zickzackband auffällig gezeichnete **Raupe** ernährt sich von Heidelbeere (*Vaccinium*) und Christophskraut *(Actaea)*.

(1) *Cepphis advenaria* ♂

(2) *Cepphis advenaria* ♂

(3) *Cepphis advenaria* ♀

(1) *Ematurga atomaria* ♀

(2) *Ematurga atomaria* ♀

(3) *Ematurga atomaria* ♂

Heide-Spanner

Ematurga atomaria

Spw. 25-35 mm

Der **Falter (1-4)** ist ein häufiger, tagaktiver Besucher offener Heide- und Wiesenlandschaften, fliegt aber auch auf Blüten an Wald- und Wegrändern. Das Flügelmuster ähnelt entfernt dem des Klee-Gitterspanners (S. 235), ist aber unruhiger. Männchen **(3-4)** besitzen deutlich gekämmte Fühler. Ihre Flügeloberseiten haben einen ockerfarbenen Grundton, während der des Weibchens **(1-2)** eher weiß ist.

Die unauffällig blassgrüne **Raupe** ernährt sich von vielen verschiedenen Kräutern und Sträuchern, wodurch auch die Häufigkeit des Falters begründet ist.

(4) *Ematurga atomaria* ♂

Klee-Gitterspanner, Klee-Spanner

Chiasmia clathrata

Spw. 22–25 mm

Der kleine, sehr häufige **Falter (1–3)** fällt durch sein kontrastreiches Gittermuster auf. Er ist tagaktiv und besucht bei Sonnenschein die verschiedensten Wiesenbiotope zur Nektaraufnahme. Die Geschlechter unterscheiden sich äußerlich kaum. Die Weibchen **(2)** besitzen aber einen dickeren Hinterleib als die Männchen **(3)**. Eine entfernte Ähnlichkeit hat der ebenfalls häufige Heide-Spanner (S. 234).

Die grün oder braun gefärbte, kahle **Raupe** ernährt sich von diversen Kräutern und Sträuchern, z. B. Ginster (*Sarothamnus* und *Genista*), Klee *(Trifolium)*, Luzerne *(Medicago)*, Wicke *(Vicia)* und Labkraut *(Galium)*.

(1) *Chiasmia clathrata*

(2) *Chiasmia clathrata* ♀

(3) *Chiasmia clathrata* ♂

Wellenlinien-Rindenspanner
Alcis repandata

Spw. 40-55 mm

Der **Falter (1)** ist auf mit Algen und Flechten bewachsenen Baumrinden besonders gut getarnt. Die häufige Art ist aber in ihrer Zeichnung recht veränderlich. Das hier abgebildete Tier besitzt an Vorder- und Hinterflügeln ein angedeutetes, dunkles Querband. Derartige Formen werden als fm. *conversaria* abgetrennt.

Die **Raupe** ist in ihrer Nahrung nicht wählerisch. Laub- und Nadelbäume, Sträucher, Farne und Kräuter werden angenommen.

(1) *Alcis repandata* ♀

(1) *Ectropis crepuscularia*

(2) *Ectropis crepuscularia*

(3) *Ectropis crepuscularia* Raupe

Zackenbindiger Rindenspanner

Ectropis crepuscularia

Spw. 40-50 mm

Der relativ häufige **Falter** (1-2) ist nachtaktiv, kann aber am Tage an Baumrinden oder Hauswänden entdeckt werden. Dabei sind die Flügel stets ausgebreitet. Das komplizierte Flügelmuster ist auf Baumrinde eine gute Tarnung. Da Muster und Farbintensität sehr veränderlich sind, kann die Art leicht mit anderen Spannern verwechselt werden, z. B. mit dem Aschgrauen Rindenspanner (S. 240).

Die **Raupe** (3), hier noch nicht völlig ausgewachsen, bezieht ihre Nahrung von Blättern vieler verschiedener Laubbäume, Sträucher und Stauden, was die Häufigkeit der Art ausmacht.

(1) *Hypomecis punctinalis* ♀

(2) *Hypomecis punctinalis* ♂

(3) *Hypomecis punctinalis* ♂

Aschgrauer Rindenspanner

Hypomecis punctinalis

Spw. 45–55 mm

Der häufige, nachtaktive **Falter (1–3)** ist durch sein Flügelmuster gut auf Baumrinden getarnt. Das namengebende Merkmal ist der zentrale, ringförmige Punkt auf jedem Flügel des Männchens. Bei diesem sind außerdem die Fühler deutlich gekämmt **(3)**. Das Weibchen **(1)** besitzt fadenförmige Fühler und ein dünnes, oft unvollständiges Zackenmuster. Sehr ähnlich können Großer Rindenspanner *(Hypomecis roboraria)* und Zackenbindiger Rindenspanner (S. 239) sein.

Die **Raupe** frisst an Blättern verschiedener Laubbäume und Sträucher, Himbeere *(Rubus)* und Heidelbeere *(Vaccinium)*.

Rauten-Rindenspanner
Peribatodes rhomboidaria

Spw. 35-40 mm

Der **Falter (1-3)** ähnelt anderen grauen Rindenspannern. Für eine Bestimmung muss das Flügelmuster genau verglichen werden. Bei dieser Art sind die dunklen, gezackten Bandlinien recht markant. Männchen **(1)** sind an ihren gekämmten Fühlern zu erkennen. Der Rauten-Rindenspanner kann am Tage an Stämmen von Laub- und Nadelhölzern und gelegentlich an Hauswänden aufgefunden werden. Sehr ähnlich kann der an gleichartigen Standorten vorkommende Nadelholz-Rindenspanner (S. 242) aussehen.

Die **Raupe** ernährt sich von Blättern verschiedener Kräuter und Sträucher. Sie kann in Weinbaugebieten Schäden an den Reben verursachen.

(1) *Peribatodes rhomboidaria* ♂

(2) *Peribatodes rhomboidaria* ♀

(3) *Peribatodes rhomboidaria* ♀

Nadelholz-Rindenspanner
Peribatodes secundaria

Spw. 30–40 mm

Der **Falter (1–2)** gehört zu den häufigen Rindenspannern. Er ist in Nadel- und Mischwäldern zu Hause, wird aber auch an Hauswänden, in Parks und Privatgärten gefunden, sofern Nadelbäume in der Nähe sind. Hier sind zwei Männchen abgebildet, deren Fühler kammartig erweitert sind. Der Rauten-Rindenspanner (S. 241) ist sehr ähnlich, ist aber nicht nur an Nadelholz gebunden.

Die **Raupe** frisst an Nadelbäumen, z. B. Fichte *(Picea)*, Tanne *(Abies)*, Kiefer *(Pinus)* und Wacholder *(Juniperus)*.

(1) *Peribatodes secundaria* ♂

(2) *Peribatodes secundaria* ♂

Saum-Spanner,
Schwarzrand-Harlekin
Lomaspilis marginata

Spw. 30-40 mm

Der auffällig schwarz-weiß gezeichnete **Falter (1-2)** ist auch tagsüber aktiv und häufig auf Büschen und Sträuchern zu finden. Er imitiert Vogelkot und wird daher von potenziellen Fressfeinden gemieden. Ein entsprechender Volksname ist Vogelschmeiß-Spanner. Die weiße Grundfarbe der Flügel kann gelegentlich gelblich sein und die Form der schwarzen Markierungen ist variabel.

Die grüne **Raupe** ernährt sich von Blättern verschiedener Laubbäume. Genannt werden vor allem Weide *(Salix)*, Pappel *(Populus)*, Birke *(Betula)* und Hasel *(Corylus)*.

(1) *Lomaspilis marginata*

(2) *Lomaspilis marginata*

Schattenbinden-Weißspanner
Lomographa temerata

Spw. 22-30 mm

Der überwiegend nachtaktive **Falter (1)** gehört, wie der Saum-Spanner (siehe oben), zu den schwarz-weiß gezeichneten Arten, die Vogelkot imitieren (Vogelkot-Mimese). Er bevorzugt Laubwälder und ist an mit Büschen bestandenen Waldrändern und Waldwegen zu finden. Im Untersuchungsgebiet ist er viel seltener als der Saum-Spanner.

Die grüne **Raupe** besitzt auf ihrem Rücken eine unterbrochene, rotbraune Linie. Ihre Nahrung bezieht sie von Blättern verschiedener Laubbäume wie Eiche *(Quercus)* und Schlehe *(Prunus spinosa)*.

Fotobeleg: Brandenburg, Dubrow bei Gräbendorf, an Eichenrinde, 13. 6. 2015.

(1) *Lomographa temerata*

(1) *Macaria brunneata* ♂

(2) *Macaria brunneata* ♂

Waldmoor-Spanner
Macaria brunneata *(Itame brunneata)*

Spw. 25–30 mm

Der fast einfarbig zimt- bis ockerbraune **Falter (1–2)** ist auch tagsüber in heideartigen Biotopen und Moorlandschaften zu finden. Zur Nektaraufnahme besucht er Doldenblütler oder Heidekraut. Die Fühler sind auffallend lang und bei den Männchen deutlich kammartig erweitert. Eine gewisse Ähnlichkeit hat der Zackensaum-Heidelbeerspanner (S. 233), dessen Flügel deutlich ausgerandet sind.

Die schwarze, dünn gelb gestreifte **Raupe** ernährt sich von Heidelbeere und Rauschbeere *(Vaccinium)*.

Violettgrauer Eckflügelspanner,
Kiefern-Eckflügelspanner
Macaria liturata

Spw. 25–30 mm

Der **Falter (1–2)** gehört zu den häufigen Arten seiner Gattung. Er bevorzugt Nadel- oder Mischwälder. Mit etwas Glück kann man die nachtaktive Art tagsüber an Baumrinden beobachten. Seine Vorderflügel haben im typischen Fall eine violett-graue Grundfarbe, drei dünne, dunkle Querstreifen und ein gelborangenes Querband. Ältere Tiere können stark ausblassen. Die grüne, schlanke **Raupe** ernährt sich u. a. von Nadeln der Weißtanne *(Abies)*, Fichte *(Picea)*, Wald- oder Weymouthskiefer *(Pinus)*.

(1) *Macaria liturata*

(2) *Macaria liturata*

Hellgrauer Eckflügelspanner
Macaria notata

Spw. 28–35 mm

Der nachtaktive **Falter (1–2)** lebt in Laub- und Mischwäldern und ist im Untersuchungsgebiet nicht selten. Sehr markant ist der dunkle, unterbrochene Fleck auf den Vorderflügeln. Bei ausgebreiteten Exemplaren werden auch die typisch zugespitzten Hinterflügel gut sichtbar, die bei anderen Arten der Gattung mehr abgerundet sind.

Die **Raupe** frisst an Blättern verschiedener Laubbäume, z. B. Birke *(Betula)*, Erle *(Alnus)*, Saalweide *(Salix caprea)* und Hasel *(Corylus)*.

(1) *Macaria notata*

(2) *Macaria notata*

(1) *Opisthograptis luteolata*

(2) *Opisthograptis luteolata*

Gelb-Spanner,
Zitronen-Spanner
Opisthograptis luteolata

Spw. 30–40 mm

Der fast überall häufige **Falter (1–2)** erinnert durch seine auffallend zitronen- bis chromgelben Flügel an den Zitronenfalter (S. 102), der zu den Tagfaltern gehört. Auch der Gelb-Spanner ist tagaktiv. Er ist an Waldrändern, in Parks und Gärten zu Hause. Selten auftretende Varianten können weiße Flügel haben, besitzen aber auch die charakteristischen Randflecken.

Die bräunliche **Raupe** ist an ihrem warzenartigen Höcker auf der Rückenmitte gut zu erkennen. Sie ernährt sich von Blättern vieler verschiedenartiger Laubbäume und Sträucher.

Moorwald-Adlerfarnspanner
Petrophora chlorosata

Spw. 30-35 mm

Der **Falter (1-3)** ist ein äußerlich wenig auffallender, auch tagaktiver Bewohner feuchter oder trockener Laub- und Mischwaldgesellschaften, in denen Adlerfarnbestände vorkommen. Durch Farbe und Flügelzeichnung erinnert er etwas an die Schnabeleulen, besitzt aber nicht deren verlängerte Mundwerkzeuge.

Die bräunliche **Raupe** lebt an Adlerfarn *(Pteridium aquilinum)*.

(1) *Petrophora chlorosata*

(2) *Petrophora chlorosata*

(3) *Petrophora chlorosata*

Schnee-Spanner

Phigalia pilosaria *(Apocheima pilosaria)*

Spw. 35–40 mm

Der **Falter (1–2)** fliegt oft bereits in den ersten Monaten des Jahres auf der Suche nach seinen flugunfähigen Weibchen. Seine graubraunen Farben erinnern an den Kleinen Frostspanner (S. 282), dessen Weibchen ebenfalls flugunfähig sind. Die mit auffällig gefiederten Fühlern **(2)** ausgestatteten Männchen sitzen gelegentlich an Hauswänden oder Scheiben.

Die ausgewachsene **Raupe (4)** kann gelb oder braun gefärbt sein. Jungraupen **(3)** sind dunkel gefärbt und besitzen auffällige Warzen. Ihre Nahrung beziehen sie von Blättern diverser Laubbäume, gelegentlich auch Beifuß *(Artemisia)* oder Heidelbeere *(Vaccinium)*.

(1) *Phigalia pilosaria* ♂

(2) *Phigalia pilosaria* ♂

(3) *Phigalia pilosaria* Jungraupe

(4) *Phigalia pilosaria* Raupe

(1) *Plagodis dolabraria* ♀

(2) *Plagodis dolabraria* ♀

(3) *Plagodis dolabraria* ♀

Hobel-Spanner,
Eichen-Striemenspanner
Plagodis dolabraria

Spw. 30–35 mm

Der **Falter (1–3)** fällt durch die feine Querstreifung seiner Vorderflügel auf. Die Flügelränder sind außerdem wellig ausgerandet. Das abgebildete Tier ist ein Weibchen, da es fadenförmige Fühler besitzt. Beim Männchen sind die Fühler deutlich gefiedert. Die nachtaktive Art kann tagsüber ruhend an Baumrinden entdeckt werden. Sie gilt als weit verbreitet und häufig, obwohl wir sie in zehn Jahren nur einmal an einer älteren Eiche finden konnten.

Die **Raupe** ernährt sich von Blättern verschiedener Laubbäume. Bekannte Wirtspflanzen sind Stieleiche *(Quercus robur)*, Winterlinde *(Tilia cordata)*, Rotbuche *(Fagus sylvatica)* und auch Obstbäume.

Violettbrauner Mondfleckspanner

Selenia tetralunaria

Spw. 30-40 mm

Der **Falter (1)** bekam seinen Namen wegen der auf Ober- und Unterseite jedes Flügels vorhandenen hellen, halbmondförmigen Flecken. Bei dem abgebildeten Männchen sind wegen der Flügelstellung nur zwei Mondzeichen zu sehen. Dem ähnlichen Zweistreifigen Mondfleckspanner *(Selenia lunaria)* fehlen die Flecken. Die Art ist in Deutschland nicht selten, wurde aber im Untersuchungsgebiet von uns bisher nur einmal gefunden.

Die **Raupe** bezieht ihre Nahrung von Blättern diverser Laubbäume, z.B. Eiche *(Quercus)*, Linde *(Tilia)*, Birke *(Betula)* und Weide *(Salix)*.

(1) *Selenia tetralunaria* ♂

(1) *Siona lineata*

(2) *Siona lineata*

(3) *Siona lineata* an Kokon

Weißer Linienspanner,
Hartheu-Spanner
Siona lineata

Spw. 35–45 mm

Der an einen Baum-Weißling erinnernde **Falter (1–3)** ist ein tag- und nachtaktiver Bewohner trockener oder feuchter grasiger Biotope. Seine weißen Flügel sind besonders an der Unterseite auffallend dunkel geadert **(2)**. Die Art fliegt bei geringster Störung schnell auf, um sich nach einigen Metern wieder im Gras niederzulassen. In Brandenburg ist die Art relativ häufig.

Die blass sandfarbene **Raupe** ernährt sich von Kräutern wie Löwenzahn *(Taraxacum)*, Glockenblume *(Campanula)*, Wegerich *(Plantago)*, Thymian *(Thymus)* und Beifuß *(Artemisia)*. Die Verpuppung erfolgt in einem lanzettlich geformten, gelb gefärbten Kokon **(3)**, der an Pflanzenstängel angeheftet wird.

(1) *Geometra papilionaria*

Spanner 2 (Fam. *Geometridae*, Subfam. *Geometrinae*)

Grünes Blatt

Geometra papilionaria

Spw. 40–60 mm

Der nachtaktive **Falter (1–3)** hält sich in Laubwäldern, größeren Parks und Gärten auf. Junge Falter sind kräftig grün gefärbt, verblassen aber später. Vorder- und Hinterflügel besitzen eine feine, weiß gestrichelte Querzeichnung. Die in Brandenburg nicht seltene Art ist der typische Vertreter der sog. »Grünspanner«, von denen es mehrere ähnlich aussehende Verwandte gibt.

Die **Raupe** ist ebenfalls grün und zeichnet sich durch mehrere Rückenhöcker aus. Sie ernährt sich von Blättern verschiedener Laubbäume, z. B. Hasel *(Corylus)*, Birke *(Betula)*, Erle *(Alnus)* und Rotbuche *(Fagus sylvatica)*.

(2) *Geometra papilionaria*

(3) *Geometra papilionaria*

) *Hemistola chrysoprasaria* ♂

(2) *Hemistola chrysoprasaria* ♂

Waldreben-Grünspanner

Hemistola chrysoprasaria

Spw. 25-40 mm

Der **Falter (1-3)** besitzt blaugrüne Flügel, von denen die vorderen zwei und die hinteren nur eine weißliche Querlinie aufweisen. Typisch sind auch die feinen, weißen Längslinien aller vier Flügel. Ältere Tiere neigen sehr zum Ausblassen. Ähnlich sind das etwas größere Grüne Blatt (S. 252) und der Perlglanz-Spanner (S. 231), beide ohne die feinen Längslinien. Die Fotos zeigen männliche Exemplare, was an den deutlich gekämmten Fühlern zu erkennen ist.

Die **Raupe** ernährt sich von Waldreben-Arten *(Clematis)*.

(3) *Hemistola chrysoprasaria* ♂

(1) *Hemithea aestivaria*

Gebüsch-Grünspanner

Hemithea aestivaria

Spw. 25-35 mm

Der **Falter (1)** gehört zu den kleineren Grünspannern, die häufig mit anderen verwechselt werden. Typisch sind die beiden gewellten, weißlichen Querlinien der Vorderflügel, von denen sich nur die untere auf die Hinterflügel fortsetzt, und die deutlich zugespitzten Hinterflügel. Die Fransen der Flügelränder sind abwechselnd weiß und schwarz, was auf dem Foto nur angedeutet ist. Besonders ähnlich ist der Waldreben-Grünspanner (siehe oben) mit einfarbig weiß gefransten Flügeln.

Die **Raupe** ist in ihrer Nahrung nicht sehr spezialisiert. Sie lebt auf verschiedenen Laubbäumen und Büschen, z. B. Eiche *(Quercus)*, Hasel *(Corylus)*, Linde *(Tilia)*, Schlehe *(Prunus spinosa)*, Heckenkirsche *(Lonicera)* und Hundsrose *(Rosa canina)*.

(1) *Cyclophora punctaria*

Spanner 3 (Fam. *Geometridae*, Subfam. *Sterrhinae*)

Gepunkteter Eichen-Gürtelpuppenspanner
Cyclophora punctaria

Spw. 25–30 mm

Der relativ häufige **Falter (1–2)** bewohnt Wälder, Parks und Gärten, in denen Eichen wachsen. Er ist vorwiegend nachts aktiv, kann aber auch tagsüber aufgefunden werden. Die Grundfarben seiner Flügel sind meist hell sandfarben, können aber auch einen rötlichen Anflug zeigen. Feine Punktierung und eine rotbraune, dünne Querlinie sind typisch.

Die grüne **Raupe** ernährt sich ausschließlich von Eichenblättern, wo sie auch ihre Eier ablegt. Die für einen Spanner ungewöhnliche Gürtelpuppe fanden wir an einem am Ast befindlichen Eichenblatt. Das Foto zeigt eine etwa 10 mm lange, leere Puppenhülle **(3)**.

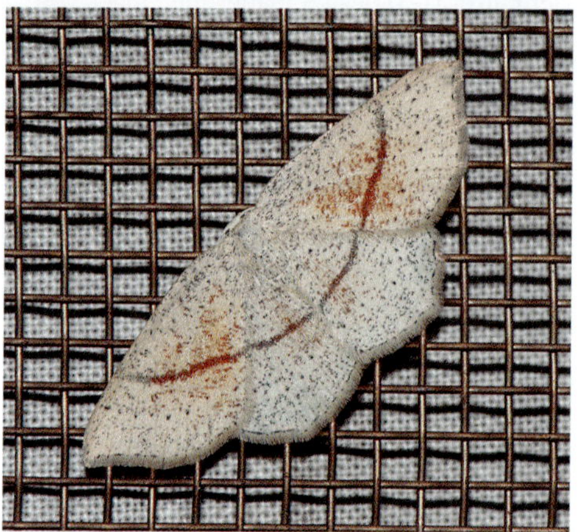

(2) *Cyclophora punctaria*

(3) *Cyclophora punctaria* Puppenhülle

Dunkelbindiger Doppellinien-Zwergspanner
Idaea aversata

Spw. 25–33 mm

Der nachtaktive **Falter (1)** zeichnet sich durch ein dunkles, über beide Flügelpaare gehendes, mittleres Querband aus. Er bewohnt Laub- und Mischwälder und kommt an Waldrändern, in Parks und Gärten vor. Bei einer häufig vorkommenden fm. *remutata* (2) fehlt das dunkle Mittelband, während die dünnen Umgrenzungslinien weiterhin sichtbar sind. Beide Varianten sind über ganz Deutschland verbreitet und auch in Brandenburg häufig. Sie sind gelegentlich tagsüber an Baumrinden, Büschen und in niedriger Vegetation zu beobachten.

Die **Raupe** findet ihre Nahrung an sehr vielen verschiedenen Kräutern, Sträuchern und Bäumen.

(1) *Idaea aversata*

(2) *Idaea aversata* fm. *remutata*

Breitgesäumter Zwergspanner
Idaea biselata

Spw. 15-22 mm

Der **Falter (1)** ist auf weißlichem Untergrund an Vorder- und Hinterflügeln mit vier ausgezackten Querlinien versehen. Zwischen der dritten und vierten Linie befindet sich ein dunklerer Saum. Die Außenkante der Flügel ist behaart und dunkel punktiert. Auf allen vier Flügeln sitzt ein dunkler Diskalpunkt. Es gibt mehrere ähnlich aussehende Arten unter den Zwergspannern. Ein Doppelgänger ist der in Südeuropa verbreitete *I. politaria*, der aufgrund der Klimaerwärmung auch in Deutschland zu erwarten ist.

Die **Raupe** frisst welkende Blätter von verschiedenen Bäumen, Kräutern und Gräsern.

(1) *Idaea biselata*

Hellbindiger Doppellinien-Zwergspanner RL
Idaea deversaria *(Idaea maritimaria)*

Spw. 22-28 mm

Der **Falter (1)** besitzt hell strohfarbene Flügel, die mit zarten Querlinien versehen sind. Die äußere ist am deutlichsten ausgebildet und etwas wellig. Sie wird auf den Hinterflügeln weitergeführt. Die Art ist viel seltener als der verwandte Dunkelbindige Doppellinien-Zwergspanner (S. 255), dessen Flügel dunkel gebändert sind. In einigen Bundesländern wird der Falter als »gefährdet« eingestuft.

Die **Raupe** frisst vor allem angetrocknetes Pflanzenmaterial diverser Kräuter und Bäume.

Fotobeleg: Brandenburg, Dubrow bei Gräbendorf, Mischwald mit Eichen, 2. 7. 2013.

(1) *Idaea deversaria*

(1) *Idaea emarginata*

(2) *Idaea emarginata*

Zackenrand-Zwergspanner RL
Idaea emarginata

Spw. 18–25 mm

Der **Falter (1–3)** besitzt, seinem Namen entsprechend, mehr oder weniger grobwellige Flügelränder. Die dünnen, dunklen Querlinien und ein kleiner Punkt auf jedem Flügel sind fast immer vorhanden. Sehr variabel ist jedoch die Grundfarbe und manchmal ziert ein dunkles Querband die Flügelmitte. Die nicht überall häufigen Falter bevorzugen feuchtere Mischwälder und Moorlandschaften. Sie ruhen tagsüber gerne in bodennaher Vegetation und fliegen bei Einbruch der Dunkelheit.

Die **Raupe** ist in der Nahrungsaufnahme ziemlich variabel. Sie frisst Blätter diverser Laubbäume, Sträucher und Wiesenkräuter.

(3) *Idaea emarginata*

Graurandiger Zwergspanner, Buschflur-Spanner RL
Idaea fuscovenosa

Spw. 15–20 mm

Der kleine, nachtaktive **Falter (1–3)** ist durch einen bräunlich markierten Rand der Vorderflügel gekennzeichnet. Die anderen Merkmale wie je ein auf der Flügelmitte sitzender Diskalpunkt und dünne, gewellte Querlinien entsprechen denen anderer Zwergspanner. Hier treten drei Querlinien deutlich hervor. Sie enden beim Erreichen des Außenrandes in einer dunklen Markierung (Saumfleck). Interessant ist die rosa Farbe der Eier, die das Weibchen an Pflanzenteilen ablegt.

Die **Raupe** ernährt sich von Blättern verschiedener Bäume, Sträucher, Kräuter und Stauden.

(1) *Idaea fuscovenosa*

(2) *Idaea fuscovenosa*

(3) *Idaea fuscovenosa*

(1) *Idaea ochrata*

(2) *Idaea ochrata*

Ockerfarbiger Steppenheiden-Zwergspanner RL

Idaea ochrata

Spw. 18–25 mm

Der ockerbräunlich gefärbte **Falter (1–2)** besitzt eine Flügelzeichnung, die aus leicht abgedunkelten, oft undeutlichen Wellenlinien besteht. Die schwarzen Punkte im Saumrand der Flügel sind typisch. Die Art gilt als wärmeliebend und wurde von uns stets tagsüber in offenen, trockeneren Graslandschaften auf Sandböden gefunden. Sie scheint in Brandenburg nicht selten zu sein.

Die **Raupe** ernährt sich von verwelkenden Blättern krautiger Pflanzen und Gräser.

Südlicher Zwergspanner RL

Idaea rusticata *(Idaea vulpinaria)*

Spw. 15–20 mm

Der kleine, nachtaktive **Falter (1–2)** liebt trocken-warme Standorte. Da wir ihn mehrfach an Hauswänden und Fensterscheiben fanden, scheint er in Berlin und Brandenburg, vielleicht begünstigt durch die letzten wärmeren Jahre, nicht selten zu sein. In der Natur kommt der Falter auf Trockenrasen, aber auch an Feldrändern und in Gärten vor.

Die **Raupe** lebt von welken oder trockenen Pflanzenteilen. Hier scheint u. a. die häufige Graukresse *(Berteroa incana)* als Futterpflanze eine Rolle zu spielen.

(1) *Idaea rusticata*

(2) *Idaea rusticata*

(1) *Idaea dimidiata*

Braungewinkelter Zwergspanner
Idaea dimidiata

Spw. 15-20 mm

Der **Falter (1)** ist durch die dunklen Flecken im hinteren Randbereich der Vorderflügel gekennzeichnet. Tagsüber sitzt er oft mit ausgebreiteten Flügeln auf Kräutern oder Büschen. Seine schmale Gesamtform erinnert an Arten der Gattung *Eupithecia*. Der Schmetterling saugt Nektar an Blüten größerer Gräser und Korbblütler.

Die **Raupe** ernährt sich von Blättern diverser Bäume und Kräuter.

Grauer Zwergspanner
Idaea seriata

Spw. 13-20 mm

Der kleine, dämmerungsaktive **Falter (1-2)** ist als Kulturfolger bekannt. Tatsächlich fanden wir ihn nur an Hauswänden und Scheiben in Ruhestellung. Helle Exemplare sind auf weiß geputzten Wänden besonders gut getarnt. Die Grundfarben der Flügel können von Reinweiß bis Graubräunlich variieren.

Die **Raupe** ernährt sich von welken Blättern sehr verschiedener Pflanzen wie Holzgewächsen, Kräutern und Kulturpflanzen.

(1) *Idaea seriata*

(2) *Idaea seriata*

(2) *Lythria cruentaria* ♂

) *Lythria cruentaria* ♀

(3) *Lythria cruentaria* ♀

Ampfer-Purpurspanner
Lythria cruentaria

Spw. 20–26 mm

Der in Brandenburg häufige, tagaktive **Falter (1–3)** liebt trockene Grasbiotope mit Sauerampfer. Er ist gewöhnlich sehr kräftig gefärbt, kann aber auch stark ausblassen. Das äußere lila-rote Querband der Vorderflügel ist bei dieser Art besonders breit und am Außenrand meist gespalten. Männchen **(2)** haben deutlich gekämmte Fühler, während die der Weibchen **(1)** nur fadenförmig sind. Bild **(3)** zeigt ein extrem blasses Weibchen. Sehr ähnlich ist der Knöterich-Purpurspanner (siehe unten).

Die **Raupe** entwickelt sich an Ampfer-Arten (*Rumex*).

Knöterich-Purpurspanner RL
Lythria purpuraria

Spw. 20–26 mm

Der tagaktive **Falter (1)**, hier ein Männchen mit gekämmten Fühlern, ähnelt dem Ampfer-Purpurspanner (siehe oben). Seine beiden lila-roten Querbinden sind aber schmaler. Die äußere ist am Flügelrand nicht gespalten und erreicht den Innenrand des Vorderflügels manchmal nicht. Beide Arten sind nicht immer leicht zu unterscheiden. Der Knöterich-Purpurspanner bewohnt magere Grasbiotope und Trockenrasen auf Sandböden.

Die **Raupe** ernährt sich von Blüten und Samen des Vogelknöterichs *(Polygonum aviculare)*.

(1) *Lythria purpuraria* ♂

(1) *Rhodostrophia vibicaria*

(2) *Rhodostrophia vibicaria*

Rotband-Spanner RL

Rhodostrophia vibicaria

Spw. 28–35 mm

Der **Falter (1–2)** zeichnet sich im typischen Fall durch sein namengebendes violett-rotes Querband aus, welches die zweite und dritte Querlinie der Vorder- und Hinterflügel ausfüllt (1). Manchmal sind auch nur die dünnen Querlinien vorhanden (2). Die wärmeliebende Art besiedelt trockenwarme Magerrasen, Wacholderheiden und eichenbestandene Mischwälder. Durch Intensivbewirtschaftung und Aufforstung ist der Fortbestand der Art stark gefährdet, wenn auch in Brandenburg noch relativ häufig anzutreffen.

Die **Raupe** frisst Blätter diverser Sträucher wie Schlehe *(Prunus spinosa)* und Ginster *(Genista)*, aber auch verschiedene Wiesenkräuter.

Ampfer-Spanner
Timandra comae

Spw. 25-30 mm

Der auch tagsüber oft anzutreffende, häufige **Falter (1-3)** ruht in niedriger Vegetation gerne mit ausgebreiteten Flügeln. Seine dünne, violett-braune Querlinie erstreckt sich dann nahtlos über Vorder- und Hinterflügel. Die Grundfarben der Flügel können sehr variieren und sehr blasse Formen sind nicht selten. Wie bei vielen Spannern besitzen auch hier die Männchen stark gefiederte Fühler (siehe Bild **(1)**).

Die **Raupe** ernährt sich von Ampfer *(Rumex)* und Knöterich *(Polygonum)*.

) *Timandra comae* ♂

:) *Timandra comae* ♀

(3) *Timandra comae* ♀

(1) *Scopula rubiginata*

Violettroter Kleinspanner RL
Scopula rubiginata

Spw. 16–25 mm

Der **Falter (1–2)** ist oft rötlich bis violettrötlich gefärbt. Er besitzt drei etwas dunklere, wellige Querlinien. Die äußerste ist manchmal breit dunkel gesäumt. Auf den Flügeloberflächen befinden sich keine dunkleren Diskalpunkte. Das unterscheidet den Falter vom sehr ähnlichen Rötlichen Trockenrasen-Zwergspanner *(Idaea rufaria)*. Die in Brandenburg nicht seltene Art ist wie viele Kleinspanner gelegentlich auch am Tage auf Wiesenkräutern oder Gräsern zu sehen. Literaturangaben zufolge ist sie wärmeliebend und besiedelt Mager- und Trockenrasengesellschaften.

Die unscheinbare, hellbraune **Raupe** hat auf jeder Seite einen dünnen, hellen Längsstreifen. Sie ernährt sich von verschiedenen krautigen Pflanzen.

(2) *Scopula rubiginata*

Vierpunkt-Kleinspanner
Scopula immutata

Spw. 19–23 mm

Der **Falter (1)** ist cremeweißlich, grauweißlich oder hell gelblich gefärbt. Auf den Flügeln zeichnen sich drei dunklere, gewellte Querlinien ab, gelegentlich noch eine vierte verwischte Wellenlinie. Namengebend sind die vier dunklen Diskalpunkte, von denen sich je einer auf der Flügelmitte befindet. Die Flügelecken sind stets abgerundet.

Die **Raupe** ist in ihrer Nahrungswahl nicht sehr anspruchsvoll. Sie ernährt sich von vielen unterschiedlichen Kräutern.

(1) *Scopula immutata*

Marmorierter Kleinspanner
Scopula immorata

Spw. 23-28 mm

Bei diesem **Falter** (1-2) sind die Wellenlinien auf den Flügeln breiter als bei vergleichbaren Arten oder sie fehlen ganz. Dazwischen befinden sich weißliche Flecken und eine ganzflächige, schwärzliche Feinpunktierung. Die Tiere wirken dadurch marmoriert (Name). Es existieren graue und bräunliche Varianten. Bevorzugte Biotope sind Heiden, Magerwiesen, Steppen und Streuobstwiesen.

Die **Raupe** wurde an verschiedenen Kräutern gefunden, z.B. Thymian *(Thymus)*, Oregano *(Origanum)*, Beifuß *(Artemisia)*, Heidekraut *(Erica)* und Schafgarbe *(Achillea millefolium)*.

(1) *Scopula immorata*

(2) *Scopula immorata*

(1) *Scopula nigropunctata*

(2) *Scopula nigropunctata*

(3) *Scopula nigropunctata*

Eckflügel-Kleinspanner

Scopula nigropunctata

Spw. 25–30 mm

Der **Falter (1–3)** ähnelt dem Vierpunkt-Kleinspanner (S. 267), besitzt aber meist nur zwei deutliche, hellgrau gefärbte Wellenlinien. Die gesamte Flügeloberfläche ist sehr fein punktiert, wodurch der Falter etwas angegraut wirkt. Die Diskalpunkte sind oft verwischt oder undeutlich. Ein weiteres Merkmal sind die eckigen, etwas spitz auslaufenden Hinterflügel, die aber auch bei anderen Arten vorkommen können.

Die **Raupe** ernährt sich wie bei vielen Kleinspannern polyphag, also von vielen verschiedenen Pflanzen. Es sind vornehmlich Kräuter.

(1) *Aplocera plagiata* ♂

Spanner 4 (Fam. *Geometridae*, Subfam. *Larentiinae*)

Großer Johanniskrautspanner
Aplocera plagiata

Spw. 30-40 mm

Der vorwiegend nachtaktive **Falter (1-3)** kann mit etwas Glück auch am Tage beobachtet werden. Das abgebildete Tier ist ein Männchen, welches an Krautstängeln auf sandigem Trockenrasen saß. Bei dieser Art kann man in der Draufsicht nicht erkennen, ob es sich vielleicht um die sehr ähnliche Schwesterart, den Sandheiden-Johanniskrautspanner *(Aplocera efformata)*, handelt. Dafür muss man den Falter von unten betrachten, um die Hinterleibsanhänge (Valven) vergleichen zu können. Bei *A. plagiata* sind die Anhänge **(3)** deutlich länger als bei *A. efformata*. Beide Arten kommen in Brandenburg vor.

Die **Raupe** ernährt sich von Johanniskraut-Arten *(Hypericum)*.

(2) *Aplocera plagiata* ♂

(3) *Aplocera plagiata* ♂

Mehl-Spanner
Lithostege farinata

Spw. 30–35 mm

Der **Falter (1–3)** ist an Vorder- und Hinterflügeln weiß gefärbt und an den Rändern mit weißen Fransen besäumt. Die Oberfläche ist mit feinen Schüppchen bedeckt, die sich nach einiger Zeit abtragen können. Dadurch kommt die aderige Flügelstruktur zum Vorschein.

Die nachtaktive Art hält sich tagsüber in der niedrigen Krautschicht oder an Gräsern auf, wo sie leicht aufgescheucht wird. Nach einigen Metern Flug lässt sie sich an ähnlichen Stellen wieder nieder.

Die **Raupe** ernährt sich von verschiedenen Kräutern. Darunter sind häufige Arten wie Knoblauchsrauke *(Alliaria petiolata)*, Graukresse *(Berteroa incana)* und Ackersenf *(Sinapis arvensis)*.

(1) *Lithostege farinata*

(2) *Lithostege farinata*

(3) *Lithostege farinata*

(1) *Camptogramma bilineata*

(2) *Camptogramma bilineata*

(3) *Camptogramma bilineata*

Ockergelber Blattspanner

Camptogramma bilineata

Spw. 25–30 mm

Der sehr häufige **Falter (1–3)** ist tagaktiv. Gerne hält er sich an den Blattunterseiten von Büschen, Kräutern und Farnen auf. Trotz der etwas variablen Flügelbänderung ist er schon wegen seines Verhaltens kaum mit anderen Arten zu verwechseln. Bei Störungen fliegt er ein bis zwei Meter weiter, um sich dann wieder auf einer Blattunterseite niederzulassen. Wir finden ihn in lichten Wäldern, Feldrändern, Parks und Gärten.

Die unscheinbar grünliche oder bräunliche **Raupe** frisst an verschiedenen Kräutern, zu denen auch Ampfer *(Rumex)*, Hauhechel *(Ononis)* und Sonnenröschen *(Helianthemum)* gehören.

Prachtgrüner Bindenspanner
Colostygia pectinataria

Spw. 25-30 mm

Der nachtaktive, häufige **Falter (1-4)** bewohnt feuchtere Laub- und Mischwälder, Auenwälder, Parks und Gärten. Oft ist die Art schwierig zuzuordnen, da die auffälligen Farben bald verblassen **(4)**. Bei der abgebildeten Paarung **(3)** ist deutlich zu erkennen, dass die Fühler des Männchens (Bild **(3)** links unten) kammartig erweitert sind.

Die **Raupe** ernährt sich hauptsächlich von Weißdornblättern *(Crataegus)*, wohl aber auch von anderen Pflanzen.

(1) *Colostygia pectinataria* ♀

(2) *Colostygia pectinataria* Paarung

(3) *Colostygia pectinata ria* Paarung

(4) *Colostygia pectinataria*

(3) *Epirrhoe alternata*

Graubinden-Labkrautspanner
Epirrhoe alternata

Spw. 25–30 mm

Der **Falter** (1–3) ist die häufigste Art seiner Gattung. Er ist in Ruhestellung auch am Tage in der niedrigen Vegetation unterschiedlicher Biotope anzutreffen. Die Unterscheidung zu anderen Labkrautspannern ist wegen der Ähnlichkeiten nicht einfach. Besonders ähnlich ist der Weißbinden-Labkrautspanner (siehe unten).

Die **Raupe** frisst an Labkraut *(Galium).*

(1) *Epirrhoe alternata*

Weißbinden-Labkrautspanner
Epirrhoe rivata

Spw. 28–35 mm

Der **Falter** (1) ist dem Graubinden-Labkrautspanner (siehe oben) sehr ähnlich, kommt aber etwas seltener vor. Seine weiße Querbinde besitzt keine deutliche Mittellinie, obwohl diese manchmal leicht angedeutet ist. Die schwarze Punktierung des gefransten Flügelsaumes ist ein weiteres Unterscheidungsmerkmal zur Schwesterart. Die ökologischen Ansprüche beider Arten sind ähnlich.

Die **Raupe** ernährt sich, dem Namen entsprechend, ebenfalls von Labkraut *(Galium).*

(1) *Epirrhoe rivata*

(2) *Epirrhoe alternata*

Fleckleib-Labkrautspanner

Epirrhoe tristata

Spw. 24–28 mm

Der häufige, tagaktive **Falter (1-3)** ist auf verschiedenen Pflanzen an Wald- und Feldrändern, Lichtungen und trockenen wie feuchten Grasbiotopen zu sehen. Von den anderen hier abgebildeten Labkrautspannern unterscheidet er sich durch seine kräftige schwarz-weiße Zeichnung und etwas geringere Spannweite. Die weißen Bereiche der Flügel können auch etwas gelblich ausfallen.

Die bräunliche, mit feinen Längsstreifen versehene **Raupe** ernährt sich von Labkraut-Arten *(Galium)*.

(1) *Epirrhoe tristata*

(2) *Epirrhoe tristata*

(3) *Epirrhoe tristata*

(1) *Euchoeca nebulata*

(2) *Euchoeca nebulata*

Erlengebüsch-Spanner

Euchoeca nebulata

Spw. 22–26 mm

Der kleine, weit verbreitete **Falter (1–2)** ist eine überwiegend tagaktive Art feuchterer Wälder, Teich- und Bachränder mit Erlenbeständen. In Ruhestellung hält er stets seine Flügel geschlossen, deren Unterseiten im typischen Fall feine dunklere Wellenlinien zeigen. Die selten zu sehenden Flügeloberseiten sind einfarbig graubraun.

Die grüne, mit gelblichen Längsstreifen versehene **Raupe** lebt an Schwarz- und Grauerlen *(Alnus)*.

Einzahn-Winkelspanner

Euphyia unangulata

Spw. 24-28 mm

Der **Falter (1-2)** ist dämmerungs- und nachtaktiv, sitzt aber auch am Tage ruhend an Baumrinden oder Blättern. Er ist in feuchten oder trockenen Laub- und Mischwäldern zu Hause. Die Zeichnung seiner Flügel erinnert stark an den häufigeren Graubinden-Labkrautspanner (S. 274).

Die **Raupe** ernährt sich von Nelkengewächsen der Gattung *Stellaria*.

(1) *Euphyia unangulata*

(2) *Euphyia unangulata*

(1) *Eupithecia centaureata*

Mondfleckiger Blütenspanner RL

Eupithecia centaureata

Spw. 15-25 mm

Der kleine **Falter (1)** gehört zu einer Spannergruppe, deren Flügel auffallend schmal sind. Die dämmerungs- und nachtaktive Art saugt gerne Nektar an Blüten von Sträuchern oder Kräutern und ist dabei nicht wählerisch. Zum Beispiel werden Himbeere *(Rubus)*, Johanniskraut *(Hypericum)*, Ackerwinde *(Convolvulus)*, Oregano *(Origanum)* sowie Echte und Kanadische Goldrute *(Solidago)* genannt. Der Falter ist gelegentlich auch in Parks und Gärten zu finden.

Die rot-weiß gestreifte **Raupe** ernährt sich von den gleichen Pflanzen wie der Falter.

Rotgebänderter Blütenspanner

Gymnoscelis rufifasciata

Spw. 12-20 mm

Der nachtaktive **Falter (1-2)** besitzt breitere Flügel als die Blütenspanner der Gattung *Eupithecia* (siehe links), mit denen er kaum eng verwandt ist. Typische Exemplare besitzen auf Vorder- und Hinterflügeln eine rötliche Querbinde. Bei einigen Varianten des farblich ziemlich veränderlichen Falters kann diese auch fehlen. Nachts werden Blüten zur Nektaraufnahme angeflogen.

Die **Raupe** frisst an sehr vielen verschiedenen Kräutern, Stauden und Holzgewächsen.

(1) *Gymnoscelis rufifasciata*

(2) *Gymnoscelis rufifasciata*

Wolfsmilch-Spanner, Maus-Spanner *Minoa murinata*

Spw. 15–20 mm

Der **Falter (1–3)** ist an allen vier Flügeln einfarbig hell beigefarben oder blassgrau und hat flaumige Flügelrandfransen. Wir sahen den tagaktiven Falter in der Nähe eines Wassergrabens am grasigen Feldrand. Bestände der Zypressen-Wolfsmilch waren in der Nähe, doch die Falter saugen ihren Nektar auch an diversen anderen häufig auftretenden Pflanzen wie Schafgarbe *(Achillea)*, Wiesen-Pastinak *(Pastinaca)* und Wilde Möhre *(Daucus carota)*.

Die **Raupe** bezieht ihre Nahrung vorwiegend von der Zypressen-Wolfsmilch *(Euphorbia cyparissias)*.

(1) *Minoa murinata*

(2) *Minoa murinata*

(3) *Minoa murinata*

(1) *Odezia atrata*

(2) *Odezia atrata*

Schwarz-Spanner

Odezia atrata

Spw. 20–25 mm

Der kleine, tagaktive **Falter (1–3)** hält sich gerne in der Krautschicht feuchter Wiesen, Moore, Auen und Seenlandschaften auf. In Brandenburg ist die Art offenbar nicht häufig, da wir sie bisher nur an einer Stelle, dort aber in größerer Zahl finden konnten (siehe Fotobeleg). Ein typisches Merkmal der schwarz-grau gefärbten Art sind die weißlichen Fransen an den Flügelspitzen, die aber nicht immer vorhanden sind.

Die **Raupen** fressen an Kälberkropf-Arten *(Chaerophyllum)* und Wiesenkerbel *(Anthriscus sylvestris)*.

Fotobelege: Brandenburg, Linum, alte Anzuchtteiche, 11. 6. 2015.

(3) *Odezia atrata*

Kleiner Frostspanner
Operophtera brumata

Spw. 18–25 mm

Der häufige **Falter (1-5)** gehört zu den Spannerarten, bei denen nur die Männchen **(1-3)** flugfähig sind. Die mit Flügelstummeln ausgestatteten Weibchen **(4-5)** sitzen auf Baumrinden und warten auf Männchen, die mit Sexualduftstoffen (Pheromonen) angelockt werden. Die graubräunlichen Flügel der Männchen sind mit einigen dunkleren Längs- und Querlinien versehen. Sie fliegen besonders in der kalten Jahreszeit, etwa Ende Oktober bis November, auch tagsüber auf der Suche nach Weibchen umher. Oft landen sie dabei an Hauswänden und Glasscheiben. Sehr ähnlich kann der etwas größere Buchen-Frostspanner (S. 284) aussehen.

Die grüne **Raupe (6)** ist in der Wahl ihrer Nahrung äußerst variabel. Da vor allem Blätter von Laubbäumen gefressen werden, kann die Art ein gefährlicher Forstschädling sein.

(2) *Operophtera brumata* ♂

(3) *Operophtera brumata* ♂

(5) *Operophtera brumata* ♀

(6) *Operophtera brumata* Raupe

1) *Operophtera brumata* ♂

(4) *Operophtera brumata* ♀

Buchen-Frostspanner
Operophtera fagata

Spw. 20-35 mm

Der **Falter (1-2)**, auch hier sind nur die Männchen flugfähig, ist etwas größer als der Kleine Frostspanner (S. 282). Die welligen Querlinien der Vorderflügel sind oft deutlicher ausgeprägt. Weibchen unterscheiden sich durch längere Flügelstummel, die etwas mehr als die Hälfte der Körperlänge einnehmen. Beide Arten sind optisch oft nicht sicher unterscheidbar. Die Flugzeit, etwa von Oktober bis November, stimmt mit der des Kleinen Frostspanners überein.

Die grünliche **Raupe** besitzt einen dunklen Kopf. Sie frisst Blätter von Laubbäumen, wobei offensichtlich Rotbuchen *(Fagus sylvatica)* bevorzugt werden.

(1) *Operophtera fagata* ♂

(2) *Operophtera fagata* ♂

) *Scotopteryx chenopodiata*

Braunbinden-Wellenstriemenspanner
Scotopteryx chenopodiata

Spw. 25–35 mm

Der häufige **Falter** (1–2) ist tag- und nachtaktiv. In Ruhestellung haben die Flügel eine typische Delta-Form. Die charakteristische Zeichnung der Vorderflügel lässt die Art trotz ihrer farblichen Veränderlichkeit gut erkennen. Falter saugen ihren Nektar an vielen verschiedenen Kräutern.

Die braune **Raupe** ernährt sich bevorzugt von Wicken *(Vicia)*.

(2) *Scotopteryx chenopodiata*

Zweibrütiger Kiefern-Nadelholzspanner
Thera obeliscata

Spw. 25–35 mm

Der **Falter** (1-3) ist äußerlich sehr variabel. Es existieren kräftig gefärbte und blasse Exemplare. Auf den Vorderflügeln befinden sich in der Regel zwei dunkle, an den Rändern ausgezackte Querbänder. Das untere ist deutlich breiter. Die Art ist in Kiefernwäldern relativ häufig anzutreffen. Bild (1) zeigt eine kräftig gefärbte Frühlingsform. Auf den Bildern (2-3) ist eine blasse Variante abgebildet, die im Herbst aufgenommen wurde. Der seltenere Herbst-Kiefern-Nadelholzspanner (*Pennithera firmata*) ist sehr ähnlich. Die Männchen besitzen nur bei dieser Art bewimperte Fühler.

Die grüne **Raupe** ernährt sich von den Nadeln der Waldkiefer *(Pinus sylvestris)*. Sie verpuppt sich in einem Gespinst zwischen den Nadeln.

(1) *Thera obeliscata*

(2) *Thera obeliscata*

(3) *Thera obeliscata*

Xanthorhoe birivata

(2) *Xanthorhoe birivata*

Springkraut-Blattspanner

Xanthorhoe birivata

Spw. 22–28 mm

Der **Falter** (1–2) ähnelt einigen Arten der Gattung *Epirrho*e, z. B. dem Graubinden-Labkrautspanner (S. 274). Für eine Bestimmung müssen Farbe und Flügelmuster genau überprüft werden. Der Springkraut-Blattspanner gehört zu den häufigeren Arten seiner Gattung. Die Art ist ein feuchtigkeitsliebender Bewohner in Laub- und Mischwäldern. Wir fanden ihn auf einem Waldweg saugend an Pferdemist.

Die **Raupe** ernährt sich von Großem und Kleinem Springkraut (*Impatiens noli-tangere* und *I. parviflora*).

Dunkler Rostfarben-Blattspanner

Xanthorhoe ferrugata

Spw. 18–25 mm

Der nachtaktive **Falter** (1) variiert, wie viele Spanner, in seiner Farbintensität. Das oft einheitlich grau-schwarze Mittelband ist für die Art typisch. Dennoch kann der Falter mit anderen Spannern verwechselt werden. Man vergleiche ihn besonders mit dem Hellen Rostfarben-Blattspanner (S. 289).

Die **Raupe** bezieht ihre Nahrung, ähnlich wie die der Labkrautspanner, von Labkräutern *(Galium)*, aber auch von Sternmiere *(Stellaria)*, Glockenblumen *(Campanula)* und Disteln *(Cirsium)*.

(1) *Xanthorhoe ferrugata*

Garten-Blattspanner
Xanthorhoe fluctuata

Spw. 18-25 mm

Der nachtaktive **Falter (1-2)** gehört zu den häufigen Arten der Gattung. Er ist sowohl in Laub- und Nadelwäldern als auch in Kulturlandschaften zu finden. Gärten und Parks gehören ebenfalls dazu. Viele Spanner dieser Gattung besitzen ein mittleres dunkles Querband. Bei dieser Art ist ein Rest davon nur im äußeren Bereich der Vorderflügel vorhanden, wodurch sich dort ein größerer Fleck bildet.

Die **Raupe** ernährt sich von verschiedenen krautigen Pflanzen. Angegeben werden u. a. Silberkraut *(Lobularia)*, Knoblauchsrauke *(Alliaria)*, Goldlack *(Erysimum)* und diverse Kreuzblütler.

(1) *Xanthorhoe fluctuata*

(2) *Xanthorhoe fluctuata*

Schwarzbraunbinden-Blattspanner,
Bergwald-Blattspanner
Xanthorhoe montanata

Spw. 25–30 mm

Der **Falter (1)** kommt im Gebirge, vorwiegend aber im Flachland vor. Ein größerer Teil seiner Vorderflügel ist weiß, weshalb sich das dunkle, manchmal unvollständige Querband besonders kontrastreich hervorhebt. Die tag- und nachtaktive Art ist in Deutschland nicht selten und gilt als »nicht gefährdet«. Sie kann tagsüber ruhend an Baumstämmen, Hauswänden und in niedriger Vegetation aufgefunden werden.

Die **Raupe** bezieht ihre Nahrung von Blättern verschiedener Kräuter und Sträucher. Als bevorzugte Pflanzen werden Labkraut *(Galium)*, Ampfer *(Rumex)*, Wegerich *(Plantago)*, Nelkenwurz *(Geum)* und Heidelbeere *(Vaccinium)* genannt.

(1) *Xanthorhoe montanata*

Heller Rostfarben-Blattspanner
Xanthorhoe spadicearia

Spw. 20–25 mm

Der dämmerungs- und nachtaktive **Falter (1)** besitzt im typischen Fall ein rostbraun gefärbtes Querband. Bei ähnlichen Arten weicht das Gesamtmuster etwas ab oder das Querband ist mehr grau getönt. Das abgebildete Tier ist ein Männchen, was an den kurz gekämmten Fühlern zu erkennen ist. Die Bestimmung in dieser Spannergruppe ist generell schwierig, da jede Art in Farbe und Zeichnung variabel ist. Man vergleiche den ähnlichen Dunklen Rostfarben-Blattspanner (S. 287). Die vorliegende Art ist nicht selten und deutschlandweit verbreitet.

Die **Raupe** ernährt sich von häufig auftretenden Kräutern wie Wegerich *(Plantago)*, Labkraut *(Galium)* und Heidelbeergewächsen *(Vaccinium)*.

(1) *Xanthorhoe spadicearia* ♂

Zünsler 1 (Fam. *Crambidae*)

Graszünsler
Agriphila inquinatella

Spw. 16-24 mm

Der **Falter (1-3)** hält sich in Trocken- und Halbtrockenrasen auf. In Ruhestellung sind seine Flügel stets geschlossen. Sie sind hell bräunlich, manchmal etwas längsstreifig und mit wenigen, aus schwarzen Punkten zusammengesetzten Flecken versehen. Der Flügelrand ist mit silbriggrauen Fransen besetzt. Die Aufnahmen zeigen den Zünsler in typischer Haltung, bei der die Fühler nach hinten gelegt sind. Die Augen sind oft olivgrünlich gefärbt.

Die **Raupe** frisst hauptsächlich an Süßgräsern der Gattungen *Poa* und *Festuca*.

(1) *Agriphila inquinatella*

(2) *Agriphila inquinatella*

(3) *Agriphila inquinatella*

(1) *Agriphila straminella*

(2) *Agriphila straminella*

Graszünsler
Agriphila straminella

Spw. 16–25 mm

Der häufige dämmerungs- und nachtaktive **Falter (1–2)** bewohnt diverse Grasbiotope und sitzt tagsüber gerne an Blättern und Halmen von Süßgräsern. Seine Flügel sind meistens blass beigefarben und ungefleckt, bisweilen aber fein punktiert. Manchmal sind sie dunkel längs gestreift, oft aber ohne diese Streifung. Der äußere Flügelrand ist mit grauen Fransen besetzt, vor denen eine schwärzliche Punktreihe sitzt. Die Augenfarbe kann olivgrünlich oder schwarzbraun sein.

Die **Raupe** ernährt sich von diversen Gräsern der Gattungen *Festuca* und *Poa*. Gelegentlich werden auch Stängel von Getreidearten wie Weizen *(Triticum)* und Gerste *(Hordeum)* angefressen.

(1) *Agriphila tristella*

(2) *Agriphila tristella*

(3) *Agriphila tristella*

Gestreifter Graszünsler

Agriphila tristella

Spw. 24–30 mm

Der **Falter (1–3)** gehört zu den häufigen, gut erkennbaren Arten seiner Gattung. Typisch ist ein heller Längsstreifen auf den Vorderflügeln, der nur selten fehlt. Die Grundfarbe der Vorderflügel ist variabel. Sie schwankt zwischen Blassgrau, Erdbraun und Rotbräunlich. Ihrem Namen entsprechend bewohnt die Art verschiedene Grasbiotope. Am Tage sitzt sie ruhend an Pflanzen in der niedrigen Vegetation und beginnt bei Einbruch der Dämmerung zu fliegen. Eine gewisse Ähnlichkeit haben Graszünsler der Gattung *Catoptria* (S. 293).

Die **Raupe** frisst bevorzugt verschiedene Süßgräser.

Graszünsler

Catoptria margaritella

Spw. 19-24 mm

Der **Falter (1-3)** besitzt ähnlich wie der Gestreifte Graszünsler (S. 292) einen glänzend hellen Längsstreifen auf jedem Vorderflügel. Dieser ist jedoch breiter und nach oben etwas dreieckig erweitert. Die Grundfarbe der Flügel ist meistens mittelbraun. Im Unterschied zum sehr ähnlichen *Catoptria pyramidellus* ist der gefranste Flügelsaum einheitlich hell gefärbt und nicht hell-dunkel gezähnt. Beide Arten sind Bewohner feuchter Wiesenbiotope.

Die **Raupe** ernährt sich vermutlich von Gräsern.

(1) *Catoptria margaritella*

(2) *Catoptria margaritella*

(3) *Catoptria margaritella*

(1) *Chrysoteuchia culmella*

(2) *Chrysoteuchia culmella*

Rispengras-Zünsler
Chrysoteuchia culmella

Spw. 18-25 mm

Der häufige **Falter** (1-2) ist in feuchten, moosigen Grasbiotopen und Waldlichtungen anzutreffen. Er ist dämmerungs- bis nachtaktiv, kann aber tagsüber, ruhend an Grashalmen, beobachtet werden. Die bräunlichen Vorderflügel sind oft auffallend längs gestreift, manchmal auch fast einfarbig blass. Vor dem fransigen Saumrand befinden sich noch dünne, gebogene Querlinien und ein bis zwei dunkle Punkte. Die selten sichtbaren Hinterflügel sind einheitlich grau.

Die **Raupe** frisst an Wurzeln von Rispengräsern *(Poa)*.

Graszünsler
Crambus lathoniellus

Spw. 18-24 mm

Der nachtaktive **Falter** (1-2) besiedelt feuchte und trockene Graslandschaften. Er besitzt eine hübsche, aus diversen Längs- und Querlinien bestehende Zeichnung, die anderen Graszünslern ähnelt. Bei häufig auftretenden blassen Exemplaren ist sie kaum noch zu erkennen. Die Art ist daher oft schwer bestimmbar. Sehr ähnlich ist *Crambus pratellus*. Für eine Bestimmung muss die Flügelzeichnung beider genau überprüft werden.

Die **Raupe** frisst an verschiedenen Gräsern. Genannt werden Rasen-Schmiele *(Deschampsia cespitosa)* und Haferschmielen *(Aira)*.

(1) *Crambus lathoniellus*

(2) *Crambus lathoniellus*

Niedermoor-Graszünsler
Crambus uliginosellus

Spw. 18-24 mm

Der **Falter (1)** ist tag- und dämmerungsaktiv, fliegt aber vermutlich auch nachts. Die Art liebt Moorbiotope, da sie in ihrer Entwicklung von Torfmoosen und Sauergräsern abhängig ist. Am Tage kann sie ruhend an Grasstängeln aufgefunden werden. Sehr ähnlich ist *Crambus pascuella*, dessen Flügelzeichnung, vor allem die Form des weißlichen Längsstreifens, geringfügig abweicht.

Die **Raupe** entwickelt sich in Torfmoosen *(Sphagnum)*, wo sie sich auch verpuppt. Als Nahrung dienen zusätzlich Seggen *(Carex)* und Wollgras *(Eriophorum)*.

Fotobeleg: Brandenburg, Kienbaum, sumpfige Orchideenwiese nahe der Löcknitz, 15. 6. 2017.

(1) *Crambus uliginosellus*

(1) *Crambus perlella*

Weißer Graszünsler
Crambus perlella

Spw. 20-26 mm

Der **Falter (1-2)** ist gewöhnlich einfarbig weiß oder weißlich, ohne markante Farbmusterung, bei einer Varietät (var. *warringtonellus*) auch mit deutlicher Längsstreifung. Die Flügeldecken sind in Längsrichtung etwas gefaltet, wie bei vielen anderen Graszünslern. Die offensichtlich besonders in trockenen Jahren häufig auftretende Art bewohnt diverse, eher trockenere Grasbiotope.

Die **Raupe** ernährt sich von verschiedenen Gräsern wie z. B. Schaf-Schwingel *(Festuca ovina)* oder Draht-Schmiele *(Deschampsia flexuosa)*.

(2) *Crambus perlella*

(1) *Thisanotia chrysonuchella*

(2) *Thisanotia chrysonuchella*

Zünsler
Thisanotia chrysonuchella

Spw. 20-27 mm

Der relativ häufige **Falter (1-3)** ist dämmerungs- und nachtaktiv und wird vorwiegend in trockenen Grasbiotopen auf Sandböden gefunden. Am Tage sitzt er ruhend an Stängeln und Blättern von Süßgräsern. Die Flügelzeichnung ist ein kompliziertes Muster aus hellen und dunklen Quer- und Längsstreifen. Besonders auffallend ist die feine Punktierung, welche den gesamten Flügel überzieht.

Die **Raupe** entwickelt sich in Halmen vom Schaf-Schwingel *(Festuca ovina)*, von dem sie auch ihre Nahrung bezieht.

(3) *Thisanotia chrysonuchella*

Zünsler
Eudonia lacustrata

Spw. 18-20 mm

Der **Falter (1)** scheint tag- und nachtaktiv zu sein. In Ruhestellung sind seine Flügel nur leicht geöffnet, wodurch die typische Deltaform entsteht. Die Art kann gelegentlich in moosigen Laub- und Nadelwäldern, sitzend an Pflanzen in der niedrigen Vegetation, beobachtet werden.

Die **Raupe** lebt in einem Gespinst in Moosen, von denen sie sich auch ernährt. Als Futterpflanzen werden Moose der Gattungen *Polytrichum*, *Hypnum* und *Tortella* genannt.

(1) *Eudonia lacustrata*

Schwarzer Stiefmütterchenzünsler
Heliothela wulfeniana

Spw. 10–12 mm

Der kleine, in Brandenburg seltene **Falter (1–3)** ist tagaktiv. Wir fanden ihn an den Blüten von Wasserdost *(Eupatorium cannabinum)*, Graukresse *(Berteroa incana)* und Fingerkraut *(Potentilla)*, stets in der Nähe eines Gewässers. Bild **(2)** zeigt den Falter zusammen mit der Gefleckten Hausfliege *(Graphomya maculata)*, die eine Länge von ca. 7 mm hatte. An diesem Vergleichsbild kann ermessen werden, wie winzig der Schmetterling ist. Farbe und Zeichnung der Flügel können durch unterschiedlichen Lichteinfall sehr variieren. Die Hinterflügel sind manchmal durch je einen weißlichen, runden Fleck gekennzeichnet.

Die **Raupe** ist ausgewachsen nur etwa 8 mm lang. Sie entwickelt sich in den Stängeln von Veilchen *(Viola)* und Minze *(Mentha)*.

Fotobelege: Brandenburg, Groß Schauen, an *Eupatorium cannabinum*, 23. 7. 2014; Brandenburg, Ackerrand bei Mittenwalde, an *Berteroa incana*, 22. 6. 2019.

(1) *Heliothela wulfeniana*

(2) *Heliothela wulfeniana*

(3) *Heliothela wulfeniana*

Zünsler

Scoparia* cf. *basistrigalis

Spw. 16-22 mm

Der **Falter (1)** ist tagsüber an Rinden von Laub- und Nadelbäumen zu finden, gelegentlich zu mehreren. Im Untersuchungsgebiet scheint die Art in günstigen Jahren nicht selten zu sein. Die Flügel sind auf weißlichem Untergrund durch schwarze oder braune Schüppchen gezeichnet. Diese bilden ein typisches Zickzack- und Fleckenmuster. Ältere, abgeflogene Exemplare sind kaum noch bestimmbar. Arten der Gattung *Scoparia* können sich sehr ähneln. Hier ist besonders der Zünsler *S. ambigualis* zu erwähnen, der an denselben Standorten vorkommen kann. Eine sichere Trennung beider Arten ist wohl nur durch Genitaluntersuchungen möglich.

Die **Raupe** ernährt sich vermutlich von krautigen Pflanzenresten und Moosen.

(1) *Scoparia basistrigalis*

Wasserlinsen-Zünsler

Cataclysta lemnata

Spw. 15-20 mm

Der **Falter (1-2)** ist dämmerungs- und nachtaktiv, kann aber am Tage in der Nähe stehender Gewässer an Gräsern, krautigen Pflanzen und Steinen aufgefunden werden. Weibchen **(1)** besitzen bräunliche Vorderflügel, während die der Männchen **(2)** viel heller, meist weißlich gefärbt sind. Weibchen legen ihre Eier an der Unterseite von Wasserlinsengewächsen ab.

Die junge **Raupe** lebt zuerst im Wasser und wandert dann zur Überwinterung in Schilfrohrstängel. Die Nahrung der Raupe besteht aus verschiedenen Wasserlinsen *(Lemnaceae)*, aber auch anderen Wasserpflanzen wie Tausendblatt *(Myriophyllum)*, Froschbiss *(Hydrocharis)*, Seerose *(Nmphaea)*, Krebsschere *(Stratiotes)* und Rohrkolben *(Typha)*.

(1) *Cataclysta lemnata* ♀

(2) *Cataclysta lemnata* ♂

Laichkraut-Zünsler,
Seerosen-Zünsler
Elophila nymphaeata

Spw. 18–30 mm

Der weit verbreitete, häufige **Falter (1–4)** ist dämmerungs- und nachtaktiv. Tagsüber ruht er an Schilfblättern oder krautigen Pflanzen in der Nähe stehender Gewässer (Tümpel, Wassergräben, Teiche). Weibchen legen ihre Eier an der Blattunterseite von Laichkraut oder Seerosen ab. Die komplizierte Zeichnung der Flügel ähnelt der des Igelkolben-Zünslers (S. 300).

Die **Raupe** ernährt sich von Laichkraut *(Potamogeton)*, Wasser-Knöterich *(Polygonum amphibium)*, Seerosen *(Nymphaea)*, Igelkolben *(Sparganium)* und Wasserlinsen *(Lemna)*.

) *Elophila nymphaeata*

(2) *Elophila nymphaeata*

3) *Elophila nymphaeata*

(4) *Elophila nymphaeata*

Igelkolben-Zünsler,
Wasser-Zünsler
Nymphula nitidulata *(Nymphula stagnata)*

Spw. 15-24 mm

Der dämmerungs- und nachtaktive **Falter** (1) lebt in der Nähe stehender und langsam fließender Gewässer. Am Tage sitzt er ruhend in der niedrigen Ufervegetation. Die weißen Vorder- und Hinterflügel sind mit verschlungenen, dunkelbraunen Bandlinien versehen. Eine gewisse Ähnlichkeit hat der Laichkraut-Zünsler (S. 299), dessen Flügelmuster engmaschiger ist.

Die **Raupe** lebt in einem auf der Wasseroberfläche treibenden, mit Blattteilen verbundenen Kokon. Sie ernährt sich von Blättern verschiedener Igelkolben-Arten *(Sparganium)* und weiteren Wasserpflanzen.

(1) *Nymphula nitidulata*

(1) *Evergestis extimalis*

(2) *Evergestis extimalis*

Rübsaat-Zünsler,
Rübsaatpfeifer
Evergestis extimalis

Spw. 22–28 mm

Der relativ häufige **Falter (1–3)** ist in offenen Landschaften, Gärten und Parks anzutreffen, sofern dort Kreuzblütler vorkommen. Gelegentlich fliegt er auch am Tage, versteckt sich dann aber bald wieder in der Vegetation. Die Intensität seiner Farben, besonders der dunklen Flügelzeichnungen, kann sehr variieren.

Die **Raupe** ernährt sich von diversen Kreuzblütlern, deren Samen gefressen werden. Genannt werden z. B. Graukresse *(Berteroa)*, Rettich *(Raphanus)*, Rucola *(Diplotaxis tenuifolia)* und Acker-Hellerkraut *(Thlaspi arvense)*.

(3) *Evergestis extimalis*

Getreide-Zünsler
Evergestis frumentalis

Spw. 30-35 mm

Der **Falter (1-3)** ist auf weißlichem Untergrund mit bräunlichen Schüppchen bedeckt. Dadurch ergibt sich auf den Vorderflügeln ein helles Muster aus einem vorderen Zickzackband und weiteren bandartig angeordneten Flecken. Die weit verbreitete Art besiedelt Grasbiotope. Sie ist daher auf Wiesen oder an grasigen Böschungen und Feldrändern zu finden, wo sie sich an Grasstängeln aufhält. Ihrem Namen nach kommt sie auch an Getreide vor (*frumentum* = Getreide).

Die **Raupe** lebt in einem Gespinst an Kreuzblütlern *(Brassicaceae)*. Sie überwintert, eingesponnen in einen Kokon, in der Erde.

(1) *Evergestis frumentalis*

(2) *Evergestis frumentalis*

(3) *Evergestis frumentalis*

(1) *Anania coronata*

Holunder-Zünsler

Anania coronata

Spw. 20–26 mm

Der **Falter (1)** ist dämmerungs- und nachtaktiv, fliegt aber seltener auch am Tage zum Blütenbesuch. Die Art bevorzugt feuchtere Laubwälder und Buschlandschaften. Sie wurde im Untersuchungsgebiet von uns selten beobachtet.

Die **Raupe** ernährt sich von Blättern verschiedener Bäume und Büsche, z. B. Holunder *(Sambucus)*, Flieder *(Syringa)*, Esche *(Fraxinus)*, Liguster *(Ligustrum)* oder Schneeball *(Viburnum)*. Auch Zaunwinde *(Convolvulus)* und Sonnenblume *(Helianthus)* werden genannt.

Königskerzen-Zünsler

Anania verbascalis

Spw. 22–26 mm

Der **Falter (1)** ist dämmerungs- und nachtaktiv. Er ist besonders in Heidelandschaften zu finden, wo er sich tagsüber in der Krautschicht verbirgt. Seine Flügel besitzen eine gelbbraune Grundfarbe und sind mit dunkleren, geschwungenen Querlinien durchzogen. Auf jedem Flügel befindet sich ein mehr oder weniger deutlicher, abgedunkelter Fleck, der die Art von dem sehr ähnlichen Zünsler *Ecpyrrhorrhoe rubiginalis* (S. 305) unterscheidet.

Die **Raupe** frisst an Kleinblütiger Königskerze *(Verbascum thapsus)*, Gamander *(Teucrium)* und Braunwurz-Arten *(Scrophularia)*.

(1) *Anania verbascalis*

(1) *Anania hortulata*

(2) *Anania hortulata*

(3) *Anania hortulata*

Brennnessel-Zünsler

Anania hortulata (*Eurrhypara hortulata*)

Spw. 30-35 mm

Der dämmerungs- und nachtaktive **Falter** (1-3) versteckt sich tagsüber in der Krautschicht und fliegt bei geringsten Störungen auf, um sich einige Meter weiter wieder an Blattunterseiten niederzulassen. An mit Brennnesseln bestandenen Waldrändern ist er relativ häufig zu beobachten und kommt auch in Parks und Gärten vor.

Die **Raupe** ist rosa oder grün gefärbt und besitzt einen schwarzen Kopf. Sie ernährt sich neben Brennnesseln *(Urtica dioica)* noch von Ziest-Arten *(Stachys)*, Minzen *(Mentha)*, Schwarznesseln *(Ballota)*, Winden *(Convolvulus)* und Johannisbeeren *(Ribes)*.

Zünsler RL

Ecpyrrhorrhoe rubiginalis

Spw. 16–22 mm

Der nachtaktive **Falter (1–2)** ist anscheinend nicht überall häufig und wird in einigen Bundesländern als gefährdet eingestuft. Vermutlich wurde er aber übersehen, da er dem Königskerzen-Zünsler (S. 303) ähnelt. Bei einem direkten Vergleich der Flügelzeichnung beider Arten fällt auf, dass die Querlinien eine abweichende Form aufweisen und die dunklen Flecken auf den Flügelflächen fehlen. Dafür sind die Flügelränder breiter abgedunkelt.

Die **Raupe** ernährt sich u. a. von Schwarznessel *(Ballota nigra)*, Ziest-Arten *(Stachys)* und Gemeinem Hohlzahn *(Galeopsis tetrahit)*.

Fotobelege: Brandenburg, Glashütte/Baruth, Auwald, Wegrand 9. 7. 2014.

(1) *Ecpyrrhorrhoe rubiginalis*

(2) *Ecpyrrhorrhoe rubiginalis*

Rüben-Zünsler, Wiesen-Zünsler
Loxostege sticticalis

Spw. 18-25 mm

Der häufige **Falter (1-4)** scheint tagaktiv zu sein, da er mehrfach zu entsprechender Zeit bei der Nektaraufnahme beobachtet werden konnte. Er besucht verschiedene Wiesenbiotope, auch Kulturflächen, auf denen seine Futterpflanzen stehen. Zeichnung und Farbe seiner bräunlichen Flügel sind relativ veränderlich, aber mit einiger Erfahrung stets zuzuordnen.

Die grüne **Raupe** besitzt einen hellbraunen Kopf, der dunkel punktiert ist. Sie ernährt sich vorwiegend von Klee (*Trifolium* und *Medicago*) und diversen Kulturpflanzen.

(1) *Loxostege sticticalis*

(2) *Loxostege sticticalis*

(3) *Loxostege sticticalis*

(4) *Loxostege sticticalis*

Ampfer-Sumpfzünsler

Ostrinia palustralis

Spw. 30–40 mm

Der dämmerungs- und nachtaktive **Falter (1–3)** hält sich ausschließlich in Feuchtbiotopen auf. Vorwiegend sind es sumpfige Feuchtwiesen mit Beständen von Ampfer-Arten. Durch deren Trockenlegung oder Verschwinden ist die seltene Art sehr gefährdet. Der größere, durch seine gelb-roten Flügelfarben sehr auffällige Zünsler kann am Tage an Pflanzenstängeln ruhend aufgefunden werden.

Die **Raupe** entwickelt sich an Ampfer *(Rumex)*.

Fotobelege: Brandenburg, Kienbaum, feuchte Orchideenwiese nahe der Löcknitz, 28. 5. 2017.

(1) *Ostrinia palustralis*

(2) *Ostrinia palustralis*

(3) *Ostrinia palustralis*

Mais-Zünsler

Ostrinia nubilalis

Spw. 26-30 mm

Der **Falter (1-2)** ruht tagsüber gewöhnlich an der Unterseite verschiedener Blätter in der niedrigen Krautschicht. Männchen (hier abgebildet) besitzen braune oder graubraune, mit gelblichen, gezackten Querbändern und Flecken versehene Vorderflügel. Weibchen sind etwas größer und blasser gefärbt. Das Farbmuster der Flügel ist relativ variabel. Nach Literaturangaben ist der südlich verbreitete Falter erst seit 2004 auch im Norden Deutschlands (Brandenburg) entdeckt worden.

Die **Raupe** ernährt sich von diversen krautigen Pflanzen, darunter auch von mehreren Kulturpflanzen. An erster Stelle steht hier der Mais *(Zea mays)*, dem der Falter seinen Volksnamen verdankt. Der wissenschaftliche Artname bezieht sich eher auf die etwas wolkig anmutende Farbzeichnung (*nubilus* = wolkig).

(1) *Ostrinia nubilalis* ♂

(2) *Ostrinia nubilalis* ♂

Zünsler

Paratalanta hyalinalis

Spw. 28-35 mm

Der **Falter (1-2)** ist dämmerungs- und nachtaktiv und versteckt sich tagsüber in der bodennahen Krautschicht. Die Grundfarbe seiner etwas durchscheinenden Flügel ist stets sehr hell. Die dunkleren, welligen Querlinien der Vorder- und Hinterflügel können manchmal undeutlich sein (siehe Fotos).

Als Nahrung für die **Raupe** werden Königskerzen *(Verbascum)* und Flockenblumen *(Centaurea)* angegeben.

(2) *Paratalanta hyalinalis*

(1) *Paratalanta hyalinalis*

Zünsler
Pyrausta aerealis

Spw. 18-25 mm

Der tag- und nachtaktive **Falter (1-2)** ist in Heidelandschaften auf Sandböden, in Brandenburg aber auch auf grasigen Kulturflächen und in Gärten anzutreffen. Die Grundfarbe der Vorderflügel kann kräftig oder nur blass sein. Typisch ist eine dünne, helle Querbinde, die bei blassen Exemplaren nur angedeutet ist.

In Anlehnung an den wissenschaftlichen Namen wird die Art auch »Erzfarbener Zünsler« genannt, was aber für das äußere Erscheinungsbild oft kaum zutrifft. Ähnlich ist der Olivenbraune Zünsler (S. 312), dessen Flügelzeichnung keine durchgehende helle Querbinde aufweist.

Die **Raupe** wurde an der Sandstrohblume *(Helichrysum arenarium)* beobachtet, an der auch der Falter gelegentlich Nektar saugt **(1)**.

(1) *Pyrausta aerealis*

(2) *Pyrausta aerealis*

(1) *Pyrausta aurata*

(2) *Pyrausta aurata*

(3) *Pyrausta aurata*

Gold-Zünsler

Pyrausta aurata

Spw. 15–18 mm

Der bunt gezeichnete **Falter (1–3)** ist auch tagsüber häufig in Kulturlandschaften, Parks und Gärten anzutreffen. Er besucht diverse blühende Kräuter, darunter gerne Minze-Arten, weshalb er auch »Minzenmotte« genannt wird. Der Name »Gold«-Zünsler bezieht sich auf die nicht immer sehr ausgeprägten goldgelben Bereiche der kräftig purpurroten Vorderflügel. Der seltenere Purpurrote Zünsler *(Pyrausta purpuralis)* und weitere Arten sind sehr ähnlich.

Die **Raupe** ernährt sich von diversen Kräutern, darunter verschiedene Minzen *(Mentha)*, Thymian *(Thymus)*, Oregano *(Origanum)*, Salbei *(Salvia)* und Zitronenmelisse *(Melissa officinalis)*.

Olivenbrauner Zünsler

Pyrausta despicata

Spw. 18-25 mm

Der **Falter (1-4)** ist dämmerungs- und nachtaktiv, kann aber am Tage ruhend in trockeneren Grasbiotopen auf Sandböden aufgefunden werden. Er ist in Brandenburg nicht selten. Farbe und Zeichnung der Vorderflügel sind ziemlich veränderlich, weisen aber meist ein typisches Muster auf, was sie von ähnlichen Arten wie *Pyrausta aerealis* (S. 310) und *Loxostege sticticalis* (S. 306) unterscheidet. Weibchen **(1-2)** sind gewöhnlich kontrastreicher gezeichnet als Männchen **(3-4)**.

Die **Raupe** ist bräunlich gefärbt und weitläufig dunkel punktiert. Sie ernährt sich vorwiegend von Wegerich-Arten *(Plantago)*.

(1) *Pyrausta despicata* ♀

(2) *Pyrausta despicata* ♀

(3) *Pyrausta despicata* ♂

(4) *Pyrausta despicata* ♂

(1) *Sitochroa verticalis*

(2) *Sitochroa verticalis*

(3) *Sitochroa verticalis*

Zünsler

Sitochroa verticalis

Spw. 26-30 mm

Der nachtaktive **Falter (1-3)** bewohnt offene, grasige Biotope. Am Tage versteckt er sich an Grashalmen oder Kräuterstängeln. Die Flügeloberseiten sind hell beigefarben oder gelblich-ocker und mit drei dünnen, oft undeutlichen, gezackt-gewellten Querlinien versehen. Kräftiger sind die Unterseiten der Flügel **(2)** gezeichnet. Von oben betrachtet kann die Art mit mehreren anderen Zünslern, besonders mit deren blass gefärbten Varianten, verwechselt werden.

Die **Raupe** ernährt sich von Kräutern verschiedener Gattungen. Darunter sind Melde *(Atriplex)*, Distel *(Cirsium)*, Ampfer-Arten *(Rumex)* und Flockenblume *(Centaurea)*.

(1) *Cydalima perspectalis*

(2) *Cydalima perspectalis*

Buchsbaum-Zünsler
Cydalima perspectalis

Spw. 40–45 mm

Der **Falter (1–2)** wurde aus Ostasien in Europa eingeschleppt. Nach dem süddeutschen Erstnachweis im Jahre 2010 ist die Art nun auch in Berlin und Brandenburg angekommen. Sie richtet große Schäden an Buchsbäumen an. Der Falter sitzt am Tage vorwiegend an der Unterseite von Blättern verschiedener Baumarten. Er besitzt meistens silbrig-weiße Flügel, die dunkel berandet sind. Auch Exemplare mit gänzlich dunklen Flügeln (2) kommen nicht selten vor.

Die bis zu 5 cm lange **Raupe (3)** lebt in einem Gespinst an Buchsbäumen, wo sie sich auch verpuppt (4–5). Bild (5) zeigt Puppen kurz vor dem Schlüpfen des Falters. Ein stärkerer Befall kann den Wirt gänzlich kahl fressen. Die Art scheint kaum Fressfeinde zu haben. Doch wir haben beobachtet, dass Sperlinge und Meisen kleinere Raupen zum Füttern ihrer Jungen annehmen. Da die Raupen Giftstoffe vom Buchsbaum aufnehmen, stellt sich die Frage, ob Jungvögel diese Nahrung vertragen.

Fotobelege: Berlin, Privatgarten, an Buchsbaum, 12. 8. 2017, 8. 8. 2018.

(4) *Cydalima perspectalis* Puppe

(3) *Cydalima perspectalis* Raupe

(5) *Cydalima perspectalis* Puppe

Wander-Zünsler
Nomophila noctuella

Spw. 28-32 mm

Der bräunlich gefärbte **Falter (1)** wandert im Frühjahr aus dem Mittelmeerraum ein. Man findet ihn tagsüber sitzend mit geschlossenen oder leicht gespreizten Flügeln an Grashalmen oder Kräutern. Er ist dämmerungs- und nachtaktiv und lässt sich leicht vom Licht anlocken. Die Anordnung seiner mehr oder weniger dunklen Flügelmakel ist für die Art typisch.

Die **Raupe** ernährt sich von verschiedenen Wiesenpflanzen wie Klee *(Trifolium)*, Luzerne *(Medicago)*, Knöterich *(Polygonum)* und Süßgräsern *(Poa)*.

(1) *Nomophila noctuella*

Nessel-Zünsler
Patania ruralis *(Pleuroptya ruralis)*

Spw. 25-35 mm

Der häufige **Falter (1-3)** ist auch am Tage aktiv und besucht blühende Kräuter zur Nektaraufnahme. Gerne hält er sich auch zwischen Brennnesseln auf. Die Flügel sind stets sehr hell und mit wenig kontrastreichen Querlinien versehen. Die Oberflächen der Vorder- und Hinterflügel glänzen im Licht leicht silbrig. Bei älteren, abgeflogenen Exemplaren werden sie bald transparent.

Die **Raupe** ernährt sich u. a. von Großer Brennnessel *(Urtica dioica)*, Hopfen *(Humulus)* und Melde *(Atriplex)*. Sie lebt in zusammengerollten Blättern verschiedener Kräuter und Sträucher.

(1) *Patania ruralis*

(3) *Patania ruralis*

2) *Patania ruralis*

Zünsler 2 (Fam. *Pyralidae*)

Fett-Zünsler
Aglossa pinguinalis

Spw. 25–35 mm

Der **Falter (1–2)** beginnt in der Dämmerung zu fliegen und versteckt sich tagsüber gerne in Wohnhäusern und Mauerritzen. Wir fanden ihn in unserem Dachboden. Männchen sind etwas kleiner als Weibchen und die Form ihrer Fühler unterscheidet sich nicht. Die Art wird als Vorratsschädling eingestuft, richtet aber wohl kaum größere Schäden an.

Die **Raupe** ernährt sich von trockenem Pflanzenmaterial und nach Literaturangaben auch von fetthaltigen Speiseresten, woher der Name stammt. Tote Insekten und Exkremente von Tieren werden ebenfalls genannt.

(1) *Aglossa pinguinalis*

(2) *Aglossa pinguinalis*

(1) *Endotricha flammealis*

(2) *Endotricha flammealis*

(3) *Endotricha flammealis*

Geflammter Kleinzünsler

Endotricha flammealis

Spw. 17–25 mm

Der **Falter (1–3)** ist vorwiegend dämmerungsaktiv, besucht aber gelegentlich auch tagsüber Blüten verschiedener Kräuter. Er lebt in Laubwäldern und ist an Waldrändern und auf blühenden Wiesen anzutreffen. Die Grundfarbe der Flügel variiert zwischen hellem Ocker und Purpur- bis Dunkelbraun. Typisch ist eine mehr oder weniger deutliche, im vorderen Drittel der Vorderflügel befindliche Querlinie.

Die **Raupe** frisst Laub von Eichen und Weiden, aber auch Kräuter wie Hornklee *(Lotus)* und Odermennig *(Agrimonia)*. Jungraupen leben in einer Gespinstkammer an der Unterseite von Eichenblättern.

(1) *Hypsopygia costalis*

(2) *Hypsopygia costalis*

Heu-Zünsler

Hypsopygia costalis

Spw. 15-22 mm

Der dämmerungs- und nachtaktive **Falter** (1-2) bewohnt gerne menschliche Behausungen wie Häuser, Dachböden und Strohdächer oder Nester von Vögeln und Eichhörnchen. In Gärten ist er manchmal tagsüber an Hecken und Sträuchern zu finden.

Die **Raupe** ernährt sich von Heu oder anderen pflanzlichen, aber auch tierischen Resten.

Mehl-Zünsler

Pyralis farinalis

Spw. 16–28 mm

Der dämmerungs- und nachtaktive **Falter (1-3)** ist ein Vorratsschädling, der in menschlichen Behausungen, Mühlen, Bäckereien, Getreidelagern, Tierställen und Futterlagern vorkommt. Seltener kann er aber auch in der Natur aufgefunden werden, z. B. auf einer Kleewiese, wo er an Blüten saugt **(2-3)**.

Die schwarzgraue **Raupe** ist der eigentliche Schädling. Sie frisst vor allem Getreide und mehlhaltige Produkte, aber auch getrocknete Pflanzen und tierische Reste. Die Verpuppung erfolgt in einem Kokon.

(2) *Pyralis farinalis*

(1) *Pyralis farinalis*

(3) *Pyralis farinalis*

(1) *Synaphe punctalis*

(2) *Synaphe punctalis*

(3) *Synaphe punctalis*

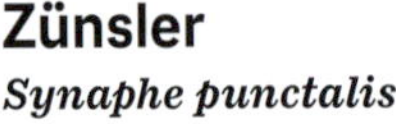

Zünsler

Synaphe punctalis

Spw. 19–28 mm

Der **Falter (1-3)** ist dämmerungs- und nachtaktiv, fliegt aber gelegentlich auch am Tage. Die Vorderflügel haben eine bräunliche Grundfarbe und besitzen ein oder zwei gebogene Querlinien. Hinterflügel sind einfarbig hellgrau, doch in Ruhestellung meistens nicht sichtbar. Die Art bewohnt Grasbiotope auf Sandböden.

Die **Raupe** ernährt sich von Moosen und Wurzeln verschiedener Kräuter. Sie entwickelt sich im Moos und verpuppt sich dort in einem Kokon.

Hummelnestmotte, Hummelwachsmotte

Aphomia sociella

Spw. 18–40 mm

Der nachtaktive **Falter** (1–2) kann gelegentlich auch tagsüber an Hauswänden beobachtet werden. Weibchen (1) zeichnen sich durch je einen dunklen Punkt auf den Vorderflügeln aus, der den Männchen (2) fehlt. Die graubraunen Flügel sind durch ein zackig berandetes Querband gekennzeichnet. Die Weibchen legen ihre Eier in Hummel-, Bienen- und Wespennestern ab, in denen die Raupen Schäden anrichten können. Wir fanden ein Gelege in einem verwaisten Vogelkasten.

Die gelb gefärbte **Raupe** (3) bildet Kokonbatterien (4) aus, in denen sie sich entwickelt. Sie ernährt sich von Abfällen des Wirtes oder lebt räuberisch von dessen Brut. Wachs benötigt die Raupe, im Gegensatz zu echten Wachsmotten, nicht.

(1) *Aphomia sociella* ♀

(2) *Aphomia sociella* ♂

(3) *Aphomia sociella* Raupe

(4) *Aphomia sociella* Raupe mit Kokon

Fichtenzapfen-Zünsler
Dioryctria abietella

Spw. 25-30 mm

Der nachtaktive **Falter (1-2)** ist ein Nadelwaldbewohner. Sein kompliziertes Flügelmuster muss für eine Bestimmung genau mit anderen, ähnlich aussehenden Arten verglichen werden. Die Art sitzt manchmal tagsüber an Rinden von Nadelbäumen, wo man sie mit etwas Glück aufspüren kann.

Die **Raupe** frisst an Nadeln von Fichten *(Picea)*, Kiefern *(Pinus)* und vermutlich auch anderen Nadelbäumen.

(1) *Dioryctria abietella*

(2) *Dioryctria abietella*

(1) *Phycita roborella*

(2) *Phycita roborella*

Zünsler

Phycita roborella

Spw. 24–28 mm

Der **Falter (1–2)** besitzt eine graue oder bräunliche Grundfarbe. Sitzend hält er seine Flügel eng zusammen, wodurch eine annähernd zylindrische Figur entsteht. Im vorderen Drittel sind auf jedem Vorderflügel ein mehr oder weniger deutlicher, dunkler Fleck und mehrere dünne Querlinien sichtbar. Die Fühler haben nahe der Ansatzstelle eine deutliche Verdickung, die wohl gattungstypisch ist. Die Art ist zumindest teilweise tagaktiv, da wir sie Nektar saugend an Blüten der Wiesen-Schafgarbe *(Achillea millefolium)* fanden.

Die Nahrung der **Raupe** besteht aus Blättern verschiedener Laubbäume, z.B. Eiche *(Quercus)*.

(1) *Plodia interpunctella*

(2) *Plodia interpunctella* ♀

Dörrobstmotte
Plodia interpunctella

Spw. 15-20 mm

Der **Falter (1-3)** ist ein typischer Vorratsschädling, den man nur selten im Freien findet. Das typische Äußere lässt die Art leicht erkennen: Das vordere, helle Drittel der Vorderflügel ist gegen den purpurbraun gefärbten hinteren Teil durch eine dunkle Querlinie abgetrennt. Die Intensität der Farben ist variabel. Auf Bild (2) ist ein eierlegendes Weibchen abgebildet.

Die **Raupe** ernährt sich von Getreide, Mehl, Nüssen, Gewürzen, Dörrobst und anderen im Haushalt gelagerten Produkten, die dann für den Verbrauch nicht mehr infrage kommen.

Zünsler
Vitula serratilineella

Spw. 16-22 mm

Der **Falter (1)** gehört zu den Vorratsschädlingen, die in Haushalten zu finden sind. Es wird angenommen, dass die Art vor einigen Jahrzehnten (um 1950) von Nordamerika nach Deutschland gelangt ist. Da die **Raupe** an Trockenobst (z. B. Äpfel, Pflaumen, Rosinen und Feigen) lebt, wurden die Tiere vermutlich über diesen Weg eingeschleppt. Von dem sehr ähnlich aussehenden Zünsler *Vitula admandsii* ist bekannt, dass dessen Raupen in Hummelnestern die Waben zerstören. Diese amerikanische Art wurde in Deutschland bisher noch nicht sicher nachgewiesen.

(1) *Vitula serratilineella*

3) *Plodia interpunctella*

(1) *Paranthrene tabaniformis* ♂

(2) *Paranthrene tabaniformis* ♂

(3) *Paranthrene tabaniformis* ♂

Glasflügler (Fam. *Sesiidae*)

Kleiner Pappel-Glasflügler, Bremsenschwärmer
Paranthrene tabaniformis

Spw. 25-32 mm

Der **Falter (1-3)** ähnelt durch seine gelbe Körperringelung wehrhaften Wespen und wird deshalb von Fressfeinden verschont. Nur die Hinterflügel des Falters sind glasartig durchscheinend, während die Vorderflügel bräunlich gefärbt sind. Die Abbildungen zeigen ein Männchen, dessen Fühler einseitig gezähnt sind. Die Art ist nicht häufig, erscheint aber auch in Parkanlagen und Gärten, sofern die entsprechenden Wirtsbäume und Wasser in der Nähe sind.

Die **Raupe** bohrt sich in das Holz verschiedener Laubbäume, wo sie sich auch verpuppt. Als Wirtsbäume sind Pappel *(Populus)*, Sanddorn *(Hippophae)* und Weiden-Arten *(Salix)* bekannt.

Fotobelege: Berlin, Privatgarten, an Fenchelblüten, 19. 7. 2010.

Gelblicher Ampfer-Glasflügler

Pyropteron triannuliformis
(Synansphecia triannuliformis)

Spw. 15–20 mm

Der **Falter (1–3)** besitzt, anders als bei mehreren anderen Glasflüglern, bräunliche Körperfarben und ist am Hinterleib blass geringelt. Vorder- und Hinterflügel sind glasartig durchscheinend, wobei die Vorderflügel je zwei voneinander getrennte, dunkel umrandete »Fenster« besitzen. Die Art wird nicht aus allen Bundesländern gemeldet, scheint aber in Brandenburg verbreitet zu sein.

Die **Raupe** entwickelt sich in den Wurzeln von Ampfer-Arten *(Rumex)*.

Fotobelege: Brandenburg, Trockenrasen nahe Wünsdorf, 18. 6. 2016; Brandenburg, Mittenwalde, Ackerrand, in der Nähe eines Wassergrabens, 23. 6. 2019.

(1) *Pyropteron triannuliformis*

(2) *Pyropteron triannuliformis*

(3) *Pyropteron triannuliformis*

Pappel-Grabwespen-Glasflügler
Synanthedon melliniformis

Spw. 16–20 mm

Der **Falter (1-4)** ist wärmeliebend und hat seine Heimat im mediterranen Raum. In Deutschland ist die Art kaum bekannt, während sie aus Österreich schon gemeldet wurde. Wir fanden das abgebildete Tier in Wassernähe an den Blüten des Gemeinen Wasserdostes (*Eupatorium cannabinum*). Der Johannisbeer-Glasflügler (S. 331) hat ähnlich aufgebaute Flügel, ist aber insgesamt dunkler, besitzt dünnere gelbe Querbinden, der Afterbusch ist oberseits schwarz.

Die **Raupe** lebt an verletzten Stellen und krebsartigen Wucherungen von Weiden *(Salix)* und Pappeln *(Populus)*.

Fotobelege: Brandenburg, Groß Schauen, nahe Groß Schauener See, 23. 7. 2014.

(1) *Synanthedon melliniformis*

(2) *Synanthedon melliniformis*

(3) *Synanthedon melliniformis*

(4) *Synanthedon melliniformis*

Johannisbeer-Glasflügler
Synanthedon tipuliformis

Spw. 15–20 mm

Der in Deutschland weit verbreitete **Falter (1-3)** ist vorwiegend schwarz gefärbt und besitzt am Hinterleib schmale, gelbe Querstreifen. Durch die Farbgebung imitiert er wehrhafte Bienen oder Wespen und wird von Fressfeinden gemieden. Vorder- und Hinterflügel sind durchsichtig, wobei die Vorderflügel kräftiger dunkel umrandet sind. Ihr Muster ist mehr oder weniger arttypisch. Der Afterbusch ist oberseits gänzlich schwarz. Sehr ähnlich ist Spulers Glasflügler *(Synanthedon spuleri)*. Er ist nach äußeren Merkmalen nicht immer sicher zu unterscheiden.

Die **Raupe** lebt in den markhaltigen Trieben von Johannisbeer- und Stachelbeersträuchern *(Ribes)*.

) *Synanthedon tipuliformis*

) *Synanthedon tipuliformis*

(3) *Synanthedon tipuliformis*

(1) *Adscita statices* ♀

Widderchen (Fam. *Zygaenidae*)

(2) *Adscita statices* ♀

Ampfer-Grünwidderchen
Adscita* cf. *statices

Spw. 25-30 mm

Der tagaktive **Falter** (1-3) ist einheitlich schillernd grün oder blaugrün gefärbt und kann häufig beim Blütenbesuch beobachtet werden. Männchen (3) sind an den deutlich gekämmten Fühlern zu erkennen. Die Fühler der Weibchen (1-2) sind ungekämmt, aber nicht sehr dünn. Ältere Exemplare verlieren oft die schillernden Farben, weil sich die feinen Farbschüppchen abtragen (2). In Deutschland existieren sechs Arten der Gattung, die äußerlich nicht unterscheidbar sind. Das Ampfer-Grünwidderchen ist von diesen weitaus am häufigsten. Die Benennung der vorliegenden Fotos ist daher sehr wahrscheinlich, zumal die Tiere auf Trockenrasen gefunden wurden.

Die **Raupe** ernährt sich von Blättern des Wiesen-Sauerampfers *(Rumex acetosa)*.

(3) *Adscita statices* ♂

Heide-Grünwidderchen, Dunkles Grünwidderchen RL

Rhagades pruni

Spw. 20-30 mm

Der seltene **Falter (1-4)** hat frisch geschlüpft einen dunklen, metallisch-blauen Farbton. Die Fühler des Weibchens **(1)** sind fadenförmig. Männchen **(2-3)** haben oft graubraune, kaum glänzende Flügel. Ihre Fühler sind kammartig ausgebildet. Bild **(4)** zeigt eine Paarung.

Die **Raupe (5)** ist 12-15 mm lang und borstig behaart. Die Verpuppung erfolgt in einem kleinen Gespinst an den Nahrungspflanzen, vorwiegend Rosengewächsen *(Rosaceae)*. Wir fanden die Raupen am Eingriffeligen Weißdorn *(Crataegus monogyna)*. Da sich die Grünwidderchen sehr ähneln, ist eine Bestimmung ohne Kenntnis der Raupe kaum möglich.

Fotobelege: Raupen: Brandenburg, nahe Bestensee, 27. 5. 2020; Falter: in Nachzucht geschlüpft ab 21. 6. 2020.

2) *Rhagades pruni* ♂

3) *Rhagades pruni* ♂

(5) *Rhagades pruni* Raupe

(4) *Rhagades pruni* Paarung

1) *Rhagades pruni* ♀

Veränderliches Widderchen RL, §

Zygaena ephialtes

Spw. 30-40 mm

Der **Falter (1-3)** besitzt auf jedem Vorderflügel fünf bis sechs rote Punkte, die gelegentlich auch weiß sein können. Die Grundfarbe der Flügel ist, wie für die meisten Widderchen typisch, blau-schwarz. Der Hinterleib hat als zusätzliches Artmerkmal eine breite, rote Binde **(3)**. Die Art findet man tagsüber auf krautreichen, blühenden Wiesen, auf denen die Futterpflanzen der Raupen vorkommen. Weibchen legen ihre Eier an Blättern krautiger Pflanzen ab **(1)**.

Die **Raupe** frisst an Ehrenpreis *(Veronica)*, Bunter Kronwicke *(Coronilla varia)*, Thymian *(Thymus)*, Wegerich *(Plantago)* und Klee-Arten *(Trifolium)*.

(1) *Zygaena ephialtes* ♀

(2) *Zygaena ephialtes*

(3) *Zygaena ephialtes*

Sechsfleck-Widderchen, Blutströpfchen RL, §
Zygaena filipendulae

Spw. 28–38 mm

Der **Falter (1–4)** gehört zu den häufigeren Arten seiner Gattung, von der etliche Unterarten beschrieben werden. Auf den Vorderflügeln befinden sich sechs »Blutstropfen«, deren hinterster deutlich kleiner ist und die beiden vordersten miteinander verschmelzen können. Ein wichtiger Unterschied zum ähnlich aussehenden Veränderlichen Widderchen (S. 336) ist das Fehlen einer roten Hinterleibsbinde **(2)**.

Die gelbe, mit schwarzen Fleckenreihen besetzte **Raupe** ernährt sich von diversen Kräutern, zu denen auch Hornklee *(Lotus)* und Kronwicke *(Coronilla)* gehören. Sie verpuppt sich in einem gelblichen Kokon, der an Kräuterstängel angeheftet ist.

(1) *Zygaena filipendulae*

(2) *Zygaena filipendulae*

(3) *Zygaena filipendulae*

(4) *Zygaena filipendulae*

Klee-Widderchen,
Großes Fünffleck-Widderchen RL, §
Zygaena lonicerae

Spw. 25-30 mm

Der relativ häufige **Falter (1-3)** zeichnet sich durch fünf rote Flecken auf den Vorderflügeln aus, die deutlich voneinander getrennt sind. Der Hinterleib ist einfarbig schwarz-blau, im Gegensatz zum Veränderlichen Widderchen (S. 336), welches dort eine rote Binde besitzt. Die zugespitzten Fühler sind vorne oft deutlich nach außen gebogen. Sehr ähnlich ist das Sumpfhornklee-Widderchen (*Zygaena trifolii*), welches Feuchtwiesen bevorzugt.

Die **Raupe** bezieht ihre Nahrung vorwiegend von verschiedenen Klee-Arten *(Trifolium, Lotus)*.

(1) *Zygaena lonicerae*

(2) *Zygaena lonicerae*

3) *Zygaena lonicerae* Paarung

(1) *Zygaena minos*

(2) *Zygaena minos*

(3) *Zygaena minos*

Bibernell-Widderchen RL, §

Zygaena* cf. *minos

Spw. 30–35 mm

Der **Falter (1-3)** gehört zu den Widderchen, die keine rundlichen Flecken, sondern Streifen auf den Vorderflügeln besitzen. Die Art besucht tagsüber gerne blühende Skabiosen, Ziest oder Natternkopf, um dort Nektar zu saugen. Das sehr ähnliche Thymian-Widderchen *(Z. purpuralis)* ist nur durch Genitaluntersuchungen sicher zu unterscheiden. Da wir diese Untersuchungen nicht vornehmen, um das Leben der Tiere zu erhalten, haben wir die Bestimmung mit »cf.« bezeichnet (cf. = *confer*, vergleiche).

Die **Raupe** ernährt sich nur von Blättern der Kleinen Bibernelle *(Pimpinella saxifraga)*.

Fotobelege: Brandenburg, Mallnow, Hangwiesen nahe der Oder, 1. 7. 2010.

Südliches Platterbsen-Widderchen

Zygaena romeo

Spw. 30 mm

Der **Falter (1-2)** besitzt ein sehr typisches Fleckenmuster auf den Vorderflügeln, bei dem zwei Flecken in Längsrichtung zusammenfließen. Die Intensität der Farben kann auch viel kräftiger sein als bei dem abgebildeten Exemplar. Die Art ist anscheinend wärmeliebend, da bisher einige Funde aus Italien und der Schweiz bekannt wurden. Das Platterbsen-Widderchen *(Z. osterodensis)* ist ähnlich, hat aber ein abweichendes Fleckenmuster, welches aus drei längs gestreckten Flecken besteht. Bei beiden Arten bezieht die **Raupe** ihre Nahrung von Platterbsen *(Lathyrus)*.

Fotobelege: Brandenburg, Kienbaum, nahe der Löcknitz, 23. 7. 2019.

(1) *Zygaena romeo*

(2) *Zygaena romeo*

Federmotten, Federgeistchen (Fam. *Pterophoridae*)

Federmotte
Amblyptilia acanthadactyla

Spw. 15-22 mm

Der **Falter** (1-2) gehört zu einer Gruppe tagaktiver Schmetterlinge, die in Ruhestellung mit gerade und rechtwinklig zum Hinterleib ausgerichteten Flügeln an Pflanzen sitzen. Bei dieser Art sind die fransigen Vorderflügel braun und hübsch gezeichnet. Beim Bestimmen muss deren Muster genau beachtet werden. Die Tiere sind nicht scheu und fliegen erst davon, wenn sie massiv gestört werden. Eine ähnliche Art ist *Amblyptilia punctidactyla*.

Die **Raupe** frisst an Blättern diverser krautiger Pflanzen.

(1) *Amblyptilia acanthadactyla*

(2) *Amblyptilia acanthadactyla*

(1) *Capperia trichodactyla*

Federmotte
Capperia trichodactyla

Spw. 15-20 mm

Der bräunliche **Falter** (1) zeichnet sich durch auffallend gefranste, am Rande tief eingeschnittene Vorderflügel aus. Die Hinterflügel sind dreirippig reduziert und wirken durch die haarförmigen Fransen wie Vogelfedern.

Die **Raupe** entwickelt sich an Herzgespann *(Leonurus cardiaca)*.

Federmotte

Gillmeria ochrodactyla

Spw. 25-28 mm

Der **Falter (1-3)** gehört zu den häufigeren Federmotten. Er ist heller oder dunkler ocker-bräunlich und meist wenig kontrastreich gefleckt. Die zusammengelegten Vorderflügel sind besonders schmal. Man findet die Art öfter auf den Blüten von Rainfarn *(Tanacetum vulgare)*, da sich die **Raupen** an diesen Pflanzen entwickeln und deren Blätter fressen.

1) *Gillmeria ochrodactyla*

(2) *Gillmeria ochrodactyla*

(3) *Gillmeria ochrodactyla*

Winden-Federgeistchen
Pterophorus pentadactyla

Spw. 25-35 mm

Der häufige **Falter (1-3)** ist vollkommen weiß, allenfalls mit feinen, schwärzlichen Pünktchen bestäubt. In Ruhestellung kann er seine Flügel sehr schmal zusammenlegen und fällt dann kaum auf. Die Vorder- und Hinterflügel sind tief aufgespalten und mit langen, federartigen Fransen versehen, die wie Vogelfedern aussehen. Man findet die Art an grasigen Biotopen oder in der niedrigen Krautschicht, auch in Parkanlagen und Gärten.

Die **Raupe** ernährt sich von Ackerwinde *(Convolvulus)*, Zaunwinde *(Calystegia)*, doch wohl auch von Klee *(Trifolium)* und Blättern diverser Holzgewächse.

(1) *Pterophorus pentadactyla*

(2) *Pterophorus pentadactyla*

(3) *Pterophorus pentadactyla*

) *Stenoptilia pterodactyla*

2) *Stenoptilia pterodactyla*

(3) *Stenoptilia pterodactyla*

Federmotte

Stenoptilia pterodactyla

Spw. 22–28 mm

Der relativ häufige **Falter (1–3)** ist heller oder dunkler braun gefärbt. Die Flügel besitzen wenig markante Merkmale, weshalb die Art leicht mit anderen verwechselt werden kann. Ein dunkler, strichförmiger Fleck auf jedem Vorderflügel scheint typisch zu sein. Auch die Zeichnung des Körpers sollte bei einer Bestimmung Berücksichtigung finden. Der Falter ist auf Wiesen oder an Wald- und Feldrändern anzutreffen. Besonders dort, wo die Wirtspflanze vorkommt.

Die Nahrungspflanze der **Raupe** ist Gamander-Ehrenpreis *(Veronica chamaedrys)*.

Wickler 1 (Fam. *Tortricidae*, Subfam. *Tortricinae*)

Lieschgras-Wickler

Aphelia* cf. *paleana (*Zelotherses paleana*)

Spw. 18-24 mm

Der **Falter (1-2)** besitzt einfarbige, hellgelbe Vorderflügel, die bei älteren Tieren stark ausblassen können. Die bei sitzenden Tieren nicht sichtbaren Hinterflügel sind hellgrau gefärbt. Die Art kann auf feuchten Wiesen und an Waldrändern gefunden werden. Der Falter *Aphelia unitana* ist äußerlich nicht unterscheidbar. Seine Raupen sind aber nach Literaturangaben deutlich dunkler gefärbt.

Die bräunliche, weiß gepunktete **Raupe** ernährt sich von verschiedenen Kräutern und sicher auch von Wiesen-Lieschgras *(Phleum pratense)*.

(1) *Aphelia paleana*

(2) *Aphelia paleana*

Gewürfelter Obstbaumwickler

Pandemis corylana

Spw. 18-24 mm

Der **Falter (1)** hat ein typisches Muster auf seinen Vorderflügeln. Es besteht aus drei dünnen, rotbraunen Querlinien, die dazwischen mehrfach in Längs- und Querrichtung würfel- oder gitterartig unterteilt sind. Man findet den Falter gelegentlich in der niedrigen Vegetation auf Blättern oder Stängeln sitzend. Seine Farben können variieren. Es existieren einige ähnlich aussehende Wickler, weshalb man beim Bestimmen die Flügelmuster genau vergleichen sollte.

Die **Raupe** gehört zu den sog. Blattrollern. Sie frisst Blätter verschiedener Sträucher und Laubbäume, darunter etliche häufige Arten wie Eiche *(Quercus)*, Birke *(Betula)*, Hasel *(Corylus)* und Esche *(Fraxinus)*. Auch Nadelbäume wie Lärche *(Larix)* oder Kiefer *(Pinus)* werden angenommen.

(1) *Pandemis corylana*

) *Archips podana* ♂

Bräunlicher Obstbaumwickler,
Eschenzwiesel-Wickler
Archips podana

Spw. 19–28 mm

Der **Falter (1)** kann an Waldrändern, in Parkanlagen und Gärten vorkommen. Wir haben ihn im Untersuchungsgebiet bisher nur einmal gefunden. Die Abbildung zeigt ein Männchen, welches eine typische grobe Flügelzeichnung besitzt. Die Vorderflügel des Weibchens sind mit einem feinen netzartigen Muster überzogen. Ähnlich ist der Wickler *A. xylosteana* (rechts).

Die **Raupe** lebt an verschiedenen Bäumen und Sträuchern. Genannt werden Obstbäume wie Apfel, Kirsche und Pflaume sowie Schlehe, Hasel, Birke, Ulme und Weide.

1) *Archips xylosteana*

Wickler
Archips xylosteana

Spw. 16–25 mm

Der **Falter (1–3)** besitzt ein ähnliches Flügelmuster wie der Bräunliche Obstbaum-Wickler (links). Hier unterscheiden sich beide Geschlechter jedoch kaum. Die ökologischen Ansprüche beider Arten (auch die Nahrungspflanzen ihrer **Raupen**) sind nahezu identisch, weshalb man sie gemeinsam in Wäldern, Gärten und Anlagen auffinden kann. Die Arten der Gattung *Archips* beginnen mit Einbruch der Dämmerung zu fliegen. Sie können am Tage in Ruhestellung auf Büschen und Bäumen beobachtet werden.

(2) *Archips xylosteana*

(3) *Archips xylosteana*

(1) *Ptycholoma lecheana*

Wickler
Ptycholoma lecheana

Spw. 18-20 mm

Der dämmerungs- und nachtaktive, in Deutschland weit verbreitete **Falter (1)** hat eine mehr oder weniger rostbraune Grundfarbe. Die Flächen der Vorderflügel sind mit silbriggrauen, teils gegabelten Querstreifen durchzogen. Manchmal sind diese sehr undeutlich, und wenn sich die Flügelschüppchen bei älteren Exemplaren abtragen, entstehen dunkelfleckige Bereiche. Beide Geschlechter sind äußerlich kaum zu unterscheiden. Die Lebensräume der Falter sind Wald- und Wiesenränder.

Die **Raupe** ernährt sich von Blättern verschiedener Laubbäume oder Büsche.

Wickler
Syndemis musculana

Spw. 15-22 mm

Der **Falter (1-2)** ist keine sehr auffällige Erscheinung. Seine grauen oder graubraunen Vorderflügel sind bei typischen Exemplaren mit einem breiten, dunkleren Querband versehen, deren Form variabel sein kann. Der Rest der Flügelflächen ist fein gestrichelt oder gepunktet. Die Art ist nicht selten.

Die Futterpflanzen der **Raupe** können Blätter sehr verschiedenartiger Laubbäume sein. Auch Kräuter wie Wiesenknopf *(Sanguisorba)* und Greiskraut *(Senecio)* werden genannt.

(1) *Syndemis musculana*

(2) *Syndemis musculana*

Wickler

Cnephasia* cf. *stephensiana

Spw. 15–18 mm

Der **Falter (1–2)** ist ein in seinem Lebensraum gut getarnter, grau gefärbter Wickler. Auf den Vorderflügeln sind zwei schmale Querbänder angedeutet, ein drittes äußeres Band ist nicht vollständig. Der Rest der Flügelfläche ist fein punktiert. Das Foto (2) zeigt ein ruhendes Exemplar mit eingerollten Flügeln, welches sich dem Pflanzenstängel anpasst. Ähnliche Arten der Gattung, z. B. *Cnephasia incertana*, sind nach äußeren Merkmalen kaum unterscheidbar.

Die **Raupe** frisst an Blättern verschiedener Kräuter, u. a. Natternkopf *(Echium)* und Hahnenfuß *(Ranunculus)*.

(1) *Cnephasia stephensiana*

(2) *Cnephasia stephensiana*

(1) *Cnephasia pasiuana*

Wickler
Cnephasia* cf. *pasiuana

Spw. 15–19 mm

Der **Falter (1)** ist ein nicht seltener Wiesenbewohner. Die Grundfarbe seiner Flügel ist grau und die Flügeloberflächen sind schwach und teils unvollständig dunkel gebändert. Die äußeren Flügelecken sind mit dunklen, in einem bestimmten Muster stehenden Punkten versehen. Ähnliche Arten wie z. B. der wärmeliebende Getreide-Wickler *(Cnephasia pumicana)* sind nur durch Untersuchung der Genitalien sicher zu unterscheiden.

Die **Raupe** ernährt sich von diversen, auf Wiesen vorkommenden Pflanzen wie Klee-Arten *(Medicago)* oder Hahnenfuß *(Ranunculus)*, aber auch von Kulturpflanzen wie Kohl *(Brassica)* und Erbsen *(Pisum)*.

(1) *Aethes smeathmanniana*

Wickler
Aethes smeathmanniana

Spw. 14–18 mm

Der relativ häufige **Falter (1)** bewohnt Heidelandschaften mit Rainfarn *(Tanacetum vulgare)* und Schafgarbe *(Achillea millefolium)*.

Dort fressen auch die **Raupen**, die sich in den Fruchtkörbchen der Pflanzen verpuppen und in der zweiten Generation überwintern. Der Falter kann an Wald- und Feldrändern aufgefunden werden. Trotz ihres auffälligen Erscheinungsbildes ist die Art nicht immer leicht zu bestimmen, da teils sehr ähnlich aussehende Arten aus dem Tribus *Cochylini* existieren, z. B. der Wickler *Agapeta hamana* (S. 351).

(1) *Agapeta hamana*

Wickler
Agapeta hamana

Spw. 15–23 mm

Der **Falter (1)** ist schwefelgelb oder manchmal auch sehr blass gefärbt und besitzt eine auffällige, rostbraune Zeichnung. Dadurch erinnert er etwas an den Wickler *Aethes smeathmanniana* (S. 350). Auch andere verwandte Arten können ähnlich sein.

Die **Raupe** lebt in der Erde. Sie frisst Wurzeln von Disteln (*Carduus* und *Cirsium*) oder Klee-Arten *(Trifolium)*. Die Verpuppung erfolgt in einem Kokon in der Erde.

(1) *Capua vulgana*

Wickler
Capua vulgana

Spw. 14–20 mm

Der **Falter (1–2)** ist relativ häufig und kann an Waldrändern und Gebüschen, auf Blättern sitzend, auch tagsüber beobachtet werden. Die Zeichnung der grauen oder graubräunlichen Vorderflügel ist nicht sehr einprägsam. Typische Exemplare besitzen einen hellen, schräg gestellten, spitz zulaufenden Schulterstreifen, der dunkel begrenzt ist. Dieses Merkmal kann aber auch fehlen.

Die **Raupe** ernährt sich von Blättern verschiedener Laubbäume und wohl auch Blaubeersträuchern *(Vaccinium myrtillus)*.

(2) *Capua vulgana*

Wickler 2 (Fam. *Tortricidae*, Subfam. *Olethreutinae*)

Wickler
Celypha lacunana

Spw. 15-18 mm

Der **Falter (1-3)** gehört zu den häufigen Arten seiner Gattung. Sein kompliziertes Flügelmuster ist zwar etwas veränderlich, aber mit etwas Übung stets wiederzuerkennen. Die Vorderflügel sind stellenweise mit silbrigen, nicht sehr auffälligen Querlinien durchzogen. Der Falter kann an Waldrändern und grasigen Biotopen fast überall auch am Tage angetroffen werden.

Die dunkelbraune **Raupe** besitzt einen schwarzen, glänzenden Kopf. Sie ernährt sich von einer Vielzahl krautiger Pflanzen, von Farnen, Sträuchern und Laubbäumen.

(1) *Celypha lacunana*

(2) *Celypha lacunana*

(3) *Celypha lacunana*

(1) *Hedya pruniana*

(2) *Hedya pruniana*

Pflaumenknospen-Wickler

Hedya pruniana

Spw. 15–20 mm

Der **Falter (1–2)** ist nicht selten und in Deutschland weit verbreitet. Die Vorderflügel wirken zweifarbig, weil der hintere Teil deutlich heller abgesetzt ist. Die Art besiedelt Waldränder, Gebüsche, Obstplantagen und Parks. Auch hier gibt es mehrere, sehr ähnlich aussehende Verwandte, z. B. *Hedya nubiferana*.

Die **Raupe** bezieht ihre Nahrung von Blättern verschiedener Baumarten. Es werden Schlehe *(Prunus spinosa)*, Weißdorn *(Crataegus)*, Hasel *(Corylus)*, Rosen *(Rosa)* und diverse Obstbäume genannt.

Pracht-Wickler
Olethreutes arcuella

Spw. 15-19 mm

Der auffällig gefärbte **Falter (1-2)** ist nicht selten. Er besiedelt Heidelandschaften mit Beständen von Gebüschen und Bäumen. An Waldrändern oder Lichtungen ist er auch am Tage zu beobachten. Die Grundfarbe der Vorderflügel kann orangerötlich oder gelborange sein. Einige Arten der Gattung können sehr ähnlich aussehen. So ist z. B. der seltenere *Olethreutes subtilana* zwar etwas kleiner, hat aber ein fast identisches Farbmuster.

Die dunkel gefärbte **Raupe** besitzt einen gelblichen Kopf. Sie ernährt sich von welkem Laub, in dem sie sich auch verpuppt.

(1) *Olethreutes arcuella*

(2) *Olethreutes arcuella*

(1) *Phiaris micana*

Wickler
Phiaris micana

Spw. 12-18 mm

Der **Falter (1)** besitzt ein kompliziertes, schwer beschreibbares Flügelmuster. In sitzender Stellung zeichnen sich zwei hellere, schmale Querbänder ab. Die dunkleren Bereiche sind mit kleinen, silbrigen Flecken durchsetzt. Die Grundfarben der dunklen Flügelteile variieren in verschiedenen Brauntönen. Die Art scheint in Deutschland nicht selten zu sein und trockenere Grasbiotope zu bevorzugen. Wir fanden sie im Untersuchungsgebiet bisher nur einmal.

Die **Raupe** ernährt sich von verschiedenen Moosen und trockenen Pflanzenresten.

Wickler
Epiblema foenella

Spw. 17-25 mm

Der **Falter (1)** besitzt in Ruhestellung ein sehr typisches Flügelmuster, bestehend aus einem weißen, hufeisenförmigen Bogen, der sich vom meist dunkelbraunen Untergrund deutlich abhebt. Der Flügelrand ist ebenfalls hell abgesetzt. Die Art bewohnt verwilderte Grasbiotope und ist nicht selten auch am Tage aufzufinden.

Die **Raupe** frisst an Wurzeln von Gewöhnlichem Beifuß *(Artemisia vulgaris)* und Färberkamille *(Anthemis tinctoria)*. Die Verpuppung erfolgt im Innern der Stängel des Beifußes.

(1) *Epiblema foenella*

(1) *Epinotia abbreviana*

Wickler

Epinotia abbreviana

Spw. 12–16 mm

Der **Falter (1–2)** ist in seinem Zeichnungsmuster sehr variabel. Die Abbildungen zeigen ein Exemplar mit kräftiger, bunter Zeichnung. Es kommen aber auch nahezu einfarbige Tiere vor. Der Kleinschmetterling bewohnt offene Landschaften mit Laubbaumbestand, besonders mit Ulmen *(Ulmus)* und Feldahorn *(Acer campestre)*.

Die **Raupe** frisst zunächst an den Blattknospen der Wirtsbäume und verpuppt sich dann in deren zusammengesponnenen Blättern.

(2) *Epinotia abbreviana*

Wickler
Epinotia signatana

Spw. 14–18 mm

Der **Falter (1–2)** ist graubräunlich und weiß gemustert. Auffällig sind je zwei dunkle, mehr oder weniger strichförmige Flecken auf den Vorderflügeln, die bei seitlicher Betrachtung deutlich zu sehen sind. Auf dem Foto **(2)** ist noch eine kleine Trauermücke aus der Familie *Sciaridae* zu sehen. Der Schmetterling ist in offenen Landschaften, die mit den Wirtsbäumen der Larven bestanden sind, zu finden.

Die **Raupe** ernährt sich von Blättern diverser Laubbäume wie Schlehe *(Prunus spinosa)*, Kirsche (*Prunus avium* und *P. cerasus*), Traubenkirsche *(Prunus padus)*, Weißdorn *(Crataegus)* und Apfelbaum *(Malus)*.

(1) *Epinotia signatana*

(2) *Epinotia signatana* mit Trauermücke

(1) *Eucosma conterminana*

Salatsamen-Wickler
Eucosma conterminana

Spw. 15–18 mm

Der **Falter (1)** ist gelegentlich in der niedrigen Vegetation an Blättern oder Halmen zu sehen. Bevorzugte Biotope sind Feld- und Waldränder oder Gärten, in denen Korbblütler, besonders Lattich-Arten wachsen. Der mit geschlossenen Flügeln sitzende Schmetterling ist an seinen typisch grob gescheckten Flügeln gut zu erkennen.

Die fleischbräunliche **Raupe** entwickelt sich in den Blütenköpfchen von Lattich-Arten *(Lactuca)*, vor allem dem Stachel-Lattich *(Lactuca serriola)*.

Wickler
Gypsonoma dealbana

Spw. 12–15 mm

Der **Falter (1–2)** kann farblich sehr verschieden aussehen. Typische Exemplare sind im vorderen Teil dunkel, während der hintere Bereich deutlich aufgehellt ist. Man findet auch gänzlich dunkel gefärbte Falter. Die Art ist ein Bewohner des Laubwaldes. Sehr ähnlich ist der Wickler *Gypsonoma sociana*.

Die **Raupe** ernährt sich von Blättern. Genannt werden u. a. Weide *(Salix)*, Eiche *(Quercus)*, Hasel *(Corylus)*, Weißdorn *(Crataegus)* und Pappel *(Populus)*. Raupen verstecken sich in einem Gespinst der eingerollten Blätter.

(1) *Gypsonoma dealbana*

(2) *Gypsonoma dealbana*

Kiefernzapfen-Wickler
Gravitarmata margarotana

Spw. 15–20 mm

Der **Falter (1)** fällt durch seine grau-orangene Streifung seiner Vorderflügel auf. Die Art lebt in sandigen Kiefernwäldern, wo sie an Waldkiefern Schäden anrichten kann. Wickler der Gattung *Pseudococcyx* (z.B. *P. turoniella* oder *P. posticana*) sind ähnlich, unterscheiden sich aber durch ein abweichendes Farbmuster.

Die **Raupe** ernährt sich von Nadeln der Waldkiefer *(Pinus sylvestris)* und nistet sich in deren Knospen ein.

) *Gravitarmata margarotana* Paarung

(1) *Zeiraphera isertana*

Wickler
Zeiraphera isertana

Spw. 14–18 mm

Der häufige, weit verbreitete **Falter (1)** ist ein Waldbewohner, der gelegentlich sitzend an Baumrinden zu finden ist. Typische Exemplare sind grau-weiß gezeichnet, wobei die dunklen Partien einen grünlichen Anflug haben können. Es existieren aber auch einfarbig graue oder braune Tiere, die optisch kaum zuzuordnen sind. Im Zweifel müssen für eine Bestimmung Untersuchungen der Genitalien vorgenommen werden.

Die **Raupe** frisst Blätter von Laubbäumen, vorwiegend Eichen *(Quercus)*.

Wickler
Ancylis laetana

Spw. 14–18 mm

Der sehr auffällig gezeichnete **Falter (1)** fällt durch seine weiße Grundfarbe und die markanten, grauen und schwarzbraunen Flecken leicht auf. Die Flügelspitzen sind rostbräunlich gefärbt. Die Art scheint auch im Untersuchungsgebiet nicht selten zu sein. Dennoch konnten wir sie bisher nur zweimal aufspüren.

Die **Raupe** ist hellgelb gefärbt und besitzt einen dunklen Kopf. Sie ernährt sich von Blättern der Zitterpappel *(Populus tremula)*. Nach dem Einrollen des Blattes spinnt sie sich ein und verpuppt sich.

(1) *Ancylis laetana*

Wickler
Ancylis mitterbacheriana

Spw. 12–16 mm

Der kleine **Falter (1)** ist auffällig rot- oder orangebraun gefärbt. Er ist vorwiegend dämmerungs- und nachtaktiv, fliegt aber auch tagsüber an Laubwaldrändern umher und setzt sich kurzzeitig auf die Blätter. Wir fanden ihn stets auf Eichen.

Die **Raupe** entwickelt sich in zusammengerollten Blättern von Eichen *(Quercus)*, Rotbuchen *(Fagus)* und Apfelbäumen *(Malus)*.

(1) *Ancylis mitterbacheriana*

(1) *Cydia pomonella*

(2) *Cydia pomonella*

Apfel-Wickler
Cydia pomonella

Spw. 14–22 mm

Der **Falter (1–2)** ist ein nicht gern gesehener Schädling an Obstbäumen. Man findet ihn deshalb in Obstbaumkulturen und Gärten, wo sich ein Befall durch »Madengänge« in den Früchten bemerkbar macht.

Die **Raupe** ist zuerst weißlich gefärbt und wird im Laufe der Entwicklung rötlich. Sie wandert in die Früchte und dringt bei Äpfeln bis zum Kerngehäuse vor. Fruchtfleisch und Samen bilden ihre Nahrung. Für die Verpuppung werden die Früchte wieder verlassen. Neben Apfelbäumen werden auch andere Obstsorten befallen, wie z. B. Birne *(Pyrus)*, Quitte *(Cydonia)*, Pfirsich und Pflaume *(Prunus)*, aber auch Walnuss *(Juglans)* und Feige *(Ficus)*.

(1) *Dichrorampha petiverella*

Wickler
Dichrorampha petiverella

Spw. 10–13 mm

Der **Falter (1)** ist dunkelbraun und besitzt ein hufeisenförmiges, meist gelbliches Flügelmal. Dieses ist deutlich zu erkennen, wenn die Flügel in Ruhestellung geschlossen sind. Die Art bevorzugt trockene oder halbtrockene Grasbiotope und Heidelandschaften. Sie kann tagsüber in der Krautschicht aufgespürt werden.

Die **Raupe** frisst an Wurzelstöcken der Schafgarbe *(Achillea millefolium)*.

Hopfengeschling-Wickler
Grapholita discretana

Spw. 15–19 mm

Der **Falter (1)** zeichnet sich durch zwei weißliche, sichelförmige Flügelmale aus, die im Kontrast zu der dunkelbraunen Grundfarbe der Vorderflügel stehen. Die Hinterflügel sind einfarbig braun. Innerhalb der Gattung gibt es mehrere Arten, die ähnlich aussehen können. Die Art besiedelt krautreiche Wiesen und Waldränder, besonders dort, wo die Futterpflanzen der Raupen wachsen.

Die **Raupe** entwickelt sich in den Stängeln von Hopfen *(Humulus lupulus)*, in denen sie sich auch verpuppt und überwintert.

(1) *Grapholita discretana*

Wickler

Pammene regiana

Spw. 13–16 mm

Der hübsche **Falter (1–3)** ist dunkel rotbraun gefärbt. Auffallend ist sein halbmondförmiger, dottergelber Fleck im Mittelbereich der Vorderflügel. Wir fanden diese Art an der Rinde eines am Feldrand stehenden Ahornbaumes. Sehr ähnlich ist der kleinere Wickler *Pammene trauniana*, dessen Flügel eine fast schwarzbraune Grundfarbe besitzen.

Die **Raupe** entwickelt sich in den Früchten von Bergahorn *(Acer pseudoplatanus)* und verpuppt sich in einem Kokon unter dessen Rinde.

(1) *Pammene regiana*

(2) *Pammene regiana*

(3) *Pammene regiana*

(1) *Yponomeuta evonymella*

Gespinstmotten, Knospenmotten (Fam. *Yponomeutidae*)

Traubenkirschen-Gespinstmotte
Yponomeuta evonymella

Spw. 15-25 mm

Der **Falter (1-2)** sitzt tagsüber mit geschlossenen Flügeln in Ruhestellung an diversen Pflanzenteilen, ist aber vorwiegend nachtaktiv. Die weißen Vorderflügel sind mit feinen, schwarzen Pünktchen besetzt. Anzahl und Anordnung der Punkte ist artspezifisch, ähneln sich aber bei einigen Arten. Eine sichere Bestimmung ist dann nur möglich, wenn Wirtspflanze und Aussehen der Raupe bekannt sind.

(2) *Yponomeuta evonymella*

Die **Raupe** ist weißlich oder gelblich gefärbt und besitzt reihig angeordnete, schwarze Punkte. Diese sind nicht rund, sondern etwas verlängert und eckig. Die Raupe frisst vorwiegend an der Gewöhnlichen Traubenkirsche *(Prunus padus)*. In den auffälligen Gespinsten findet dann die Verpuppung statt. Ein starker Befall kann die Pflanze sehr schädigen.

Langhornmotten (Fam. *Adelidae*)

Liguster-Langhornmotte
Adela croesella

Spw. 11-14 mm

Der **Falter** (1-2) ist tagaktiv. Er besucht vorwiegend blühende Wiesenkräuter. Die beiden Geschlechter sind anhand ihrer Fühler leicht auseinanderzuhalten: Weibchen (1) besitzen relativ kurze, im unteren Teil deutlich verdickte Fühler, während die der Männchen (2) sehr lang und fadenförmig sind.

Die **Raupe** frisst an Blüten von Sanddorn *(Hippophae rhamnoides)* oder Liguster *(Ligustrum vulgare)*. Später baut sie sich ein sackartiges Gehäuse aus Erd- und Pflanzenteilchen, aus dem sie zur Fortbewegung hervorschaut. Sie ernährt sich dann von abgefallenen, trockenen Blättern der Wirtspflanzen.

(1) *Adela croesella* ♀

(2) *Adela croesella* ♂

(1) *Adela reaumurella* ♀

(2) *Adela reaumurella* ♀

(3) *Adela reaumurella* ♂

(4) *Adela reaumurella* ♂

Langhornmotte

Adela reaumurella

Spw. 14–18 mm

Der tagaktive **Falter (1–4)** gehört zu den häufigen Arten seiner Gattung. Die Vorderflügel sind grau-schwarz oder auch bronzefarben überhaucht, mit metallischem Glanz. Hinterflügel sind fleischbraun und glanzlos. Die fadenförmigen Fühler der Weibchen **(1–2)** sind nur etwa halb so lang wie die der Männchen **(3–4)**, die an sonnigen Tagen kleine Schwärme im Blätterdach verschiedener Laubbäume und Büsche bilden. Die kurzen Paarungen vollziehen sich im Flug.

Die **Raupe** lebt zuerst in Blättern diverser Laubbäume, besonders Buchen *(Fagus)* und Eichen *(Quercus)*. Ältere Raupen bilden einen für die Gattung typischen Raupensack, der aus Erd- und Pflanzenteilen zusammengesetzt ist.

(1) *Cauchas rufimitrella*

Langhornmotte
Cauchas rufimitrella

Spw. 10-12 mm

Der **Falter (1-2)** besitzt goldbraune, metallisch glänzende Vorderflügel. Sie können einfarbig sein oder in der Mitte einen hellen Fleck aufweisen. Die Fühlerlänge der Männchen ist nur etwas länger als die der Weibchen, weshalb beide Geschlechter daran kaum zu unterscheiden sind. Die Schmetterlinge besuchen am Tage verschiedene Blüten auf Wiesen, um Nektar zu saugen.

Die **Raupe** lebt am Wiesen-Schaumkraut *(Cardamine pratensis)*.

(2) *Cauchas rufimitrella*

Langhornmotte, Gelber Langfühler
Nematopogon swammerdamella

Spw. 18–22 mm

Der **Falter (1–3)** ist tag- und dämmerungsaktiv. Er hält sich in Laub- und Mischwäldern auf und sitzt tagsüber gelegentlich an Blättern oder Nadeln. Die ockerfarbenen, strohgelben oder auch silbrig-weißen Vorderflügel sind schwach gitterartig gezeichnet oder einfarbig glatt. Die langen Fühler sind oberseits weiß, an der Unterseite jedoch dunkel punktiert **(3)**.

Die **Raupe** entwickelt sich zunächst in Blättern verschiedener Laubbäume. Spätere Stadien leben in einem Gespinstsack aus Pflanzenresten am Boden, in dem sie sich auch verpuppen.

(1) *Nematopogon swammerdamella*

(2) *Nematopogon swammerdamella*

(3) *Nematopogon swammerdamella*

Gebänderte Langhornmotte, De Geers Langhornfalter
Nemophora* cf. *degeerella

Spw. 15-20 mm

Der **Falter (1-4)** ist tagaktiv und besucht blühende Kräuter an Waldrändern zur Nektaraufnahme. Wie bei vielen Langhornmotten sind auch hier die Fühler der Männchen **(3-4)** sehr lang, während die der Weibchen **(1-2)** viel kürzer und im unteren Teil dunkel und kurzhaarig verdickt sind. Nach neueren Erkenntnissen ist die Art zwei weiteren, selteneren Faltern, *N. scopolii* und *N. deceptoriella*, äußerlich sehr ähnlich.

Die **Raupe** lebt (miniert) zunächst in Blättern krautiger Pflanzen und später in einem aus Pflanzenresten verwobenen Kokon am Boden.

(3) *Nemophora degeerella* ♂

(2) *Nemophora degeerella* ♀

(4) *Nemophora degeerella* ♂

) *Nemophora degeerella* ♀

Binden-Langhornmotte
Nemophora fasciella

Spw. 12-16 mm

Der tagaktive **Falter (1-2)** gehört zu den kleineren, im Untersuchungsgebiet nicht sehr häufigen Langhornmotten. Die Vorderflügel sind glänzend bronzefarben und fallen durch ein knapp unter der Mitte sitzendes, dunkles Querband auf. Die fadenförmigen Fühler sind bei beiden Geschlechtern nicht sehr auffallend lang.

Die **Raupe** lebt an der Schwarznessel *(Ballota nigra)*. Ältere Stadien fertigen einen Köcher aus Pflanzenresten, in dem sie sich verpuppen.

(1) *Nemophora fasciella*

(2) *Nemophora fasciella*

(3) *Nemophora metallica* ♀

(1) *Nemophora metallica* ♂

(2) *Nemophora metallica* ♀

Skabiosen-Langhornmotte
Nemophora metallica

Spw. 15–20 mm

Der **Falter (1–3)** ist tagaktiv und besucht blühende Wiesen und Trockenrasen, auf denen Witwenblumen *(Knautia)* oder Skabiosen *(Scabiosa)* gedeihen. In entsprechenden Biotopen ist die Art nicht selten. Die Vorderflügel sind meist einheitlich bronzefarben und haben einen metallischen Glanz. Männliche Tiere **(1)** sind durch etwas längere Fühler und einen dunklen Flügelpunkt von den Weibchen **(2–3)** zu unterscheiden.

Die **Raupe** lebt an den oben genannten Wirtspflanzen. Ältere Stadien fertigen einen Gespinstsack aus Pflanzenteilen.

Pfaffenhütchen-Gespinstmotte

Yponomeuta cagnagella

Spw. 18–22 mm

Der nachtaktive **Falter (1)** ähnelt der Traubenkirschen-Gespinstmotte (S. 364), ist aber etwas kleiner und hat weniger Punkte. Diese sind zudem etwas anders angeordnet. Die Art ist in Brandenburg häufig.

Die **Raupe (2–3)** ernährt sich vorwiegend von Blättern des Pfaffenhütchens *(Euonymus europaeus)*, auch bekannt unter dem Namen Gewöhnlicher Spindelstrauch. Die in den Gespinsten umherkriechenden Raupen sind weiß oder gelblich gefärbt. Ihre schwarzen Punkte sind rundlich, wodurch sie sich von denen der Traubenkirschen-Gespinstmotte optisch unterscheiden.

(1) *Yponomeuta cagnagella*

(2) *Yponomeuta cagnagella* Raupe

(3) *Yponomeuta cagnagella* Raupe

(1) *Argyresthia spinosella*

(2) *Argyresthia spinosella*

Schlehen-Knospenmotte

Argyresthia spinosella

Spw. 9–11 mm

Der äußerst schlanke **Falter (1–2)** hält in Ruhestellung seine Flügel stets eng zusammen. In Draufsicht sieht man einen silbrig-weißen, breiten Längsstreifen, der im hinteren Drittel durch ein dunkles Querband unterbrochen ist. Die Spitzen der Vorderflügel sind deutlich gefiedert. Wir fanden den Falter auf Blättern der Kirschpflaume *(Prunus cerasifera)*.

Die gelblich gefärbte **Raupe** entwickelt sich an Schlehdorn *(Prunus spinosa)*.

Wippflügelfalter (Fam. *Douglasiidae*)

Wippflügelfalter
Tinagma perdicella

Spw. 8-12 mm

Der kleine, tagaktive **Falter (1-3)** sitzt gerne mit leicht geöffneten Flügeln auf Blüten, von denen er Nektar aufnimmt. Er erinnert dann an einen Spreizflügelfalter der Gattung *Anthophila*. Die dunklen Vorderflügel fallen durch eine relativ grobe Beschuppung auf. Sie besitzen eine helle, oft wenig kontrastreiche Querbänderung.
Der sehr ähnlich aussehende Wippflügelfalter *Tinagma dryadis* ist auf Silberwurz *(Dryas)* spezialisiert.

Die **Raupe** entwickelt sich anfangs im Blattstiel der Wald-Erdbeere *(Fragaria vesca)* und frisst auch deren Blätter. Ferner werden als Wirtspflanzen noch Fingerkraut *(Potentilla)* und Brombeer-Arten *(Rubus)* angegeben.

(1) *Tinagma perdicella*

(2) *Tinagma perdicella*

(3) *Tinagma perdicella*

Prachtfalter (Fam. *Cosmopterigidae*)

Zieglers Prachtfalter,
Hopfen-Prachtfalter
Cosmopterix zieglerella

Spw. 8–11 mm

Der auffällig bunt gezeichnete **Falter** (1–3) kann mit etwas Glück tagsüber ruhend auf Blättern aufgefunden werden. Seine Vorderflügel sind dann eng zusammengelegt, wodurch eine zylindrische Gesamtform entsteht. Bei der Bestimmung sollten die Flügelmusterung und die Farbgebung der Fühler genau mit weiteren Arten der Gattung verglichen werden. Besonders ähnlich kann *Cosmopterix orichalcea* aussehen.

Die **Raupe** entwickelt sich hauptsächlich an Hopfen-Arten *(Humulus)*, an deren Blättern sie frisst. Im Herbst fertigt sie einen Kokon und überwintert am Boden.

(2) *Cosmopterix zieglerella*

1) *Cosmopterix zieglerella*

(3) *Cosmopterix zieglerella*

Spreizflügelfalter (Fam. *Choreutidae*)

Brennnessel-Spreizflügelfalter
Anthophila fabriciana

Spw. 10-20 mm

Der häufige **Falter (1-3)** ist tagaktiv und besucht Blüten verschiedener Kräuter. Sehr oft besucht er die Blütenköpfchen des Rainfarnes *(Tanacetum)*, manchmal sogar in mehrzähligen Gruppen **(3)**. Bei einer Paarung **(2)** ist zu sehen, dass die beiden Geschlechter äußerlich kaum unterscheidbar sind. Die Flügel werden in Ruhestellung meist etwas gespreizt (Name!). In Mitteleuropa sollen nach Literaturangaben zwölf Arten von Spreizflügelfaltern vorkommen, die sich auf mehrere Gattungen verteilen.

Die **Raupe** ist in ihrer Nahrungswahl sehr variabel. Es werden Blätter etlicher Pflanzenfamilien, darunter oft die Große Brennnessel *(Urtica dioica)*, gefressen und dabei manchmal skelettiert.

(1) *Anthophila fabriciana*

(2) *Anthophila fabriciana* Paarung

(1) *Prochoreutis myllerana*

Myllers Helmkraut-Spreizflügelfalter
Prochoreutis myllerana

Spw. 10-15 mm

Der **Falter (1)** zeichnet sich durch dunkelbraune Vorderflügel aus, deren Oberfläche mit einem weißen, kontrastreichen Punkt-Strich-Muster versehen ist. Die Randfransen sind ebenfalls weiß. Die Art ist erheblich seltener als der Brennnessel-Spreizflügelfalter (oben). Sehr ähnlich ist Sehesteds Helmkraut-Spreizflügelfalter, *P. sehestediana*, bei dem die weißen Flügelmale dünner und etwas abweichend verteilt sind.

Die **Raupe** ernährt sich von Helmkraut-Arten *(Scutellaria)*.

Fotobeleg: Brandenburg, Mellensee, Fischteichrand, an Schilfblatt, 25. 8. 2012.

3) *Anthophila fabriciana*

Breitflügelmotten (Fam. *Chimabachidae*)

(1) *Diurnea lipsiella* ♂

Breitflügelmotte
Diurnea lipsiella

Spw. 15-24 mm

Der tag- und dämmerungsaktive **Falter** (1-3) kommt in Laub- und Mischwäldern vor. Auf Blättern von Büschen, Bäumen oder Kräutern ist er gelegentlich zu finden. Nur die Männchen (siehe Fotos) sind flugfähig, da Weibchen stark verkürzte Flügel besitzen. Die bräunlichen Vorderflügel haben keine auffällige Zeichnung, die der Weibchen sind grob dunkler gescheckt. Nur die Fühler der Männchen sind kurz gefiedert.

Die **Raupe** ernährt sich von Blättern verschiedener Bäume und Sträucher. Genannt werden Eichen *(Quercus)*, diverse Obstbäume *(Prunus)* oder Beerensträucher *(Prunus, Vaccinium)*.

(2) *Diurnea lipsiella* ♂

(3) *Diurnea lipsiella* ♂

Faulholzmotten (Fam. *Oecophoridae*)

Tastermotte
Harpella forficella

Spw. 20–26 mm

Der **Falter (1–3)** ist tagsüber in der Krautschicht oder auf Blättern und Stämmen von Laubbäumen oder Büschen zu finden. Die braun-gelbe Zeichnung der Vorderflügel ist sehr auffällig. Namengebend sind die auffälligen, aufwärtsgerichteten, abgewinkelten Mundwerkzeuge (Taster) des Falters. Die Art ist im Untersuchungsgebiet nicht selten.

Die **Raupe** ernährt sich von morschem, mit Pilzmyzelien durchsetztem Laubholz oder direkt von holzbewohnenden Pilzen. Die Verpuppung erfolgt in Fraßgängen des Holzes, die mit einem Gespinst ausgekleidet sind.

(2) *Harpella forficella*

(1) *Harpella forficella*

(3) *Harpella forficella*

(1) *Cameraria ohridella*

Miniermotten (Fam. *Gracillariidae*)

Rosskastanien-Miniermotte, Balkan-Miniermotte *Cameraria ohridella*

Spw. 6–8 mm

Der **Falter (1–2)** gehört zu den eingeschleppten Arten und ist aktuell in Deutschland häufig. Ende April bis Mitte Mai besuchen die Falter weiß blühende Rosskastanien *(Aesculus hippocastanum)*, um an den Blättern ihre Eier abzulegen. Rot blühende Sorten werden offensichtlich gemieden. Ein Befall ist daran zu erkennen, dass bald sämtliche Blätter braun werden und vertrocknen. Die Bäume sehen dann sehr hässlich aus. Der Baum selbst wird jedoch nicht nachhaltig geschädigt, allenfalls geschwächt.

Die **Raupe** entwickelt sich im Innern der Kastanienblätter und bildet in den letzten Stadien oft Kokons aus, in denen sie sich verpuppt. Um die Art etwas einzudämmen, wird das Einsammeln und Vernichten abgefallener Blätter empfohlen.

(2) *Cameraria ohridella*

(1) *Anacampsis blattariella*

(2) *Anacampsis blattariella*

Palpenmotten (Fam. *Gelechiidae*)

Palpenmotte
Anacampsis blattariella

Spw. 15–20 mm

Der **Falter (1–4)** ist typisch schwarz-weiß gezeichnet. Das Muster der Vorderflügel wiederholt sich zwar, ist aber ziemlich veränderlich. Besonders die dunklen Bereiche können oft größere Flächen einnehmen. Durch seine Farben ist der Falter besonders gut an Birkenrinden angepasst, an denen er oft zu finden ist. Sehr ähnlich kann die verwandte Palpenmotte *A. populella* aussehen. Sie wird eher an Pappeln und Weiden aufgefunden. Für eine gesicherte Bestimmung sollten Genitaluntersuchungen Klarheit schaffen.

Die **Raupe** bevorzugt die Birke *(Betula pendula)* als Nahrungspflanze. Sie verpuppt sich in eingerollten Birkenblättern.

(3) *Anacampsis blattariella*

(4) *Anacampsis blattariella*

(1) *Helcystogramma rufescens*

Palpenmotte
Helcystogramma rufescens

Spw. 14–18 mm

Der **Falter (1)** besitzt mehr oder weniger einfarbige, ockerbräunliche Vorderflügel. Manchmal ist eine dunklere, feine Längsstreifung vorhanden. Die für alle Palpenmotten typischen, vor dem Kopf sitzenden, nach oben gebogenen »Hörnchen« (Palpen) sind deutlich zu erkennen. Die Art bevorzugt Grasbiotope.

Die **Raupe** ist sehr auffällig schwarz-weiß gezeichnet. Als Nahrungspflanzen wählt sie verschiedene Süßgräser *(Poa)*, in deren Blätter sie sich einrollt.

Schleiermotten, Halbmotten 1 (Fam. *Plutellidae*)

Kohlmotte, Kohlschabe
Plutella xylostella

Spw. 12–18 mm

Der kleine, nachtaktive **Falter (1–3)** ist tagsüber in Ruhestellung an krautigen Pflanzen oder Gräsern aufzufinden. Dabei sind seine Flügel eng zusammengelegt und die Fühler gerade nach vorne gestreckt. Mit einbrechender Dunkelheit saugt der Falter Nektar an blühenden Kruziferen *(Brassicaceae)*. Das Muster der Vorderflügel ist recht variabel und auch ihre Grundfarbe kann heller oder dunkler sein. Oft existiert eine hellere, grob wellig begrenzte Rückenlinie. Dieses Merkmal kann aber auch fehlen **(3)**.

Da sich die in älteren Stadien sehr gefräßige **Raupe** von Kreuzblütlern ernährt, zu denen auch Kohl *(Brassica)* gehört, ist die Art ein berüchtigter Kulturschädling.

(1) *Plutella xylostella*

(2) *Plutella xylostella*

(3) *Plutella xylostella*

(1) *Ypsolopha mucronella*

Schleiermotten, Halbmotten 2 (Fam. *Ypsolophidae*)

Pfaffenhütchenmotte
Ypsolopha mucronella

Spw. 28–35 mm

Der **Falter (1)** hat in Ruhestellung eine sehr schlanke Form. Ähnlich wie bei der Kohlmotte (S. 382) sind die Fühler gerade nach vorne gestreckt. Der hell beigefarbene Schmetterling besitzt dunklere Rückenlinien und im hinteren oder mittleren Teil der Vorderflügel sitzt noch ein dunkler Punkt. Die pinselartig verlängerten Mundwerkzeuge erinnern an gewisse Graszünsler. Die Art ist tagsüber an Waldrändern, in Parks und Gärten auf Büschen und Kräutern oder zwischen Gräsern anzutreffen.

Die namengebende Wirtspflanze ist das Pfaffenhütchen *(Euonymus europaeus)* oder andere *Euonymus*-Arten, von deren Blättern die **Raupen** fressen. Sie spinnen sich an der Blattunterseite ein und verpuppen sich.

Flachleibmotten (Fam. *Depressariidae*)

Weißer Plattleibfalter
Agonopterix alstromeriana

Spw. 16–18 mm

Der kleine **Falter (1–2)** fällt durch seine hellen Farben auf. Sehr typisch sind die beiden mehrfarbigen Flecken auf den Vorderflügeln. Die Art scheint in Brandenburg eher selten zu sein. Sie hält sich im offenen Gelände, an Feld- und Wegrändern auf, wo Gefleckter Schierling vorkommt. Vermutlich saugt der Falter auch Nektar an den Blüten dieser giftigen Umbellifere.

Die **Raupe** ernährt sich ebenfalls vom Gefleckten Schierling *(Conium maculatum)*. Durch die Aufnahme der Giftstoffe der Nahrungspflanze sind die Raupen gegen Fressfeinde geschützt. Vor dem Verpuppen spinnt sich die Raupe in Blätter oder andere Pflanzenteile des Schierlings ein.

Fotobelege: Berlin, Privatgarten mit Schierlingsvorkommen, 6. 7. 2018.

(1) *Agonopterix alstromeriana*

(2) *Agonopterix alstromeriana*

Echte Motten (Fam. *Tineidae*)

Korkmotte
Nemapogon cloacella

Spw. 12–18 mm

Der **Falter** (1–2) ist tag- und dämmerungsaktiv. Er kann in Gärten und Wäldern mit morschem Totholz aufgefunden werden. In Ruhestellung sind die Flügel eng zusammengelegt. Das Muster der Vorderflügel ist typisch, aber nicht sehr einprägsam.

Die **Raupe** lebt in morschem, von Baumpilzen zersetztem Laubholz, besonders von Eichen *(Quercus)*. Gelegentlich leben Raupen als Schädlinge an lagerndem Getreide, getrocknetem Obst oder Pilzen. Namengebend ist der manchmal vorkommende Befall von Flaschenkorken in Weinkellern.

(1) *Nemapogon cloacella*

(2) *Nemapogon cloacella*

(1) *Incurvaria pectinea* ♀

(2) *Incurvaria pectinea* ♀

Miniersackmotten (Fam. *Incurvariidae*)

Miniersackmotte
Incurvaria pectinea

Spw. 12–16 mm

Der tagaktive **Falter** (1–2) besitzt braun oder schwarzbraun gefärbte Flügel, die am Innenrand oft je zwei weißliche Flecken aufweisen. In Ruhestellung hält er seine Flügel stets geschlossen. Der Kopf ist oberseits mit einem orangerötlichen, struppigen Haarschopf bedeckt. Das Weibchen (siehe Fotos) hat fadenförmige Fühler. Beim Männchen sind diese kammartig ausgebildet. Ähnlich ist *I. masculella*, deren weiße Flecken etwas größer und exakter dreieckig geformt sind.

Die **Raupe** entwickelt und verpuppt sich in einem kokonartigen »Raupensack«. Dieser wird aus den Blättern des Wirtsbaumes, vorwiegend Birke *(Betula)*, aber auch von anderen Laubbäumen hergestellt.

(1) *Micropterix calthella*

Urmotten (Fam. *Micropterigidae*)

Sumpfdotterblumenmotte
Micropterix calthella

Spw. 8–10 mm

Der **Falter** (1–2) ist tagaktiv und ernährt sich von Pollen verschiedener Bäume, Kräuter und Gräser. Er tritt meist (in Konkurrenz zu pollenfressenden Käfern) in größeren Gruppen auf und ist besonders gut in bodennahen Blüten von Hahnenfuß-Arten *(Ranunculus)* oder der Sumpfdotterblume *(Caltha palustris)* zu beobachten. Seine glänzend bronzefarbenen Flügel und der roströtlich beschopfte Kopf sind kennzeichnend. Arttypisch ist die purpurfarbene Basis der Vorderflügel, die man aber nur bei günstigem Lichteinfall sieht. Eier werden von den Weibchen in der Erde abgelegt.

Die **Raupe** lebt am Erdboden und ernährt sich von abgestorbenem Pflanzenmaterial.

(2) *Micropterix calthella*

Raupen

Zahnspinner (Fam. *Notodontidae*)

Espen-Gabelschwanz, Kleiner Gabelschwanz RL, §
Furcula bifida

Die hellgrüne **Raupe (1-2)** ist oberseits am Körper und hinter dem Kopf dunkelbraun abgesetzt. In Ruhestellung oder Schreckhaltung wird der vordere Bereich hochgestreckt, was an die Körperhaltung der Sphinx erinnert. Am Hinterende befinden sich die für alle Gabelschwänze typischen Anhänge. Die Raupe entwickelt sich an Espen (auch Zitterpappel, *Populus tremula*) oder Weiden-Arten *(Salix)*, von deren Blättern sie sich ernährt. Für die Verpuppung wird ein Kokon **(3)** gebildet, der mit einem dünneren Zweig oder Stamm verklebt ist. Sehr ähnlich ist der Buchen-Gabelschwanz (*F. furcula*).

(2) *Furcula bifida* Raupe

(1) *Furcula bifida* Raupe

(3) *Furcula bifida* Kokon

(1) *Achlya flavicornis*

(2) *Achlya flavicornis*

Eulenspinner, Sichelflügler (Fam. *Drepanidae*)

Gelbhorn-Eulenspinner
Achlya flavicornis

Die **Raupe (1-2)** ernährt sich von Blättern der Birke *(Betula)*. Sie ist farblich sehr veränderlich. Neben der hier abgebildeten hellen Form gibt es auch solche, die oberseits olivbraun oder fast anthrazitfarben abgesetzt sind. Der Kopf ist stets braun gefärbt. Tagsüber versteckt sich die Raupe in gefalteten Blättern. Die Verpuppung erfolgt am Erdboden in einem aus Pflanzenmaterial versponnenen Kokon.

Birken-Sichelflügler
Falcaria lacertinaria

Die **Raupe (1–2)** frisst Blätter verschiedener Laubbäume wie Birken (*Betula*) oder Schwarzerlen *(Alnus glutinosa)*. Die Abbildungen zeigen die Raupe an Birkenblättern. Bei einer Störung nimmt die Raupe eine typische Abwehrhaltung ein **(2)**. Zur Verpuppung verspinnt sie sich in ein Blatt.

(1) *Falcaria lacertinaria*

(2) *Falcaria lacertinaria*

Rosen-Eulenspinner, Roseneule
Thyatira batis

Die **Raupe** (1-3) kann gelblich, braun oder fast schwarz gefärbt sein. Hinter dem Kopf befinden sich typische, hornartige Auswüchse. In Ruhestellung biegt sie sich gerne u-förmig ein und täuscht damit Vogelkot vor. Für eine perfekte Imitation des Kotes sind besonders Jungraupen oberseits stellenweise weißlich aufgehellt. Die Nahrung besteht aus Blättern von Beerensträuchern, vorwiegend Brombeeren und Himbeeren *(Rubus)*. Bei der Verpuppung spinnt sich die Raupe in Blätter der Wirtspflanzen ein.

(1) *Thyatira batis*

(2) *Thyatira batis*

(3) *Thyatira batis*

(1) *Saturnia pavonia*

(2) *Saturnia pavonia*

Pfauenspinner (Fam. *Saturniidae*)

Kleines Nachtpfauenauge
Saturnia pavonia

Die **Raupe** (1-2) erreicht eine Länge von ca. 60 mm. Jungraupen sind mehr schwärzlich gefärbt. Ihre Nahrung besteht aus Blättern verschiedener Bäume und Sträucher wie Schlehe *(Prunus spinosa)*, Apfel *(Malus)*, Weide *(Salix)*, aber auch Brombeere und Himbeere *(Rubus)* sowie Heidelbeere *(Vaccinium)*, Heidekraut *(Calluna)* und Wiesensalbei *(Salvia pratensis)*. Erwachsene Raupen verpuppen sich in einem festen Kokon, den der fertige Falter durch eine Reuse verlassen kann. Die Reuse verhindert das Eindringen von Parasiten.

Fotobelege: Brandenburg, bei Wünsdorf, Mischwald mit Heidecharakter, auf einem Sandweg, 18. 6. 2016.

Schwärmer (Fam. *Sphingidae*)

Linden-Schwärmer
Mimas tiliae

Die vorwiegend grüne, quer gestreifte **Raupe** **(1-3)** wird bis zu 65 mm lang. Sie ernährt sich von Blättern vieler verschiedener Laubbäume, darunter auch die namengebende Linde *(Tilia)*. Kurz vor der Verpuppung entfärbt sich die Raupe **(2)** und wird hellgrau oder bräunlich. Danach verkriecht sie sich in der oberen Bodenschicht und verwandelt sich an durch Laub oder Grasbüschel geschützten Stellen. Die Raupe ist sehr agil. Bei einer Störung wehrt sie sich durch ruckartige Bewegungen. Bild **(3)** zeigt noch einmal das für alle Schwärmer typische, dornartige Anhängsel am hinteren Ende der Raupe (Analhorn).

(1) *Mimas tiliae*

(2) *Mimas tiliae*

(3) *Mimas tiliae*

(1) *Thaumetopoea processionea*

Prozessionsspinner (Fam. *Thaumetopoeidae*)

Eichen-Prozessionsspinner
Thaumetopoea processionea

Die **Raupe** (1-4) entwickelt sich in einem großen, nestartigen Gespinst **(5)** an der Rinde von Laubbäumen, vornehmlich Eichen. Ein größeres Nest kann Hunderte Raupen beherbergen. Auf Nahrungssuche wandern sie, ähnlich einer Prozession **(4)**, in Reihen von bis zu dreißig Individuen über Baumrinden oder Wege. Die Verpuppung **(6)** erfolgt oft bereits in den Nestern oder im Erdboden. Ältere Raupen entwickeln lange Brennhaare, die ein Nesselgift (Thaumetopoein) enthalten. Der Kontakt mit menschlicher Haut ist sehr unangenehm brennend-juckend und kann zu einer Raupendermatitis führen. Abgesehen davon ist die Art ein gefürchteter Schädling an der Eiche.

(2) *Thaumetopoea processionea*

(3) *Thaumetopoea processionea*

(4) *Thaumetopoea processionea*

(5) *Thaumetopoea processionea* Nest

(6) *Thaumetopoea processionea* Puppe

Bärenspinner (Fam. *Erebidae*, Subfam. *Arctiinae*)

(1) *Lithosia quadra*

Vierpunkt-Flechtenbär
Lithosia quadra

Die grauschwarze, lang behaarte **Raupe (1-3)** wird ca. 25 mm lang. Sie ernährt sich von Flechten, Algen und Moosen, die an Bäumen und Sträuchern wachsen. Man findet sie aber ebenfalls an Blättern und Stängeln krautiger Pflanzen, an denen sie vermutlich auch frisst.

(2) *Lithosia quadra*

Wegerichbär
Parasemia plantaginis *(Arctia plantaginis)*

Die **Raupe (1)** ist mit Büscheln borstenartiger Haare bekleidet, was für diese Bärenfaltergruppe typisch ist. Das abgebildete Tier wurde in der eingerollten Schreckstellung aufgenommen, die oft minutenlang beibehalten wird. Oft ist die Raupe nicht einfarbig, sondern am vorderen wie hinteren Ende schwarz abgesetzt. Sie ähnelt dann etwas der des Braunen Bären (*Arctia caja*, S. 200). Die Nahrung der Raupe sind hauptsächlich Wegerich-Arten *(Plantago)*, seltener andere Kräuter wie Löwenzahn *(Taraxacum)* und Ampfer *(Rumex)*.

(1) *Parasemia plantaginis*

Lithosia quadra

Trägspinner (Fam. *Erebidae*, Subfam. *Lymantriinae*)

Buchen-Streckfuß

Elkneria pudibunda *(Calliteara pudibunda)*

Die auffällig lang behaarte **Raupe (1-3)** besitzt am hinteren Ende ein rotes Haarbüschel, weshalb sie auch »Rotschwanz« genannt wird. Neben der hellgelben Form gibt es noch eine weinrote Variante. Die Nahrung besteht aus Blättern verschiedener Laubbäume und Sträucher. Genannt werden u. a. Weide *(Salix)*, Hainbuche *(Carpinus)*, Rotbuche *(Fagus)*, Eiche *(Quercus)* und Birke *(Betula)*. Das Foto **(3)** zeigt eine Jungraupe kurz vor dem Endstadium.

(1) *Elkneria pudibunda*

(2) *Elkneria pudibunda*

(3) *Elkneria pudibunda*

(1) *Euproctis chrysorrhoea*

(2) *Euproctis chrysorrhoea*

(3) *Euproctis chrysorrhoea*

Goldafter
Euproctis chrysorrhoea

Die lang behaarte **Raupe (1-3)** wird 30-40 mm lang. Sie ähnelt der Raupe einiger verwandter Arten, lässt sich aber mit einiger Erfahrung anhand der typischen Zeichnung, Färbung und Behaarung gut unterscheiden. Als Nahrung kommen die Blätter einiger Laubbäume wie Eichen *(Quercus)* sowie diverser Obstbäume *(Prunus)* infrage.

(1) *Abrostola triplasia*

Eulenfalter (Fam. *Noctuidae*)

Dunkelgraue Nessel-Höckereule

Abrostola triplasia

Die grüne **Raupe** (1-2) fällt durch ihre eckig wirkende Form auf. Je nach Alter und Umgebung kann die Farbe noch zwischen Anthrazit, Hellgrün und Rotbraun variieren. Sie ernährt sich hauptsächlich von Blättern der Großen Brennnessel *(Urtica dioica)*, an der wir sie auch gefunden haben.

(2) *Abrostola triplasia*

Ahorn-Rindeneule, Rosskastanien-Eule RL
Acronicta aceris

Die auffällige, sehr unterschiedlich gefärbte **Raupe (1-3)** erreicht eine Länge von bis zu 40 mm. Sie wird tagsüber gelegentlich an Baumrinden gefunden. Die Nahrung sind Blätter verschiedener Laubbäume. Dazu zählen besonders Bergahorn *(Acer pseudoplatanus)* und Rosskastanie *(Aesculus)*, aber auch andere Baumarten wie z. B. Eiche *(Quercus)*.

(1) *Acronicta aceris*

(2) *Acronicta aceris*

(3) *Acronicta aceris*

Erlen-Rindeneule
Acronicta alni

Die **Raupe (1)** ist durch ihre Farbgebung, besonders aber durch die langen, fadenförmigen Anhängsel sehr auffällig. Ihre Jugendform ist am hinteren Ende weiß gefärbt und täuscht damit Vogelkot vor. Sie wird dadurch von Fressfeinden verschmäht. Die Nahrung sind Blätter vieler Laubbaumarten. Die Verpuppung erfolgt oft in bodennahem, morschem Holz.

Goldhaar-Rindeneule, Buschheiden-Rindeneule
Acronicta auricoma

Die **Raupe (1)** besitzt eine schwarze Grundfarbe. Auf ihrem Rücken befinden sich orangefarbene Warzen, die lange Haarborsten tragen. Der Name »Goldhaar«-Rindeneule bezieht sich wohl auf die rötlichen Haarborsten im Rückenbereich der Raupe, da eine ähnliche Behaarung am trist gefärbten Falter nicht zu erkennen ist.

(1) *Acronicta alni*

(1) *Acronicta auricoma*

(1) *Acronicta megacephala*

Großkopf-Rindeneule, Auen-Eule

Acronicta megacephala

Die **Raupe (1-2)** ist mit langen, blassen Haaren bedeckt. Die Gesamtlänge beträgt im erwachsenen Zustand etwa 40 mm. Namengebend ist der Kopf, der manchmal deutlich breiter als der Raupenkörper sein kann (*megacephala* = großköpfig). Sehr typisch ist auch das helle Rückenfeld an der Oberseite des drittletzten Segmentes. Nahrungspflanze ist besonders die Zitterpappel *(Populus tremula)*, von deren Blättern sich die Raupe ernährt.

(2) *Acronicta megacephala*

Braune Labkrauteule RL

Chersotis multangula

Die braune bis graubraune **Raupe (1)** ist schlank und weitgehend unbehaart. Ihr Körper ist fünffach hell längs gestreift, wobei die untere Seitenlinie deutlich breiter als die darüber liegende ist. Die seitlichen Streifen werden zusätzlich von einer schwarzen Strichelung flankiert. Die Raupe kann an senkrechten Krautstängeln leicht übersehen werden. Verschiedene Labkraut-Arten *(Galium)* gehören zu den bevorzugten Futterpflanzen (Name!).

Fotobeleg: Brandenburg, Trockenrasen bei Kienbaum, 28. 4. 2020.

(1) *Chersotis multangula*

Chi-Eule

Antitype chi

Die **Raupe (1-2)** ist von anderen grünen Raupen dadurch zu unterscheiden, dass sie auf jeder Seite einen breiteren, weißen Längsstreifen besitzt. Ferner sind noch dünne Rückenstreifen in Längsrichtung vorhanden. Als Futterpflanzen sind folgende Arten zu nennen: Binsen *(Juncus)*, Ampfer-Arten *(Rumex)*, Geißblatt *(Lonicera)*, Weidenröschen *(Epilobium)*, Flockenblumen *(Centaurea)*, Leimkraut *(Silene)* und Gänsedistel *(Sonchus)*.

(1) *Antitype chi*

(2) *Antitype chi*

Bräunlichgelbe Grasbüscheleule

Apamea scolopacina

Die **Raupe (1-2)** ist grün gefärbt und durch dunkle, seitliche Längsstreifen sowie einen rotbraunen Kopf gekennzeichnet. Man findet sie an grasigen Waldwegen oder Waldrändern, die mit den Futterpflanzen bewachsen sind. Dazu gehören vor allem Süßgräser wie Schmiele-Arten *(Deschampsia)*, Zittergras *(Briza)* und Simse-Arten *(Scirpus, Luzula)*.

(1) *Apamea scolopacina*

(2) *Apamea scolopacina*

Ackerrand-Grasbüscheleule
Apamea sordens

Die **Raupe** (1-2) ist nahezu unbehaart und hat eine fettig glänzende Oberfläche. Man findet sie in verschiedenen Grasbiotopen an Feld- und Ackerrändern, wo auch der Falter zu Hause ist. Die Hauptnahrung der Raupe besteht aus verschiedenen Gräsern. Dazu gehören auch Getreidearten und Mais. Die Verpuppung erfolgt im Erdboden.

(1) *Apamea sordens*

Herbst-Rauhaareule, Sphinx-Eule
Asteroscopus sphinx

Die grüne **Raupe** (1) hat im erwachsenen Stadium ein typisch abgeknicktes Ende. In Ruhestellung richtet sie ihren vorderen Teil auf und biegt den Kopf zurück, was an die Stellung der Sphinx erinnert (Name!). Die Raupe frisst Blätter verschiedener Baumarten, u. a. Weide *(Salix)*, Linde *(Tilia)*, Eiche *(Quercus)*, Rotbuche *(Fagus)*, Pappel *(Populus)*, Schlehe *(Prunus spinosa)* und Hasel *(Corylus)*.

(2) *Apamea sordens*

(1) *Asteroscopus sphinx*

Hellbraune Staubeule
Hoplodrina ambigua

Die **Raupe (1-3)** ist mehr oder weniger braun gefärbt. Kennzeichnend ist das hellere Rückenband, welches in der Mitte eine Reihe kleiner, dunkler v-förmiger bzw. gegabelter Flecken besitzt. Rundliche bis ovale Punkte befinden sich noch an den Seiten der Raupe. Der Kopf ist dunkler als der übrige Körper und heller marmoriert. Die Nahrung besteht aus Blättern verschiedener Kräuter, darunter sind Löwenzahn *(Taraxacum)*, Wegerich *(Plantago)* und Ampfer *(Rumex)*. Wir fanden ein Exemplar in direkter Nähe einer Zwergmispel *(Cotoneaster)*, an der sie auch fraß.

(1) *Hoplodrina ambigua*

(2) *Hoplodrina ambigua*

(3) *Hoplodrina ambigua*

(1) *Conistra erythrocephala*

(2) *Conistra erythrocephala*

Rotkopf-Wintereule

Conistra erythrocephala

Die **Raupe** (1-2) ist relativ einfarbig braun und besitzt einen schwarzen Kopf. Der Name »Rotkopf«-Wintereule bezieht sich eher auf den Falter, dessen Kopfbereich mehr oder weniger rötlich gefärbt ist. Die Raupe frisst Knospen und Blätter von Eichen *(Quercus)*, Ulmen *(Ulmus)*, Hainbuchen *(Carpinus)* und diversen häufig vorkommenden Kräutern.

(1) *Cucullia scrophulariae*

(2) *Cucullia scrophulariae*

(3) *Cucullia scrophulariae*

Braunwurzmönch
Cucullia scrophulariae

Die **Raupe (1-3)** wird bis zu 50 mm lang. Sie besitzt im ausgewachsenen Stadium eine weiße Grundfarbe. Auffällig sind die locker verteilten schwarzen Punkte. Jüngere Stadien sind gelblicher gefärbt **(3)**. Nahrungspflanzen der Raupe sind verschiedene Braunwurz-Arten *(Scrophularia)* und Königskerzen *(Verbascum)*. Wir fanden sie an der Knotigen Braunwurz *(Scrophularia nodosa)* in einem Feuchtgebiet.

Satellit-Wintereule
Eupsilia transversa

Die erwachsene **Raupe (1-2)** ist schwarzbraun bis schwarz und besitzt einen braunen Kopf. Jüngere Stadien sind bräunlich und etwas transparent. Sie sind nachtaktiv und verstecken sich tagsüber in Gespinsten unter Blättern vieler verschiedener Laubbäume und Sträucher, die sie auch fressen.

(1) *Eupsilia transversa*

(2) *Eupsilia transversa*

Lichtnelken-Eule
Hadena bicruris

Die ca. 20 mm lange **Raupe (1-3)** ist fleischbräunlich und hat auf dem Rücken ein mehr oder weniger deutliches V-Muster. Sie entwickelt sich in den Samenkapseln von Lichtnelken-Arten und Taubenkopf (*Silene dioica, S. latifolia* und *S. vulgaris*), die von ihr leer gefressen werden.

(1) *Hadena bicruris*

(2) *Hadena bicruris*

(3) *Hadena bicruris*

Gemüse-Eule

Lacanobia oleracea

Die hellgrüne **Raupe (1-2)** ist durch einen schmalen, gelben Seitenstreifen gekennzeichnet. Manchmal kann die Grundfarbe des Raupenkörpers auch bräunlich, grau oder rosa sein. Die Raupen sind in der Wahl ihrer Nahrungspflanzen sehr variabel, was in der Fachsprache als »polyphag« bezeichnet wird. Wir fanden sie am Gewöhnlichen Blutweiderich *(Lythrum salicaria)*.

) *Lacanobia oleracea*

) *Lacanobia oleracea*

Kohl-Eule

Mamestra brassicae

Die **Raupe (1-2)** ist oberseits meist dunkelgrün und im Bauchbereich hell abgesetzt. Ihre Grundfarben können aber sehr variieren. Sie frisst an vielen unterschiedlichen Kräutern, darunter auch Gemüsekohl *(Brassica oleracea)* und Gartensalat *(Lactuca sativa)*, an denen sie bei stärkerem Befall Kulturschäden anrichten kann. Wir fanden sie an der Gemeinen Nachtkerze *(Oenothera biennis)*.

(1) *Mamestra brassicae*

(2) *Mamestra brassicae*

(1) *Melanchra persicariae*

(3) *Melanchra persicariae*

Flohkraut-Eule
Melanchra persicariae

Die erwachsene **Raupe (1-3)** kann bis zu 40 mm lang werden. Ihre Grundfarben sind meist hellgrün, können aber auch bräunlich sein. Eine dünne, hellere Rückenlinie und dunklere Winkelflecken, die im vorderen und hinteren Bereich breiter werden, sind kennzeichnend. Am elften Segment befindet sich ein Höcker. Ihre Wirtswahl ist äußerst variabel und reicht von Farnen über Bäume und Sträucher bis zu diversen Kräutern.

(2) *Melanchra persicariae*

Hellbraune Bandeule

Noctua interjecta

Die **Raupe (1–2)** ist hell beigefarben und besitzt eine feine Längsstreifung, wobei die untere Seitenlinie breiter ausfällt. Typisch sind die feinen, schwarzen, locker verteilten Punkte auf dem Rücken. Der etwas dunklere Kopf ist durch drei helle, feine Längsstreifen gekennzeichnet. Die Nahrung besteht aus Blättern oder Pflanzenteilen verschiedener Kräuter, Laubgehölze oder Sträucher. Genannt werden u. a. Brennnessel *(Urtica dioica)*, Wasserdost *(Eupatorium)*, Fingerkraut *(Potentilla)*, Schlüsselblume *(Primula)*, Ampfer *(Rumex)*, Weißdorn (*Crataegus*) und Schlehe *(Prunus spinosa)*.

(1) *Noctua interjecta*

(2) *Noctua interjecta*

Rundflügel-Kätzcheneule
Orthosia cerasi

Die grüne **Raupe** (1-2) wird bis zu 40 mm lang. Hinter dem Kopf und am hinteren Ende vor dem Nachschieber befindet sich ein weißer, dünner Querstreifen, der bei anderen grünen Raupen fehlt. Als Nahrung werden Blätter von verschiedenen Laubbäumen angenommen. Darunter sind Stieleiche *(Quercus robur)*, Salweide *(Salix caprea)*, Rotbuche *(Fagus sylvatica)*, Schwarzer Holunder *(Sambucus nigra)* und Zitterpappel *(Populus tremula)*. Die Raupe verpuppt sich in der Erde.

(1) *Orthosia cerasi*

(2) *Orthosia cerasi*

(1) *Orthosia cruda*

(2) *Orthosia cruda*

Kleine Kätzcheneule
Orthosia cruda

Die **Raupe (1–3)** ist farblich sehr veränderlich. Neben den hier gezeigten Formen existieren auch grüne Varianten, denen aber der feine weiße Querstrich hinter dem Kopf und am Raupenende fehlt. Die Art ist häufig und in Deutschland weit verbreitet. Ihre Nahrung besteht, wie bei anderen Arten der Gattung, aus Blättern diverser Laubbäume.

(3) *Orthosia cruda*

Zweifleck-Kätzcheneule

Anorthoa munda *(Orthosia munda)*

Die **Raupe (1–2)** zeichnet sich durch dunkle Farbtöne aus. Der Rücken ist bis auf ein schwarzes Querband am letzten Segment aufgehellt und der Kopf meist heller bräunlich abgesetzt. Auf den Segmenten vier und fünf befindet sich an den Seiten je ein weißer Punkt. Nahrungspflanzen sind verschiedene Laubbäume und Sträucher, z. B. Birken *(Betula)*, Eichen *(Quercus)*, Weiden *(Salix)*, Hasel *(Corylus)* und Himbeeren *(Rubus)*.

(1) *Anorthoa munda*

(2) *Anorthoa munda*

Kiefern-Eule, Forl-Eule

Panolis flammea

Die **Raupe (1–2)** ist auffällig grün-weiß gestreift. Sie erreicht eine Länge von 40 mm. Als Nahrung bevorzugt sie Nadeln der Waldkiefer *(Pinus sylvestris)*, seltener auch solche von anderen Nadelbäumen wie Fichten *(Picea abies)*, Tannen *(Abies alba)* und Weymouth-Kiefern *(Pinus strobus)*. Bei einem gelegentlich vorkommenden Massenbefall in Kiefernkulturen kann die Raupe erhebliche Forstschäden anrichten.

(1) *Panolis flammea*

(2) *Panolis flammea*

(1) *Xestia c-nigrum*

(2) *Xestia c-nigrum*

Schwarzes C

Xestia c-nigrum

Die meistens bräunliche **Raupe (1-2)** wird etwa 40 mm lang. Farbe und Zeichnung sind variabel. Es können selbst grüne Farben vorkommen. Oft befindet sich auf dem Rücken eine Doppelreihe schwarzer Schrägstriche, die nur im letzten Segment mit einer dünnen Querlinie verbunden sind. Auf Bild (2) ist die Raupe in einer Schreckstellung zu sehen, die oft minutenlang eingenommen wird. Die Raupe ist polyphag, sie frisst Blätter diverser Kräuter, Stauden und Sträucher.

Glucken (Fam. *Lasiocampidae*)

Grasglucke, Trinkerin *Euthrix potatoria*

Die **Raupe (1-3)** wird bis zu 75 mm lang. Der Rücken besitzt meist eine stahlgraue Grundfarbe, die aber auch sehr blass ausfallen kann (3). Die langen Haare können bei Berührung Hautreizungen hervorrufen. Man findet die Raupen in feuchten Grasbiotopen, an Moor- und Grabenrändern und Waldwiesen. Am Tage sonnen sie sich an Pflanzenstängeln, Röhricht oder niedrigen Büschen. Die Nahrung besteht vorwiegend aus größeren Süßgräsern wie z. B. Schilfrohr *(Phragmites australis)* und Pfeifengras *(Molinia caerulea)*. Die Raupe überwintert und verpuppt sich erst im kommenden Frühjahr.

(1) *Euthrix potatoria*

(2) *Euthrix potatoria*

(3) *Euthrix potatoria*

(2) *Malacosoma neustria*

(3) *Malacosoma neustria*

(1) *Malacosoma neustria*

Ringelspinner

Malacosoma neustria

Die schlanke **Raupe (1-3)** kann 60 mm lang werden. Blaugraue Grundfarbe und mehrfarbige Rücklinien machen die Art leicht kenntlich. Die inzwischen eher selten gewordene Raupe bewohnt Wälder, Heckensäume, Streuobstwiesen und Parks. Ihre Nahrung besteht aus Blättern verschiedener Laubbäume. In der Literatur werden Schlehdorn *(Prunus spinosa)*, Weide *(Salix)*, Stieleiche *(Quercus robur)*, Weißdorn *(Crataegus)* und diverse Obstbäume genannt.

Holzbohrer (Fam. *Cossidae*)

Weidenbohrer
Cossus cossus

Die **Raupe (1-3)** ist fast kahl und kann bis zu 100 mm lang werden. Der Kopf ist mit kräftigen Zangen besetzt, mit denen sie empfindlich zubeißen kann. Ihre Nahrung besteht aus Rinde und mehr oder weniger morschem Kernholz von Laubbäumen. Bevorzugt werden Weiden *(Salix)*, doch werden auch Birken *(Betula)*, Erlen *(Alnus)* und verschiedene Obstbäume *(Malus, Pyrus)* angenommen. Den Jungraupen entströmt ein eigenartiger, säuerlich-aromatischer Geruch. Dieser findet sich in einigen Großpilzen, z. B. dem Elfenbein-Schneckling *(Hygrophorus cossus)*, wieder. Dadurch werden anscheinend (auch bei dem Pilz) Fressfeinde abgeschreckt. Die erwachsene Raupe ist jedoch geruchlos.

(1) *Cossus cossus*

(2) *Cossus cossus*

(3) *Cossus cossus*

(1) *Agriopis marginaria*

Spanner (Fam. *Geometridae*)

(2) *Agriopis marginaria*

Graugelber Breitflügelspanner

Agriopis marginaria

Die schlanke **Raupe** (1-2) wird bis zu 30 mm lang. Ihre Grundfarbe ist oft graubräunlich, wie im Foto gezeigt. Sie kann aber auch rot- bis lilabraun oder gelb-grünlich sein. Der Habitus der Raupe ist für viele Spanner typisch. Im Mittelbereich fehlen die Beine, weshalb bei der Fortbewegung typische u-förmige Figuren entstehen (Bild (2)). Wenn sich eine Spannerraupe bewegt, ist sie als solche leicht zu erkennen. Die Bestimmung vieler Arten ist bei Spannern schwierig, da sie sich oft sehr ähneln. Die Nahrung besteht aus Blättern verschiedener Laubbäume, z. B. Traubenkirsche *(Prunus padus)*.

(1) *Agriopis leucophaearia*

Weißgrauer Breitflügelspanner

Agriopis leucophaearia

Die 25-30 mm lange **Raupe** (1) besitzt eine kräftige gelb-schwarze Zeichnung, die in Farbe und Form variabel sein kann. Sie ernährt sich von Blättern diverser Laubbäume, darunter besonders Eichen-Arten *(Quercus)*, aber auch Zitterpappeln *(Populus tremula)* und Rotbuchen *(Fagus)*.

Birken-Spanner
Biston betularia

Die **Raupe (1-3)** ist 30-40 mm lang. Sie kann grün, anthrazitfarben oder rotbraun gefärbt sein. In einer geraden Haltung kann sie einen kleinen Ast oder Zweig perfekt nachahmen.

Für die Gattung ist die »gehörnte« Kopfform (2) typisch, die an einen Pferdehuf erinnert. Die Raupe ernährt sich polyphag und ist nicht ausschließlich an die Birke gebunden. Sie frisst Blätter vieler verschiedener Laubbäume und ist in Auen-, Bruch- und Laubmischwäldern zu Hause.

(2) *Biston betularia*

(3) *Biston betularia*

(1) *Biston betularia*

(1) *Erannis defoliaria*

(2) *Erannis defoliaria*

Großer Frostspanner
Erannis defoliaria

Die etwa 40 mm lange **Raupe (1-3)** kann sehr unterschiedliche Farben aufweisen. Darunter sind gelbliche, rötliche oder sogar schwarze Varianten. Gefressen werden Blätter verschiedener Laubbäume, darunter Eichen *(Quercus)*, Rotbuchen *(Fagus)*, Linden *(Tilia)*, Birken *(Betula)* und einige andere. Die Art ist häufig und kann erhebliche Fraßschäden verursachen. Wenn die Raupe gestört wird, lässt sie sich an einem Spinnfaden herunter, an dem sie später wieder emporklettert. Die Verpuppung erfolgt in einem lockeren Gespinst am Boden.

(3) *Erannis defoliaria*

Zünsler (Fam. *Pyralidae*)

Zünsler
Acrobasis tumidana

Die **Raupe (1)** wird ca. 15 mm lang. Ihr Körper ist bis auf wenige, schütter verstreute Borsten kahl. Das Farbmuster besteht ab dem zweiten Segment hinter dem Kopf aus olivgelben und bräunlichen Längsstreifen. Ihre Grundfarbe kann auch nach Dunkelgrün oder Rotbraun variieren. Als Nahrung bevorzugt die Raupe Blätter verschiedener Eichen-Arten *(Quercus)*. Die Art scheint in Berlin und Brandenburg nicht selten zu sein.

(1) *Acrobasis tumidana*

(1) *Grapholita funebrana*

Wickler (Fam. *Tortricidae*)

Pflaumen-Wickler
Grapholita funebrana

Die 10–15 mm lange **Raupe (1)** ist unbehaart, meistens rötlich gefärbt und besitzt einen schwarzbraunen Kopf. Beine sind vorhanden, aber nur schwach entwickelt. Die Raupe lebt in den Früchten von Obstbäumen, z. B. Pflaume (Foto), Aprikose, Kirsche und Birne. Die Verpuppung findet in einem Gespinst in Bodennähe statt. Die häufige Art ist ein Kulturschädling im Obstbau.

Gewellter Wickler
Orthotaenia undulana

Die **Raupe (1)** wird ca. 20 mm lang. Sie ist fast kahl und schwarzbraun gefärbt. Kopf, Hals- und Analschild sind meist schwarz abgesetzt. Ihre Nahrung bezieht sie von Blättern verschiedener Bäume und Sträucher, in die sie sich zur Verpuppung einspinnt. Genannt werden z. B. Birke *(Betula)*, Ahorn *(Acer)*, Sanddorn *(Hippophae)*, Eberesche *(Sorbus)* und Heidelbeere *(Vaccinium)*.

(1) *Orthotaenia undulana*

Sackträger (Fam. *Psychidae*)

Großer Sackträger

Canephora hirsuta

(Canephora unicolor)

Die **Raupe (1-2)** lebt in einer röhrenförmigen Seidenhülle, die außen mit Pflanzenresten bekleidet ist **(3-4)**. Dort findet im unteren Teil später die Verpuppung statt. Die Raupe verlässt die Hülle zur Fortbewegung nur so weit wie unbedingt nötig. Bei einer Störung zieht sie sich sofort vollkommen zurück. Man findet das bis zu 35 mm lange, sackartige Gebilde gelegentlich an Holzteilen, Kräuterstängeln oder Halmen größerer Gräser. Die Nahrung der Raupe besteht aus am Boden liegenden Blättern oder anderen Pflanzenteilen verschiedener Laubbäume und Kräuter. Bei den Abbildungen handelt es sich um männliche Tiere, die sich zu einem einfarbig grauen Falter entwickeln. Auf Bild **(4)** ist der Falter bereits geschlüpft. Weibchen (nicht abgebildet) sind flügellos, verbleiben in ihrem Raupensack und nehmen keine Nahrung auf.

(1) *Canephora hirsuta*

(3) *Canephora hirsuta* Raupensack

(2) *Canephora hirsuta*

(4) *Canephora hirsuta* Raupensack

(1) *Scythropia crataegella*

(2) *Scythropia crataegella*

(3) *Scythropia crataegella* Gespinst

Gespinstmotten, Knospenmotten (Fam. *Yponomeutidae*)

Weißdorn-Gespinstmotte
Scythropia crataegella

Die **Raupe** (1-2) ist ca. 15 mm lang und schütter borstig behaart. Sie lebt in größeren Gruppen in einem weitläufigen Gespinst (3). Dieses kann alle Teile der Wirtspflanze umschließen, sehr ähnlich wie bei den Gespinstmotten der Gattung *Yponomeuta* (S. 364), deren Raupen heller gefärbt sind. Neben dem namengebenden Weißdorn *(Crataegus)* werden auch Schlehe *(Prunus spinosa)*, Zwergmispel *(Cotoneaster)* und seltener auch Obstbäume befallen. Wir konnten beobachten, dass stark befallene Büsche von Zwergmispeln und Weißdornen nach einigen Wochen wieder voll belaubt waren.

Fliegen (Zweiflügler)

ÜBERSICHT DER FAMILIEN IM KAPITEL

Schwebfliegen (Fam. *Syrphidae*)

Gestreifte Nasenschwebfliege
Anasimyia lineata

L. 8-9 mm

Die **Fliege (1-4)** ist auf Feuchtwiesen und an Teichrändern in der niedrigen Vegetation zu finden. Bei allen Nasenschwebfliegen ist der untere Kopfteil schnabel- oder nasenförmig verlängert (2). Der Vorderleib ist längs gestreift und der Hinterleib besitzt auf den einzelnen Segmenten weiße bis gelbliche, gebogene Quermakel. Das Muster kann innerhalb einer Art bei Weibchen (1-2) und Männchen (3) variieren. Bei einer Paarung (4) ist eine unterschiedliche Streifung des Thorax zu erkennen. Bei der Gestreiften Nasenschwebfliege sind die Hinterschenkel deutlich keulenförmig verdickt und alle Beine hell-dunkel geringelt.

(1) *Anasimyia lineata* ♀

(2) *Anasimyia lineata* ♀

(3) *Anasimyia lineata* ♂

(4) *Anasimyia lineata* Paarung

(1) *Anasimyia contracta* ♀

Nasenschwebfliege RL

Anasimyia contracta

L. 8-9 mm

Die **Fliege (1)** ist ein Pollen fressender Blütenbesucher. Sie hält sich gerne in der Nähe von Gewässern auf. Kennzeichnend ist die Form der hellen Seitenflecken auf dem Hinterleib, deren Farbe weiß oder gelblich sein kann. Das abgebildete Tier ist ein Weibchen, was an der kegelförmigen Verlängerung des Hinterleibes zu erkennen ist. Bei etlichen Fliegengruppen können die beiden Geschlechter am unterschiedlichen Augenabstand erkannt werden: Weibchen weit stehend, Männchen eng stehend. Das ist bei den Nasenschwebfliegen nicht möglich.

Nasenschwebfliege RL
Anasimyia interpuncta

L. 8-11 mm

Die weibliche **Fliege (1-2)** besitzt auf jedem Hinterleibssegment gleichmäßig dicke, sichelförmig gebogene, weiße Querstreifen, die in der Mitte nicht verbunden sind. Beim Männchen sind die Streifen breiter und gelblich gefärbt. Die Art bewohnt feuchte Biotope wie Teich- und Flussränder oder Moore, wo sie zur Pollen- oder Nektaraufnahme Blüten besucht.

(1) *Anasimyia interpuncta* ♀

(2) *Anasimyia interpuncta* ♀

Nasenschwebfliege
Anasimyia lunulata

L. 6-8 mm

Die **Fliege (1-2)** bewohnt feuchtere Biotope, wie die meisten Arten der Gattung, und besucht Blüten, um deren Pollen zu fressen. Das Exemplar auf dem Foto (2) ist gänzlich mit Pollen bedeckt. Bei dieser Art sind die Seitenflecken der beiden ersten Hinterleibssegmente stärker abgeknickt. Das Geschlecht ist an den Fotos schwer auszumachen. Vermutlich handelt es sich um Weibchen.

(1) *Anasimyia lunulata*

Nasenschwebfliege RL
Lejops vittatus

L. 8-12 mm

Die **Fliege (1)** liebt anscheinend Feuchtbiotope. Wir fanden sie an ähnlichen Stellen wie andere Nasenschwebfliegen. Die seltene Art fällt durch ihre in Längsrichtung liegenden Hinterleibsstreifen auf. Der Artname *vittatus* bedeutet »gestreift in Längsrichtung«. Deshalb wäre der deutsche Name »Längsgestreifte Nasenschwebfliege« für diese Art passend.

Fotobeleg: Brandenburg, Mellensee, an Schilfblatt, 21. 5. 2014.

(2) *Anasimyia lunulata*

(1) *Lejops vittatus* ♀

Gemeine Schattenschwebfliege
Baccha elongata

L. 8-11 mm

Die **Fliege (1-3)** ist sehr schlank, weshalb sie in der Natur kaum auffällt. Wegen der dünnen Gestalt wird sie auch als Nadel-Schwebfliege bezeichnet. Der Hinterleib ist am Ende keulenförmig verdickt. Männchen **(3)** sind daran zu erkennen, dass ihre Augen sehr eng zusammenstehen. Die Weibchen **(1-2)** sind flugträge und halten sich gerne in der niedrigen Vegetation auf, während Männchen eifrige Flieger sind. Die Larven ernähren sich von Pflanzenläusen.

(1) *Baccha elongata* ♀

(2) *Baccha elongata* ♀

(3) *Baccha elongata* ♂

Frühe Bienenschwebfliege

Brachypalpus valgus

L. 13–15 mm

Die **Fliege (1–2)** könnte schon wegen ihrer pelzigen Behaarung und Größe für eine Biene gehalten werden. Ihre Flügel sind aber dunkel gefleckt und die Hinterschenkel sind deutlich verdickt. Bei den Männchen **(2)** stehen die Augen deutlich enger zusammen als bei den Weibchen **(1)**. Die Art ist auf Waldlichtungen und an krautbestandenen Feldrändern zu finden. Sie ernährt sich von Nektar und Pollen. Sie kann mit ähnlich aussehenden Schwebfliegen verwechselt werden, die ebenfalls Bienen imitieren.

(1) *Brachypalpus valgus* ♀

(2) *Brachypalpus valgus* ♂

(1) *Chalcosyrphus nemorum* ♀

Kurze Langbauchschwebfliege
Chalcosyrphus nemorum

L. 7–10 mm

Die **Fliege (1–2)** ist sehr dunkel gefärbt, besitzt einen metallischen Glanz und hat am Hinterleib auf jeder Seite zwei gelbliche Flecken. Die etwas gebogenen Hinterschenkel sind leicht verdickt. Die Augen der Männchen (2) sind eng zusammenstehend, während sie bei den Weibchen (1) einen deutlichen Zwischenraum haben. Der Hinterleib ist kürzer als bei den Langbauchschwebfliegen der Gattung *Xylota*, zu denen sie früher gehörte. Die Art ist ein Waldbewohner und die Larven leben im Holzmulm, von dem sie sich ernähren.

(2) *Chalcosyrphus nemorum* ♂

Rotschenkel-Langbauchschwebfliege
Xylota femorata

L. 12–14 mm

Die **Fliege (1–2)** ist schwarz und fällt durch ihre leuchtend roten Vorderbeine und Hinterschenkel auf. Sie gehört zu den selteneren Langbauchfliegen. Man kann sie gelegentlich an morschem Laubholz finden. Das abgebildete Tier ist ein Männchen, was an den eng zusammenstehenden Augen zu erkennen ist. Die Larven leben vermutlich an Totholz.

Fotobelege: Brandenburg, Mallnow, NSG nahe der Oder, 16. 5. 2013.

(1) *Xylota femorata* ♂

(2) *Xylota femorata* ♂

Schwarzfuß-Langbauchschwebfliege, Rote Holzmulmschwebfliege
Xylota lenta
(Brachypalpoides lentus)

L. 12–14 mm

Die **Fliege (1–2)** ist bis auf den blutroten, am Ende schwarz abgesetzten Hinterleib schwarz. Daher erinnert sie bei flüchtiger Betrachtung an eine Blutbiene, die aber dünne (nicht keulenförmig erweiterte) Hinterschenkel und vier Flügel besitzt. Die abgebildeten Tiere sind Weibchen. Die Art ist ein Waldbewohner, da sich die Larven im Holzmulm entwickeln.

(1) *Xylota lenta* ♀

(2) *Xylota lenta* ♀

(1) *Xylota segnis* ♀

(2) *Xylota segnis* ♀

Gemeine Langbauchschwebfliege

Xylota segnis

L. 11-13 mm

Die **Fliege (1-4)** gehört zu den häufigeren Arten der Gattung. Sie ist an Waldwegen und Lichtungen anzutreffen, erscheint aber als Kulturfolger auch in Gärten und Parks. Der Vorderkörper ist glänzend bronzefarben, während der Hinterleib teils orange gefärbt ist. Weibchen **(1-2)** haben etwas getrennt stehende Augen, während sie bei den Männchen **(3-4)** zusammenstoßen. Auch ist der Hinterleib der Männchen dünner, was aber für fast alle Fliegen-Arten gilt.

(3) *Xylota segnis* ♂

(4) *Xylota segnis* ♂

Goldhaar-Langbauchschwebfliege

Xylota sylvarum

L. 12–15 mm

Die **Fliege (1–3)** ist auf ihrem schwarz gefärbten Körper stellenweise, besonders aber am Hinterleib mit auffallend goldgelben Haaren bedeckt. Auch die Beine sind, bis auf die Schenkel und das Fußglied, goldgelb abgesetzt. Man findet die Fliege an Rändern und Lichtungen von Laub- und Nadelwäldern. Gelegentlich sitzt sie auf Blättern oder Blüten von Sträuchern oder Kräutern bei der Aufnahme von Pollen. Ihre Larven leben in morschem, von Pilzen zersetztem Totholz. Die Abbildungen **(1–2)** zeigen Weibchen, Bild **(3)** ein Männchen.

(1) *Xylota sylvarum* ♀

(2) *Xylota sylvarum* ♀

(3) *Xylota sylvarum* ♂

Langbauchschwebfliege
Xylota abiens

L. 9–11 mm

Die **Fliege (1–3)** gehört zu den selteneren, weniger bekannten Arten ihrer Gattung. Beim Weibchen (siehe Abbildungen) ist der Hinterleib zum größeren Teil orangerötlich gefärbt. Die verdickten Hinterschenkel besitzen am unteren Ende einen spitz vorstehenden, dreieckigen, dornartigen Fortsatz **(3)**. Die Beine sind nach unten stets etwas aufgehellt. Männchen sind insgesamt dunkler gefärbt und am Hinterschenkel fehlt der Dorn. Die Fliege kann gelegentlich beim Blütenbesuch beobachtet werden, hier an einer Brombeerblüte. Die Larve entwickelt sich in morschem Laubholz.

(1) *Xylota abiens* ♀

(2) *Xylota abiens* ♀

(3) *Xylota abiens* ♀

(1) *Cheilosia albitarsis* ♂

Weißfuß-Erzschwebfliege
Cheilosia albitarsis

L. 8–10 mm

Die **Fliege (1)** gehört zu den größeren Arten der Gattung. Sie besucht vorwiegend gelb blühende Kräuter wie Hahnenfuß *(Ranunculus)*, Sumpfdotterblume *(Caltha palustris)* zur Aufnahme von Pollen oder Nektar. Der schwarze Körper hat einen matten Erzglanz. Namengebend sind die gelblich aufgehellten Fußglieder (Tarsen). Der Name *albitarsis* bedeutet jedoch »weiße Tarsen«, was nicht zutrifft. Das abgebildete Männchen besitzt kurz behaarte, zusammenstoßende Augen. Die der Weibchen sind unbehaart und haben mehr Abstand zueinander.

(1) *Cheilosia chloris* ♀

Wiesen-Erzschwebfliege
Cheilosia chloris

L. 8–11 mm

Die **Fliege (1–2)** gehört zu den mittelgroßen Arten der Gattung, deren dunkler Körper teilweise mit goldgelben Haaren bedeckt ist. Das flache, erweiterte dritte Fühlerglied ist rötlich gefärbt. Der untere Teil des Gesichts ist etwas plump gestaltet und erinnert an die Schnauze gewisser Hunderassen. Ein Merkmal, welches auch bei anderen Erzschwebfliegen auftritt. Die Bilder zeigen Weibchen. Die Art ist nicht selten auf den Blüten vom Wiesen-Löwenzahn *(Taraxacum officinale)* oder anderen gelb blühenden Kräutern zu finden.

(2) *Cheilosia chloris* ♀

Kleine Erzschwebfliege

Cheilosia pagana

L. 5–8 mm

Die **Fliege (1–3)** ist einfarbig schwarz, oft mit schwachem Erzglanz und spärlicher, gelblicher Behaarung. Die Augen sind jedoch unbehaart, was sie von der größeren Wiesen-Erzschwebfliege (S. 440) unterscheidet. Bei beiden Arten ist das blattförmig erweiterte Fühlerglied etwas rötlich gefärbt. Die relativ häufige Art ist ein Besucher blühender Kräuter an Feld- und Waldwegen. Die Fotos **(1–2)** zeigen ein Weibchen und auf Bild **(3)** ist ein Männchen zu sehen.

(1) *Cheilosia pagana* ♀

(2) *Cheilosia pagana* ♀

(3) *Cheilosia pagana* ♂

Gemeine Erzschwebfliege
Cheilosia variabilis

L. 8–12 mm

Die häufige **Fliege (1–3)** besitzt einen schwarz glänzenden, dunkel behaarten Körper, schwarze Beine, ein dunkles Gesicht und etwas abgedunkelte Flügel. Die Augen sind behaart. Die Art ist an Waldwegen oder Wald- und Feldrändern beim Besuch vorwiegend weiß oder gelb blühender Kräuter zu finden. Die Larven ernähren sich polyphag von verschiedenen Kräutern. Auf den Fotos sind nur Männchen zu sehen.

(1) *Cheilosia variabilis* ♂

(2) *Cheilosia variabilis* ♂

(3) *Cheilosia variabilis* ♂

Gemeine Smaragdschwebfliege
Chrysogaster solstitialis

L. 6-8 mm

Die **Fliege (1-2)** ist bis auf die großen, roten Augen völlig schwarz. Auch die Flügel sind deutlich verdunkelt. Die Art hält sich gerne in der Nähe von Gewässern, auf Wiesen, an Feldrändern und in lichten Wäldern auf. Sie wird häufig beim Blütenbesuch auf Doldenblütlern beobachtet. Die Larve lebt im feuchten Schlamm am Rande von Teichen und Wassergräben. Weibchen **(1)** und Männchen **(2)**.

(1) *Chrysogaster solstitialis* ♀

(2) *Chrysogaster solstitialis* ♂

(1) *Chrysotoxum bicinctum* ♀

(2) *Chrysotoxum bicinctum* ♀

Zweiband-Wespenschwebfliege

Chrysotoxum bicinctum

L. 10–12 mm

Die **Fliege (1–3)** hat einen schwarzen Körper. Auf dem Hinterleib befinden sich zwei gelbe, in der Mitte geteilte Querbinden, von denen die vorne liegende breiter ist. Die durchsichtigen Flügel tragen am gebräunten Außenrand einen dunklen Fleck. Weibchen **(1–2)**, Männchen **(3)**. Die Fliegen imitieren durch ihre schwarz-gelben Farben wehrhafte Wespen und schützen sich damit gegen Fressfeinde. Die harmlosen Tiere ernähren sich von Nektar und besuchen vor allem Doldenblütler wie Pastinak *(Pastinaca)*, Bibernelle *(Pimpinella)*, Bärenklau *(Heracleum)* und andere. Ihre Larven entwickeln sich im Boden. Wenn sie groß genug sind, fressen sie Blattläuse.

(3) *Chrysotoxum bicinctum* ♂

Gemeine Wespenschwebfliege

Chrysotoxum cautum

L. 10–15 mm

Die **Fliege (1-4)** ist am Hinterleib auffallend schwarz-gelb quer gestreift und sieht einer Wespe auffallend ähnlich. Die hellen Flügel sind weitgehend ungefleckt. Männchen **(1-2)** besitzen am unteren Ende des Hinterleibs einen einklappbaren Penis, was auf Bild **(1)** deutlich zu sehen ist. Bei den Weibchen **(3-4)** ist der Hinterleib zugespitzt und etwas verlängert. Bei ihnen ist der Augenabstand größer, wie bei Fliegen allgemein üblich. Die ähnliche Verralls Wespenschwebfliege *(C. verralli)* besitzt eine etwas abweichende Zeichnung des Hinterleibes. Die Tiere besuchen zur Nektaraufnahme Blüten verschiedener Kräuter und Büsche. Die zunächst im Boden lebenden Larven ernähren sich von Blatt- und Schildläusen.

(1) *Chrysotoxum cautum* ♂

(2) *Chrysotoxum cautum* ♂

(3) *Chrysotoxum cautum* ♀

(4) *Chrysotoxum cautum* ♀

Späte Wespenschwebfliege

Chrysotoxum festivum

(Chrysotoxum arcuatum)

L. 9–14 mm

Der schwarze Hinterleib der **Fliege (1–3)** ist mit drei relativ dünnen, mittig unterbrochenen, gelben Querbändern versehen. Die hellen, rötlich geaderten Flügel sind durch einen leicht abgedunkelten Fleck gekennzeichnet. Weibchen **(1–2)**, Männchen **(3)**. Die Art besucht blühende Kräuter auf Wiesen und an Wald- und Feldrändern zur Aufnahme von Nektar und Pollen. Sie erfüllt damit eine wichtige Funktion bei der Bestäubung. Die Larven fressen vermutlich Wurzelläuse.

(1) *Chrysotoxum festivum* ♀

(2) *Chrysotoxum festivum* ♀

(3) *Chrysotoxum festivum* ♂

(1) *Temnostoma apiforme* ♂

(2) *Temnostoma apiforme* ♂

Bienen-Moderholzschwebfliege
Temnostoma apiforme

L. 13–16 mm

Die relativ große **Fliege (1–3)** ähnelt, ihrem Namen entsprechend, sehr einer Biene (oder Wespe). Die Art ist als Blütenbesucher an Teich- und Waldrändern anzutreffen. Bevorzugt werden weiß blühende Kräuter und Sträucher. Die häufigere Wespen-Moderholzschwebfliege (S. 448) ist ähnlich. Sie unterscheidet sich durch eine breitere Querbänderung, wodurch der Hinterleib mehr Gelbanteil besitzt. Die Abbildungen zeigen ein Männchen, was an den dicht zusammenstehenden Augen erkennbar ist. Der Name »Bienen«-Moderholzschwebfliege leitet sich von dem Artnamen *apiforme* = bienenförmig ab.

(3) *Temnostoma apiforme* ♂

Wespen-Moderholzschwebfliege

Temnostoma vespiforme

L. 12-18 mm

Die auffällig wespenartig gezeichnete **Fliege (1-5)** hält sich gerne an blühenden Büschen oder Kräutern auf, um Pollen und Nektar aufzunehmen. Sie ist die größte, auffälligste und zugleich bekannteste Art ihrer Gattung. Im Vergleich zur ähnlichen Bienen-Moderholzschwebfliege (S. 447) besitzt der Hinterleib mehr Gelbanteile, da die gelbe Querbänderung breiter ist. Die Aufnahmen **(1-3)** zeigen ein Männchen, das Bild **(4)** ein Weibchen. Bei der Paarung **(5)** ist ein Weibchen im Vordergrund zu sehen. Die Larven entwickeln sich in moderigem, von Pilzen zersetztem Laubholz.

(1) *Temnostoma vespiforme* ♂

(3) *Temnostoma vespiforme* ♂

(5) *Temnostoma vespiforme* Paarung

Temnostoma vespiforme ♂

Temnostoma vespiforme ♀

Hummel-Moderholzschwebfliege
Temnostoma bombylans

L. 12–15 mm

Die **Fliege (1–3)** ist durch dünne, gelbe Querbänder auf dem schwarzen Hinterleib gekennzeichnet. Beim Männchen **(1)** sind es drei und beim Weibchen **(2)** kommt noch eine vierte Querbinde hinzu. Bei einer Paarung **(3)** ist ein direkter Vergleich der beiden Geschlechter möglich. Zwei wenig auffallende, hellgraue Längsstreifen auf dem Vorderkörper erinnern an die Arten der Gattung *Chrysotoxum*. Die transparenten Flügel sind auf der äußeren Hälfte deutlich abgedunkelt. Die Fliege hält sich in der Nähe von blühenden Bäumen oder Sträuchern auf und die Larve entwickelt sich in morschem Holz.

(1) *Temnostoma bombylans* ♂

(2) *Temnostoma bombylans* ♀

(3) *Temnostoma bombylans* Paarung

(1) *Criorhina berberina* ♂

(2) *Criorhina berberina* ♂

Hummelschwebfliege

Criorhina berberina

L. 9-13 mm

Die **Fliege (1-2)** ist ähnlich einer Hummel gänzlich dicht behaart. Die Farben der Behaarung können zwischen Ockergelb und Schwarzbraun variieren. Die Spitze des Hinterleibes kann weißlich abgesetzt sein. Die Abbildungen zeigen männliche Tiere mit heller Behaarung. Sie werden auch als Gelbhaarige Hummelschwebfliege *(C. berberina* fm. *oxyacanthae)* bezeichnet. Die Fliege hält sich gerne an Waldrändern oder gehölzreichen Feldwegen auf, wo sie Blüten besucht. Die Larve entwickelt sich im Holzmulm. Sehr ähnlich kann die Narzissen-Schwebfliege (S. 452) aussehen.

(1) *Merodon equestris* ♀

(3) *Merodon equestris* ♂

Narzissen-Schwebfliege
Merodon equestris

L. 8-14 mm

Die behaarte, hummelähnliche **Fliege (1-4)** ist farblich sehr veränderlich. Es kommen braune, schwarze und mehrfarbige Exemplare vor. Weibchen **(1-2)**, Männchen **(3)**. Die Art ist schon an ihrer etwas gekrümmten Sitzhaltung zu erkennen. Typisch ist die Flügelzeichnung **(4)**, bei der die dritte Ader deutlich ausgebuchtet ist. Ein Merkmal, welches viele Schwebfliegen aufweisen, vor allem Arten der Gattung *Eristalis*. Bei der ähnlichen Hummel-Schwebfliege (S. 451) und bei Waldschwebfliegen der Gattung *Volucella* (S. 454-458) fehlt diese Ausbuchtung. Die Narzissen-Schwebfliege ist relativ häufig, da sie auch in Gärten vorkommt. Ihre Larven entwickeln sich u. a. in den Zwiebeln von Narzissen.

(4) *Merodon equestris* Flügeladerung

Merodon equestris ♀

(2) *Volucella bombylans* var. *bombylans* ♀

Hummel-Waldschwebfliege
Volucella bombylans

L. 11–15 mm

Die einer Hummel sehr ähnliche **Fliege (1–5)** besitzt eine farblich sehr unterschiedliche Behaarung. Hier werden zwei Varianten abgebildet: var. *bombylans* **(1–2)** ist vorwiegend schwarz mit gelbbraun abgesetztem Hinterkörper und var. *plumata* **(3–5)** ist heller und mehrfarbig. Bei beiden Varianten sind die transparenten Flügel durch einen mittigen, dunklen Fleck gekennzeichnet. Typisch sind auch das helle, schnabelartig vorgezogene Gesicht und die gefiederten Fühlerborsten. Männchen **(3–4)** und Weibchen **(1, 2, 5)** sind durch unterschiedliche Augenabstände leicht zu unterscheiden. Die erwachsenen Tiere besuchen Blüten, die Larven entwickeln sich in Nestern von Hummeln und Wespen, wo sie sich räuberisch von toter und lebender Brut ernähren.

(3) *Volucella bombylans* var. *plumata* ♂

(4) *Volucella bombylans* var. *plumata* ♂

Volucella bombylans var. *bombylans* ♀

Volucella bombylans var. *plumata* ♀

Gebänderte Waldschwebfliege
Volucella inanis

L. 14–16 mm

Die **Fliege (1-3)** imitiert eine Wespe oder Hornisse. Sie besitzt auf dem Hinterleib drei dünne, schwarze Querbinden, wobei über der vordersten oft ein schwarzer Mittelsteg zu sehen ist. Weibchen **(1-2)**, Männchen **(3)**. Die Fliege ist auf Blüten verschiedener Kräuter zu finden. Die Larve entwickelt sich als Parasit in Nestern von Hornissen und Wespen. Sehr ähnlich ist die Hornissen-Waldschwebfliege (S. 457), die auf dem Hinterleib nur zwei schwarze Querbinden besitzt.

(1) *Volucella inanis* ♀

(2) *Volucella inanis* ♀

(3) *Volucella inanis* ♂

Hornissen-Waldschwebfliege
Volucella zonaria

L. 15–22 mm

Die **Fliege (1–3)** könnte bei flüchtiger Betrachtung für eine Hornisse gehalten werden. Bei den Weibchen **(1–2)** berühren sich die Augen am Scheitel nicht, was beim Männchen **(3)** der Fall ist. Auf dem gelben Hinterleib befinden sich zwei schwarze Querbinden. Damit unterscheidet sich die Art von der sehr ähnlich aussehenden Gebänderten Waldschwebfliege (S. 456), die drei dünnere Querbinden besitzt. Auch der Vorderkörper der Hornissen-Waldschwebfliege ist meist dunkler gefärbt. Die Fliege ist ein eifriger Blütenbesucher. Die Larve lebt in Nestern von Wespen, Hornissen und Hummeln, von deren Abfällen sie sich ernährt. Sie übernimmt damit eine wichtige »Hygienefunktion«.

(2) *Volucella zonaria* ♀

(3) *Volucella zonaria* ♂

(1) *Volucella zonaria* ♀

(2) *Volucella pellucens* ♀

(3) *Volucella pellucens* ♂

Gemeine Waldschwebfliege, Gemeine Hummelschwebfliege
Volucella pellucens

L. 12–18 mm

Die **Fliege (1–4)** ist eine der häufigsten Waldschwebfliegen. Ihr auffälligstes Merkmal ist das transparente zweite Hinterleibssegment, welches sich vom übrigen Hinterkörper deutlich abhebt. Das dottergelbe Gesicht ist nach unten nasenartig verlängert und die Fühlerborsten sind fein gefiedert. Weibchen **(1–2)** haben einen weiteren Augenabstand als Männchen **(3–4)**. Der Körper ist nur mit kurzen, wenig auffallenden Haaren besetzt. Die Art ist ein Blütenbesucher an Feld- und Waldrändern und auch in Gärten häufig anzutreffen. Die Larven entwickeln sich in Nestern von Hummeln und Wespen und ernähren sich von den dort anfallenden Abfällen. Sie überwintern im Erdboden.

(4) *Volucella pellucens* ♂

Volucella pellucens ♀

Breitband-Waldschwebfliege
Dasysyrphus tricinctus

L. 10–12 mm

Die **Fliege (1–2)** ist nicht sehr häufig. Ihr graziler, schwarzer Körper besitzt auf dem dritten Hinterleibssegment eine etwas breitere, mittig unterbrochene, gelbe Binde. Die gelbe Zeichnung der angrenzenden Segmente ist dünner und reduziert. Die transparenten Flügel sind am Außenrand schwarz abgesetzt. Die Art besucht Blüten verschiedener Kräuter und Büsche, vorwiegend an Waldrändern und auf Lichtungen, auf den Fotos an Heidekraut *(Calluna)*. Bei den Larven wurde beobachtet, dass sie Larven anderer Insekten fressen.

(1) *Dasysyrphus tricinctus* ♀

(2) *Dasysyrphus tricinctus* ♀

Niedliche Waldschwebfliege

Dasysyrphus venustus

L. 8–11 mm

Die **Fliege (1–3)** ähnelt der Breitband-Waldschwebfliege (S. 460), besitzt aber insgesamt vier etwa gerade verlaufende, gelbe Querbinden, von denen die oberen drei dicker und mittig unterbrochen sind. Weibchen **(1–2)**, Männchen **(3)**. Die Art ernährt sich von Nektar und Pollen blühender Kräuter und Bäume, während die Larven Blattläuse vertilgen. Die ähnliche Gestreifte Waldschwebfliege (S. 462) besitzt breitere, schräg verlaufende Querbinden und einen zweifach längs gestreiften Vorderkörper.

(1) *Dasysyrphus venustus* ♀

(2) *Dasysyrphus venustus* ♀

(3) *Dasysyrphus venustus* ♂

Gestreifte Waldschwebfliege
Dasysyrphus albostriatus

L. 8–11 mm

Die **Fliege (1–2)** unterscheidet sich von einigen ähnlich aussehenden Schwebfliegen durch die namengebenden hellen Längsstreifen auf dem Vorderkörper. Die gelben Querstreifen des Hinterleibes stehen etwas schräg, wobei der vorderste in der Mitte stets unterbrochen ist. Die Dicke der Querstreifen kann variieren. Die abgebildeten Tiere sind Weibchen, deren Augen durch eine breite Stirn getrennt sind. Bei den Männchen stoßen sie fast zusammen. Erwachsene Tiere ernähren sich von Nektar und Pollen. Larven sind eifrige Blattlausvertilger.

(1) *Dasysyrphus albostriatus* ♀

(2) *Dasysyrphus albostriatus* ♀

(1) *Didea alneti* ♀

(2) *Didea alneti* ♀

Grüne Breitbauchschwebfliege RL
Didea alneti

L. 12–14 mm

Die seltene **Fliege (1–2)**, hier ein Weibchen, ist durch einen abgeflachten, verbreiterten Hinterleib gekennzeichnet, der mit einer blaugrünlichen Querbänderung versehen ist. Die Farbe der Bänderung ist für Schwebfliegen sehr ungewöhnlich, weshalb die Art sofort auffällt. Die erwachsene Fliege ist ein Blütenbesucher, hier an Graukresse *(Berteroa incana)*. Die Larven ernähren sich von Blattläusen.

Fotobelege: Brandenburg, Feldweg bei Streganz, 27. 7. 2011.

Gelbe Breitbauchschwebfliege
Didea fasciata

L. 9-13 mm

Die **Fliege (1-4)** ist nicht häufig, aber nicht so selten wie die Grüne Breitbauchschwebfliege (S. 463). Durch die gelbe Querbänderung des Hinterleibes ähnelt sie vielen anderen Schwebfliegen. Bei der Gattung *Didea* ist aber eine Flügelader, ähnlich wie bei den Keilfleckschwebfliegen, tief ausgebuchtet (siehe Bild **1** und **4**). Auch hier ist bei den Weibchen **(1-2)** der Augenabstand größer als bei den Männchen **(3-4)**. Die Fliege hält sich gerne an Waldrändern und Lichtungen auf, um Pollen und Nektar von blühenden Pflanzen aufzunehmen. Sie gilt als Wanderart aus Südeuropa. Die Larven fressen Blattläuse.

(1) *Didea fasciata* ♀

(2) *Didea fasciata* ♀

(4) *Didea fasciata* ♂

) *Didea fasciata* ♂

(1) *Xanthogramma pedissequum* ♀

(2) *Xanthogramma pedissequum* ♀

(3) *Xanthogramma pedissequum* ♀

(4) *Xanthogramma pedissequum* ♀

Späte Gelbrandschwebfliege

Xanthogramma pedissequum

L. 12-16 mm (Weibchen),
8-11 mm (Männchen)

Die **Fliege (1-4)** ist auffällig schwarz-gelb gefärbt. Sehr typisch sind die beiden nicht unterbrochenen, gelben Längsleisten am Vorderkörper und die vollkommen gelb gefärbten vorderen und mittleren Beinpaare.

Die Abbildungen zeigen Weibchen. Männchen sind kleiner und besitzen sehr dicht stehende Augen. Die Fliege ist, wie viele Schwebfliegen, an Waldrändern und Lichtungen zu finden, wo sie Blüten zur Aufnahme von Nektar oder Pollen aufsucht. Die Larven entwickeln sich in Ameisennestern. Wespenschwebfliegen *(Chrysotoxum)* unterscheiden sich durch längere Fühler und unterbrochene, gelbe Längsleisten am Vorderkörper. Die Frühe Gelbrandschwebfliege *(Xanthogramma citrofasciatum)* ist sehr ähnlich.

Zweiband-Wiesenschwebfliege
Epistrophe eligans

L. 9-11 mm

Die **Fliege (1-3)** besitzt einen bronzefarbenen, goldgelb behaarten Vorderkörper. Am schwarzen Hinterleib befinden sich nur zwei gelbe Querbänder, von denen das vordere (am zweiten Hinterleibssegment befindliche) deutlich breiter und in der Mitte geteilt ist. Alle Abbildungen zeigen Weibchen. Die Art ist durch die charakteristische Bänderung leicht zu erkennen. Sie ist in offenem Gelände, auf Wiesen, Waldrändern und Lichtungen anzutreffen. Die Eier werden an Blättern von Büschen und kleineren Bäumen abgelegt. Die Larven fressen Blattläuse, wie bei vielen Schwebfliegen.

(1) *Epistrophe eligans* ♀

(2) *Epistrophe eligans* ♀

(3) *Epistrophe eligans* ♀

(1) *Episyrphus balteatus* ♂

(2) *Episyrphus balteatus* ♀

Gemeine Winterschwebfliege, Hainschwebfliege

Episyrphus balteatus

L. 8-12 mm

Die **Fliege (1-3)** ist eine der häufigsten Schwebfliegen, die auf fast allen blühenden Kräutern, Stauden und Büschen zu finden ist. Der überwiegend goldgelbe Hinterleib ist durch typisch geformte, verschieden dicke schwarze Querstreifen gekennzeichnet. Auf der Abbildung **(3)** können beide Geschlechter direkt miteinander verglichen werden. Im Herbst führt die Art bei entsprechend kühler Witterung Wanderungen über deutsche Mittelgebirge nach Süden durch, im Frühjahr in entgegengesetzter Richtung. Die Larven ernähren sich von Blattläusen, gelegentlich auch von Blattwespenlarven.

(3) *Episyrphus balteatus* ♂ + ♀

(1) *Eristalinus sepulchralis* ♀

(2) *Eristalinus sepulchralis* ♂

Schwarze Augenfleckschwebfliege,
Matte Faulschlammschwebfliege
Eristalinus sepulchralis

L. 8–10 mm

Die nicht sehr häufige **Fliege (1–2)** zeichnet sich durch trüb gelbliche, dunkel gepunktete Augen aus. Nur die Weibchen (1) haben einen auffallend längs gestreiften Vorderkörper. Männchen (2) sind an Vorder- und Hinterkörper einfarbig dunkel. Einen verhaltenen Erzglanz zeigt eher das Weibchen. Die Art ist ein eifriger Blütenbesucher. Ihre Larven entwickeln sich in schlammigen, stehenden Gewässern. Wegen ihres langen Atemrohrs werden sie »Rattenschwanzlarven« genannt. Sehr ähnlich ist die etwas größere Glänzende Augenfleckschwebfliege *(E. aeneus)* mit stärker glänzendem Körper.

Gemeine Feldschwebfliege
Eupeodes corollae

L. 8-11 mm

Die **Fliege (1-5)** besitzt auf drei Abschnitten (Tergiten) des Hinterleibes mittig unterbrochene, gelbe Querstreifen. Auf dem zweiten und dritten Tergit können diese in der Mitte zusammenstoßen. Bei Männchen **(1-2)** stehen die Augen dicht zusammen, während sie bei Weibchen **(3-4)** deutlich getrennt sind (siehe auch Paarung **(5)**). Der Zwischenraum ist am Scheitel zwischen den Augen schwarz ausgefüllt und das einheitlich gelbe Gesicht hat keinen dunklen Mittelstrich. Das unterscheidet sie von der ähnlichen Großen Schwebfliege (S. 474). Die Fliege ist ein eifriger Blütenbesucher. Sie gehört zu den Wanderarten. Die Larven ernähren sich von Blattläusen.

(2) *Eupeodes corollae* ♂

(4) *Eupeodes corollae* ♀

(5) *Eupeodes corollae* Paarung

Eupeodes corollae ♂

3) *Eupeodes corollae* ♀

Mondfleck-Feldschwebfliege
Eupeodes luniger

L. 9-12 mm

Die **Fliege (1-4)** ähnelt sehr der Gemeinen Feldschwebfliege (S. 470). Im Unterschied zu dieser enden die gelben, etwas gebogenen, in der Mitte stets geteilten Querbänder kurz vor der mittleren Trennlinie des Hinterleibes. Dies ist bereits in der Draufsicht **(2-3)** zu sehen. Männchen **(1)**, Weibchen **(2-4)**. Bei der Großen Schwebfliege (S. 474) sind die beiden hinteren Querbänder in der Mitte nie unterbrochen. Die Art ist etwas seltener als die Gemeine Feldschwebfliege, wird aber wohl oft mit ihr verwechselt. Sie besucht Blüten zur Aufnahme von Pollen und Nektar. Die Larven fressen Blattläuse.

(1) *Eupeodes luniger* ♂

(3) *Eupeodes luniger* ♀

(4) *Eupeodes luniger* ♀

:) *Eupeodes luniger* ♀

Große Schwebfliege
Syrphus ribesii

L. 9-12 mm

Die häufige **Fliege (1-3)** ist eine der bekanntesten Schwebfliegen. Ihre gelb-schwarze Zeichnung erinnert an eine Wespe, weshalb sie von Fressfeinden gemieden wird. Von den drei gelben Querbändern des Hinterleibes ist nur das vorderste in der Mitte unterbrochen. Alle sechs Beine sind gelblich. Falls das hintere Beinpaar, besonders die Schenkel, dunkel gefärbt sind, handelt es sich um die Kleine Schwebfliege (S. 475). Die Facettenaugen sind unbehaart (vgl. Behaarte Schwebfliege, S. 476). Männchen **(1)** haben zusammenstoßende Augen, während die der Weibchen **(2-3)** einen deutlichen Zwischenraum aufweisen. Weibchen besitzen auf ihrem hellen Gesicht eine schwärzliche y-förmige oder dreieckige Zeichnung **(2)**. Dadurch unterscheiden sie sich von weiblichen Tieren der ähnlichen Gemeinen Feldschwebfliege (S. 470). Bild **(3)** zeigt ein Weibchen bei der Eiablage. Die Art besucht Blüten verschiedener Kräuter und Stauden. Larven sind nützliche Blattlausfresser.

(1) *Syrphus ribesii* ♂

(2) *Syrphus ribesii* ♀

(3) *Syrphus ribesii* ♀

Kleine Schwebfliege

Syrphus vitripennis

L. 8–11 mm

Die **Fliege (1–3)** ist meist nur etwas kleiner als die Große Schwebfliege (S. 474) und ähnelt ihr sehr. Ihre Beine sind dunkler gefärbt, besonders der Schenkel des dritten Beinpaares. Beide Arten haben ähnliche ökologische Ansprüche und kommen an den gleichen Standorten vor. Sie sind etwa gleich häufig. Weibchen **(1–2)** mit durch den Scheitel getrennten Augen, Männchen **(3)** mit zusammenstoßenden Augen.

(1) *Syrphus vitripennis* ♀

(2) *Syrphus vitripennis* ♀

(3) *Syrphus vitripennis* ♂

Behaarte Schwebfliege

Syrphus torvus

L. 9–12 mm

Die **Fliege (1–2)** ist eine Schwesterart der Großen Schwebfliege (S. 474). Sie unterscheidet sich im Wesentlichen durch die fein behaarten Augen. Dieses »Lupenmerkmal« ist daran zu erkennen, dass die Augen durch das Licht stellenweise punktförmig aufglänzen. Auf den Abbildungen sind Weibchen zu sehen, deren Augen nur spärlich behaart sind. Die Art ist eher in Waldnähe anzutreffen, wo sie sich auf Blättern sonnt. Sie gehört zu den »Wanderarten«, die im Winter in südliche Regionen ziehen. Larven ernähren sich von Blattläusen.

(1) *Syrphus torvus* ♀

(2) *Syrphus torvus* ♀

(3) *Ferdinandea ruficornis* ♀

Goldschwebfliege
Ferdinandea ruficornis

L. 9–13 mm

Die **Fliege (1–3)** zeichnet sich durch einen auffällig längs gestreiften Vorderkörper und einen goldgelb behaarten Hinterleib aus. Die Flügel sind gelblich geadert und an den Queradern dunkel umrandet. Die Fühlerborste ist gelbrot und nicht schwarz wie bei der häufigeren Gemeinen Goldschwebfliege (S. 478). Wir fanden die Weibchen an der Rinde älterer Eichen. Auf Bild **(3)** ist die ausgefahrene Legeröhre zu sehen. Dieser Waldstandort scheint typisch zu sein, da sich die Larven in moderigem Laubholz entwickeln. Gelegentlich besuchen die Fliegen aber auch Blüten.

Fotobelege: Brandenburg, Dubrow bei Gräbendorf, an Eichenrinde, 30. 6. 2015 und 8. 8. 2019.

(2) *Ferdinandea ruficornis* ♀

(1) *Ferdinandea ruficornis* ♀

(1) *Ferdinandea cuprea* ♀

(2) *Ferdinandea cuprea* ♀

Gemeine Goldschwebfliege
Ferdinandea cuprea

L. 9-13 mm

Die **Fliege (1-2)** ist *Ferdinandea ruficornis* (S. 477) äußerlich sehr ähnlich. Ihre Fühlerborste ist aber durchgehend dunkel (nicht gelborange) und der Hinterleib besonders auf dem zweiten Segment stärker goldgelb behaart. Auch ist die Stirn bei unseren Exemplaren nicht so schwarz. Die ökologischen Ansprüche beider Arten scheinen identisch zu sein, da wir sie an den gleichen Bäumen zur selben Zeit fanden.

Helle Sumpfschwebfliege

Helophilus hybridus

L. 12–14 mm

Die **Fliege (1–3)** ist von den drei häufig vorkommenden Sumpfschwebfliegen-Arten die etwas seltenere. Alle besitzen einen auffällig längs gestreiften Vorderkörper. Die Bestimmung kann über das jeweils typische Muster des Hinterleibes erfolgen (vgl. Gemeine und Große Sumpfschwebfliege). Bei der Hellen Sumpfschwebfliege ist der Gelbanteil beim Männchen **(1–2)** besonders hoch. Weibchen **(3)** haben eine mehr oder weniger schwarze Mittelstrieme im Gesicht. Die Fliegen findet man an blühenden Kräutern und Stauden an Feld- und Waldrändern und auf Wiesen, besonders aber in der Nähe von Gewässern.

(1) *Helophilus hybridus* ♂

(2) *Helophilus hybridus* ♂

(3) *Helophilus hybridus* ♀

Gemeine Sumpfschwebfliege
Helophilus pendulus

L. 12–14 mm

Die häufige **Fliege (1–4)** ist an Wald- und Feldrändern, auf Wiesen und in Gärten zu finden, sofern dort etwas blüht. Wie alle Sumpfschwebfliegen liebt auch sie die Nähe eines Gewässers, wo sie sich gerne auf Schilfblättern sonnt. Die Abbildungen **(1–2)** zeigen Weibchen, wobei das zweite Bild eine Farbvariante mit weniger Gelb auf dem dritten Segment darstellt. Besonders die Weibchen sind leicht mit der Hellen Sumpfschwebfliege (S. 479) zu verwechseln. Ihr weißliches bis gelbes, mittig unterbrochenes Querband auf dem vierten Segment ist etwas mehr gebogen und vor der Unterbrechungsstelle leicht knotig verdickt. Die Männchen **(3)** beider Arten unterscheiden sich deutlicher. Larven entwickeln sich in mulmigem Wasser. Sie werden wegen ihres verlängerten Atemrohres als »Rattenschwanzlarven« bezeichnet.

(1) *Helophilus pendulus* ♀

(2) *Helophilus pendulus* ♀

(3) *Helophilus pendulus* ♂

(4) *Helophilus pendulus* Paarung

(2) *Helophilus trivittatus* ♀

(1) *Helophilus trivittatus* ♀

(3) *Helophilus trivittatus* ♂

Große Sumpfschwebfliege

Helophilus trivittatus

L. 11–16 mm

Die **Fliege (1–3)** ist die größte der hier beschriebenen Sumpfschwebfliegen. Durch das typische Muster ihres Hinterleibes ist sie von den anderen Arten gut zu unterscheiden. Weibchen **(1–2)** besitzen auf den Segmenten drei bis fünf weißliche oder blass gelbliche Quermarkierungen, die Männchen **(3)** nur auf dem vierten Segment. Die unterbrochenen Bänder auf dem vierten Segment sind bei beiden Geschlechtern typisch gebogen. Die Fliegen sind pollen- und nektarsammelnde Blütenbesucher, die auf Wiesen, an Wald- und Feldrändern und auch in Gärten zu finden sind. Larven entwickeln sich in schlammigen Tümpeln, Wassergräben oder Teichen.

(1) *Myathropa florea* ♂

(2) *Myathropa florea* ♀

Totenkopf-Schwebfliege, Gemeine Doldenschwebfliege *Myathropa florea*

L. 10–14 mm

Die häufige **Fliege (1–4)** ist besonders an ihrer typischen Zeichnung des Vorderkörpers erkennbar. Manche erinnert diese an einen Totenkopf. Das Muster tritt bei keiner anderen Schwebfliege auf. Männchen **(1)** haben zusammenstoßende Augen und bei Weibchen **(2–4)** sind sie durch eine schwärzliche Stirn deutlich getrennt. Bild **(4)** zeigt ein Weibchen mit ausgefahrener Legeröhre. Die Eiablage erfolgt in der Nähe stehender, moderiger Gewässer, manchmal auch in Regentonnen. Die Larven ernähren sich von faulenden Pflanzenresten.

(4) *Myathropa florea* ♀

Myathropa florea ♀

Helle Teichrandschwebfliege
Parhelophilus frutetorum

L. 8-10 mm

Die **Fliege (1-3)** ist in feuchten Biotopen zu finden, vorwiegend in der Nähe von Teichen, langsam fließenden Gewässern oder sumpfigen Wiesen. Dort besucht sie blühende Kräuter oder ruht auf Blättern von Schilf oder Rohrkolben. Bei den Weibchen **(1-2)** sind die schwarzen Querstreifen, besonders auf dem zweiten Segment, ausgedehnter als bei den Männchen **(3)**. Die Behaarung des Körpers ist gelblich. Nur auf dem Scheitel des Kopfes befinden sich schwärzliche Haare, was auf Bild **(2)** gut zu erkennen ist. Bei der ähnlichen Dunklen Teichrandschwebfliege *(P. versicolor)* sind die Scheitelhaare nicht dunkler als die übrige Behaarung. Die Larven werden als »Rattenschwanzlarven« ausgebildet. Sie leben in abgestorbenen Rohrkolben.

(1) *Parhelophilus frutetorum* ♀

(2) *Parhelophilus frutetorum* ♀

(3) *Parhelophilus frutetorum* ♂

Matte Schwarzkopfschwebfliege

Melanostoma scalare

L. 7–10 mm

Die **Fliege (1–2)** sitzt gerne auf verschiedenen Blüten, um Nektar und Pollen aufzunehmen. Dabei sind die Flügel fast immer geschlossen und verdecken die gelblichen, relativ breiten Flecken auf dem Hinterleib. Die insgesamt sechs Flecken sind paarweise auf drei Segmenten angeordnet. Der spärlich behaarte Vorderkörper hat einen bronzefarbigen Metallglanz. Die Fotos zeigen ein Männchen mit in der Mitte zusammenstoßenden Augen. Bei den Weibchen sind die Augen durch eine matte Stirn deutlich getrennt. Sehr ähnlich sind die Glänzende Schwarzkopfschwebfliege *(M. mellinum)*, deren Stirn glänzend schwarz ist, und die Goldhals-Schwebfliege (S. 486), die einen schmaleren Hinterleib hat.

(1) *Melanostoma scalare* ♂

(2) *Melanostoma scalare* ♂

(1) *Meliscaeva auricollis* ♂

(2) *Meliscaeva auricollis* ♂

Goldhals-Schwebfliege
Meliscaeva auricollis

L. 9–11 mm

Die **Fliege (1–2)** besitzt einen bei entsprechendem Lichteinfall golden glänzenden Vorderkörper. Im Unterschied zu der sehr ähnlichen Matten Schwarzkopfschwebfliege (S. 485) sind die gelblichen Flecken des Hinterleibes schmaler und erreichen den Seitenrand nicht ganz. Der Hinterleib ist auch etwas breiter. Die Abbildungen zeigen ein Männchen. Die häufige Fliege hält sich an Waldrändern, auf Wiesen und in Gärten auf. Ihre Larven ernähren sich von Blattläusen.

(1) *Leucozona lucorum* ♂

Weißband-Schwebfliege

Leucozona lucorum

L. 10-12 mm

Die **Fliege (1-2)** ist durch ihr weißliches zweites Hinterleibssegment gekennzeichnet, welches sich wie ein helles Band vom schwarz behaarten Bereich deutlich absetzt. Das letzte Segment ist bei den Männchen (siehe Abbildungen) wieder weißlich aufgehellt. Typisch sind auch die schwarzen Makel im Mittelbereich der glasklaren Flügel. Die Fliege besucht vorwiegend weiß blühende Doldenblütler an Waldrändern und Lichtungen. Larven ernähren sich von Blattläusen. Die Art kann mit *Leucozona inopinata* verwechselt werden, deren Hinterleib bei beiden Geschlechtern am Ende stets dunkel gefärbt ist.

(2) *Leucozona lucorum* ♂

(1) *Pipiza festiva* ♀

Waldrand-Schwebfliege RL
Pipiza festiva

L. 8–10 mm

Die seltene **Fliege (1)** ist bis auf ein gelbliches Querband auf dem zweiten Hinterleibssegment schwarz gefärbt. Das Querband kann in der Mitte unterbrochen sein. Die durchsichtigen Flügel sind im mittleren Bereich etwas abgedunkelt. Andere Arten der Gattung *Pipiza* sind entweder ganz schwarz oder besitzen etwas abweichende gelbliche Muster. Alle Arten scheinen selten zu sein. Sie besuchen Blüten an Waldrändern oder auf Lichtungen. Ihre Larven entwickeln sich in den Gallen von Pappelblattläusen der Gattung *Pemphigus*.

Fotobeleg: Berlin, Lichtenrade, Privatgarten, 3. 8. 2018.

Breitfuß-Schwebfliege
Platycheirus clypeatus

L. 8–9 mm

Die **Fliege (1–3)** unterscheidet sich von ähnlichen Arten der Gattungen *Melanostoma* und *Meliscaeva* durch die deutlich verbreiterten Vorderfüße (Tarsen). Dies ist besonders bei den Männchen **(1)** deutlich zu sehen. Weibchen **(2–3)** haben etwas entfernt stehende Augen. Der Hinterleib ist bei den Männchen mit drei Paaren gelber Flecken gekennzeichnet, während es bei den Weibchen vier Paare sind. Die Art findet man auf feuchten Wiesen oder an Teichrändern beim Blütenbesuch. Die Larven fressen Blattläuse.

(2) *Platycheirus clypeatus* ♀

Platycheirus clypeatus ♂

Platycheirus clypeatus ♀

Feld-Schnabelschwebfliege,
Gemeine Schnauzenschwebfliege
Rhingia campestris

L. 8–11 mm

Die **Fliege (1-3)** fällt durch ihr schnabelartig verlängertes Gesicht auf. Insgesamt wirkt das Tier ziemlich kompakt. Bei einem Besuch einer Löwenzahnblüte **(3)** zeigt sich, wie ungewöhnlich lang der unterhalb des »Schnabels« liegende Saugrüssel ausgefahren werden kann. Weibchen **(1-2)**, Männchen **(3)**. Die Fliege ist ein eifriger Blütenbesucher auf Feldern, Wiesen und Waldlichtungen. Ihre Larven entwickeln sich an Rinderdung. Die ähnliche, seltenere Schnabelschwebfliege *R. rostrata* unterscheidet sich durch ihren einfarbig rötlichen Hinterleib, dem die dunklen Quer- und Seitenlinien fehlen.

(3) *Rhingia campestris* ♂

(1) *Rhingia campestris* ♀

(2) *Rhingia campestris* ♀

(1) *Scaeva pyrastri* ♀

Späte Großstirnschwebfliege

Scaeva pyrastri

L. 10-15 mm

Die **Fliege (1-3)** fällt durch drei paarweise gegenüberstehende, mondförmig gebogene, weiße Flecken auf dem Hinterleib auf. Diese stehen in auffallendem Kontrast zur schwarzen Grundfarbe. Das helle Gesicht ist etwas vorgewölbt, was alle Arten der Gattung auszeichnet. Bei den Weibchen **(1-2)** sind die Augen durch eine schwarze Stirn deutlich getrennt. Männchen **(3)** haben aneinanderstoßende Augen. Die Fliege besucht diverse Blüten, besonders von Doldenblütlern, um Pollen und Nektar aufzunehmen. Bei der ähnlichen Frühen Großstirnschwebfliege (S. 492) sind die Flecken des Hinterleibes gelblich gefärbt. Die Larven ernähren sich von Blattläusen.

(2) *Scaeva pyrastri* ♀

(3) *Scaeva pyrastri* ♂

Frühe Großstirnschwebfliege
Scaeva selenitica

L. 11-16 mm

Die **Fliege (1-3)** ähnelt der Späten Großstirnschwebfliege (S. 491), besitzt aber gelblich gefärbte, teils gebogene Flecken auf dem Hinterleib. Sie erscheint im Flachland bereits ab März oder April, etwa drei Monate früher als ihre ähnliche Verwandte. Die Abbildungen zeigen Weibchen, deren Augen durch die Stirn deutlich getrennt sind. Die Fliege erscheint auf Wiesen, an Waldrändern oder in Gärten, um Blüten zur Nahrungsaufnahme zu besuchen. Die Larven fressen Blattläuse, was gemeinhin als nützlich erachtet wird.

(1) *Scaeva selenitica* ♀

(2) *Scaeva selenitica* ♀

(3) *Scaeva selenitica* ♀

(1) *Sericomyia silentis* ♂

(2) *Sericomyia silentis* ♂

Große Torfschwebfliege, Gelbband-Torfschwebfliege
Sericomyia silentis

L. 15–18 mm

Die **Fliege (1–2)** ist relativ groß und wirkt durch ihre schwarz-gelben Farben bei flüchtiger Betrachtung wie eine Wespe, zumal ihr schwarzer Körper goldgelb behaart ist. Auf dem Hinterleib befinden sich drei gelbe, in der Mitte schmal unterbrochene Querbinden. Auf den Fotos ist ein Männchen abgebildet. Die Art scheint in Norddeutschland selten zu sein, da wir sie nur einmal in einem Kiefernwald in der Nähe eines Feuchtgebietes fanden. Die Larven entwickeln sich in schlammigen, stehenden Gewässern. Sie besitzen ein langes Atemrohr und gehören daher zu den sog. »Rattenschwanzlarven«.

Fotobelege: Brandenburg, nahe Zesch am See, Kiefernwald, 22. 6. 2013.

Gemeine Stiftschwebfliege,
Gewöhnliche Langbauchschwebfliege
Sphaerophoria scripta

L. 9–12 mm

Die **Fliege (1–5)** gehört zu den sehr häufigen schwarz-gelb gezeichneten Schwebfliegen, die beim Blütenbesuch zu beobachten sind. Vor allem die Männchen **(3–4)** besitzen einen langen, zylindrischen Hinterleib, deshalb der Name »Stiftschwebfliege«. Bei den Weibchen **(1–2)** ist der Hinterleib an den Seiten etwas nach außen gewölbt. Die gelbe Querbänderung des Hinterleibes ist nur selten in der Mitte unterbrochen **(2)**. Die Abbildung **(4)** zeigt ein Männchen im Flug, Abbildung **(5)** eine Paarung. Erwachsene Tiere ernähren sich von Pollen und Nektar, die Larven fressen Blattläuse.

(1) *Sphaerophoria scripta* ♀

(2) *Sphaerophoria scripta* ♀

(4) *Sphaerophoria scripta* ♂

Sphaerophoria scripta ♂

Sphaerophoria scripta Paarung

Gemeine Keulenschwebfliege,
Kleine Mistbiene
Syritta pipiens

L. 7-9 mm

Die häufige **Fliege (1-4)** besitzt einen sehr schlanken Hinterleib. Durch ihre keulenförmig verdickten Hinterschenkel erinnert sie sehr an die Langbauchschwebfliegen der Gattung *Xylota*. Männchen (hier im Flug **(4)**) sind durch zwei Paar gelbe Flecken auf dem Hinterleib gekennzeichnet, während Weibchen **(1-3)** nur ein gelbes Fleckenpaar besitzen. Dafür sind ihre hinteren Segmente mit silbergrauen, seitlich sitzenden Punkten versehen. Die Art ist in den verschiedensten Biotopen zu finden und erscheint auch in Gärten. Sie ernährt sich von Pollen und Nektar. Larven leben von pflanzlichen Abfällen und halten sich gerne im Kompost auf.

(2) *Syritta pipiens* ♀

(1) *Syritta pipiens* ♀

(4) *Syritta pipiens* ♂

) *Syritta pipiens* ♀

Gemeine Keilfleckschwebfliege
Eristalis pertinax

L. 11–16 mm

Die **Fliege (1–4)** ist eine der häufigsten, großen Arten ihrer Gattung. Der Name »Keilfleckschwebfliege« bezieht sich auf die gelben, keilförmigen Flecken auf dem Hinterleib. Beim Weibchen **(3–4)** sind diese weniger stark ausgebildet als bei den Männchen **(1–2)**. Beide Geschlechter sind auch an den unterschiedlichen Augenabständen unterscheidbar. Ein wichtiges Merkmal ist die Fiederung der Fühlerborste (auf Bild **(4)** deutlich sichtbar). Diese ist bei der ähnlichen Mistbiene (S. 499) nicht gefiedert. Die überall häufige Art besucht Blüten diverser Kräuter, Stauden und Büsche an Waldrändern, in Parks und Gärten. Die Larven sind farblos und transparent. Wegen ihres langen Atemrohrs gehören sie zu den sog. »Rattenschwanzlarven«. Sie entwickeln sich in fauligem Wasser, Jauche, Kuhfladen und ähnlichen Substraten.

(1) *Eristalis pertinax* ♂

(2) *Eristalis pertinax* ♂

(3) *Eristalis pertinax* ♀

(4) *Eristalis pertinax* ♀

(1) *Eristalis tenax* ♂

(2) *Eristalis tenax* ♂

(3) *Eristalis tenax* ♀

(4) *Eristalis tenax* ♀

Mistbiene, Scheinbienen-Keilfleckschwebfliege
Eristalis tenax

L. 12–16 mm

Die häufige **Fliege (1–4)** ist wohl die bekannteste Art ihrer Gattung. Aussehen und Lebensweise brachte ihr den Namen »Mistbiene« ein. Im Unterschied zu der ähnlichen Gemeinen Keilfleckschwebfliege (S. 498) ist ihre Fühlerborste nicht gefiedert **(2)**. Beide Arten beanspruchen die gleichen Lebensräume. Männchen **(1–2)**, Weibchen **(3–4)**. Die Fliege ist ein eifriger Blütenbesucher an Feld- und Waldrändern, auf Wiesen und in Gärten. Wer im eigenen Garten Brennnesseljauche ansetzt, wird in der Brühe sicher bald die weißlichen »Rattenschwanzlarven« sehen, die über ihr langes Atemrohr an der Oberfläche Luft holen. Sie üben eine durchaus wichtige Filterfunktion in der Jauche aus.

Kleine Keilfleckschwebfliege

Eristalis arbustorum

L. 8–11 mm

Die häufige **Fliege (1–3)** ist deutlich kleiner als die Gemeine Keilfleckschwebfliege (S. 498). Am leichtesten kann das Männchen **(1–2)** erkannt werden, da die ausgedehnten gelben Flecken des Hinterleibes auf dem zweiten und dritten Segment ein typisches Farbmuster erzeugen. Beim Weibchen **(3)** befinden sich nur auf dem zweiten Segment gelb-orangene Keilflecken. Die einzelnen Segmente sind von oben betrachtet durch weiße Querlinien deutlich getrennt und die Fühlerborste ist fein gefiedert. Die Fliege besucht Blüten verschiedenster Art und die Larven entwickeln sich als »Rattenschwanzlarven« in fauligem Wasser.

(1) *Eristalis arbustorum* ♂

(2) *Eristalis arbustorum* ♂

(3) *Eristalis arbustorum* ♀

Eristalis interrupta ♀

Mittlere Keilfleckschwebfliege

Eristalis interrupta

(Eristalis nemorum)

L. 10–12 mm

Die sehr häufige **Fliege (1–3)** ist kaum größer als die Kleine Keilfleckschwebfliege (S. 500). Die Weibchen beider Arten sind schwer auseinanderzuhalten. Unterschiede gibt es bei den gelb-orangefarbenen Keilflecken auf dem zweiten Hinterleibssegment. Bei der Mittleren Keilfleckschwebfliege sind diese schmaler **(1)** und manchmal sogar farblich nicht ausgebildet **(2)**. Wenn die Männchen zur Paarungszeit die Weibchen umschwärmen **(3)**, fällt die Bestimmung leichter, da Männchen besser unterscheidbar sind. Man beachte das Muster auf dem zweiten Hinterleibssegment. Lebensweise und Entwicklung beider Arten sind identisch.

) *Eristalis interrupta* ♀

(3) *Eristalis interrupta* ♀ + ♂

Glänzende Keilfleckschwebfliege
Eristalis rupium

L. 9-13 mm

Die **Fliege** (1-2) unterscheidet sich von ähnlichen, hier beschriebenen Arten durch das schwarzbraune, mittig sitzende Flügelmal. Die Segmente des Hinterleibes sind durch weißliche Querlinien getrennt. Die Abbildungen zeigen Weibchen. Manchmal sind ihre gelborangenen Keilflecken kaum entwickelt (2). Die Fliege lebt in der Nähe von Bächen oder Tümpeln und besucht vor allem weiß blühende Doldenblütler zur Aufnahme von Pollen und Nektar. Larven entwickeln sich im schlammigen Wasser. Die Garten-Keilfleckschwebfliege (S. 503) und weitere Arten, deren Abgrenzung schwierig ist, zeichnen sich ebenfalls durch ein dunkles Flügelmal aus. Hier sind Unterschiede in der Hinterleibszeichnung ausschlaggebend.

(1) *Eristalis rupium* ♀

(2) *Eristalis rupium* ♀

Garten-Keilfleckschwebfliege
Eristalis horticola *(Eristalis lineata)*

L. 11–15 mm

Die **Fliege (1–2)** ist eine weitere Art mit einem dunklen Flügelmal. Sie kann deshalb leicht mit der etwas kleineren Glänzenden Keilfleckschwebfliege (S. 502) verwechselt werden. Die Keilflecken auf dem zweiten Hinterleibssegment sind jedoch breiter und auf dem dritten Segment sind weitere gelbe Flecken vorhanden. Diese können leicht übersehen werden. Auch hier berühren sich die Augen der Männchen **(1)** in der Mitte, während die der Weibchen **(2)** durch die Stirn getrennt sind. Die Art findet man in sumpfigen Laub- und Nadelwäldern, besonders in der Nähe von Bächen oder Teichen und wohl auch in Gärten. Die Larven dürften ähnliche ökologische Ansprüche haben wie die anderer Arten der Gattung.

(1) *Eristalis horticola* ♂

(2) *Eristalis horticola* ♀

(1) *Eristalis intricaria* ♂

(2) *Eristalis intricaria* ♂

(3) *Eristalis intricaria* ♀

(4) *Eristalis intricaria* ♀

Hummel-Keilfleckschwebfliege, Pelzige Mistbiene

Eristalis intricaria *(Eoseristalis intricaria)*

L. 11-14 mm

Die **Fliege (1-4)** kann durch ihren Körperbau und die pelzige Behaarung leicht für eine Hummel gehalten werden. Von anderen hummelähnlichen Schwebfliegen unterscheidet sich die Art durch ihre tief ausgebuchtete Flügelader **(2)**, die für viele Schwebfliegen typisch ist. Die Körperbehaarung ist farblich sehr veränderlich und Keilflecken sind auf dem Hinterleib nicht immer zu sehen. Männchen **(1-2)**, Weibchen **(3-4)**. Die Art ist auf Wiesen und an Feld- und Waldrändern beim Blütenbesuch anzutreffen. Die »Rattenschwanzlarven« leben in stehenden Gewässern und ernähren sich von verrottenden Pflanzenresten.

(1) *Eristalis oestracea* ♂

Keilfleckschwebfliege RL

Eristalis oestracea

L. 12-14 mm

Die **Fliege (1-3)** wird in Brandenburg als »extrem selten« bezeichnet. Wir fanden sie in einem Jahr beim Blütenbesuch an Blutweiderich *(Lythrum salicaria)* und Gemeinem Wasserdost *(Eupatorium cannabinum)*, jeweils in der Nähe eines Wassergrabens. Alle Abbildungen zeigen Männchen mit dicht zusammenstehenden Augen. Von der Hummel-Keilfleckschwebfliege (S. 504) unterscheidet sich die Art durch die abweichende Farbfolge (Schwarz-Weiß-Schwarz-Gelb) des pelzigen Körpers. Die Zugehörigkeit zur Gattung der Keilfleckschwebfliegen wird durch die typische, tief ausgebuchtete Flügelader dokumentiert (siehe auch *Eristalis intricaria*). Die Lebensweise dürfte mit dieser Art weitgehend übereinstimmen.

Fotobelege: Brandenburg, nahe Museumsdorf Glashütte/Baruth, 12. 7. und 5. 9. 2013.

(2) *Eristalis oestracea* ♂

(3) *Eristalis oestracea* ♂

Schweber (Fam. *Bombyliidae*)

Großer Wollschweber
Bombylius major

L. 9-13 mm

Die **Fliege (1-3)** ist mit hellbräunlichen, wolligen Haaren bedeckt. Auffallend ist der lange Rüssel, mit dem sie Nektar saugt. Dabei »steht« die Fliege oft kurz schwebend vor der Blüte oder setzt sich. Die Beine sind ebenfalls sehr lang. In Ruhestellung werden die Flügel in schrägem Winkel nach außen gestellt. Dann sieht man auch, dass sie in der oberen Hälfte schwarzbraun abgesetzt sind. Die abgebildeten Tiere sind Männchen. Weibchen legen ihre Eier in direkter Nähe der Nester von Bienen, Wespen oder Nachtfaltern ab. Die Larven dringen nach dem Schlüpfen eigenständig in die Nester ein und ernähren sich von Vorräten und Wirtslarven. Der etwas größere Gefleckte Wollschweber *(B. pictus)* besitzt gefleckte Flügel.

(1) *Bombylius major* ♂

(2) *Bombylius major* ♂

(3) *Bombylius major* ♂

(1) *Bombylius minor* ♂

(2) *Bombylius minor* ♀

Kleiner Wollschweber

Bombylius minor

L. 8–10 mm

Die **Fliege (1–2)** ist etwas kleiner als der Große Wollschweber (S. 506). Eine sichere Unterscheidung beider Arten vor Ort ist nur möglich, wenn sich die Flügel im Ruhezustand befinden. Diese sind beim Kleinen Wollschweber gegen den Vorderrand nur leicht abgedunkelt. Männchen **(1)** haben enger zusammenstehende Augen als Weibchen **(2)**. Die Tiere leben parasitisch, da sich ihre Larven in Nestern von Wildbienen und vermutlich auch Wespen entwickeln. Sie fressen dort Nahrungsvorräte und Bienenlarven. Deshalb werden Wollschweber als Bienenparasiten eingestuft.

Kohlen-Trauerschweber
Anthrax anthrax

L. 8-13 mm

Die **Fliege** (1-3) ist nahezu vollkommen schwarz gefärbt. Lediglich die Flügel sind nach hinten aufgehellt und der Hinterleib hat wenig auffallende, weißliche Haarflecken. In Ruhestellung sind die Flügel schräg nach außen gestellt.

Die Art parasitiert Wildbienen, ähnlich wie die Wollschweber (siehe dort). Wer im Garten ein Insektenhotel besitzt, kann Trauerschweber in der Nähe der Einfluglöcher beobachten, da die Weibchen dort Eier ablegen. Bild (3) zeigt einen gerade geschlüpften Schweber und seine Puppenhülle, die aus dem Nest einer Mauerbiene hervorragt. In der Natur findet man sie sitzend auf sandigen Waldwegen auf der Suche nach Wildbienennestern.

(1) *Anthrax anthrax*

(2) *Anthrax anthrax*

(3) *Anthrax anthrax*

Schweber
Anthrax varius

L. 5–10 mm

Die **Fliege (1–2)** unterscheidet sich vom Kohlen-Trauerschweber (S. 508) durch geringere Größe und auffallend dunkel gefleckte, eher transparente Flügel. Die Art bewohnt sandige, vegetationsarme Biotope. Wir fanden sie in größerer Zahl an Holzstämmen, die auf einem Sandhügel lagerten. Die anfangs mit drei Beinpaaren versehenen Larven leben parasitisch in Nestern solitärer Wildbienen und Grabwespen.

Anthrax varius

Anthrax varius

(1) *Hemipenthes morio*

(2) *Hemipenthes morio*

Trauerschweber
Hemipenthes morio

L. 7–14 mm

Die **Fliege (1–2)** unterscheidet sich vom Kohlen-Trauerschweber (S. 508) durch auffallend schwarz abgesetzte Flügel. Die Grenzlinie ist wellig-gezackt. Der Körper ist außerdem oft nicht vollkommen schwarz, sondern dunkelbraun. Der Hinterleib ist einfarbig dunkelbraun behaart. Die Fliegen findet man auf sandigen Wald- und Feldwegen oder sitzend auf Blättern. Die Nahrung besteht aus Pollen oder Nektar. Ihre Larven leben parasitisch. Sie fressen Larven von Raupenfliegen und vermutlich auch Schlupfwespen, die wiederum andere Insekten parasitieren. Deshalb werden sie als »Hyperparasiten« bezeichnet.

(1) *Lomatia sabaea* ♂

(2) *Lomatia sabaea* ♂

(3) *Lomatia sabaea* ♀

Schweber

Lomatia sabaea

L. 9-12 mm

Die **Fliege (1-3)** erinnert wegen ihrer gelblichen Querbänderung am Hinterleib sehr an eine Schwebfliege, zumal sie oft auf Blüten bei der Nektar- und Pollenaufnahme gefunden wird. Die Wiesen-Schafgarbe *(Achillea millefolium)* scheint die am häufigsten besuchte Nahrungspflanze zu sein. Bei Weibchen **(3)** stehen die Augen etwas entfernter als bei den Männchen **(1-2)**. Auch sind die vorderen Segmente des weiblichen Hinterleibes durch eine seitliche Behaarung rötlich getönt.

(1) *Villa hottentotta* ♀

(2) *Villa hottentotta* ♀

Kurzrüssliger Wollschweber, Hottentottenfliege

Villa hottentotta

L. 12–19 mm

Die große **Fliege (1–3)** ist am gesamten Körper wollig behaart. Die Grundfarbe ist olivgelblich, und der Hinterleib ist bei frischen Exemplaren auffallend quer gestreift. Der kleine, rundliche Kopf trägt olivbraune Augen und einen kurzen, kaum auffallenden Rüssel. Weibchen **(1–2)** haben einen etwas größeren Augenabstand als Männchen **(3)**. Die Fliege besucht Blüten zur Aufnahme von Pollen und Nektar. Ruhende Exemplare findet man öfter am Boden oder in der niedrigen Vegetation mit schräg gespreizten Flügeln. Die Larven leben parasitisch in Raupen von Eulenfaltern.

(3) *Villa hottentotta* ♂

Bremsen (Fam. *Tabanidae*)

Gemeine Viehbremse
Tabanus bromius

L. 15-20 mm

Die **Fliege (1-4)** gehört zu unseren größten Bremsenarten. Die braunen Facettenaugen leuchten bei entsprechendem Lichteinfall metallisch grün auf. Arttypisch ist der rötlich braune Querstreifen im unteren Drittel der Augen. Unterhalb des Querstreifens sind die einzelnen Facetten kleiner als oberhalb. Männchen **(1-2)** ernähren sich von Pollen und Nektar, während Weibchen **(3-4)** Blut saugen, vorwiegend von Rindern und Pferden. Für Menschen sind ihre Stiche sehr schmerzhaft. Bild **(3)** zeigt ein weibliches Tier bei der Eiablage. Die Bremse hält sich in der Nähe von Viehweiden auf, umschwärmt aber auch gerne parkende Autos auf Waldparkplätzen.

(2) *Tabanus bromius* ♂

(3) *Tabanus bromius* ♀ mit Gelege

Tabanus bromius ♂

Tabanus bromius ♀

(1) *Tabanus sudeticus* ♀

Tabanus sudeticus ♀

(3) *Tabanus sudeticus* ♀

Pferdebremse
Tabanus sudeticus

L. 18–25 mm

Die **Fliege (1–3)** ist die größte Bremse in Mitteleuropa. Ihre Augen sind einfarbig braun, was sie von ähnlichen Arten unterscheidet. Alle Abbildungen zeigen Weibchen, bei denen die Augen durch einen schmalen Stirnstreifen getrennt sind. Weibchen benötigen Rinder- oder Pferdeblut für die Brut. Die Eier werden an Blättern von Pflanzen abgelegt, ähnlich wie bei der Gemeinen Viehbremse (S. 512). Männchen beziehen ihre Nahrung von pflanzlichen Produkten wie Pollen, Nektar und Baumsaft. Die Fliegen findet man auf Rinder- und Pferdeweiden.

Rinderbremse
Tabanus bovinus

L. 12–25 mm

Die **Fliege (1)** ähnelt den beiden zuvor beschriebenen *Tabanus*-Arten. Wichtige Unterscheidungsmerkmale bieten die Augen, die bei der Rinderbremse metallisch grün gefärbt sind und keinen dunklen Querstreifen besitzen. Bei der Gemeinen Viehbremse (S. 512) ist ein Querstreifen vorhanden und die Augen der Pferdebremse (links) sind einfarbig braun. Die Weibchen **(1)** sind bekanntlich Blutsauger. Bei einem Stich wird der Stoff Tabanin eingespritzt, der die Blutgerinnung des Wirtes verzögert.

Tabanus bovinus ♀

Zweifleckbremse
Hybomitra bimaculata

L. 13-16 mm

Die **Fliege (1-4)** gehört zu einer Gruppe von Bremsen, deren fein behaarte Augen grünlich schimmern. Sie sind ferner mit drei rötlich-bräunlichen, leicht gebogenen Querlinien versehen **(2)**. Die Körperfarbe ist veränderlich und besonders bei den Männchen **(4)** relativ dunkel. Dazu stehen die rotgelben Flecken an den Seiten der vorderen Segmente des Hinterleibes in deutlichem Kontrast. Die Bilder **(1-3)** zeigen Weibchen, deren Augen durch eine dünne Scheitellinie getrennt sind. Es existieren ähnlich aussehende, erheblich seltenere Arten. Weibchen sind Blutsauger.

(1) *Hybomitra bimaculata* ♀

(3) *Hybomitra bimaculata* ♀

(4) *Hybomitra bimaculata* ♂

Hybomitra bimaculata ♀

(1) *Haematopota pluvialis* ♀

(2) *Haematopota pluvialis* ♀

Regenbremse
Haematopota pluvialis

L. 8–12 mm

Die häufige **Fliege (1–3)** gehört zu den kleineren, schlanken Arten der Gattung. Ihre auffällige Flügelzeichnung ist sehr typisch. Die Abbildungen zeigen Weibchen, deren Augen dreifach zackig quer gestreift sind. Männchen besitzen nur einen Querstreifen im unteren Bereich der eng zusammenstehenden Augen. Die Art kommt besonders in Feuchtgebieten vor, da ihre Larven Wasser für die Entwicklung benötigen. Weibchen werden vor allem bei feuchtwarmem Wetter und vor Regengüssen auf der Suche nach einem Blutspender aktiv. Ihre schmerzhaften Stiche können auch für Menschen sehr lästig werden.

(3) *Haematopota pluvialis* ♀

Gemeine Blindbremse

Chrysops caecutiens

L. 9–13 mm

Die **Fliege (1–3)** ist die häufigste Art ihrer Gattung. Auffallend sind die metallisch grün oder rötlich glänzenden, gepunkteten Augen und die teils abgedunkelten Flügel. Bei Männchen **(1–2)** stehen die Augen eng zusammen und der Hinterleib ist durchgehend schwarz. Bei den Weibchen **(3)** ist das zweite, verbreiterte Hinterleibssegment ockergelblich aufgehellt. In der Mitte befindet sich gewöhnlich ein schwarzes, umgekehrtes »V«. Die Augen sind durch die Stirn deutlich getrennt. Der Stich des blutsaugenden Weibchens ist für Menschen nicht sehr schmerzhaft. Die Fliegen halten sich gern in der Nähe von Gewässern auf. Larven leben im Wasser und ernähren sich räuberisch.

(1) *Chrysops caecutiens* ♂

Chrysops caecutiens ♂

(3) *Chrysops caecutiens* ♀

Goldaugenbremse
Chrysops viduatus

L. 9-13 mm

Die **Fliege (1-2)** ähnelt der Gemeinen Blindbremse (S. 519), wirkt aber bunter. Die Abbildungen zeigen Weibchen, deren Augen durch die Stirn getrennt sind. Ein wichtiges Unterscheidungsmerkmal zur Gemeinen Blindbremse kann auf dem zweiten, verbreiterten Hinterleibssegment beobachtet werden. Hier ist anstelle des v-förmigen Zeichens ein schwarzer, rundlicher Punkt vorhanden. Die biologischen Eigenschaften dürften bei beiden Arten nahezu identisch sein.

(1) *Chrysops viduatus* ♀

(2) *Chrysops viduatus* ♀

Goldaugenbremse
Chrysops relictus

L. 9-14 mm

Die **Fliege (1-2)** ähnelt anderen Arten der Gattung *Chrysops*. Man findet sie ebenfalls in der Nähe von Gewässern. Die Abbildungen zeigen Männchen, bei denen die Augen am Scheitel zusammenstoßen. In beiden Geschlechtern befinden sich auf dem Rücken der vorderen Hinterleibssegmente helle Dreiecke, deren Spitze nach vorne zeigt. Der Vorderkörper ist auffallend längs gestreift. Bei Weibchen sind die leuchtend grünen Augen durch die Stirn deutlich getrennt, wie bei allen Arten der Gattung. Die Tönung des gesamten Körpers ist etwas heller als bei den Männchen. Die Larven leben räuberisch im Wasser.

(2) *Chrysops relictus* ♂

Chrysops relictus ♂

Baumfliegen (Fam. *Dryomyzidae*)

Baumfliege

Dryomyza anilis

L. 6–10 mm

Die **Fliege (1–2)** ist an allen Teilen des Körpers rotorange gefärbt. Nur die Flügel sind etwas abgedunkelt und schütter schwarzfleckig. Die weit entfernt stehenden Augen sind rot. Die Flügel werden in Ruhestellung stets übereinandergelegt. Bemerkenswert sind die dunkleren Längsstreifen des Vorderkörpers, deren Intensität schwankt. Die Art findet man in Laub- und Mischwäldern, wo sie auf Blättern von Büschen oder Kräutern sitzt. Sie ernährt sich von zersetzten, faulenden pflanzlichen Stoffen und Pilzen. Gelegentlich findet man sie auf der nach Aas riechenden Stinkmorchel *(Phallus impudicus)*. Die Larven haben eine ähnliche Ernährungsweise.

(1) *Dryomyza anilis*

(2) *Dryomyza anilis*

(1) *Dryomyza flaveola*

(2) *Dryomyza flaveola*

(3) *Dryomyza flaveola*

Baumfliege
Dryomyza flaveola

L. 10–12 mm

Die **Fliege (1-3)** ist rötlich orange bis olivbräunlich gefärbt. Besonders die Herbstgeneration ist ziemlich dunkel **(3)**. Im Gegensatz zur etwas kleineren Baumfliege *D. anilis* (S. 522) sind die Flügel nicht dunkel gefleckt. Weitere Unterschiede liegen in der Anordnung der Borsten verschiedener Körperteile. Ernährung und Lebensweise entsprechen weitgehend der zuvor beschriebenen Art. Die Larven entwickeln sich vorwiegend in faulenden Pilzen.

Dungfliegen (Fam. *Scatophagidae*)

Gelbe Dungfliege, Gemeine Kotfliege
Scatophaga stercoraria

L. 7-11 mm

Die **Fliege (1-4)** ist sehr häufig. Sie hält sich am liebsten auf Kothaufen von Rindern und Pferden auf, wo sie sich paart **(4)** und wo dann die Eier abgelegt werden. An Wald- und Feldrändern sieht man sie nicht selten in der niedrigen Vegetation auf Blättern, Blüten und Stängeln sitzen. Neben dem Verzehr von Kot und Faulstoffen werden auch kleinere Insekten ausgesaugt. Männchen **(2-3)** sind hellgelb behaart, während die Farben der Weibchen **(1)** mehr ins Grünliche abweichen. Die Larven entwickeln sich im Dung und ernähren sich räuberisch von anderen Kleininsekten und deren Larven.

(1) *Scatophaga stercoraria* ♀

(2) *Scatophaga stercoraria* ♂

(3) *Scatophaga stercoraria* ♂

(4) *Scatophaga stercoraria* Paarung

(1) *Scatophaga lutaria*

(2) *Scatophaga lutaria*

Dungfliege
Scatophaga lutaria

L. 10-12 mm

Die **Fliege (1-2)** ähnelt der Gelben Dungfliege (S. 524), ist aber nicht so wollig behaart und besitzt abweichende Farben. Die Tergite (Rückenteile der Hinterleibssegmente) sind durch dunkle Querlinien deutlich voneinander getrennt. Die Lebensweise dürfte die gleiche sein wie bei der viel häufigeren Gelben Dungfliege. Die Art wird gelegentlich auf Blättern oder Blüten von Büschen oder Kräutern gefunden. Die kleinere Dungfliege *S. suilla* ist sehr ähnlich.

Echte Fliegen (Fam. *Muscidae*)

Gefleckte Hausfliege
Graphomya maculata

L. 6–8 mm

Die **Fliege (1–4)** ist meistens auffallend schwarz-weiß gezeichnet. Gelegentlich überwiegen auch dunklere Farbtöne **(4).** Weibchen **(1–3)** haben deutlich getrennte Augen, während diese bei Männchen **(4)** dicht zusammenstehen. Die Art ist ein eifriger Blütenbesucher an verschiedenen Kräutern. Wir fanden sie besonders häufig an weiß blühenden Doldenblütlern.

(1) *Graphomya maculata* ♀

(3) *Graphomya maculata* ♀

(4) *Graphomya maculata* ♂

) *Graphomya maculata* ♀

Fliege
Dasyphora albofasciata

L. 8–10 mm

Die **Fliege (1)** wirkt ziemlich bunt, da sie an Vorder- und Hinterleib mit helleren Streifen oder Flecken gezeichnet ist. Die dunkleren Bereiche des Vorderkörpers weisen einen typischen metallischen Glanz auf. Die Abbildung zeigt ein Weibchen, bei dem die Augen durch die Stirn deutlich getrennt sind, was bei Männchen nicht der Fall ist.

(1) *Dasyphora albofasciata* ♀

Fliege
Helina confinis

L. 8–10 mm

Die **Fliege (1)** wurde in der Nähe eines Teiches sitzend auf einem Schilfblatt gefunden. Vorderkörper und Hinterleib sind hellgrau und wirken wie bereift. Arten der Gattung *Helina* haben eine typische Flügeladerung (siehe Foto). Einige Hauptadern gehen direkt bis zum Flügelrand durch, ohne vorher abzuknicken. Das abgebildete Exemplar ist ein Weibchen.

(1) *Helina confinis* ♀

(1) *Helina depuncta* ♀

Fliege
Helina depuncta

L. 7-9 mm

Die **Fliege (1-2)** ist ein relativ häufiger Vertreter ihrer Gattung. Sie ist durch eine gelbbraune Körperfarbe, bräunliche, mit abstehenden Borsten versehene, braune Beine und rote Augen gekennzeichnet. Die Fühlerborste ist ziemlich lang und deutlich gefiedert, was auf Bild **(2)** gut zu sehen ist. Die Abbildungen zeigen Weibchen, deren Augen durch die Stirn deutlich getrennt sind. Die Art hält sich offensichtlich gerne in der Nähe von stehenden Gewässern auf.

(2) *Helina depuncta* ♀

Fliege
Helina impuncta

L. 6-8 mm

Die **Fliege (1-3)** ähnelt ihrer Schwesterart *Helina depuncta* (S. 529), hat aber mehr graue Farbtöne und vier Borstenreihen auf dem mittleren Teil des Vorderkörpers (Mesonotum). Bei *H. depuncta* sind es nur drei. Die Oberflächen sind bei frischen Exemplaren hellgrau bereift und mit dunklen Punkten bedeckt. Den kleineren Punkten entspringen meistens lange Borsten. Der Vorderkörper besitzt außerdem dunklere Längsstreifen. Man findet die Tiere an Waldrändern und Gebüschen auf Blättern sitzend. Die Abbildungen zeigen Weibchen.

(1) *Helina impuncta* ♀

(2) *Helina impuncta* ♀

(3) *Helina impuncta* ♀

Fliege
Helina evecta

L. 8–11 mm

Die **Fliege (1–2)** ist relativ dunkel gefärbt und besitzt völlig schwarze Beine. Der längs gestreifte Vorderleib weist einen schwachen, metallischen Glanz auf, während der etwas hellere, beigefarbene Hinterleib in typischer Weise dunkelbraun gefleckt ist. Auf den Abbildungen sind Männchen zu sehen, deren Augen dicht zusammenstehen. Diese sind behaart, was nicht bei allen Arten der Gattung zutrifft. Bild **(2)** zeigt ein Exemplar einer spontan auftretenden Gruppe vieler männlicher Tiere auf einem dickeren, liegenden Laubholzast. Derartige Schwarmbildungen treten zur Paarungszeit auf.

(1) *Helina evecta* ♂

(2) *Helina evecta* ♂

(1) *Helina obscurata* ♀

(2) *Helina obscurata* ♀

Fliege

Helina obscurata

L. 6-8 mm

Die **Fliege (1-2)** ist hellgrau bis graubeige. Der Vorderkörper besitzt an den Seiten etwas abgedunkelte, mittig undeutlich unterbrochene Längsstreifen und der Hinterleib ist weitgehend einfarbig und mit feinen, borstenartigen Haaren besetzt. Die Flügelbasis ist etwas rötlich gefärbt. Auf Bild **(1)** erkennt man deutlich die gefiederte Fühlerborste, die nicht nur für Arten der Gattung *Helina* kennzeichnend ist. Die Art kann leicht mit einigen Verwandten verwechselt werden, z. B. mit *Helina reversio* (rechts), der aber die dunklen Seitenstreifen des Vorderkörpers fehlen.

Fliege

Helina reversio

L. 5-7 mm

Die **Fliege (1-2)** hat einen hellgrauen oder beigefarbenen Grundton, vollkommen schwarze Beine mit kurzen Borsten an den Mittelschienen und dunkel geaderte Flügel. Die kurzen Queradern sind gattungstypisch dunkel umsäumt. Der Hinterleib ist durch schütter verteilte, dunkle Flecken gekennzeichnet. Das abgebildete Tier ist ein Weibchen, welches auffallend entfernt stehende Augen besitzt. Sehr ähnlich ist die etwa gleich große Kleine Raub-Hausfliege (S. 533) mit hellgrauem Grundton. Weitere Unterschiede sind dort erklärt. Die Fliege ist gelegentlich beim Besuch blühender Kräuter anzutreffen.

(1) *Helina reversio* ♀

(2) *Helina reversio* ♀

Kleine Raub-Hausfliege

Coenosia tigrina

L. 5-7 mm

Die **Fliege (1-2)** besitzt einen hellgrauen Grundton. Alle Borsten des Körpers entspringen einem schwarzen, kleinen Punkt und der Hinterleib ist mit weiteren, dunklen Flecken versehen. Wie bei den ähnlichen *Helina*-Arten sind die Augen nicht behaart und die Fühlerborste ist gefiedert. Auf den Fotos sind Weibchen dargestellt, was an den entfernt stehenden Augen erkennbar ist. Die Art lebt räuberisch und saugt kleinere Insekten aus. Sie wird daher zur biologischen Schädlingsbekämpfung eingesetzt. Die Fliege *Helina reversio* (S. 532) ist äußerlich sehr ähnlich. *C. tigrina* besitzt aber an den Mittelschienen ungewöhnlich lange Borsten und die Queradern der Flügel sind nicht dunkel gesäumt.

(1) *Coenosia tigrina* ♀

(2) *Coenosia tigrina* ♀

(1) *Hydrotaea dentipes* ♂

Fliege
Hydrotaea dentipes

L. 5-7 mm

Die **Fliege (1)** ist grauschwarz gefärbt. Auf dem Hinterleib sind oft mehr oder weniger deutliche, silbrige Flecken sichtbar. Typisch ist auch der grau aufgehellte Längsstreifen an den Seiten des Vorderkörpers, der die Art von ähnlich aussehenden Fliegen unterscheidet. Das Bild zeigt ein Männchen mit eng zusammenstehenden Augen und schmalem Hinterleib. Man findet die Fliege an Waldrändern, auf Lichtungen und Feuchtwiesen. Die Art besucht vorwiegend faulende tierische und pflanzliche Stoffe, in denen sich auch die Larven entwickeln.

Rinderfliege
Mesembrina meridiana

L. 10-13 mm

Die häufige **Fliege (1-4)** ist an Körper und Beinen schwarz gefärbt. Auffallend sind die gelborange gefärbten Flügelbasen und das orangene Gesicht, welches durch die schwarze Stirn unterbrochen wird. Weibchen **(1-3)**, deren Augen durch die dunkle Stirn sehr deutlich getrennt sind. Männchen **(4)**. Die Fliege hält sich gerne in der Nähe von Rindern oder Pferden auf, in deren Dung sie ihre Eier legt. Die Larven leben dort räuberisch von anderen Insektenlarven.

(1) *Mesembrina meridiana* ♀

(2) *Mesembrina meridiana* ♀

(3) *Mesembrina meridiana* ♀

(4) *Mesembrina meridiana* ♂

(1) *Musca autumnalis* ♂

Herbstfliege,
Stallfliege
Musca autumnalis

L. 5-7 mm

Die häufige **Fliege (1-2)** ist bei Männchen (siehe Abbildungen) durch ihren orangefarbigen Hinterleib gekennzeichnet, der in der Mitte durch einen dunklen Streifen geteilt ist. Damit erinnert sie mich an die deutlich größere Igelfliege (S. 556), die zu den Raupenfliegen gehört. Bei den Weibchen ist der Hinterleib schwarz. Alle gezeigten Fotos stammen bereits vom Juni. Die männlichen Tiere sammelten sich gruppenweise in einem Auwald auf Blättern von Büschen und höheren Kräutern. Die Fliege gilt als Krankheitsüberträger an Rindern und Pferden. Ihre Larven entwickeln sich im Kot.

(2) *Musca autumnalis* ♂

Gemeine Stubenfliege
Musca domestica

L. 6–9 mm

Die **Fliege (1–3)** ist besonders in ländlichen Gegenden, vor allem in der Nähe von Stallungen, sehr häufig. Sie dringt gerne in menschliche Behausungen ein und ist dann ziemlich lästig. Der Vorderkörper ist oft auf hellem Grund mit vier schwarzen Längsstreifen versehen, kann aber auch deutlich dunkler gefärbt sein. Demgegenüber ist der Hinterleib aufgehellt und unterschiedlich gefleckt. Die Fotos zeigen Weibchen, deren Augen durch die dunkle Stirn deutlich getrennt sind. Die Fliege ernährt sich von diversen Speiseresten, Kot und Faulstoffen, in denen sich auch die Larven entwickeln. Die Fliege kann Überträger diverser Infektionskrankheiten sein.

(1) *Musca domestica* ♀

(2) *Musca domestica* ♀

(3) *Musca domestica* ♀

Engelwurz-Hausfliege
Phaonia angelicae

L. 8-10 mm

Die **Fliege (1-3)** ist ein eifriger Besucher blühender Wiesen und Waldränder. Wir fanden sie, ihrem Namen entsprechend, an den Blüten von Wald-Engelwurz *(Angelica sylvestris)*. Die abgebildeten Exemplare sind Männchen, deren Augen dicht zusammenstehen. Fliegen ernähren sich von Pollen und Nektar. Ihre Larven leben räuberisch und jagen kleine Insekten am Erdboden.

(1) *Phaonia angelicae* ♂

(2) *Phaonia angelicae* ♂

(3) *Phaonia angelicae* ♂

(1) *Phaonia subventa* ♀

(2) *Phaonia subventa* ♀

(3) *Phaonia subventa* ♂

Hausfliege

Phaonia subventa

L. 6–9 mm

Die relativ häufige **Fliege (1–3)** ist durch einen graubraunen, dunkel gestreiften Vorderkörper und einen orangenen Hinterleib gekennzeichnet. Dieser kann manchmal einen dunkleren Längsstreifen aufweisen. Die Schienen des mittleren Beinpaares tragen zwei Borsten, was die Art von ähnlichen Verwandten unterscheidet. Weibchen **(1–2)** mit entfernt stehenden, Männchen **(3)** mit zusammenstehenden Augen. Die Art ist am Rande von Laubwäldern und auf Lichtungen zu finden, gelegentlich auch in Gärten. Ihre Larven leben in verrottenden pflanzlichen und tierischen Resten.

Helle Hausfliege
Phaonia pallida

L. 5–8 mm

Die **Fliege (1–3)** ist am Körper gänzlich gelborange gefärbt und die behaarten Augen sind rot. Im Gegensatz zu der Hausfliege *P. subventa* (S. 539) tragen die mittleren Beinschienen drei Borsten. Männchen **(1–2)**, Weibchen **(3)**. Die Art kann man an Blüten, Kadavern oder faulenden Pflanzenresten finden. Ihre Larven entwickeln sich anscheinend in Pilzfruchtkörpern. Nach Literaturangaben wurden sie beispielsweise in Fliegenpilzen *(Amanita muscaria)* gefunden.

(1) *Phaonia pallida* ♂

(2) *Phaonia pallida* ♂

(3) *Phaonia pallida* ♀

Hausfliege
Phaonia valida

L. 10-12 mm

Die **Fliege (1-3)** wirkt durch ihre gelbgrünliche Grundfarbe und die dunklen Längsstreifen des Vorderkörpers bzw. Flecken des Hinterleibes ausgesprochen bunt. Das Schildchen ist am unteren Rand rotbräunlich abgesetzt und dort auffallend mit feinen Borsten besetzt. Die roten Augen sind behaart. Männchen **(1-2)**, Weibchen **(3)** mit durch die breite Stirn deutlich getrennten Augen. Wir fanden die interessante Art beim Saugen von Baumsaft an einer Eiche. Die Larven leben in abgefallenem Laub.

(1) *Phaonia valida* ♂

(2) *Phaonia valida* ♂

(3) *Phaonia valida* ♀

(1) *Polietes lardarius* ♀

(2) *Polietes lardarius* ♀

(3) *Polietes lardarius* ♀

Grauschwarze Hausfliege

Polietes lardarius

L. ca. 10 mm

Die **Fliege (1-3)** ähnelt durch ihre schwarz-weiße Zeichnung an Vorder- und Hinterkörper den Fleischfliegen der Gattung *Sarcophaga*. Doch die Form der Flügeladerung verweist sie in die Gruppe der Echten Fliegen. Die braunen oder rotbraunen Augen sind deutlich behaart und die Fühlerborste ist gefiedert. Die abgebildeten Tiere sind Weibchen. Entsprechend sind ihre Augen durch die schwarze Stirn deutlich getrennt. Die Fliege hält sich gerne an Dung auf und wird gelegentlich an dem nach Aas riechenden Käppchen der Stinkmorchel *(Phallus impudicus)* beobachtet.

Braunschwarze Schweißfliege

Thricops semicinereus

L. 5-6,5 mm

Die schlanke **Fliege (1-2)** ist bis auf den orangegelblichen Hinterleib und die rotbraunen Augen schwarz bis anthrazitfarben. Die Fühlerborste ist ungefiedert. Man findet die Fliege in feuchteren Biotopen, z. B. am Rande von Auwäldern, beim Blütenbesuch. Die Abbildungen zeigen Weibchen mit deutlich getrennten Augen.

(1) *Thricops semicinereus* ♀

(2) *Thricops semicinereus* ♀

Blumenfliegen (Fam. *Anthomyiidae*)

Blumenfliege
Anthomyia procellaris

L. 5-7 mm

Die **Fliege (1-3)** ist an Vorder- und Hinterkörper auffällig schwarz-weiß gefleckt. Die Fotos zeigen Männchen, deren Augen dicht zusammenstehen. Bei Weibchen (nicht abgebildet) sind die Augen durch eine breite Stirn deutlich getrennt. Der dünne Hinterleib sieht bei Männchen oft wie »verhungert« aus **(1)**. Die Fühlerborste ist nicht gefiedert. Die Fliegen besuchen Blüten verschiedener Kräuter zur Pollenaufnahme, nehmen aber auch Vogelkot auf.

(1) *Anthomyia procellaris* ♂

(2) *Anthomyia procellaris* ♂

(3) *Anthomyia procellaris* ♂

(3) *Delia radicum* ♂

(1) *Delia radicum* ♂

(2) *Delia radicum* ♂

Kleine Kohlfliege

Delia radicum

L. 5-7 mm

Die **Fliege (1-3)** ist ein häufig auftretender Schädling an Kulturpflanzen, besonders an diversen Kohlsorten. Man findet sie tagsüber auf Kohl- und Rapsfeldern, gelegentlich auch in Gärten mit geeigneten Wirtspflanzen. Die cremefarbenen Larven beginnen mit Wurzelfraß und gehen im Laufe der Entwicklung auch auf die Blätter über. Auf den Abbildungen sind Männchen dargestellt.

Blumenfliege

Eustalomyia festiva

L. 8-10 mm

Die **Fliege (1-3)** erinnert durch ihr auffälliges schwarz-weißes Muster an die etwas kleinere Gefleckte Hausfliege (S. 526). Bei einem direkten Vergleich der äußeren Merkmale werden aber die Unterschiede deutlich. Die Fühlerborste ist relativ lang gefiedert **(3)**, was die Art auch von der ähnlichen Blumenfliege *E. histrio* unterscheidet. Alle Abbildungen zeigen Weibchen, deren Augen durch die dunkle Stirn getrennt sind. Die Fliegen halten sich gerne an Waldrändern und Lichtungen auf, wo sie auf Baumrinden sitzen. Die Larven parasitieren Larven anderer Insekten.

(1) *Eustalomyia festiva* ♀

(2) *Eustalomyia festiva* ♀

(3) *Eustalomyia festiva* ♀

(1) *Eustalomyia hilaris* ♀

(2) *Eustalomyia hilaris* ♀

Blumenfliege
Eustalomyia hilaris

L. 6–9 mm

Die **Fliege (1–2)** kann leicht mit *E. festiva* (S. 546) verwechselt werden, wirkt aber etwas heller. Typisch ist ihr schwarzer Mittelstreifen auf dem Vorderkörper, der sich nach hinten zu einem rundlichen Fleck verbreitert. Die Fotos stellen Weibchen dar. Standorte und ökologische Ansprüche weichen von denen der Schwesterart vermutlich kaum ab. Die Larven halten sich in Nestern von Grabwespen auf.

(1) *Hydrophoria lancifer* ♂

(2) *Hydrophoria lancifer* ♂

(3) *Hydrophoria lancifer* ♀

Blumenfliege
Hydrophoria lancifer

L. 6-11 mm

Die **Fliege (1-3)** fällt durch einen unterbrochenen, schwarzen Längsstreifen auf, der sich an beiden Seiten des Vorderkörpers befindet. Die Basis der glasklaren Flügel ist etwas orange, wie bei den ähnlich aussehenden Arten der Gattung *Eustalomyia*. Männchen **(1-2)** sind oft dunkler gefärbt als die Weibchen **(3)**. Auch sind die Augen der Weibchen durch die Stirn deutlicher getrennt. Man findet die Fliegen in feuchten Wäldern, sitzend auf Blättern von Büschen oder Kräutern. Sie ernähren sich von Pollen und Nektar. Die Larven benötigen Dung für die Entwicklung.

Blumenfliege
Hylemya vagans

L. 6–8 mm

Die **Fliege (1–2)** wirkt insgesamt hellgrau. Die Oberseite des Vorderkörpers ist oft kräftiger stahlgrau und mittig wie seitlich mit dunkleren Längsstreifen versehen. An den Seiten ist der Körper unterhalb der Seitenstreifen wieder deutlich aufgehellt. Blumenfliegen der Gattung *Eustalomyia* sind sehr ähnlich und die Schwesterart *Hylemya nigrimana* ist wohl nur von Spezialisten unterscheidbar. Die abgebildeten Tiere sind Weibchen, deren Augen weit auseinanderstehen. Die Fliege kann an Wald- und Feldrändern in der niedrigen Krautschicht angetroffen werden.

(1) *Hylemya vagans* ♀

(2) *Hylemya vagans* ♀

(1) *Leucophora obtusa* ♀

Blumenfliege
Leucophora obtusa

L. 5-6 mm

Die kleine, graubraune **Fliege (1-2)** unterscheidet sich äußerlich nur unwesentlich von anderen Arten der Gattung. Zur Aufnahme von Nektar und Pollen besucht sie blühende Kräuter an Wald- und Feldrändern. Abweichend ist jedoch ihre Lebensweise. Weibchen (siehe Fotos) verfolgen Wildbienen, besonders Sandbienen der Gattung *Andrena*, bis zu ihrem Nest und legen dort die Eier ab. Die schlüpfenden Larven ernähren sich dann vom Futtervorrat der Biene. Für Fliegen mit dieser Verhaltensweise wurde der Begriff »Satellitenfliege« geschaffen.

(2) *Leucophora obtusa* ♀

Blumenfliege
Pegomya* cf. *bicolor

L. 6–8 mm

Die **Fliege (1)** besitzt einen stahlgrauen, längs gestreiften Vorderkörper und der Hinterleib ist orangefarben. Die Abbildung zeigt eine Paarung. Deutlich sind die unterschiedlichen Augenabstände der beiden Geschlechter zu erkennen. Die Fliege hält sich gerne an Waldrändern und auf blühenden Wiesen auf, um Pollen und Nektar aufzunehmen. Eier werden an den Unterseiten von Blättern gelegt. Die schlüpfenden Larven entwickeln sich anfangs innerhalb der Blätter. Es existieren einige sehr ähnliche Arten. Eine sichere Abgrenzung ist durch die Untersuchung der Genitalien möglich.

(1) *Pegomya bicolor* Paarung

(1) *Sarcophaga carnaria* ♀

Fleischfliegen (Fam. *Sarcophagidae*)

Graue Fleischfliege
Sarcophaga carnaria

L. 9-18 mm

Die **Fliege (1-4)** ist die häufigste Art ihrer Gattung. Sie ist auffällig hellgrau und schwarz gefärbt, wobei der Vorderkörper längs gestreift und der Hinterleib schachbrettartig kariert ist. Die Augen sind rot oder rotbraun und unbehaart. Weibchen **(1-2)**, Männchen **(3)**. Beide Geschlechter sind auf Fotos schwer zu unterscheiden, da der Augenabstand bei weiblichen Tieren nur unwesentlich weiter ist. Weibchen besitzen aber ein deutlich helleres Gesicht. Bei der hier abgebildeten Paarung **(4)** ist das Männchen ausnahmsweise der größere Partner. Die Fliege ist nahezu überall, in menschlichen Wohnungen, auf Blüten diverser Kräuter und auf Kadavern, zu finden. Eier werden an Aas abgelegt, auf dem sich die Larven entwickeln.

(2) *Sarcophaga carnaria* ♀

Sarcophaga carnaria ♂

(4) *Sarcophaga carnaria* Paarung

(1) *Miltogramma punctatum*

(2) *Miltogramma punctatum*

(3) *Miltogramma punctatum*

Fleischfliege

Miltogramma punctatum

L. 6-9 mm

Die **Fliege (1-3)** gehört zu den selteneren Fleischfliegen. Mit etwas Glück kann man sie beim Blütenbesuch beobachten. Die Arten der Gattung *Miltogramma* gehören zu den Brutparasiten an Wildbienen. Die abgebildete Art legt ihre bereits im Uterus vorgehaltenen Larven in Nestern der Gemeinen Seidenbiene *(Colletes daviesanus)* ab. Diese fressen dann meistens zuerst die Eier des Wirtes und ernähren sich dann von gelagerten Nahrungsvorräten. Die Brut der Biene wird dadurch stark dezimiert oder vernichtet. Bei den abgebildeten Tieren handelt es sich vermutlich um Weibchen.

Fleischfliege
Metopia argyrocephala

L. 5–8 mm

Die **Fliege (1–2)** wirkt durch ihre Körperform sehr kompakt. Auffallend ist, aber nur bei den Männchen (siehe Fotos), die silbrig weiße, vorstehende Stirnfläche. Der Hinterleib ist kegelförmig zugespitzt und an den Seiten mit hellen Fleckenreihen besetzt. Die Art ist ein Parasit an Wegwespen der Familie *Pompilidae*. Weibchen verhalten sich ähnlich wie die Fleischfliegen der Gattung *Miltogramma*. Sie legen eine im ersten Entwicklungsstadium befindliche Larve in die Nester der Wegwespe. Zuerst frisst die Larve die Eier und dann den Proviant des Wirtes, der vorwiegend aus Spinnen besteht.

(1) *Metopia argyrocephala* ♂

(2) *Metopia argyrocephala* ♂

Raupen- und Wanzenfliegen (Fam. *Tachinidae*)

Igelfliege
Tachina fera

L. 9–14 mm

Die **Fliege (1–4)** ist sehr häufig auf Blüten verschiedener Kräuter anzutreffen, da sie sich von Pollen und Nektar ernährt. Der Volksname bezieht sich auf die lange, stachelartige Behaarung des Hinterleibes, die aber für die meisten Raupenfliegen typisch ist. Beide Geschlechter sind äußerlich oft nicht sicher zu trennen, da die Augenabstände nur wenig variieren. Bei der abgebildeten Paarung **(4)** ist das Männchen ausnahmsweise größer als das Weibchen. Es gibt mehrere sehr ähnliche, schwer unterscheidbare Arten. Die Larven leben parasitisch an Schmetterlingsraupen (Eulenfalter).

(2) *Tachina fera*

(1) *Tachina fera*

(3) *Tachina fera*

(4) *Tachina fera* Paarung

Raupenfliege
Tachina ursina

L. 10-16 mm

Die **Fliege (1-3)** ist wollig behaart und erinnert daher an eine Hummel. Zwischen den dünnen Haaren liegen in regelmäßigen Abständen dunkle, längere Borsten. Bei den abgebildeten Tieren handelt es sich um Männchen, die nach vorbeifliegenden Weibchen Ausschau halten. Die Art hält sich gerne in Waldnähe auf. Ihre Larven parasitieren Schmetterlingsraupen, vermutlich aus der Gruppe der Eulenfalter. Sehr ähnlich ist die Raupenfliege *Tachina lurida*. Ein gutes Unterscheidungsmerkmal sind ihre auffallend gekreuzten Borsten auf dem Schildchen, die *T. ursina* fehlen.

(1) *Tachina ursina* ♂

(2) *Tachina ursina* ♂

(3) *Tachina ursina* ♂

(1) *Nowickia ferox*

(2) *Nowickia ferox*

(3) *Nowickia ferox*

Raupenfliege

Nowickia ferox

L. 12–16 mm

Die **Fliege (1–3)** ist bis auf den gelb-orange aufgehellten Hinterleib völlig schwarz. Dort befindet sich auf Mitte des Rückens ein schwarzer, oft grob gezackter Längsstreifen. Dieser kann unterbrochen sein. Das Ende des Hinterleibes ist gänzlich schwarz und, wie für Raupenfliegen typisch, mit langen Borsten besetzt. Die Art ist häufig beim Blütenbesuch zu finden. Sie ähnelt der Igelfliege (S. 556), mit der sie oft zusammen vorkommt. Die Larven parasitieren Raupen von Eulenfaltern.

Raupenfliege

Dinera ferina

L. 8-12 mm

Die **Fliege** (1-3) ist hübsch schwarz-weiß gezeichnet. Ihre Beine sind meistens schwarz und auffallend lang. Wie bei allen Raupenfliegen ist der hintere Teil des Hinterleibes mit langen Borsten versehen. Man findet die Fliege an Waldrändern und auf Wiesen beim Blütenbesuch. Ihre Larven sind Parasiten an Käferlarven der Familie der Schröter *(Lucanidae)*. Der Begriff »Raupenfliege« trifft daher für diese Gattung nicht zu (vgl. auch die Raupenfliege *Prosena siberita*, S. 562).

(1) *Dinera ferina*

(2) *Dinera ferina*

(3) *Dinera ferina*

Graue Raupenfliege
Dinera grisescens

L. 5–7 mm

Die kleine **Fliege (1–2)** ist hell graubräunlich, am Vorderkörper fein längs gestreift und am Hinterleib fein punktiert. Die langen Borsten konzentrieren sich auffallend auf die hinteren Ränder der beiden letzten Segmente. Wir fanden die Fliege auf Blüten des Gefleckten Schierlings *(Conium maculatum)*. Die Larven parasitieren Laufkäfer der Gattung *Harpalus*. Sehr ähnlich ist die etwas größere, häufigere *Prosena siberita* (S. 562), deren Borsten auf dem Hinterleib anders angeordnet sind.

(1) *Dinera grisescens*

(2) *Dinera grisescens*

Raupenfliege
Prosena siberita

L. 8-11 mm

Die graue **Fliege (1-4)** hat ein sehr helles Gesicht, sehr lange, rotbraune Beine und einen auffällig langen Saugrüssel, der auf Bild **(4)** deutlich zu sehen ist. Die langen Borsten des Hinterleibes sind relativ sparsam verteilt. Der Lebensraum sind Wiesen mit blühenden Kräutern und Trockenrasen, bevorzugt auf Sandböden. Die Larven parasitieren an Engerlingen von Blatthornkäfern der Gattung *Anomala*. Sehr ähnlich ist die Raupenfliege *Dinera grisescens* (S. 561).

(1) *Prosena siberita*

(2) *Prosena siberita*

(3) *Prosena siberita*

Prosena siberita

Rotgefleckte Raupenfliege
Eriothrix rufomaculata

L. 7-12 mm

Die schwarz-graue **Fliege (1-3)** besitzt auf dem zweiten bis vierten Hinterleibssegment ausgedehnte rote Seitenflecken. Auf dem Rücken erscheint dadurch ein schmaler, schwarzer Längsstreifen. Der Hinterleib ist mit kräftigen, schwarzen Borsten besetzt. Bei Männchen **(1-2)** stehen die Augen etwas dichter zusammen als bei Weibchen **(3)** und der Hinterleib ist schlanker Die Art ist beim Besuch von Blüten verschiedener Kräuter nicht selten zu beobachten. Ihre Larven entwickeln sich in Raupen von Eulenfaltern und Zünslern der Gattung *Crambus*.

(1) *Eriothrix rufomaculata* ♂

(2) *Eriothrix rufomaculata* ♂

(3) *Eriothrix rufomaculata* ♀

(1) *Eurithia anthophila*

(2) *Eurithia anthophila*

Raupenfliege
Eurithia anthophila

L. 10–14 mm

Die **Fliege (1–2)** gehört zu den größeren, kompakten Raupenfliegen. Vorder- und Hinterkörper sind schwarz und dabei grau bestäubt. Am Vorderkörper zeichnen sich mehrere dünne Längsstreifen ab. Das vorgewölbte Gesicht ist hellbräunlich und die behaarten Augen sind durch eine schwarze Stirn getrennt. Die Art ist ein eifriger Blütenbesucher an Waldrändern und Lichtungen, hier an Engelwurz *(Angelica sylvestris)*. Über die Biologie ihrer Larven ist mir nichts bekannt.

Raupenfliege
Gonia picea

L. 9-12 mm

Die **Fliege (1-2)** fällt wie alle Arten der Gattung *Gonia* durch ihre sehr breite Stirn und das deutlich vorgewölbte Gesicht auf. Die Segmente des dunklen Hinterleibes sind durch helle Querstreifen getrennt. Auf den beiden mittleren Segmenten zeichnen sich dunkle, braunrote Seitenflecken ab, die aber kaum auffallen. Die Fliegen besuchen Blüten, hier an Korbblütlern. Larven parasitieren Raupen verschiedener Eulenfalter. Genannt wird z. B. die Dreizack-Graseule *(Cerapteryx graminis)*.

(1) *Gonia picea*

(2) *Gonia picea*

Raupenfliege
Gonia ornata

L. 8–12 mm

Die **Fliege (1–3)** unterscheidet sich von der ähnlichen *Gonia picea* (S. 566) durch ein dunkleres Gesicht und deutlichere, weiter ausgedehnte, rötliche Seitenflecken auf dem Hinterleib, die noch ein weiteres Segment bedecken. Wir fanden sie am Rande eines Auwaldes. Es existieren weitere, sehr ähnliche Arten der Gattung, die schwer auseinanderzuhalten sind. Die Larven parasitieren Raupen von Eulenfaltern oder Trägspinnern, z. B. *Elkneria pudibunda* (S. 396).

(1) *Gonia ornata*

) *Gonia ornata*

(3) *Gonia ornata*

(1) *Onychogonia flaviceps*

Raupenfliege
Onychogonia* cf. *flaviceps

L. ca. 8 mm

Die **Fliege (1)** hat gewisse Merkmale der Gattung *Gonia*, wie z. B. die breite Stirn und das vorgewölbte Gesicht. Die Bestimmung ist unsicher, da über die seltenen Arten der Gattung *Onychogonia* sehr wenig zu erfahren ist. Auffallend ist der schachbrettartig schwarz-weiß gezeichnete Hinterleib dieser Art. Wir fanden ein einziges Tier auf einem trockenen Sandweg auf offenem Gelände in Waldnähe.

Fotobeleg: Brandenburg, Sandweg nahe Streganz, 27. 7. 2011.

Blaugrüne Raupenfliege
Gymnocheta viridis

L. 7-11 mm

Die **Fliege (1-3)** erinnert wegen ihrer metallisch-grünen Farbe an die Goldfliegen der Gattung *Lucilia*. Die langen Borsten des Hinterleibes weisen aber auf eine Raupenfliege hin. Die Art hält sich oft in Waldnähe auf. Die Abbildungen zeigen Männchen mit eng zusammenstehenden Augen. Fliegen ernähren sich von Nektar und Pollen. Die Larven parasitieren Raupen von Eulenfaltern der Familie *Noctuidae*. Es existieren sehr ähnlich aussehende Arten, z. B. die Raupenfliege *Chrysosomopsis auratus*. Zur sicheren Unterscheidung muss die Anzahl der Borstenreihen auf dem Vorderkörper gezählt und verglichen werden. Bei *G. viridis* sind es vier Querreihen, bei der Schwesterart nur drei.

(1) *Gymnocheta viridis* ♂

(3) *Gymnocheta viridis* ♂

Gymnocheta viridis ♂

Raupenfliege
Linnaemya tessellans

L. 8-10 mm

Die **Fliege (1-2)** ist nicht selten auf verschiedenen Blüten, hier auf Korbblütlern, beim Aufnehmen von Nektar und Pollen zu beobachten. Die Grundfarben sind relativ dunkel. Durch längs gestreiften Vorderkörper und schachbrettartig gemusterten Hinterleib wirkt die Fliege etwas bunt. Der Körper ist mit vielen dunklen Borsten besetzt. Am Hinterleib sind sie besonders kräftig ausgebildet. Die braunen Augen sind hell behaart und die Fühlerborste ist kahl. Über die Ernährung der Larven ist wenig zu erfahren. Vermutlich entwickeln sie sich in Raupen von Schmetterlingen.

(1) *Linnaemya tessellans*

(2) *Linnaemya tessellans*

Raupenfliege
Linnaemya picta

L. 8-10 mm

Die **Fliege (1-3)** könnte leicht mit *Linnaemya tessellans* (S. 570) verwechselt werden. Sie ist ähnlich gezeichnet, wirkt aber heller als ihre Schwesterart. Die Fotos **(1-2)** zeigen sie beim Besuch auf Blüten der Rundblättrigen Minze *(Mentha rotundifolia)*. Bild **(3)** ist ein Beweis dafür, dass die Art auch an toten Insekten saugt, hier am eingesponnenen Nahrungsvorrat einer Spinne. Arten der Gattung *Linnaemya* sind schwer auseinanderzuhalten. Auch die Trennung der Geschlechter ist schwierig.

(1) *Linnaemya picta*

(2) *Linnaemya picta*

(3) *Linnaemya picta*

(1) *Microphthalma europaea* ♀

Raupenfliege
Microphthalma europaea

L. ca. 10 mm

Die **Fliege (1–2)** ist auf hellgrauem oder beigefarbenem Untergrund schwarzbraun gemustert. Der Vorderkörper ist längs gestreift und der Hinterleib gefleckt und fein punktiert. Die langen Borsten des Hinterleibes sind sparsam an den Rändern der Segmente verteilt. Sie entspringen jeweils einem rundlichen, schwarzbraunen Fleck. Auffallend ist die sehr breite Stirn und das helle, vorgewölbte Gesicht der abgebildeten Weibchen. Die Art ist offensichtlich wärmeliebend, da sie auch aus Spanien und der Türkei gemeldet wurde. Ihre Larven entwickeln sich in Engerlingen des zu den Blatthornkäfern gehörenden Walkers *(Polyphylla fulio)*. Der Begriff »Raupenfliege« trifft hier demnach nicht zu.

Fotobelege: Brandenburg, Mahlow, Streuobstwiese nahe südlicher Stadtgrenze zu Berlin, 14. 8. 2019.

(2) *Microphthalma europaea* ♀

Raupenfliege
Mintho rufiventris

L. 8-11 mm

Die **Fliege (1-2)** ist auch am Hinterleib auffallend schlank, dessen Seiten der Segmente eins bis drei dunkelrot gefärbt sind. Der Vorderkörper ist mit schwarzen und silbergrauen Längsstreifen versehen. Die Art kann an Waldrändern und Lichtungen, auf Wiesen und in Gärten gefunden werden. Sie ernährt sich von Pollen und Nektar. Die Eier werden an Raupen von Zünsler-Arten *(Pyralidae)* und Glasflüglern *(Sesiidae)* abgelegt. Die schlüpfenden Larven bohren sich in den Wirt ein, von dem sie sich ernähren. Ähnliche Arten sind die Raupenfliegen *Eriothrix rufomaculata* (S. 564) und Arten der Gattung *Cylindromyia* (ab S. 580).

(1) *Mintho rufiventris*

(2) *Mintho rufiventris*

Raupenfliege
Nemoraea pellucida

L. 8-15 mm

Die relativ große **Fliege (1-3)** besitzt einen variabel gemusterten Hinterleib. Die schwarzen Bereiche sind durch weißliche und braune Flecken scheckig aufgehellt. Bei einigen Tieren zeichnet sich auf dem Rücken ein breiter, schwarzer Streifen ab. Dann besteht eine gewisse Ähnlichkeit mit der Igelfliege (S. 556). Das Schildchen ist immer bräunlich und damit deutlich heller als der Vorderkörper. Die Flügelbasis fällt durch ihre orangegelbe Farbe auf. Bei den abgebildeten Tieren handelt es sich vermutlich um Männchen. Die Fliege sitzt gerne an Waldrändern auf Blättern von Bäumen oder Sträuchern. Ihre Larven sind Parasiten an Raupen verschiedener Nachtfalter.

(1) *Nemoraea pellucida* ♂

(2) *Nemoraea pellucida* ♂

(3) *Nemoraea pellucida* ♂

Raupenfliege
Peleteria rubescens

L. 10-14 mm

Die **Fliege (1-3)** gehört zu einer Gruppe ähnlich aussehender Raupenfliegen mit teilweise orangerot gefärbtem Hinterleib. Auf dem Rücken befinden sich pfeilspitzenförmige, seltener rundliche, schwarze Flecken, die zu einem unregelmäßigen Längsstreifen zusammenfließen können. Stellenweise ist der Hinterleib hell bereift. Die für Raupenfliegen typischen Borsten sind im hinteren Teil des Hinterleibes schütter verteilt. Die Art liebt trockene Sandböden oder Dünenlandschaften. Sie besucht an Wald- und Wiesenrändern Blüten diverser Kräuter. Larven leben parasitisch an Raupen von Eulenfaltern.

(1) *Peleteria rubescens*

Peleteria rubescens

(3) *Peleteria rubescens*

(1) *Phryxe nemea* ♀

Raupenfliege
Phryxe nemea

L. 6–10 mm

Die **Fliege (1)** hat eine schwarze Grundfarbe und ist an Vorder- und Hinterkörper grauweißlich bereift. Der mit kräftigen, dicht stehenden Borsten besetzte Hinterleib bekommt dadurch ein schachbrettartiges Muster. Es existieren etliche sehr ähnlich aussehende Arten, die per Foto schwer zu bestimmen sind. Das abgebildete Tier ist vermutlich ein Weibchen. Die Larven parasitieren Raupen diverser Tag- und Nachtfalter.

Raupenfliege
Thelaira nigripes

L. ca. 10 mm

Die **Fliege (1–3)** gehört zu den schwarz-grauen Raupenfliegen mit relativ schlankem Hinterleib. Dieser ist seitlich durch weißliche und braune Flecken gescheckt. Gelegentlich sind die hellbraunen Seiten an den Segmenten zwei bis vier großflächiger **(2–3)**, wodurch auf dem Rücken ein schwarzes, breites Längsband entsteht. Die Flügelbasis ist orangegelblich gefärbt. Die Art hat einige Doppelgänger, deren Unterscheidung Spezialisten vorbehalten ist. Man findet sie öfter an Waldrändern, manchmal auch an Bach- oder Teichufern. Die Larven entwickeln sich in Raupen verschiedener Schmetterlingsgruppen.

(1) *Thelaira nigripes*

Thelaira nigripes

(3) *Thelaira nigripes*

Raupenfliege
Zophomyia temula

L. 8–12 mm

Die **Fliege (1-3)** ist vollkommen schwarz oder glänzend blauschwarz. Körper und Beine sind mit kräftigen Borsten besetzt. Auffallend sind die hellen Flügel, die im unteren Drittel kräftig rotorange gefärbt sind. Die Art erinnert daher etwas an die Rinderfliege (S. 535), deren Körper nur mit feinen Haaren bedeckt ist. Die Raupenfliege findet man nicht selten an Wald- und Wiesenrändern beim Blütenbesuch oder in Ruhestellung auf Blättern von Büschen oder Kräutern. Die Larven leben parasitisch an Schmetterlingsraupen. Sie entwickeln sich im Inneren der Raupe, wodurch diese stirbt.

(1) *Zophomyia temula*

(2) *Zophomyia temula*

(3) *Zophomyia temula*

Eulen-Raupenfliege
Panzeria rudis

L. 9-12 mm

Die **Fliege (1-3)** erinnert durch ihren kräftigen Körperbau und den mit hellen Flecken versehenen Hinterkörper an eine Fleischfliege. Die längeren Borsten des hinteren Körperbereiches weisen jedoch auf eine Raupenfliege. Das Schildchen ist braun gefärbt und setzt sich dadurch deutlich vom schwarz-grauen Vorderkörper ab. Die Augen der Männchen **(1-2)** stehen enger zusammen als bei den Weibchen **(3)**. Die fotografierten Tiere tummelten sich im Mai nur wenige Tage auf den Blättern einer großen Eiche, bevor sie verschwanden. Die Larven leben parasitisch in den Raupen von Eulenfaltern.

(1) *Panzeria rudis* ♂

(2) *Panzeria rudis* ♂

(3) *Panzeria rudis* ♀

Wanzenfliege

Cylindromyia bicolor

L. 9–12 mm

Die **Fliege (1–2)** besitzt, ihrem Gattungsnamen entsprechend, einen zylindrischen Hinterleib, der etwas schmaler als der schwarze Vorderkörper ist. Die rote Farbe wird durch eine schwarze Mittellinie auf dem Rücken der ersten beiden Segmente unterbrochen. Die Art besucht Blüten an Waldrändern und Lichtungen, ist aber auch in Gärten zu finden. Die Larven entwickeln sich in der Grauen Feldwanze *(Rhaphigaster nebulosa)*, die sie auffressen.

(1) *Cylindromyia bicolor*

(2) *Cylindromyia bicolor*

Wanzenfliege
Cylindromyia auriceps

L. 8-10 mm

Die **Fliege (1-2)** hat einen schwarzen, borstigen Hinterleib, der an den Seiten der vorderen Segmente rot abgesetzt ist. Der schwarze, hintere Bereich weist oft ein schmales silbrig-weißes Querband auf. Es existieren ähnliche Arten, die anhand von Lage und Anzahl der Borsten unterscheidbar sind. Bei *C. bicolor* (S. 580) ist die Spitze des Hinterleibes nicht schwarz gefärbt. Die Fliege ernährt sich von Pollen und Nektar diverser Kräuter. Larven leben parasitär in Beerenwanzen der Gattung *Dolycoris*.

(1) *Cylindromyia auriceps*

(2) *Cylindromyia auriceps*

(1) *Cylindromyia brassicaria*

(2) *Cylindromyia brassicaria*

(3) *Cylindromyia brassicaria*

Wanzenfliege
Cylindromyia brassicaria

L. 9-12 mm

Die **Fliege (1-3)** ähnelt den anderen hier beschriebenen Arten der Gattung. Der schwarzrote Hinterleib besitzt jedoch keinen durchgehenden Rückenstreifen, der beispielsweise für *C. auriceps* (S. 581) typisch ist. Beide Arten sind Nahrungskonkurrenten, da ihre Larven Beerenwanzen der Gattung *Dolycoris* befallen. Bei *C. bicolor* (S. 580) ist die Spitze des Hinterleibes nicht schwarz, sondern rot gefärbt.

Breitflügelige Wanzenfliege
Ectophasia crassipennis

L. 6-9 mm

Die **Fliege (1-4)** zeichnet sich durch dunkel gefleckte, zumindest bei den Männchen **(1-2)** auffallend breite Flügel aus. Ihr orangener Hinterleib besitzt einen dunklen Längsstreifen. Dieser ist bei Weibchen **(3-4)** kurz und auf die ersten Segmente beschränkt. Das hinterste Drittel ist beigefarben aufgehellt. Die Art ernährt sich von Pollen und Nektar. Wir fanden sie regelmäßig an den Blüten der Wiesen-Schafgarbe *(Achillea millefolium)*. Das Weibchen sticht Baumwanzen an und überträgt ein Ei. Die zeitnah schlüpfende Larve frisst den Wirt von innen her auf, der dann stirbt.

:ctophasia crassipennis ♂

(2) *Ectophasia crassipennis* ♂

Ectophasia crassipennis ♀

(4) *Ectophasia crassipennis* ♀

Wanzenfliege
Ectophasia oblonga

L. 6–10 mm

Die **Fliege (1–5)** kann der Breitflügeligen Wanzenfliege (S. 583) sehr ähnlich sein. Der Hinterleib beider Geschlechter ist meistens orange bis rot gefärbt und bei Männchen **(1–2)** ohne oder mit nur angedeutetem, dunklem Mittelstreifen. Dieser ist bei Weibchen **(3–4)** etwas deutlicher ausgebildet und verbreitert sich zur Spitze hin, wodurch das Hinterleibsende dunkel gefärbt ist. Gelegentlich treten melanistische Formen mit gänzlich dunklem Hinterleib auf. Bild **(5)** zeigt die für die Gattung typische Aderung in der Flügelspitze. Biologie und Ernährungsweise gleichen der Breitflügeligen Wanzenfliege.

(1) *Ectophasia oblonga* ♂

(2) *Ectophasia oblonga* ♂

(3) *Ectophasia oblonga* ♀

(5) *Ectophasia oblonga* Flügelspitze

Ectophasia oblonga ♀

(1) *Elomya lateralis* ♀

(2) *Elomya lateralis* Flügeladerung

Rotaugen-Schmarotzerfliege
Elomya lateralis

L. ca. 8 mm

Die in Norddeutschland seltene **Fliege** (1-2) ist glänzend schwarz gefärbt. Der Vorderkörper ist an den Seiten mit einem weißen Haarsaum versehen und die großen Facettenaugen können rotbraun oder rot sein. Weibchen (siehe Abbildung) zeichnen sich durch glasklare, an der Basis gelblich gefärbte Flügel aus. Diese sind bei Männchen oft auffallend dunkel gefleckt. *Elomya* unterscheidet sich von ähnlich aussehenden Gattungen (z. B. *Ectophasia* oder *Phasia*) durch eine abweichende Aderung an der Flügelspitze (2). Die Larven parasitieren Wanzen.

Fotobelege: Brandenburg, Glashütte/Baruth, an Giersch *(Aegopodium podagraria)*, 9. 6. 2017.

Goldschild-Wanzenfliege
Phasia aurigera

L. 9–13 mm

Die **Fliege (1-5)** war »Insekt des Jahres 2014«. Das Männchen **(1-2)** fällt besonders durch die goldgelbe Zeichnung des Vorderkörpers auf, die dem Weibchen **(3-4)** fehlt. Durch die typische Flügeladerung an der Spitze **(5)** kann die Gattung leicht von *Elomya* und *Ectophasia* unterschieden werden. Die Art ist besonders im Herbst nicht selten auf Blüten verschiedener Kräuter zu finden. Die Larven entwickeln sich in größeren Baum- und Lederwanzen der Gattungen *Coreus, Palomena, Rhaphigaster* und *Gonocerus*. Ähnlich ist die Wanzenfliege *P. aurulans* (S. 588), die an den gleichen Standorten vorkommt.

(3) *Phasia aurigera* ♀

(1) *Phasia aurigera* ♂

(4) *Phasia aurigera* ♀

(2) *Phasia aurigera* ♂

(5) *Phasia aurigera* Flügelspitze

Wanzenfliege

Phasia aurulans

L. 7-10 mm

Die **Fliege (1-4)** ähnelt der Goldschild-Wanzenfliege (S. 587). Das goldgelbe Zeichen auf dem Vorderkörper des Männchens **(1-2)** ist kleiner und hat eine abweichende Form. Das Weibchen **(3-4)** ist am Körper bis auf feine Bereifungen vollkommen schwarz. Beide Arten können zur selben Zeit an den gleichen Blüten ihre Nahrung, bestehend aus Pollen und Nektar, aufnehmen. Die Larven von *P. aurulans* leben parasitisch an Stachelwanzen der Gattung *Elasmucha*.

(2) *Phasia aurulans* ♂

(4) *Phasia aurulans* ♀

Phasia aurulans ♂

) *Phasia aurulans* ♀

Wanzenfliege
Cistogaster globosa

L. 4-5 mm

Die kleine **Fliege (1-3)** besitzt einen annähernd kugelförmigen Hinterleib, der nur fein behaart ist. Das Weibchen **(2-3)** ist einfarbig schwarz und Männchen **(1)** an Vorder- und Hinterleib rötlich oder gelbbraun abgesetzt. An der Flügeladerung lässt sich erkennen, dass die Art mit der Gattung *Phasia* (siehe bei *Phasia aurigera*, S. 587) verwandt ist. Die Fliege besucht gerne Doldenblütler zur Aufnahme von Pollen und Nektar. Larven entwickeln sich parasitisch in Wanzen der Gattung *Aelia*.

(1) *Cistogaster globosa* ♂

(2) *Cistogaster globosa* ♀

(3) *Cistogaster globosa* ♀

(1) *Gymnosoma nudifrons* ♂

(2) *Gymnosoma nudifrons* ♂

(3) *Gymnosoma nudifrons* ♀

Baumwanzenfliege

Gymnosoma nudifrons

L. 5–8 mm

Die **Fliege (1–3)** ähnelt in ihrer Körperform den Wanzenfliegen der Gattung *Cistogaster* (S. 590), ist aber etwas größer. Der abgerundete Hinterleib hat eine gelbbraune Grundfarbe. Männchen **(1–2)** sind auf der Rückenmitte mit isolierten, rundlichen, schwarzen Flecken bestückt. Bei Weibchen **(3)** ist die schwarze Rückenzeichnung auf breite, verbundene Querflecken erweitert. Die Art besucht an Wiesen- und Waldrändern Blüten diverser Kräuter. Die Larven entwickeln sich parasitisch in Baumwanzen *(Pentatomidae)*. Die Baumwanzenfliege *G. rotundatum* (S. 592) ist sehr ähnlich.

(1) *Gymnosoma rotundatum* ♂

(2) *Gymnosoma rotundatum* ♂

(3) *Gymnosoma rotundatum* Paarung

Baumwanzenfliege
Gymnosoma rotundatum

L. 5–8 mm

Die **Fliege (1–3)** hat gleiche ökologische Ansprüche wie ihre Schwesterart *G. nudifrons* (S. 591) und ist an ähnlichen Standorten aufzufinden. Männliche Tiere **(1–2)** besitzen auf dem vorderen Abschnitt des Vorderkörpers eine deutlich ausgeprägte, goldgelbe Bereifung, die bei den Männchen von *G. nudifrons* nur schwach angedeutet ist oder fehlt. Weibliche Exemplare beider Arten sind nicht ohne Weiteres unterscheidbar, da bei beiden der Vorderkörper einfarbig schwarz gefärbt ist. Auf dem Paarungsbild **(3)** ist dieses Merkmal gut zu erkennen.

Erdwanzenfliege
Phania funesta

L. 4–5,5 mm

Die relativ häufige **Fliege (1-3)** ist glänzend schwarz und am Hinterleib dicht mit Borsten besetzt. In Ruhestellung werden die hellen Flügel stets ausgebreitet. Die Art hält sich an Feld- und Waldrändern auf und sitzt gerne auf reifen Fruchtständen des Löwenzahns *(Taraxacum officinale)*, aber auch Blättern und Blüten anderer Kräuter. Die Larven entwickeln sich in Erdwanzen *(Cydnidae)*.

(1) *Phania funesta*

(2) *Phania funesta*

(3) *Phania funesta*

Schmeißfliegen (Fam. *Calliphoridae*)

Blaue Schmeißfliege
Calliphora vicina

L. 7-12 mm

Die häufige **Fliege (1-4)** hat einen schwarzen, stellenweise grau bereiften Körper. Der mehr oder weniger gefleckte Hinterleib glänzt etwas metallisch mit bläulichem oder grünlichem Schimmer. Weibchen **(3-4)** haben etwas entfernter stehende Augen als Männchen **(1-2)**. Der Körper ist überall mit Borsten besetzt. Die Art ernährt sich von faulenden tierischen und pflanzlichen Stoffen, sitzt aber auch gerne auf Kot oder intakten Speisen. Sie gilt daher als Krankheitsüberträger und ist in menschlichen Behausungen nicht gern gesehen. Larven entwickeln sich in Aas oder Kot.

(1) *Calliphora vicina* ♂

(2) *Calliphora vicina* ♂

(3) *Calliphora vicina* ♀

(4) *Calliphora vicina* ♀

Schwarzblaue Schmeißfliege
Calliphora vomitoria

L. 8–13 mm

Die **Fliege (1–2)** ähnelt der Blauen Schmeißfliege (S. 594), ist aber etwas seltener. Von der Seite betrachtet, fällt ihr rotgelber »Bart« an der Unterseite des Hinterkopfes auf **(2)**, der sie von *C. vicina* unterscheidet. Die Abbildungen zeigen Weibchen. Die Fliegen ernähren sich von Pollen (hier an Efeu zu sehen) und die Larven entwickeln sich in Kadavern.

(1) *Calliphora vomitoria* ♀

(2) *Calliphora vomitoria* ♀

Totenfliege
Cynomya mortuorum

L. 8-16 mm

Die **Fliege (1-3)** ist etwas größer als die ähnlichen Arten der Gattung *Calliphora*. Der von oben betrachtet trapezförmige Hinterleib hat ebenfalls einen grünlichen oder bläulichen Metallglanz, ist jedoch nicht gefleckt. Ein gutes Unterscheidungsmerkmal ist das helle, gelborangene Gesicht, welches deutlich vorgewölbt ist. Die abgebildeten Tiere sind Weibchen. Erwachsene Fliegen können öfter beim Blütenbesuch beobachtet werden, setzen sich aber auch auf Kot oder Aas, um dort die Eier abzulegen. Larven entwickeln sich besonders im Aas toter Fische.

(1) *Cynomya mortuorum* ♀

(2) *Cynomya mortuorum* ♀

(3) *Cynomya mortuorum* ♀

Bellardia viarum ♀

(2) *Bellardia viarum* ♂

Bellardia viarum ♂

(4) *Bellardia viarum* ♂

Schmeißfliege
Bellardia viarum

L. 7–9 mm

Die **Fliege (1–4)** wirkt zunächst grauschwarz. Bei entsprechendem Lichteinfall ist, besonders am Hinterleib, ein deutlicher, metallischer Grünschimmer zu sehen **(4)**. Bei Weibchen **(1)** haben die Augen einen weiteren Abstand als bei Männchen **(2–3)**. Auf Bild **(4)** ist ebenfalls ein Männchen abgebildet. Die Art zeichnet sich durch leicht abgedunkelte Flügel mit tiefschwarzer Aderung aus. Das unterscheidet sie von der sehr ähnlichen *B. vulgaris* mit klareren Flügeln und hellerer Flügeladerung. Bisher haben wir die Fliege stets beim Sonnenbad an Häuserwänden gefunden. Vermutlich besucht sie auch Blüten. Über das Verhalten der Larven ist wenig zu erfahren.

Kaiser-Goldfliege

Lucilia caesar

L. 7-11 mm

Die **Fliege (1-4)** ist der häufigste Vertreter der »Goldfliegen«, deren gesamter Körper metallisch-grün oder -blaugrün glänzt. Männchen **(4)** zeichnen sich durch eng zusammenstehende Augen aus, die bei Weibchen durch die Stirn deutlicher getrennt sind **(1-2)**. Um die Art von mehreren ähnlichen Verwandten zu unterscheiden, z. B. der Maden-Goldfliege (S. 599), müssen die Borsten auf der Oberseite des Vorderkörpers betrachtet werden. Bei *L. caesar* fehlen dort etwa in der Mitte zwei Borsten **(2)**, wodurch eine kahle Stelle entsteht. Die Abbildung **(3)** zeigt die typische Flügeladerung. Die Fliegen findet man überall auf Blüten und Blättern verschiedener Kräuter und Holzgewächse, aber auch auf Kot, Aas oder faulenden Pflanzenresten. Die Larven entwickeln sich in Aas. Sie werden deshalb bei mehreren Arten der Gattung für forensische Untersuchungen genutzt.

(1) *Lucilia caesar* ♀

(2) *Lucilia caesar* ♀

(3) *Lucilia caesar* Flügeladerung

(4) *Lucilia caesar* ♂

(1) *Lucilia sericata* ♂

(2) *Lucilia sericata* ♀

(3) *Lucilia sericata* ♀

Maden-Goldfliege
Lucilia sericata

L. 6–11 mm

Die **Fliege (1–3)** ist ziemlich häufig und an ähnlichen Standorten zu finden wie die Kaiser-Goldfliege (S. 598). Von dieser unterscheidet sie sich durch vollständige Borstenreihen auf dem Vorderkörper. In der Mitte entsteht daher keine »kahle Stelle«. Ein weiteres Unterscheidungsmerkmal ist auf Bild **(3)** zu sehen: Links neben dem Flügelansatz befindet sich ein heller, fleischfarbener Fleck, die sog. Basicosta. Diese ist bei *L. caesar* schwarz und fällt deshalb kaum auf. Männchen **(1)**, Weibchen **(2–3)**. Lebensweise und Ernährung entsprechen denen der Kaiser-Goldfliege. Die Larven leben in Aas und werden ebenfalls oft für forensische Untersuchungen genutzt.

Graugelbe Polsterfliege
Pollenia rudis

L. 8-12 mm

Die **Fliege (1-4)** ist die häufigste Art der Gattung, zu erkennen an dem goldgelb bepelzten Vorderkörper. Der Hinterleib ist auffällig gefleckt. Weibchen **(1-2)** sind durch ihre entfernt stehenden Augen zu erkennen, die der Männchen **(3-4)** stoßen in der Mitte fast zusammen. Bild **(2)** zeigt ein älteres Weibchen mit starkem Milbenbefall. Die Art besucht Blüten zur Aufnahme von Pollen und Nektar, aber auch Dung und Aas. Larven leben parasitisch in Regenwürmern.

(3) *Pollenia rudis* ♂

Pollenia rudis ♀

Pollenia rudis ♀

(4) *Pollenia rudis* ♂

(1) *Pollenia amentaria* ♀

(2) *Pollenia amentaria* ♀

(3) *Pollenia amentaria* ♂

Große Polsterfliege
Pollenia amentaria

L. 6–12 mm

Die **Fliege (1–3)** ist nicht größer als die Graugelbe Polsterfliege (S. 600). Der Vorderkörper ist ebenfalls mit einem dichten, goldgelben Pelz bedeckt, doch der Hinterleib ist einfarbig dunkel. Weibchen **(1–2)**, Männchen **(3)**. Die Art ist seltener als die graugelbe Verwandte. Bei alten, ausgeblassten Exemplaren mit verkahltem Pelz ist eine Unterscheidung manchmal schwierig. Die Fliege besucht sowohl Blüten als auch Kot und Aas, die Larven entwickeln sich als Parasiten in Regenwürmern.

Polsterfliege
Pollenia vagabunda

L. 7-11 mm

Die **Fliege (1-3)** ist an ihrem dunklen Vorderkörper meist schütter silbrig behaart, bald jedoch verkahlend und nur noch auf vereinzelte Haare reduziert. Der Hinterkörper ist, ähnlich wie bei der Graugelben Polsterfliege (S. 600), hell-dunkel gescheckt. Die Zeichnung ist aber schwächer und meist auf die Seitenränder beschränkt. Männchen **(1)**, Weibchen **(2-3)**. Die Lebensweise der adulten Tiere und der Larven entspricht den anderen hier beschriebenen Arten der Gattung.

(1) *Pollenia vagabunda* ♂

(2) *Pollenia vagabunda* ♀

(3) *Pollenia vagabunda* ♀

Dasselfliegen (Fam. *Oestridae*)

Reh-Dasselfliege
Hypoderma diana

L. 12–16 mm

Die **Fliege (1)** erinnert durch ihre wollige, gelbliche Behaarung an gewisse hummelähnliche Schwebfliegen. Die Flügel sind aber nicht glatt und die Mundwerkzeuge sind reduziert. Deshalb kann die Fliege keine Nahrung aufnehmen und lebt nur wenige Tage. Die Flugzeit wird von Mai bis August angegeben. Weibchen **(1)** kleben ihre Eier vorwiegend in das Fell von Rehen, seltener Rot- und Damwild oder Gams- und Muffelwild. Die schlüpfenden Larven bohren sich in die Haut ein und erzeugen nach mehreren Häutungen die sog. Dasselbeulen. Das Wild reagiert bei einem starken Befall u. a. mit Mattigkeit oder Abmagerung. Selbst Todesfälle kommen vor, werden aber selten registriert.

Fotobeleg: Brandenburg, Waldweg nahe Zesch am See, 26. 4. 2015.

(1) *Hypoderma diana* ♀

Stilett- oder Luchsfliegen (Fam. *Therevidae*)

(1) *Thereva nobilitata* ♀

(2) *Thereva nobilitata* ♀

(3) *Thereva nobilitata* ♀

Gewöhnliche Stilettfliege

Thereva nobilitata

L. 9–13 mm

Die häufige **Fliege (1–3)** ist rotgelb bis ockergelb und pelzartig behaart. Der Hinterleib ist mehr oder weniger schwarz geringelt und oft stilettartig zugespitzt **(3)**. Alle Abbildungen zeigen Weibchen. Bei männlichen Tieren stoßen die Augen fast zusammen. Die Art ist überall auf Blättern krautiger Pflanzen oder Baumrinden zu finden. Adulte Tiere saugen Nektar und die Larven ernähren sich räuberisch von anderen Insekten im Erdboden. Die Gattung enthält mehrere ähnliche Arten.

(1) *Acrosathe annulata* ♂

(2) *Acrosathe annulata* ♂

Stilettfliege

Acrosathe annulata

L. 9–12 mm

Die Männchen der **Fliege (1–2)** sind am ganzen Körper wollig grauweiß behaart. Ältere Tiere verkahlen, wodurch die dunkelgraue Grundfarbe durchschlägt **(2)**. Weibchen sind am Hinterleib nur hellgrau bereift und der Vorderkörper ist schütter behaart. Ihre Augen stehen etwas entfernter als die der Männchen. Die Art bevorzugt Sandböden und kommt daher auch in Dünenlandschaften vor. Ähnlich ist die Stilettfliege *Dialineura anilis* (S. 607), deren Vorderkörper eine bräunliche Behaarung aufweist. Die Larven leben räuberisch im Erdboden.

Stilettfliege
Dialineura anilis

L. 9–12 mm

Die **Fliege (1–3)** ähnelt der Stilettfliege *Acrosathe annulata* (S. 606) und kommt auch an ähnlichen Biotopen vor. Die Männchen **(1)** sind am Hinterleib grauweiß behaart, am Vorderkörper jedoch bräunlich. Im Unterschied zu *Acrosathe annulata* sind die kurzen Queradern der Flügel dunkel umsäumt. Dadurch wirken die Flügel etwas fleckig. Weibliche Tiere **(2)** sind am Hinterleib kaum behaart und haben entfernter stehende Augen als Männchen, was auf dem Paarungsbild **(3)** deutlich zu erkennen ist. Wie bei allen Stilettfliegen ernähren sich die Fliegen von Nektar und flüssigem pflanzlichem Material. Ihre Larven leben räuberisch im Erdboden.

(1) *Dialineura anilis* ♂

(2) *Dialineura anilis* ♀

(3) *Dialineura anilis* Paarung

Stilettfliege
Dichoglena nigripennis

L. 9-12 mm

Die **Fliege (1-3)** ist dunkelbraun, hat abgedunkelte, schwarz geaderte Flügel, die einen seitlichen, dunklen Makel aufweisen. Beine sind vollkommen schwarz. Der Hinterleib der Weibchen **(2)** ist oberseits glänzend schwarz und die einzelnen Segmente sind durch weißliche Haarstreifen abgegrenzt. Männchen **(1)** haben dichter zusammenstehende Augen als Weibchen und ihr Hinterleib ist nicht glänzend, sondern schütter behaart. Die Abbildung **(3)** zeigt eine Paarung.

(1) *Dichoglena nigripennis* ♂

(2) *Dichoglena nigripennis* ♀

(3) *Dichoglena nigripennis* Paarung

Pandivirilia eximia ♀

Pandivirilia eximia ♀

(3) *Pandivirilia eximia* ♀

Stilettfliege
Pandivirilia eximia

L. 10–16 mm

Die **Fliege (1–3)** gehört zu den größeren Stilettfliegen. Die Art ist weit verbreitet, doch wohl überall selten. Alle Abbildungen zeigen Weibchen, die am Hinterleib auf nur zwei vorderen Segmenten ausgedehntere, weiße Flecken **(3)** besitzen. Bei den Männchen sind noch weitere Segmente mit weißen Seitenflecken versehen. Kennzeichnend sind die mit gelbrötlichen Adern gezeichneten Flügel und die in gleicher Farbe abgesetzten Beine in beiden Geschlechtern. Wir fanden die Art nur in einem Jahr in einem Auwaldgebiet.

Fotobelege: Brandenburg, Auwald bei Glashütte/Baruth, 30. 5. 2013 und 9. 6. 2013.

Schnepfenfliegen (Fam. *Rhagionidae*)

(1) *Rhagio scolopaceus* ♀

(2) *Rhagio scolopaceus* ♂

Gemeine Schnepfenfliege

Rhagio scolopaceus

L. 8–13 mm

Die **Fliege (1–3)** ist die bekannteste und häufigste ihrer Gattung. Die Arten ähneln den Stilettfliegen, doch fehlt ihnen die auffällige Behaarung. Die Gemeine Schnepfenfliege sitzt gerne auf Baumrinden und Blättern verschiedener Bäume. Weibchen **(1)**, Augen durch die Stirn deutlich getrennt, Männchen **(2)** mit dicht stehenden Augen. Der Hinterleib zeichnet sich durch rhombische Rückenflecken aus. Die transparenten Flügel sind dunkel gefleckt, was die Art von der ähnlichen Goldgelben Schnepfenfliege (S. 611) unterscheidet. Die Fliegen besitzen kräftige Mundwerkzeuge, mit denen sie kleinere Insekten überwältigen. Die Larven leben am Erdboden und ernähren sich ebenfalls von Insekten, bei vorliegender Art auch von Regenwürmern.

(3) *Rhagio scolopaceus* Paarung

(1) *Rhagio tringarius* ♀

(2) *Rhagio tringarius* ♂

(3) *Rhagio tringarius* ♂

Goldgelbe Schnepfenfliege
Rhagio tringarius

L. 8-14 mm

Die **Fliege (1-3)** ähnelt der Gemeinen Schnepfenfliege (S. 610), hat aber stets ungefleckte Flügel. Nur der Außenrand ist etwas gelblich ocker gefärbt. Die dunkle Zeichnung des hell ockerfarbigen Hinterleibes ist variabel. Bei den Weibchen **(1)** kann sie völlig fehlen. Das hier abgebildete Männchen **(2-3)** besitzt am Hinterleib dunkle Seitenstriche und rundliche Rückenflecken. Auf Bild **(2)** sind rote Milben sichtbar, die das Tier befallen haben. Die Art sitzt gerne auf Blättern verschiedener Pflanzen. Larven leben räuberisch am Erdboden.

Schnepfenfliege
Rhagio annulatus

L. 9–13 mm

Die **Fliege (1–3)** zeichnet sich durch helle, ungefleckte Flügel aus, die lediglich am Außenrand gelbbräunlich eingefärbt sind. Von der Goldgelben Schnepfenfliege (S. 611) unterscheidet sie sich deutlich durch den dunkelgrauen, bereiften Vorderkörper. Der Hinterleib ist außerdem fein gelblich behaart. Männchen **(1)** haben dicht zusammenstehende Augen. Bei Weibchen **(2–3)** sind die Augen durch eine schmale Stirn getrennt. Es existieren weitere, ähnlich aussehende Arten, deren Unterscheidung nicht immer leicht ist. Die Fliege findet man nicht selten sitzend auf Blättern von Büschen und Kräutern. Larven leben räuberisch im Erdboden.

(1) *Rhagio annulatus* ♂

(2) *Rhagio annulatus* ♀

(3) *Rhagio annulatus* ♀

(1) *Chrysopilus cristatus* ♀

(2) *Chrysopilus cristatus* ♂

Kronen-Schnepfenfliege

Chrysopilus cristatus

(Chrysopilus auratus)

L. 6–8 mm

Die **Fliege (1–2)** gehört zu den kleineren Arten der Gattung. Männchen **(2)** sind fast einfarbig schwarzbraun, während Weibchen **(1)** auffällig silbrig bis goldgelb behaart sind. Ihre Augen stehen durch die breite, trennende Stirn sehr entfernt. Die Fliege hält sich gerne in der niedrigen Vegetation in Wassernähe auf. Sie ernährt sich räuberisch von kleineren Insekten, saugt aber auch Nektar. Larven leben im Erdboden und ernähren sich ebenfalls räuberisch. Sehr ähnlich ist die Schnepfenfliege *Chrysopilus erythrophthalmus*.

Baum-Schnepfenfliege
Chrysopilus laetus

L. 6–8 mm

Die **Fliege (1–2)** ist mehr oder weniger einfarbig gelborange gefärbt. Ihre transparenten Flügel besitzen je einen undeutlich begrenzten, dunklen Makel am Außenrand. Die Abbildungen zeigen Weibchen, deren Augen, im Gegensatz zu den Männchen, deutlich durch die Stirn getrennt sind. Die Art kann in Wäldern und an deren Rändern auf Blättern und Baumrinden beobachtet werden.

(1) *Chrysopilus laetus* ♀

(2) *Chrysopilus laetus* ♀

(1) *Chrysopilus nubecula* ♂

Schnepfenfliege
Chrysopilus nubecula

L. 6–8 mm

Die **Fliege (1)** hat eine dunkelbraune Grundfarbe und ist goldgelb behaart. Die transparenten Flügel sind durch je einen länglichen, schwarzen Randmakel gekennzeichnet, der unterhalb noch einen weiteren verwischten Fleck besitzt. Die Abbildung zeigt ein Männchen mit schmalem Hinterleib und dicht zusammenstehenden Augen. Weibchen sind ähnlich, haben aber einen dickeren Hinterleib und weiter auseinanderstehende Augen.
Die Fliege hält sich gerne in Wassernähe auf.

Schnepfenfliege
Chrysopilus splendidus

L. 6–8 mm

Die **Fliege (1)** ähnelt mit ihrer goldgelben Behaarung der Schnepfenfliege *Chrysopilus nubecula* (links). Am Außenrand der durchsichtigen Flügel befindet sich aber nur ein einziger, kleinerer, deutlich begrenzter, schwarzer Fleck. Das abgebildete Männchen fanden wir an ähnlichen Standorten wie *C. nubecula*. In der Gattung *Chrysopilus* besitzen weibliche Tiere (nicht abgebildet) einen deutlich breiteren Hinterleib, der nur in wenige Segmente geteilt ist. Die Augen stehen deutlich entfernter.

(1) *Chrysopilus splendidus* ♂

Waffenfliegen (Fam. *Stratiomyidae*)

(1) *Stratiomys potamida* ♂

(2) *Stratiomys potamida* ♂

Gelbband-Waffenfliege, Chamäleonfliege

Stratiomys potamida

(Stratiomys chamaeleon)

L. 13–16 mm

Die große **Fliege (1–3)** ist am Hinterleib auffällig schwarz-gelb gebändert und erinnert daher an eine Wespe. Am gelben Schildchen des Vorderkörpers befinden sich zwei nach hinten gerichtete Dornen **(3)**. Diese sind namengebend für viele Waffenfliegen, aber nicht bei allen Gattungen vorhanden. Alle Abbildungen zeigen Männchen, deren Augen dicht zusammenstehen. Bei Weibchen sind sie durch die Stirn getrennt und das Gesicht ist weiß abgesetzt. Die Fliege besucht gerne weiß blühende Doldenblütler zur Aufnahme von Nektar. Ihre Larven entwickeln sich in flachen, stehenden Gewässern. Sie sind sehr widerstandsfähig und erhalten ihren Sauerstoff durch ein Atemrohr.

(3) *Stratiomys potamida* ♂

(1) *Stratiomys longicornis* ♀

(2) *Stratiomys longicornis* ♀

Langhorn-Waffenfliege

Stratiomys longicornis

L. 12–16 mm

Die **Fliege (1–2)** ist einfarbig schwarzbraun gefärbt und am Vorderkörper braun behaart. Namengebend sind die Fühler, die etwas länger sind als bei anderen Waffenfliegen. Die Abbildungen zeigen Weibchen mit durch die Stirn getrennten Augen. Ihr Gesicht ist weißlich aufgehellt **(2)**, was bei Männchen nicht der Fall ist. Die Fliege hält sich gerne in der Nähe stehender Gewässer oder in Feuchtgebieten auf, da sie dort ihre Eier ablegt. Die Larven entwickeln sich in flachen Gewässern und leben von pflanzlichen Stoffen.

Waffenfliege
Stratiomys singularior

L. 11–14 mm

Die **Fliege (1–3)** ähnelt durch ihren hell gefleckten Körper etwas der Gelbband-Waffenfliege (S. 616). Der Hinterleib ist jedoch nicht gebändert, sondern nur an den Seiten hell abgesetzt. Das hellgelbe Schildchen ist leicht v-förmig eingeknickt. Beim Weibchen **(1–2)** sind Hinterkopf und Gesicht hellgelb gefleckt, was beim Männchen **(3)** nicht der Fall ist. Auch hier unterscheiden sich beide Geschlechter eindeutig durch unterschiedliche Augenabstände. Die Fliege kann beim Besuch verschiedener Kräuter beobachtet werden, vorwiegend in Wassernähe, da sich dort ihre Larven entwickeln.

(1) *Stratiomys singularior* ♀

(2) *Stratiomys singularior* ♀

(3) *Stratiomys singularior* ♂

Waffenfliege
Clitellaria ephippium

L. 10-13 mm

Die **Fliege (1-3)** ist an fast allen Körperteilen schwarz gefärbt. Nur die filzige Oberfläche des Vorderkörpers ist auffallend rot. Dort sitzt an jeder Seite ein kräftiger, schwarzer Dorn, der bei anderen Waffenfliegen nicht vorhanden ist. Zwei weitere, noch kräftigere Dornen befinden sich am schwarzen Schildchen. Das abgebildete Tier ist ein Weibchen. Männchen sind sehr ähnlich, haben aber dichter zusammenstehende Augen und einen schlankeren Hinterleib. Die seltene, wärmeliebende Art breitet sich anscheinend nach Norden aus. Ihre Larven entwickeln sich in Ameisennestern und leben dort räuberisch.

Fotobelege: Brandenburg, Glau, in Nähe einer mit vielen Ameisen belaufenen Birke, 13. 6. 2020.

(1) *Clitellaria ephippium* ♀

Clitellaria ephippium ♀

(3) *Clitellaria ephippium* ♀

(1) *Odontomyia angulata* ♀

(2) *Odontomyia angulata* ♀

(3) *Odontomyia angulata* ♂

Waffenfliege RL

Odontomyia angulata

L. 8-10 mm

Die **Fliege (1-3)** gehört zu den wenigen Waffenfliegen mit auffällig grün gefärbtem Hinterleib. Auf dem Rücken befindet sich ein breites, schwarzes Längsband, dessen Ränder grob vierfach gezackt sind. Beine und Fühler sind rötlich gelb gefärbt. Bei den Weibchen **(1-2)** sind die Augen durch eine breite, in der Mitte geteilte Stirn getrennt. Auf Bild **(2)** sind die Dornen am Hinterrand des Schildchens gut sichtbar. Gelegentlich ist die grüne Farbe nicht ausgebildet, wie beim hier abgebildeten Männchen **(3)**. Sehr ähnlich ist die Waffenfliege *Oplodontha viridula* (S. 622).

Geschmückte Waffenfliege RL

Odontomyia ornata

L. 10–15 mm

Die seltene **Fliege (1-2)** gehört zu den größeren Waffenfliegen. Das Aussehen erinnert etwas an die Gelbband-Waffenfliege (S. 616). Der Hinterleib ist zwar gefleckt, aber nicht gebändert und trist gefärbt. Auch die Fühler sind deutlich kürzer als bei Arten der Gattung *Stratiomys*. Weibchen **(1)** besitzen eine breite Stirn, die für die Gattung typisch ist. Bild **(2)** zeigt ein Männchen mit eng zusammenstehenden Augen. Die Fliege scheint ein eifriger Blütenbesucher auf Doldenblütlern zu sein. In Bayern gehört sie zu den vom Aussterben bedrohten Arten.

Fotobelege: Brandenburg, Auwald bei Glashütte/Baruth, an Giersch *(Aegopodium podagraria)*, 10. 6. und 11. 6. 2011.

(1) *Odontomyia ornata* ♀

(2) *Odontomyia ornata* ♂

Odontomyia tigrina ♀

Schwarze Waffenfliege

Odontomyia tigrina

L. 8–10 mm

Die **Fliege (1)** ist bis auf die bräunlichen Beine vollkommen schwarz. Dass sie zu den Waffenfliegen gehört, ist am Hinterleib zu erkennen, der deutlich breiter ist als die zusammengelegten Flügel. Die Abbildung zeigt ein Weibchen mit entfernt stehenden Augen. Die Art ist in Brandenburg nicht häufig, aber deutschlandweit verbreitet.

Fotobeleg: Brandenburg, Mellensee, in Nähe eines Fischteiches, 23. 5. 2015.

(1) *Oplodontha viridula* ♀

Grüne Waffenfliege
Oplodontha viridula

L. 7-9 mm

Die **Fliege (1)** ist die zweite hier beschriebene Waffenfliege mit auffällig grünem Hinterleib. Sie ähnelt *Odontomyia angulata* (S. 620), ist aber etwas kleiner und die schwarze Rückenzeichnung hat ein abweichendes Muster. Die Abbildung zeigt ein Weibchen, dessen Augen durch eine breite, bronzefarbige Stirn getrennt sind. Stirn, Vorderkörper und Schildchen haben stets die gleiche Farbe, können aber variieren. Die Fliege hält sich in Wassernähe auf, besucht Blüten und sitzt gelegentlich auf Blättern in niedriger Vegetation. Die Larven entwickeln sich im Wasser.

Fotobeleg: Brandenburg, Mellensee, Rand eines Fischteiches auf Schilfblatt, 1. 7. 2018.

Dungwaffenfliege
Sargus bipunctatus

L. 11-13 mm

Die sehr schlanke **Fliege (1-4)** gehört zu den Waffenfliegen, die am Schildchen keine Dornen besitzen. Der Name *bipunctatus* bezieht sich auf die beiden weißen Punkte im Gesicht des Tieres **(2)**. Beim Weibchen **(1-2)** ist das erste Segment des Hinterleibes rot gefärbt und der Vorderkörper besitzt einen dünnen, weißen Seitenstreifen, was bei Männchen **(3-4)** nicht der Fall ist. Die Fliege ist in der Natur fast überall anzutreffen und kommt auch in Gebäude. Ihre Larven entwickeln sich im Dung von Rindern oder verrottenden Pflanzenresten.

Sargus bipunctatus ♀

(2) *Sargus bipunctatus* ♀

) *Sargus bipunctatus* ♂

(4) *Sargus bipunctatus* ♂

Waffenfliege
Chloromyia formosa

L. 7-9 mm

Die **Fliege** (1-4) ist in den meisten Gegenden Deutschlands häufig. Der Körper hat einen metallischen Glanz und ist ebenso wie die Augen fein behaart. Das Schildchen trägt keine Dornen. Männchen (1-2) haben einen bronzefarbigen Hinterleib. Bei den Weibchen (3-4) ist dieser blaugrünlich. Außerdem sind ihre Augen deutlich durch eine schwarze, glänzende Stirn getrennt. Die Fliege ernährt sich von Nektar und Pollen und ist vorwiegend auf Doldenblütlern anzutreffen. Larven leben im Humus oder in verrottenden pflanzlichen Stoffen.

(2) *Chloromyia formosa* ♂

(4) *Chloromyia formosa* ♀

Chloromyia formosa ♂

Chloromyia formosa ♀

(1) *Microchrysa polita* ♀

(2) *Microchrysa polita* ♀

Grünglänzende Waffenfliege
Microchrysa polita

L. 4-6 mm

Die **Fliege (1-2)** ähnelt bei flüchtiger Betrachtung der Waffenfliege *Chloromyia formosa* (S. 624), ist aber kleiner und wirkt durch fehlende Behaarung und metallischen Glanz wie poliert. Der Körper der Weibchen (siehe Abbildungen) ist vorwiegend dunkelgrün gefärbt, bei Männchen auch bronzefarben. Wie bei der Gattung *Chloromyia* ist auch hier das Schildchen nicht mit Dornen besetzt. Die häufige Art hält sich gerne an Komposthaufen auf. Dort leben auch ihre Larven, die sich von faulenden Pflanzenstoffen ernähren. Fliegen können gelegentlich auch beim Blütenbesuch angetroffen werden.

Holzwaffenfliegen (Fam. *Xylomyidae*)

Blasse Holzwaffenfliege
Solva marginata

L. 8–11 mm

Die **Fliege (1–2)** ist auffallend schwarz-gelb gezeichnet. Mundwerkzeuge, Schildchen, Schwingkölbchen und Schenkel sind hellgelb und der dunkle Hinterleib ist gelb geringelt. Durch diese Merkmale ist die seltene Fliege nahezu unverwechselbar gekennzeichnet. Die Abbildungen zeigen Weibchen. Die Fliegen ernähren sich vom Nektar diverser Kräuter und Bäume und halten sich gerne in der Nähe von Pappeln *(Populus)* auf, da die Larven für ihre Entwicklung verrottendes Pappelholz benötigen.

Fotobelege: Berlin, Privatgarten am südlichen Stadtrand, 23. 6. 2016.

(1) *Solva marginata* ♀

(2) *Solva marginata* ♀

Hornfliegen (Fam. *Sciomyzidae*)

Hornfliege
Dichetophora obliterata

L. 11–13 mm

Die schlanke **Fliege (1)** hat einen grauen, bereiften, dunkel längs gestreiften Vorderkörper, der Hinterleib ist rötlich gefärbt. Die transparenten Flügel haben neben der Aderung noch ein netzartiges Fleckenmuster, was auf den Fotos nicht sichtbar ist. Typisch für viele Hornfliegen sind die mit zwei rötlichen Querstreifen versehenen Facettenaugen und die hornartig vorgestreckten Fühler. Die Abbildung zeigt ein Weibchen, dessen Hinterleib etwas zugespitzt ist. Die Fliege findet man in feuchtem Grasland. Ihre Larven parasitieren Schnecken.

(1) *Dichetophora obliterata* ♀

Hornfliege
Limnia unguicornis

L. 5–8 mm

Die **Fliege (1)** besitzt einige Merkmale der zuvor beschriebenen Hornfliege. Der Vorderkörper ist weniger grau bereift und die Flügel sind abgedunkelt und mit einer dunklen Netzzeichnung versehen. Das Geschlecht ist in diesem Fall schwer auszumachen. Vermutlich handelt es sich um ein Weibchen. Die Fliege kann auf feuchten Wiesen in Waldnähe beobachtet werden. Ihre Larven leben parasitisch in Gehäuseschnecken.

(1) *Limnia unguicornis* ♀

Hornfliege
Elgiva cucularia

L. 7-9 mm

Die **Fliege (1-2)** ähnelt in Aufbau und Farbe der Hornfliege *Dichetophora obliterata* (S. 628). Sie ist jedoch kleiner und wirkt kompakter. Vorderkörper und Flügel sind schütter dunkel gepunktet und der Hinterleib besitzt eine seitliche Punktreihe. Die Geschlechter sind bei Hornfliegen oft schwer zu unterscheiden. Bei der abgebildeten Paarung ist es einfach: Das Männchen sitzt immer oben. Die Fliegen halten sich in der Krautschicht feuchter Biotope auf, bevorzugt in Wassernähe. Ihre Larven entwickeln sich parasitisch in Wasserschnecken.

(1) *Elgiva cucularia* Paarung

(2) *Elgiva cucularia* Paarung

(1) *Sepedon sphegea*

Hornfliege
Sepedon sphegea

L. 8-12 mm

Die **Fliege (1-2)** ist bis auf die dunkelroten Beine schwarz gefärbt. Selbst die hornartigen Fühler sind schwarz, was bei Hornfliegen nicht oft vorkommt. Die schlanke Grundform erinnert an die Hornfliege *Dichetophora obliterata* (S. 628), die aber heller gefärbt ist. Die Art hält sich in der Nähe stehender Gewässer auf und sitzt beispielsweise auf Schilfblättern. Die Larven leben im Wasser und entwickeln sich parasitisch in Wasserschnecken.

(2) *Sepedon sphegea*

Hornfliege
Pelidnoptera fuscipennis

L. 8-9 mm

Die **Fliege (1)** weicht vom üblichen Habitus der Hornfliegen durch schwächer ausgebildete Fühler ab. Auffallend sind die sehr dunklen, undurchsichtigen Flügel, worauf sich auch der Artname bezieht (*fuscipennis* = braunflügelig). Die Art ist in feuchten Wäldern und an Waldrändern zu finden. Sie hält sich gerne in der niedrigen Vegetation an Blättern auf. Ihre Larven leben parasitisch in Gehäuseschnecken.

(1) *Pelidnoptera fuscipennis*

(1) *Tetanocera arrogans*

(2) *Tetanocera arrogans*

(3) *Tetanocera arrogans*

Hornfliege
Tetanocera arrogans

L. 8-10 mm

Die **Fliege (1-3)** ist fast überall rötlich gefärbt. Ihre Fühler sind kleiner als bei vielen anderen Hornfliegen. Sie zeichnen sich durch eine schwarze, gefiederte Endborste (Arista) aus. Die Flügel sind deutlich abgedunkelt und stellenweise schwarzfleckig. Die Fliege ist in der Nähe stehender Gewässer, auf Feuchtwiesen oder in Auwäldern zu finden. Auch Besuche auf Blüten zwecks Nektaraufnahme sind bekannt. Die Larven parasitieren Gehäuseschnecken.

Dickkopf- oder Blasenkopffliegen (Fam. *Conopidae*)

(2) *Conops flavipes* ♀

(1) *Conops flavipes* ♀

(3) *Conops flavipes* ♂

Dunkle Wespen-Dickkopffliege

Conops flavipes

L. 11-13 mm

Die **Fliege (1-3)** ist schwarz-gelb gezeichnet. Der meist etwas eingekrümmte Hinterleib hat beim Weibchen **(1-2)** zwei gelbe Binden, beim Männchen **(3)** sind es drei. Weibchen besitzen an der Unterseite des Hinterleibes einen großen dornartigen Fortsatz (Theka **(2)**). Die Fliege besucht Blüten diverser Kräuter zur Nektaraufnahme. Sie gehört zu den Wildbienenparasiten, da sich die Larven in Nestern von Hautflüglern einnisten. Als Wirte sind die Dunkle Erdhummel *(Bombus terrestris)* und Mauerbienen der Gattung *Osmia* bekannt.

Vierstreifige Dickkopffliege
Conops quadrifasciatus

L. 9-13 mm

Die **Fliege (1-3)** ähnelt der Dunklen Wespen-Dickkopffliege (S. 632), besitzt aber in beiden Geschlechtern vier gelbe Querbinden am Hinterleib, was nicht immer deutlich zu sehen ist. Die Beine sind gelbrötlich ohne schwarze Binde am Schenkel. Auf dem Paarungsbild **(3)** ist zu sehen, dass der Fortsatz des Hinterleibes (Theka) im Unterschied zur Dunklen Wespen-Dickkopffliege nicht schwarz gefärbt und mehr abgerundet ist. Larven leben parasitisch in Nestern der Steinhummel *(Bombus lapidarius)*.

(1) *Conops quadrifasciatus*

(2) *Conops quadrifasciatus*

(3) *Conops quadrifasciatus* Paarung

(1) *Conops vesicularis* ♀

(2) *Conops vesicularis* ♀

(3) *Conops vesicularis* ♂

Große Wespen-Dickkopffliege

Conops vesicularis

L. 12–18 mm

Die **Fliege** **(1–3)** ist rotbraun gefärbt und etwas größer als die zuvor beschriebenen Arten. Bei Weibchen **(1–2)** ist der Hinterleib schlanker und dunkler als bei Männchen **(3)** und nur mit einer kräftig gelb gefärbten Querbinde versehen. Auf Bild **(2)** ist der rotbraune, abgerundete Fortsatz an der Unterseite des Hinterleibes (Theka) sichtbar. Fliegen besuchen besonders Blüten von Bäumen, bevorzugt Weißdorn *(Crataegus)*. Die Larven leben parasitisch in Nestern von Hornissen *(Vespa crabro)* und der Mooshummel *(Bombus muscorum)*.

Dunkle Stiel-Dickkopffliege
Physocephala rufipes

L. 11-15 mm

Die **Fliege (1-3)** besitzt einen deutlich gestielten Hinterleib, der für die Gattung namengebend ist. Der verdickte Teil des Hinterleibes ist goldgelb oder weißlich gebändert. Weibchen **(1-2)** sind, ähnlich wie bei der Gattung *Conops*, an der Unterseite des Hinterleibes mit dem typischen Fortsatz (Theka **(2)**) bestückt. Bei Männchen **(3)** ist die stielartige Verbindung zwischen Vorder- und Hinterleib etwas konisch ausgebildet. Bei Weibchen ist diese zylindrisch. Die Fliege ernährt sich vom Nektar diverser Blüten. Larven leben parasitisch in Hummelnestern. Sehr ähnlich sind die Helle Stiel-Dickkopffliege (S. 636) und die größere *Physocephala nigra* mit zwei gelben Flecken am Vorderrand des Vorderkörpers.

(1) *Physocephala rufipes* ♀

(2) *Physocephala rufipes* ♀

(3) *Physocephala rufipes* ♂

Helle Stiel-Dickkopffliege
Physocephala vittata

L. 10-13 mm

Die **Fliege (1-2)** ist etwas kleiner als die Dunkle Stiel-Dickkopffliege (S. 635). Ihr Körper hat ebenfalls eine schwarze Grundfarbe. Die breite Stirn ist zwischen den Augen jedoch nicht schwarz, sondern gelbbräunlich und das Gesicht ist fast vollständig gelb. Am Vorderkörper befinden sich außerdem zwei gelbe Schulterbeulen. Die Abbildungen zeigen männliche Tiere. Fliegen sind Blütenbesucher und ihre Larven leben parasitisch in Nestern von Hautflüglern (Bienen, Wespen und Hummeln).

(1) *Physocephala vittata* ♂

(2) *Physocephala vittata* ♂

Dickkopffliege
Myopa buccata

L. 8–10 mm

Die **Fliege (1–2)** besitzt einen gedrungenen Körperbau. Ihre gefleckten Flügel überragen den meist etwas gekrümmten Hinterleib deutlich. Besonders auffallend ist der weiße, untere Teil des Kopfes beider Geschlechter. Auf dem Paarungsfoto **(2)** sind die Tiere durch die gelben Pollen der Goldrute vollkommen bestäubt. Die Art kann an sonnigen Waldrändern beim Blütenbesuch beobachtet werden. Die Larven leben parasitisch in Nestern von Wespen und Bienen.

(1) *Myopa buccata*

(2) *Myopa buccata* Paarung

(1) *Sicus ferrugineus*

Gemeine Breitstirn-Blasenkopffliege

Sicus ferrugineus

L. 8-10 mm

Die **Fliege (1-4)** ist bis auf das gelbe Gesicht und die schwache, hellere Bänderung des Hinterleibes im Wesentlichen rotbraun gefärbt. Sitzend ist der Hinterleib stets stark eingekrümmt. In dieser Lage sind beide Geschlechter kaum unterscheidbar. Der Hinterleib des Weibchens (siehe Bild **(3)**, unteres Tier) ist etwas verlängert und zugespitzt. Eine Paarung kann erst vollzogen werden, wenn das Weibchen dem Männchen den Hinterleib entgegenstreckt **(4)**. Die häufige Fliege ist überall in der Vegetation zu finden. Weibchen halten sich gerne in der Nähe von Hummeln auf, die sie anspringen und dabei ein Ei ablegen. Die schlüpfende Larve entwickelt sich dann im Hummelnest und lebt dort parasitisch.

(2) *Sicus ferrugineus*

(4) *Sicus ferrugineus* Paarung

Sicus ferrugineus

Langbeinfliegen (Fam. *Dolichopodidae*)

Langbeinfliege
Dolichopus ungulatus

L. 6-7 mm

Die **Fliege (1-3)** ist metallisch-grün oder -kupferfarben. Männchen **(3)** besitzen an der Unterseite des Hinterleibes eine »Paarungszange«, die in Ruhestellung nach vorne eingeklappt ist. Weibchen **(1-2)** sind häufiger kupferfarben. Die Flügel sind in beiden Geschlechtern hell rauchgrau eingefärbt. Die Art hält sich gerne in Wassernähe auf. Sie ernährt sich räuberisch von Kleininsekten. Die Männchen der ähnlich aussehenden Grünen Langbeinfliege (S. 641) sind leicht an ihrem hellen Flügelmal zu erkennen. Weibchen sind nicht ohne Weiteres zu unterscheiden. Hier müsste die Anzahl der Schienenborsten verglichen werden.

(1) *Dolichopus ungulatus* ♀

(2) *Dolichopus ungulatus* ♀

(3) *Dolichopus ungulatus* ♂

(1) *Poecilobothrus nobilitatus* ♂

Grüne Langbeinfliege
Poecilobothrus nobilitatus

L. 6–7 mm

Die **Fliege (1–2)** ähnelt den Arten der Gattung *Dolichopus* (S. 640). Männchen (abgebildet) besitzen ebenfalls eine in Ruhestellung nach vorn eingeklappte »Paarungszange« am Hinterleib. Ihre rauchgrau abgedunkelten Flügel sind mit einem hellen Spitzenfleck versehen, der bei den Weibchen fehlt. Die Fliege bewohnt feuchte Standorte und ist häufig sitzend auf Blättern in niedriger Vegetation zu beobachten. Männchen werben um ihre Weibchen mit zitternd geöffneten Flügeln, wobei der auffallende weiße Fleck hilfreich ist. Die Ernährung erfolgt räuberisch durch Kleininsekten.

(2) *Poecilobothrus nobilitatus* ♂

Tanzfliegen (Fam. *Empididae*)

Tanzfliege
Empis digramma

L. 6-8 mm

Die **Fliege (1-3)** ist meist einfarbig fleischfarben. Der Vorderkörper kann oberseits auch hellgrau gefärbt sein. Er ist mit zwei parallelen, dunklen Längsstreifen versehen **(2)**. Alle Tanzfliegen zeichnen sich durch lange, gebogene, schnabelartige Mundwerkzeuge aus, ähnlich den vierflügeligen Skorpionsfliegen *(Panorpa)*. Weibchen **(3)** haben einen verlängerten, zugespitzten Hinterleib. Bei Männchen **(1-2)** ist dieser am Ende stumpf, bei dieser Art zangenartig ausgebildet **(1)**. Die Fliegen besuchen oft Blüten zur Aufnahme von Nektar, leben aber auch räuberisch.

(1) *Empis digramma* ♂

(2) *Empis digramma* ♂

(3) *Empis digramma* ♀

Gewürfelte Tanzfliege

Empis tessellata

L. 9-13 mm

Die **Fliege (1-4)** gehört zu den großen Arten der Gattung. Ihre Grundfarben sind stets dunkelbraun oder schwarz. Die Flügel sind stark angedunkelt, am Ansatz aber rötlich aufgehellt. Männchen **(3-4)** sind oft gänzlich schwarz gefärbt, Weibchen **(1-2)** eher bräunlich und am Hinterleib auffallend gemustert. Beide Geschlechter sind auch durch unterschiedliche Augenabstände unterscheidbar. Bei Männchen stoßen die Augen fast zusammen. Die Fliegen besuchen gerne Blüten von Bäumen und größeren Kräutern. Nur die männlichen Tiere überfallen auch kleine Insekten, die sie fressen oder den Weibchen bei der Paarungswerbung präsentieren.

Empis tessellata ♀

(2) *Empis tessellata* ♀

Empis tessellata ♂

(4) *Empis tessellata* ♂

(1) *Empis opaca* ♀

(2) *Empis opaca* ♀

(3) *Empis opaca* ♂

Tanzfliege
Empis opaca

L. 7-10 mm

Die **Fliege (1-3)** ähnelt der Gewürfelten Tanzfliege (S. 643), ist aber etwas kleiner. Ein wichtiges Unterscheidungsmerkmal ist die Farbe der Beine, besonders der Schenkel. Diese sind rotbraun, bei der Gewürfelten Tanzfliege jedoch stets schwarz. Bei beiden Geschlechtern haben auch hier die Augen unterschiedliche Abstände. Bei Weibchen **(1-2)** sind sie durch die Stirn getrennt, bei Männchen **(3)** stoßen sie fast zusammen. Die Fliege ist ein eifriger Blütenbesucher und wurde von uns oft an Löwenzahn *(Taraxacum officinale)* an offenen Stellen feuchter Laubwälder beobachtet. Die Lebensweise entspricht der anderer Tanzfliegen.

Federbeinige Tanzfliege
Empis pennipes

L. 5-7 mm

Die **Fliege (1-2)** ist vollkommen schwarz gefärbt. Die dunklen Flügel sind etwa zwei Millimeter länger als der Hinterleib. Durch ihre Kleinheit ist die Art leicht zu übersehen. Die Weibchen (siehe Fotos) haben deutlich gefiederte Beine **(1)**. Auf Bild **(2)** ist das gleiche Tier zu sehen. Durch die Beinhaltung ist die Fiederung kaum sichtbar, dafür aber der lange Rüssel. Links sitzt noch ein Prachtkäfer der Gattung *Anthaxia*. Die Fliege besucht Blüten, lebt aber auch räuberisch von Kleininsekten.

(1) *Empis pennipes* ♀

(2) *Empis pennipes* ♀

Schmuckfliegen (Fam. *Ulidiidae*)

Schmuckfliege
Melieria omissa

L. 6–10 mm

Die **Fliege (1)** fällt durch ihren hellgrauen Körper und die mit schwarzen Punkten versehenen Flügel auf, welche den Hinterleib um etwa zwei Millimeter überragen. Da sich die Art in Feuchtgebieten oder an Teichrändern aufhält, findet man sie öfter an Stängeln oder Blättern von Schilf oder Riedgras. Die Fliege scheint in Brandenburg nicht häufig zu sein, da wir sie nur ein einziges Mal sahen. Auch über ihre Biologie ist nur wenig zu erfahren.

(1) *Melieria omissa*

Scheufliegen (Fam. *Heleomyzidae*)

Zweifarbige Scheufliege
Suillia bicolor

L. 6–8 mm

Die **Fliege (1)** ist gelbbräunlich bis orange gefärbt. Ihre rauchig abgedunkelten Flügel ragen etwa 1,5 Millimeter über den Hinterleib hinaus. Betrachtet man die fein gefiederte Fühlerborste und die Anordnung der Borsten auf Beinen und Körper, dann kommt man beim Bestimmen auf die Gattung *Suillia*. Die kleine Fliege sitzt auf Blättern, faulenden Pflanzenresten, Exkrementen oder Pilzen, von denen sie sich offensichtlich ernährt. Literaturangaben zufolge leben die Larven in Fruchtkörpern von Pilzen. Die deutsche Bezeichnung ist eine Übersetzung des wissenschaftlichen Namens (*bicolor* = zweifarbig).

(1) *Suillia bicolor*

Suillia variegata

Bunte Scheufliege
Suillia variegata

L. 6–8 mm

Die **Fliege (1)** ähnelt der Zweifarbigen Scheufliege (oben). Durch ihre dunkel gefleckten Flügel unterscheidet sie sich von dieser. Der Artname bezieht sich wohl auf die gefleckten Flügel (*variegatus* = bunt). Beide Fliegen besitzen etwa gleiche Lebensweisen. Auf dem Foto tastet das Tier gerade eine Blattoberfläche ab. Der blasse, ausgefahrene Saugrüssel ist deutlich zu sehen. An diesem befinden sich etwa in der Mitte zwei nach vorne zeigende Auswüchse, die für Fliegen dieser Gattung typisch sind.

Nacktfliegen (Fam. *Psilidae*)

Nacktfliege
Psila merdaria

L. 8-10 mm

Die **Fliege (1-2)** ist gelbrötlich gefärbt und besitzt glasklare Flügel, die den Hinterleib überragen. Der Vorderkörper hat eine typische netzartige Zeichnung **(2)**, die aber nicht immer deutlich ausgeprägt ist. Die Abbildungen zeigen Weibchen mit zugespitztem Hinterleib. Die Art ist nicht selten auf verschiedenen Stängeln oder Blättern in der Krautschicht zu beobachten. Ihre Larven ernähren sich von faulenden Pflanzenresten. Sehr ähnlich ist die Schwesterart *Psila fimetaria*, deren Fühlerborste an der Basis mit einem schwarzen Fleck umgeben ist. Dieser Unterschied ist mit einiger Übung zu sehen, gelingt aber nur an scharfen Fotos oder am Original.

(1) *Psila merdaria* ♀

(2) *Psila merdaria* ♀

Faulfliegen, Polierfliegen (Fam. *Lauxaniidae*)

Erzfarbige Faulfliege
Calliopum* cf. *aeneum

L. 5-6 mm

Die **Fliege** (1-2) hat einen glänzenden, stahlgrauen Körper und transparente, den Hinterleib überragende Flügel. Der Erzglanz des Vorderkörpers ist wohl für den Namen der Fliege verantwortlich: *aeneus* = erzfarbig. Die Art sitzt gerne in offenen Landschaften auf Blättern, gelegentlich auch Blüten, in Bild (2) an der Unterseite einer Sonnenblume. Wegen ihrer Kleinheit wird sie wohl oft nicht beachtet. Die Larven entwickeln sich in den Stängeln von Kleearten *(Trifolium)*. Die Gattung enthält mehrere ähnlich aussehende Verwandte, z. B. *Calliopum simillimum*.

Calliopum aeneum

Calliopum aeneum

(1) *Prosopomyia pallida*

(2) *Prosopomyia pallida*

Faulfliege
Prosopomyia pallida

L. 4, 5-6 mm

Die **Fliege** (1-2) ist zweifarbig. Blaugrauer Vorderkörper und Stirn stehen im Kontrast zum blasseren, hell geringelten Hinterleib. Die Beine sind fast farblos und die für Faulfliegen typisch geaderten Flügel sind transparent. Die Fliege wurde an einem Teichrand auf Schilfblättern entdeckt. Über ihre Biologie und Lebensweise ist wenig zu erfahren.

Bohrfliegen, Fruchtfliegen (Fam. *Tephritidae*)

Weißdorn-Bohrfliege
Anomoia purmunda

L. 4-5 mm

Die **Fliege (1-2)** ist wie fast alle Bohrfliegen vor allem an der charakteristischen Flügelzeichnung zu erkennen. Die Abbildungen zeigen männliche Tiere, die am Ende des Hinterleibes keine Legeröhre besitzen. Die Art hält sich auf Blättern oder anderen Pflanzenteilen in der Nähe von Weißdornbäumen, vermutlich auch anderen Rosengewächsen auf. Fliegen ernähren sich von Nektar und ihre Larven entwickeln sich vorwiegend in Früchten von Weißdorn *(Crataegus)*.

(1) *Anomoia purmunda* ♂

(2) *Anomoia purmunda* ♂

(1) *Oxyna parietina* ♀

(2) *Oxyna parietina* ♂

(3) *Oxyna parietina* ♂

Beifuß-Bohrfliege

Oxyna parietina

L. 4–4,5 mm

Die **Fliege (1-3)** ist am Körper deutlich behaart und die Flügel sind netzartig gemustert. Weibchen **(1)** besitzen einen kurzen, schwarzen Legebohrer am Ende des Hinterleibes. Männchen **(2-3)** sehen bis auf den fehlenden Legebohrer den Weibchen sehr ähnlich. Die Fliege hält sich gerne auf Blättern in der niedrigen Krautschicht auf. Die Larven entwickeln sich in Stängeln von Beifuß *(Artemisia)*.

Bohrfliege
Philophylla caesio

L. 4–4,5 mm

Die **Fliege (1–2)** besitzt ein charakteristisches, schwarzes Flügelmuster auf transparentem Untergrund. Der schwarze Legebohrer des Weibchens (1) ist kurz und geht allmählich in den gleichfarbigen Hinterleib über. Ein Männchen ist in Bild (2) abgebildet. Die Eier werden in verschiedenen Pflanzenteilen abgelegt, in denen sich die Larven entwickeln. Als Wirtspflanze wird besonders die Brennnessel *(Urtica dioica)* genannt, an deren Blättern die Eier deponiert werden.

(1) *Philophylla caesio* ♀

(2) *Philophylla caesio* ♂

Rhagoletis cerasi ♂

Kirschfruchtfliege
Rhagoletis cerasi

L. 4–5 mm

Die **Fliege (1)** ist bis auf das gelbe Schildchen schwarz gefärbt. Die Zeichnung der Flügel erinnert an die Bohrfliege *Philophylla caesio* (S. 652), weicht aber etwas ab. Abgebildet ist ein Männchen. Die Fliege sitzt ab Mai auf Früchten verschiedener Kirschenarten und saugt deren Fruchtsaft. Dort platziert sie bald die Eier mittels Legebohrer im Fruchtfleisch, von dem sich auch die Larven ernähren. Die Fliege ist demnach für die häufig auftretenden »Maden« in Kirschen verantwortlich. Befallen werden Sauerkirschen *(Prunus cerasus)*, Vogel- und Süßkirschen *(Prunus avium)*, Traubenkirschen *(Prunus padus)* sowie Heckenkirschen *(Lonicera)* und Schneebeeren *(Symphoricarpos)*.

Sauerdorn-Bohrfliege
Rhagoletis meigenii

L. 4–6 mm

Die **Fliege (1–2)** ist rötlich gelb gefärbt. Nur die Flügelzeichnung und der am Ende des Hinterleibes befindliche Legebohrer sind schwarz, woran das Weibchen (siehe Fotos) zu erkennen ist. Die Fliegen halten sich gerne in Gärten und Anlagen auf, da dort ihre Wirtspflanzen wie Sauerdorn *(Berberis vulgaris)* und Mahonie *(Mahonia aquifolium)* vorkommen. Sie ernähren sich von Pollen und Nektar. Die Larven entwickeln sich in den Früchten der Wirte.

(1) *Rhagoletis meigenii* ♀

(2) *Rhagoletis meigenii* ♀

(1) *Terellia tussilaginis* ♀

(2) *Terellia tussilaginis* ♂

(3) *Terellia tussilaginis* ♂

Bohrfliege
Terellia tussilaginis

L. 4,5-5,5 mm

Die **Fliege (1-3)** zeichnet sich durch hellgelbliche bis graugelbliche Körperfarben aus. Die Oberseite des Vorderkörpers ist typisch längs gestreift. Weibchen **(1)** haben einen langen, schlanken, rotbräunlich gefärbten Legebohrer. Bei den Männchen **(2-3)** ist das Ende des Hinterleibes abgerundet. Die Fliegen findet man häufig auf Kletten *(Arctium)* oder Disteln *(Cirsium)*. Ihre Larven entwickeln sich in den Blütenköpfchen dieser Pflanzen, wobei Gallen gebildet werden.

Distel-Bohrfliege
Urophora cardui

L. 5–6 mm

Die **Fliege (1–2)** besitzt sehr kräftig gezeichnete Flügel und einen schwarzen Körper. Das Schildchen und die Seitenstreifen des Vorderkörpers heben sich gelb ab. Durch den hellen Kopf, der grüne Augen trägt, und die schwarz gebänderten Flügel wirkt die Fliege bunt. Weibchen haben einen kräftigen, schwarzen Legebohrer. Die Abbildungen zeigen Männchen, deren Hinterleib am Ende abgerundet ist. Die Fliege legt ihre Eier an der Acker-Kratzdistel *(Cirsium arvense)* ab. Die Larven entwickeln sich in den entstehenden länglichen, bis zu 5 cm langen Gallen.

(1) *Urophora cardui* ♂

(2) *Urophora cardui* ♂

Raubfliegen (Fam. *Asilidae*)

(1) *Asilus crabroniformis* ♂

Hornissen-Raubfliege

Asilus crabroniformis

L. 20–28 mm

Die **Fliege (1–3)** gehört zu den größten Raubfliegen in Deutschland. Wegen ihrer Größe, der rotbräunlichen Farben und des dunkel gefleckten Hinterleibes könnte sie bei flüchtiger Betrachtung für eine Hornisse gehalten werden. Die inzwischen sehr seltene Art hält sich gerne direkt auf Pferdemist auf, wo sie gut getarnt ist. Männchen **(1, 3)** besitzen eine quer liegende Zange am Hinterleib. Bei Weibchen **(2)** endet der Hinterleib in einer verlängerten Spitze (Legeapparat). Bild **(3)** zeigt ein Männchen beim Aussaugen einer Fleischfliege. Die Tiere können auch weitaus größere Insekten überwältigen.

Fotobelege: Brandenburg, Diedersdorf, Pferdeweide, 17. 8. bis 11. 9. 2018.

(2) *Asilus crabroniformis* ♀

Asilus crabroniformis ♂

(1) *Lasiopogon cinctus*

(2) *Lasiopogon cinctus* mit Opfer

(3) *Lasiopogon cinctus* Paarung

Gemeine Dohlenfliege,
Gemeiner Grauwicht
Lasiopogon cinctus

L. 8-12 mm

Die **Fliege (1-3)** gehört zu den kleineren Raubfliegen. Sie ist im Wesentlichen schwarz gefärbt bis auf den hellgrau geringelten Hinterleib. Beide Geschlechter sind nicht leicht zu unterscheiden, da am stumpf endenden Hinterleib weder eine Zange noch ein auffallend verlängerter Legeapparat vorhanden sind. Die Art bevorzugt offensichtlich Areale mit Sandböden, in dem sich auch ihre Larven entwickeln. Die Ernährung erfolgt räuberisch durch kleinere Insekten. Bild **(2)** zeigt ein Tier mit einer gefangenen Schnepfenfliege der Gattung *Rhagio*, die gerade ausgesaugt wird. Auf Bild **(3)** ist eine Paarung zu sehen.

Sand-Raubfliege
Philonicus albiceps

L. 13–18 mm

Die **Fliege (1–2)** zeichnet sich durch hellere und dunklere Grautöne und ein weißes Gesicht aus. Die Beine sind vollkommen schwarz. Bei den Männchen **(2)** sind besonders die Vorderbeine mit langen, hellen und dunklen Borsten besetzt und am Ende des Hinterleibes sitzt eine Zange. Weibchen **(1)** tragen am grauen Hinterleib einen kurzen, schwarz abgesetzten, zugespitzten Legeapparat. Die Art bevorzugt Sandböden. Sie ernährt sich räuberisch von Insekten.

(1) *Philonicus albiceps* ♀

(2) *Philonicus albiceps* ♂

(1) *Echthistus rufinervis* ♀

(2) *Echthistus rufinervis* ♂

Berserkerfliege
Echthistus rufinervis

L. 18–25 mm

Die **Fliege (1–2)** unterscheidet sich von Raubfliegen ähnlicher Größe durch die auffällig gefärbten Beine, deren blutrote Schienen und Füße (Tarsen) in auffälligem Kontrast zu den schwarzen Schenkeln stehen. Die transparenten Flügel sind mit rötlich braunen Adern durchzogen. Weibchen **(1)**, Männchen **(2)** mit erbeutetem Julikäfer. Die in Brandenburg häufigere Barbarossafliege (S. 660) hat einen ähnlichen Habitus, ist aber leicht durch die vollkommen schwarzen Beine zu unterscheiden. Die Ernährung erfolgt räuberisch durch verschiedene Insektenarten.

Barbarossafliege
Eutolmus rufibarbis

L. 18-22 mm

Die **Fliege (1-4)** erhielt ihren Namen von der teils gelbrötlichen, bartartigen Behaarung im unteren Bereich des Kopfes. Der rötliche »Bart«, der Grundlage für die deutsche Bezeichnung der Art ist, kann eher bei den weiblichen Tieren **(1-2)** beobachtet werden. Auch ihre schwarzen Beine sind zwischen den dunklen Borsten mit einem roströtlichen Haarflaum verziert. Bei den Männchen **(3-4)** steht die Paarungszange am Ende des Hinterleibes etwas schräg nach oben **(3)**. Auf Bild **(3)** saugt ein Männchen an einer Großen Pechlibelle und auf Bild **(4)** wurde eine Zikade erbeutet. Die ähnliche Berserkerfliege (S. 659) unterscheidet sich durch zum Teil blutrot gefärbte Beine.

(1) *Eutolmus rufibarbis* ♀

(2) *Eutolmus rufibarbis* ♀

(3) *Eutolmus rufibarbis* ♂

(4) *Eutolmus rufibarbis* ♂

Machimus rusticus ♀

Machimus rusticus ♀

(3) *Machimus rusticus* ♀

Schlichte Raubfliege

Machimus rusticus

L. 15–25 mm

Die **Fliege (1-3)** hat eine hellgraue oder bräunliche Grundfarbe. Auch die transparenten Flügel sind etwas eingedunkelt. Auffallend sind die hellfarbigen Borsten, die kräftiger ausgebildet sind als die dunklen. Solche sind besonders am hinteren Teil des Vorderkörpers und an den Schienen der Vorderbeine zu sehen. Die Abbildungen zeigen Weibchen mit schwarzem, zugespitztem Legeapparat, der sich deutlich vom helleren Hinterleib absetzt. Auf Bild **(3)** wird gerade eine Schnake ausgesaugt.

(1) *Tolmerus atricapillus* ♂

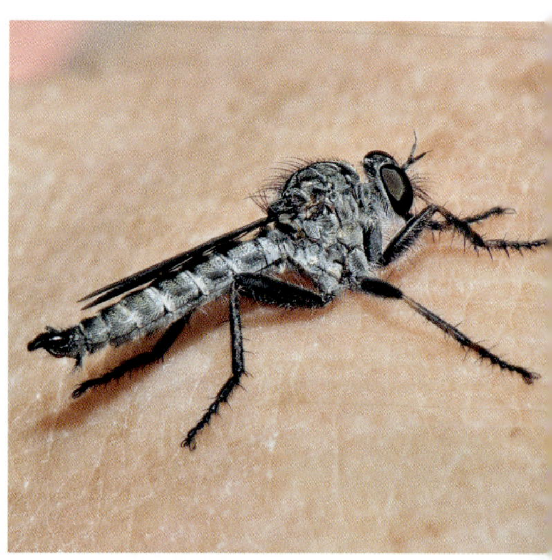

(2) *Tolmerus atricapillus* ♂

(3) *Tolmerus atricapillus* ♀

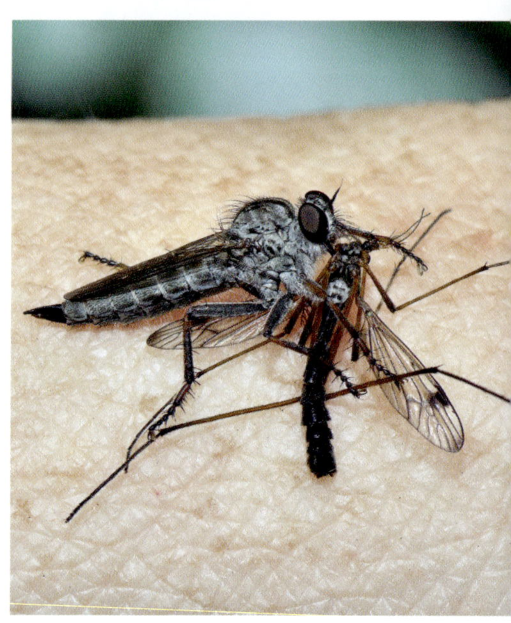

(4) *Tolmerus atricapillus* ♀

Gemeine Raubfliege
Tolmerus atricapillus

L. 17-25 mm

Die **Fliege (1-4)** kann der Schlichten Raubfliege (S. 661) ähnlich sein. Ihr fehlen aber die hellfarbigen Borsten und die dunklen Beine sind partiell etwas rotbräunlich aufgehellt. Oft ist der Körper schlicht aschgrau gefärbt. Typisch ist der Aufbau des männlichen Genitalapparates, der in Bild **(2)** deutlich sichtbar ist. Männchen **(1-2)**, Weibchen **(3-4)**. Die Art ist ziemlich häufig und besiedelt verschiedenste Lebensräume, in denen sich auch ihre Opfer, kleinere Insekten, aufhalten. Larven ernähren sich ebenfalls räuberisch von im Boden lebenden Insekten.

Burschen-Raubfliege
Tolmerus cingulatus

L. 12–15 mm

Die **Fliege (1–3)** ist vorwiegend hellbräunlich gefärbt und ähnelt damit anderen Arten. Weibchen **(1)** mit schwarz zugespitztem Hinterleib (Legeapparat) und Männchen **(2)** stattdessen mit quer liegender »Zange«. Bild **(3)** zeigt eine Paarung. Die Art unterscheidet sich durch ihre rötlichen, schwarz geringelten Beine. Der Name *cingulatus* (= gegürtelt) bezieht sich darauf. Bei der ähnlichen Berserkerfliege (S. 659) sind die Beine bis auf die schwarzen Schenkel ebenfalls rot oder rötlich gefärbt, jedoch nicht schwarz geringelt oder gefleckt.

Tolmerus cingulatus ♀

(2) *Tolmerus cingulatus* ♂

Tolmerus cingulatus Paarung

Säbel-Raubfliege
Dysmachus trigonus

L. 12-16 mm

Die **Fliege (1-4)** ist schwarzbraun und stellenweise stark behaart. Die schwarzen Beine sind mit langen, teils hellen Borsten besetzt. Die Abbildungen **(1-3)** zeigen Weibchen, deren Legeapparat am Ende des Hinterleibes auffallend lang und säbelartig nach oben gebogen ist (Name!). Das Bild **(4)** veranschaulicht eine Paarung, bei der sich das unten befindliche Männchen mit seiner »Zange« am Weibchen festhält. Die Art ist in Gegenden mit Sandböden anscheinend nicht selten. Alle abgebildeten Weibchen haben gerade ein Opfer überwältigt. Bild **(1)**: eine Florfliege, Bild **(2)**: einen Käfer der Gattung *Onthophagus*, Bild **(3)**: einen Ockergelben Blattspanner.

(1) *Dysmachus trigonus* ♀

(2) *Dysmachus trigonus* ♀

(3) *Dysmachus trigonus* ♀

Dysmachus trigonus Paarung

(1) *Neoitamus cyanurus* ♀

(2) *Neoitamus cyanurus* ♀

(3) *Neoitamus cyanurus* ♂

(4) *Neoitamus cyanurus* ♂

Gemeiner Strauchdieb

Neoitamus cyanurus

L. 12-17 mm

Die **Fliege (1-4)** hat graue und schwarze Grundfarben. Die transparenten Flügel sind nur schwach abgedunkelt. Sehr auffällig ist der verlängerte, spitz zulaufende Hinterleib der Weibchen **(1-2)**. Durch die schwarze Färbung der letzten drei Segmente wird ein besonders langer Legeapparat vorgetäuscht. Auf Bild **(2)** wird gerade die männliche Raubfliege einer verwandten Gattung ausgesaugt. Der Hinterleib der Männchen **(3-4)** kann schwarz oder grauschwarz gefärbt sein und ist an den Segmentübergängen weiß geringelt **(3)**. Zur Unterscheidung ähnlicher Arten ist die Färbung der Beine wichtig. Schenkel und Füße sind schwarz und nur die Schienen bräunlich.

Goldafterfliege

Antipalus varipes

L. 17–20 mm

Die **Fliege (1-3)** ähnelt den Arten der Gattung *Neoitamus*, z. B. dem Gemeinen Strauchdieb (S. 666), da die Färbung von Körper und Beinen sehr ähnlich ist. Der Hinterleib des Weibchens endet jedoch stumpf und nicht spitz zulaufend. Von der Seite betrachtet **(1+3)** ist der untere Teil des Hinterleibsendes (Afterbereich) orange- bis rotbraun aufgehellt, daher der Name »Goldafterfliege«. Männchen haben dieses gut erkennbare Merkmal nicht. Sie sind leicht mit männlichen Tieren anderer Gattungen zu verwechseln. Die Art liebt trockenwarme, sandige Biotope und ist daher in Brandenburg und Nordostdeutschland nicht selten.

Antipalus varipes ♀

(2) *Antipalus varipes* ♀

Antipalus varipes ♀

Alabasterfliege

Pamponerus germanicus

L. 17-22 mm

Die **Fliege (1-2)** ähnelt besonders der Berserkerfliege (S. 659). Ihr Vorderkörper ist jedoch dunkler, manchmal fast einheitlich schwarz. Die sehr dunklen Flügel sind in der vorderen Hälfte transparent aufgehellt. Die Beinfärbung ähnelt auch der des Gemeinen Strauchdiebes (S. 666). Bei diesem sind aber die Füße (Tarsen) oft gänzlich schwarz, während die ersten Fußglieder der Alabasterfliege rot gefärbt sind **(2)**. Die Abbildungen zeigen ein Weibchen mit einem schwarzen, zugespitzten Legeapparat am Ende des Hinterleibes **(1)**.

(1) *Pamponerus germanicus* ♀

(2) *Pamponerus germanicus* ♀

'eomochtherus pallipes ♀

(2) *Neomochtherus pallipes* ♀

Ieomochtherus pallipes ♂

Striemen-Raubfliege

Neomochtherus pallipes

L. 12–15 mm

Die **Fliege (1–3)** gehört zu den mittelgroßen Raubfliegen. Sie zeichnet sich durch ihre mehr oder weniger einfarbig gelb- oder rotbräunlichen Beine aus. Nur an den Gelenken können schwärzliche Flecken vorhanden sein. Weibchen **(1–2)** mit zugespitztem Hinterleib, Männchen **(3)** mit zangenförmigem Endglied. Die Art ist in Sandgebieten nicht selten und ist gelegentlich auch in Gärten und menschlichen Behausungen zu finden. Die Ernährung erfolgt, wie bei allen Raubfliegen, räuberisch. Die ähnliche Raubfliege *Neomochtherus geniculatus* ist dunkler gefärbt und besitzt schwarze Beinschenkel.

Schwarze Mordfliege

Andrenosoma atrum

L. ca. 22 mm

Die **Fliege (1)** ist in allen Teilen schwarz gefärbt. Durch ihre Größe und die schwarzen Borsten ist sie eine sehr eindrucksvolle Erscheinung. Die seltene Art, vermutlich ein Weibchen, war zum Glück mit dem Aussaugen eines Opfers beschäftigt. Nach dem ersten Foto flog sie davon. Wir konnten die Fliege bisher nur ein einziges Mal finden. Die Larven der sich räuberisch ernährenden Fliege entwickeln sich in moderigem Holz.

Fotobeleg: Brandenburg, Waldweg bei Wünsdorf, 31. 8. 2017.

(1) *Andrenosoma atrum*

(1) *Choerades ignea* ♀

(2) *Choerades ignea* ♀

(3) *Choerades ignea* ♂

(4) *Choerades ignea* Paarung

Zinnober-Mordfliege
Choerades ignea

L. 16–22 mm

Die **Fliege (1–4)** ist glänzend schwarz gefärbt. Der Hinterleib ist oberhalb ab dem zweiten Segment mehr oder weniger zinnoberrot oder goldgelb behaart **(2)**, was meist durch die Flügel verdeckt ist. Die schwarzen Beine tragen neben den gleichfarbigen Borsten eine farblose Behaarung. Ferner ist das Gesicht mit langen, nach vorne gerichteten, hellen Haaren besetzt. Weibchen **(1–2)**, Männchen **(3)**, Paarung **(4)**. Die Fliege hält sich gerne an Stämmen und Ästen von Laub- und Nadelbäumen auf, wo sie ihre Eier deponiert. Larven leben in moderigem Holz und fressen Larven von Käfern. Sehr ähnlich ist die Karminrote Mordfliege *(C. gilva)*, die im selben Gebiet vorkommt.

Gemeine Mordfliege
Choerades marginata

L. 10-16 mm

Die **Fliege (1-2)** ähnelt der Zinnober-Mordfliege (S. 670). Die Behaarung an Körper und Beinen ist aber nicht farblos, sondern roströtlich und das Gesicht besitzt nicht die auffallend hellen, sondern dunkle Haarborsten. Die Abbildungen zeigen Weibchen, deren Hinterleib stumpf endet. Auf Bild **(2)** sind deutlich die arttypischen, hellgrau aufgehellten Seiten des Vorderkörpers zu sehen. Aufenthaltsorte und Lebensweise entsprechen weitgehend denen der Zinnober-Mordfliege.

(1) *Choerades marginata* ♀

(2) *Choerades marginata* ♀

Gelbe Mordfliege
Laphria flava

L. 13-24 mm

Die **Fliege** (1-3) besitzt auf ihrem schwarzen Körper eine struppige, gelb- bis rostbräunliche Behaarung. Der Legeapparat der Weibchen (1) ist klein und kaum auffallend. Bei Männchen (2) ist die Spitze des Hinterleibes mit einer kräftigen Zange versehen. Bild (3) zeigt ein Männchen in typischer Haltung. Die Art ist in Deutschland relativ häufig. Sie hält sich meistens in Wäldern auf, da die Weibchen ihre Eier an Totholz ablegen. Bevorzugt wird die Wald-Kiefer *(Pinus sylvestris)*, doch werden auch Laubhölzer angenommen. Adulte Tiere leben räuberisch von anderen Insekten, die im Flug überfallen werden. Larven entwickeln sich in Bohrlöchern von Bockkäfern, deren Larven sie parasitieren. Die Gattung enthält weitere, ähnliche Arten.

(1) *Laphria flava* ♀

(2) *Laphria flava* ♂

(3) *Laphria flava* ♂

(1) *Laphria gibbosa* Paarung

(2) *Laphria gibbosa* Paarung

Große Mordfliege

Laphria gibbosa

L. 15–26 mm

Die **Fliege (1–2)** ist sehr auffällig gemustert, da der Hinterleib nur auf den drei hinteren Segmenten mit einem weißen bis cremefarbenen Pelz überzogen ist. Der vordere Bereich ist schwarzbraun gefärbt. Wir fanden die sehr seltene Art bisher nur einmal im reinen Kiefernwald. Nach der Paarung legt das Weibchen seine Eier an morschen Kiefernstümpfen ab. Die Larven parasitieren Käferlarven, möglicherweise solche vom Marien-Prachtkäfer *(Chalcophora mariana)*, der ebenfalls Kiefern besiedelt.

Fotobelege: Brandenburg, sandiger Kiefernwald bei Zesch am See, 24. 7. 2012.

Große Wolfsfliege
Dasypogon diadema

L. 18–25 mm

Die **Fliege (1–3)** gehört zu den seltenen, größten Raubfliegen in Deutschland. Das Männchen (hier abgebildet) ist inklusive der Flügel vollkommen schwarz gefärbt. Weibchen haben glasklare Flügel und besitzen rote Beine. Zwei mittlere Segmente des Hinterleibes sind auffallend orangerot. Die Art liebt offene Sandflächen, wo wir sie auch einmal finden konnten. Weibchen legen ihre Eier im Sandboden ab. Die geschlüpften Larven leben dort parasitisch. Sie ernähren sich hauptsächlich von anderen im Boden lebenden Insekten.

Fotobelege: Brandenburg, Glau, im Freilandgehege Glauertal, 12. 7. 2011.

(1) *Dasypogon diadema* ♂

(2) *Dasypogon diadema* ♂

(3) *Dasypogon diadema* ♂

(1) *Dioctria hyalipennis* ♂

(2) *Dioctria hyalipennis* ♀

(3) *Dioctria hyalipennis* ♀

Gemeine Habichtsfliege

Dioctria hyalipennis

L. 7-10 mm

Die schlanke **Fliege (1-3)** besitzt eine für die Gattung typische Erscheinungsform. Die beiden vorderen Beinpaare sind gelb- bis rotbräunlich, das hintere ist an Schenkeln und Schienen stellenweise schwärzlich. Männchen **(1)** haben einen fast zylindrischen Hinterleib. Bei Weibchen **(2-3)** ist dieser oft angeschwollen. Die Fliege ist häufig auf Blättern in der niedrigen Vegetation anzutreffen. Sie ernährt sich räuberisch von kleineren Insekten, die im Flug angegriffen werden. Sehr ähnlich kann die etwas größere Höcker-Habichtsfliege (S. 676) aussehen.

Höcker-Habichtsfliege

Dioctria rufipes

L. 11-14 mm

Die **Fliege (1-4)** ist etwas größer als die ähnliche Gemeine Habichtsfliege (S. 675). Namengebend ist der etwas vergrößerte Höcker, auf dem die Fühler sitzen. Das fast vollkommen schwarze hintere Beinpaar in beiden Geschlechtern ist ein weiteres Unterscheidungsmerkmal zur Schwesterart. Männchen **(1-2)**, Weibchen **(3-4)**. Auf Bild **(4)** hat ein Weibchen eine gleich große Schnepfenfliege erbeutet.

(1) *Dioctria rufipes* ♂

(2) *Dioctria rufipes* ♂

(4) *Dioctria rufipes* ♀

Dioctria rufipes ♀

Große Habichtsfliege
Dioctria oelandica

L. 15–20 mm

Die **Fliege (1–2)** ist bis auf die gelb- bis orangebraunen Schenkel und Schienen der Beine schwarz gefärbt. Auch die Flügel sind nicht transparent, sondern stark abgedunkelt oder ebenfalls schwarz. Auch durch die Größe unterscheidet sich die Art deutlich von ihren Verwandten. Die Abbildungen zeigen vermutlich ein männliches Tier. Die Ernährung erfolgt räuberisch. Die Art scheint in Brandenburg nicht häufig zu sein, da wir sie nur einmal finden konnten. Sie wurde zuerst auf der Ostseeinsel Öland entdeckt und beschrieben.

Fotobelege: Brandenburg, Kienbaum, Feuchtwiese nahe der Löcknitz, 28. 5. 2017.

(1) *Dioctria oelandica* ♂

(2) *Dioctria oelandica* ♂

Gemeine Schlankfliege
Leptogaster cylindrica

L. 11-16 mm

Die **Fliege (1-2)** ist unscheinbar graubräunlich gefärbt und besitzt einen dünnen, zylindrischen Hinterleib, der die transparenten Flügel deutlich überragt. Durch ihre typische Sitzposition **(1)** ist die Fliege in der Natur schwer zu entdecken. Die Abbildungen zeigen ein weibliches Tier. Die Art ist in offenem, grasigem Gelände nicht selten und erbeutet dort kleinere Insekten. Ihre Larven entwickeln sich im Erdboden. In Deutschland existieren vier teils schwer unterscheidbare Arten der Gattung *Leptogaster*. Die Gemeine Schlankfliege ist an der typischen Zeichnung der Beine, besonders den dunklen Längsstreifen der Vorder- und Mittelschienen zu erkennen.

(1) *Leptogaster cylindrica* ♀

(2) *Leptogaster cylindrica* ♀

Schnaken 1 (Fam. *Tipulidae*)

Streifenflügelige Schnake
Tipula fascipennis

L. 15–18 mm

Die **Schnake (1–2)** ist beigefarben bis orange-bräunlich. Was sie besonders auszeichnet, ist ein am äußeren Drittel der Flügel befindlicher blasser Querstreifen. Arten mit ähnlichem Flügelmuster haben andere Körperfarben (siehe *T. luna*, S. 681) oder der helle Streifen erreicht nicht den unteren Flügelrand (siehe *T. lunata*, S. 682). Die Abbildungen zeigen Weibchen, deren Hinterleib durch den Legeapparat zugespitzt ist. Männchen haben einen dünneren, zylindrischen Hinterleib mit stumpfem Ende. Die Art findet man an Waldwegen und Lichtungen oder im feuchten Gras.

(1) *Tipula fascipennis* ♀

(2) *Tipula fascipennis* ♀

(1) *Tipula luna* ♀

(2) *Tipula luna* ♀

Schnake
Tipula luna

L. 16–20 mm

Die **Schnake (1–2)** hat aschgraue Körperfarben. Der Hinterleib ist manchmal mit dunklen, unterbrochenen Längsstreifen versehen. Das helle, quer gerichtete Flügelmal ist kürzer als bei der Streifenflügeligen Schnake (S. 680) und erreicht somit nicht die untere Flügelkante. Auf den Fotos sind Weibchen abgebildet. Die Art bewohnt feuchte Auwälder und mit Gräsern und Kräutern bestandene Waldränder.

Schnake
Tipula lunata

L. 18–22 mm

Die **Schnake (1–3)** besitzt, ähnlich wie bei *T. luna* (S. 681), auf jedem Flügel ein helles und dunkles, nebeneinanderliegendes Flügelmal. Der helle Fleck reicht von der oberen Flügelkante etwa bis zur Mitte. Durch die unterschiedlichen Körperfarben (bei *T. lunata* gelbbräunlich) sind die Arten kaum zu verwechseln. Weibchen **(1)** mit zugespitztem Hinterleib, Männchen **(2–3)** mit schmal zylindrischem, stumpf endendem Hinterleib. Erwachsene Tiere besuchen gelegentlich blühende Kräuter zur Aufnahme von Nektar (siehe Fotos). Das dürfte für alle Schnaken der Gattung *Tipula* gelten.

(1) *Tipula lunata* ♀

(2) *Tipula lunata* ♂

(3) *Tipula lunata* ♂

Tipula maxima ♀

Tipula maxima ♂

(3) *Tipula maxima* ♂

Riesen-Schnake
Tipula maxima

L. bis 40 mm

Die **Schnake (1-3)** fällt nicht nur durch ihre Größe auf, sondern auch durch die auffällig gefleckten Flügel. Ausgebreitet ergibt sich eine Spannweite von gut 60 mm. Trotz der Größe ist die Schnake für den Menschen vollkommen harmlos, da sie, wie alle Schnaken, nicht stechen können. Weibchen **(1)**, Männchen **(2-3)**. Auf Bild **(3)** wurde ein Tier von roten Milben befallen. Die Art ist nicht selten in der Nähe von Wassergräben, kleinen Bächen und Teichen aufzufinden. Die bis zu 50 mm langen Larven entwickeln sich im Schlamm stehender oder langsam fließender Gewässer.

Kohl-Schnake
Tipula oleracea

L. 16–25 mm

Die **Schnake (1–3)** gehört zu den häufigen Arten der Gattung. Die Körperfarbe ist unscheinbar bräunlich oder graubraun und auf dem Hinterleib befindet sich oft ein dunklerer Mittelstrich. Die transparenten Flügel haben eine dunkle Vorderkante, unter der ein schmaler, heller Bereich liegt, weshalb sie sich deutlicher abhebt. Auf Bild **(2)** sind auch die runden, lang gestielten Schwingkölbchen gut zu sehen. Weibchen **(1–2)**, Paarung **(3)**. Die Eier werden in der Erde abgelegt. Die schlüpfenden Larven ernähren sich von totem Pflanzenmaterial.

(1) *Tipula oleracea* ♀

(2) *Tipula oleracea* ♀

(3) *Tipula oleracea* Paarung

Wiesen-Schnake

Tipula paludosa

L. 16–25 mm

Die **Schnake (1-3)** besitzt etwa die gleiche Größe wie die Kohl-Schnake (S. 684), mit der sie leicht verwechselt werden kann. Weibchen **(1-2)** neigen zur Zweifarbigkeit. Ihr Hinterleib ist gelbbräunlich und der Vorderkörper grau. Die Flügel der Weibchen sind stets kürzer als der Hinterleib. Männchen (siehe Paarung **(3)**) sind einfarbig graubräunlich. Ihre Flügel haben eine für Schnaken normale Länge und überragen den Hinterleib etwas. Die Art kommt dem Namen entsprechend vorwiegend auf Rasenflächen wie Wiesen und Weiden vor. Ihre Larven fressen an Wurzeln verschiedener Gräser.

Tipula paludosa ♀

) *Tipula paludosa* ♀

(3) *Tipula paludosa* Paarung

(1) *Tipula vernalis* ♀

(2) *Tipula vernalis* ♀

(3) *Tipula vernalis* Paarung

Frühlings-Schnake
Tipula vernalis

L. 15–20 mm

Die **Schnake (1–3)** ähnelt den beiden zuvor beschriebenen Arten. Wie bei der Kohl-Schnake (S. 684) besitzt das Weibchen einen dunklen Längsstrich auf dem Hinterleib. Die Farben ähneln eher denen der Wiesen-Schnake (S. 685), doch ihre Flügel sind normal lang, d. h., sie überragen den Hinterleib etwas oder sind zumindest gleich lang. Auch die schwarze Aderung der glasklaren Flügel ist besonders prägnant. Anhand der Männchen sind die Arten kaum zu unterscheiden. Weibchen **(1–2)**, Paarung **(3)**. Erwachsene Tiere ernähren sich von Nektar, Larven fressen Wurzeln oder Blätter von Gräsern.

Gefleckte Schnake
Tipula vittata

L. 15-20 mm

Die **Schnake (1-3)** hat in beiden Geschlechtern an den Seiten des Hinterleibes je einen unterbrochenen, dunklen Streifen. Die Flügel besitzen eine auffallende, fleckenartige Zeichnung, etwa ähnlich der Riesen-Schnake (S. 683). Neben dunklen und hellen Flecken ist auch ein heller Längsstreifen auf der Flügelmitte vorhanden. Weibchen **(1)**, Männchen **(2)**, Paarung **(3)**. Die Art bevorzugt feuchte Biotope in Waldnähe. Larven ernähren sich von absterbenden Pflanzenteilen.

Tipula vittata ♀

(2) *Tipula vittata* ♂

Tipula vittata Paarung

Gefleckte Wiesen-Krähenschnake
Nephrotoma appendiculata

L. 15–18 mm

Die **Schnake (1–3)** ist auffällig schwarz-gelb gezeichnet, besonders an Kopf und Vorderkörper. Den Hinterleib schmückt ein dunkler, mehr oder weniger breiter Mittelstreifen. Die transparenten Flügel haben ein blass rauchgraues, ovales Flügelmal. Der zugespitzte, dunkel rotbraune Legeapparat am Ende des Hinterleibes ist für das Weibchen **(1)** typisch. Beim Männchen **(2)** endet der Hinterleib stumpf. Bild **(3)** zeigt eine Paarung. Die Art bewohnt Feuchtwiesen, Moore und Heideflächen. Erwachsene Tiere nehmen Nektar auf und Larven fressen pflanzliches Wurzelwerk. Mehrere Arten, darunter die Gelbe Krähenschnake (S. 689), können sehr ähnlich sein.

(1) *Nephrotoma appendiculata* ♀

(2) *Nephrotoma appendiculata* ♂

(3) *Nephrotoma appendiculata* Paarung

(1) *Nephrotoma flavescens* ♀

(2) *Nephrotoma flavescens* ♀

Gelbe Krähenschnake

Nephrotoma flavescens

L. 15–18 mm

Die **Schnake (1–2)** ist der Gefleckten Wiesen-Krähenschnake (S. 688) sehr ähnlich. Ihr dunkler Rückenstreifen ist deutlich schmaler, wodurch die Fliege heller wirkt. Bei Betrachtung des Vorderkörpers ist das Farbmuster etwas abweichend. So ist an den Seiten zwischen Flügelansatz und Schwingkölbchen mehr Gelb vorhanden, da sich bei der Gefleckten Wiesen-Krähenschnake dort ein schwarzes, hufeisenförmiges Zeichen befindet. Die Abbildungen zeigen ein Weibchen. Ernährung und Lebensweise beider Arten stimmen im Wesentlichen überein.

Krähenschnake
Nephrotoma scurra

L. 13–16 mm

Die **Schnake (1–3)** besitzt gelbliche Grundfarben, die aber nicht so kräftig sind wie bei anderen gelben Arten. Das Flügelmal ist blass rauchgrau, seltener schwarz gefärbt. Bei dieser Art fällt auf, dass die beiden hinteren Längsstreifen des Vorderkörpers stets blasser ausfallen als die vorderen. Die Oberseite des Hinterleibes ist mit einem meist schmalen, dunklen Streifen versehen. Weibchen **(1–2)** mit zugespitztem Legeapparat, Männchen **(3)** mit stumpf endendem Hinterleib. Die Art besiedelt ähnliche Lebensräume wie ihre Verwandten.

(1) *Nephrotoma scurra* ♀

(2) *Nephrotoma scurra* ♀

(3) *Nephrotoma scurra* ♂

Krähenschnake

Nephrotoma quadrifaria

L. 12–15 mm

Die **Schnake (1–3)** ist am Vorderkörper auf blassgelblichem Untergrund mit schwarzen Längsstreifen versehen. Der Hinterleib der Weibchen trägt auf den Segmenten je ein schwarzes Dreieck, wodurch eine breite, gezackte Rückenlinie entsteht. Das Flügelmal ist kräftig schwarz und die Adern sind unterhalb des Flügelmals oft dunkel umsäumt. Die Abbildungen zeigen Weibchen mit zugespitztem, rotbraunem Legeapparat am Ende des Hinterleibes. Lebensweise und Standorte stimmen mit allen anderen hier beschriebenen Schnaken überein.

(1) *Nephrotoma quadrifaria* ♀

(2) *Nephrotoma quadrifaria* ♀

(3) *Nephrotoma quadrifaria* ♀

Gelbbindige Krähenschnake
Nephrotoma crocata

L. 15–20 mm

Die **Schnake (1–3)** hat eine schwarze Grundfarbe. Besonders auffallend sind die drei gelborangenen Querbänder auf dem Hinterleib. Die transparenten Flügel besitzen ein kräftig schwarzes Mal und in dessen Umgebung teils dunkel umsäumte Adern. Weibchen **(1–2)** haben einen durch den rotbraunen Legeapparat spitz auslaufenden Hinterleib. Dieser endet bei den Männchen **(3)** stumpf. Die Art ist in sandigen Gegenden nicht selten und kann an Waldrändern, auf Wiesen und in Gärten angetroffen werden. Das Weibchen legt die Eier im Erdboden ab. Larven ernähren sich von Graswurzeln.

(1) *Nephrotoma crocata* ♀

(2) *Nephrotoma crocata* ♀

(3) *Nephrotoma crocata* ♂

:tenophora ornata ♀

(2) *Ctenophora ornata* ♀

Ctenophora ornata ♀

Geschmückte Kammschnake

Ctenophora ornata

L. 20-24 mm

Die **Schnake (1-3)** ist bunt gefärbt und die transparenten Flügel sind mit je einem schwarzen Spitzenfleck versehen. Die gelbe Querbänderung des Hinterleibes ist ein Warnzeichen und soll eine wehrhafte Wespe vortäuschen. Die abgebildeten Weibchen haben einen lang zugespitzten Legebohrer. Männchen (nicht abgebildet) sind leicht durch die lang gekämmten Fühler zu unterscheiden. Die für Menschen völlig harmlosen Tiere leben in Auwäldern oder in der Nähe von Gewässern. Die Eier werden im Mulm von Laubbäumen abgelegt, in denen sich die Larven entwickeln.

Kammschnake
Ctenophora pectinicornis

L. 11–15 mm

Die **Schnake (1-3)** ist weniger auffällig gezeichnet als die Geschmückte Kammschnake (S. 693). Ihr rötlicher Hinterleib hat an den Seiten einige dünne Querstreifen und der Rücken ist mehr oder weniger schwarz. Weibchen (siehe Fotos) haben einen durch den Legebohrer zugespitzten Hinterleib. Bei Männchen endet dieser stumpf. Die Schnake hält sich in feuchten Wäldern und Gärten auf. Eier werden in morschem Laubholz abgelegt. Auf Bild **(3)** ist zu sehen, dass ein Weibchen von einem Pseudoskorpion belästigt wird (siehe rechtes Vorderbein). Das kommt häufiger vor, da sich beide Arten gerne an morschen Baumstümpfen aufhalten.

(1) *Ctenophora pectinicornis* ♀

(2) *Ctenophora pectinicornis* ♀

(3) *Ctenophora pectinicornis* ♀

Tanyptera atrata ♀

(3) *Tanyptera atrata* ♀ Eiablage

Tanyptera atrata ♂

(5) *Tanyptera atrata* ♂

Holzschnake,
Schwarze Kammschnake
Tanyptera atrata

L. 18–25 mm

Die **Schnake (1-5)** zeichnet sich durch rote und/oder schwarze Farben aus. Weibchen **(1-3)** besitzen einen besonders langen, durch den Legebohrer spitz ausgezogenen Körper. Der Rotanteil des Hinterleibes kann variieren. Bild **(3)** zeigt ein Weibchen an morschem Pappelholz bei der Eiablage. Die Männchen **(4-5)** können einen rötlichen oder völlig schwarzen Hinterleib haben. Ihre Fühler sind auffallend lang gekämmt. Die Art ist häufig an weißfaulen Laubholzstämmen zu beobachten. Erwachsene Tiere besuchen blühende Kräuter zur Nektaraufnahme **(2)**. Larven ernähren sich offensichtlich von morschem Holz.

(2) *Tanyptera atrata*♀

Schnaken 2 (Fam. *Cylindrotomidae*)

Schnake
Cylindrotoma distinctissima

L. 13–16 mm

Die **Schnake (1–2)** ähnelt den Arten der Gattung *Tipula*. Der Hinterleib der Weibchen (siehe Fotos) ist in der vorderen Hälfte schlank zylindrisch und auch die Aderung der Flügel weicht etwas ab. Die Körperfarben können fahl graubräunlich oder gelblich sein. Die Art scheint in Brandenburg ziemlich selten zu sein oder wird oft übersehen. Sie kann auf Blättern in der niedrigen Vegetation beobachtet werden, da sie ihre Eier an krautigen Pflanzen ablegt, an denen dann auch die grünen Larven fressen.

Fotobelege: Brandenburg, Mallnow, feuchte Waldwiese nahe der Oder, 21. 5. 2010 und 19. 5. 2013.

(1) *Cylindrotoma distinctissima* ♀

(2) *Cylindrotoma distinctissima* ♀

Faltenmücken (Fam. *Ptychopteridae*)

Faltenmücke
Ptychoptera contaminata

L. 10–12 mm

Die **Mücke (1–3)** ähnelt in ihrer Haltung einer Schnake mit farblosen, schwarz gefleckten Flügeln. Der schwarze Hinterleib ist auf dem dritten bis fünften Segment mit rötlichen, in der Mitte oft verschmelzenden Seitenflecken und teils goldgelben Kurzhaaren bedeckt. Bei Weibchen **(1)** ist der hintere Teil keulenförmig erweitert und endet in einem rotbräunlichen, zugespitzten Legeapparat. Männchen **(2)** haben ähnlich wie bei den Schnaken einen mehr oder weniger zylindrischen Hinterleib, der in einer Verdickung endet. Die Abbildung **(3)** zeigt eine Paarung. Die Mücke bewohnt feuchte Biotope in Gewässernähe. Ihre Larven leben im flachen Wasser und ernähren sich von Kieselalgen.

(1) *Ptychoptera contaminata* ♀

(2) *Ptychoptera contaminata* ♂

(3) *Ptychoptera contaminata* Paarung

(1) *Ptychoptera albimana* ♀

(2) *Ptychoptera albimana* ♀

Faltenmücke

Ptychoptera albimana

L. 8–10 mm

Die **Mücke (1–2)** ähnelt der Faltenmücke *Ptychoptera contaminata* (S. 698), ist aber unauffälliger gezeichnet. Ihr dunkler Hinterleib ist stellenweise nur schwach orangegelblich aufgehellt. *albimana* bedeutet »weißhändig«, was sich in diesem Falle auf die hinteren Füße bezieht, deren erstes, verlängertes Glied weißlich oder gelblich aufgehellt ist. Die durchsichtigen Flügel haben einen schwarzen Fleck und stellenweise sind die dunklen Adern schwarz umsäumt. Die Abbildung zeigt ein Weibchen. Die Mücke hält sich meist in der Nähe kleinerer Gewässer auf, in denen sich auch ihre Larven entwickeln. Als Nahrung dienen faulende Pflanzenteile.

Stelzmücken (Fam. *Limoniidae*)

(1) *Limonia nigropunctata* ♀

Stelzmücke

Limonia nigropunctata

L. 9-11 mm

Die **Mücke (1-3)** ist am Vorderkörper gelborange gefärbt und besitzt dort einen dunklen Mittelstreifen. Der Hinterleib kann heller oder dunkler gefärbt sein. Der Name *nigropunctata* bezieht sich auf die schwarz punktierten Flügel. Die Punkte sitzen in einer typischen Dreieranordnung am Vorderrand. Bei den Weibchen **(1-2)** endet der Hinterleib in einem zugespitzten Legebohrer. Die Abbildung **(3)** zeigt eine Paarung. Die Art hält sich besonders in der Nähe von Kleingewässern auf.

(2) *Limonia nigropunctata* ♀

(3) *Limonia nigropunctata* Paarung

Stelzmücke
Limonia nubeculosa

L. 9-12 mm

Die **Mücke (1-2)** besitzt eine schwarzbraune Körperfarbe, wobei der Vorderkörper an den Seiten hellgrau bestäubt ist. Die durchsichtigen Flügel sind mit kräftigen, schwarzen Punkten besetzt. Die Art hält sich in der niedrigen Vegetation feuchter Biotope auf, besiedelt aber auch unterirdische Lebensräume. Höhlenforscher kürten die Art zum »Höhlentier 2019«. So entstand der Volksname »Gemeine Höhlenstelzmücke«. Auf den Fotos sind Weibchen abgebildet.

(1) *Limonia nubeculosa* ♀

(2) *Limonia nubeculosa* ♀

Stelzmücke, Augenschnake
Epiphragma ocellaris

L. 14-18 mm

Die **Mücke (1-3)** hat eine gewisse Ähnlichkeit mit den Schnaken. An der Flügelzeichnung, die aus verschlungenen und kreisförmigen schwarzen Zeichen besteht, ist die Art gut erkennbar. Sie hält sich gerne auf Feuchtwiesen, an Teichrändern oder feuchten Waldstellen auf. Wie bei den Schnaken haben Weibchen **(1)** einen durch den Legeapparat zugespitzten Hinterleib und bei Männchen **(2-3)** ist das Ende abgestumpft. Larven entwickeln sich im Holzmulm von Laubbäumen.

(1) *Epiphragma ocellaris* ♀

(2) *Epiphragma ocellaris* ♂

(3) *Epiphragma ocellaris* ♂

(1) *Limnophila pictipennis* ♂

(2) *Limnophila pictipennis* ♂

Stelzmücke

Limnophila pictipennis

L. 9-12 mm

Die **Mücke (1-2)** ist hellgrau oder graubräunlich gefärbt. Der Hinterleib ist zwischen den einzelnen Segmenten etwas eingeschnürt. Typisch sind die durchsichtigen Flügel, die viele kleine und größere, dunkle Flecken aufweisen. Die größeren befinden sich an der Vorderkante der Flügel. Die Abbildungen zeigen Männchen, deren Hinterleib am Ende eine kleine, quer liegende Zange besitzt. Mit dieser hält sich das Männchen bei der Paarung am Weibchen fest. Die Art besiedelt feuchte Biotope. Von der ähnlichen *L. schranki* (S. 704) ist die Art durch hellere Beinfarben, Zeichnung des Vorderkörpers und abweichende Flügelpunktierung zu unterscheiden.

(1) *Limnophila schranki*

(2) *Limnophila schranki*

Stelzmücke

Limnophila* cf. *schranki

L. 12–14 mm

Die **Mücke (1–2)** ähnelt der Stelzmücke *Limnophila pictipennis* (S. 703), kann aber etwas größer werden. Das sehr ähnlich aufgebaute Flügelmuster ist etwas grober und der graue Vorderleib besitzt eine dunkle Mittellinie, die *L. pictipennis* fehlt. Das Geschlecht der abgebildeten Tiere kann schwer beurteilt werden, da die zusammengelegten Flügel den Hinterleib verdecken. Vermutlich handelt es sich um Weibchen. Beide Arten besiedeln gleiche Feuchtbiotope in Wäldern und in Uferbereichen von Bächen und Teichen. Sehr ähnlich ist *L. arnoudi*, daher die »cf.«-Bestimmung.

Haarmücken (Fam. *Bibionidae*)

Märzfliege,
März-Haarmücke
Bibio marci

L. 8-12 mm

Die **Mücke (1-3)** ist als größte Art der Gattung glänzend schwarz und mit borstigen Haaren versehen. Männchen **(2)** haben sehr große, zusammenstoßende Augen und einen dünnen Hinterleib. Bei den Weibchen **(1)** sind die Augen viel kleiner und stehen weit auseinander. Bild **(3)** zeigt eine Paarung. Die Tiere erscheinen bereits im Frühjahr, oft in größeren Gruppen. Sie ernähren sich von Pflanzensäften und Pollen und sind deshalb nicht zu unterschätzende Bestäuber. Ihre Larven leben im Erdboden und fressen verrottende Pflanzenteile.

(1) *Bibio marci* ♀

(2) *Bibio marci* ♂

(3) *Bibio marci* Paarung

Garten-Haarmücke
Bibio hortulanus

L. 6-10 mm

Die **Mücke (1)** ist etwas kleiner als die Märzfliege (S. 705). Das Weibchen (siehe Abbildung) ist am Körper auffallend rotorange gefärbt. Beine, Kopf und Schildchen sind schwarz. Männliche Tiere sind vollkommen schwarz gefärbt. Durch ihre transparenten, am Vorderrand verdunkelten Flügel sind sie von Männchen der Märzfliege (mit einfarbig dunkleren Flügeln) unterscheidbar. Die Art ist im Untersuchungsgebiet relativ selten. Lebensweise und Ernährung entsprechen denen der Märzfliege.

(1) *Bibio hortulanus* ♀

(1) *Bibio lanigerus* ♂

Wollige Haarmücke
Bibio* cf. *lanigerus

L. 5-8 mm

Die **Mücke (1-2)** ist deutlich kleiner als die Märzfliege (S. 705). Sie erscheint oft noch vor dieser gesellig auf Blättern oder Blüten in typischer Haltung mit weit ausgebreiteten Flügeln. Die Beine sind zum Teil bräunlich oder rötlich aufgehellt und die Flügel besitzen einen rauchgrauen Fleck am verdunkelten Vorderrand. Die Körperbehaarung ist schwarz und teils auch heller. Alle Abbildungen zeigen männliche Tiere. Die Biologie entspricht der anderer hier beschriebener Arten. Leider ist diese Art von anderen gleich großen Haarmücken *(B. johannis, B. varipes)* kaum unterscheidbar, vor allem, wenn nicht beide Geschlechter vorliegen.

(2) *Bibio lanigerus* ♂

Stechmücken (Fam. *Culicidae*)

(1) *Culex pipiens* ♀

Gemeine Stechmücke,
Nördliche Hausmücke
Culex pipiens

L. 4-7 mm

Die **Mücke (1-3)** ist die häufigste Stechmücke in Deutschland und außerdem weltweit verbreitet. Weibchen **(1-2)** sind Blutsauger. Sie besitzen stechend-saugende Mundwerkzeuge, die sie bei Vögeln, Säugetieren und Menschen einsetzen. Jeder weiß, wie unangenehm und lästig ihre Stiche sein können. Männchen **(3)** haben nur einen Saugrüssel und ernähren sich von Nektar und Pflanzensäften. Ihre Fühler sind auffällig lang gefiedert. Larven entwickeln sich in stehenden Kleingewässern, in Privatgärten auch in Regentonnen.

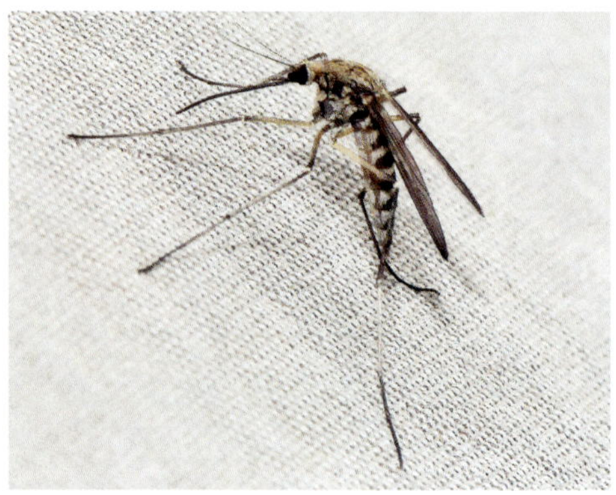

(2) *Culex pipiens* ♀

(3) *Culex pipiens* ♂

Ringelmücke
Culiseta annulata

L. 9–12 mm

Die **Mücke (1–2)** ist größer als die Gemeine Stechmücke. Der Volksname bezieht sich auf die weiß geringelten Beine, die bei der Gemeinen Stechmücke (S. 708) einfarbig dunkel gefärbt sind. Ein weiteres Unterscheidungsmerkmal bieten die dunkel gefleckten Flügel der Ringelmücke. Beide Arten haben ähnliche biologische Ansprüche und besiedeln die gleichen Lebensräume. Die Stiche der Weibchen **(1)** können ziemlich schmerzhaft sein. Männchen **(2)** stechen nicht, da sie nur einen Saugrüssel besitzen. Gelegentlich wird die Art mit der vielerorts eingeschleppten Asiatischen Tigermücke *(Aedes albopictus)* verwechselt, die auffälliger schwarz-weiß gezeichnet ist.

(1) *Culiseta annulata* ♀

(2) *Culiseta annulata* ♂

Wintermücken (Fam. *Trichoceridae*)

Gemeine Wintermücke
Trichocera hiemalis

L. 4-6 mm

Die **Mücke (1-3)** ähnelt bei flüchtiger Betrachtung einer Gemeinen Stechmücke (S. 708), ist aber harmlos, da ihre Mundwerkzeuge leckend-saugend aufgebaut sind und sie nicht stechen kann. Die Abbildungen zeigen Weibchen. Die Fliege ist in unseren Breitengraden besonders in Wintermonaten an den Außenflächen der Fensterscheiben zu beobachten. Auch Fröste machen dem Tier nichts aus, da sich im Inneren eine dem Glycerin ähnliche Flüssigkeit befindet, die das Einfrieren verhindert. Die ähnliche Wintermücke *Trichocera annulata* unterscheidet sich durch einen deutlich geringelten Hinterleib.

(1) *Trichocera hiemalis* ♀

(2) *Trichocera hiemalis* ♀

(3) *Trichocera hiemalis* ♀

Zuckmücken (Fam. *Chironomidae*)

Graue Zuckmücke
Chironomus cloacalis

L. 10-12 mm

Die **Mücke (1)** hat hellgraue bis graubräunliche Grundfarben. Auf dem Vorderkörper befindet sich ein dünner Längsstrich. Die Abbildung zeigt ein männliches Tier mit auffallend gefiederten Fühlern und einer quer liegenden »Zange« am Ende des Hinterleibes. Weibchen zeichnen sich durch fadenförmige Fühler aus. Die Mücke ist häufig ruhend auf Blättern von Büschen oder Kräutern zu finden. In dieser Stellung sind die Vorderbeine gerade nach vorne gestreckt. Zuckmücken können nicht stechen. Diverse Arten leben von Honigtau und Pflanzensäften. Sie bilden eine wichtige Nahrungsgrundlage für Vögel. Die Larven vieler Arten enthalten rote Farbstoffe und werden deshalb als Blutwürmer bezeichnet. Im Wasser lebende Larven werden von Fischen gefressen.

(1) *Chironomus cloacalis* ♂

(1) *Chironomus plumosus* ♀

(2) *Chironomus plumosus* ♂

Befiederte Zuckmücke,
Gebänderte Zuckmücke
Chironomus plumosus

L. 12–14 mm

Die **Mücke (1–2)** kann offensichtlich verschiedene Farben aufweisen. Das Weibchen **(1)** ist hier hellgrau gefärbt. Der Vorderkörper ist neben einer dünnen Mittellinie noch mit dickeren, nicht durchgehenden Seitenstreifen bestückt. Typisch scheinen auch die dunklen, punktförmigen Flügelmale zu sein. Männchen **(2)** weisen oft gelborangene Farben auf. Sie können aber auch grau aussehen. Larven entwickeln sich im Wasser.

Zuckmücke

Chironomus tentans

L. 10–12 mm

Die **Mücke (1–2)** ist am Vorderkörper blassgelblich gefärbt, weshalb die drei dunklen Längsstreifen besonders auffallen. Der mittlere endet etwa da, wo die beiden seitlichen Streifen beginnen. Eine der äußeren Längsadern ist deutlich verdickt und dunkler als die anderen. Auf den Fotos sind Weibchen abgebildet, zu erkennen an den fadenförmigen Fühlern. Bei Männchen sind diese kammartig ausgebildet. Zuckmücken der Gattung *Chironomus* sind generell schwierig auseinanderzuhalten. Hier sind daher die Bestimmungen mit einer gewissen Unsicherheit behaftet. Die Wissenschaft unterscheidet heute die Arten mithilfe einer Sequenzierung des Genmaterials.

(1) *Chironomus tentans* ♀

(2) *Chironomus tentans* ♀

Zuckmücke
Fleuria lacustris

L. 3-4 mm

Die **Mücke (1-4)** gehört zu den kleineren Zuckmücken. Die einheitlich schwarz gefärbte Art neigt dazu, gelegentlich in Massenpopulationen zu erscheinen. Wir fanden sie manchmal zu Abertausenden am Ufer des Blankensees in Brandenburg an Schilfblättern und Brückengeländern. Bei genauem Hinsehen sind männliche und weibliche Tiere zu erkennen. Diese »Plage« wurde von Marienkäfern, Libellen und Vögeln gerne als Futter angenommen.

(1) *Fleuria lacustris*

(2) *Fleuria lacustris*

(3) *Fleuria lacustris*

(4) *Fleuria lacustris*

Schmetterlingsmücken (*Fam. Psychodidae*)

Weißpunktierte Schmetterlingsmücke
Clogmia albipunctata

L. 2-3 mm, Spw. 4-6 mm

Die **Mücke (1-2)** ist an Körper und Flügeln pelzig behaart. Die Flügel stehen in Ruhestellung etwas offen, wodurch das Tier an einen Schmetterling erinnert. Dem Namen entsprechend sind ihre Ränder mit weißen Punkten besetzt und auf den Flächen stehen außerdem zwei schwarze Punkte. Die Art ist nicht nur in der Natur zu finden, sondern lebt auch gerne an feuchten Stellen in menschlichen Behausungen. Fast jeder hat sie vielleicht schon einmal an den Wänden von Dusche, Badezimmer oder Küche entdeckt. Die Larven entwickeln sich dort im stehenden Wasser der Abflüsse und ernähren sich von Bakterien und Algen.

(2) *Clogmia albipunctata*

(1) *Clogmia albipunctata*

(1) *Pericoma fuliginosa*

(2) *Pericoma fuliginosa*

Schmetterlingsmücke

Pericoma fuliginosa

L. 2,5 mm, Spw. 4–5,5 mm

Die **Mücke (1–2)** ähnelt der Weißpunktierten Schmetterlingsmücke (S. 716), ist aber etwas kleiner und seltener. Ihre pelzigen Flügel sind ebenfalls weiß und schwarz punktiert, jedoch mit abweichender Verteilung und Größe. Die Art kommt kaum in menschlichen Behausungen vor. Wir fanden sie gelegentlich sitzend auf Blättern diverser Kräuter oder an Baumrinden. Die Larven entwickeln sich in fauligem Wasser, welches sich z. B. in hohlen Baumstämmen sammelt.

Lausfliegen (Fam. *Hippoboscidae*)

Pferde-Lausfliege

Hippobosca equina

L. 6-8 mm

Die **Fliege (1-2)** ist ein blutsaugender Parasit an größeren Säugetieren wie Pferden, Rindern, Hirschen, Hunden und vermutlich noch anderen. Auch Menschen werden angeflogen und manchmal gestochen. Das Muster des Vorderkörpers ist typisch und die Flügel werden im Laufe des Lebens nicht abgeworfen, was bei anderen Lausfliegen der Fall ist. Mit kräftigen Krallen und Beinen kann sich das Tier gut im Pelz des Wirtstieres festhalten. Die Larven leben zunächst im Muttertier und werden kurz vor der Verpuppung am Boden abgelegt, wo im Herbst neue Tiere schlüpfen.

(1) *Hippobosca equina*

Hirsch-Lausfliege

Lipoptena cervi

L. 5-6 mm

Die **Fliege (1)** parasitiert verschiedene Säugetiere, darunter besonders Rehe und Hirsche, aber auch andere felltragende Wild- und Haustiere. Die sehr häufige Lausfliege saugt Blut und fliegt gelegentlich auch Menschen an. Wer sich öfter im Wald aufhält, hat bestimmt schon erlebt, dass er von der Hirsch-Lausfliege umschwirrt wird. Sie versteckt sich gerne im Kopfhaar. Ihr Stich macht sich durch leichten Juckreiz bemerkbar, ist aber nicht so unangenehm wie ein Mückenstich. Auf dem Opfer werden die Flügel abgeworfen, wodurch kein weiterer Wirt erreicht wird. Die Lausfliege kann das Bakterium *Bartonella schoenbuchensis* beherbergen. Eine Übertragung auf den Menschen ist bisher nicht genügend erforscht.

(1) *Lipoptena cervi*

) *Hippobosca equina*

Fliegen (Vierflügler), Läuse, Schaben, Ohrwürmer

ÜBERSICHT DER FAMILIEN IM KAPITEL

Skorpionsfliegen (Fam. *Panorpidae*)

Gemeine Skorpionsfliege
Panorpa communis

L. 12-18 mm

Die **Fliege (1-4)** gehört zu den »Schnabelhaften«, deren Mundwerkzeuge schnabelartig verlängert sind. Männchen **(1-2)** zeichnen sich durch ein zangenartiges, nach oben gerichtetes Genitalsegment aus, welches an einen Skorpion erinnert **(2)**. Bei den Weibchen **(3-4)** ist das Ende des Hinterleibes zugespitzt. Die durchsichtigen Flügel sind schwarz gebändert und gefleckt. Nach ihrem Muster sind ähnliche Arten unterscheidbar. Erwachsene Tiere und ihre raupenähnlichen Larven ernähren sich vorwiegend von geschwächten oder toten Insekten, die ausgesaugt werden, vermutlich aber auch von Pflanzensäften. Sehr ähnlich ist die Gewöhnliche Skorpionsfliege (S. 723).

(1) *Panorpa communis* ♂

(2) *Panorpa communis* ♂

(3) *Panorpa communis* ♀

(4) *Panorpa communis* ♀

(1) *Panorpa vulgaris* ♂

(2) *Panorpa vulgaris* ♀

(3) *Panorpa vulgaris* Paarung

Gewöhnliche Skorpionsfliege,
Weiden-Skorpionsfliege
Panorpa vulgaris

L. 12–16 mm

Die **Fliege** (1–3) ähnelt der Gemeinen Skorpionsfliege (S. 722), ist aber im Untersuchungsgebiet etwas seltener. Eine Unterscheidung ist über das Flügelmuster möglich. Nahe des Flügelansatzes befindet sich ein schwarzer Punkt, der sich über zwei Zellen erstreckt. Bei der Gemeinen Skorpionsfliege hat dieser nur die Breite einer Zelle oder fehlt ganz. Das Merkmal kann leicht übersehen werden. Männchen (1), Weibchen (2). Bild (3) zeigt eine Paarung, bei der die Genitalien durch die Flügel überdeckt sind.

Deutsche Skorpionsfliege
Panorpa germanica

L. 11–15 mm

Die **Fliege (1–3)** ist nicht selten. Man findet sie an ähnlichen Standorten wie die beiden zuvor beschriebenen Arten. Durch ihre kleineren, schütter verteilten Flecken und das Fehlen einer durchgehenden Flügelbinde kann sie leicht unterschieden werden. Männchen **(1)** besitzen außer dem geschlechtstypischen, zangenförmigen Genitalapparat auf dem Rücken des mittleren Segments des Hinterleibes noch einen kleinen, rückwärts überstehenden Fortsatz. Weibchen **(2–3)** sind an ihrem zugespitzten Hinterleib zu erkennen. Ernährung und Lebensweise entsprechen denen der anderen Skorpionsfliegen.

(1) *Panorpa germanica* ♂

(2) *Panorpa germanica* ♀

(3) *Panorpa germanica* ♀

Rötliche Skorpionsfliege
Panorpa cognata

L. 11-13 mm

Die **Fliege (1-3)** ist eigentlich nicht rot, sondern vorwiegend an Augen, Stirn und Schnabel rötlich gefärbt **(3)**. Bei den anderen hier gezeigten Arten ist das, bis auf die Spitze des Hinterleibes der Weibchen, nicht der Fall. Männchen **(1)** besitzen ähnlich wie bei der Deutschen Skorpionsfliege (S. 724) auf dem mittleren Segment des Hinterleibes einen kleinen, nach hinten überstehenden Fortsatz. Weibchen sind auf den Bildern **(2-3)** dargestellt. Die Art scheint seltener als ihre Verwandten zu sein.

(1) *Panorpa cognata* ♂

(2) *Panorpa cognata* ♀

(3) *Panorpa cognata* ♀

Kamelhalsfliegen (Fam. *Raphidiidae*)

Gefleckte Kamelhalsfliege

Phaeostigma notata *(Raphidia notata)*

L. 15-20 mm

Die **Fliege (1-3)** zeichnet sich durch eine stark verlängerte Vorderbrust aus, was den Eindruck erweckt, dass sie einen langen »Hals« hat. Durch ihren Habitus sind die Fliegen unverwechselbar. Die elf europäischen Kamelhalsfliegen sind schwer auseinanderzuhalten. Vorliegende Art besitzt auf ihren transparenten, netzaderigen Flügeln ein rauchgraues bis schwarzbraunes Flügelmal, welches sich über drei Flügelzellen erstreckt. Das unterscheidet sie von der Gelbfüßigen Kamelhalsfliege (S. 727), bei der es nur zwei sind. Weibchen **(1)** können von Männchen **(2-3)** durch ihren langen Legebohrer unterschieden werden. Bild **(3)** demonstriert den Größenvergleich mit einer Stechmücke. Die Art ist an Waldrändern und in Gebüschen zu finden. Kleinere Insekten dienen ihr als Nahrung. Die Eier werden an Baumrinden abgelegt, unter denen die Larven räuberisch leben.

(1) *Phaeostigma notata* ♀

(2) *Phaeostigma notata* ♂

(3) *Phaeostigma notata* ♂

)ichrostigma flavipes ♂

Dichrostigma flavipes ♂

(3) *Dichrostigma flavipes* ♂

Gelbfüßige Kamelhalsfliege

Dichrostigma flavipes *(Raphidia flavipes)*

L. 15–20 mm

Die **Fliege (1-3)** ähnelt der Gefleckten Kamelhalsfliege (S. 726) und ist auch etwa gleich groß. Der jetzt verwendete Gattungsname *Dichrostigma* bezieht sich auf das Flügelmal, welches teilweise blass sein kann und deshalb zweifarbig wirkt. Das Merkmal ist aber veränderlich, da es auch Tiere mit durchgehend schwarzbraunem Mal gibt (siehe Abbildungen). Der dunkle Fleck erstreckt sich aber immer auf nur zwei Flügelzellen. Bei der Gefleckten Kamelhalsfliege sind es drei. Die Fotos zeigen männliche Tiere, denen der Legebohrer fehlt. Lebensweise und Lebensraum entsprechen weitgehend der Gefleckten Kamelhalsfliege.

Ameisenjungfern (Fam. *Myrmeleontidae*)

Gewöhnliche Ameisenjungfer §
Myrmeleon formicarius

L. 30–40 mm

Die Gewöhnliche **Ameisenjungfer** (1–2) erinnert äußerlich an eine Libelle. Ihr Flugbild ist aber viel ungeschickter, sodass sie von Vögeln im Flug erbeutet werden kann. Die langen, genetzten Flügel besitzen am äußeren Vorderrand ein viereckiges, weißes Flügelmal. Das erwachsene, dämmerungs- und nachtaktive Tier ist tagsüber relativ flugfaul. Die Nahrung besteht aus kleinen Insekten. Eier werden im Sandboden abgelegt, wo sich auch die Larven entwickeln. Diese werden als **Ameisenlöwe** (3–4) bezeichnet. Auf reinen Sandflächen kann man ihre Fangtrichter (5) sehen, in deren Zentrum sich der Ameisenlöwe aufhält. Dabei liegen nur die zu Fangzähnen umgebildeten Mandibeln frei. Sobald sich eine Ameise oder ein anderes Kleininsekt im Trichter verirrt, bewirft sie der Ameisenlöwe mit Sand. Meistens schaffen es die Opfer (vorwiegend Ameisen) dann nicht, den Trichter zu verlassen. In Brandenburg sind Ameisenlöwen noch relativ häufig.

(1) *Myrmeleon formicarius*

(2) *Myrmeleon formicarius*

(3) *Myrmeleon formicarius* Larve

Myrmeleon formicarius Larve und Opfer

Myrmeleon formicarius Trichter

Geflecktflügelige Ameisenjungfer §

Euroleon nostras

L. 25-35 mm

Die Geflecktflügelige **Ameisenjungfer (1-2)** ist von der Gewöhnlichen Ameisenjungfer (S. 728) leicht durch ihre dunkel gefleckten Flügel zu unterscheiden. Entwicklung, Lebensweise und Ernährung sind mit dieser identisch. In manchen Gegenden ist sie häufiger als die an größere Sandgebiete gebundene gewöhnliche Verwandte. In Brandenburg trifft das sicher nicht zu. Die ebenfalls in einem Sandtrichter jagende Larve **(Ameisenlöwe (3-4))** sieht der von *M. formicarius* sehr ähnlich. Auf Bild **(4)** ist oberhalb des Ameisenlöwen noch ein mit Sand beklebter, kugelförmiger Kokon zu sehen, aus dem bald ein fertiges Tier schlüpft.

(1) *Euroleon nostras*

(3) *Euroleon nostras* Larve

(4) *Euroleon nostras* Larve und Kokon

Euroleon nostras

Florfliegen (Fam. *Chrysopidae*)

Grüne Florfliege,
Grünes Perlenauge
Chrysopa perla

L. 10-12 mm, Spw. 25-30 mm

Die **Fliege (1-3)** ist vorwiegend blaugrün und besitzt dunkel goldgrün glänzende Augen. Die transparenten Flügel sind fein schwarz geadert. Der Vorderkörper ist mit einer schwarzen Zeichnung versehen und der Hinterleib ist an der Bauchseite schwarz gefleckt. Die Art ist häufig auf Blättern von Bäumen und Sträuchern zu finden. Sie ist ein eifriger und dadurch sehr nützlicher Vertilger von Blattläusen. Die Eier sind lang gestielt und werden an die Unterseite von Blättern geheftet. Larven fressen ebenfalls Blattläuse. Es existieren diverse, ähnlich aussehende Verwandte.

(2) *Chrysopa perla*

(3) *Chrysopa perla*

(1) *Chrysopa perla*

Blasse Florfliege
Chrysopa pallens

L. 9-11 mm, Spw. 20-25 mm

Die **Fliege (1-3)** ist mehr oder weniger einfarbig hellgrün. Sie ähnelt dadurch besonders der Gemeinen Florfliege (S. 734). Der Vorderkörper ist etwas gedrungener und hat eine unebene Oberfläche. Ein heller Mittelstreifen fehlt völlig. Außerdem ist der Kopf mit feinen, schütter verteilten schwarzen Punkten besetzt. Die Art ernährt sich vorwiegend von Blattläusen und ist, wie alle Florfliegen, sehr nützlich.

(1) *Chrysopa pallens*

(2) *Chrysopa pallens*

(3) *Chrysopa pallens*

(1) *Chrysoperla carnea*

(2) *Chrysoperla carnea*

(3) *Chrysoperla carnea*

Gemeine Florfliege, Goldauge
Chrysoperla carnea

L. 10–15 mm, Spw. 25–30 mm

Die **Fliege (1–3)** hat einen hellgrünen, schlanken Körper und durchsichtige, grünlich geaderte Flügel, die den Hinterleib deutlich überragen. Oberseits befindet sich oft ein heller, durchgehender Streifen. Die Tiere überwintern und entfärben sich in der kalten Jahreszeit gelblich bis bräunlich **(3)**. Sie kommen auch gerne in menschliche Behausungen, werden aber nie lästig. Erwachsene Florfliegen ernähren sich von Pollen, Nektar und Honigtau. Ihre Larven sind eifrige Vertilger von Blattläusen und anderen Kleininsekten. Sie werden deshalb auch als »Blattlauslöwen« bezeichnet.

Taghafte (Fam. *Hemerobiidae*)

Taghaft
Hemerobius humulinus

L. 6-7 mm

Die **Fliege (1)** ähnelt in ihrem äußeren Erscheinungsbild einer Florfliege. Da sie nicht grün sind, werden Taghafte als »Braune Florfliegen« bezeichnet. Auch die Lebensweise ist ähnlich. Als Nahrung dienen im Wesentlichen Blattläuse, was auch für die Larven zutrifft. Aus menschlicher Sicht sind sie demnach Nützlinge. Sie können mit etwas Glück an mit Kräutern bestandenen Waldrändern und sogar in Gärten beobachtet werden. Im Gegensatz zu den Florfliegen sind die Eier kaum oder nicht gestielt. Sie werden auf Blättern oder Baumrinden, möglichst in der Nähe von Blattlauskolonien, abgelegt. Die Überwinterung der Larven erfolgt in einem Kokon, der beispielsweise in hohlen Pflanzenstängeln angelegt wird.

Hemerobius humulinus

Schlammfliegen (Fam. *Sialidae*)

Schlammfliege
Sialis lutaria

L. 12-18 mm

Die **Schlammfliege (1-3)** ist schwarzbraun gefärbt. In Ruhestellung sind die grob geaderten Flügel typisch dachartig zusammengelegt. Die Art ist häufig und hält sich in der Nähe von Gewässern auf, besonders Wassergräben und Teichen. Nach der Paarung legt das Weibchen die Eier als dicht gedrängtes Gelege im Uferbereich an oberirdischen Teilen von Wasserpflanzen, z. B. Schilfblättern, ab **(2)**. Die Abbildung **(4)** zeigt ein Gelege. Erwachsene Tiere nehmen nur geringe Mengen Nahrung in Form von Pollen und Nektar auf. Die im Wasser lebenden Larven ernähren sich räuberisch von kleineren Wasserinsekten. Die in Deutschland vorkommenden drei Schlammfliegen-Arten sind nach äußeren Merkmalen schwer auseinanderzuhalten. Sie besiedeln aber unterschiedliche Lebensräume oder sind sehr selten.

(2) *Sialis lutaria* mit Gelege

(3) *Sialis lutaria*

(4) *Sialis lutaria* Gelege

ialis lutaria

Steinfliegen (Fam. *Nemouridae*)

Steinfliege
Nemoura cinerea

L. ca. 10 mm

Die **Steinfliege (1)** hat in Ruhestellung eine typisch zylindrische Form. Die dunklen, dicht zusammengelegten Flügel überragen deutlich das Hinterleibsende, wodurch eine Gesamtlänge von etwa 13 mm erreicht wird. Die Tiere halten sich stets in der Nähe von Gewässern auf, in denen sich auch ihre Larven entwickeln, deren Nahrung aus Algen und pflanzlichen Abfällen besteht. In Brandenburg scheinen Steinfliegen selten zu sein, da wir bisher nur ein einziges Tier finden konnten. Es hielt sich an der mit Kräutern bestandenen Böschung eines Wassergrabens auf. Vermutlich handelt es sich um ein Weibchen.

Fotobeleg: Brandenburg, Museumsdorf Glashütte/Baruth, 1. 6. 2014.

(1) *Nemoura cinerea*

(1) *Centroptilum luteolum* ♂

Glashafte (Fam. *Baetidae*)

Eintagsfliege, Fliegenhaft
Cloeon dipterum

L. 7-11 mm

Die **Eintagsfliege (1-2)** ist fleischfarben bis bräunlich gefärbt. Die Augen sind quer gestreift. Im Gegensatz zu den Männchen besitzen Weibchen (siehe Fotos) keine zusätzlichen »Turbanaugen«. Der Hinterleib ist mit zwei fädigen, leicht gebogenen Anhängen besetzt. Die Art hat nur zwei ausgebildete, glasklare Flügel, deren Vorderrand braun bis schwarz abgesetzt ist (*dipterum* = zweiflügelig). Die Art hält sich vorwiegend in der Nähe von Kleingewässern auf. Erwachsene Tiere nehmen keine Nahrung auf. Larven leben von pflanzlichem wie tierischem Material.

(1) *Cloeon dipterum* ♀

(2) *Cloeon dipterum* ♀

Eintagsfliege, Glashaft
Centroptilum luteolum

L. 5-7 mm

Die **Eintagsfliege (1-2)** ist eine besonders kleine Art. Die Gattung *Centroptilum* gehört zur Familie der Glashafte. Am Ende des Hinterleibes dieser Gruppe befinden sich nur zwei lange Schwanzfäden, während es bei den größeren Eintagsfliegen der anderen hier beschriebenen Familien stets drei sind. Eine Besonderheit der Glashafte stellen die Augen der Männchen (siehe Fotos) dar. Sie besitzen ein zusätzliches, zylindrisches, nach oben gerichtetes Augenpaar, welches wegen ihrer eigenwilligen Form als »Turbanaugen« bezeichnet wird. Das vordere Flügelpaar ist glasklar, das hintere stark reduziert. Der Lebensraum ist die nähere Umgebung von Gewässern aller Art. Die Larven leben im Wasser und ernähren sich pflanzlich.

(2) *Centroptilum luteolum* ♂

Eintagsfliegen 1 (Fam. *Ephemeridae*)

Gemeine Eintagsfliege,
Braune Maifliege
Ephemera vulgata

L. 15-24 mm

Die **Eintagsfliege** (1-2) erscheint im Mai an Krautstängeln und hohen Gräsern in der Nähe langsam fließender Gewässer, um sich zu paaren. Beide Geschlechter haben am Hinterleib drei Schwanzfäden. Die Anhänge der dunkleren Männchen (2) sind deutlich länger als die der Weibchen (1). Weibliche Tiere haben auch kleinere Augen als ihre Geschlechtspartner. Die Art zeichnet sich durch gefleckte Flügel aus, wobei das hintere Flügelpaar deutlich kleiner ist. Den Hinterleib kennzeichnen auf jedem Segment oberseits dunkle Dreiecke, deren Spitze nach hinten gerichtet ist. Erwachsene Tiere leben nur einige Tage und nehmen in dieser Zeit keine Nahrung auf. Larven ernähren sich von pflanzlichen Abfällen, die im Wasser treiben oder aus dem Boden herausgefiltert werden.

(1) *Ephemera vulgata* ♀

(2) *Ephemera vulgata* ♂

Eintagsfliegen 2 (Fam. *Heptageniidae*)

Eintagsfliege,
Maifliege
Rhithrogena semicolorata

L. 15-20 mm

Die **Eintagsfliege (1)** gehört zu den größeren Arten, die nur zwei Schwanzfäden besitzen. Die Abbildung zeigt ein Weibchen, welches sich gegenüber dem Männchen durch kleinere Augen und kürzere Schwanzfäden auszeichnet. Die Flügel sind mehr oder weniger einfarbig-transparent und das hintere Flügelpaar ist gut ausgebildet. Die erwachsenen Tiere erscheinen im Mai. Sie leben in fließenden Gewässern und sind eine beliebte Nahrung für Vögel und viele Fischarten. Das macht ihr Erscheinen für Fliegenfischer interessant.

(1) *Rhithrogena semicolorata* ♀

Köcherfliegen 1 (Fam. *Limnephilidae*)

Gemeine Köcherfliege
Limnephilus flavicornis

L. 10-16 mm

Die **Köcherfliege (1-2)** besitzt fahle, gelbrötliche Farben. Nur der Vorderkörper ist oberseits grau gefärbt. Die blassen Flügel sind meist mit einem typischen rotbraunen Muster versehen. Erwachsene Tiere halten sich gewöhnlich in der Nähe von Kleingewässern auf. Die Eier werden an ufernahen Pflanzen abgelegt. Larven leben im Wasser. Dort umgeben sie sich mit einer aus einem seidenartigen Material gesponnenen Röhre, die durch verschiedene Pflanzenteile, kleine Schneckengehäuse und Steinchen getarnt wird, dem »Köcher« **(3)**. An einer Seite befindet sich eine Öffnung für Kopf und Beine, damit sich die Larve bewegen kann. Sie ernährt sich von tierischen und pflanzlichen Abfällen.

(2) *Limnephilus flavicornis*

(1) *Limnephilus flavicornis*

(3) *Limnephilus flavicornis* Larve im Köcher

Marmorierte Köcherfliege
Limnephilus marmoratus

L. 11–17 mm

Die **Köcherfliege (1–2)** ähnelt der Gemeinen Köcherfliege (S. 742), besitzt aber ein kontrastreiches, geflecktes Flügelmuster. Da Musterung und Farbintensität gewissen Schwankungen unterliegen, wird es nicht immer möglich sein, die Arten anhand von Bildern exakt zu trennen. Dafür müssten die Borsten an den Beinen gezählt und verglichen werden. Die Rhomben-Köcherfliege (S. 744) kann ebenfalls ähnlich sein. Bei ihr zeichnet sich auf der Flügelmitte ein helles, schräg sitzendes Rechteck ab. Alle erwähnten Arten kommen in den gleichen Biotopen vor und haben ähnliche Lebensweisen.

Limnephilus marmoratus

(2) *Limnephilus marmoratus*

Rhomben-Köcherfliege
Limnephilus rhombicus

L. 13–18 mm

Die **Köcherfliege (1–2)** hat gelb- bis rotbräunliche Grundfarben. Namengebend ist ein heller, rhombischer Fleck auf der Flügelmitte, der von dunkleren Flecken seitlich eingegrenzt ist. Dadurch kann diese Art von ähnlich aussehenden Verwandten wie der Gemeinen Köcherfliege (S. 742) oder Marmorierten Köcherfliege (S. 743) unterschieden werden. Die Fliegen halten sich in der Nähe stehender oder langsam fließender Gewässer auf, gelegentlich auch ruhend auf Blättern von Büschen oder Kräutern (siehe Fotos). Sie unterscheiden sich in ihrer Biologie kaum von den im Text erwähnten Verwandten.

(1) *Limnephilus rhombicus*

(2) *Limnephilus rhombicus*

Limnephilus politus

(2) *Limnephilus politus*

Köcherfliege
Limnephilus politus

L. 10–15 mm

Die **Köcherfliege (1–2)** ist in allen Teilen blass gelblich, graugelblich oder bräunlich gefärbt. Außer den dunkel geaderten Flügeln ist so gut wie keine auffallende Zeichnung vorhanden. Daher wohl auch der Name *politus* = geglättet, poliert. Die Oberflächen des Tieres sind jedoch nicht poliert, sondern durch die feine Behaarung matt. Die Art scheint in Brandenburg nicht selten zu sein. Wir fanden sie am Rande größerer Seen am Schilf oder im feuchten Gras.

(1) *Anabolia nervosa*

(2) *Anabolia nervosa*

Pilzkopf-Köcherjungfer

Anabolia nervosa

L. 11-15 mm

Die **Köcherfliege (1-2)** erinnert in ihrem äußeren Erscheinungsbild etwas an die Köcherfliege *Limnephilus politus* (S. 745). Die Flügel können stellenweise deutlich abgedunkelt sein und die Fühler sind meist dunkler als der Körper. Auch die Flügeladerung weicht von den Arten der Gattung *Limnephilus* ab. Die Art hält sich in der Nähe von fließenden Gewässern und Seen auf. Die im Wasser lebenden Larven bauen einen Köcher, der mit Sandkörnern und kleinen Holzstücken verklebt ist. Sie ernähren sich von Algen und kleinen Wasserinsekten.

Köcherfliege
Glyphotaelius pellucidus

L. 11-17 mm

Die **Köcherfliege (1-2)** ist farblich sehr veränderlich. Hier ist ein besonders dunkles Exemplar abgebildet. Ein eindeutiges Merkmal für die Erkennung der Gattung *Glyphotaelius* ist die bogenförmige Einbuchtung an der Flügelspitze **(2)**. Erwachsene Tiere leben in der Nähe fließender oder stehender Gewässer mit umgebendem Laubbaumbestand. Weibchen legen ihre Eier in gallertigen Eipaketen an wassernahen Pflanzen ab. Die im Wasser lebenden Larven bauen einen Köcher aus zerkleinertem Falllaub, in dem sie auch überwintern. In ruhig fließenden oder stehenden Gewässern kann dieser bis zu 60 mm lang werden.

(2) *Glyphotaelius pellucidus*

(1) *Glyphotaelius pellucidus*

Köcherfliegen 2 (Fam. *Phryganeidae*)

Große Köcherfliege
Phryganea grandis

L. 18–28 mm

Die **Köcherfliege (1–3)** wirkt durch die feine Marmorierung der Flügel etwas bunt. Die geringelten Antennen sind fast so lang wie die Flügel. Dadurch entsteht eine Gesamtlänge von fast 60 mm. Bei dem abgebildeten Tier handelt es sich um ein Weibchen. Männchen sind etwas kürzer und besitzen eine ausgeprägtere Flügelspitze. Die bis zu 40 mm langen Larven leben in langsam fließenden Bächen oder Teichen in einem bis zu 70 mm langen Köcher. Dieser ist mit wendelförmig angeordneten Pflanzenteilen bekleidet. Die Larve ernährt sich räuberisch von anderen im Wasser lebenden Insektenlarven.

(1) *Phryganea grandis* ♀

(2) *Phryganea grandis* ♀

(3) *Phryganea grandis* ♀

Köcherfliege

Oligotricha striata

L. 25–28 mm

Die **Köcherfliege (1–2)** ist an Körper, Beinen und Fühlern schwarz gefärbt. Auffallend ist ein direkt hinter dem Kopf befindlicher, orangefarbener Pelz. Das fast erwachsene Tier **(1)** besitzt Flügel, die im Endstadium **(2)** nachdunkeln und eine schwarze, grob hervortretende Aderung aufweisen. Die im Wasser lebende Larve sitzt in einem bis zu 40 mm langen Köcher, der aus wendelartig angeordneten Pflanzenresten besteht. Der Köcher ist auch nach hinten offen. Die Fliege ernährt sich vom Nektar blühender Kräuter, während die Larve Wasserinsekten und Froschlaich vertilgt.

(1) *Oligotricha striata*

(2) *Oligotricha striata*

Köcherfliegen 3 (Fam. *Leptoceridae*)

Langfühler-Köcherfliege,
Krawatten-Köcherfliege
Mystacides azurea

L. 7-10 mm

Die **Köcherfliege (1-2)** ist bis auf die hellen, geringelten Fühler, Beine und dunkelrote Augen völlig schwarz, die Flügel gelegentlich mit Blauglanz. Das Tier hat eine typische Form, welche an eine Speerspitze oder Krawatte erinnert. Auffällig ist auch die in Ruhestellung eingeknickte Haltung der schwarz behaarten Mundwerkzeuge. Die Art (hier vermutlich ein Weibchen) hält sich in der Nähe von Gewässern auf und ruht nicht selten auf Blättern verschiedener Wasserpflanzen. Die Larven leben im Wasser in einem mit Sand und Pflanzenteilen behafteten Köcher. Ihre Nahrung besteht aus tierischen und pflanzlichen Resten.

(1) *Mystacides azurea*

(2) *Mystacides azurea*

(1) *Mystacides longicornis*

(2) *Mystacides longicornis*

Langfühler-Köcherfliege
Mystacides longicornis

L. 6-9 mm

Die **Köcherfliege (1-2)** ist auf ockergelbem Untergrund mit drei schwarzen Querbinden gezeichnet. Ihre Fühler sind im Verhältnis zum Körper besonders lang, was sich im Namen *longicornis* ausdrückt. In Ruhestellung sitzt die Fliege in für die Gattung typischer Haltung auf Blättern in Wassernähe. Dabei sind die Mundwerkzeuge (Maxillarpalpen) vorgestreckt und eingeknickt. Bei den Männchen (hier vermutlich abgebildet) sind die rotbraunen Augen größer als bei den Weibchen. Die Biologie entspricht im Wesentlichen der Langfühler-Köcherfliege *Mystacides azurea* (links).

Köcherfliege
Oecetis furva

L. 8–10 mm

Die **Köcherfliege (1–2)** besitzt hellbräunliche oder beigefarbene Flügel, die nur mit einer wenig auffallenden, gebogenen Punktreihe gezeichnet sind. Die besonders langen, fadenförmigen Fühler sind nicht geringelt. Auch die gerade vorgestreckten Mundwerkzeuge weichen gegenüber denen der Gattung *Mystacides* (S. 750) ab, der die Art früher zugerechnet wurde. Die Fliege scheint in manchen Gegenden relativ selten zu sein. Ihre Lebensweise entspricht der anderer hier beschriebener Köcherfliegen. Die Larven leben in einem Köcher im Wasser.

(1) *Oecetis furva*

(2) *Oecetis furva*

Röhrenschildläuse (Fam. *Ortheziidae*)

Nessel-Röhrenschildlaus,
Brennnessel-Schildlaus
Orthezia urticae

L. bis 15 mm

Die **Schildlaus (1-3)** ist häufig an Stängeln der Brennnessel *(Urtica dioica)* zu finden, kommt aber auch an anderen Kräutern vor. Sie saugt Pflanzensaft. Man erkennt das interessante Gebilde erst als Tier, wenn die dunklen Beine und Fühler hervorschauen **(1)**. Weibchen bilden ein sehr auffälliges, weißes Gehäuse, in dem die Eier untergebracht werden **(2-3)**. Dadurch wird die Gesamtlänge erheblich vergrößert. Auf den Bildern sind noch Jungtiere zu sehen.

(1) *Orthezia urticae* ♀

(2) *Orthezia urticae* mit Jungen

(3) *Orthezia urticae* mit Jungen

Höhlenschildläuse (Fam. *Margarodidae*)

Zitrus-Schildlaus
Pericerya purchasii

L. 10–12 mm

Die **Schildlaus (1)** ist ein parasitischer Pflanzensauger an Zitruspflanzen. Die Art ist wärmeliebend und kommt vor allem mediterran vor. Gelegentlich ist sie auch in heimischen Gewächshäusern an eingeführten Pflanzen (Zitronen, Orangen) zu entdecken. Durch ihr auffälliges weißes Gehäuse hat sie eine gewisse Ähnlichkeit mit der in Deutschland einheimischen Nessel-Röhrenschildlaus (S. 752). Das abgebildete Exemplar stammt aus der Biosphäre in Potsdam.

(1) *Pericerya purchasii* ♀

Röhrenblattläuse (Fam. *Aphididae*)

Oleander-Blattlaus
Aphis nerii

L. bis 2 mm

Die **Blattlaus (1)** ist vorwiegend an Stängeln oder Blättern von Oleander, aber auch anderen Pflanzen zu beobachten, wo sie den Saft saugt. Da Oleander auch in Deutschland sehr beliebt ist, kann die Laus auch hier gefunden werden, vorwiegend jedoch in Gewächshäusern. Die Art fällt durch ihre orangene Körperfarbe auf. Beine, Augen und Fühler sind dagegen schwarz gefärbt. Am Hinterleib befinden sich außerdem zwei schwarze Dornen.

(1) *Aphis nerii*

Schwarze Bohnenlaus
Aphis fabae

L. bis 3 mm

Die blauschwarze **Blattlaus (1-2)** ist ein sehr häufiger Vertreter ihrer Familie. Als parasitischer Pflanzensauger ist sie nicht nur an Kulturpflanzen wie Bohnen, Kartoffeln oder Rüben zu finden, sondern auch an Wildkräutern. Die Eier werden an Sträuchern wie Pfaffenhütchen *(Euonymus)* oder Schneeball *(Viburnum)* abgelegt, wo sie überwintern. Auf Bild **(1)** sind geflügelte und ungeflügelte Tiere zu sehen. Sie werden gerade von Ameisen besucht.

(1) *Aphis fabae* mit Ameisen

(2) *Aphis fabae*

Gestreifte Walnusszierlaus

Panaphis juglandis

L. 3,5–5 mm

Die **Blattlaus (1)** ist gelblich gefärbt und je nach Alter am Hinterleib dunkler gepunktet oder quer gestreift. Die Flügel (falls vorhanden) sind transparent und mit feinen, schwärzlichen Längs- und Querlinien versehen. Beim Bestimmen von Pflanzenläusen ist das Erkennen der Wirtspflanze unbedingt notwendig. Die Laus findet man Saft saugend an der Unterseite von Walnussblättern *(Juglans regia)*, bevorzugt auf der mittleren Blattader. Auf den Bildern sind außerdem Knotenameisen zu sehen, die den Honigtau der Läuse trinken.

(1) *Panaphis juglandis*

Pappel-Blasenlaus

Pemphigus populinigrae

L. 3–4 mm

Die **Blattlaus (1)** wird als Pflanzensaft saugender Parasit an Blättern der Schwarzpappel beschrieben. Sie erscheint aber auch an Zitterpappeln *(Populus tremula)*. Durch den Stich des Legestachels der Laus entstehen im Frühjahr rundlich-blasenförmige Gallen, vorwiegend an der Unterseite der Mittelrippe. Darin entwickelt sich der Nachwuchs. Die erwachsenen Tiere sind schwarz. Ihre transparenten Flügel besitzen eine dunkle, weitläufige Aderung. Die Art scheint nicht häufig zu sein.

Fotobeleg: Brandenburg, Streganz, an Blättern von *Populus tremula*, 19. 5. 2019.

(1) *Pemphigus populinigrae*

Schaben (Fam. *Blattellidae*)

Gemeine Waldschabe, Echte Waldschabe *Ectobius sylvestris*

L. 8-12 mm

Die **Schabe (1-2)** ist, wie der Name aussagt, ein Waldbewohner und kommt nicht im Haushalt vor. Gelegentlich findet man die Tiere tagsüber in der Krautschicht auf Blättern an Wald- und Feldrändern auf der Suche nach Futter. Sie sind nahezu Allesfresser. Die Abbildungen zeigen Männchen, deren Flügel den Hinterleib etwas überragen. Bei weiblichen Tieren sind die Flügel stark verkürzt. Der dunkle Halsschild ist im Gegensatz zur ähnlichen Lappländischen Waldschabe (S. 757) allseitig auffallend gelblich umrandet.

(1) *Ectobius sylvestris* ♂

(2) *Ectobius sylvestris* ♂

Ectobius lapponicus ♂

Ectobius lapponicus ♂

(3) *Ectobius lapponicus* ♂

Lappländische Waldschabe
Ectobius lapponicus

L. 7-12 mm

Die **Schabe (1-3)** ist in Brandenburg etwas häufiger als die ähnlich aussehende Gemeine Waldschabe (S. 756). Sie ist ebenfalls ein harmloser Waldbewohner, der sich von pflanzlichen und tierischen Resten ernährt. Die abgebildeten Männchen haben lange Flügel, während die der Weibchen verkürzt sind. Der Halsschild ist besonders an den Seiten farblos aufgehellt **(3)**, doch nicht durchgehend gelb umrandet wie bei der Gemeinen Waldschabe. Die Flügeldecken sind bei beiden Arten mehr oder weniger dunkel punktiert, bei *E. lapponicus* oft kräftiger.

Eigentliche Ohrwürmer (Fam. *Forficulidae*)

Gemeiner Ohrwurm

Forficula auricularia

L. 10-16 mm

Der **Ohrwurm (1-4)**, auch »Ohrenkneifer« genannt, hat sicher noch nie einem Menschen ins Ohr gekniffen. Auffallend sind die großen Hinterleibsanhänge (Cerci), die beim Männchen **(1-2)** gebogen und innen kurz gezahnt sind. Weibchen **(3-4)** haben gerade, glatte Anhänge. Diese werden bei Störungen zur Abwehr nach oben gestreckt **(4)**. Auch werden sie bei der Paarung und zum Festhalten einer Beute genutzt. Die Flügel sind sehr verkürzt. Dennoch kann das Tier damit fliegen, was selten vorkommt. Ohrwürmer sind Allesfresser und nützlich beim Vertilgen von Schadinsekten (z. B. Blattläusen). Bei Massenvorkommen in Obstplantagen werden sie als Schädlinge bekämpft und manchmal plündern sie auch Nester von Wildbienen.

(2) *Forficula auricularia* ♂

(3) *Forficula auricularia* ♀

Forficula auricularia ♂

Forficula auricularia ♀

Libellen

ÜBERSICHT DER FAMILIEN IM KAPITEL

Edellibellen (Fam. *Aeshnidae*)

Blaugrüne Mosaikjungfer §
Aeshna cyanea

L. 70-80 mm

Die **Libelle (1-4)** ist noch relativ häufig. Sie kann an Teichen, Wassergräben und Flussläufen sowie in Wäldern und Gärten auf der Jagd nach anderen Insekten beobachtet werden. Der Hinterleib des Männchens **(1-2)** hat eine schwarze Grundfarbe, die durch blaue und grünliche Flecken unterbrochen ist. Im vorderen Teil ist er deutlich eingeschnürt. Bei Weibchen **(3-4)** ist der Hinterleib gleichmäßig dick und die Farben sind eher braun-grün. Auf Bild **(1)** wird gerade eine gefangene Heidelibelle gefressen. Bild **(4)** zeigt ein Weibchen bei der Eiablage. Die großen Edellibellen sind eifrige Jäger und ruhen nur kurzzeitig auf Pflanzenteilen. Mit etwas Glück verhalten sie für wenige Sekunden in der Luft und können fotografiert werden **(2)**. Die Larven leben räuberisch im Wasser. Zum Verpuppen kriechen sie im Frühjahr an Pflanzenhalmen hoch und verharren oberhalb der Wasseroberfläche, wo bald das adulte Tier schlüpft.

(3) *Aeshna cyanea* ♀

(4) *Aeshna cyanea* ♀ Eiablage

Aeshna cyanea ♂

Aeshna cyanea ♂ im Flug

Keilfleck-Mosaikjungfer, Keilflecklibelle §

Aeshna isoceles

L. 60-70 mm

Die **Libelle (1-4)** ist bräunlich gefärbt. Ihre Augen sind in beiden Geschlechtern leuchtend grün, was sie von der Braunen Mosaikjungfer *(Aeshna grandis)* unterscheidet. Der Name bezieht sich auf einen gelblichen, keilförmigen Fleck auf dem zweiten Segment des Hinterleibes. Männchen **(1)** und Weibchen **(2-3)** sind farblich kaum unterscheidbar. Der Hinterleib der Männchen ist aber ab dem dritten Segment etwas eingeschnürt. Auf Bild **(4)** ist eine Paarung abgebildet. Diese Formation wird als »Paarungsrad« bezeichnet. Das Weibchen ist das untere Tier. In dieser Stellung kann das Pärchen schnell und elegant fliegen.

(1) *Aeshna isoceles* ♂

(2) *Aeshna isoceles* ♀

(3) *Aeshna isoceles* ♀

(4) *Aeshna isoceles* Paarung

Herbst-Mosaikjungfer §

Aeshna mixta

L. 60-70 mm

Die **Libelle (1-4)** könnte mit der Blaugrünen Mosaikjungfer (S. 762) verwechselt werden. Sie erscheint etwa einen Monat später an Teichen oder Bachläufen. Ein gutes Unterscheidungsmerkmal ist der gelbe t-förmige Spießfleck auf der Basis des Hinterleibes **(2)**, der bei beiden Geschlechtern vorkommt. Weitere Unterschiede liegen in der Farbgebung und Zeichnung des Vorderkörpers beider Arten. Männchen **(1-3)** haben einen etwas eingeschnürten Hinterleib mit schwarzen und hellblauen Flecken. Ein Weibchen ist auf dem Paarungsfoto **(4)**, unteres Tier, zu sehen.

(1) *Aeshna mixta* ♂

(2) *Aeshna mixta* ♂

Aeshna mixta Paarung

(3) *Aeshna mixta* ♂ im Flug

(2) *Anax imperator* ♀ Eiablage

Große Königslibelle §

Anax imperator

L. 70-80 mm

Die **Libelle** (**1-2**) ist die größte Art ihrer Gattung. Nicht selten sieht man sie an größeren Teichen und Seen im Uferbereich umherfliegen. Zur Beute gehören kleinere Insekten, aber auch andere Libellen und Schmetterlinge. Der schlanke, hellblaue Hinterleib ist beim Männchen (**1**) mit einem schwarzen Längsband und schwarzen Seitenflecken versehen. Beim Weibchen (**2**) sind die dunklen Partien eher braun gefärbt. Das Foto zeigt eine Eiablage, wobei die Eier in das Substrat eingestochen werden. Auf Bild (**3**) ist eine leere Larvenhülle (Exuvie) abgebildet. Man findet sie vom Frühling bis zum Frühsommer über der Wasseroberfläche an Schilfstängeln.

(3) *Anax imperator* Larvenhülle

Anax imperator ♂

(1) *Anax parthenope* ♂

Kleine Königslibelle RL, §

Anax parthenope

L. 60–75 mm

Die **Libelle (1–3)** ist unwesentlich kleiner als die große Verwandte. Auffallend ist der nur am Ansatz hellblau gefärbte Hinterleib. Der Rest ist im Alter einfarbig schwarzbraun, vorher aber gelblich und mit einem breiten, dunklen Längsband versehen. Der Vorderkörper ist fleischbräunlich. Beide Geschlechter sind sich farblich sehr ähnlich. Die Abbildung **(3)** zeigt ein Pärchen, bei dem das Weibchen (rechtes Tier) bereits Eier legt, während beide Geschlechtspartner noch miteinander verbunden sind. Dieses Verhalten ist für die Art typisch. Im Wasser lauert noch eine Jagdspinne *(Dolomedes plantarius)*. Die Kleine Königslibelle gilt als wärmeliebend. Sie breitet sich allmählich weiter nach Norden aus.

Fotobelege: Brandenburg, Fischteich bei Mellensee, 25. 5. 2018 und 2. 7. 2018.

(2) *Anax parthenope* ♂

(3) *Anax parthenope* Eiablage

Falkenlibellen (Fam. *Corduliidae*)

(1) *Cordulia aenea* ♂

Gemeine Smaragdlibelle, Falkenlibelle §
Cordulia aenea

L. 50-55 mm

Die **Libelle (1-3)** ist an Teichen und Flussufern ziemlich häufig. Leider setzt sie sich nur selten auf Pflanzen ab. Das Männchen (hier abgebildet) patrouilliert unruhig auf der Suche nach Weibchen umher. Nur wenn es kurz mit rüttelnden Flügeln in der Luft steht, kann ein Flugbild **(2-3)** gelingen. Die Grundfarben sind smaragdgrün oder goldgrün, mit metallischem Glanz. Der Vorderkörper ist etwas pelzig behaart. Die Männchen haben einen keulenförmig erweiterten Hinterleib. Weibchen sind selten zu beobachten, da sie nur zur Paarung das Gewässer aufsuchen und sich versteckt halten. Ihre Legeröhre liegt am Körper an und fällt deshalb kaum auf. Die etwas größere Glänzende Smaragdlibelle *(Somatochlora metallica)* ist sehr ähnlich. Der Hinterleib des Männchens ist in der Mitte am breitesten und das Weibchen besitzt eine gut sichtbare, senkrecht abstehende Legeröhre.

(2) *Cordulia aenea* ♂ im Flug

(3) *Cordulia aenea* ♂ im Flug

(1) *Somatochlora flavomaculata* ♂

Gefleckte Smaragdlibelle §

Somatochlora flavomaculata

L. 55–60 mm

Die **Libelle (1)** ist etwas größer als die Gemeine Smaragdlibelle (S. 770). Ihr Vorderkörper hat einen grünen Metallglanz und das dunkle Flügelmal ist sehr deutlich markiert. Der fein behaarte Hinterleib ist eher matt und besitzt an den Seiten ockerfarbige Flecken. Diese sind beim Weibchen (nicht abgebildet) besonders deutlich ausgeprägt und auch von oben sichtbar. Die Legeröhre ist nicht auffallend platziert. Beim Weibchen der ähnlichen Glänzenden Smaragdlibelle *(Somatochlora metallica)* steht diese senkrecht ab und ist relativ lang. Die Gefleckte Smaragdlibelle bewohnt meist sumpfige Wiesen und Flachmoore. Wir fanden sie am Rande eines Wassergrabens. Sie ist in Brandenburg nicht häufig.

Flussjungfern (Fam. *Gomphidae*)

Gemeine Keiljungfer §

Gomphus vulgatissimus

L. 45-55 mm

Die **Libelle (1-4)** ist gegen Wasserverschmutzungen sehr empfindlich, weshalb sie heute nicht mehr so häufig ist, wie der Name vermuten lässt. Die Körperfarben sind auffällig schwarz-gelb. Bei erwachsenen Männchen **(1-2)** werden die gelben Partien mehr grüngelb. Bild **(3)** zeigt ein unreifes Weibchen, die Aufnahme **(4)** ein erwachsenes Tier. Rechts daneben sitzt noch eine weibliche Federlibelle *(Platycnemis pennipes)*. Der Hinterleib des Männchens ist an den hinteren Segmenten keulenförmig angeschwollen, was beim Weibchen kaum der Fall ist. Die Beine sind bei dieser Art stets einfarbig schwarz. Bei anderen Vertretern der Gattung sind diese hell längs gestreift.

Fotobelege: Brandenburg, Spreeufer bei Mönchwinkel, 14. 5. 2011, 21. 5. 2011 und 29. 5. 2015.

(3) *Gomphus vulgatissimus* ♀

(2) *Gomphus vulgatissimus* ♂

(1) *Gomphus vulgatissimus* ♂

(4) *Gomphus vulgatissimus* ♀

Segellibellen (Fam. *Libellulidae*)

Plattbauch §
Libellula depressa

L. 40–50 mm

Die **Libelle (1–4)** besitzt einen typisch abgeflachten Hinterleib. Bei den Männchen **(1–2)** färbt er sich durch die Entstehung eines wachsartigen Überzuges hellblau. Weibchen **(3–4)** behalten ihre gelbliche Färbung. Die Flügelbasis ist in beiden Geschlechtern abgedunkelt, wodurch die helle Aderung deutlich hervorsticht. Die Hauptfläche der Flügel ist bis auf das schwarze Mal am Vorderrand glasklar. Bild **(4)** zeigt ein junges, wenig ausgefärbtes Weibchen. Andere Arten der Gattung *Libellula* sind durch unterschiedlich gefleckte Flügel gekennzeichnet. Der Plattbauch ist ein häufiger Bewohner kleinerer stehender Gewässer. Nach der Paarung befördert das Weibchen seine befruchteten Eier mit wippenden Bewegungen ins Wasser. Dieses Verhalten ist gattungstypisch.

(2) *Libellula depressa* ♂

(4) *Libellula depressa* ♀

Libellula depressa ♂

Libellula depressa ♀

Spitzenfleck RL, §
Libellula fulva

L. 40-50 mm

Die **Libelle** (1-5) ist durch je einen dunklen Fleck an der Spitze der Flügel gekennzeichnet (Name!). Erwachsene Männchen haben einen hellblau bereiften Hinterleib **(1-2)**, ähnlich dem Plattbauch (S. 774). Manchmal fehlen die Spitzenflecken beim Männchen völlig **(2)**. Solche Exemplare könnten mit männlichen Tieren des Großen Blaupfeils (S. 780) verwechselt werden. Jedoch ist die Augenfarbe beim Männchen konstant Hellblau. Beim Blaupfeil ist sie Grün. Bild **(3)** zeigt ein ausgefärbtes, älteres Weibchen, Bild **(4)** ein junges Weibchen. Der Hinterleib der Männchen ist an den Seiten oft dunkel gefleckt **(1-2)**. Das sind Paarungsmarkierungen, denn genau an diesen Stellen klammert sich das Weibchen bei der Paarung **(5)** fest. Dadurch wird der blaue Reif abgetragen.

(2) *Libellula fulva* ♂

(3) *Libellula fulva* ♀

(5) *Libellula fulva* Paarung

Libellula fulva ♂

Libellula fulva ♀

(1) *Libellula quadrimaculata* ♂

(5) *Libellula quadrimaculata* fm. *praenubila* ♂

Libellula quadrimaculata ♂

Libellula quadrimaculata ♀

(4) *Libellula quadrimaculata* ♂ mit Puppenhülle

Vierfleck §

Libellula quadrimaculata

L. 40–50 mm

Die **Libelle (1–4)** ist in beiden Geschlechtern gelbbräunlich gefärbt. Der Hinterleib ist im unteren Teil oft schwarzbraun abgesetzt. Auf Mitte der Vorderkante aller vier Flügel befindet sich ein meist kleinerer, schwarzer Fleck. Die Augen sind dunkelbraun gefärbt. Männchen **(1–2)** haben nach außen gebogene Hinterleibsanhänge. Bei den Weibchen **(3)** sind sie etwas kürzer und gerade. Bild **(4)** zeigt ein frisch geschlüpftes Männchen neben seiner leeren Puppenhülle. Die Art liebt Moorgewässer und kleinere Teiche mit üppiger Ufervegetation. Die fm. *praenubila* **(5)** mit einem weiteren Fleck unterhalb des äußeren Flügelmals wurde von uns nur einmal in Brandenburg gesichtet.

Großer Blaupfeil §

Orthetrum cancellatum

L. 45-55 mm

Die **Libelle (1-4)** ist eine der häufigsten Segellibellen in Brandenburg. Man findet sie an Teichen, langsam fließenden Gewässern und sogar in Wäldern, wo sie sich auf Sandwegen ausruht. Männchen **(1-2)** haben einen hellblau bereiften, schlanken Hinterleib und typische grüne Augen. Beim Ansitz auf Schilfblättern oder Stängeln strecken sie ihre Flügel gerne nach vorne **(2)**. Weibchen **(3)** sind auffallend schwarz und gelb gezeichnet. Bild **(4)** zeigt eine Paarung auf einem im Wasser befindlichen Algenteppich. Oben links ist noch eine Eintagsfliege zu sehen. Ähnliche, wärmeliebende Arten wie Südlicher Blaupfeil *(O. brunneum)* und Kleiner Blaupfeil *(O. coerulescens)* wurden von uns im Untersuchungsgebiet bisher nicht gesichtet.

(1) *Orthetrum cancellatum* ♂

(2) *Orthetrum cancellatum* ♂

(3) *Orthetrum cancellatum* ♀

(4) *Orthetrum cancellatum* Paarung

Blutrote Heidelibelle §

Sympetrum sanguineum

L. 30-38 mm

Die **Libelle (1-5)** ist ab Juni beinahe überall häufig. Der besonders bei hohen Temperaturen blutrote Hinterleib des adulten Männchens **(1)** ist am Ende etwas keulenförmig verdickt. Junge Männchen **(2)** sind von weiblichen Tieren gleichen Alters farblich kaum verschieden. Weibchen **(3)** sind auch im geschlechtsreifen Alter nicht rot gefärbt. Die Unterseite ihres zylindrischen Hinterleibes ist dann hellgrau bereift und die Hinterleibsanhänge haben einen weiteren Abstand als die der Männchen. Die Beine sind bei der Blutroten Heidelibelle in beiden Geschlechtern einfarbig schwarz, was bei ähnlichen Arten nicht der Fall ist. Im Gesicht läuft die schwarze Querlinie etwas an den Augen herab. Nach der Paarung **(4)** bleiben die Partner im Flug zusammen **(5)** wobei das Weibchen die befruchteten Eier mit wippenden Bewegungen an geeignete Stellen befördert. Das kann im Wasser, an wassernahen Pflanzen oder im Gras sein.

(1) *Sympetrum sanguineum* ♂

(2) *Sympetrum sanguineum* ♂ jung

(3) *Sympetrum sanguineum* ♀

) *Sympetrum sanguineum* Paarung

(5) *Sympetrum sanguineum* Eiablage

(3) *Sympetrum striolatum* ♀

(4) *Sympetrum striolatum* ♀

(5) *Sympetrum striolatum* Paarung

Große Heidelibelle §

Sympetrum striolatum

L. 35–40 mm

Die **Libelle (1-5)** könnte mit der Blutroten (S. 781) und Gemeinen Heidelibelle (S. 785) verwechselt werden. Die dunklen Beine weisen, im Gegensatz zur Blutroten Heidelibelle, einen gelblichen Längsstreifen auf. Männchen **(1)** bekommen im Laufe ihrer Entwicklung allmählich rötliche Farbtöne. Erwachsene Weibchen **(2)** haben eine kräftige, in schrägem Winkel abstehende Legeklappe. Bild **(3)** zeigt ein junges, noch nicht ausgefärbtes Weibchen. Betrachtet man den Kopf von vorne **(4)**, dann sieht man, dass der schwarze, quer liegende Stirnstreifen nicht links und rechts an den Augen herabläuft (siehe aber Gemeine Heidelibelle). Eine Paarung ist auf Bild **(5)** abgebildet.

Sympetrum striolatum ♂

) *Sympetrum striolatum* ♀

(3) *Sympetrum vulgatum* ♀

(5) *Sympetrum vulgatum* Paarung

Sympetrum vulgatum ♂

(2) *Sympetrum vulgatum* ♀

Sympetrum vulgatum

Gemeine Heidelibelle §

Sympetrum vulgatum

L. 30-35 mm

Die **Libelle (1-5)** ist von der sehr ähnlichen Großen Heidelibelle (S. 782) im Felde nur durch den an beiden Augen herablaufenden, schwarzen Querstrich **(4)** sicher zu unterscheiden. Die Blutrote Heidelibelle (S. 781) weicht immer durch ihre völlig schwarzen Beine ab. Die Beine der Gemeinen Heidelibelle sind wie bei der Großen Heidelibelle in Längsrichtung gelblich oder zumindest hell gestreift. Das Männchen **(1)** kann kräftig rot gefärbt sein und hat einen schlanken, keulenförmigen Hinterleib. Weibchen **(2-3)** sind durch ihre senkrecht abstehende Legeklappe **(3)** von weiblichen Tieren der Großen Heidelibelle abgrenzbar. Eine Paarung wird in Bild **(5)** gezeigt.

(1) *Sympetrum danae* ♂

Schwarze Heidelibelle §

Sympetrum danae

L. 30–40 mm

Die **Libelle (1–2)** ist überwiegend dunkel gefärbt. Männchen **(1)** sind bis auf zwei gelbe Streifen am Vorderkörper schwarz. Die etwas helleren Weibchen haben an den Seiten des Hinterleibes je einen hellgrauen Längsstreifen. Bei der Paarung **(2)** ist das untere Tier ein Weibchen. Die Art ist seltener als die zuvor beschriebenen Heidelibellen. Sie wurde zur »Libelle des Jahres 2019« gekürt. Sie bewohnt sumpfige Teichränder, erscheint aber auch gelegentlich in Gärten.

(2) *Sympetrum danae* Paarung

Gefleckte Heidelibelle RL, §

Sympetrum flaveolum

L. 35–40 mm

Die **Libelle (1–3)** ist in Brandenburg nicht häufig. Sie bewohnt Sumpflandschaften mit einem Bewuchs von *Sphagnum*-Moosen und Seggen. Das Männchen **(1–3)** ist bei hohen Temperaturen leuchtend rot gefärbt. Es erinnert daher an männliche Tiere der Blutroten Heidelibelle (S. 781). Die Unterseite des Hinterleibes ist aber auf der gesamten Länge schwarz abgesetzt und die dunklen Beine sind mit gelblichen Längsstreifen versehen. Das wichtigste Merkmal ist die gelb-rote Färbung am Ansatz der Hinterflügel **(2)**, der sonst nur noch bei der Frühen Heidelibelle *(S. fonscolombii)* vorkommt. Am Gesicht läuft die schwarze Querlinie ähnlich wie bei der Gemeinen Heidelibelle (S. 785) deutlich an den Augen herab. Weibchen (nicht abgebildet) haben hellere, gelbliche Körperfarben.

Sympetrum flaveolum ♂

Sympetrum flaveolum ♂

(3) *Sympetrum flaveolum* ♂

Gebänderte Heidelibelle RL, §

Sympetrum pedemontanum

L. 30–35 mm

Die **Libelle (1–5)** ist leicht an ihrer dunklen Bänderung aller vier Flügel zu erkennen. Männchen **(1–3)** haben einen blutroten Hinterleib, der etwas abgeflacht ist. Augen und Flügelmal sind ebenfalls rot. Weibchen **(4–5)** sind durch gelbbräunliche Farben und ein weißes bis hellgelbes Flügelmal gekennzeichnet. Die Art ist in Brandenburg nur noch an wenigen ungestörten, nicht zu feuchten Biotopen zu beobachten. In sehr trockenen Jahren kann sie auch ausbleiben, wie z. B. 2019 und 2020.

Fotobelege: Brandenburg, Kienbaum, Kiefernwaldlichtung nahe der Löcknitz, 3. 9. 2016 und 9. 9. 2016.

(1) *Sympetrum pedemontanum* ♂

(2) *Sympetrum pedemontanum* ♂

(3) *Sympetrum pedemontanum* ♂

(4) *Sympetrum pedemontanum* ♀

(5) *Sympetrum pedemontanum* ♀

Feuerlibelle §

Crocothemis erythraea

L. 40–45 mm

Die **Libelle (1-3)** ist eine wärmeliebende, als Wanderlibelle bekannte Art, die sich inzwischen auch in Norddeutschland eingebürgert hat. Neben diversen Heidelibellen und anderen Segellibellen kann man ab Juni die feuerrot gefärbten Männchen **(1-2)** an kleineren und größeren Gewässern in Ufernähe beobachten. Ähnlich wie bei der Gefleckten Heidelibelle (S. 787) weisen die hinteren Flügel einen größeren gelb bis rötlich gefärbten Basalbereich auf. Der Hinterleib ist etwas abgeflacht. Weibchen **(3)** sind relativ unscheinbar gelbbräunlich gefärbt. Sie halten sich vorwiegend über der Wasserfläche auf und kommen kaum bis ans Ufer. Sie werden deshalb selten gesichtet.

Crocothemis erythraea ♂

Crocothemis erythraea ♂

(3) *Crocothemis erythraea* ♀

Federlibellen (Fam. *Platycnemidae*)

Gemeine Federlibelle, Blaue Federlibelle §
Platycnemis pennipes

L. 25-30 mm

Die sehr häufige **Libelle (1-5)** hat eine Körperform, welche an die der Schlanklibellen erinnert. Im Gegensatz zu diesen sind ihre längs gestreiften Beine durch auffallend abstehende Borsten »gefiedert« und die Schienen sind etwas verbreitert. Männchen **(1)** haben eine hellblaue Grundfarbe, Weibchen **(2)** sind eher weißlich, gelblich oder hellocker. Bild **(3)** zeigt ein sehr junges, noch nicht ausgefärbtes Weibchen. Nach der Paarung **(4)** bleiben die Partner zusammen, während das Weibchen die Eier im Wasser ablegt. Oft sieht man die Paare dabei gruppenweise auf Wasserpflanzen **(5)**.

(3) *Platycnemis pennipes* ♀

(1) *Platycnemis pennipes* ♂

(2) *Platycnemis pennipes* ♀

(5) *Platycnemis pennipes* Eiablage

Platycnemis pennipes Paarung

Schlanklibellen (Fam. *Coenagrionidae*)

Hufeisen-Azurjungfer §
Coenagrion puella

L. 35-40 mm

Die **Libelle (1-4)** ist wohl die bekannteste Art ihrer Gattung. Männchen **(1)** sind meistens auf hellblauem Untergrund schwarz gezeichnet. Auf dem zweiten Segment des Hinterleibes befindet sich das namengebende, nach oben offene, hufeisenförmige oder u-förmige Zeichen. Weibchen **(2)** haben eine grünliche Grundfarbe. Ihr Hinterleib ist ab dem dritten Segment oberseits schwarz, auf dem zweiten Segment mit variablem, aber nicht u-förmigem Zeichen. Junge Tiere sind zunächst blass und entwickeln die typischen Farben erst später. Bild **(3)** zeigt eine Paarung und auf Bild **(4)** sind die Weibchen bereits bei der Eiablage. Die Fledermaus-Azurjungfer (S. 793) kann sehr ähnlich aussehen.

(1) *Coenagrion puella* ♂

(2) *Coenagrion puella* ♀

(3) *Coenagrion puella* Paarung

(4) *Coenagrion puella* Eiablage

Coenagrion pulchellum ♂

(2) *Coenagrion pulchellum* ♀

Coenagrion pulchellum Paarung

(4) *Coenagrion pulchellum* Paarung

Fledermaus-Azurjungfer §

Coenagrion pulchellum

L. 35-40 mm

Die **Libelle (1-4)** ist der Hufeisen-Azurjungfer (S. 792) sehr ähnlich. Das blau-schwarze Männchen **(1)** kann auf dem zweiten Segment des Hinterleibes ein ähnliches u-förmiges Zeichen haben. Der besonders schlanke Hinterleib besitzt jedoch mehr Schwarzanteile. Bei den Weibchen **(2)** ist der Vorderkörper neben den schwarzen Längsstreifen meist weißlich, aber auch grünlich oder seltener hellbräunlich und der Hinterleib ist etwas dicker. Bild **(3)** zeigt eine Paarung mit einer typisch gefärbten Partnerin. Auf Bild **(4)** ist der Vorderkörper des Weibchens in den hellen Bereichen bräunlich.

Gemeine Becherjungfer,
Becher-Azurjungfer §
Enallagma cyathigerum

L. 30-38 mm

Die sehr häufige **Libelle (1-3)** ähnelt den Arten der Gattung *Coenagrion*. Das schwarz-blau gefärbte Männchen (siehe Paarung) kann auf dem zweiten Segment des Hinterleibes ein Zeichen in Form eines gestielten Bechers oder Pilzes besitzen. Das ist inkonstant, weshalb die Art am ehesten daran zu erkennen ist, dass ihr an den Körperseiten der untere schwarze Längsstreifen fehlt. Manchmal ist er noch rudimentär vorhanden. Weibchen **(1-2)** sind in den hellen Bereichen weiß, gelbgrünlich oder hellblau. Vor dem Legebohrer befindet sich ein winziger Dorn **(2)**. Bild **(3)** zeigt eine Paarung zweier hellblauer Partner.

(1) *Enallagma cyathigerum* ♀

(2) *Enallagma cyathigerum* ♀

(3) *Enallagma cyathigerum* Paarung

(1) *Erythromma najas* ♂

(2) *Erythromma najas* ♂

Großes Granatauge §
Erythromma najas

L. 30–35 mm

Die **Libelle (1–3)** erhielt ihren Namen durch die leuchtend granatrote Augenfarbe des Männchens **(1–2)**. Der Vorderkörper ist schwarz-blau gefärbt und der dunkle Hinterleib besitzt zwei hellblaue Endsegmente. Bei den Weibchen (siehe Bild **(3)** unteres Tier) sind die blauen Farbtöne durch hellgrüne ersetzt und die Augen sind kaum rot. Die Art ist seltener als andere hier beschriebene Arten und hält sich gerne in direkter Wassernähe auf Blättern von Seerosen oder Schilf auf. Sehr ähnlich ist das Kleine Granatauge *(E. viridulum)*.

(3) *Erythromma najas* ♀

(1) *Ischnura elegans* fm. *typica* ♂

(2) *Ischnura elegans* fm. *typica* ♀

Große Pechlibelle §

Ischnura elegans

L. ca. 30 mm

Die **Libelle (1-6)** ist eine der häufigsten und veränderlichsten Schlanklibellen. Es verwundert daher nicht, dass mehrere Farbvarianten mit unterschiedlichen Namen beschrieben wurden. Die Normalform (fm. *typica*) hat einen blauen bis blaugrünlichen Vorderkörper. Auf dem dunklen Hinterleib ist nur das achte Segment rundherum hellblau. Es wird auch als »Schlusslicht« bezeichnet. Bei voll erwachsenen Tieren ist das beiderseits zugespitzte Flügelmal zweifarbig. Männliche Tiere haben einen dünneren Hinterleib als Weibchen. Folgende Farbtypen werden außer der Normalform abgebildet: fm. *rufescens* **(4)**, fm. *violacea* **(5)** und fm. *infuscans-obsoleta* **(6)**. Diese Abweichungen treten nur bei weiblichen Tieren auf. Bei der ähnlichen Kleinen Pechlibelle *(I. pumilio)* ist erst das neunte Segment des Hinterleibes durchgehend hellblau.

Ischnura elegans fm. *typica* Paarung

(4) *Ischnura elegans* fm. *rufescens* ♀

Ischnura elegans fm. *violacea* ♀

(6) *Ischnura elegans* fm. *infuscans-obsoleta* ♀

(1) *Pyrrhosoma nymphula* ♂

(2) *Pyrrhosoma nymphula* ♂ mit Opfer

Frühe Adonislibelle §

Pyrrhosoma nymphula

L. 35–45 mm

Die **Libelle** **(1–3)** hat in beiden Geschlechtern eine auffällig blutrote Grundfarbe. Die roten Augen besitzen in der Mitte zwei dünne Querstreifen. Schwarze Partien haben beim Männchen **(1–2)** oft einen Goldglanz. Bild **(2)** zeigt ein Männchen beim Verzehr eines Opfers. Bei der Paarung **(3)** packt das männliche Tier mit seinen Zangen den Hinterkopf des Weibchens, während sich dieses an der Unterseite des Männchens anheftet. So entsteht das für Libellen typische »Paarungsrad«. Weibchen treten in verschiedenen Formen auf, bei denen die schwarzen Anteile in ihrer Größe variieren. Die Art ist nicht selten, versteckt sich aber oft gut in der Vegetation.

(3) *Pyrrhosoma nymphula* Paarung

Teichjungfern (Fam. *Lestidae*)

(1) *Lestes virens* ♀

(2) *Lestes virens* ♀

Kleine Binsenjungfer §

Lestes virens

L. 30–35 mm

Die **Libelle (1–2)** erscheint in der Nähe stehender, vorwiegend mooriger Gewässer mit Beständen von Seggen und Binsen. Das Weibchen (siehe Abbildungen) kann leicht mit dem der Glänzenden Binsenjungfer *(L. dryas)* verwechselt werden. Diese besitzt einen kräftigeren Legebohrer, der das letzte Segment des Hinterleibes etwas überragt. Das Männchen (nicht abgebildet) hat ausgewachsen einen metallisch-grünen Farbton. Die letzten Segmente des Hinterleibes sind hell bereift, was die Art von der etwas größeren Weidenjungfer (S. 800) unterscheidet.

(1) *Chalcolestes viridis* ♂

(2) *Chalcolestes viridis* ♂

(3) *Chalcolestes viridis* ♀

(4) *Chalcolestes viridis* Pärchen

Weidenjungfer §

Chalcolestes viridis *(Lestes viridis)*

L. 40–50 mm

Die **Libelle (1–4)** ist eine größere, häufige Teichjungfer, die sich gerne an Gewässern aufhält, an deren Rändern Weiden oder andere Weichhölzer wachsen. In der Rinde postiert das Weibchen die Eier mithilfe des Legebohrers. Männchen **(1–2)** haben einen schlankeren Hinterleib als Weibchen **(3)**. Von ähnlich aussehenden, kleineren Binsenjungfern (S. 799) ist die Weidenjungfer eindeutig durch das typische Muster an den Seiten des Vorderkörpers **(2)** zu unterscheiden. Man beachte den grünen, nach vorne frei liegenden »Zipfel« unterhalb des breiten Längsstreifens. In Bild **(4)** ist ein Pärchen dargestellt, welches kein »Paarungsrad« gebildet hat. In dieser Stellung verharren die Partner entweder vor oder nach der eigentlichen Paarung.

Gemeine Winterlibelle (§)

Sympecma fusca

L. 28–30 mm

Die **Libelle (1–4)** hat braune und beigefarbene Grundtöne. Der dunkle Vorderkörper ist etwas zottig behaart. Männchen **(1–2)** und Weibchen **(3)** sind äußerlich schwer unterscheidbar. Die Anhänge des Hinterleibes sind bei den Männchen zangenförmig gebogen und bei Weibchen gerade nach hinten gestreckt. Ihr Legebohrer ist recht klein und kaum auffallend. Die Art erscheint bereits im April und kann sogar an sonnigen Tagen im Winter beobachtet werden, da sie als fertiges Tier (Imago) überwintert. Bild **(4)** zeigt ein Pärchen direkt nach der Paarung. Das Weibchen (links) ist bereits dabei, seine Eier in dem Pflanzenstängel zu deponieren. Gefährdungsgrad und Schutzstatus der häufigen Art sind heute umstritten.

Sympecma fusca ♂

(2) *Sympecma fusca* ♂

Sympecma fusca ♀

(4) *Sympecma fusca* Pärchen nach Paarung

Prachtlibellen (Fam. *Calopterygidae*)

Gebänderte Prachtlibelle
Calopteryx splendens

L. 45–50 mm

Die **Libelle (1–4)** ist etwas häufiger als die Blauflügel-Prachtlibelle. Die Vertreter dieser Gattung haben einen mehr flatternden, unruhigen Flug als andere Libellen. Männchen **(1–2)** sind dunkelblau gefärbt mit metallischem Glanz. Die dunkelblauen Flügel sind am Ansatz und in der Spitze aufgehellt. Weibchen **(3–4)** sind metallisch-grün, stellenweise auch bronzefarben. Ihre blassen Flügel sind durch einen weißlichen Fleck gekennzeichnet. Die Art hält sich an sauberen, langsam fließenden Gewässern oder seltener an Teichrändern auf. Gelegentlich begegnet man ihnen auch an feuchten Waldwegen. An geeigneten Standorten ist die Art in Brandenburg nicht selten.

(2) *Calopteryx splendens* ♂

(4) *Calopteryx splendens* ♀

Calopteryx splendens ♂

Calopteryx splendens ♀

Blauflügel-Prachtlibelle
Calopteryx virgo

L. 35-45 mm

Die **Libelle** **(1-4)** ähnelt der Gebänderten Prachtlibelle (S. 802). Unterschiede sind vor allem bei den Männchen **(1-2)** erkennbar. Ihre Flügel sind auf ganzer Fläche kräftig blau oder blaugrün gefärbt. Nur manchmal gibt es eine undeutliche Aufhellung an der Flügelspitze. Die Weibchen **(3-4)** haben einen metallisch glänzenden, gelbgrünlichen Körper und bräunliche, heller geaderte Flügel. Der kleine weiße Fleck fällt dadurch besonders auf. Bild **(4)** zeigt weibliche Tiere bei der Eiablage an untergetauchten Wasserpflanzen. Die Art bewohnt ähnliche Biotope wie die gebänderte Verwandte, ist aber etwas seltener.

Fotobelege: Brandenburg, Kienbaum, Feuchtbiotop nahe der Löcknitz, 28. 5. 2017.

(1) *Calopteryx virgo* ♂

(3) *Calopteryx virgo* ♀

(4) *Calopteryx virgo* ♀ Eiablage

Calopteryx virgo ♂

Hautflügler 1 (Bienen, Hummeln)

ÜBERSICHT DER FAMILIEN IM KAPITEL

Bienen, Hummeln (Fam. *Apidae*)

Westliche Honigbiene
Apis mellifera *(Apis mellifica)*

L. 12–16 mm, Königin bis 20 mm

Die **Biene (1–5)** ist eine staatenbildende Art. Sie ist heute kein Wildtier mehr und dennoch überall in der Natur zu beobachten. Die Nahrung besteht aus Pollen und Nektar. Deshalb gehört die Biene zu den wichtigsten Bestäubern zahlreicher Kräuter und Bäume. Die Fotos zeigen Arbeiterinnen verschiedener Farbrassen beim Blütenbesuch. Die Biene auf Bild **(2)** hat den violetten Pollen des Bienenfreundes *(Phacelia)* gesammelt, weshalb die »Sammelhöschen« ausnahmsweise dunkel gefärbt sind. Bild **(4)** zeigt die typische Flügeladerung der Honigbiene. Das männliche Tier (Drohn) entwickelt sich aus unbefruchteten Eiern, ist stachellos und nur zum Begatten der Königin beim »Hochzeitsflug« von Nutzen. Danach stirbt es. Arbeiterinnen haben einen wehrhaften Stachel mit Widerhaken, der nach einem schmerzhaften Stich in der menschlichen Haut stecken bleibt. Honigbienen sind aber gewöhnlich nicht aggressiv.

(3) *Apis mellifera* ♀

(4) *Apis mellifera* ♀

(5) *Apis mellifera* ♀

Apis mellifera ♀

Apis mellifera ♀

Bärtige Sandbiene, Schwimmende Sandbiene RL, §
Andrena barbilabris

L. 9-12 mm

Die **Biene (1-3)** ist eine typische Bewohnerin von Sandgebieten und heideartigen Biotopen. Als Nahrung werden Nektar und Pollen von Blüten verschiedener Pflanzenfamilien aufgenommen, darunter auch Korbblütler **(2)**. Junge Männchen **(3)** fallen durch ihre weiße, abstehende Behaarung auf. Der schwarze Hinterleib trägt vier weiße Haarbinden. Weibchen **(1-2)** sind am Vorderkörper anfangs fuchsrötlich, später verblassend struppig behaart. Die solitäre Wildbiene nistet in meist kleineren Kolonien in selbst gegrabenen Erdnestern. Es existieren mehrere ähnlich aussehende Arten.

(1) *Andrena barbilabris* ♀

(2) *Andrena barbilabris* ♀

(3) *Andrena barbilabris* ♂

Zweifarbige Sandbiene §

Andrena bicolor

L. 9-11 mm

Die häufige **Biene (1-2)** ist kaum auf bestimmte Nahrungsquellen oder Bodenarten spezialisiert. Sie kommt daher nahezu überall vor, wo etwas blüht. Die Abbildungen zeigen weibliche Tiere, deren Sammelbürsten an den hinteren Beinschienen bereits voller Pollen sind. Vorderkörper und Hinterkopf sind mit rostbraunen Haaren besetzt. Männchen sehen sehr ähnlich aus, haben aber längere Fühler, was bei Wildbienen sehr häufig der Fall ist. Die von einem Paar bewohnten Erdnester werden selbst gegraben und können bis zu einem Meter tief sein. Wegen ihrer Nistweise werden Sandbienen auch als Erdbienen bezeichnet.

Andrena bicolor ♀

Andrena bicolor ♀

Graue Sandbiene,
Aschgraue Sandbiene §
Andrena cineraria

L. 11-15 mm

Die **Biene (1-3)** ist glänzend schwarz gefärbt und besitzt am Vorderkörper einen auffälligen weißen »Pelzkragen« und ein weiß behaartes Gesicht. Der Hinterleib ist kahl. Beide Geschlechter weisen das gleiche Farbmuster auf. Die Fotos zeigen weibliche Tiere, die etwas größer und kräftiger gebaut sind als Männchen. Die relativ häufige Art besucht Blüten mehrerer verschiedener Pflanzenfamilien. Für die Erdnester werden keine speziellen Bodenarten bevorzugt. Die Weiden-Sandbiene (S. 813) sieht sehr ähnlich aus.

(2) *Andrena cineraria* ♀

(3) *Andrena cineraria* ♀

(1) *Andrena cineraria* ♀

Weiden-Sandbiene §

Andrena vaga

L. 12–15 mm

Die **Biene (1-3)** ähnelt der Grauen Sandbiene (S. 812). Bei jungen Tieren ist aber der grau-weiße Pelz des Vorderkörpers auf der gesamten Fläche verteilt. Im Alter verkahlen die mittleren Haare und bleiben dann nur an den Rändern zurück. Ihrem Namen entsprechend bevorzugt die Biene verschiedene Weiden-Arten als Nahrungspflanze. Gelegentlich trifft man sie auch auf anderen Blüten an. Die Fotos zeigen weibliche Tiere. Für die Erdnester werden sandige Böden bevorzugt. Es werden teils größere Kolonien gebildet (Aggregationen), die in selbst gegrabenen Erdnestern angelegt werden.

Andrena vaga ♀

Andrena vaga ♀

(3) *Andrena vaga* ♀

Gemeine Sandbiene §

Andrena flavipes

L. 9-13 mm

Die **Biene (1-3)** ist eine der häufigsten Sandbienen. Namengebend ist die rötlich gelbe Behaarung der Beine (*flavipes* = Gelbfuß). Bei Weibchen **(1)** ist das auffälliger, da die Schenkelbürste der Hinterbeine lang behaart ist. Männchen **(2-3)** haben etwas längere Fühler und die Beine sind generell kurzhaariger. Gelegentlich können junge Männchen **(3)** am Körper mit zottigen, hellgrauen Haaren bedeckt sein. Nur die Beinbehaarung ist etwas gelblich. In der Wahl ihrer Nahrungsquellen und Nistplätze ist die Art ziemlich unspezifisch. So werden Erdnester nicht selten in Privatgärten angelegt, und das in größeren Kolonien. Eine Gefahr, von den Weibchen gestochen zu werden, besteht kaum und wäre auch harmlos, da der Stachel keine Widerhaken besitzt und recht klein ist.

(1) *Andrena flavipes* ♀

(2) *Andrena flavipes* ♂

(3) *Andrena flavipes* ♂

Dicke Sandbiene, Schwere Erdbiene §

Andrena gravida

L. 11–14 mm

Die **Biene (1–3)** ähnelt etwas der Gemeinen Sandbiene (S. 814), ist aber kräftiger und größer. Die Abbildungen zeigen Weibchen, deren Hinterleib mit kräftigen, weißen Querbinden versehen ist. Männchen sind etwas kleiner und weniger kontrastreich gefärbt. Ihre Fühler sind etwas länger und die Hinterbeine kurzhaarig, da sie keine Sammelbürsten besitzen. Die relativ häufige Art fliegt im Frühjahr in den Monaten April und Mai, da sie nur eine Generation im Jahr ausbildet. In der Nahrungswahl ist die Biene kaum spezialisiert. Es werden zur Nektaraufnahme Blüten verschiedener Kräuter und Bäume besucht. Deshalb erscheint die Art auch in Gärten, wo sie gelegentlich ihre Erdnester anlegt.

Andrena gravida ♀

Andrena gravida ♀

(3) *Andrena gravida* ♀

Rotpelzige Sandbiene, Fuchsrote Sandbiene §
Andrena fulva

L. 9-14 mm

Die **Biene (1-4)** ist wegen ihrer leuchtend roten, oberseitigen Behaarung sehr auffällig. Die Flügeladerung ist ebenfalls rötlich. Unterseite, Kopf und Beine sind dagegen schwarz. Abgebildet sind Weibchen, die wegen ihrer Farbe auch als »Goldbiene« bezeichnet werden. Männchen sehen unscheinbarer aus und sind daher leicht mit anderen Arten zu verwechseln. Die in der Wahl ihrer Nahrungspflanzen kaum spezialisierte Art ist nicht selten und besucht auch gerne Gärten, besonders wenn dort Johannisbeeren wachsen **(3)**. Die Flugzeit beschränkt sich auf die Monate März bis Mai, da nur eine Generation pro Jahr gebildet wird. Erdnester werden gerne an vegetationsarmen Stellen angelegt.

(1) *Andrena fulva* ♀

(2) *Andrena fulva* ♀

(4) *Andrena fulva* ♀

Andrena fulva ♀

(2) *Andrena haemorrhoa* ♀

Rotschopfige Sandbiene, Rotfransige Sandbiene §
Andrena haemorrhoa

L. 10–12 mm

Die **Biene (1–4)** ist in beiden Geschlechtern an ihrer gelborange gefärbten Spitze des Hinterleibes (Endfranse) zu erkennen. Weibchen (hier abgebildet) besitzen einen kräftig rotbraun gefärbten Haarpelz auf dem Vorderkörper. Beim Männchen ist dieser ebenfalls vorhanden, aber spärlicher. Auf Bild **(4)** ist ein Weibchen kurz vor dem Verlassen ihrer Erdhöhle zu sehen. Die Art ist nicht selten und besucht Blüten sehr vieler Pflanzenfamilien. Sie erscheint ab April (Männchen etwas früher) überall dort, wo etwas blüht, auch in Gärten und Anlagen. Auf Bild **(1)** sind die »Sammelhöschen« voller Pollen.

Andrena haemorrhoa ♀

Andrena haemorrhoa ♀

(4) *Andrena haemorrhoa* ♀

Dunkle Weiden-Sandbiene RL, §

Andrena apicata

L. 10-12 mm

Die **Biene (1-2)** ist in ihrer Nahrung auf verschiedene Weiden-Arten spezialisiert. Für ihre Erdnester scheint sie Sandböden zu bevorzugen. Der dunkle Körper ist etwas struppig behaart. Bei Männchen **(1)** ist die Haarfarbe hellgrau, bei Weibchen **(2)** eher gelbbräunlich. Ein wichtiges Merkmal ist bei den männlichen Tieren zu sehen: An den kräftigen Mundwerkzeugen (Mandibeln) befindet sich ein seitlich nach außen gerichteter, kräftiger Zahn, der durch die Behaarung oft verdeckt ist. Die Art erscheint im Frühjahr von März bis Mai und entwickelt nur eine Generation.

Fotobelege: Brandenburg, Feldrand bei Mittenwalde, 2. 4. 2019.

(1) *Andrena apicata* ♂

(2) *Andrena apicata* ♀

Andrena lathyri ♂

Platterbsen-Sandbiene §

Andrena lathyri

L. 9-12 mm

Die **Biene (1)** ernährt sich speziell vom Nektar der Schmetterlingsblütler, besonders der Zaunwicke *(Vicia sepium)*. Das Männchen (hier abgebildet) besitzt auf dem schwarzen Hinterleib bis zu fünf schmale, weiße Querbinden, von denen die ersten in der Mitte oft unterbrochen sind. Beim Weibchen sind es nur drei. Beide Geschlechter sind durch eine gelbe bis orangene Endfranse gekennzeichnet. In den selbst gegrabenen Erdnestern entwickelt sich nur eine Generation im Jahr.

Schlehen-Lockensandbiene §

Andrena helvola

L. 9-12 mm

Die **Biene (1-2)** sieht mit ihrem rotbraun bepelzten Vorderkörper und schwarzem, glänzendem Hinterleib mehreren anderen Arten ähnlich. Was an den weiblichen Tieren (siehe Fotos) auffällt, sind die weißen, lockenförmigen Haarbüschel an den hinteren Schenkeln, die sog. Flocculi **(1)**. Bei der ähnlichen Rotschopfigen Sandbiene (S. 819) ist die Endfranse gelborange gefärbt und die Flocculi fehlen. Die Art ist ein Ubiquist, der nahezu überall vorkommt und in seiner Nahrungswahl kaum spezialisiert ist. Die Erdnester werden gerne an vegetationsarmen Stellen selbst gegraben. Es wird nur eine Generation pro Jahr gebildet.

Andrena helvola ♀

(2) *Andrena helvola* ♀

Frühe Sandbiene §

Andrena praecox

L. 9-11 mm

Die **Biene (1)** gehört, neben einigen anderen, zu den sehr früh im Jahr erscheinenden Arten. Weibchen **(1)** und Männchen ähneln sich sehr, wobei das Männchen etwas kleiner ist und längere Fühler besitzt. Die Art bezieht ihren Nektar von blühenden Weidenkätzchen *(Salix)*. Für die Erdnester werden Sandböden bevorzugt. Sie werden offenbar von einzelnen Pärchen bewohnt.

(1) *Andrena praecox* ♀

Andrena pilipes ♀

Andrena pilipes ♀

(3) *Andrena pilipes* ♀

Kohlschwarze Sandbiene, Köhler-Sandbiene §

Andrena pilipes

L. 12–15 mm

Die **Biene (1-3)** ist am gesamten Körper schwarz gefärbt. Auch die Flügel sind, zumindest teilweise, stark abgedunkelt. Weibchen (hier abgebildet) zeichnen sich durch eine grauweiße Schienenbürste aus. Das kann nur beurteilt werden, wenn damit noch kein Pollen eingesammelt wurde **(1-2)**. Die weit verbreitete Art kann vom Frühjahr bis zum Herbst beobachtet werden, da sie zwei Generationen pro Jahr ausbildet. In der Nahrungswahl ist sie unspezialisiert. Wir fanden sie stets an Graukresse *(Berteroa incana)*. Erdnester werden bevorzugt auf Sandböden selbst gegraben. Die sehr seltene, ebenfalls schwarz gefärbte Sandbiene *Andrena morio* unterscheidet sich durch eine schwarze Schienenbürste.

Glanzlose Zwerg-Sandbiene §

Andrena subopaca §

L. 5–8 mm

Die **Biene (1)** gehört zu den kleinsten Sandbienen. Der Körper ist schwarzbraun und auch die Flügel sind stark abgedunkelt. Dadurch fällt die helle Behaarung am Gesicht und seitlich des Vorderkörpers besonders auf. Auch die Sammelbürste an den hinteren Beinen ist weiß. Ihre Pollennahrung holt sich die Biene von Blüten verschiedener Pflanzenfamilien. Am Ehrenpreis *(Veronica)* bildet sie eine Konkurrenz zur ebenso kleinen Ehrenpreis-Sandbiene (S. 825). Es können bis zu zwei Generationen pro Jahr gebildet werden.

(1) *Andrena subopaca* ♀

Ehrenpreis-Sandbiene §
Andrena viridescens

L. 5-7 mm

Die **Biene (1-3)** ist eine sehr kleine Art, die in ihrer Nahrungswahl auf Ehrenpreis, vor allem Gamander-Ehrenpreis *(Veronica chamaedrys)* spezialisiert ist. Von der ähnlichen Glanzlosen Zwerg-Sandbiene (S. 824) unterscheidet sie sich durch hellere Flügel, breitere Hinterleibsbinden und einen schwachen, grünlich-metallischen Glanz auf dem Körper. Die Abbildungen zeigen Weibchen. Männchen sind u. a. an ihrem weißen Haarfleck in der unteren Gesichtshälfte (Clypeus) zu erkennen. Die nicht sehr häufige Art bildet nur eine Jahresgeneration.

(1) *Andrena viridescens* ♀

(2) *Andrena viridescens* ♀

(3) *Andrena viridescens* ♀

Große Wollbiene, Garten-Wollbiene §

Anthidium manicatum

L. 10-18 mm

Die **Biene (1-5)** ist relativ groß und schön schwarz-gelb gezeichnet. Männchen **(1-2)** sind stets größer als Weibchen **(3-4)**, was bei Bienen nicht die Regel ist. Bei der Paarung **(5)** wird der Größenunterschied deutlich sichtbar. Der schwarze Hinterleib des Männchens ist mit punktartig aufgelösten Querstreifen versehen. Bei Weibchen sind die Querstreifen nur in der Mitte unterbrochen. Weibliche Tiere besitzen eine gelbe Bauchbürste **(4)**, die dem Sammeln von Pollen dient (Typ: Bauchsammler). Die Art ist relativ häufig und kommt auch in Gärten vor. Wir finden sie regelmäßig an Wollziest *(Stachys byzantina)* und Gefleckter Taubnessel *(Lamium maculatum)*. Die Nester werden in vorhandenen Hohlräumen wie Erdlöchern, Mauerspalten oder verlassenen Bienennestern angelegt.

(2) *Anthidium manicatum* ♂

(3) *Anthidium manicatum* ♀

Anthidium manicatum ♂

Anthidium manicatum Paarung

(4) *Anthidium manicatum* ♀

Distel-Wollbiene, Zwerg-Wollbiene RL, §

Anthidium nanum

(Pseudoanthidium nanum)

L. 6–8 mm

Die kleine **Biene (1)** hat eine schwarze Grundfarbe. Auf ihrem Hinterleib befinden sich an jeder Seite vier länglich-ovale, weiße bis gelbliche Flecken. Zwei weitere Flecken sitzen am Hinterkopf. Die Beine sind bis auf die dunklen Schenkel rotgelb gefärbt. An der Unterseite des Hinterleibes ist eine weiße Bauchbürste zu sehen. Die wärmeliebende Art besucht zur Aufnahme von Pollen verschiedene Korbblütler *(Asteraceae)*. Wir fanden sie an den Blüten der Wiesen-Flockenblume *(Centaurea jacea)*. Die Brut entwickelt sich in Stängeln größerer Kräuter oder Büsche. Gelegentlich werden auch verlassene Nester anderer Bienen genutzt.

Fotobeleg: Brandenburg, Trockenrasen bei Wünsdorf, 13. 7. 2020.

(1) *Anthidium nanum*

Gelbe Düsterbiene RL, §
Stelis signata

L. 6–7 mm

Die seltene **Biene (1–3)** ist eine sog. »Kuckucksbiene«, die sich in die Nester eines Wirtes einschleicht, dort ihre Eier ablegt und ihre Brut von diesem ernähren lässt. Arten der Gattung *Nomada* (ab S. 846) haben eine ähnliche Lebensweise. Die Düsterbiene ist ihrer Wirtsbiene, der Zwerg-Harzbiene *(Anthidium strigatum)*, sehr ähnlich. Die gelben Seitenstreifen ihres Hinterleibes sind zur Mittellinie ab dem dritten Tergit nach innen verkürzt. Bei der Düsterbiene sind sie alle gleich lang. Die Bilder zeigen ein Weibchen beim Blütenbesuch.

Fotobelege: Brandenburg, Kienbaum, nahe der Löcknitz, an Brombeere *(Rubus fruticosus)*, 16. und 21. 6. 2019.

(1) *Stelis signata* ♀

Stelis signata ♀

(3) *Stelis signata* ♀

Garten-Blattschneiderbiene, Totholz-Blattschneiderbiene §
Megachile willughbiella

L. 12-16 mm

Die **Biene (1-4)** gehört zu den größeren Arten der Gattung. Weibchen (siehe Fotos) besitzen eine rötliche Bauchbürste, die an den letzten beiden Segmenten (Sterniten) unterseits schwarz gefärbt ist. Männchen sind durch auffällig weiß behaarte Vordertarsen gekennzeichnet, was bei anderen Arten ebenfalls vorkommen kann. Blattschneiderbienen nutzen selbst abgetrennte, ovale Blattstücke zum Nestbau **(2)**. Dieser kann in der Erde **(3)**, in morschem Holz oder vorhandenen Hohlräumen in Mauern erfolgen. In der Wahl der Nahrungspflanzen ist die Biene nicht sehr spezialisiert.

(1) *Megachile willughbiella* ♀

(3) *Megachile willughbiella* ♀

(2) *Megachile willughbiella* ♀

Megachile willughbiella ♀

Heide-Blattschneiderbiene, Platterbsen-Mörtelbiene §

Megachile ericetorum

L. 12–14 mm

Die **Biene (1–2)** erinnert wegen ihrer Farbe und Größe etwas an eine Honigbiene (S. 808). Die Haarbinden des Hinterleibes sind aber kräftiger und der Pollen wird in einer gelblichen Bauchbürste gesammelt. Dafür werden besonders Lippenblütler oder Schmetterlingsblütler angeflogen. Auf den Fotos besucht ein Weibchen den Wiesensalbei *(Salvia pratensis)*. Männchen sind grauweißlich behaart und haben lang gefranste, weißliche Vordertarsen. Die Nester werden in natürlichen Hohlräumen, Mauerritzen oder im Lehm- oder Sandboden selbst angelegt. Gelegentlich werden auch vorhandene Nester von Pelzbienen *(Anthophora)* genutzt.

(1) *Megachile ericetorum* ♀

(2) *Megachile ericetorum* ♀

Osmia bicornis ♂

(2) *Osmia bicornis* ♂

Osmia bicornis ♀

(4) *Osmia bicornis* ♂ + ♀

Rostrote Mauerbiene, **Rote Mauerbiene §**

Osmia bicornis *(Osmia rufa)*

L. 8–13 mm

Die **Biene (1–4)** ist in Deutschland die häufigste Art ihrer Gattung. Beide Geschlechter besitzen im frischen Zustand einen rostrot behaarten Hinterleib. Die kleineren Männchen **(1–2)** haben außerdem ein mit hellen Borsten besetztes Gesicht. Das Gesicht der Weibchen **(3)**, hier ein älteres Tier, ist eher dunkel und mit zwei nach vorne/unten gerichteten »Hörnchen« bestückt. Auf Bild **(4)** scheinen sich beide Partner an einem Insektenhotel zu begrüßen. In ihren Nistplätzen ist die Art sehr variabel und wählt diese häufig im Siedlungsbereich des Menschen. Die Gehörnte Mauerbiene *(O. cornuta)* ist eine weitere Art, bei der das Weibchen »gehörnt« ist. Ihr Vorderkörper ist jedoch schwarzhaarig und der Hinterleib rötlicher gefärbt. Sie besiedelt ähnliche Standorte.

Stahlblaue Mauerbiene §

Osmia caerulescens

L. 8-10 mm

Die **Biene (1-3)** ist nach Literaturangaben weit verbreitet und häufig. Das Weibchen **(1)** unterscheidet sich vom Männchen **(2-3)** durch ihren schwarzen, etwas blaugrün schimmernden Körper. Die Behaarung ist grauweißlich, die Bauchbürste (hier nicht sichtbar) schwarz mit weißlicher Randbehaarung. Männchen sind rostbräunlich behaart und der Körper ist dunkelbraun oder kupferfarben. Wir fanden diese Art nur einmal an einem waldnahen Insektenhotel. Als Nahrung in Form von Nektar und Pollen dienen Kräuter verschiedener Pflanzenfamilien, besonders Schmetterlings- und Lippenblütler. Mehrere *Osmia*-Arten können ziemlich ähnlich sein, z. B. *O. claviventris*, *O. gallarum* und *O. leucomelana*.

(1) *Osmia caerulescens* ♀

(2) *Osmia caerulescens* ♂

(3) *Osmia caerulescens* ♂

(1) Chelostoma florisomne ♀

(2) *Chelostoma florisomne* ♀

(3) *Chelostoma florisomne* ♂

Hahnenfuß-Scherenbiene §
Chelostoma florisomne

L. 7–11 mm

Die **Biene (1–3)** ist glänzend schwarz und schlank. Weibchen **(1–2)** tragen eine helle Bauchbürste, mit der Pollen eingesammelt werden (hier an einem Insektenhotel fotografiert). Die Fühler der Männchen **(3)** sind am Rande fein gezähnt, was an die Schneide eines Sägeblattes erinnert. Der Name *florisomne* bedeutet »in den Blüten schlafend«, was sicher gelegentlich vorkommt. In ihrer Nahrung ist die Art auf Blüten von Hahnenfuß *(Ranunculus)* spezialisiert. Nester werden in Totholz und Halmen aller Art angelegt. Es wird eine Generation pro Jahr ausgebildet.

Gemeine Löcherbiene §

Heriades truncorum

L. 6-8 mm

Die kleine, schwarze **Biene (1-2)** ist relativ häufig anzutreffen. Weibchen (hier abgebildet) haben eine gelbliche Bauchbürste, mit der Pollen eingesammelt werden. Dabei ist die Art auf Korbblütler spezialisiert. Auf den Fotos wird gerade die Gewöhnliche Schafgarbe *(Achillea millefolium)* besucht. Bei den ähnlich aussehenden Männchen ist das Ende des Hinterleibes etwas eingekrümmt und das Gesicht trägt einen weißlichen Bart. Nester werden in Totholz angelegt.

(1) *Heriades truncorum* ♀

(2) *Heriades truncorum* ♀

Gemeine Pelzbiene §

Anthophora plumipes

(Anthophora acervorum)

L. 13–15 mm

Die **Biene (1–4)** besucht Blüten vieler verschiedener Pflanzenfamilien. Dabei steht sie typischerweise für kurze Zeit schwirrend in der Luft. Männchen **(1–2)** sind durch auffällig lange Haarbüschel an den Fußgliedern des mittleren Beinpaares gekennzeichnet **(1)**. Sie haben ein weißliches Gesicht **(2)**. Weibchen **(3–4)** sammeln Pollen an den Bürsten der hinteren Beine. Ihr Gesicht ist dunkel **(4)**. Von der sehr häufigen Art existieren helle und dunkle Farbvarianten. Nester werden nicht nur in lehmhaltiger Erde, sondern auch in Scheunen, Schuppen und Insektenhotels angelegt. Es wird eine Generation pro Jahr gebildet.

Anthophora plumipes ♂

(4) *Anthophora plumipes* ♀

Anthophora plumipes ♂

(3) *Anthophora plumipes* ♀

(1) *Anthophora bimaculata* ♀

(2) *Anthophora bimaculata* ♀

(3) *Anthophora bimaculata* ♂

Zweifleckige Pelzbiene,
Dünen-Pelzbiene RL, §
Anthophora bimaculata

L. 8-9 mm

Die **Biene (1-3)** gehört zu den kleinen, selteneren Arten der Gattung. Auffallend sind die grünen Augen in beiden Geschlechtern. Beim Fliegen ist auch der helle Summton typisch. Weibchen haben einen hellen Gesichtsschild (Clypeus), welcher seitlich durch zwei dunkle Einschnitte unterbrochen ist **(2)**. Beim Männchen **(3)** ist der Clypeus einheitlich hell. Die Art bewohnt Sandgebiete und ist daher in Brandenburg öfter zu finden. In der Nahrungswahl ist sie kaum spezialisiert. Für das Nest werden Hohlräume im Sandboden angelegt.

Fotobelege: Brandenburg, Wünsdorf, 8. 8. 2010; Streganz, 27. 7. 2011; Glau, 24. 6. 2020.

Sandgängerbiene
Ammobates punctatus

L. 7–8 mm

Die **Biene (1–3)** ist am Hinterleib auf den ersten vier Segmenten rot gefärbt, die restlichen sind schwarz. Die hinteren Segmente tragen unvollständige, weiße Querbinden. Die seltene Art kann gelegentlich beim Blütenbesuch angetroffen werden. Sie ist ein Brutparasit der Zweifleckigen Pelzbiene (S. 842), in deren Nähe sie sich gerne aufhält. Die Gattung *Ammobates* wird in Deutschland nur durch diese Art vertreten.

Fotobelege: Brandenburg, Glau, 24. und 27. 6. 2020.

Ammobates punctatus

(3) *Ammobates punctatus*

Ammobates punctatus

Gemeine Trauerbiene, Frühlings-Trauerbiene §
Melecta albifrons

L. 12-14 mm

Die **Biene (1-3)** hat einen dunklen, weißlich oder hellbraun bepelzten Körper. Männchen **(1-2)** haben auffällige weiße Haarbüschel an den Seiten des Hinterleibes und das Gesicht ist ebenfalls weiß behaart. Weibchen **(3)** sind dunkelhaariger. Die Art hält sich häufig in der Nähe der Gemeinen Pelzbiene (S. 839) und anderer Pelzbienen auf. Sie ist eine parasitische »Kuckucksbiene«, da sie die Eier in deren Nester ablegt. Die Art erscheint gerne auch in Gärten, sofern dort Taubnesseln, Gundermann oder Löwenzahn wachsen.

(1) *Melecta albifrons* ♂

(2) *Melecta albifrons* ♂

(3) *Melecta albifrons* ♀

Coelioxys conoidea ♀

(3) *Coelioxys conoidea* ♂

Coelioxys conoidea ♀

Kegelbiene RL, §
Coelioxys conoidea

L. 12–15 mm

Die **Biene (1–3)** besitzt eine für die Gattung typische schlanke, kegelförmige Gestalt. Die Grundfarbe ist schwarz und der Hinterleib ist mit weißfilzigen Querbinden versehen. Bei den Weibchen **(1–2)** ist das Analsegment auffällig verlängert und zugespitzt. Männchen **(3)** tragen dort mehrere kurze Dornen. Die mehr als zehn in Deutschland bekannten, meist seltenen Arten der Gattung *Coelioxys* sind im Felde schwer zu trennen. Alle sind Brutparasiten von Wildbienen-Arten. Für die vorliegende Art wird die Dünen-Blattschneiderbiene *(Megachile maritima)* als Hauptwirt genannt.

Fotobelege: Brandenburg, Glau, an Brombeerblüten, 27. 6. 2020.

Weißfleckige Wespenbiene §

Nomada alboguttata

L. 8-10 mm

Die **Biene (1-3)** erscheint in mehreren Farbvarianten. Der Vorderkörper kann hell- bis dunkelrot oder schwarz gefärbt sein. Der Hinterleib ist seitlich mit gelben oder weißlichen Flecken besetzt. Die Gattung besteht durchweg aus Kuckucksbienen, die andere Bienen parasitieren. Da sie ihre Eier in deren Nester ablegen, benötigen sie kein eigenes Nest. Bei den Abbildungen **(1-2)** handelt es sich um Weibchen, Bild **(3)** zeigt ein Männchen. Ihr Wirt ist in erster Linie die Bärtige Sandbiene (S. 810), aber auch andere Sandbienen.

(1) *Nomada alboguttata* ♀

(2) *Nomada alboguttata* ♀

(3) *Nomada alboguttata* ♂

Gemeine Wespenbiene §

Nomada fucata

L. 8-10 mm

Die **Biene (1-3)** hat die typischen *Nomada*-Farben: Schwarz, Gelb, Rot. Der Vorderkörper ist hinten mit einem gelben Doppelpunkt bestückt, der zu einem breiten Fleck zusammenfließen kann. Daher auch der Name »Einpunkt-Wespenbiene«. Die Abbildungen zeigen Weibchen, deren Fühler hell rötlich gefärbt sind. Bei Männchen ist der gelbe Punkt am Vorderkörper kleiner und die Fühler sind im mittleren Bereich dunkelbraun. Die Art ist die Kuckucksbiene der Gemeinen Sandbiene (S. 814), in deren Nester sie die Eier ablegt. In der Nahrung ist sie kaum spezialisiert.

Nomada fucata ♀

Nomada fucata ♀

(3) *Nomada fucata* ♀

Greiskraut-Wespenbiene §

Nomada flavopicta

L. 8-11 mm

Die **Biene (1-2)** besitzt einen schwarzen Körper, der mit gelben Punkten und Bändern verziert ist. Der Hinterleib ist ausschließlich gelb gebändert, ohne rote Farben. Kopf und Fühler sind vorwiegend schwarz und nur die Beine rötlich. Die Abbildungen zeigen Weibchen. Männliche Tiere sind sehr ähnlich, unterscheiden sich aber durch eine gelbe Gesichtszeichnung. Die Art ist der »Kuckuck« von Sägehornbienen der Gattung *Melitta*, in deren Nester sie sich einschleicht.

(1) *Nomada flavopicta* ♀

(2) *Nomada flavopicta* ♀

Nomada signata ♀

Nomada signata ♀

(3) *Nomada signata* ♀

Breitgebänderte Wespenbiene RL, §

Nomada signata

L. 10-13 mm

Die **Biene (1-3)** besitzt entsprechend ihrem Namen einen mit breiten, gelben Bändern versehenen Hinterleib. Der schwarze Vorderkörper weist hinten einen roten Doppelpunkt auf. Bei den Weibchen (hier abgebildet) sitzen darunter noch zwei gelbe, gebogene Flecken (1). Diese Flecken fehlen bei den Männchen, deren Gesicht außerdem weißlich behaart ist. Die relativ seltene Art ist ein Brutparasit (»Kuckuck«) der Rotpelzigen Sandbiene (S. 816). Sie kann mit mehreren Gattungsgenossinnen verwechselt werden.

(1) *Nomada fulvicornis* ♀

(2) *Nomada fulvicornis* ♀

(3) *Nomada fulvicornis* ♀

Wespenbiene §
Nomada fulvicornis

L. 10–13 mm

Die **Biene (1–3)** ist an Vorder- und Hinterkörper schön schwarz-gelb gezeichnet. Fühler und Beine sind rötlich gefärbt. Die Fotos zeigen Weibchen. Männchen haben dunklere Fühler und ein hell behaartes Gesicht. Eine gewisse Ähnlichkeit hat die Gemeine Wespenbiene (S. 847). Ihr Hinterleib ist jedoch auf dem ersten Segment (Tergit) oberseits rötlich gefärbt. *Nomada fulvicornis* ist nicht selten. Sie ist Brutparasit mehrerer Sandbienen-Arten. Genannt werden u. a. die Kohlschwarze Sandbiene (S. 823). Als Nektarquellen dienen Blüten verschiedener Bäume und Kräuter.

Gespaltene Wespenbiene §

Nomada ruficornis *(Nomada bifida)*

L. 9-11 mm

Die **Biene (1-2)** hat einen mehr oder weniger schwarzen Vorderkörper mit struppiger Behaarung. Beim Männchen (hier abgebildet) ist der Vorderkörper meist einfarbig. Der Hinterleib ist mehrfach gelb gebändert, wobei die vorderen zwei Bänder in der Mitte manchmal unterbrochen sind. Das Gesicht **(2)** ist unten gelb abgesetzt und hell behaart. Weibchen besitzen insgesamt weniger Gelbanteile und der Vorderkörper ist mit dunkelroten Längsstreifen und Punkten versehen. Die Art ist die »Kuckucksbiene« der Rotschopfigen Sandbiene (S. 819). In der Wahl der Nahrungspflanzen ist sie unspezialisiert.

Nomada ruficornis ♂

(1) *Nomada ruficornis* ♂

Gewöhnliche Filzbiene §

Epeolus variegatus

L. 6–8 mm

Die schwarze **Biene (1–3)** ist auffällig weiß gefleckt. Die Beine sind rot gefärbt. Weibchen **(1–2)** besitzen rötliche Augen und ein dunkles Gesicht. Männliche Tiere **(3)** unterscheiden sich äußerlich durch hellgraue bis grünliche Augen und ein helles Gesicht. Sie sind von anderen Arten der Gattung schwerer zu unterscheiden als Weibchen. Filzbienen sind »Kuckucksbienen«, da sie ihre Eier in Fremdnester ablegen. Sie parasitieren Seidenbienen (Gattung *Colletes*). Als Wirt der Gewöhnlichen Filzbiene kommt besonders die Gemeine Seidenbiene (S. 871) infrage, nach Literaturangaben auch andere Seidenbienen.

Fotobelege: Brandenburg, Wegrand bei Glau, 23. 8. 2015 und 27. 6. 2020.

(1) *Epeolus variegatus* ♀

(3) *Epeolus variegatus* ♂

(2) *Epeolus variegatus* ♀

(1) *Xylocopa violacea* ♂

(3) *Xylocopa violacea* ♀

Blaue Holzbiene,
Blauschwarze Holzbiene RL, §
Xylocopa violacea

L. 20–27 mm

Die **Biene (1–4)** könnte bei flüchtiger Betrachtung für eine Hummel gehalten werden. Bei in bestimmter Richtung einfallendem Licht schimmern Flügel und Körper etwas blau. Bei Männchen **(1–2)** sind die Fühler unterhalb der Spitze braun gefärbt, bei Weibchen **(3–4)** einfarbig schwarz. Die Art nistet in mürbem Totholz, manchmal auch in großen, konsolenförmigen Holzpilzen. Sie ist in der Wahl ihrer Nahrungsblüten nicht spezialisiert und erscheint daher auch in Gärten und Grünanlagen. Wir sahen sie oft am Echten Seifenkraut *(Saponaria officinalis)* in Gesellschaft mit dem Taubenschwänzchen (S. 133). Da ihr Rüssel nicht so lang ist, wurden die Blüten stets in Nähe des Fruchtknotens angestochen, um an den Nektar zu gelangen **(1, 3, 4)**.

(2) *Xylocopa violacea* ♂

Xylocopa violacea ♀

(1) *Halictus quadricinctus* ♂

Vierbindige Furchenbiene RL, §
Halictus quadricinctus

L. 14–16 mm

Die **Biene (1–4)** besitzt in beiden Geschlechtern jeweils vier weiße Haarbinden auf dem dunklen Hinterleib (*quadricinctus* = vierfach gegürtelt). Der Volksname Furchenbiene bezieht sich auf eine senkrechte Furche am Ende des weiblichen Hinterleibes **(3)**. Diese entsteht durch die Anordnung der Behaarung. Männchen **(1–2)** sind schlank und haben deutlich längere Fühler als Weibchen **(3–4)**, deren Haarbinden in der Mitte oft unterbrochen sind. Auf Bild **(1)** ist neben der Biene noch ein Fallkäfer der Gattung *Cryptocephalus* zu sehen. Die Nahrung in Form von Nektar und Pollen wird von Blüten diverser Pflanzenfamilien eingeholt. Nester in Form von 15- bis 20-zähligen, wabenartigen Brutzellen werden in selbst gegrabenen Erdhöhlen angelegt.

Halictus quadricinctus ♂

(3) *Halictus quadricinctus* ♀

Halictus quadricinctus ♀

Sechsbindige Furchenbiene, **Weißbindige Furchenbiene RL, §**

Halictus sexcinctus

L. 13-16 mm

Die **Biene (1-4)** besitzt gegenüber der Vierbindigen Furchenbiene (S. 857) eine weiße Haarbinde mehr. Eine sechste sucht man vergebens. Männchen **(1-2)** haben gelbbräunliche, an der gebogenen Spitze abgedunkelte Fühler. Bei Weibchen **(4)** sind diese gänzlich schwarz. Bei der »Paarung« auf Bild **(3)** ist wohl ein Irrtum geschehen, denn es handelt sich um zwei Männchen. Derartige »Fehlpaarungen« kommen in der Natur öfter vor. Die Art gräbt ihre Erdhöhlen bevorzugt in sandige Böden. Sehr ähnlich ist die Gelbbindige Furchenbiene *(Halictus scabiosae)*. Bei dieser Art sind auch die Fühler der Männchen dunkel und Weibchen sind am Hinterleib kräftiger gelblich behaart.

(1) *Halictus sexcinctus* ♂

(2) *Halictus sexcinctus* ♂

(3) *Halictus sexcinctus* ♂

(4) *Halictus sexcinctus* ♀

(1) *Halictus rubicundus* ♀

(2) *Halictus rubicundus* ♀

Rotbeinige Furchenbiene §

Halictus rubicundus

L. 9–12 mm

Die **Biene (1–2)** ähnelt den zuvor beschriebenen Furchenbienen, ist aber etwas kleiner. Das Weibchen (hier abgebildet) ist an ihrem rötlich bepelzten Vorderkörper zu erkennen. Die Beine sind ebenfalls rötlich behaart. Männchen haben längere Fühler und hellgelbe Beine. Die Art baut ihre Nester in selbst gegrabenen Erdhöhlen und nistet oft in kleinen Kolonien. In der Nahrungsaufnahme ist sie nicht auf bestimmte Pflanzenfamilien spezialisiert. Sie bildet eine Generation pro Jahr.

(1) *Halictus subauratus* ♀

(2) *Halictus subauratus* ♀

(3) *Halictus subauratus* ♀

(4) *Halictus subauratus* ♂

Goldglänzende Furchenbiene, Gold-Furchenbiene §
Halictus subauratus

L. 7-8 mm

Die kleine **Biene (1-4)** fällt, besonders bei weiblichen Tieren, durch ihren metallischen Goldglanz auf. Die Augen können bei entsprechendem Lichteinfall einen grünlichen Schein aufweisen. Weibchen **(1-3)** haben eine gelbbräunliche Behaarung. Auf Bild **(3)** ist die dunkle, senkrecht sitzende Furche am Ende des Hinterleibes deutlich erkennbar. Männchen **(4)** sind oft weniger goldig und hellhaariger. Ihre Fühler sind länger als bei den Weibchen. Die Art ist wärmeliebend, breitet sich aber auch nordwärts immer mehr aus. Wir fanden sie relativ häufig an Rainfarn *(Tanacetum vulgare)*, doch es werden auch andere Pflanzen zur Nektarernte besucht. Die Nester legt die Biene gerne in sandigen Böden an. Es gibt mehrere ähnlich aussehende Bienen-Arten.

Gebänderte Furchenbiene, Gewöhnliche Furchenbiene §

Halictus tumulorum

L. 6–8 mm

Die **Biene (1–2)** hat einen mehr bronzefarbenen Metallglanz. Sie ähnelt der Goldglänzenden Furchenbiene (S. 860), ist aber dunkler. Der Vorderkörper scheint weniger gedrungen und die Haarbinden des Hinterleibes sind dünner und weniger markant. Die Abbildungen zeigen Weibchen. Männchen unterscheiden sich durch helle, kurzhaarigere Beine und längere Fühler. Die Art besucht als Nektarquelle Blüten vieler verschiedener Pflanzenfamilien. Nester werden im Erdboden angelegt, die gruppenweise bewohnt werden.

Halictus tumulorum ♀

Halictus tumulorum ♀

Gemeine Schmalbiene §

Lasioglossum calceatum

L. 8-10 mm

Die **Biene (1-4)** hat eine schwarze Grundfarbe und helle, manchmal zweifarbige Hinterleibsbinden. Bei den Weibchen **(1-2)** ist wie bei den Arten der Gattung *Halictus* am Ende des Hinterleibes eine senkrechte Furche erkennbar **(2)**. Früher wurden die beiden Gattungen nicht getrennt. Sie unterscheiden sich aber durch die Flügeladerung. Männchen **(3-4)** sind besonders schlank. Sie besitzen ein helles Gesicht und längere Fühler als weibliche Tiere. Die ersten drei Segmente des Hinterleibes sind oft rötlich gefärbt, was aber nicht immer der Fall ist (siehe Fotos). Die Art ist häufig und nahezu überall anzutreffen. Sie ist in ihrer Nahrungswahl kaum spezialisiert. Nester werden in selbst gegrabenen Erdhöhlen angelegt, die mit mehreren Sippen bewohnt werden.

(1) *Lasioglossum calceatum* ♀

(2) *Lasioglossum calceatum* ♀

(3) *Lasioglossum calceatum* ♂

(4) *Lasioglossum calceatum* ♂

Schmalbiene RL, §
Lasioglossum sexnotatum

L. 9-11 mm

Die **Biene (1-3)** besitzt drei weiße Querbinden, die sich deutlich vom schwarzen, glänzenden Hinterleib abheben. Eine vierte ist oft nur angedeutet. Die ersten beiden sind in der Mitte oft unterbrochen. Weibchen **(1-2)** haben außerdem seitlich und unterseits des Hinterleibes weißliche Haarbüschel. Sie sind generell kontrastreicher gezeichnet als die schlankeren Männchen **(3)**. Die Art ist ein relativ häufiger Ubiquist, der weder in seiner Nahrung auf bestimmte Pflanzenfamilien spezialisiert noch an besondere Lebensräume gebunden ist. Sehr ähnlich ist die Weißbinden-Schmalbiene *(L. leucozonium)*, die nur drei kräftig weiße Hinterleibsbinden hat, und die sehr seltene, auf Glockenblumen spezialisierte Schmalbiene *L. costulatum*.

asioglossum sexnotatum ♀

(2) *Lasioglossum sexnotatum* ♀

Lasioglossum sexnotatum ♂

Große Blutbiene, Dunkelflügelige Buckelbiene §
Sphecodes albilabris

L. 11-16 (23) mm

Die **Biene (1-4)** ist die größte Art ihrer Gattung. Der Name »Blutbiene« bezieht sich auf den blutroten Hinterleib. Die schwarz-roten Tiere sind daher in der Natur als Gattung leicht anzusprechen, sofern man sie nicht für eine der schwarz-roten Grabwespen hält. Die Bestimmung einzelner Arten ist meist schwierig. Alle gehören zu den »Kuckucksbienen«, die ihre Eier in die Nester spezieller Wirte (Bienen anderer Gattungen) legen. Die beiden Geschlechter der Großen Blutbiene unterscheiden sich kaum. Weibchen **(1-2)** haben kürzere Fühler als Männchen **(3-4)**. Die Flügel der weiblichen Tiere sind durchgehend schwarz, bei Männchen im vorderen Drittel meist heller. Die Art parasitiert die Frühlings-Seidenbiene (S. 869). Auf Bild **(1)** befindet sich ein Weibchen am Nesteingang ihrer Wirtsbiene.

(1) *Sphecodes albilabris* ♀

(2) *Sphecodes albilabris* ♀

(4) *Sphecodes albilabris* ♂

Sphecodes albilabris ♂

Blutbiene §
Sphecodes gibbus

L. 8–13 mm

Die **Biene (1–2)** ist etwas kleiner als die Große Blutbiene (S. 864) und der rote Hinterleib ist auf den letzten drei Segmenten schwarz. Manchmal ist auch der vorderste Teil des ersten Segmentes dunkel (siehe Fotos). Die Flügel sind teilweise oder sogar vollkommen schwarz und auch die Behaarung der Beine ist, zumindest bei weiblichen Tieren, relativ dunkel. Vorderkörper und Kopf weisen zwischen den Punkten einen typischen Glanz auf. Männchen **(2)** haben lange, eingeschnürte Fühler und ein weiß behaartes Gesicht. Weibchen **(1)** unterscheiden sich durch kürzere Fühler und ein dunkles Gesicht. Die Art parasitiert vor allem Furchenbienen der Gattung *Halictus*. Mehrere Blutbienen sind sehr ähnlich und am Standort kaum zu unterscheiden.

(1) *Sphecodes gibbus* ♀

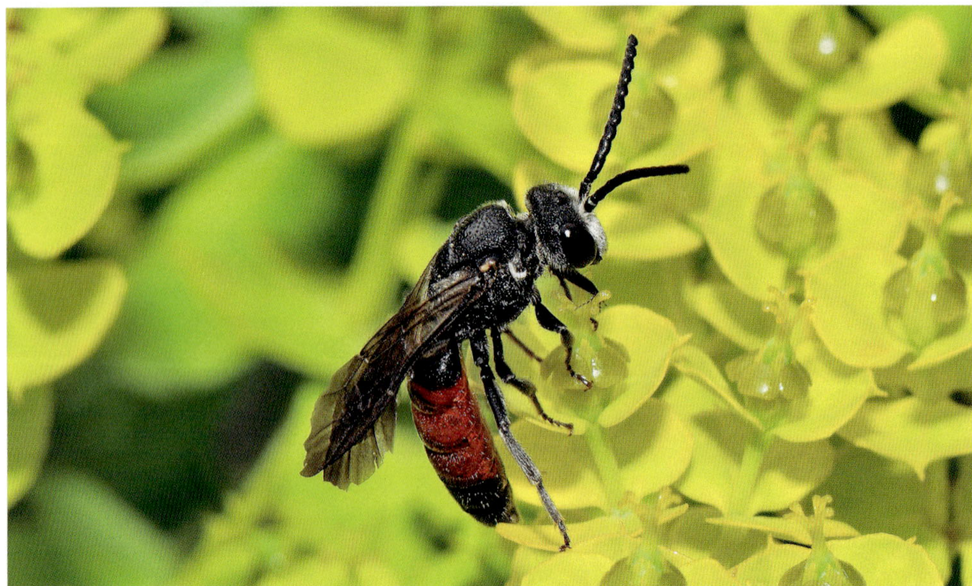

(2) *Sphecodes gibbus* ♂

Sphecodes pellucidus ♀

Sphecodes pellucidus ♀

(3) *Sphecodes pellucidus* ♀

Blutbiene §
Sphecodes pellucidus

L. 7–10 mm

Die **Biene (1–3)** ist, wie mehrere Blutbienen, an den letzten Segmenten des roten Hinterleibes schwarz abgesetzt. Die Flügel sind jedoch nur schwach rauchgrau eingefärbt oder glasklar. Körper und Beine sind weiß oder zumindest hell behaart. Die Abbildungen zeigen Weibchen, die sich bevorzugt in Sandgebieten aufhalten. Folglich ist diese Blutbiene in Brandenburg nicht selten. Die Art parasitiert Sandbienen (Gattung *Andrena*), vor allem die Bärtige Sandbiene (S. 810). Die Nahrung in Form von Nektar wird von Korbblütlern oder Weidengewächsen aufgenommen.

Kleine Spiralhornbiene RL, §

Systropha curvicornis

L. 9-10 mm

Die **Biene (1)** gehört zu einer sehr kleinen Gattung, von der in Deutschland nur zwei Arten existieren. Kennzeichnend sind vor allem die Männchen (hier abgebildet), deren Fühler an den Spitzen dreieckig ausgebildet sind. Die Fühler der Weibchen sind »normal« zylindrisch-keulenförmig. In der Wahl ihrer Nahrung sind beide Arten streng an die Ackerwinde *(Convolvulus arvensis)* gebunden. Die Kleine Spiralhornbiene ist gelegentlich noch in verschiedenen Landesteilen Deutschlands anzutreffen, so auch in Brandenburg. Die Nester werden in selbst gegrabenen Erdhöhlen angelegt. Es wird eine Generation pro Jahr gebildet. Die verwandte Große Spiralhornbiene *(S. planidens)* hat eine südliche Verbreitung und ist nur im Südwesten Deutschlands zu finden, wenn auch sehr selten.

Fotobeleg: Brandenburg, grasiger Wegrand in Glashütte/Barut, 21. 6. 2009.

(1) *Systropha curvicornis* ♂

Frühlings-Seidenbiene, Weiden-Seidenbiene §
Colletes cunicularius

L. 11–14 mm

Die **Biene (1–3)** hat eine gewisse Ähnlichkeit mit der Honigbiene (S. 808), bildet aber keine Staaten aus, sondern lebt solitär. Entsprechend ihrem Namen ist sie schon sehr früh im Jahr (ab Mitte März) unterwegs. Weibchen **(1–2)** und Männchen **(3)** sehen sich sehr ähnlich. Männliche Tiere haben längere Fühler und eine kürzere Behaarung an den Hinterschenkeln. Die grüngelbe Farbe des abgebildeten Männchens ist nicht typisch, sondern bedingt durch die Bepuderung mit gelben Pollen. Die häufige Art ist beim Sammeln von Pollen auf Weidenkätzchen spezialisiert. Sie bevorzugt sandige Böden, in denen sie in selbst gegrabenen Höhlen **(2)** ihre Nester anlegt. Die Art wird von der Großen Blutbiene (S. 864) parasitiert.

(1) *Colletes cunicularius* ♀

(2) *Colletes cunicularius* ♀

(3) *Colletes cunicularius* ♂

(3) *Colletes daviesanus* ♂

Gemeine Seidenbiene, Buckel-Sandbiene §
Colletes daviesanus

L. 7-10 mm

Die **Biene (1-4)** besitzt einen dunklen, mit fünf weißen Haarbinden geschmückten Hinterleib. Vorderkörper und Kopf sind wollig behaart. Weibchen **(1-2)** und Männchen **(3-4)** können sich sehr ähneln. Weibliche Tiere kann man am ehesten an den langhaarigen Sammelbürsten der Hinterschienen erkennen. Wir fanden die häufige Art meistens an Rainfarn *(Tanacetum)* und Schafgarbe *(Achillea)*, wie auf den Abbildungen zu sehen ist. Es werden aber auch andere Kräuter besucht. Die Nester werden in Höhlungen und Röhren an senkrechten Substraten wie Mauern und Nistwänden angelegt. Es wird eine Generation pro Jahr gebildet. Die Gattung C*olletes* enthält weitere, sehr ähnliche Arten.

Colletes daviesanus ♀

Colletes daviesanus ♀

(4) *Colletes daviesanus* ♂

Heidekraut-Seidenbiene RL, §

Colletes succinctus

L. 10-12 mm

Die **Biene (1-3)** ist schwer von verwandten Seidenbienen zu unterscheiden. Da sie aber in ihrer Pollennahrung auf Heidekrautgewächse *(Ericaceae)* spezialisiert ist, kann sie beim Blütenbesuch gut erkannt werden. Die Behaarung des Vorderkörpers ist grauweißlich oder gelbbräunlich, was auch für die Haarbinden des glänzenden Hinterleibes gilt. Weibchen **(1)** haben etwas kürzere Fühler als Männchen **(2-3)**, was am besten zu erkennen ist, wenn beide Geschlechter zusammen vorkommen. Die Fotos zeigen die Tiere an Heidekraut *(Calluna vulgaris)*. Die Nester werden in Sandböden angelegt, wo dann eine Generation pro Jahr entsteht.

(1) *Colletes succinctus* ♀

(2) *Colletes succinctus* ♂

(3) *Colletes succinctus* ♂

Gewöhnliche Maskenbiene §

Hylaeus communis

L. 5–8 mm

Die **Biene (1–2)** ist schwarz und spärlich behaart. Der Name »Maskenbiene« bezieht sich auf den gelben Kopfschild des Männchens. Weibchen (siehe Fotos) haben eine schwarze Gesichtsmitte mit zwei seitlichen, gelben Streifen. An Beinen und Vorderkörper befinden sich weitere, wenig auffallende gelbe Flecken. Die Art ist in der Wahl ihrer Nahrungspflanzen nicht spezialisiert. Man findet sie daher auch in Parks, Gärten und Anlagen. Für den Nestbau werden alle möglichen Hohlräume im Holz, in Pflanzenstängeln, aber auch in Mauerwerk genutzt. Für die Gattung *Hylaeus* werden mehr als dreißig mitteleuropäische Arten beschrieben, die sich alle sehr ähneln.

(1) *Hylaeus communis* ♀

(2) *Hylaeus communis* ♀

Wegwarten-Hosenbiene §
Dasypoda hirtipes

L. 11-15 mm

Die **Biene (1-4)** ist besonders durch die auffallend langhaarigen Sammelbürsten des Weibchens **(1-2)** sehr typisch. Der Name »Hosenbiene« ist besonders für die prall mit Pollen gefüllten Sammelbürsten der Weibchen sehr zutreffend. Beide Geschlechter sind auch am Körper langzottig, die Männchen **(3-4)** auch am Hinterleib. Beim Einsammeln der Pollen ist die Art auf Korbblütler spezialisiert, z. B. Löwenzahn *(Taraxacum)*, Gänsedistel *(Sonchus)*, Wegwarte *(Cichorium)* oder Kornblume *(Centaurea)*. Man sieht sie aber auch gelegentlich auf Hahnenfuß *(Ranunculus)*. Weibchen bewegen sich dabei oft sehr hektisch. Die Art liebt Sandböden und baut ihre Nester in selbst gegrabene Erdhöhlen. Es wird eine Generation pro Jahr gebildet.

(1) *Dasypoda hirtipes* ♀

(2) *Dasypoda hirtipes* ♀

Dasypoda hirtipes ♂

) *Dasypoda hirtipes* ♂

Auen-Schenkelbiene §

Macropis europaea

L. 7-9 mm

Die **Biene (1-3)** sammelt als Nestproviant Öl ein und ist daher auf das Öl liefernde Kraut, den Gilbweiderich *(Lysimachia)*, spezialisiert. Als Nahrung werden ebenfalls Pollen und Nektar aufgenommen. Deshalb findet man die Tiere auch an anderen Kräutern oder Sträuchern. Auf den Fotos ist es die Wein-Himbeere *(Rubus phoenicolasius)*. Weibchen **(1)** sind an ihren auffallend weißhaarigen Hinterschienen zu erkennen, sofern diese nicht mit andersfarbigen Pollen verklebt sind. Männchen **(2-3)** haben ein hellgelbes Gesicht **(2)**. Die Nester werden im Erdboden angelegt. Es entsteht eine Generation pro Jahr. Die Wald-Schenkelbiene *(M. fulvipes)* ist sehr ähnlich und ebenfalls auf Gilbweiderich spezialisiert. Sie ist nach äußeren Merkmalen nur am Weibchen unterscheidbar, da deren Hinterschienen nicht weiß behaart sind.

(1) *Macropis europaea* ♀

(2) *Macropis europaea* ♂

(3) *Macropis europaea* ♂

Gartenhummel §

Bombus hortorum

L. 12–16 mm, Königin bis 22 mm

Die **Hummel (1–2)** ist relativ groß. Sie erinnert durch ihren gelb-schwarz-weißen Hinterleib an die Dunkle Erdhummel (S. 880). Der schwarze Vorderkörper ist aber am vorderen und hinteren Ende gelbbraun gesäumt. Bei der Dunklen Erdhummel ist das nur vorne der Fall. Die weit verbreitete, häufige Art kann in Laubwäldern, Wiesen und Parks beobachtet werden. Zur Nektaraufnahme werden viele unterschiedliche Pflanzenfamilien angeflogen. Die Nester werden in Erdhöhlen, verlassenen Vogelnestern, Nistkästen oder menschlichen Behausungen wie Schuppen oder Scheunen angelegt. Es werden oft größere Staaten von mehr als hundert Tieren gebildet.

(1) *Bombus hortorum* Königin

(2) *Bombus hortorum* ♀

(1) *Bombus hypnorum*

(2) *Bombus hypnorum*

Baumhummel §

Bombus hypnorum

L. 8–18 mm

Die **Hummel** (1–2) besitzt einen braunhaarigen Vorderkörper und der schwarze Hinterleib ist im hinteren Teil weiß abgesetzt. Die häufige Art kann überall in der Natur angetroffen werden. In der Nahrungsaufnahme ist sie nicht spezialisiert und die Nester werden stets oberirdisch angelegt, überall dort, wo sich die Gelegenheit bietet. Es werden u. a. Vogelnester, Hummel- und Vogelnistkästen sowie Mauerspalten besiedelt. Es wird, wie bei allen Hummeln, eine Generation pro Jahr gebildet.

Steinhummel §
Bombus lapidarius

L. 12–22 mm

Die **Hummel (1–3)** hat eine tiefschwarze Grundfarbe. Die letzten drei Segmente des Hinterleibes sind typisch rothaarig. Männchen **(2)** haben zusätzlich eine schmale gelbliche Binde hinter dem Kopf und auch das Gesicht kann hell behaart sein. Auf Bild **(3)** ist eine Königin mit zwei Ammen am Einflugloch eines Nistkastens zu sehen. Die Art ist häufig und überall anzutreffen, wo etwas blüht. Die Nester werden oberirdisch in diversen Hohlräumen, Gebäuden und zum Beispiel auch Vogelnistkästen **(4)** angelegt. Es können Völker mit mehreren Hundert Tieren entstehen.

Bombus lapidarius ♀

(2) *Bombus lapidarius* ♂

) *Bombus lapidarius* Königin mit Ammen

(4) *Bombus lapidarius* Nester

Dunkle Erdhummel §

Bombus terrestris

L. 11–23 mm

Die **Hummel (1–4)** ist wohl die häufigste Art ihrer Gattung. Durch die Farbkombination (von vorne hinter dem Kopf nach hinten gesehen) Gelb-Schwarz-Gelb-Schwarz-Weiß ist sie gut zu erkennen. Das Gesicht ist schwarz behaart **(2)** und die Flügel sind meist hell und transparent. Ihre Parasiten, die sog. »Kuckuckshummeln«, haben oft dunklere Flügel. Bild **(4)** zeigt eine Hummel beim Anstechen einer Blüte des Echten Leimkrautes, um an den Nektar zu gelangen. Die Art ist in fast allen eher offenen Lebensräumen zu Hause. Wir finden sie auch häufig in Gärten und Parkanlagen. Zum Sammeln von Nektar und Pollen werden fast alle Blütenarten besucht. Nester werden häufig unterirdisch in Erdhöhlen, Mäusenestern und Maulwurfsgängen angelegt. Es entsteht eine Generation pro Jahr. Die Größe eines Volkes kann mehrere Hundert Tiere erreichen.

(1) *Bombus terrestris*

(2) *Bombus terrestris*

(3) *Bombus terrestris*

Bombus terrestris

(1) *Bombus lucorum* ♂

(2) *Bombus lucorum* ♂

(3) *Bombus lucorum* ♂

Helle Erdhummel,
Hellgelbe Erdhummel §
Bombus lucorum

L. 10–20 mm

Die **Hummel (1–3)** unterscheidet sich von der Dunklen Erdhummel (S. 880) durch eine ausgedehntere gelbe Behaarung. Auch das Gesicht der Männchen (siehe Fotos) ist mit einem gelben Haarbüschel versehen. Die Art liebt offenes Gelände und ist an Waldrändern, auf Wiesen, in Gärten und Parks nicht selten. Bei der Wahl der Nahrungspflanzen ist die Hummel nicht spezialisiert. Die Art nistet in verlassenen Erdnestern von Kleinsäugern.

Ackerhummel §

Bombus pascuorum

(Bombus agrorum)

L. 9–17 mm

Die **Hummel (1–3)** gehört zu den sehr häufigen Arten. Sie ist am gesamten Körper lang behaart. Weibchen **(1)** sind an den hinteren Segmenten etwas rötlich behaart, während Männchen **(2–3)** eher blasser gefärbt und am Hinterleib durchgehend grauhaarig sind. Es gibt aber mehrere Farbvarianten. Die Art gilt als Kulturfolger und ist häufig in Gärten und Anlagen anzutreffen. Die Nester werden meist oberirdisch an geschützten Stellen in der Krautschicht oder in Baumhöhlen sowie in Gebäuden oder Nisthilfen angelegt.

Bombus pascuorum ♀

(2) *Bombus pascuorum* ♂

Bombus pascuorum ♂

Wiesenhummel,
Kleine Waldhummel §
Bombus pratorum

L. 9-17 mm

Die **Hummel (1-4)** hat eine schwarze Grundfarbe. Gleich hinter dem Kopf befindet sich meist eine gelbe Querbinde. Eine zweite kann auf den ersten beiden Segmenten des Hinterleibes folgen **(4)**. Oft fehlt diese aber. Die Spitze des Hinterleibes ist auffallend rot oder rotbraun gefärbt **(2-3)**. Die häufige Art ist auf Wiesen, in lichten Wäldern und auch Gärten anzutreffen. Zur Nahrungsaufnahme werden Blüten vieler verschiedener Kräuter und Bäume angeflogen. Nester werden vorwiegend oberirdisch, seltener unterirdisch in Mäusenestern angelegt, in denen eine Jahresgeneration entsteht.

(1) *Bombus pratorum*

(4) *Bombus pratorum*

(3) *Bombus pratorum*

Bombus pratorum

Grashummel RL, §
Bombus ruderarius

L. 9-18 mm

Die **Hummel (1-3)** ist bis auf die rötliche Hinterleibsspitze schwarz gefärbt. Bisweilen sind stellenweise auch graue, wenig auffallende Haarzonen sichtbar. Deshalb wirkt der Körper oft nicht tiefschwarz. Die schwarzen Beine sind mit rötlichen Haaren bedeckt und die Flügel sind transparent. Die Art ist in offenen Landschaften, auf Wiesen in Parks oder Gärten zu finden, aber wohl nicht so häufig wie ihre Verwandten. Es wird eine Generation pro Jahr gebildet, die sich in oberirdisch angelegten Nestern entwickelt. Eine ähnliche Farbverteilung besitzt die größere Rotschwarze Kuckuckshummel (S. 893), deren Flügel deutlich schwarz eingefärbt sind.

(1) *Bombus ruderarius*

(3) *Bombus ruderarius*

(2) *Bombus ruderarius*

Bombus soroeensis ♂

Bombus soroeensis ♀

Distelhummel, Glockenblumen-Hummel RL, §

Bombus soroeensis

L. 10-16 mm

Die **Hummel (1-2)** tritt in mehreren Farbvarianten auf, die der Steinhummel (S. 879) ähneln, ist aber kleiner. Bei der hier abgebildeten Form ist das Hinterleibsende ockergelblich, nicht rot wie bei der Steinhummel. Die Behaarung an Beinen und Körper ist auffallend lang. Männchen **(1)** sind durch gelbe Haarbüschel an den Seiten des Vorderkörpers gekennzeichnet, die bei weiblichen Tieren **(2)** fehlen. Lebensräume sind feuchte Wiesen und Heiden. Zur Fortpflanzung werden verlassene Mäusenester und Maulwurfsgänge genutzt.

Fotobelege: Brandenburg, Glashütte/Baruth, Rand eines Privatgartens, an Herbstaster, 22. 9. 2016.

Bunthummel, Waldhummel RL, §
Bombus sylvarum

L. 10-18 mm

Die **Hummel (1-3)** besitzt am kopfnahen und hinteren Rand des Vorderkörpers je einen üppigen, grauweißen Haarpelz. Der mittlere Teil ist schwarzhaarig. Der Hinterleib ist in der vorderen Hälfte mit hellen Haarbinden, an den letzten drei Segmenten aber mit orangefarbenen Haaren besetzt. Dadurch wirkt das Tier etwas bunt. Die Lebensräume der mäßig häufigen Hummel sind offene Landschaften, nicht aber der Wald. Sie ist neben Wiesen und Feldern auch in Gärten anzutreffen. Zur Aufnahme von Nektar werden Blüten vieler verschiedener Pflanzenfamilien besucht. Die Sandhummel (S. 889) hat eine ähnliche Behaarung. Ihr fehlt aber die orange gefärbte Hinterleibsspitze.

(1) *Bombus sylvarum*

(2) *Bombus sylvarum*

(3) *Bombus sylvarum*

Sandhummel RL, §

Bombus veteranus

L. 10–19 mm

Die **Hummel (1–4)** ist ähnlich gefärbt wie die Bunthummel (S. 888). Dem Hinterleib fehlen jedoch die rötlichen oder orangenen Farben. Die struppige Behaarung kann grauweißlich oder sandfarben sein. Männchen **(1–3)** unterscheiden sich, wie bei Bienen und Hummeln allgemein üblich, gegenüber Weibchen **(4)** durch etwas längere Fühler. In der Besiedlung ihrer Lebensräume, der Nahrungsaufnahme und Nistweise gibt es gegenüber der Bunthummel keine nennenswerten Unterschiede.

Bombus veteranus ♂

(2) *Bombus veteranus* ♂

Bombus veteranus ♂

(4) *Bombus veteranus* ♀

Wald-Kuckuckshummel §

Bombus sylvestris *(Psithyrus sylvestris)*

L. 13–16 mm

Die **Hummel (1–4)** besitzt hinter dem Kopf eine oft schwache, gelbliche Querbinde. Auf dem Hinterleib befinden sich zwei bis drei weißliche, meist schüttere Haarbinden, welche die dunkle Spitze freilassen. Die Flügel sind dunkel eingefärbt, aber nicht schwarz. Weibchen **(1–2)**, Männchen **(3–4)**. Auf Bild **(2)** ist das für weibliche Tiere typische Hinterleibsende zu sehen. Kuckuckshummeln sind Brutparasiten, die ihre Eier in den Nestern anderer Hummeln ablegen und keine eigenen Staaten bilden. Die Larven werden von den Weibchen der Wirtsart aufgezogen. Hauptwirt der Wald-Kuckuckshummel ist die Wiesenhummel (S. 884). Kuckuckshummeln haben fast immer dunklere Flügel als ihre Wirte, woran sie erkannt werden können. Die Keusche Kuckuckshummel (S. 892) ist sehr ähnlich, besitzt aber in allen Teilen kräftigere Farben und ist etwas größer.

(1) *Bombus sylvestris* ♀

(2) *Bombus sylvestris* ♀

(4) *Bombus sylvestris* ♂

Bombus sylvestris ♂

(1) *Bombus vestalis* ♀

(2) *Bombus vestalis* ♀

(3) *Bombus vestalis* ♂

Keusche Kuckuckshummel, Gefleckte Kuckuckshummel §

Bombus vestalis

(Psithyrus vestalis)

L. 15–25 mm

Die **Hummel (1–3)** imitiert mit ihrem schwarz-weißen Hinterleib die Farben der Dunklen Erdhummel (S. 880), deren Brutparasit sie ist. Ihr fehlt jedoch die gelbe Querbinde auf dem ersten Segment des Hinterleibes und die Flügel sind deutlich dunkler. Weibchen **(1–2)**, Männchen **(3)**. Als Nahrungspflanzen werden gerne Blüten aus der Familie der Korbblütler angeflogen. Die Wald-Kuckuckshummel (S. 890) ist ähnlich, jedoch etwas kleiner und hat eine eher schüttere Behaarung.

Rotschwarze Kuckuckshummel, Felsen-Kuckuckshummel §

Bombus rupestris *(Psithyrus rupestris)*

L. 14–22 mm

Die **Hummel (1–3)** ist tiefschwarz, an der Spitze des Hinterleibes aber rostrot oder gelborange abgesetzt. Manchmal ist hinter dem Kopf, am vorderen Rand des Vorderkörpers, ein hellerer Kragen vorhanden **(3)**. Von ihrem Wirt, der Steinhummel (S. 879), ist sie schon durch die schwarzen, undurchsichtigen Flügel gut unterscheidbar. Die Abbildungen zeigen Weibchen. Auf Bild **(2)** wurde die Hummel von Milben befallen. Die Art ist in Berlin und Brandenburg nicht selten und erscheint auch in Gärten, sofern dort die entsprechenden Nahrungspflanzen blühen. Die Wirtswahl dehnt sich gelegentlich auch auf andere Hummelarten wie Ackerhummel (S. 883) und Bunthummel (S. 888) aus.

Bombus rupestris ♀

Bombus rupestris ♀

(3) *Bombus rupestris* ♀

Hautflügler 2 (Wespen, Ameisen)

ÜBERSICHT DER FAMILIEN IM KAPITEL

Faltenwespen, Hornissen (*Fam. Vespidae*)

(2) *Vespa crabro* ♀

Hornisse §

Vespa crabro

L. 15-28 mm, Königin bis 35 mm

Die **Hornisse (1-5)** ist die größte staatenbildende Faltenwespe in Mitteleuropa und schon deshalb kaum mit anderen Wespen zu verwechseln. Wie bei allen Faltenwespen können die vier Flügel im Ruhezustand in Längsrichtung zusammengefaltet werden. Ein Staat besteht aus Königin **(1)**, unbegatteten Weibchen, die zu Arbeiterinnen werden **(2-5)**, und männlichen Drohnen. Neststandorte können Baumhöhlen, Vogelnistkästen oder Hohlräume in menschlichen Behausungen sein. Als Nistmaterial werden zerkaute Holzfasern genutzt. Aus dem Holzbrei entsteht eine in Zellen eingeteilte Wabe, die eine beachtliche Größe erreichen kann. Die Nahrung besteht aus Baumsäften, Obst sowie für die Larven erjagte Insekten und Spinnen.

(5) *Vespa crabro* ♀

(3) *Vespa crabro* ♀

(1) *Vespa crabro* Königin

(4) *Vespa crabro* ♀

Deutsche Wespe
Vespula germanica

L. 11–17 mm, Königin bis 21 mm

Die **Wespe (1-3)** ist eine häufige Vertreterin der sog. Kurzkopfwespen (Gattung *Vespula*). Typisch sind der einheitlich gelbe Gesichtsschild mit bis zu drei schwarzen Punkten und der mit schwarzen Dreiecken versehene, gelbe Hinterleib. Die Abbildungen zeigen Weibchen. Männchen haben am Hinterleib schwarze, ausgerandete Querbinden. Die Art ist überall in der Natur anzutreffen, auch im menschlichen Siedlungsbereich. Die Nahrung besteht aus unterschiedlichen pflanzlichen und tierischen Bestandteilen. Auch Aas wird gelegentlich angenommen. Die staatenbildende Art baut ihre Nester in unter- oder oberirdischen Höhlungen. Die papierartigen Waben werden aus mit Speichel vermischtem, abgeraspeltem Holz angefertigt.

(1) *Vespula germanica* ♀

(2) *Vespula germanica* ♀

(3) *Vespula germanica* ♀

Gemeine Wespe
Vespula vulgaris

L. 10–17 mm, Königin bis 20 mm

Die **Wespe (1–4)** ähnelt mit ihrer schwarzgelben Zeichnung der Deutschen Wespe (S. 898). Am leichtesten ist sie durch das schwarze, ankerförmige Symbol auf Mitte des gelben Kopfschildes **(3)** von dieser zu unterscheiden. Dafür muss das Tier von vorne betrachtet werden. Auch die Musterung des Hinterleibes zeigt Abweichungen. Die Königin **(1)** ist nicht nur an ihrer Größe, sondern auch an ihrem Farbmuster zu erkennen (siehe Foto). Am häufigsten sind in der Natur unbegattete Weibchen **(2–4)**, die sog. Arbeiterinnen, zu finden. Oft werden sie in den Auslagen von Bäckereien etwas lästig. Auf Bild **(4)** fressen sie an einer herabgefallenen Bauernpflaume. In Ernährung und Nistweise bestehen kaum Unterschiede zur deutschen Schwesterart.

Vespula vulgaris Königin

(2) *Vespula vulgaris* ♀

Vespula vulgaris ♀

(4) *Vespula vulgaris* ♀

Sächsische Wespe
Dolichovespula saxonica

L. 11-15 mm, Königin bis 18 mm

Die **Wespe (1-3)** gehört zu den Langkopfwespen (Gattung *Dolichovespula*), deren Kopfform weniger rundlich wirkt. Frische Tiere weisen eine deutliche, borstige Behaarung auf. Von vorne betrachtet ist die Fühlerbasis gelb und der gelbe Kopfschild ist oft durch einen schwarzen Längsstrich mittig geteilt. Die Abbildungen zeigen unbegattete Weibchen, die auch als Arbeiterinnen bezeichnet werden. Auf Bild **(3)** sind mehrere Tiere an einem teils zerstörten Nest zu sehen. Die Art baut ihre Nester gerne an geschützten Stellen oder in Hohlräumen menschlicher Behausungen.
Ein Volk kann aus mehr als tausend Tieren bestehen. Dennoch wird die Sächsische Wespe dem Menschen kaum lästig, da sie ihre Nahrung (Nektar, Pollen und kleinere Insekten) aus der freien Natur einholt. Sie ist außerdem nicht aggressiv.

(1) *Dolichovespula saxonica* ♀

(2) *Dolichovespula saxonica* ♀

(3) *Dolichovespula saxonica* ♀

Dolichovespula media Königin

(2) Dolichovespula media ♀

Dolichovespula media ♀

(4) Dolichovespula media Nest

Mittlere Wespe,
Kleine Hornisse RL
Dolichovespula media

L. 15-19 mm, Königin bis 22 mm

Die **Wespe (1-4)** neigt dazu, rötliche Farben zu entwickeln, besonders die Königin **(1)**. Daher stammt der Name »Kleine Hornisse«. Auch die Weibchen **(2-3)** können rotbraune Augen und rötliche Farbtöne an Beinen, Vorderkörper und Flügeln haben. Der Gelbanteil des Hinterleibes richtet sich nach der Umgebungstemperatur, die zur Zeit des Schlüpfens herrschte. Weibliche Tiere mit sehr schmalen gelben Querbinden **(2)** könnte man für Männchen halten. Diese hätten aber längere Fühler. Bild **(4)** zeigt ein schönes Nest an einer Rosskastanie.

Lehmwespe

Ancistrocerus gazella

L. 7-12 mm

Die **Wespe (1-3)** gehört zu den solitären Faltenwespen, die keine Staaten aufbauen. Die Anordnung der gelben Zeichnung auf dem schwarzen Körper ist für die Bestimmung der Arten ausschlaggebend. Das zweite Segment des Hinterleibes ist bei *Ancistrocerus* stets deutlich breiter und dicker als die anderen Segmente. Dadurch entsteht eine lang gezogene Tropfenform. Die Abbildungen zeigen ein Männchen bei der Nektaraufnahme an den Blüten der Weinraute *(Ruta graveolens)*. Die Art legt ihre Nester in diversen natürlichen und künstlichen Hohlräumen an. Sie bestehen aus wenigen Zellen, deren Wände außen mit Lehmerde verstärkt werden. Die einzelnen Arten der Gattung sind schwer auseinanderzuhalten.

(1) *Ancistrocerus gazella* ♂

(3) *Ancistrocerus gazella* ♂

(2) *Ancistrocerus gazella* ♂

Lehmwespe

Ancistrocerus nigricornis

L. 9–13 mm

Die **Wespe (1–4)** gehört zu den mittelgroßen Arten ihrer Gattung. Die gelbe Zeichnung des Hinterleibes ist der von *A. gazella* (S. 902) sehr ähnlich. Einen Unterschied sieht man am Vorderkörper. Am hinteren Teil befinden sich zwei gelbe Punkte. Bei der Lehmwespe *A. gazella* sitzt unterhalb dieser noch ein gelber Querstrich, der hier fehlt. Weibchen **(1–3)** haben auf dem hinteren Teil des Hinterleibes vier gelbe Querbänder, wobei das vierte schwach ausgebildet ist. Das kleinere Männchen **(4)**, oberes Tier, hat ein Band mehr. Bei *Ancistrocerus* sind die Fühler der männlichen Tiere an der Spitze etwas eingekrümmt und der Gesichtsschild ist gelb. Die Nahrung erwachsener Tiere besteht aus Pflanzensäften und Nektar verschiedener Pflanzenfamilien. Die Nistweise unterscheidet sich kaum von der anderer Gattungsvertreter (siehe *A. gazella*). Für die Larven werden Schmetterlinge aus der Familie der Wickler *(Tortricidae)* eingebracht.

Ancistrocerus nigricornis ♀

(2) *Ancistrocerus nigricornis* ♀

Ancistrocerus nigricornis ♀

(4) *Ancistrocerus nigricornis* Pärchen

(1) *Ancistrocerus trifasciatus* ♀

Lehmwespe
Ancistrocerus trifasciatus

L. 7-11 mm

Die **Wespe (1)** besitzt ab dem zweiten, deutlich verbreiterten Hinterleibssegment nur drei gelbe Querbänder, von denen das letzte sehr dünn ist. Ernährung und Lebensweise entsprechen denen der anderen hier gezeigten Arten. Die Nester werden gerne in hohlen Pflanzenstängeln angelegt. Die Abbildung zeigt ein Weibchen, bei dem unter dem dritten Segment ein Endoparasit hervorschaut, vermutlich ein Fächerflügler der Ordnung *Strepsiptera*. Die Wespe wird den Befall nicht überleben.

Lehmwespe
Symmorphus bifasciatus

L. 8-11 mm

Die **Wespe (1-2)** ähnelt den Arten der Gattung *Ancistrocerus*. Der schwarze Hinterleib ist im hinteren Teil mit nur zwei gelben Querbändern verziert. Das vorderste dritte gelbe Band am Ende des ersten Segmentes ist in der Mitte zur Hälfte eingekerbt. Kopf und Vorderkörper weisen wenige gelbe Flecken auf und im mittleren Bereich ist der Körper grob punktiert. Auf den Fotos ist ein Weibchen dargestellt. Nester werden in hohlen Pflanzenstängeln, verlassenen Käferbohrgängen oder auch künstlichen Nisthilfen angelegt. Die Nahrung erwachsener Tiere besteht aus Nektar und Pflanzensäften. Die Larven fressen Larven von Blattkäfern. Zu der Gattung gehören etwa zehn sehr ähnliche Arten in Mitteleuropa, von denen *S. bifasciatus* die häufigste ist.

(1) *Symmorphus bifasciatus* ♀

Symmorphus bifasciatus ♀

Pillenwespe
Eumenes pedunculatus

L. 11-15 mm

Die **Wespe (1-4)** besitzt einen sehr typischen Körperbau, an dem zumindest die Gattung gut zu erkennen ist. Der tropfenförmige Hinterleib ist lang gestielt und, wie auch der Vorderkörper, mit arttypischen gelben Flecken und Querbändern versehen. Bei Männchen **(1-2)** sind die Fühler an der Spitze eingekrümmt und am Ende sitzt noch ein kleiner Zahn. Weibchen **(3-4)** haben bei dieser Art größere gelbe Flecken auf dem Vorderkörper. Sie fertigen aus Lehm kleine kugelförmige Nester, die an bodennahe Pflanzenstängel angeheftet werden. In diese wird ein einziges Ei gelegt. Als Proviant für die bald schlüpfende Larve werden mehrere Raupen von Spannerfaltern *(Geometridae)* eingebracht, die zuvor durch einen Stich gelähmt wurden. Danach wird das zentrale Loch des Kugelnestes verschlossen. Das erwachsene Tier ernährt sich von Nektar und Honigtau.

(1) *Eumenes pedunculatus* ♂

(2) *Eumenes pedunculatus* ♂

(3) *Eumenes pedunculatus* ♀

(4) *Eumenes pedunculatus* ♀

Haus-Feldwespe, Gallische Feldwespe
Polistes dominula

L. 12–16 mm, Königin bis 18 mm

Die **Wespe (1–3)** verkörpert mit ihrer schwarzgelben Farbzeichnung das typische Erscheinungsbild einer Wespe. Durch die orange gefärbte Fühlerkeule ist sie gut von anderen Arten unterscheidbar. Männchen **(3)** besitzen einen gelben, kompakten Gesichtsschild, der bis über den Fühleransatz reicht. Bei Weibchen **(1–2)** ist dieser kleiner und wird oberhalb durch gelbe Zeichen ergänzt. Die Art bildet kleinere Staaten aus und bringt ihre Waben in Felsnischen und Hohlräumen von Gebäuden an. Sie ist wärmeliebend und war früher in Süddeutschland häufiger. Inzwischen ist sie auch in Brandenburg fast überall anzutreffen. Als Nahrung dienen neben dem Blütennektar verschiedene kleinere Insekten, z. B. Fliegen. Diese werden für die Brut eingebracht.

Polistes dominula ♀

(2) *Polistes dominula* ♀

Polistes dominula ♂

(2) *Polistes nimpha* ♂

(4) *Polistes nimpha* ♀ am Nest

(5) *Polistes nimpha* Nest

Heide-Feldwespe
Polistes nimpha

L. 12–15 mm, Königin bis 17 mm

Die **Wespe (1–4)** bevorzugt trockene Standorte und ist in heideartigen Biotopen anzutreffen. Seltener kommt sie in die Nähe menschlicher Siedlungen. Sie ist deutlich seltener und etwas zierlicher als die sehr ähnlich aussehende Haus-Feldwespe (S. 907). Auch hier haben die Männchen **(1–2)** einen gelben Gesichtsschild **(2)**, der bei Weibchen **(3–4)** durch ein quadratisches, gelbes Fleckenmuster ersetzt ist. Als Unterscheidung zur Haus-Feldwespe sollten die Fühler betrachtet werden. Sie sind, besonders bei den Männchen der Heide-Feldwespe, nie gänzlich orange gefärbt, sondern stellenweise schwarzbraun überlaufen. Die aus dreißig bis hundert Waben bestehenden, gestielten Nester werden an feste Pflanzenstängel angeheftet **(5)**.

Polistes nimpha ♂

Polistes nimpha ♀

Dolchwespen (Fam. *Scoliidae*)

Borstige Dolchwespe
Scolia hirta

L. 16–22 mm

Die **Wespe (1–4)** ist durch ihren schwarzen, borstigen Körper ein sehr eindrucksvolles Insekt. Auf dem Hinterleib befinden sich normalerweise zwei breite, gelbe Querbinden. Die Anzahl dieser kann variieren (Varietät mit nur einer Binde = var. *unifasciata*). Weibchen **(1–2)** haben auf der vorderen Binde eine seitliche Einkerbung. Männchen **(3)** sind auch an ihren längeren Fühlern zu erkennen. Bild **(4)** zeigt beide Geschlechter kurz vor der Paarung. Die Art ist in Brandenburg nicht selten, da sie offensichtlich sandige Gegenden bevorzugt. Man findet sie auf kräuterbestandenen Waldlichtungen und Trockenrasen. Erwachsene Tiere ernähren sich vom Nektar verschiedener Pflanzenfamilien. Weibchen deponieren ihre Eier an im Erdreich aufgespürten Larven von Blatthornkäfern (Engerlingen), die zuvor durch einen Stich gelähmt werden. Die Larven der Wespe leben parasitisch in der Wirtslarve und fressen sie auf. Die Überwinterung erfolgt in einem Kokon, in dem sie sich im Frühjahr verpuppen. Daraus schlüpft dann das fertige Tier.

(1) *Scolia hirta* ♀

(2) *Scolia hirta* ♀

(3) *Scolia hirta* ♂

(4) *Scolia hirta* Pärchen

Sechsfleckige Dolchwespe
Scolia sexmaculata

L. 10-15 mm

Die **Wespe (1-3)** ähnelt der Borstigen Dolchwespe (S. 910), kann aber am Hinterleib bis zu drei weiße bis gelbliche Fleckenpaare aufweisen. Das hinterste Fleckenpaar ist deutlich schwächer. Die abgedunkelten Flügel können rötlich abgesetzt sein. Körper und Beine sind mit groben Borsten besetzt. Die Fotos zeigen Weibchen. Die wärmeliebende Art ist in Deutschland selten. Ernährung und Lebensweise entsprechen denen der Borstigen Dolchwespe (siehe dort).

Fotobelege: Brandenburg, Trockenrasen bei Wünsdorf, an Hasenklee *(Trifolium arvense)*, 23. 7. 2016.

(1) *Scolia sexmaculata* ♀

(2) *Scolia sexmaculata* ♀

(3) *Scolia sexmaculata* ♀

Rollwespen (Fam. *Tiphiidae*)

Gemeine Rollwespe
Tiphia femorata

L. 6–14 mm

Die **Wespe (1–2)** ist die häufigste Art ihrer Gattung, wurde von uns aber in Brandenburg bisher nur einmal entdeckt. Das abgebildete Weibchen ist bis auf die teils rötlichen Beine vollkommen schwarz. Der glänzende Hinterleib wirkt durch das eingeschnürte erste Segment etwas bauchig. Auffallend ist die helle, borstige Behaarung der Beine. Erwachsene Tiere ernähren sich von Nektar und Pollen, bevorzugt von Doldenblütlern. Die Larven entwickeln sich parasitisch in Engerlingen von Blatthornkäfern, besonders des Junikäfers *(Amphimallon solstitiale)*. Ähnlich wie bei den Borstenwespen werden diese über den Geruchssinn aufgespürt und durch einen Stich gelähmt. Dann wird das Ei an der Käferlarve deponiert. Dafür muss sich das Weibchen bis zum Engerling durchgraben, wobei ihm zwei kräftig ausgebildete Kieferzangen hilfreich sind.

(1) *Tiphia femorata* ♀

(2) *Tiphia femorata* ♀

Echte Blattwespen (Fam. *Tenthredinidae*)

Rotschwarze Blattwespe

Tenthredo atra

L. 9–11 mm

Die **Blattwespe (1–2)** besitzt eine tiefschwarze Körperfarbe mit nur weniger, punktförmiger Zeichnung. Was sofort auffällt, sind die teils rotbraunen Beine, vor allem aber die weißen Mundwerkzeuge. Hier sind Weibchen dargestellt. Männchen (nicht abgebildet) unterscheiden sich durch einige rotbraun gefärbte Segmente im mittleren Bereich des Hinterleibes. Echte Blattwespen besitzen keinen Stachel und sind daher für Menschen völlig ungefährlich. Man findet sie oft auf Blättern oder Blüten an krautigen Pflanzen oder Büschen. Die Nahrung besteht aus Pollen und Nektar. Auch die Larven ernähren sich vegetarisch.

(1) *Tenthredo atra* ♀

(2) *Tenthredo atra* ♀

Feld-Blattwespe
Tenthredo campestris

L. 8-12 mm

Die **Blattwespe (1-3)** ist häufig und gehört wegen ihrer schwarz-gelben Farben zu den relativ leicht erkennbaren Arten. Die Fühler sind immer orange und die Spitze des Hinterleibes ist schwarz. Der Vorderkörper ist oberseits meist orange und fein schwarz gestrichelt oder punktiert. Es gibt aber auch dunkle Formen. Die Geschlechter sind schwer unterscheidbar. Die Art tritt überall in der Natur auf, wo etwas blüht, so auch in Gärten. Zur Nektaraufnahme werden gerne Doldenblütler aufgesucht. Darunter ist auch der in Gärten häufig vorkommende Geißfuß oder Giersch *(Aegopodium podagraria)*, der für die Larven eine wichtige Nahrungsquelle ist.

(1) *Tenthredo campestris*

(2) *Tenthredo campestris*

(3) *Tenthredo campestris*

Tenthredo distinguenda

) *Tenthredo distinguenda*

(3) *Tenthredo distinguenda*

Unterscheidbare Blattwespe

Tenthredo distinguenda

L. 8,5–10 mm

Die **Blattwespe (1–3)** ist im Wesentlichen schwarz gefärbt, besitzt aber am Hinterleib zwei auffallende, gelbe Querstreifen und am Ende noch zwei Querstriche. Hellgelbe Farben kommen auch an den Beinen, der Fühlerbasis, am Gesicht und Vorderkörper vor. Erwähnenswert ist auch das an der Vorderkante der Flügel befindliche, gelbliche, links und rechts dunkel begrenzte Flügelmal. Insgesamt ist diese Art ziemlich hübsch und typisch gezeichnet. Sie wird besonders auf Doldenblütlern angetroffen, scheint aber generell nicht häufig zu sein. Der deutsche Name ist vom wissenschaftlichen Artnamen abgeleitet (*distinguenda* = unterscheidbar).

Schwarze Blattwespe
Tenthredo livida

L. 12-15 mm

Die schlanke **Blattwespe (1-2)** ist vorherrschend schwarz gefärbt. Fühlerspitzen und Mundwerkzeuge sind auffallend weiß. Unter bestimmtem Lichteinfall zeigt sich auf den dunklen Beinen ein heller, reifartiger Haarbelag und über den mittleren und hinteren Beinansätzen befinden sich an den Körperseiten je zwei weiße Flecken. Die Abbildungen zeigen ein Weibchen. Männliche Tiere sind durch ihren rötlichen Hinterleib leicht zu unterscheiden. Erwachsene Tiere besuchen zur Nektaraufnahme gerne größere Doldenblütler und überwältigen gelegentlich auch kleinere Insekten. Larven ernähren sich von Blättern diverser Büsche und Bäume. Sehr ähnlich ist die verwandte Doppelpunkt-Blattwespe (S. 927), von der leider nur die Larve abgebildet ist.

(2) *Tenthredo livida* ♀

(1) *Tenthredo livida* ♀

Tenthredo maculata ♀

Tenthredo maculata ♂

(3) *Tenthredo maculata* ♂

Gefleckte Blattwespe
Tenthredo maculata

L. 10–13 mm

Die **Blattwespe (1–3)** ist an Körper und Beinen schwarz-gelb gezeichnet. Weibchen **(1)** besitzen auf Mitte des Hinterleibes zwei gelbe Segmente. Bei Männchen **(2–3)** sind mehrere Segmente gelb. Dafür ist bei den Weibchen der Gelbanteil an den Beinen größer. Bei beiden Geschlechtern sind die Mundwerkzeuge ebenfalls gelb. Die Art ernährt sich sowohl von Nektar und Pollen als auch räuberisch. Larven fressen an Süßgräsern.

(1) *Tenthredo marginella* ♀

Schwachgerandete Blattwespe
Tenthredo marginella

L. 9-12 mm

Die **Blattwespe (1-2)** hat in der Mitte des Hinterleibes zwei relativ dünne, gelbe Querstreifen. Beim Weibchen **(1)** sind beide gut erhalten, während beim Männchen **(2)** der hintere mittig unterbrochen, also unvollständig ist. Blattwespen haben **Larven (3-4)**, die den Raupen der Schmetterlinge sehr ähnlich sind. Sie werden auch als Afterraupen bezeichnet. Durch den Besitz von sieben bis acht sog. Afterfußpaaren unterscheiden sie sich von Schmetterlingsraupen, die nicht so viele aufweisen. Bild **(4)** zeigt eine Larve in zusammengerollter Schreckstellung.

(2) *Tenthredo marginella* ♂

(3) *Tenthredo marginella* Larve

(4) *Tenthredo marginella* Larve

Grünschwarze Blattwespe
Tenthredo mesomela

L. 8-13 mm

Die **Blattwespe (1-4)** sieht mit ihren schwarzen und grüngelben Farben sehr markant aus. Sie bevorzugt feuchtere Biotope, weshalb wir sie oft in Auwäldern sehen konnten. Dort werden gerne Doldenblütler zur Nektaraufnahme besucht, z. B. Wiesen-Bärenklau *(Heracleum spondylium)*. Beide Geschlechter sind schwer unterscheidbar. Ihre Flügel besitzen ein schwarzes Flügelmal, was sie von ähnlich gefärbten Arten der Blattwespen-Gattung *Rhodogaster* unterscheidet (siehe dort). Die Larven ernähren sich von Blättern verschiedener Kräuter.

(1) *Tenthredo mesomela*

(3) *Tenthredo mesomela*

(4) *Tenthredo mesomela*

Tenthredo mesomela

Blattwespe
Tenthredo notha

L. 9-13 mm

Die **Blattwespe (1-3)** ist eine weitere Art mit auffallend schwarz-gelber Farbzeichnung. Die Abbildungen zeigen Weibchen. Wie viele Blattwespen, so findet man auch diese Art besonders an Doldenblütlern; hier jedoch an der zu den Korbblütlern gehörenden Wiesen-Schafgarbe *(Achillea millefolium)*. Larven fressen an Klee-Arten *(Trifolium)*. Für Brandenburg werden fünf sehr ähnliche Arten genannt. Weibliche Exemplare von *T. notha* können u. a. an der vollkommen gelb gefärbten Fühlerbasis erkannt werden. Bei den öfter genannten Schwesterarten *T. arcuata* und *T. brevicornis* ist die Fühlerbasis schwarz.

(1) *Tenthredo notha* ♀

(2) *Tenthredo notha* ♀

(3) *Tenthredo notha* ♀

Tenthredo omissa ♀

(2) *Tenthredo omissa* ♀

) *Tenthredo omissa* ♀

Blattwespe
Tenthredo omissa

L. 8–12 mm

Die **Blattwespe (1–3)** besitzt eine sehr ähnliche Körperzeichnung wie das Weibchen von *Tenthredo marginella (*S. 919). Der hintere der beiden mittleren gelben Hinterleibsringe ist aber vollständiger erhalten und die Vorderkante der Flügel sowie Teile der hinteren Beinschienen sind etwas rötlich gefärbt. Die Art scheint feuchte Biotope zu bevorzugen und ist daher in Auwäldern zu Hause. Die Larven fressen an Blättern von Wegerich-Arten *(Plantago)*. Der Artname *omissa* bedeutet »übersehen«. Gelegentlich liest man auch den Namen »Vernachlässigte Blattwespe«.

Braunwurz-Blattwespe
Tenthredo scrophulariae

L. 12-20 mm

Die **Blattwespe (1-2)** gehört zu den größeren Arten der Gattung. Sie ähnelt durch die gleichmäßig dünne, gelbe Bänderung des Hinterleibes an eine stachelbewehrte Wespe der Gattung *Vespula*. Sie ist aber völlig harmlos. Die Fotos zeigen weibliche Tiere. Sie ernähren sich räuberisch, besuchen aber auch Doldenblüten wegen des Nektars. Die hellgrauen **Larven (3-4)** können bis zu 30 mm lang werden. Sie fressen manchmal ihre Lieblingspflanze, die Knotige Braunwurz *(Scrophularia nodosa)*, völlig kahl. Gelegentlich kann man sie auch an Königskerzen *(Verbascum)* finden.

(1) *Tenthredo scrophulariae* ♀

(2) *Tenthredo scrophulariae* ♀

(3) *Tenthredo scrophulariae* Larve

(4) *Tenthredo scrophulariae* Larve

(1) *Tenthredo temula*

Berauschte Blattwespe

Tenthredo temula

L. 10–13 mm

Die **Blattwespe (1–2)** besitzt einen glänzend schwarzen Körper. Die Beine haben einen größeren Gelbanteil und die Mundwerkzeuge sind ebenfalls gelb. Ein wichtiges Merkmal bilden die beiden gelben Querbänder ab dem dritten Segment des Hinterleibes, von denen das hintere in der Mitte unterbrochen ist. Die Spitze des Hinterleibes ist dann noch einmal gelb abgesetzt. Das doppelte Flügelmal am vorderen Rand ist schwarz. Beide Geschlechter sind nicht ohne Weiteres unterscheidbar.
Die Fotos zeigen vermutlich Weibchen. Die Art holt sich ihren Nektar von Blüten verschiedener Doldenblütler, aber auch von Sträuchern und Bäumen wie Brombeere, Weißdorn und anderen. Gelegentlich werden auch kleine Insekten gefressen. Die Larven benötigen Liguster *(Ligustrum)* als Nahrungspflanze.

(2) *Tenthredo temula*

(1) *Tenthredo vespa* ♀

(2) *Tenthredo vespa* ♀

(3) *Tenthredo vespa* ♀

(4) *Tenthredo vespa* Larve

Gelbschwarze Blattwespe

Tenthredo vespa

L. 10–15 mm

Die **Blattwespe (1-3)** ist am schwarzen Hinterleib mit mehreren gelben Querstreifen bestückt. Sie imitiert damit eine wehrhafte Wespe und ist dadurch vor Fressfeinden geschützt. Kopf und Vorderkörper sind durch die deutliche Punktierung matt. Die Flügel besitzen kein auffallendes Mal, sind aber an der vorderen Kante bräunlich abgedunkelt. Die gleiche Farbe findet sich auch an Beinen und Fühlerbasis wieder. Die Abbildungen zeigen Weibchen, die sich von männlichen Tieren nur durch den bauchigen Hinterleib und etwas kürzere Fühler unterscheiden. Die auffällig gefärbten **Larven (4)** fressen Blätter verschiedener Büsche und Bäume.

Doppelpunkt-Blattwespe
Tenthredo colon

L. 10–13 mm

Die Blattwespe sieht der Schwarzen Blattwespe (S. 916) sehr ähnlich, da sie ebenfalls auffällig weiße Fühlerspitzen besitzt. Leider konnte bisher nur die gelbbräunliche **Larve (1–2)** gefunden werden. Auf ihrem Rücken befindet sich ein zarter Längsstreifen, von dem sich in schrägem Winkel dunklere Striche abzweigen. Der ganze Körper ist außerdem mit schütter verteilten, weißen Pünktchen bedeckt. Am Hinterkopf ist in Verlängerung der Rückenlinie oft ein dunkler Mittelstrich zu sehen, welcher der Larve der Schwarzen Blattwespe fehlt. Die ca. 25 mm lange Afterraupe ernährt sich von Blättern verschiedener Kräuter und Laubbäume. Der deutsche Name leitet sich vom wissenschaftlichen Artnamen ab (*colon* = Doppelpunkt).

(1) *Tenthredo colon* Larve

(2) *Tenthredo colon* Larve

Blattwespe
Tenthredopsis litterata

L. 10-13 mm

Die **Blattwespe (1-2)** wirkt ziemlich bunt. Kopf und Vorderkörper sind schwarz und dabei mit weißlichen Punkten und Strichen verziert. Hinterleib und Beine sind orangerot, wobei der Hinterleib des Weibchens eine schwarze Spitze aufweist. Die Abbildungen zeigen ein weibliches Tier mit schwarzen Fühlern. Die Fühler der schlankeren Männchen sind orange gefärbt. Auffallend ist auch das in beiden Geschlechtern vorkommende, schwarz-weiße Flügelmal. Die Art bevorzugt offene Lebensräume wie Wiesen und Heiden. Die Larven fressen an Gräsern der Gattung *Dactylis*. Lat. *litterata* heißt »mit Buchstabenzeichnung versehen«, was sich wohl auf die weißen Zeichen an Kopf und Vorderkörper bezieht. Der Gattungsname *Tenthredopsis* bedeutet »wie *Tenthredo* aussehend«.

(1) *Tenthredopsis litterata* ♀

(2) *Tenthredopsis litterata* ♀

(1) *Tenthredopsis scutellaris* ♀

(2) *Tenthredopsis scutellaris* ♀

Blattwespe
Tenthredopsis scutellaris

L. 9-12 mm

Die **Blattwespe (1-2)** besitzt eine sehr ähnliche Zeichnung wie *T. litterata* (S. 928). Das abgebildete Weibchen hat gegenüber der Schwesterart mehr Schwarzanteile am Hinterleib. Hier sind meistens nur drei Segmente im Mittelteil gelbbraun oder rotorange gefärbt. Auch die Schenkel des hinteren Beinpaares sind schwarz, was bei *T. litterata* nicht der Fall ist. Bei geöffneten Flügeln ist die schöne Zeichnung des Vorderkörpers gut sichtbar **(1)**. Erwachsene Tiere besuchen Blüten zur Aufnahme von Nektar und Pollen. Larven fressen an Doldenblütlern oder Gräsern.

(1) *Aglaostigma aucupariae* ♀

(2) *Aglaostigma aucupariae* ♀

Blattwespe

Aglaostigma aucupariae

L. 7-9 mm

Die **Blattwespe (1-2)** ähnelt den Arten der Gattung *Tenthredopsis*. Auf Mitte des schwarzen Hinterleibes befinden sich drei rotorange gefärbte Segmente. Auch die Beine können zum Teil rot gefärbt sein oder sind zumindest bräunlich aufgehellt. Dasselbe gilt für die Unterseite der dunklen Fühler. Am Vorderkörper fallen nur die beiden hellen Schulterstreifen auf. Die Abbildungen zeigen ein Weibchen. Die Nahrung erwachsener Tiere besteht aus Nektar und Pollen verschiedener Kräuter. Larven fressen an Labkraut *(Galium)*.

Blattwespe
Athalia circularis

L. 7-10 mm

Die **Blattwespe (1-3)** ist zweifarbig. Hinterleib und Beine können rotorange oder gelb sein und Kopf und Vorderkörper sind einfarbig schwarz. Die blassen Fußglieder (Tarsen) sind meistens schwarz geringelt, was sie bunt erscheinen lässt. Typisch für diese Blattwespengruppe sind auch die schwarzen Vorderkanten der transparenten Flügel, die sich zu einem schwarzen Flügelmal erweitern. Erwachsene Tiere sind bei der Aufnahme von Nektar auf Doldenblütlern und anderen Kräutern zu beobachten. Larven fressen an *Veronica*-Arten. Ähnlich ist die Rübsen-Blattwespe (S. 932), deren Vorderkörper schwarz-orange gefärbt ist.

(1) *Athalia circularis*

(2) *Athalia circularis*

(3) *Athalia circularis*

Rübsen-Blattwespe
Athalia rosae

L. 8-11 mm

Die **Blattwespe (1-3)** unterscheidet sich von der ähnlichen *A. circularis* (S. 931) fast nur durch den zweifarbigen, orange-schwarz gefärbten Vorderkörper. Die hübschen Wespen können an Feld- und Wegrändern oder in Gärten oft beim Blütenbesuch beobachtet werden. Da die Larven der Rübsen-Blattwespe an Kreuzblütlern wie Raps, Senf oder Rüben fressen, können sie bei einem Massenauftreten zum Kulturschädling werden. Auf Bild **(3)** ist eine Paarung zu sehen. Die Tiere sind mit gelben Pollen bestäubt. Beide Geschlechter sind äußerlich kaum unterscheidbar.

(1) *Athalia rosae*

(2) *Athalia rosae*

(3) *Athalia rosae* Paarung

Breitfüßige Birken-Blattwespe
Craesus septentrionalis

L. 7-11 mm

Die Blattwespe ist schwarz gefärbt und besitzt nur einige rot oder rotbraun gefärbte Hinterleibssegmente. Ihre schwarzen Fühler sind für eine Blattwespe dieser Größe auffallend lang. Namengebend sind die flachen, flügelartig verbreiterten Hinterbeine. Die bis zu 25 mm langen, raupenartigen **Larven (1-2)** fressen an Blättern verschiedener Bäume. Dabei wird der hintere Teil oft senkrecht nach oben gestellt **(2)**. Wirtsbäume sind Erle *(Alnus)*, Hasel *(Corylus)*, Birke *(Betula)*, Pappel *(Populus)* oder Weide *(Salix)*. Manchmal treten sie massenhaft auf und können junge Bäume fast vollständig entlauben.

(1) *Craesus septentrionalis* Larve

(2) *Craesus septentrionalis* Larve

(1) *Dolerus nitens* ♀

(3) *Dolerus nitens* Larve

(4) *Dolerus nitens* Larve

Schwarze Getreide-Blattwespe

Dolerus nitens

L. 9-11 mm

Die **Blattwespe (1-2)** ist schwarz gefärbt und besitzt gattungstypisch relativ lange Fühler. Die transparenten Flügel haben eine schwarze Vorderkante und ein längliches, schwarzes Flügelmal. Die Nahrung besteht aus Nektar und Honigtau von Blüten verschiedener Laubbäume, darunter Weißdorn *(Crataegus)* und Weiden *(Salix)*. Die **Larven (3-4)** fressen an Süß- und Sauergräsern. Sie können eine Länge von ca. 25 mm erreichen. Farblich sind sie in Längsrichtung zweigeteilt, wobei die obere Hälfte dunkler abgesetzt ist, und auf dem Rücken befindet sich ein feiner Längsstrich. Der kleine, rundliche Kopf besitzt typische Punkt- und Strichzeichen. Die einzelnen Arten der Gattung *Dolerus* sind schwer bestimmbar.

Dolerus nitens

Sattel-Blattwespe

Eutomostethus ephippium

L. 6-8 mm

Die relativ kleine **Blattwespe (1-2)** ist vorwiegend glänzend schwarz gefärbt und auch die Flügel sind sehr dunkel. Die auffallend rote Farbe des Vorderkörpers dehnt sich bis auf die Seiten aus, was an einen Sattel erinnert. Bei dieser Art sind die Beine grau aufgehellt und reifartig behaart. Erwachsene Tiere halten sich gerne in grasigen Biotopen auf. Die Eier werden an Süßgräsern abgelegt, an denen sich die Larven entwickeln. Diese sind graugelblich gefärbt und werden bis zu 10 mm lang.

(1) *Eutomostethus ephippium*

(2) *Eutomostethus ephippium*

Blattwespe
Hemichroa australis

L. 7-8 mm

Die **Blattwespe (1-2)** ist ausgesprochen zweifarbig. Kopf und Vorderkörper sind hellorange und der Hinterleib ist schwarz gefärbt. Von den drei Beinpaaren ist nur das vorderste rötlich, während die anderen schwarz sind. Die schwarzen Augen heben sich knopfartig vom orangefarbenen Kopf ab. Die Art bevorzugt feuchte Biotope und ist an Waldrändern oder Lichtungen zu finden. Larven entwickeln sich an Bäumen. Sie ernähren sich von Birken- oder Erlenblättern.

(1) *Hemichroa australis*

(2) *Hemichroa australis*

Blattwespe
Macrophya alboannulata

L. 9-13 mm

Die schwarze, schlanke **Blattwespe (1-2)** zeichnet sich durch weiß geringelte Beine und weiße Schulterstreifen aus. Man kann sie an Waldrändern, in Gärten und Parks finden.

Erwachsene Tiere ernähren sich vom Nektar diverser Kräuter und Bäume, fangen aber auch gelegentlich kleinere Insekten. Die **Larven (3-4)** fressen Blätter von Holunder-Arten *(Sambucus)*. In Farbe und Größe ähneln sie denen der Schwarzen Getreide-Blattwespe (S. 934), unterscheiden sich aber durch ihren dunklen Kopf. Es existieren mehrere ähnlich aussehende Arten.

(1) *Macrophya alboannulata*

(3) *Macrophya alboannulata* Larve

(4) *Macrophya alboannulata* Larve

) *Macrophya alboannulata*

(1) *Macrophya annulata*

(2) *Macrophya annulata*

Blattwespe
Macrophya annulata

L. 10–12 mm

Die **Blattwespe (1–2)** ist bis auf ihren orangeroten Mittelteil des Hinterleibes und wenige weißliche Flecken an den Beinen vollkommen schwarz gefärbt. Sie erinnert dadurch etwas an eine Wegwespe. Die Art ist in vielen Gegenden nicht selten und kann überall in der Natur angetroffen werden. Sie ernährt sich von Pollen, Nektar und kleineren Insekten. Als Nahrungspflanzen werden diverse Kräuter, Büsche und Bäume besucht. Larven sollen hauptsächlich Blätter von Rosengewächsen fressen.

Blattwespe
Macrophya duodecimpunctata

L. 10-12 mm

Die schwarze **Blattwespe (1-3)** ist an Körper und Beinen mit diversen weißen Punkten und Strichen verziert. Außerdem heben sich die weißen Mundwerkzeuge des Weibchens (siehe Fotos) deutlich vom schwarzen Gesicht ab. Die schwach transparenten Flügel sind kupferbraun gefärbt. Bei männlichen Tieren ist das Gesicht schwarz und einige weiße Punkte fehlen. Der Name *duodecimpunctata* bedeutet »zwölffach punktiert«, was sicher nicht zutrifft. Das Tier ist besonders hübsch und auffällig gezeichnet und die Musterung bietet gute Bestimmungsmerkmale. Die Art findet man öfter auf Wiesen, da sich ihre Larven von Süß- und Sauergräsern ernähren.

) *Macrophya duodecimpunctata* ♀

(2) *Macrophya duodecimpunctata* ♀

3) *Macrophya duodecimpunctata* ♀

Berg-Blattwespe
Macrophya montana

L. 9-12 mm

Die **Blattwespe (1-3)** hat eine schwarze Grundfarbe und ist an Körper und Beinen gelb gefleckt oder gestreift. Weibchen **(1)** sind am Hinterleib mit gelben Querbändern und am Vorderkörper mit gelben Schulterstreifen geschmückt. Die Mundwerkzeuge sind ebenfalls gelb. Bei den Männchen **(2)** fehlen gelbe Farben weitgehend. Nur die beiden vorderen Beinpaare sind hellgelb. Sie stehen in auffälligem Kontrast zu den schwarz-weißen Hinterbeinen. Eine Paarung ist auf Bild **(3)** zu sehen. Die Art kommt nicht nur im Gebirge (der wissenschaftliche Name *montana* bedeutet »auf dem Berg lebend«), sondern auch im Flachland an Waldrändern, in Gärten und Parkanlagen vor. Larven fressen vor allem die Blätter verschiedener Brombeer- und Himbeersträucher *(Rubus)*.

(1) *Macrophya montana* ♀

(2) *Macrophya montana* ♂

(3) *Macrophya montana* Paarung

(1) *Macrophya rufipes* ♀

Rotfüßige Blattwespe
Macrophya rufipes

L. 10–12 mm

Die **Blattwespe (1)** besitzt einen schwarzen Körper. Beim Weibchen (siehe Foto) befinden sich an Hinterleib und Vorderkörper weißgelbliche Streifen und Punkte und die Mundwerkzeuge sind ebenfalls gelblich. Die Beine sind gelb-rot-schwarz gefärbt. Ähnlich wie bei der Berg-Blattwespe (S. 942) sind Männchen sparsamer geschmückt. Ihre Hinterschenkel sind rot, die vorderen Beinpaare einfarbig hellgelb. Die Wespe hält sich gerne an Brennnesseln oder Brombeerbüschen auf. Als Futterpflanzen der Larven werden Odermennig *(Agrimonia eupatoria)* und Weinrebe *(Vitis)* genannt.

(1) *Nematus salicis* Larve

(2) *Nematus salicis* Larve

(3) *Nematus salicis* Larve

Braungelbe Weiden-Blattwespe

Nematus salicis *(Pteronus salicis)*

Die Blattwespe konnte von uns bisher leider noch nicht aufgefunden werden. Wohl aber die **Larven (1-3)**, hier an den Blättern einer Trauerweide fressend. Die hübschen, bis zu 20 mm langen Afterraupen sind im letzten Stadium **(1)** zweifarbig. Der mittlere Bereich ist blaugrau oder blaugrünlich, vorne und hinten aber von orangefarbenen Bereichen begrenzt. Der gesamte Körper ist mit Ausnahme des schwarz glänzenden Kopfes schwarz punktiert. Jüngere Stadien **(2-3)** sind farblich schwächer ausgeprägt und mit dünnen Längsstreifen versehen.

Robinien-Blattwespe
Nematus tibialis

L. 6-7 mm

Die Blattwespe hat eine gelbliche Grundfarbe. Kopf und Vorderkörper sind mit schwarzen, länglichen Flecken gezeichnet. Auch Augen und Fühler sowie Teile der Beine sind schwarz und die Flügel sind deutlich abgedunkelt. Die ca. 15 mm lange **Larve (1)** ist bis auf den blassen Kopf einfarbig hellgrün, kann aber auch fein schwarz punktiert sein. Die Art ist nicht selten an Waldrändern auf Blättern der Gewöhnlichen Robinien *(Robinia pseudoacacia)* zu beobachten, da sie dort ihre Eier ablegt. Larven ernähren sich von den Blättern und bilden einen schwarzen **Kokon (2)**, in dem sie sich verpuppen.

(1) *Nematus tibialis* Larve

(2) *Nematus tibialis* Kokon

Raps-Blattwespe
Pachyprotasis rapae

L. 7-10 mm

Die **Blattwespe (1-3)** ist an Kopf, Vorderkörper und Hinterleib schwarz-weiß gezeichnet. Der Hinterleib ist in der gesamten unteren Hälfte weiß, was bei Blattwespen nicht oft vorkommt. Die schwarzen Fühler sind auffallend lang. Besonders eindrucksvoll ist die schöne Zeichnung in der Seitenansicht **(1)** zu sehen. Die Abbildungen zeigen vermutlich ein Weibchen, deren Mundwerkzeuge **(2)** weiß gefärbt sind. Welche Beziehung die Art zu Rübsen (*rapae* = an *Brassica rapa*) hat, ist schwer herauszufinden. Die Larven fressen offensichtlich Blätter verschiedener Laubbäume und diverser Kräuter.

(1) *Pachyprotasis rapae*

(2) *Pachyprotasis rapae*

(3) *Pachyprotasis rapae*

Salomonssiegel-Blattwespe, Maiglöckchen-Blattwespe
Phymatocera aterrima

L. 8-10 mm

Die **Blattwespe (1)** ist am Körper vollkommen schwarz und auch die Flügel sind fast undurchsichtig. Die Fühler sind vielgliedrig, was sie von ähnlichen Arten der Gattung *Arge* (mit dreigliedrigen Fühlern) unterscheidet. Erwachsene Tiere fliegen etwa von April bis Juni und legen ihre Eier in den Stängeln der Wirtspflanzen ab. Am häufigsten wird die Vielblütige Weißwurz *(Polygonatum multiflorum)*, auch Salomonssiegel genannt, befallen. Es kann aber auch das Maiglöckchen *(Convallaria majalis)* sein. Die **Larven (2-3)** fressen an den Blättern und erzeugen ein schlitzförmiges Fraßbild **(2)**. Sie verpuppen sich in der Erde in einem Kokon, aus dem im kommenden Frühjahr die fertigen Wespen schlüpfen.

(2) *Phymatocera aterrima* Larve

(3) *Phymatocera aterrima* Larve

(1) *Phymatocera aterrima*

(1) *Pontania gallarum*

(2) *Pontania gallarum*

Weidenhaargall-Blattwespe

Pontania gallarum

L. 7-9 mm

Die **Blattwespe (1-2)** ist relativ unscheinbar gelbbräunlich gefärbt. Oberseits ist sie an Kopf und Vorderkörper schwarz. Der Hinterleib besitzt auf jedem Segment (Tergit) ein schwarzes Querband. Die transparenten Flügel zeichnen sich durch ein schwarzes Mal und eine abgedunkelte Vorderkante aus. Die Wespe sticht ihre Eier in Blätter verschiedener Weiden-Arten *(Salix)*, wodurch eine gelbliche bis rötliche, behaarte Galle entsteht. In dieser entwickelt sich eine dunkel geringelte Larve.

Grüne Blattwespe
Rhodogaster viridis

L. 10-13 mm

Die **Blattwespe (1-3)** ähnelt in ihrer Färbung der Grünschwarzen Blattwespe (S. 920). Sie kann leicht durch ihr hellgrünes Flügelmal von dieser unterschieden werden. Bei der grünschwarzen Verwandten ist es schwarz. Die Abbildungen zeigen weibliche Tiere. Die Art kann an Waldrändern, in Gärten und Parks beobachtet werden, sofern die Futterpflanzen für ihre Larven vorhanden sind. Dazu gehören diverse Laubbäume wie Erlen, Weiden und Pappeln, doch auch verschiedene Kräuter. Erwachsene Tiere jagen bevorzugt kleinere Insekten. Die Gattung *Rhodogaster* enthält mehrere ähnlich aussehende Arten. Insbesondere wäre hier die heller gefärbte *R. chlorosoma* zu nennen. *R. punctulata* besitzt schwarze Punkte an den Seiten des Hinterleibes.

Rhodogaster viridis ♀

Rhodogaster viridis ♀

(3) *Rhodogaster viridis* ♀

Rotfleckige Erlenblattwespe,
Erlen-Blattwespe
Eriocampa ovata

L. 6–8 mm

Das Weibchen der vorwiegend schwarzen Blattwespe besitzt einen oberseits rot gefärbten Vorderkörper und deutlich verdunkelte Flügel. Männchen sind vollkommen schwarz. An den dunkelgrünen Erlenblättern fallen die weißen, bis zu 20 mm langen **Larven (1–2)** besonders auf, weshalb sie sich vorwiegend an der Unterseite aufhalten. Ihr Körper ist mit wachsartigen Flocken bedeckt, die sich bei geringster Berührung ablösen. Vermutlich sollen damit Fressfeinde abgeschreckt werden.

(1) *Eriocampa ovata* Larve

(2) *Eriocampa ovata* Larve

Eichen-Blattwespe

Periclista lineolata

L. 7–8 mm

Über die erwachsene Blattwespe dieser Art ist wenig zu erfahren. Sie ist einfarbig schwarz und hat transparente, grob dunkel geaderte Flügel. Damit ähnelt sie vielen anderen Blattwespen. Zumindest bei den Weibchen sind die Segmente des Hinterleibes durch feine, helle Querlinien getrennt. Die an Eichenblättern fressende **Larve (1–2)** ist mit einer Länge von bis zu 20 mm umso auffälliger. Auf dem transparenten, grüngelblichen Körper befinden sich schwarze, senkrecht abstehende, an der Spitze gegabelte Stacheln. Auch der Kopf ist glänzend schwarz gefärbt.

(1) *Periclista lineolata* Larve

(2) *Periclista lineolata* Larve

Bürsthornblattwespen (Fam. *Argidae*)

(1) *Arge cyanocrocea*

Bürsthornblattwespe

Arge cyanocrocea

L. 7-9 mm

Die **Blattwespe** (1-3) ist schwarz und orange gefärbt. Kopf und Vorderkörper sind schwarz und der Hinterleib einfarbig orange. Die transparenten Flügel besitzen einen breiten, dunklen Querstreifen in Höhe des schwarzen Flügelmals. Alle Bürsthornblattwespen zeichnen sich durch dreigliedrige Fühler aus, wobei das Endglied lang keulenförmig ausgebildet und mit feinen Borsten versehen ist. Die Wespe ernährt sich von Nektar und Pollen verschiedener Kräuter, besonders aber von Doldenblütlern wie Giersch *(Aegopodium)* oder Wiesen-Bärenklau *(Heracleum)*. Larven fressen gerne Blätter von Rosengewächsen.

(2) *Arge cyanocrocea*

(3) *Arge cyanocrocea*

Bürsthornblattwespe
Arge melanochra

L. 7-9 mm

Die **Blattwespe (1-2)** ist von *Arge cyanocrocea* (S. 952) nur schwer zu unterscheiden. Hinterleib und Teile der Beine sind hier nicht orange gefärbt, sondern eher ockerfarbig (*melanochra* = schwarz-ocker gefärbt). Das schwarze Flügelmal ist deutlich sichtbar, da die Flügel kein dunkles Querband besitzen. Beide Arten können an den gleichen Futterpflanzen beobachtet werden. Die Larven fressen bevorzugt an Blättern von Weißdorn *(Crataegus)*.

(1) *Arge melanochra*

(2) *Arge melanochra*

Bürsthornblattwespe
Arge gracilicornis

L. 10-13 mm

Die **Blattwespe (1-2)** ist vollkommen schwarz mit einem metallischen Glanz. Lediglich die Flügelspitzen sind etwas aufgehellt. Wie viele Blattwespen, so ist auch diese Art häufig an Doldenblütlern anzutreffen, um den Nektar aufzunehmen. Weibchen bringen ihre Eier in junge Triebe von Brombeer- oder Himbeersträuchern *(Rubus)* ein, von deren Blättern später die Larven fressen. Die Salomonssiegel-Blattwespe (S. 947) ist ebenfalls einfarbig schwarz, unterscheidet sich aber durch längere, fadenförmige Fühler. Diese sind auch in deutlich mehr Glieder unterteilt.

(1) *Arge gracilicornis*

(2) *Arge gracilicornis*

(1) *Arge pagana*

Bürsthornblattwespe
Arge pagana

L. 7-10 mm

Die **Blattwespe (1)** ist auffallend zweifarbig. Der leuchtend gelborange gefärbte Hinterleib hebt sich deutlich von allen anderen schwarzen Körperteilen ab. Die schwarzen Bereiche können einen bläulichen Erzglanz aufweisen. Die Art ist an Rosen *(Rosa)* gebunden, deren Blätter von den Larven gefressen werden.

(1) *Arge ustulata*

Bürsthornblattwespe
Arge ustulata

L. 8-12 mm

Die **Blattwespe (1-2)** besitzt einen schwarzblau glänzenden Körper, der mit anliegenden, hellen Haaren bedeckt ist. Die Beinschienen sind gelbbräunlich aufgehellt und die mäßig dunklen Flügel haben einen kupferrötlichen Schein sowie ein schwarzes Flügelmal. Zur Nektaraufnahme werden gerne Doldenblütler aufgesucht (auf den Fotos ist es Gefleckter Schierling, *Conium maculatum*). Die Larven ernähren sich vom Laub verschiedener Bäume. Genannt werden Weichhölzer wie Weide *(Salix)* und Birke *(Betula)*.

(2) *Arge ustulata*

Buschhornblattwespen (Fam. *Diprionidae*)

Gemeine Kiefern-Buschhornblattwespe
Diprion pini

L. 6–12 mm

Die **Blattwespe (1–3)** ist ein Schädling an der Waldkiefer *(Pinus sylvestris)*, da die Larven die Nadeln des Baumes fressen. Männchen (siehe Fotos) zeichnen sich durch auffallend kammartig gefiederte Fühler aus, was der Gattung den Namen (Buschhornblattwespen) gab. Weibchen sind heller gefärbt als ihre männlichen, vorwiegend schwarzen Geschlechtspartner. Sie besitzen fadenförmige, kurz gesägte Fühler. Die Larven werden ca. 15 mm lang, sind weißlich bis hellgrün gefärbt und haben einen rotbraunen Kopf.

(1) *Diprion pini* ♂

(2) *Diprion pini* ♂

(3) *Diprion pini* ♂

Rotgelbe Kiefern-Buschhornblattwespe

Neodiprion sertifer

L. 8–13 mm

Die Blattwespe ist der Gemeinen Kiefern-Buschhornblattwespe (S. 956) ähnlich. Männchen sind bis auf ihre bräunlichen Beine schwarz gefärbt und haben auffällig kammartige Fühler. Der Körper der Weibchen ist rotbräunlich bis gelborange und die Flügel sind transparent. Adulte Tiere sind in der Natur eher selten anzutreffen. Die graugrünen, mit einem schwarzen Kopf versehenen **Larven (1–3)** werden gelegentlich massenhaft an jüngeren Trieben der Waldkiefer gefunden, die sie kahl fressen. Sie können eine Länge von bis zu 20 mm erreichen. Die Verpuppung erfolgt am Zweig in einem bräunlichen Kokon.

Neodiprion sertifer Larven

(2) *Neodiprion sertifer* Larven

Neodiprion sertifer Larven

(1) *Neurotoma nemoralis*

Gespinstblattwespen (Fam. *Pamphiliidae*)

Steinobst-Gespinstblattwespe
Neurotoma nemoralis

L. 8–11 mm

Die **Blattwespe (1–3)** besitzt einen gelborangenen Hinterleib. Kopf und Vorderkörper sind schwarz und mit arttypischen gelben Punkten und Strichen gezeichnet. Die fadenförmigen Fühler sind an den Spitzen abgedunkelt und die Mundwerkzeuge sind kräftig zangenartig ausgebildet. Die Tiere bewohnen Steinobstbäume *(Prunus)* wie Kirschen, Pflaumen, Pfirsich, Schlehe und andere. Larven fressen deren Blätter, in die sie sich später einspinnen. Sie überwintern im Erdboden und verpuppen sich dort im Frühjahr. In den Monaten April bis Mai schlüpfen die neuen Wespen.

(2) *Neurotoma nemoralis*

(3) *Neurotoma nemoralis*

Genetzte Gespinstblattwespe
Caenolyda reticulata

L. 12–15 mm

Die schwarze **Blattwespe (1)** ist mit einer roten Farbzeichnung geschmückt. Besonders auffallend sind die mit einer roten, erhabenen Netzzeichnung versehenen Flügel. Fühler und Beine sind einfarbig schwarz. Die Abbildung zeigt ein Weibchen. Männliche Tiere haben einen einfarbig schwarzen Kopf. Die seltene Art bewohnt Kiefernwälder. Da sich die Tiere bevorzugt im Kronenbereich aufhalten, ist es ein Glücksfall, sie in der bodennahen Vegetation zu sehen. Die Larven fressen junge Kiefernnadeln und halten sich in der Baumkrone in kleinen Gespinsten auf. Sie verpuppen sich im Erdboden.

Fotobeleg: Brandenburg, Kienbaum nahe der Löcknitz, 21. 6. 2018.

(1) *Caenolyda reticulata* ♀

Erlen-Gespinstblattwespe

Pamphilius vafer

L. 7-10 mm

Die **Blattwespe (1-2)** ist an Kopf und Vorderkörper schwarz und am Hinterleib gelborange. Die schwarzen Bereiche sind mit charakteristischen gelben Flecken und Strichen geschmückt. Die Fotos zeigen ein Weibchen, bei dem die Flügel leider beschädigt sind. Bei männlichen Tieren fehlen einige der gelben Flecken. Dem Namen entsprechend lebt die Art an Erlen *(Alnus)*, von deren Blättern sich die Larven ernähren. Die ähnliche Gespinstblattwespe *Pamphilius varius* besitzt am orangenen Hinterleib noch einige dunkle Seitenflecken und Querbänder. Sie lebt an Birken *(Betula)*.

(1) *Pamphilius vafer* ♀

(2) *Pamphilius vafer* ♀

Keulhornblattwespen (Fam. *Cimbicidae*)

(1) *Cimbex femoratus* ♀

Große Birken-Keulhornblattwespe RL, §

Cimbex femoratus

L. 17–28 mm

Die **Blattwespe (1–3)** besitzt einen deutlichen Geschlechtsdimorphismus, d.h., dass beide Geschlechter deutlich anders aussehen. Gemeinsam sind ihnen die typischen keulenförmig erweiterten Spitzen der gelborangenen Fühler. Die etwas größeren Weibchen **(1–2)** zeichnen sich durch einen gelb bis rot geringelten Hinterleib aus und der Vorderkörper hat dünne, gelbliche Schulterstreifen. Beim Männchen **(3)** ist der Hinterleib ab dem zweiten Segment einfarbig schwarz. Das erste Segment hat bei beiden Geschlechtern einen hellen, quer liegenden, ovalen Fleck. Die Larven (Afterraupen) sehen schon wegen ihrer Größe von bis zu 45 mm einer Schmetterlingsraupe sehr ähnlich. Sie sind hellgrün, fein hell punktiert und besitzen auf dem Rücken einen schwarzen Längsstrich. Ihre Nahrung besteht aus Birkenblättern.

(2) *Cimbex femoratus* ♀

(3) *Cimbex femoratus* ♂

(1) *Cimbex connatus* Larve

(2) *Cimbex connatus* Larve

Erlen-Keulhornblattwespe RL, §
Cimbex connatus

L. 20–28 mm

Die Blattwespe erinnert wegen ihrer Größe und der schwarz-gelben Zeichnung des Hinterleibes an eine Hornisse. Die rotbraunen, keulenförmig erweiterten Fühler unterscheiden sie jedoch eindeutig. Beide Geschlechter sehen etwa gleich aus. Sehr ähnlich ist das Weibchen der Gelben Pappel-Keulhornblattwespe *(Cimbex luteus)*, deren Männchen dunkel gefärbt sind. Das erwachsene Tier sieht man viel seltener als seine **Larve (1–4)**, die gelegentlich auf Blättern von Erlen, manchmal auch von anderen Laubbäumen gefunden wird. Sie kann bis zu 50 mm lang werden und hat eine hell gelbgrünliche Grundfarbe. An den Seiten befinden sich zwei übereinander angeordnete, dunkle Punktreihen. Auf dem Rücken liegt ein dunkler, dünner Längsstreifen. Wer nicht auf die höhere Anzahl von Beinpaaren achtet (acht Beinpaare anstatt maximal sieben), könnte die Larve für eine Schmetterlingsraupe halten. In Ruhestellung rollt sie sich stets ein, was für einige Arten der Blattwespen typisch ist. Bei Gefahr kann ein flüssiges Sekret abgesondert werden **(1)**. Die Larven anderer *Cimbex*-Arten unterscheiden sich nur gering.

Fotobelege: Brandenburg, nahe Streganz, an Blättern der Schwarzerle, 17. 7. 2020.

(3) *Cimbex connatus* Larve

(4) *Cimbex connatus* Larve

Geißblatt-Keulhornblattwespe

Abia fasciata *(Zaraea fasciata)*

L. 9–15 mm

Die **Blattwespe (1–2)** ähnelt durch ihre schwarz-weiße Färbung dem Männchen der Großen Birken-Keulhornblattwespe (S. 961). Der letzte Abschnitt des Vorderkörpers inklusive Schildchen und das erste Segment des Hinterkörpers sind bei den Weibchen (siehe Fotos) farblos bzw. weißlich. Auffallend sind die weiß und schwarz quer gestreiften Flügel, deren Spitzenbereich farblos ist. Die für die Gattung typischen keulig erweiterten Fühler sind schwarz. Wir fanden die Art sitzend auf den Blättern der Gemeinen Schneebeere *(Symphoricarpos albus)*, ihrer zu den Geißblatt-Gewächsen gehörenden Nahrungspflanze. Die Larven entwickeln sich vor allem an Geißblatt-Arten *(Lonicera)*.

(1) *Abia fasciata* ♀

(2) *Abia fasciata* ♀

Echte Grabwespen (Fam. *Crabronidae*)

Schildbeinige Silbermundwespe
Crabro cribrarius

L. 11-18 mm

Die **Grabwespe (1-4)** besitzt eine schwarze Grundfarbe. Kopf und Vorderleib sind struppig behaart. Der Hinterleib trägt mehrere gelbe Querstreifen, von denen die mittleren in der Mitte unterbrochen sind. Der Name »Schildbeinig« bezieht sich auf den schildförmig erweiterten Vorderschenkel des Männchens **(1-2)**. Bei den Weibchen **(3-4)** fehlt diese wie ein Geschwür anmutende Beinerweiterung. Ihre Beinschienen sind hellgelb und deutlich bestachelt. Bei beiden Geschlechtern ist das Gesicht zwischen den Mundwerkzeugen silbrig behaart **(2, 4)**. Die Fühlerbasis ist, im Gegensatz zu einigen anderen Grabwespen, nicht gelb, sondern schwarz. Erwachsene Tiere besuchen vorwiegend Doldenblütler zur Nektaraufnahme.
Die Nester werden im Erdboden oder in morschem Holz gebaut. Larven werden mit Fliegen versorgt, von denen sie sich ernähren.

(1) *Crabro cribrarius* ♂

(3) *Crabro cribrarius* ♀

(4) *Crabro cribrarius* ♀

Crabro cribrarius ♂

(1) *Crabro scutellatus* ♀

(2) *Crabro scutellatus* ♀

Grabwespe
Crabro scutellatus

L. 8-11 mm

Die **Grabwespe (1-2)** ähnelt der Schildbeinigen Silbermundwespe (S. 964), ist aber kleiner und besitzt weniger Gelbanteile am Körper. Weibchen **(1-2)** haben auf dem Hinterleib vier gelbe, teils mittig unterbrochene Querstreifen, von denen der vorderste am breitesten ist. Beim Männchen sind es nur zwei Querstreifen. Ihr dunkler Schild (*scutellatus* = mit Schildchen ausgezeichnet) an den Vorderschenkeln ist dünn liniert. Die Art ist in Sandgebieten verbreitet, da die Nester direkt im Sandboden angelegt werden. Die Nahrung der Larven besteht hauptsächlich aus Langbeinfliegen der Familie *Dolichopidae*, die von den Weibchen gejagt werden. Ähnlich ist die etwas größere Grabwespe *Crabro peltarius*, deren Männchen einen unlinierten Schild besitzen.

Sand-Knotenwespe
Cerceris arenaria

L. 9-15 mm

Die **Grabwespe (1-4)** hat eine schwarze Grundfarbe mit gelber Zeichnung. Die Oberfläche ist überall grob punktiert. Der Hinterleib ist zwischen den einzelnen Segmenten, typisch für alle Knotenwespen, eingeschnürt und das erste Segment ist auffallend dünn ausgebildet. Weibchen **(1-3)** besitzen auf vier Segmenten oberseits je ein gelbes Querband. Bei den kleineren Männchen **(4)** sind es fünf. Männliche Tiere haben außerdem ein durchgehend gelbes Gesicht, ihre Fühler sind an den Spitzen eingekrümmt. Das erste verschmälerte Segment kann seitlich gelb gefleckt sein. Die erwachsene Wespe ernährt sich von Nektar und Pollen diverser Blütenpflanzen. Nester werden im Sandboden angelegt. Als Nahrung für die Larven bringt das Weibchen Rüsselkäfer **(3)**, speziell Graurüssler der Gattung *Brachyderes*, ein. Diese werden zuvor durch einen Stich gelähmt.

Cerceris arenaria ♀

(2) *Cerceris arenaria* ♀

Cerceris arenaria ♀ mit Rüsselkäfer

(4) *Cerceris arenaria* ♂

(1) *Cerceris rybyensis* ♀

(2) *Cerceris rybyensis* ♀

(3) *Cerceris rybyensis* ♂

Bienenjagende Knotenwespe
Cerceris rybyensis

L. 8-12 mm

Die **Grabwespe (1-3)** besitzt im Gegensatz zur Sand-Knotenwespe (S. 967) auf dem schwarzen Hinterleib nur wenige, dafür aber relativ breite gelbe Querbänder. Beim Weibchen **(1-2)** ist das breite Band des dritten Segmentes am Vorderrand oft tief dreieckig eingeschnitten **(1)** oder etwas ausgerandet **(2)**. Beim Männchen **(3)** ist dieses Band unversehrt. Dahinter folgen zwei vollkommen schwarze Segmente. Die Art jagt Wildbienen der Gattungen *Andrena*, *Halictus* oder *Lasioglossum*, die als Nahrung für die Aufzucht der Larven in den Bodennestern deponiert werden. Erwachsene Tiere ernähren sich von Nektar und Pollen verschiedener Kräuter.

Grabwespe

Crossocerus megacephalus

L. 8-10 mm

Die **Grabwespe (1-2)** ist einheitlich glänzend schwarz gefärbt. Vorderkörper und Beine sind stellenweise mit kurzen, silbrigen Haaren bedeckt. Der relativ große Kopf ist etwas breiter als der Vorderkörper. Von vorne betrachtet sind die silbrige Behaarung der Mundpartie und die kräftig ausgebildeten Kieferzangen zu sehen **(2)**. Gattungstypisch sind auch die im gleichschenkeligen Dreieck angeordneten Punktaugen (Ocellen) auf dem Scheitel des Kopfes. Die Gattung ist in Europa mit mehr als dreißig, teils ähnlich aussehenden Arten vertreten. Erwachsene Tiere sind Blütenbesucher zur Aufnahme von Nektar oder Pollen. Die in Erdnestern aufwachsende Brut wird mit kleineren Insekten wie Fliegen, Läusen und Blattflöhen versorgt.

(1) *Crossocerus megacephalus*

(2) *Crossocerus megacephalus*

Grabwespe
Ectemnius cavifrons

L. 10-15 mm

Die **Grabwespe (1-3)** ist typisch schwarz-gelb gefärbt. Der große Kopf ist am Scheitel leicht eingedrückt, wodurch die großen Augen nach oben etwas vorstehen. Die Fühlerbasis, Kieferzangen und Beinschienen sind gelb. Weibchen **(1-2)** sind am Hinterleib oberseits mit vier relativ breiten, gelben Bändern geschmückt. Beim Männchen **(3)** ist es ein Band mehr, doch sind die beiden mittleren oben deutlich unterbrochen. Die Art ist beim Blütenbesuch auf diversen Kräutern, vorwiegend in Waldnähe, zu beobachten. Nester werden in morschem Laubholz angelegt. Als Nahrung für die Larven werden Schwebfliegen gefangen. Eine sehr ähnliche Farbzeichnung hat die Grabwespe *E. lituratus* (S. 972), deren Kopf am Scheitel nicht eingedrückt ist.

(1) *Ectemnius cavifrons* ♀

(2) *Ectemnius cavifrons* ♀

(3) *Ectemnius cavifrons* ♂

(2) *Ectemnius continuus* ♀

Grabwespe
Ectemnius continuus

L. 8–13 mm

Die **Grabwespe** (1–2) kann von anderen Arten der Gattung vor allem durch die gelbe Zeichnung des Hinterleibes unterschieden werden. Hier sind nur drei Segmente mit gelben Bändern bestückt, die in der Mitte mehr oder weniger deutlich unterbrochen sind. Die beiden hinteren Querbänder stehen dichter zusammen. Die kräftigen Kieferzangen (Mandibeln) sind schwarz. Die Abbildungen zeigen weibliche Tiere. Lebensräume sind Waldränder, Lichtungen, Parks und Gärten. Für den Nestbau werden Gänge in morsches Holz genagt. Die Brut wird mit verschiedenen Fliegen versorgt, die zuvor durch einen Stich gelähmt wurden.

(1) *Ectemnius continuus* ♀

(1) *Ectemnius lituratus* ♀

(2) *Ectemnius lituratus* ♀

(3) *Ectemnius lituratus* ♀

Grabwespe
Ectemnius lituratus

L. 8–12 mm

Die Grabwespe **(1–3)** besitzt eine sehr ähnliche Farbzeichnung wie *E. cavifrons* (S. 970). Ihre Kopfform ist aber »normal« ausgebildet, d. h. nicht am Scheitel vertieft. Die Abbildungen zeigen Weibchen. Die Lebensweise entspricht der anderer Vertreter der Gattung *Ectemnius*. Die Brut wird auch hier mit kleineren, durch einen Stich gelähmten Fliegen versorgt. Gelegentlich liest man daher für diese Art Namen wie »Breite Fliegengrabwespe« oder »Ufer-Fliegenjäger«. Die Nester nagen die Weibchen in totes Laubholz selbst oder es werden vorhandene Käfer-Fraßgänge genutzt. Die Art ist nicht selten und kann an Waldrändern und selbst in Gärten auftreten.

Sichelwanzen-Grabwespe
Dinetus pictus

L. 5–9 mm

Die **Grabwespe (1–2)** ist zwar bunt, aber die Farben sind etwas verwaschen. Das kleinere Männchen (siehe Fotos) ist auf dunkelbrauner Grundfarbe gelblich gezeichnet. Der Hinterleib ist, ähnlich wie bei vielen Grabwespen, mit gelblichen Querbändern bestückt. Gelblich sind auch die Beine und einige Flecken auf dem Vorderkörper. Die Augen haben eine olivgrünliche Farbe und die relativ langen Fühler sind kerbrandig. Weibchen sind schon an ihrem rötlichen Hinterleib gut zu unterscheiden. Die seltene Art besiedelt trockene Lebensräume mit Sandböden. Nester werden im Erdboden angelegt. Die Brut wird mit gelähmten Sichelwanzen (Fam. *Nabidae*) und deren Larven versorgt.

Fotobelege: Berlin, nahe südlicher Stadtgrenze, Privatgarten, an Margerite, 22. 6. 2019.

(1) *Dinetus pictus* ♂

(2) *Dinetus pictus* ♂

Zikaden-Grabwespe
Gorytes laticinctus

L. 9-13 mm

Die **Grabwespe (1-3)** ist, wie viele Grabwespen, auf schwarzem Grund gelb gezeichnet. Auffallend sind ihre grünlichen, schwarz punktierten Augen. Der Hinterleib ist mit insgesamt vier gelben Querbändern versehen, von denen das zweite am breitesten ist. Die Fühler sind in Längsrichtung schwarz-gelb geteilt und das Gesicht des Weibchens (siehe Fotos) ist großflächig gelb gefärbt. Die Art baut Erdnester in Sandböden und fängt für die Brut Zikaden, die nach einem lähmenden Stich im Nest deponiert werden **(1)**. In Deutschland leben drei weitere Zikaden fangende Grabwespen, die sich sehr ähneln: *G. quadrifasciatus, G. quinquecinctus* und *G. quinquefasciatus*.

(1) *Gorytes laticinctus* ♀

(2) *Gorytes laticinctus* ♀

(3) *Gorytes laticinctus* ♀

(1) *Lestica alata* ♀

(2) *Lestica alata* ♀

Silbermundwespe
Lestica alata

L. 8–12 mm

Die **Grabwespe (1–2)** zeichnet sich durch einen schwarzen, mehrfach weiß gestreiften Hinterleib aus, von denen die beiden hinteren Streifen in der Mitte zusammenlaufen. Die Beine sind rötlich. Dem Namen entsprechend ist der Mundbereich silbrig behaart. Der Vorderkörper ist auffallend grob punktiert bis gerunzelt. Auf den Fotos ist ein Weibchen abgebildet. Die relativ seltene Art kann man gelegentlich beim Blütenbesuch an verschiedenen Kräutern beobachten. Nester werden im Sandboden gebaut und als Nahrung für die Larven bringen die Weibchen Kleinschmetterlinge ein. Das gleiche Verhalten zeigt die ähnlich aussehende, Schmetterlinge jagende Silbermundwespe *L. subterranea*.

Fotobelege: Brandenburg, Feldweg bei Glau, an Kanadischer Goldrute *(Solidago canadensis)*, 20. 8. 2015.

Kleine Silbermundwespe RL
Lestica clypeata

L. 6–10 mm

Bei der **Grabwespe (1–4)** sehen beide Geschlechter sehr unterschiedlich aus. Besonders auffällig sind die Männchen **(1–3)** durch den halsartig verschmälerten Kopf, der an den Seiten mit langen, silbrigen Haaren bedeckt ist. Die vorderen Füße sind außerdem schildförmig erweitert (*clypeatus* = durch einen Schild ausgezeichnet). Weibchen **(4)** besitzen diesen Schild nicht. Sie können durch ihre schwarz-gelbe Färbung leicht mit mehreren anderen Grabwespen verwechselt werden. Die Art ist bei der Aufnahme von Nektar und Honigtau vorwiegend auf Doldenblütlern zu beobachten und erscheint auch in Gärten. Für die Nester werden vorhandene Hohlräume in Holzsubstraten angenommen. Die Nahrung der Larven besteht aus kleineren Schmetterlingen wie Zünslern, Glasflüglern oder Wicklern, vermutlich auch Fliegen.

(2) *Lestica clypeata* ♂

(4) *Lestica clypeata* ♀

(1) *Lestica clypeata* ♂

Lestica clypeata ♂

Kotwespe
Mellinus arvensis

L. 9-14 mm

Die schlanke **Grabwespe (1-3)** hat auf ihrem gestielten Hinterleib drei durchgehende, gelbe Binden. Zwischen der zweiten und dritten Binde befindet sich an jeder Seite noch ein länglicher gelber Fleck. Das schwarze Gesicht ist durch u-förmig angeordnete, gelbe Linien gekennzeichnet **(2)**. Auf den Fotos sind Weibchen dargestellt, die sich von männlichen Tieren äußerlich kaum unterscheiden. Die Art ist in Sandgebieten häufig. Auf der Suche nach geeigneten Futtertieren werden oft Kothaufen (Name!), hier frischer Pferdemist **(3)**, angeflogen. In die Erdnester werden als Nahrung für die Brut besonders Fliegen eingebracht.

(1) *Mellinus arvensis* ♀

(2) *Mellinus arvensis* ♀

(3) *Mellinus arvensis* ♀

Grabwespe
Mellinus crabroneus

L. 7-12 mm

Die schwarze **Grabwespe (1-3)** besitzt am Hinterleib drei weiße Querbinden, wovon die beiden ersten kräftiger ausgebildet und mittig unterbrochen sind. Einige Punkte und ein feiner Querstrich befinden sich noch am Vorderkörper. Im Gesicht sitzt am Innenrand der Augen ein feiner, senkrechter, gelber Strich **(3)**. Die rotbraunen Beinschienen und Tarsen setzen sich farblich deutlich vom übrigen Körper ab. Die Abbildungen zeigen weibliche Tiere. Dem Männchen fehlt eine der beiden kräftigen Hinterleibsbinden. Die relativ seltene Art wird gelegentlich in sandigen Biotopen angetroffen, wo sie Erdnester anlegt. Die Larven werden mit Fliegen verschiedener Gattungen versorgt.

Mellinus crabroneus ♀

(2) *Mellinus crabroneus* ♀

Mellinus crabroneus ♀

Bienenwolf
Philanthus triangulum

L. 8-18 mm

Die **Grabwespe (1-5)** hat durch ihre schwarzgelben Farben das typische Erscheinungsbild einer Wespe. Beide Geschlechter besitzen einen breiten, weißlichen Gesichtsschild **(2)**. Weibchen **(1-3)** haben einen mit breiten, gelben Querbändern versehenen Hinterleib. An der Rückseite des schwarzen Kopfes befindet sich direkt hinter den Augen ein roter Streifen. Bild **(3)** zeigt ein Weibchen mit einer gerade überwältigten Honigbiene kurz vor dem Abflug und auf Bild **(1)** sitzt ein Weibchen vor dem Nesteingang. Beim kleineren Männchen **(4-5)** sind die gelben Bänder des Hinterleibes dünner und rote Streifen fehlen am Hinterkopf. Erwachsene Tiere ernähren sich von Nektar verschiedener Blütenpflanzen. Der Bienenwolf gräbt seine Nester in lockere Sandböden. Als Proviant für die Larven werden Honigbienen *(Apis mellifera)* durch einen Stich gelähmt und eingebracht.

(1) *Philanthus triangulum* ♀

(2) *Philanthus triangulum* ♀

(3) *Philanthus triangulum* ♀ mit Opfer

) *Philanthus triangulum* ♂

) *Philanthus triangulum* ♂

Wanzen-Grabwespe

Astata boops

L. 10-12 mm

Die **Grabwespe (1-2)** ist glänzend schwarz gefärbt. Die ersten drei Segmente des Hinterleibes sind jedoch rot. Vorderkörper und Gesicht sind weißhaarig. Weibchen **(1)** haben schwarze Augen, die durch den breiten Scheitel getrennt sind. Bei Männchen **(2)** stoßen die dunkelbraunen Augen fast zusammen. Die Art legt ihre Nester im Erdboden an. Dabei werden Sandböden bevorzugt. Als Nahrung für die Brut werden Larven oder erwachsene Tiere verschiedener Baumwanzen-Arten (Fam. *Pentatomidae*) eingebracht. Auf Bild **(1)** hat ein Weibchen gerade die Larve einer Grünen Stinkwanze *(Palomena prasina)* überwältigt und fliegt gleich davon.

(1) *Astata boops* ♀ mit Opfer

(2) *Astata boops* ♂

Kreiselwespe,
Geschnäbelte Kreiselwespe RL, §
Bembix rostrata

L. 16–24 mm

Die **Grabwespe (1–4)** gehört als einziger deutscher Vertreter der Gattung zu unseren größten und eindrucksvollsten Arten. Die schnabelartigen Mundwerkzeuge können zu einem langen Rüssel ausgefahren werden, was für die Aufnahme des Nektars beim Blütenbesuch nützlich ist. Die Art ist an trockene, warme Sandflächen und Dünen gebunden und deshalb in Brandenburg noch nicht selten. An größeren, vegetationsarmen Stellen können noch größere Tiergruppen beobachtet werden. Die zum Nest führenden Röhren können 20 cm tief sein. Für die Brut werden vor allem größere Fliegen verschiedener Gattungen eingebracht **(3–4)**.

Bembix rostrata

(2) *Bembix rostrata*

Bembix rostrata mit Opfer

(4) *Bembix rostrata* mit Opfer

Dreifarbige Grabwespe, Heuschrecken-Grabwespe RL

Tachytes panzeri

(Tachysphex panzeri)

L. 14–18 mm

Die **Grabwespe (1–4)** ist schwarz-rot gefärbt und besitzt grünliche Augen. Die ersten beiden Segmente des Hinterleibes sind rot, die folgenden schwarz und durch eine silbrige Linie getrennt. Bei den Abbildungen handelt es sich vermutlich um Weibchen. Die seltene Art bevorzugt klimatisch begünstigte Lebensräume und legt ihre Nester in Sandböden an. Für die Brut werden Feldheuschrecken der Gattung *Oedipoda* gefangen. Erwachsene Tiere können mit etwas Glück beim Blütenbesuch beobachtet werden, wie hier an Brombeere (*Rubus fruticosus* **(3-4)**).

Fotobelege: Brandenburg, Glau, Tiergehege »Glauertal«, 23. 7. 2015, und Kienbaum, nahe der Löcknitz, an *Rubus*, 16. 6. 2019.

(2) *Tachytes panzeri*

(4) *Tachytes panzeri*

(1) *Tachytes panzeri*

) *Tachytes panzeri*

(1) *Lindenius albilabris*

Grabwespe
Lindenius albilabris

L. 5–8 mm

Die kleine **Grabwespe (1–2)** hat eine schwarze Färbung mit leichtem Metallglanz. Gelbtöne sind an den Beinschienen, der Fühlerbasis und als unterbrochener Querstrich auf dem Vorderkörper zu sehen. Der Name *albilabris* bezieht sich auf die weißlich behaarte Mundpartie. Die Abbildungen zeigen vermutlich Männchen, da Weibchen dunklere Beine besitzen. Erwachsene Tiere werden oft an den Blüten von Margeriten *(Leucanthemum vulgare)* beobachtet (siehe Fotos). Nester werden im Erdboden angelegt. Als Nahrung für die Larven werden hauptsächlich kleinere Fliegen eingebracht.

(2) *Lindenius albilabris*

Töpfer-Grabwespe
Trypoxylon figulus

L. 9–12 mm

Die schlanke **Grabwespe (1–3)** ist die größte und häufigste Art ihrer Gattung. Sie ist in allen Körperteilen schwarz gefärbt und stellenweise mit kurzen, silbrigen Haaren bedeckt. Die Facettenaugen sind am Innenrand deutlich ausgebuchtet **(2)**. Die Art kann nahezu überall angetroffen werden. Sie nutzt auch röhrenförmiges Material oder Bohrungen in Insektenhotels. Die Abbildungen zeigen Weibchen. Männchen sind sehr ähnlich, nur etwas kleiner. Die Neströhren werden in Längsrichtung durch Zwischenwände aus Lehmerde gekammert und am Eingang entsprechend verschlossen **(3)**. Als Proviant für die Larven werden Spinnen verschiedener Familien gefangen. Im vorliegenden Fall sind es Kugelspinnen **(4)**.

Trypoxylon figulus ♀

(2) *Trypoxylon figulus* ♀

) *Trypoxylon figulus* Larven und Nestproviant

(3) *Trypoxylon figulus* ♀

Sand- und Mauerwespen (Fam. *Sphecidae*)

(3) *Sphex funerarius* ♂

Heuschrecken-Sandwespe §
Sphex funerarius

L. 18-28 mm

Die **Sandwespe** (1-3) besitzt einen schwarzen, behaarten Vorderkörper und ein zottig behaartes Gesicht. Der deutlich gestielte Hinterleib ist auf den ersten drei Segmenten orangerot. Die restlichen Segmente sind schwarz. Beim Weibchen (1) sind Schienen und Tarsen der Vorderbeine rotbräunlich aufgehellt. Männchen (2-3) sind etwas kleiner. Bei ihnen sind alle Beinpaare schwarz. Die in Deutschland nicht häufige Art saugt Nektar gerne an Blüten von Thymian-Arten *(Thymus)* oder Gewöhnlichem Dost *(Origanum vulgare)*. Nester werden oft gemeinschaftlich in Sand- oder Lehmböden angelegt. Für die Brut werden größere Laubheuschrecken wie Sichelschrecken *(Phaneroptera)*, Eichenschrecken *(Meconema)*, Warzenbeißer *(Decticus)* und Feldgrillen *(Gryllus)* gefangen.

Fotobelege: Brandenburg, Glashütte/Baruth, an *Thymus*-Blüten, 19. und 30. 7 .2017.

(1) *Sphex funerarius* ♀

(2) *Sphex funerarius* ♂

Gemeine Sandwespe
Ammophila sabulosa

L. 14–25 mm

Die **Sandwespe (1–4)** ist die größte Art der Gattung und in Sandbiotopen relativ häufig. Der keulenförmige Hinterleib ist mit dem Vorderkörper durch einen schwarz-roten Stiel verbunden. Die rote Farbe geht stets vom Stiel auf den Hinterleib über. Die hinteren Segmente und der übrige Körper sind schwarz gefärbt. Kopf und Vorderkörper weisen eine hellgraue Behaarung auf. Weibchen erbeuten für die Brut vorwiegend unbehaarte Raupen von Eulenfaltern **(4)**, die das Gewicht der Sandwespe deutlich überschreiten können. Diese werden durch einen Stich gelähmt und in das Nest getragen, welches auf vegetationsarmen Sandflächen gegraben wurde. Das Opfer wird dabei mit den kräftigen Kieferzangen gepackt. Mehrere Sandwespen sind ähnlich, aber kleiner.

Ammophila sabulosa

(2) *Ammophila sabulosa*

Ammophila sabulosa

(4) *Ammophila sabulosa* ♀ mit Opfer

Kurzstiel-Sandwespe, Baggerwespe
Podalonia affinis

L. 13-18 mm

Der Körper der **Sandwespe (1-2)** ist in Aufbau und Färbung der Gemeinen Sandwespe (S. 991) sehr ähnlich. Der einheitlich schwarze »Stiel« des Hinterleibes ist zylindrisch und nicht wie bei der Gemeinen Sandwespe durch einen roten Teil verlängert. Die schwarzen Beine wirken bei den Kurzstiel-Sandwespen besonders lang. Die abgebildeten Tiere sind vermutlich Weibchen. Mit den kräftigen Hinterbeinen werden ziemlich hektisch die Gänge für das Nest gegraben. Die Brut wird mit Raupen von Eulenfaltern versorgt. Eine weitere, sehr ähnliche Art ist die Rauhaarige Kurzstiel-Sandwespe *(P. hirsuta)*. Kopf und Vorderkörper sind hier besonders beim Männchen mit einem dichten Haarfilz belegt.

(1) *Podalonia affinis*

(2) *Podalonia affinis*

Sceliphron curvatum ♀

Sceliphron curvatum ♀

(3) *Sceliphron curvatum* ♀

Orientalische Mauerwespe
Sceliphron curvatum

L. 14–20 mm

Die **Mauerwespe (1–3)** ist auf dunkelbrauner Grundfarbe gelblich gezeichnet. Der fast tropfenförmige Hinterleib ist auffallend lang gestielt und mehrfach gelb geringelt. Kopf und Vorderkörper sind relativ lang behaart. Die imposante Art stammt ursprünglich aus Nepal. Sie wurde vor etwa dreißig Jahren zuerst in Österreich und bald danach auch in Deutschland entdeckt. Die Wespe hält sich gerne in der Nähe menschlicher Siedlungen auf. Ihre Nester bestehen aus Lehmröhren, die gruppenweise an stabilen Pflanzen, Felsen, Holzwänden und Mauern befestigt werden. Erwachsene Tiere besuchen Blüten zur Aufnahme von Pollen und Nektar. Die Brut wird mit Spinnen verschiedener Familien versorgt.

Fotobelege: Berlin, südliche Stadtgrenze, Privatgarten mit Lehmboden, 4. 6. 2018 und 28. 6. 2019.

Wegwespen (Fam. *Pompilidae*)

Frühlings-Wegwespe
Anoplius viaticus

L. 9–14 mm

Die **Wegwespe (1–4)** ist, wie die meisten Wegwespen, schwarz-rot gefärbt. Der ungestielte Hinterleib hat im vorderen Bereich drei breite, ziegelrote Segmente, die am hinteren Ende schwarz gerandet sind. Die relativ häufige Art bewohnt sandige Kiefernwälder, Dünen oder Sandgruben. Weibchen (siehe Fotos) erscheinen bereits im Frühling nach der Überwinterung und kümmern sich um das Brutgeschäft. Dafür werden vorwiegend größere Wolfsspinnen (Familie *Lycosidae*) erbeutet. Das durch einen Stich gelähmte Opfer **(3)** wird zunächst zwischengelagert, bis ein neues Nest im Sandboden fertig gegraben ist. Die dort deponierte Spinne dient als Nahrung für die Brut. Es kommt nicht selten vor, dass sich zwei Wespen um eine erbeutete Spinne streiten **(4)**.

(1) *Anoplius viaticus*

(3) *Anoplius viaticus* mit Beute

(4) *Anoplius viaticus* mit Beute

Anoplius viaticus

(1) *Anoplius infuscatus*

(2) *Anoplius infuscatus*

(3) *Anoplius infuscatus*

Wegwespe

Anoplius infuscatus

L. 7-12 mm

Die **Wegwespe (1-3)** ähnelt der Trichterspinnen-Wegwespe (S. 997). Die ersten drei Segmente des Hinterleibes sind einfarbig hellrot gefärbt und nicht schwarz gerandet (vgl. Frühlings-Wegwespe S. 994). Der Vorderkörper ist nicht bereift und die Dornen an den Beinschienen sind weniger kräftig ausgebildet. Die Art wird in sandigen Kiefernwäldern und Heiden angetroffen. Als Nahrung für die Brut, die jeweils aus einer Larve besteht, werden größere Spinnen verschiedener Gattungen in die Erdnester eingebracht. Diese sind oft größer als die Wespe und müssen zuvor durch einen Stich gelähmt werden **(3)**. Erwachsene Wespen können öfter auf Doldenblütlern bei der Nektaraufnahme beobachtet werden **(1)**.

Trichterspinnen-Wegwespe
Agenioideus usurarius

L. 9–12 mm

Die **Wegwespe (1-3)** hat eine schwarze Grundfarbe. Der Hinterleib ist ungestielt und auf den ersten drei Segmenten mehr oder weniger braunrot aufgehellt. Der Vorderkörper, das Gesicht und Teile der langen Beine sind silbrig bereift. Die Fühler sind bei den Wegwespen generell ziemlich lang und gebogen. Bei dieser Art fallen die beiden besonders langen Dornen am Ende der hinteren Beinschienen auf. Ihrem Namen entsprechend überwältigen die Weibchen vorwiegend Trichterspinnen (Familie *Agelenidae*) für die Ernährung der Brut. Nester werden in Sandböden angelegt.

Agenioideus usurarius

(2) *Agenioideus usurarius*

Agenioideus usurarius

Tönnchen-Wegwespe
Auplopus carbonarius

L. 8-10 mm

Die **Wegwespe (1-3)** ist bis auf die transparenten Flügel vollkommen glänzend schwarz gefärbt. Die häufige Art hält sich gerne in der Nähe menschlicher Behausungen auf, wo sie in diversen Hohlräumen ihre Nester baut. Diese bestehen aus gruppenweise angeordneten, tonnenförmigen Brutzellen aus Lehm. Stattdessen werden auch Insektenhotels mit Niströhren angenommen (siehe Fotos). Die Brut wird vorwiegend mit Sackspinnen *(Clubiona)* oder Plattbauchspinnen *(Drassodes)*, aber auch anderen Arten versorgt. Aus Platzgründen werden den Opfern ganz oder teilweise die Beine abgebissen. Die Fotos **(2-3)** zeigen ein Weibchen vor den Schilfröhren eines Insektenhotels. Auf Bild **(3)** sind bereits die Eingänge mit Lehm verschlossen. In die Röhren wurden mehrere Spinnen eingelagert **(4)**. Ganz links im Bild **(4)** ist eine junge Wespenlarve zu sehen, die von Parasiten, vermutlich Goldwespen, bedrängt wird.

(2) *Auplopus carbonarius* ♀

(3) *Auplopus carbonarius* ♀

(4) *Auplopus carbonarius* Nestinhalt

(1) *Auplopus carbonarius* ♀

(1) *Dipogon variegatus*

Gescheckte Wegwespe

Dipogon variegatus

(Deuteragenia variegata)

L. 6-10 mm

Die **Wegwespe (1)** ist schwarz oder grauschwarz gefärbt. Namengebend sind die »gescheckten« Flügel. Sie sind im vorderen Teil transparent, hinten aber mit einer größeren schwarzbraunen Binde und einer weißen Spitze versehen. Die Art scheint in Brandenburg selten zu sein, da sie von uns nur einmal gesichtet wurde. In die in vorhandenen Hohlräumen von Felsen oder Steinmauern angelegten Nester werden für die Brut Krabbenspinnen *(Xysticus)* oder Sackspinnen *(Clubiona)* eingebracht.

Fotobeleg: Brandenburg, Glashütte bei Baruth, 5. 8. 2011.

Rotbeinige Wegwespe
Episyron rufipes

L. 8-13 mm

Die schwarze **Wegwespe (1-4)** besitzt am Hinterleib ein bis drei weiße Fleckenpaare. Teile des hinteren oder aller Beinpaare sind rotbraun oder gelborange gefärbt, die Schenkel vorwiegend schwarz. Die vorderen Tarsen sind mit auffälligen, kammartig angeordneten Stacheln besetzt **(1)**. Die Art kann in verschiedenen Sandbiotopen wie Trockenrasen oder offenen Stellen sandiger Kiefernwälder angetroffen werden. Die Nester baut das Weibchen im Sandboden. Als Proviant für die Brut werden Radnetzspinnen erjagt. Auf den Fotos **(3-4)** wird gerade eine Wespenspinne *(Argiope bruennichi)* an Grashalmen hochgeschleppt und dort eingeklemmt. Gelegentlich wird eine außerhalb des Nestes deponierte Beute von anderen Weibchen gestohlen.

(1) *Episyron rufipes* ♀

(2) *Episyron rufipes* ♀

(4) *Episyron rufipes* ♀ mit Opfer

) *Episyron rufipes* ♀ mit Opfer

(1) *Sirex juvencus* ♀

(2) *Sirex juvencus* ♀

Holzwespen (Fam. *Siricidae*)

Gemeine Holzwespe, Kiefern-Holzwespe
Sirex juvencus

L. 15–30 mm

Die **Holzwespe (1–2)** ist blauschwarz gefärbt. Kopf und Vorderkörper sind etwas struppig behaart und die Beine haben eine gelbliche Färbung. Weibchen (siehe Fotos) besitzen einen kräftigen Legebohrer. Am Ende des Hinterleibes sitzt noch ein dornartiger Fortsatz. Ihre transparenten Flügel sind mit groben, hervortretenden Adern versehen. Die etwas kleineren Männchen sind am Hinterleib gelblich gefärbt. Die Art besiedelt vorwiegend mit Kiefern bestandene Nadelwälder. Weibchen deponieren ihre Eier unter der Rinde der Nadelbäume. Die Larven bohren sich durch das Holz, wobei Bohrgänge von bis zu 7 mm Durchmesser entstehen. Sie ernähren sich anfangs von Pilzmyzel, später vom Holz selbst. Die gesamte Entwicklungsdauer kann bis zu vier Jahren betragen.

Riesen-Holzwespe
Urocerus gigas

L. 15-40 mm

Die **Holzwespe (1-4)** erinnert durch ihre schwarz-gelbe Färbung an eine Hornisse, kann aber den Menschen nicht stechen. Weibchen (siehe Fotos) haben einen sehr feinen Geruchssinn, mit dem sie frisch gefällte oder verletzte Nadelbäume, vorzugsweise Fichten und Tannen, finden. Mithilfe des langen Legebohrers werden die Eier tief im Holz deponiert **(3-4)**. Die Bohrlöcher können längs oder auch quer zur Faserrichtung des Holzes angelegt werden. Neben den Eiern werden auch Pilzsporen von Schichtpilzen der Gattung *Amylostereum* mit eingebracht. Der Pilz zersetzt das Holz und bereitet es damit als Nahrung für die junge Larve vor. Der schwarze, elastische Legebohrer entspringt etwa auf Mitte des Hinterleibes und sitzt in einer zweiteiligen, braunen Scheide.

Urocerus gigas ♀

(2) *Urocerus gigas* ♀

) *Urocerus gigas* ♀

(4) *Urocerus gigas* ♀

Schwertwespen (Fam. *Xiphydriidae*)

Schwertwespe
Xiphydria camelus

L. 13–16 mm

Die **Schwertwespe (1–2)** hat eine ähnliche Lebensweise wie Holzwespen der Familie *Siricidae*. Der Körper hat eine schwarze Grundfarbe. Auffällig sind zwei weiße Streifen an der Kopfoberseite. Am Hinterleib befinden sich an den Seiten mehrere weiße Dreiecke, die an einen Maikäfer erinnern. Die Beine sind dunkelrot. Weibchen (siehe Fotos) zeichnen sich durch eine säbelartig nach oben gebogene Legebohrerscheide am Ende des Hinterleibes aus. Darüber sitzt ein kurzer, sägeartiger Fortsatz, mit dem die Baumrinde für die Eiablage angeritzt wird. Die Art besiedelt geschwächte Laubhölzer, in denen sich die Larven entwickeln. Erlen *(Alnus)* sind wohl die häufigsten Wirtsbäume. Daher findet man die Schwertwespe nicht selten in Erlenbrüchen und Auwäldern. Das abgebildete Tier ist aus liegenden Pappelstämmen geschlüpft und noch mit Holzmehl bedeckt.

(1) *Xiphydria camelus* ♀

(2) *Xiphydria camelus* ♀

Weiden-Schwertwespe
Xiphydria prolongata

L. 11-14 mm

Die **Schwertwespe (1-3)** unterscheidet sich von der gänzlich schwarzen *Xiphydria camelus* (S. 1004) durch einen Hinterleib, der im mittleren Teil rot gefärbt ist. An den Seiten der einzelnen Segmente befinden sich weiße Flecken. Weiße Markierungen sind auch an den roten Beinen, am Kopf und im Schulterbereich des Vorderkörpers sichtbar. Die Art lebt vorwiegend an Weide *(Salix)*, deren Rinde für die Eiablage angebohrt wird **(3)**. Wir fanden die Schwertwespe an frisch gelagerten Stämmen in Gesellschaft mit ihrem Parasiten, der äußerst seltenen, zu den Pflanzenwespen gehörenden *Orussus abietinus* (S. 1049).

Fotobelege: Brandenburg, Glau, 8. 6. 2020.

) *Xiphydria prolongata* ♀

(2) *Xiphydria prolongata* ♀

3) *Xiphydria prolongata* ♀

Keulenwespen (Fam. *Sapygidae*)

Gemeine Keulenwespe
Sapyga clavicornis

L. 8-12 mm

Die **Keulenwespe (1-3)** ist sehr schlank, hat eine schwarze Grundfarbe und leicht keulenförmig erweiterte Fühler. Am Hinterleib befinden sich drei gelbe, mittig oft unterbrochene Querbänder, auf dem Endstück beim Weibchen (siehe Fotos) ist ein gelber Fleck. Bei Männchen ist dieser Fleck weiß. Kleinere gelbe Zeichen sitzen an Kopf und Vorderkörper. Die Wespe ist Brutparasit an Wildbienen. Wir fanden sie an einem Insektenhotel an den Nestern der Hahnenfuß-Scherenbiene *(Chelostoma florisomne)*, ihrem Hauptwirt, und der Stahlblauen Mauerwespe *(Osmia caerulescens)*.

(2) *Sapyga clavicornis* ♀

(1) *Sapyga clavicornis* ♀

(3) *Sapyga clavicornis* ♀

Erzwespen 1 (Fam. *Chalcididae*)

Erzwespe
Chalcis biguttata

L. 5-7 mm

Die **Erzwespe (1-2)** ist schwarz und an Kopf und Vorderkörper grob punktiert. Vor dem Flügelansatz und an den Beinen befinden sich weiße Flecken. Ein besonders auffälliges Gattungsmerkmal sind die verdickten, gebogenen Hinterschenkel. Die einzelnen Arten sind schwer zu bestimmen, vermutlich auch veränderlich. Der Name (*biguttata* = zweifleckig) bezieht sich vermutlich auf die seitlichen Flecken des Vorderkörpers. Alle Erzwespen sind Brutparasiten. Die Larven von *C. biguttata* entwickeln sich parasitisch in den Larven größerer Waffenfliegen der Gattung *Stratiomys*. Erwachsene Tiere besuchen Blüten, da sie sich von Nektar ernähren. Sehr ähnlich sind die Arten der verwandten Gattung *Brachymeria*, die jedoch eher gelblich gefleckt sind.

(2) *Chalcis biguttata*

(1) *Chalcis biguttata*

Erzwespe

Brachymeria femorata

L. 4–8 mm

Die **Erzwespe (1–2)** ist schwarz und besitzt auffallend gelbe Beine. Das hintere Beinpaar hat für Erzwespen typische verdickte Schenkel, die nur ab der unteren Hälfte hellgelb sind. Schienen und Tarsen aller weiteren Beinpaare sind ebenfalls gelb gefärbt. Die Abbildungen zeigen ein Weibchen, welches die Eier in Fremdnestern ablegt. Eindeutig bekannte Wirte, von deren Larven sich die Brut ernährt, sind Bärenfalter *(Arctiidae)* und der Zitronenfalter *(Gonepteryx rhamni)*, vermutlich aber auch weitere Tagfalter. Sehr ähnlich sieht die kleinere Erzwespe *B. tibialis* aus. Sie parasitiert Kleinschmetterlinge der Gattung *Zygaena*.

(1) *Brachymeria femorata* ♀

(2) *Brachymeria femorata* ♀

Erzwespen 2 (Fam. *Torymidae*)

Erzwespe
Monodontomerus* cf. *obscurus

L. 4-5 mm

Die **Erzwespe (1-2)** hat einen einfarbig dunklen Körper mit Erzglanz und mehr oder weniger rötlich gefärbte Augen. Der Hinterleib zeichnet sich durch drei hellere Haarbinden aus. Die transparenten Flügel besitzen ein wenig auffallendes, dunkles Mal an der Vorderkante. Weibchen (siehe Fotos) tragen einen dünnen Legestachel, welcher etwa die Länge des Hinterleibes hat. Die Gattung beherbergt einige sehr ähnlich aussehende Arten. Alle sind Brutparasiten anderer Insekten, z. B. von Wildbienen. Wir fanden die Tiere deshalb regelmäßig an einem Insektenhotel.

(1) *Monodontomerus obscurus* ♀

(2) *Monodontomerus obscurus* ♀

Goldwespen (Fam. *Chrysididae*)

Feuer-Goldwespe, Gemeine Goldwespe
Chrysis ignita

L. 6–13 mm

Die **Goldwespe (1–3)** gehört zu den häufigen und zugleich größten Arten der Familie *Chrysididae*. Kopf und Vorderkörper sind blaugrün gefärbt und grob punktiert. Der Hinterleib ist einheitlich violettrot und in drei breite und ein sehr schmales viertes Segment geteilt. Der Rand des letzten Segmentes (Analrand) ist vierfach gezähnt. Der gesamte Körper hat einen metallischen Glanz, der für alle Goldwespen typisch ist. Die Fotos zeigen Weibchen. Erwachsene Tiere sieht man gelegentlich an Doldenblütlern **(3)** beim Nektarsaugen. Weibchen halten sich oft in Nestnähe von Lehmwespen *(Ancistrocerus)* oder Wildbienen **(1–2)** auf, die parasitiert werden. Weibchen legen ihre Eier in deren Nester. Die schlüpfenden Larven fressen zunächst die Brut des Wirtes, später dessen Nahrungsvorräte. Es existieren einige sehr ähnlich aussehende Arten.

(1) *Chrysis ignita* ♀

(2) *Chrysis ignita* ♀

(3) *Chrysis ignita* ♀

Hedychrum nobile ♀

) *Hedychrum nobile* ♀

(3) *Hedychrum nobile* ♂

Sand-Goldwespe

Hedychrum nobile

L. 4–10 mm

Die **Goldwespe (1–3)** besitzt den Metallglanz und ähnliche Farben wie die Feuer-Goldwespe (S. 1010), die aber anders am Körper verteilt sind. Der Vorderkörper des Weibchens **(1–2)** ist an den ersten beiden Abschnitten rot gefärbt. Kopf und hinterer Teil des Vorderkörpers sind grün oder blaugrün. Der Hinterleib ist wieder rot, im hinteren Teil auch goldgelb aufgehellt. Das Männchen **(3)** ist kleiner und besitzt einen einheitlich blaugrünen Vorderkörper ohne Rotanteil. Die relativ häufige Art ist Brutparasit von Knotenwespen der Gattung *Cerceris*.

(1) *Hedychrum rutilans*

(2) *Hedychrum rutilans*

(3) *Hedychrum rutilans*

Bienenwolf-Goldwespe

Hedychrum rutilans

L. 6–10 mm

Die **Goldwespe (1–3)** ist durch relativ dunkle Flügel, weinroten Hinterleib und bunten Vorderkörper mit den Farben Weinrot, Goldgelb und Blaugrün gekennzeichnet. Die gesamte Oberfläche ist, wie für Goldwespen allgemein typisch, grob punktiert und besitzt einen metallischen Glanz. Die Abbildungen zeigen vermutlich weibliche Tiere, da die Männchen deutlich kleiner sind. Die Art ist, ihrem Namen entsprechend, ein Brutparasit des zu den räuberischen Wespen gehörenden Bienenwolfes. Wenn ein Weibchen für die Eiablage das Nest des Bienenwolfes aufsucht, wird es offensichtlich vom Wirt geduldet. Die Larven der Goldwespe fressen zuerst die Larve des Bienenwolfes, dann den aus Honigbienen bestehenden Nestproviant.

Blaue Goldwespe
Trichrysis cyanea

L. 4-8 mm

Die kleine **Goldwespe (1-2)** ist einfarbig grün, blaugrün oder blau gefärbt. Die Körperoberfläche ist grob punktiert und hat einen typischen Metallglanz. Der Rand des letzten Segmentes des Hinterleibes (Analrand) ist mit drei Zähnchen besetzt. Die Art findet man überall dort, wo Nester ihres Wirtes, der Grabwespengattung *Trypoxylon*, vorhanden sind. Wir finden sie regelmäßig an unserem Insektenhotel, an den Nesteingängen der Töpfer-Grabwespe *Trypoxylon figulus*. Dort deponiert die Blaue Goldwespe ihre Eier. Die bald schlüpfenden Larven fressen zuerst die Eier oder Larven der Grabwespe, dann den eingelagerten Proviant, der in diesem Fall aus Kugelspinnen besteht.

(1) *Trichrysis cyanea*

(2) *Trichrysis cyanea*

Goldwespe
Parnopes grandior

L. 8-14 mm

Die sehr seltene **Goldwespe (1-3)** ist die einzige Art ihrer Gattung. Kopf, Vorderkörper und Teile des Hinterleibes haben einen oft mehrfarbig grünlichen, bläulichen oder kupferfarbenen Metallglanz. Alle Oberflächen sind grob punktiert. Der Hinterleib ist auf den letzten Segmenten fleischrötlich gefärbt. Typisch sind auch die doppelt eingedellte Hinterleibsspitze und die große Schuppe an jedem Flügelgelenk. Die Art ist ein Brutparasit der Kreiselwespe. Nach Literaturangaben ist die Goldwespe imstande, die Sandnester des Wirtes aufzugraben und nach der Eiablage wieder zu verschließen.

Fotobelege: Brandenburg, Glau, an Brombeerblüten, 24. und 27. 6. 2020

(1) *Parnopes grandior*

(2) *Parnopes grandior*

(3) *Parnopes grandior*

Halmwespen (Fam. *Cephidae*)

Getreide-Halmwespe
Cephus pygmaeus

L. 6–11 mm

Die **Halmwespe (1–3)** ist glänzend schwarz gefärbt. Der Hinterleib trägt meistens zwei gelbgrüne Querbänder. Einige Flecken und dünnere Streifen in gleicher Farbe können auch an anderen Körperstellen auftreten. Die transparenten Flügel sind an der Vorderkante dunkel gerandet. Ein männliches Tier ist in Bild **(2)** dargestellt. Weibchen **(1)** tragen an der Spitze des Hinterleibes einen kurzen, schwarzen Legestachel. Damit stechen sie ihre Eier in Halme größerer Gräser, darunter auch Getreide. Die schlüpfenden Larven ernähren sich vegetarisch von der Wirtspflanze. Bei einem Massenvorkommen können dadurch wirtschaftliche Schäden entstehen. Erwachsene Tiere sind Blütenbesucher, die sich von Pollen und Nektar ernähren und damit auch wichtige Bestäuber sind. Oft sieht man die Halmwespen zu mehreren an gelben Blüten, beispielsweise Löwenzahn **(3)**.

(1) *Cephus pygmaeus* ♀

(2) *Cephus pygmaeus* ♂

(3) *Cephus pygmaeus*

Gichtwespen (Fam. *Gasteruptiidae*)

Gichtwespe
Gasteruption assectator

L. 8-14 mm

Die **Gichtwespe (1-4)** ist eine häufige Vertreterin der Gattung. Durch ihre eigenwillige Körperform ist sie leicht als Gichtwespe zu erkennen. Die Bestimmung der Arten ist jedoch nicht so einfach. Das Weibchen **(1-2)** hat auf dem sehr schlanken, keulenförmigen Hinterleib drei bis vier dunkelrote Flecken. Am Ende trägt es einen kurzen Legestachel. Schenkel und Schienen der Hinterbeine sind keulenförmig erweitert. Männchen **(3-4)** sehen sehr ähnlich aus. Ihnen fehlt nur der Legestachel. Adulte Tiere sind Blütenbesucher, da sie sich von Nektar ernähren. Die Art ist ein Brutparasit an Wildbienen, weshalb sie sich häufig an Nisthilfen aufhält. Als Wirte kommen mehrere Bienengattungen infrage, darunter Mauerbienen *(Osmia)*, Maskenbienen *(Hylaeus)* und Seidenbienen *(Colletes)*.

(1) *Gasteruption assectator* ♀

(2) *Gasteruption assectator* ♀

(3) *Gasteruption assectator* ♂

(4) *Gasteruption assectator* ♂

(1) *Gasteruption jaculator* ♀

(2) *Gasteruption jaculator* ♀

Gichtwespe

Gasteruption jaculator

L. 13–18 mm

Die **Gichtwespe (1–2)** hat eine ähnliche Lebensweise wie *G. assectator* (S. 1016), da sie ebenfalls Wildbienen parasitiert. Man findet sie auch an denselben Standorten zur gleichen Jahreszeit. Das Weibchen (siehe Fotos) zeichnet sich durch einen körperlangen Legestachel aus, der an der Spitze weiß abgesetzt ist. Unterschiede werden auch an der Färbung des Hinterleibes sichtbar: Hier sind die ersten Segmente komplett rot und nicht nur gefleckt. Männliche Tiere beider Arten sind schwer auseinanderzuhalten. Die Gattung *Gasteruption* wird in Mitteleuropa durch 12 Arten vertreten.

Schlupfwespen (Fam. *Ichneumonidae*)

Schlupfwespe
Ichneumon xanthorius

L. 14–16 mm

Die **Schlupfwespe (1–3)** ist in typischer Weise schwarz-gelb gezeichnet. Der gestielte Hinterleib trägt drei gelbe Querbinden und mehrere gelbe Flecken. Die dunklen Fühler sind in der unteren Hälfte gelbrot gefärbt. An Kopf und Vorderkörper befinden sich noch weitere gelbe Flecken und Linien, deren Form und Anordnung bei der Bestimmung genau beachtet werden müssen. Die Abbildungen zeigen ein Weibchen. Bei männlichen Tieren sind die Fühler durchgehend schwarz. Die vorderen drei Segmente sind gelb, die nachfolgenden schwarz gefärbt. Schlupfwespen der Gattung *Ichneumon* parasitieren Schmetterlinge. Die Weibchen von *I. xanthorius* stechen mit ihrem sehr kurzen Legebohrer Puppen verschiedener Eulenfalter *(Noctuidae)* an und platzieren dort ein Ei. Die geschlüpfte Larve frisst die Puppe von innen auf. Erwachsene Tiere ernähren sich von Nektar und Pollen diverser Kräuter.

(1) *Ichneumon xanthorius* ♀

(2) *Ichneumon xanthorius* ♀

(3) *Ichneumon xanthorius* ♀

Schlupfwespe
Ichneumon albiger

L. 10–16 mm

Die **Schlupfwespe (1–2)** hat eine schwarze Grundfarbe. Die ersten beiden Segmente des Hinterleibes und Teile der Beine, auch die hinteren Tarsen sind dunkelrot gefärbt. An der Hinterleibsspitze befinden sich drei weiße Flecken, die aber auch bei anderen Arten vorkommen. Das Schildchen des Vorderkörpers und der Mittelteil der Fühler sind ebenfalls weiß. Die Fotos zeigen ein Weibchen. Die Art parasitiert diverse Schmetterlings-Arten aus der Familie der Eulenfalter *(Noctuidae)*. Zur Eiablage werden deren Puppen angestochen. Sehr ähnlich ist *I. bucculentus* (S. 1020), deren Tarsen des hinteren Beinpaares schwarz gefärbt sind.

(1) *Ichneumon albiger* ♀

(2) *Ichneumon albiger* ♀

Schlupfwespe
Ichneumon bucculentus

L. 10-15 mm

Die **Schlupfwespe (1-2)** ähnelt der verwandten *I. albiger* (S. 1019) in fast allen Merkmalen. Die Tarsen (Fußglieder) des hinteren Beinpaares sind jedoch schwarz gefärbt. Bei *I. albiger* sind sie dunkelrot. Die Abbildungen zeigen ein Weibchen. Männliche Tiere sind schwarz-gelb gezeichnet und besitzen vollkommen schwarze Fühler. Auch die weißen Flecken an der Spitze des Hinterleibes fehlen. Sie sind von den Männchen verwandter Arten kaum unterscheidbar. Es ist anzunehmen, dass auch diese Art Eulenfalter parasitiert. Ursprünglich wurde angenommen, dass die Dreizack-Graseule *(Cerapteryx graminis)* ein bevorzugter Wirt ist. Das hat sich aber bis heute nicht bestätigt.

(1) *Ichneumon bucculentus* ♀

(2) *Ichneumon bucculentus* ♀

Ichneumon inquinatus ♀

(2) *Ichneumon inquinatus* ♀

Schlupfwespe
Ichneumon inquinatus

L. 12–16 mm

Die **Schlupfwespe (1–2)** ist vorwiegend schwarz gefärbt. Dadurch fallen die beiden gelben Flecken an der Spitze des Hinterleibes und das gelbe Schildchen des Vorderkörpers besonders auf. Wie bei vielen Weibchen (siehe Fotos) der Gattung sind die schwarzbraunen Fühler im Mittelteil weiß aufgehellt. An den Beinen fällt auf, dass die hinteren Schienen eine rotbraune Farbe haben. Die schwarz-gelb gefärbten Männchen ähneln denen der anderen hier beschriebenen Arten. Weibchen stechen zur Eiablage mit ihrem sehr kurzen Legebohrer Puppen von Eulenfaltern an, insbesondere von Kätzcheneulen der Gattung *Orthosia*. Die bald schlüpfenden Larven fressen die Puppe von innen auf.

Schlupfwespe
Alomya semiflava

L. 13–18 mm

Die **Schlupfwespe (1)** ist an Kopf und Vorderkörper schwarz gefärbt und hat im Verhältnis zur Körpergröße relativ lange Fühler. Ein auffälliges, dunkles Flügelmal ist an den transparenten Flügeln nicht vorhanden. Der gestielte Hinterleib ist rot-schwarz und die Beine sind in etwas variabler Abstufung schwarz-rot-gelb gefärbt. Die Abbildung zeigt ein Männchen. In der Gattung sind mehrere ähnlich aussehende, parasitisch lebende Arten enthalten, deren Weibchen ihre Eier in Raupen verschiedener Nachtfalter, z. B. Eulenfalter oder Glucken, deponieren. Die schlüpfenden Larven fressen die Raupen von innen auf. Erwachsene Tiere sind Blütenbesucher an Doldenblütlern, von deren Nektar sie sich ernähren.

(1) *Alomya semiflava* ♂

(1) *Anomalon cruentatum* ♂

(2) *Anomalon cruentatum* ♂

Schlupfwespe

Anomalon cruentatum

L. 10–14 mm

Die **Schlupfwespe** (1–2) wirkt durch ihren dünnen, lang keulenförmigen Hinterleib sehr feingliedrig. Die transparenten Flügel sind auffallend kurz und besitzen ein schwarzes Mal am Vorderrand. Männchen (siehe Fotos) sind am Körper schwarz gefärbt. Nur das vordere Beinpaar ist blass. Weibchen (nicht abgebildet) sind an Kopf und Vorderkörper rötlich gefärbt. Sie besitzen einen relativ kurzen Legestachel, mit dem sie die Eier in Larven von Schwarzkäfern oder Eulenfaltern einstechen. Die Wirtslarven überleben einen Befall nicht. Wir fanden eine mehrzählige Gruppe männlicher Tiere nur einmal auf den Blättern der Spätblühenden Traubenkirsche *(Prunus serotina)*.

Fotobelege: Brandenburg, nahe Streganz, 17. 6. 2017.

Schlupfwespe
Apechthis compunctor

L. 8–16 mm

Die **Schlupfwespe (1-3)** hat einen glänzend schwarzen Körper und rote, an den hinteren Schenkeln verdickte Beine. Die glasklaren Flügel sind durch ein schwarzes Mal gekennzeichnet. Weibchen (siehe Fotos) besitzen einen kurzen, kräftigen Legestachel, der an der Spitze leicht nach unten gekrümmt ist **(1)**. Das unterscheidet diese Art von der sehr ähnlichen Schwarzen Schlupfwespe (S. 1042), deren Legestachel vollkommen gerade ist. Die Arten der Gattung *Apechthis* sind Parasiten an verschiedenen Schmetterlingen. Weibchen deponieren ihre Eier in den Puppen der Wirte und werden daher als »Puppenparasiten« bezeichnet. Sie befallen Schmetterlings-Arten, deren Puppen an Pflanzen oder in Erdnähe, jedoch nicht im Erdboden platziert werden.

Apechthis compunctor ♀

(2) *Apechthis compunctor* ♀

Apechthis compunctor ♀

Schlupfwespe

Callajoppa cirrogaster

L. 22–28 mm

Die **Schlupfwespe (1–4)** ist auffällig orange gefärbt. Die Spitze des Hinterleibes kann über einige Segmente schwarz abgesetzt sein. Männchen **(1–2)** besitzen dunkle Fühler und einen teils orange gefärbten Vorderkörper. Bei den Weibchen **(3–4)** ist der Vorderkörper bis auf das gelbe Schildchen und schmale Seitenlinien schwarz. Die Fühler sind zumindest im unteren Bereich gelblich. Der weibliche Legeapparat ist sehr kurz. Damit werden die Eier an Schwärmerraupen, vorwiegend Lindenschwärmer *(Mimas tiliae)* und Kiefernschwärmer *(Sphinx pinastri)*, deponiert. Die Puppen werden von der Wespenlarve von innen her aufgefressen.

Fotobelege: Männchen: Brandenburg, Glashütte bei Baruth, an im Freien stehender Topfpflanze, 3. 9. 2011. Weibchen: Brandenburg, Streganz, aus einer verpuppten Raupe von *Mimas tiliae* geschlüpft, 28. 5. 2020.

(1) *Callajoppa cirrogaster* ♂

(3) *Callajoppa cirrogaster* ♀

(4) *Callajoppa cirrogaster* ♀

Callajoppa cirrogaster ♂

Schlupfwespe

Coelichneumon cyaniventris

L. 12–15 mm

Die **Schlupfwespe (1)** ist schwarz gefärbt und besitzt nur wenige weiße Aufhellungen. Diese befinden sich auf Mitte der langen Fühler, auf dem Schildchen des Vorderkörpers und als schmale Querbänder oder Flecken auf dem kurz gestielten Hinterleib. Die Flügel sind bräunlich eingefärbt. Die Abbildung zeigt ein Weibchen, was an dem sehr kurzen Legebohrer am Ende des Hinterleibes zu erkennen ist. Die Gattung *Coelichneumon* beherbergt zahlreiche, teils sehr ähnlich aussehende Arten. Sie parasitieren diverse Nachtfalter, z. B. Schwärmer oder Eulenfalter. Die Larven entwickeln sich erst in den Puppen der Wirte, die von innen aufgefressen werden.

(1) *Coelichneumon cyaniventris* ♀

Coleocentrus excitator ♀

(2) *Coleocentrus excitator* ♀

Schlupfwespe
Coleocentrus excitator

L. ca. 15 mm

Die **Schlupfwespe (1-2)** ist durch lange Fühler und rotgelbe Beine gekennzeichnet. Der Hinterleib ist oberseits (an den Tergiten) mit mehreren weißlichen Querbändern besetzt, die sich teilweise auch an der Unterseite (an den Sterniten) fortsetzen. Der schwarze Körper ist überall mit kurzen, gelblichen Haaren bedeckt. Das Weibchen (siehe Fotos) besitzt einen körperlangen Legestachel. Mit diesem werden, ähnlich wie bei Holzwespen, in totem Laubholz befindliche Insektenlarven angestochen und mit einem Ei belegt. Die schlüpfende Larve ernährt sich zunächst von der Wirtslarve, später von morschem Holz.

Schlupfwespe
Cratichneumon flavifrons

L. 9-12 mm

Die **Schlupfwespe (1)** ist an Kopf und Körper schwarz gefärbt. Die langen, schwarzen Fühler haben, wie bei vielen Schlupfwespen, einen weißen Mittelbereich. Auffallend sind die durch die Farben Schwarz-Rot-Weiß bunt wirkenden Beine. Das Foto zeigt ein Weibchen, dessen kurzer Legestachel üblicherweise verdeckt ist. Männchen weichen in ihren Farben etwas ab. Beispielsweise ist ihr Gesicht gelb gefärbt, worauf sich der Artname (*flavifrons* = mit gelber Stirn) bezieht. Weibchen deponieren ihre Eier in Puppen verschiedener Schmetterlings-Arten. Als Wirte sind der Buchen-Streckfuß *(Elkneria pudibunda)* und die Kiefern-Eule *(Panolis flammea)* bekannt.

(1) *Cratichneumon flavifrons* ♀

Schlupfwespe
Cratichneumon sicarius

L. 16–25 mm

Die **Schlupfwespe (1–3)** gehört zu den größeren Arten der Gattung. Sie ist auf schwarzem Grund stellenweise weiß gezeichnet. Der kurz gestielte Hinterleib ist zumindest beim Männchen (siehe Fotos) zwischen den einzelnen Segmenten deutlich eingeschnürt. Diese besitzen einfarbig schwarze Fühler und schwarzweiße Beine. Beim Weibchen ist es umgekehrt: Die Fühler sind in der Mitte weiß gebändert, dafür sind die Beine vollkommen dunkel. Der Legebohrer des Weibchens ist sehr kurz. Vermutlich parasitiert die Art Raupen von Schmetterlingen.

(1) *Cratichneumon sicarius* ♂

(2) *Cratichneumon sicarius* ♂

(3) *Cratichneumon sicarius* ♂

(1) *Crypteffigies lanius* ♂

(2) *Crypteffigies lanius* ♂

Schlupfwespe

Crypteffigies lanius

L. 8–11 mm

Die **Schlupfwespe (1–2)** ist vorwiegend schwarz und rot gefärbt. Die glasklaren Flügel besitzen ein schwarzes Mal an der Vorderkante. Der rote Hinterleib des Männchens (siehe Fotos) ist an beiden Enden geschwärzt und die langen Fühler sind durchgehend schwarz. Weibchen sind an ihren im Mittelteil weiß gebänderten Fühlern und dem deutlich sichtbaren Legestachel leicht zu unterscheiden. Die Art lebt parasitisch, vermutlich an Schmetterlingslarven.

(1) *Diphyus luctatorius* ♂

(2) *Diphyus luctatorius* ♂

(3) *Diphyus luctatorius* ♂

Schlupfwespe

Diphyus luctatorius

L. 14–18 mm

Die **Schlupfwespe (1–3)** gehört zu einer Artengruppe, bei denen Männchen und Weibchen recht unterschiedlich aussehen können (Geschlechtsdimorphismus). Männchen (siehe Fotos) sind auffallend schwarz-gelb gefärbt, die Fühler einfarbig schwarz. Der Hinterleib ist mit dem Vorderkörper durch einen dünnen, oft schwarzen Stiel verbunden. Bei dieser Art ist die Ansatzstelle zum Hinterleib (erstes Segment) gelb gefärbt. In Draufsicht erscheinen daher die ersten drei Segmente gelb **(3)**. Ähnliche Arten haben nur zwei gelbe Segmente. Weibchen der Gattung *Diphyus* haben Fühler, die in der Mitte weiß geringelt sind. Die Farbtöne der Beine sind eher rötlich und am Hinterleib überwiegen meist schwarze Farben. Ihr Legeapparat ist sehr kurz. Alle Arten der Gattung parasitieren größere Schmetterlinge (Eulenfalter, Spanner, Wickler), deren Raupen mit einem Ei belegt werden. Die geschlüpfte Wespenlarve frisst die Wirtsraupe von innen auf. Bei der ähnlichen Vierfleck-Schlupfwespe *(D. quadripunctorius)* wurde entdeckt, dass Weibchen in größerer Zahl in Felshöhlen und Bergwerksstollen überwintern. Im Jahre 2017 wurde sie deshalb zum »Höhlentier des Jahres« gekürt. Seitdem werden *Diphyus*-Arten als »Höhlenschlupfwespen« bezeichnet.

Schlupfwespe
Diphyus amatorius

L. 15-20 mm

Die männlichen **Schlupfwespen (1-2)** sind denen von *D. luctatorius* (S. 1030) sehr ähnlich. Der stielförmige Teil des Hinterleibes ist jedoch in ganzer Länge schwarz gefärbt **(2)**. Der Hinterleib hat demnach nur zwei gelbe vordere Segmente, während die restlichen schwarz gefärbt sind. Die Flügel sind auch nicht glasklar, sondern etwas bräunlich eingefärbt. Das Weibchen (nicht abgebildet) besitzt am Hinterleib ein vorderes rotorange gefärbtes Segment. Der hintere, schwarze Teil ist mehrfach weiß gebändert. Das Männchen der Gelben Schlupfwespe *(Amblyteles armatorius)* ist dem abgebildeten Männchen sehr ähnlich und schon vom Namen her leicht zu verwechseln.

(1) *Diphyus amatorius* ♂

(2) *Diphyus amatorius* ♂

Schlupfwespe
Diphyus palliatorius

L. 15-18 mm

Die Männchen der **Schlupfwespe (1-2)** weichen äußerlich von den anderen hier beschriebenen *Diphyus*-Arten nur wenig ab. Der Stielteil des Hinterleibes ist vollkommen schwarz. Die ersten drei Segmente sind gelbrötlich, gefolgt von mehr oder weniger schwarzen Segmenten. Die Fühler haben eine durchgehend schwarze Farbe, wie bei allen männlichen Arten der Gattung. Ein unterscheidendes Merkmal sind die schmalen gelben Schulterstreifen an den Seiten des Vorderkörpers. Die Augen können einen deutlichen Braunton aufweisen **(1)**. Bild **(2)** zeigt ein Männchen bei der Nektaraufnahme. Doldenblütler werden besonders gerne besucht. Bei Weibchen (nicht abgebildet) sind die dunklen Fühler im Mittelteil gelblich.

(1) *Diphyus palliatorius* ♂

(2) *Diphyus palliatorius* ♂

(1) *Dolichomitus imperator* ♀

(2) *Dolichomitus imperator* ♀

Riesen-Schlupfwespe

Dolichomitus imperator

L. 25–35 mm, mit Legebohrer bis 80 mm

Die **Schlupfwespe (1–2)** gehört wegen ihres besonders langen Legeapparates zu den imposantesten Arten. Der Körper ist schwarz und am Kopf befinden sich dünne, lange Fühler. Der in einer Scheide sitzende, elastische Legebohrer des Weibchens (siehe Fotos) ist noch etwas länger als der Körper. Die Beine sind, bis auf die dunkleren hinteren Schienen und Tarsen, rot gefärbt. Schenkel sind etwas verdickt. Am Vorderrand der Flügel befindet sich ein schwarzes Mal. Die Wespe kann durch Wahrnehmung von Vibrationen und Geruch die Wirtslarven (besonders Käferlarven) im Totholz aufspüren. Diese werden mit einem Ei belegt. Es ist ein Erlebnis, beobachten zu können, wie die Wespe mit drehenden Bewegungen ihren Stachel in das Holz treibt. Die geschlüpfte Wespenlarve ernährt sich von der des Wirtes. Die häufigere Schwesterart *D. mesocentrus* (S. 1034) besitzt ein gelbbräunliches Flügelmal. Die Rotbeinige Holzschlupfwespe *(Ephialtes manifestator)* ist äußerlich kaum unterscheidbar. Sie parasitiert Larven diverser Hautflügler, darunter auch Holzwespen der Gattung *Sirex*.

Riesen-Schlupfwespe
Dolichomitus mesocentrus

L. 25–35 mm, mit Legebohrer bis 80 mm

Die **Schlupfwespe (1–4)** ist der Schwesterart *D. imperator* (S. 1033) sehr ähnlich. Sie ist etwas häufiger und unterscheidet sich durch ihr bräunliches Flügelmal, welches bei *D. imperator* schwarz gefärbt ist. Auf Bild **(2)** ist das Flügelmal gut zu erkennen. Beide Arten stehen in Nahrungskonkurrenz, da sie gleiche Lebensräume besiedeln. *D. mesocentrus* parasitiert in der Regel Bockkäferlarven. Beim Bohren wird die Scheide senkrecht nach oben geklappt **(3)**. Auf Bild **(4)** wird der Legebohrer nach der Eiübertragung bereits wieder herausgezogen. Auf dem Birkenstumpf sind Fruchtkörper eines holzzerstörenden Pilzes (Buckel-Tramete, *Trametes gibbosa*) zu sehen. Durch die vom Pilz erzeugte Weißfäule kann das Holz von der Wespe leichter durchdrungen werden.

(4) *Dolichomitus mesocentrus* ♀

(1) *Dolichomitus mesocentrus* ♀

(2) *Dolichomitus mesocentrus* ♀

3) *Dolichomitus mesocentrus* ♀

Schlupfwespe
Dusona falcator

L. 12–15 mm

Die **Schlupfwespe (1–2)** hat einen schlanken, von oben betrachtet abgeflachten Hinterleib, der lang gestielt ist. Der größte Teil der Beine und die ersten drei Segmente des Hinterleibes sind hellgelb. Alle anderen Körperteile, einschließlich der langen Fühler, sind schwarz gefärbt. Die glasklaren Flügel tragen an der Vorderkante ein schwarzes Mal. Das abgebildete Weibchen besitzt einen sehr kurzen Legestachel, mit dem die Raupen des Mondvogels *(Phalera bucephala)* mit einem Ei kontaminiert werden. Die daraus entstehende Larve ernährt sich von der Raupe und überwintert später in einem Kokon. Die sehr artenreiche Gattung *Dusona* ist durch typischen Körperbau und Farbgebung gekennzeichnet. Die hellgelben Farbbereiche sind oft durch Rot oder Gelborange ersetzt.

(1) *Dusona falcator* ♀

(2) *Dusona falcator* ♀

Schlupfwespe
Dusona petiolator

L. 12–15 mm

Die **Schlupfwespe (1–2)** ähnelt in Körperform und Größe der Gattungsgenossin *D. falcator* (S. 1036). Einige Segmente des Hinterleibes sind hier aber nicht gelb, sondern rot gefärbt. Die Beine sind teilweise rotbraun aufgehellt. Die Abbildungen zeigen Weibchen, was an dem kurzen Legestachel zu erkennen ist **(1)**. Die Art parasitiert Raupen verschiedener Spanner. Als Wirte werden Großer Berberitzenspanner *(Hydria cervinalis)*, Großer Kreuzdornspanner *(Philereme transversalis)* und Großer Speerspanner *(Rheumaptera hastata)* genannt. Erwachsene Tiere besuchen zwecks Aufnahme von Nektar und Pollen die Blüten verschiedener Kräuter und Bäume.

(1) *Dusona petiolator* ♀

(2) *Dusona petiolator* ♀

Schlupfwespe
Heterischnus truncator

L. ca. 16 mm

Die **Schlupfwespe (1)** besitzt einen schwarzen, zylindrischen Hinterleib, der seitlich mit blauweißen, strichförmigen Querflecken versehen ist. Auch die Unterseite ist in gleicher Farbe aufgehellt. Zum rot-schwarzen Vorderkörper besteht eine stielartige Verbindung. Die Beine sind rot gefärbt. Das Foto zeigt ein Männchen, welches sehr selten abgebildet ist. Weibliche Tiere haben einen breiteren Hinterleib, der am zugespitzten Ende einen kurzen Legestachel trägt. Die Fühler sind in der Mitte schmal weißlich geringelt. Über die offensichtlich seltene, wärmeliebende Art ist wenig zu erfahren. Nach Funden in der Türkei soll sie Raupen von Schmetterlingen parasitieren, darunter die Karden-Sonneneule *(Heliothis viriplaca)* und die Kiefern-Eule *(Panolis flammea)*.

Fotobeleg: Berlin, südliche Stadtgrenze, Privatgarten, 22. 6. 2012.

(1) *Heterischnus truncator* ♂

(1) *Megarhyssa perlata* ♂

(2) *Megarhyssa perlata* ♂

Schlupfwespe
Megarhyssa perlata

L. 25–30 mm

Die **Schlupfwespe (1–2)** ist auffällig gelbrot gefärbt. Bei dem abgebildeten Männchen ist der leuchtend rote Hinterleib schlank zylindrisch und trägt in gleichmäßigen Abständen einige schwarze Flecken. Vorderkörper und Beine sind gelbrot. Weibchen (nicht abgebildet) besitzen einen schlank keulenförmigen Hinterleib, an dessen Ende ein besonders langer Legebohrer sitzt. Er ist etwa doppelt so lang wie der Körper. Wir fanden nur einmal eine kleine Ansammlung männlicher Exemplare auf einem liegenden Birkenstamm. Weibliche Tiere waren leider nicht dabei. Wirte dieser parasitischen Art sind Holzwespenlarven der Familie *Siricidae*.

Fotobelege: Berlin, Kohlhasenbrück, auf liegendem Birkenstamm, 30. 5. 2013.

Schlupfwespe
Megarhyssa vagatoria

L. 25–30 mm

Die **Schlupfwespe (1)** besitzt die gleiche Statur und Größe wie ihre Gattungsgenossin *M. perlata* (links). Die Grundfarbe des Männchens (siehe Abbildung) ist jedoch glänzend schwarz. Vorderkörper und Hinterleib sind mit wenig auffallenden roten Zeichen markiert und die Beine sind vollkommen rot. Das abgebildete Männchen fanden wir zusammen mit *M. perlata* auf demselben Birkenstamm. Weibchen (nicht abgebildet) sind rotorange gefärbt und haben am leicht verdickten Hinterleib einige gelbe Flecken. Ihr Legebohrer ist etwa doppelt so lang wie der Körper. Die Lebensweise entspricht der von *M. perlata*.

Fotobeleg: Berlin, Kohlhasenbrück, auf liegendem Birkenstamm, 30. 5. 2013.

(1) *Megarhyssa vagatoria* ♂

Schlupfwespe
Metopius fuscipennis

L. ca. 15 mm

Die **Schlupfwespe (1–2)** ist mattschwarz und kurz silbrig behaart. Die Flügel sind rauchgrau abgedunkelt. Am Hinterleib befinden sich zwischen den eingeschnürten Segmenten insgesamt drei dünne, gelbe Querbänder. Die Schenkel des hinteren Beinpaares sind etwas verdickt. Die Abbildungen zeigen ein Männchen beim Blütenbesuch an Wald-Engelwurz *(Angelica sylvestris)*. Die Art parasitiert Larven von Spannerfaltern, z. B. dem Zackenbindigen Rindenspanner *(Ectropis crepuscularia)*. Die Weibchen dürften demnach einen recht kurzen Legebohrer aufweisen. Über das Aussehen der weiblichen Tiere liegen mir keine gesicherten Angaben vor.

(1) *Metopius fuscipennis* ♂

(2) *Metopius fuscipennis* ♂

Schlupfwespe
Odontocolon dentipes

L. ca. 15 mm

Die allgemein verbreitete **Schlupfwespe (1-3)** hat einen schwarzen Körper und rote Beine. Das Weibchen (siehe Fotos) besitzt einen etwa körperlangen Legebohrer. Der Name *dentipes* (= Zahnfuß) deutet auf ein wichtiges, für die Gattung typisches Merkmal hin: Am verdickten Schenkel des hinteren Beinpaares sitzt ein spitzer, nach unten gerichteter Zahn (2). Männchen sehen sehr ähnlich aus. Ihnen fehlt naturgemäß der Legebohrer. Die Art hält sich vorwiegend im Nadelwald auf, da dort auch ihre Wirte (Larven von Bock- und Prachtkäfern) vorkommen. Zur Nektaraufnahme erscheint die Wespe auch in Gärten an verschiedenen Blüten. Bei der sehr ähnlich aussehenden *O. geniculatum* sind die hinteren Beinschienen des Weibchens dunkel gefärbt und das Männchen besitzt einen schwarzen, gezahnten Hinterschenkel.

(1) *Odontocolon dentipes* ♀

(2) *Odontocolon dentipes* ♀

(3) *Odontocolon dentipes* ♀

Perithous septemcinctorius ♀

(2) *Perithous septemcinctorius* ♀

Schlupfwespe

Perithous septemcinctorius

L. 9–12 mm

Die **Schlupfwespe (1–2)** hat einen relativ zierlich gebauten Körper, der hübsch gezeichnet ist. Vorderkörper und Beine sind größtenteils rot gefärbt, Kopf und Hinterleib glänzend schwarz. Dem Namen entsprechend (*septemcinctorius* = siebenfach gegürtelt) ist der Hinterleib mit sieben dünnen Querbinden versehen. Die einzelnen Segmente sind deutlich eingeschnürt. Kopf und Vorderkörper sind ebenfalls durch weiße Zeichen verziert. Das Weibchen (siehe Fotos) trägt am Ende des Hinterleibes einen mehr als körperlangen Legebohrer. Männchen sind bis auf das Fehlen des Legebohrers und weißliche Beine recht ähnlich. Die Art parasitiert Larven von Grabwespen, weshalb sie öfter an Nisthilfen auftaucht.

Schwarze Schlupfwespe

Pimpla rufipes

(Pimpla instigator)

L. 12–20 mm

Die **Schlupfwespe (1–2)** ist am Körper schwarz gefärbt und hat rote Beine, bei denen die Schenkel leicht verdickt sind. Am Vorderrand der transparenten Flügel befindet sich ein schwarz-weißes Flügelmal. Weibchen (siehe Fotos) tragen einen relativ kurzen Legebohrer, der vollkommen gerade ist. Dieser wird zur Eiablage in Puppen diverser Schmetterlings-Arten benutzt. Männchen sind ähnlich, haben aber keinen Legebohrer. Erwachsene Tiere können öfter am Rainfarn *(Tanacetum)* bei der Nektaraufnahme beobachtet werden. Die Art kann leicht mit der Schlupfwespe *Apechthis compunctor* (S. 1023) verwechselt werden, deren Legebohrer an der Spitze leicht nach unten gebogen ist.

(1) *Pimpla rufipes* ♀

(2) *Pimpla rufipes* ♀

Schlupfwespe
Polysphincta boops

L. 8–11 mm

Die schwarze **Schlupfwespe (1–2)** besitzt auffallend helle Beine, ein gelbliches Schildchen und helle, punktförmige Flecken an den Seiten des Vorderkörpers. Beim Männchen (siehe Fotos) ist der Hinterleib schlank zylindrisch und an der Bauchseite weißlich aufgehellt. Weibchen (nicht abgebildet) tragen einen Legebohrer, der etwa halb so lang wie der Hinterleib ist. Die Art ist ein Parasit an diversen Radnetzspinnen. Besonders die Kürbisspinne *(Araniella cucurbitina)* wird genannt. Das Weibchen deponiert mithilfe ihres Legebohrers ein Ei an der erwachsenen Spinne. Die geschlüpfte Junglarve der Wespe überwintert mit der Spinne zusammen und ernährt sich von deren Körperflüssigkeit, was letztendlich zum Tod der Spinne führt.

(1) *Polysphincta boops* ♂

(2) *Polysphincta boops* ♂

Holzwespen-Schlupfwespe
Rhyssa persuasoria

L. 20-38 mm, mit Legebohrer bis 85 mm

Die **Schlupfwespe (1-3)** erinnert an die Riesen-Schlupfwespen der Gattung *Dolichomitus* (S. 1033-1035), ist aber auf ihrem schwarzen Körper mit weißen Strichen und Punkten verziert. Das Weibchen **(1-2)** besitzt einen mehr als körperlangen Legebohrer. Bei den ähnlich gezeichneten Männchen **(3)** ist der Hinterleib zylindrisch und der Legebohrer fehlt. In beiden Geschlechtern sind die Beine bis auf die hinteren Schienen und Tarsen rot gefärbt. Weibchen spüren vorwiegend an Nadelholzstämmen Larven oder Puppen von Holzwespen (Fam. *Siricidae*) auf, die mittels ihres Legebohrers durch einen Stich gelähmt und mit einem Ei belegt werden. Die geschlüpfte Larve frisst im vierten Stadium die Holzwespen-Larve komplett auf. Sie verpuppt sich und überwintert im Holz. Normalerweise schlüpft das fertige Tier im Frühjahr des folgenden Jahres. Erwachsene Wespen ernähren sich von Honigtau und Kiefernnadeln. Blüten werden nicht besucht.

(2) *Rhyssa persuasoria* ♀

(3) *Rhyssa persuasoria* ♂

(1) *Rhyssa persuasoria* ♀

Schlupfwespe
Rhyssella approximator

L. 20-25 mm, mit Legebohrer bis 60 mm

Die **Schlupfwespe (1-3)** erscheint wie eine kleinere Ausgabe der Holzwespen-Schlupfwespe (S. 1044). Ihr fehlen aber die weißlichen Zeichnungen auf dem schwarzen Körper. Am schwarzen Hinterleib können bei bestimmten Bewegungen zwischen den einzelnen Segmenten dünne, blauweißliche Querlinien auftreten. Weibchen (siehe Fotos) tragen an der Spitze des Hinterleibes einen langen Legebohrer, der für die Eiablage im Laubholz befindlicher Larven von Schwertwespen *(Xiphydria)* zum Einsatz kommt. Die Gattung *Rhyssella* enthält mehrere sehr ähnlich aussehende Arten.

) *Rhyssella approximator* ♀

(2) *Rhyssella approximator* ♀

) *Rhyssella approximator* ♀

(1) *Stenichneumon militarius* ♀

(2) *Stenichneumon militarius* ♀

Schlupfwespe
Stenichneumon militarius

L. 14–16 mm

Die **Schlupfwespe (1–2)** hat eine schwarze Grundfarbe. Auffallend sind bei dieser Art die weiß abgesetzten Beinschienen und die weiße Bänderung in der Mitte der kräftigen Fühler. Die Abbildungen zeigen ein Weibchen, welches am Ende des gestielten Hinterleibes einen sehr kurzen Legestachel besitzt. Über die Lebensweise dieser Gattung ist nicht viel zu erfahren. Es ist anzunehmen, dass die Arten, ähnlich wie bei der Gattung *Ichneumon*, Ektoparasiten an Raupen oder Puppen von Schmetterlingen sind.

Sichelwespe

Therion circumflexum

L. 17–26 mm

Die **Schlupfwespe (1–3)** ist auffällig bunt gefärbt. Der kurze, schwarze Vorderkörper ist mit dem abgeflachten, sichelförmig gebogenen Hinterleib durch einen dünnen Stiel verbunden. Die Beine sind gelb-rot-schwarz gefärbt und die Fühler sind nicht schwarz, sondern gelborange. Weibchen besitzen einen sehr kurzen Legestachel an der Spitze des Hinterleibes **(3)**. Die Art ist relativ häufig auf Blättern von Büschen oder größeren Kräutern auf der Suche nach Schmetterlingsraupen (z. B. Schwärmer, Spanner oder Eulenfalter) anzutreffen. Diese werden vom Weibchen mittels des Legebohrers angestochen und mit einem Ei kontaminiert. Die Wespenlarve frisst die Raupe vollständig auf und verpuppt sich dann in einem Gespinst.

) *Therion circumflexum*

) *Therion circumflexum*

(3) *Therion circumflexum* ♀

Schlupfwespe
Nematopodius formosus

L. 12-14 mm

Die zierliche **Schlupfwespe (1-3)** hat einen schwarz glänzenden Körper mit typischer weißlicher Zeichnung. Diese bildet eine weiße Umrandung der Augen und zwei weiße Längsstreifen an jeder Seite des Vorderkörpers. Der kurz gestielte Hinterleib ist zwischen den Segmenten teilweise dünn quer gestreift. Braune Farben befinden sich an den Beinen und an der unteren, hinteren Hälfte des Vorderkörpers. Die glasklaren Flügel tragen ein schwarzes Mal und sind grob geadert. Die Fotos zeigen ein Weibchen, welches am Ende des Hinterleibes mit einem kurzen Legebohrer ausgestattet ist. Die Art ist außerordentlich selten und wohl auch wärmeliebend. Sie parasitiert Grabwespen der Gattung *Trypoxylon*, deren Larven vom Weibchen angestochen und mit einem Ei bestückt werden. Wir fanden die Schlupfwespe in der Nähe einer Nisthilfe, die auch von der Töpfer-Grabwespe *(Trypoxylon figulus)* bewohnt wurde.

Fotobelege: Berlin, Privatgarten an südlicher Stadtgrenze, 8. 6. 2018.

(1) *Nematopodius formosus* ♀

(2) *Nematopodius formosus* ♀

(3) *Nematopodius formosus* ♀

Parasitische Pflanzenwespen (Fam. *Orussidae*)

Wespe RL

Orussus abietinus

L. 9–15 mm

Die **Wespe (1–2)** besitzt einen rotorange gefärbten Hinterleib. Kopf und Vorderkörper sind schwarz und haben eine raue Oberfläche. Am Scheitel des Kopfes fallen einige kurze, kammartige Stacheln auf. Durch weiße Aufhellungen an Beinen, Schultern, Kopf und Fühlern wirkt die Wespe etwas bunt. Die glasklaren Flügel sind in der unteren Hälfte geschwärzt. Der Legestachel des Weibchens wird in Ruhestellung an der Bauchseite nach vorne geklappt und fällt daher kaum auf. Die seltene Art hat eine für Pflanzenwespen untypische, parasitische Lebensweise. Zu den Opfern gehören sowohl holzbewohnende Käfer (Bockkäfer, Prachtkäfer) als auch Schwertwespen und Holzwespen, deren Brut von den Larven der Wespe gefressen wird. Wir fanden das Tier an frisch gelagerten Weidenstämmen in Gesellschaft mit der Weiden-Schwertwespe *(Xiphydria prolongata)*.

Fotobelege: Brandenburg, nahe Glau, 8. 6. 2020, und bei Glashütte, 30.6.2020.

(1) *Orussus abietinus* ♂

(2) *Orussus abietinus* ♀

Ameisen (Fam. *Formicidae*)

Rote Waldameise §

Formica rufa

L. Arbeiterin 5–9 mm, Königin 9–11 mm

Die **Ameise (1–5)** ist schwarz-rot gefärbt. Schwarze Farben sind an den Beinen, am Hinterleib (Gaster) und an der Kopfoberseite vorhanden. Auf den Fotos sind Arbeiterinnen zu sehen: bei der Begrüßung **(1)**, mit erbeuteter Raupe eines Schmetterlings **(2)**, beim Transport von Puppen nach einer massiven Störung **(3)** und beim »Melken« von Blattläusen und bei der Aufnahme von Honigtau **(4–5)**. Die Art bildet individuenreiche Staaten, die in einem großen Kuppelbau (Ameisenhaufen) leben, bestehend aus verschiedenem Pflanzenmaterial. Die Paarung erfolgt bei einem »Hochzeitsflug« in der Luft. Danach sterben die Männchen ab. Als Nahrung dienen Insekten, Pflanzensäfte und Honigtau. Feinde werden mit ihren kräftigen Kieferzangen überwältigt und, falls nötig, mit ätzender Ameisensäure bespritzt. Die Gattung *Formica* enthält mehrere, schwer unterscheidbare Arten. Besonders ähnlich sind die Blutrote Raubameise (S. 1052) und die Kahlrückige Waldameise *(F. polyctena)* mit schwächerer Behaarung.

(2) *Formica rufa*

(4) *Formica rufa*

(5) *Formica rufa*

) *Formica rufa*

3) *Formica rufa*

Blutrote Raubameise

Formica sanguinea

L. Arbeiterin 5–9 mm, Königin 9–11 mm

Die **Ameise (1–3)** ähnelt der Roten Waldameise (S. 1050), ihre Beine sind jedoch eher rötlich gefärbt. Ein wichtiges Unterscheidungsmerkmal ist die bogenförmige Einbuchtung an der Unterseite des Gesichtsschildes **(3)**. Die Art baut ihre Nester gerne unter Steinen oder liegenden Baumstämmen. Seltener werden auch Kuppelbauten angelegt, die denen der Roten Waldameise ähneln. Als Nahrung dienen Insekten, Honigtau und Pflanzensäfte. Gelegentlich werden Raubzüge unternommen, wobei die Fremdkönigin getötet und Arbeiterinnen versklavt werden. Diese verrichten Arbeiten innerhalb des Nestes der Raubameise.

(1) *Formica sanguinea*

(2) *Formica sanguinea* mit Opfer

(3) *Formica sanguinea*

Camponotus ligniperda Königin

(2) *Camponotus ligniperda* Königin

) *Camponotus ligniperda* Arbeiterin mit Opfer

(4) *Camponotus ligniperda* Arbeiterin

Braunschwarze Rossameise
Camponotus ligniperda

L. Arbeiterin 8-12 mm, Königin 16-18 mm

Die **Ameise (1-4)** ist eine der größten europäischen Ameisenarten. Kopf und Hinterleib sind glänzend schwarz, der Hinterleib vorne etwas rötlich und hinten meist mit hellen Borstenreihen besetzt. Der Vorderkörper der Königin **(1-2)** ist oberseits ebenfalls schwarz, während er bei Arbeiterinnen **(3-4)** meist gänzlich rot gefärbt ist. Die Art ernährt sich von Pflanzensäften und Honigtau sowie kleineren Insekten. Nester werden in abgestorbenen Baumstämmen, seltener auch in der Erde angelegt. Die Schwarze Rossameise *(C. herculeanus)* kann ähnlich aussehen, besitzt aber kaum Rottöne.

Schwarzgraue Wegameise
Lasius niger

L. Arbeiterin 3,5-5 mm, Königin 8-9 mm

Die häufige **Ameise (1-4)** ist gänzlich grauschwarz oder schwarzbraun gefärbt. Der Hinterleib kann mehr oder weniger deutlich behaart sein. Arbeiterinnen **(1-2)**, geflügelte Jungkönigin mit Arbeiterin **(3)**, geflügelte Männchen, bereit zum Hochzeitsflug **(4)**. Die Art baut ihre Erdnester auch häufig in der Nähe menschlicher Siedlungen. In Privatgärten wird sie daher manchmal als lästig empfunden. Ihre Nahrung besteht aus Honigtau von Blatt- und Wurzelläusen oder Pflanzensäften **(2)**. Im Hochsommer schwärmen Massen geflügelter Geschlechtstiere zum »Hochzeitsflug« aus, um sich in der Luft zu paaren. Danach sterben die männlichen Tiere ab. Die begatteten Königinnen verlieren ihre Flügel und gründen einen neuen Staat, der jeweils nur eine Königin enthält. Die Fremde Wegameise *(L. alienus)* ist ähnlich. Ihr fehlt die längere Behaarung.

(1) *Lasius niger*

(2) *Lasius niger*

(3) *Lasius niger* Jungkönigin

(4) *Lasius niger* geflügelte Männchen

Myrmica scabrinodis

Myrmica scabrinodis

(3) *Myrmica scabrinodis*

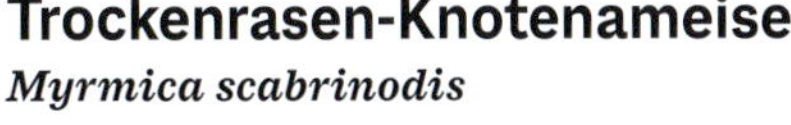

Trockenrasen-Knotenameise
Myrmica scabrinodis

L. Arbeiterin 3,5–5 mm, Königin 5–6,5 mm

Die **Ameise (1–3)** ist rotbraun gefärbt. Ihr Name deutet auf zwei knotenförmige Verdickungen vor dem Hinterleib hin. Arttypisch sind auch zwei spitze, nach hinten gekrümmte Dorne am Ende des Vorderkörpers **(3)**. Sie sind nur bei Lupenvergrößerung deutlich zu sehen. Die Abbildungen zeigen Arbeiterinnen zwischen teils geschlüpften Ameisenpuppen. Nester werden unter Steinen oder Holzstücken gebaut. Ein Volk kann bis zu fünf Königinnen enthalten. In den Nestern überwintern gelegentlich Schmetterlingsraupen von Bläulings-Arten, die deshalb als Ameisenbläulinge bezeichnet werden. Die Raupen ernähren sich räuberisch von der Ameisenbrut.

Heuschrecken, Fangschrecken, Grillen

ÜBERSICHT DER FAMILIEN IM KAPITEL

Laubheuschrecken (Fam. *Tettigoniidae*)

Grünes Heupferd
Tettigonia viridissima

L. 30–40 mm, mit Legeröhre bis 70 mm

Die **Heuschrecke (1-5)** ist unsere größte und zugleich eine der häufigsten Laubheuschrecken in Deutschland. Durch die grasgrüne Farbe ist sie in der Vegetation gut getarnt. Die Fühler (aller Laubheuschrecken) sind auffallend dünn und lang. Das Weibchen **(1-2)** trägt eine körperlange, schwertförmige Legeröhre. Exemplare mit fehlendem Grün werden als fm. *flava* **(2)** abgetrennt. Beim Männchen **(3)** überragen die Flügel den Hinterleib deutlich. Am Ende ihres Hinterleibes befinden sich zwei kräftige, dornartige Fortsätze (*Cerci*). Jüngere Entwicklungsstadien beider Geschlechter **(4-5)** sind an ihren sehr kurzen Flügeln zu erkennen. Das Grüne Heupferd ernährt sich räuberisch von diversen Insekten und deren Larven. Das Weibchen des ähnlichen Östlichen Heupferdes *(T. caudata)* hat eine deutlich über die Flügelspitzen hinausragende, abwärtsgebogene Legeröhre.

(2) *Tettigonia viridissima* fm. *flava* ♀

(5) *Tettigonia viridissima* ♂ Larve

(4) *Tettigonia viridissima* ♀ Larve

Tettigonia viridissima ♀

Tettigonia viridissima ♂

Langflügelige Schwertschrecke

Conocephalus fuscus *(C. discolor)*

L. 12–17 mm, mit Legeröhre bis 35 mm

Die **Heuschrecke (1–4)** ist am Körper hellgrün gefärbt und besitzt oberseits einen durchgehenden, dunkelbraunen Längsstreifen. Die Flügel sind fast farblos und überragen den Hinterleib deutlich. Weibchen **(1–2)** sind mit einem bräunlichen, schwertförmigen Legeapparat ausgestattet, der fast so lang ist wie der Körper. Damit werden die Eier an Gräsern abgelegt. Männchen **(3)** haben stattdessen zwei kräftige Anhänge (*Cerci*) mit je einem nach innen zeigenden Stachel. Nymphen (= Larven) sind durch verkürzte Flügel gekennzeichnet. Ihr Längsstreifen ist schwarz gefärbt. Bild **(4)** zeigt eine weibliche Larve in fortgeschrittenem Stadium. Die Art liebt feuchtere Biotope, sie ernährt sich von Pflanzen und kleinen Insekten.

(1) *Conocephalus fuscus* ♀

(2) *Conocephalus fuscus* ♀

(3) *Conocephalus fuscus* ♂

(4) *Conocephalus fuscus* ♀ Larve

Kurzflügelige Schwertschrecke RL

Conocephalus dorsalis

L. 10–15 mm, mit Legeröhre bis 28 mm

Die **Heuschrecke (1–2)** ähnelt der Langflügeligen Schwertschrecke (S. 1060), besitzt aber normalerweise stark verkürzte Flügel. Die Legeröhre der Weibchen **(1)** ist relativ deutlich nach oben gekrümmt und kürzer als bei der langflügeligen Verwandten. Das Männchen **(2)** hat zwei dickere, kräftiger gezahnte Hinterleibsanhänge. Da es auch Exemplare mit längeren Flügeln gibt, können diese leicht mit der Schwesterart verwechselt werden, besonders mit ihren Larven. Die Kurzflügelige Schwertschrecke ist auf Feuchtwiesen und in der Nähe langsam fließender Gewässer anzutreffen. Sie ist überall seltener als die Langflügelige Schwertschrecke. Die Nahrung besteht aus pflanzlichen Stoffen und kleinen Insekten.

(1) *Conocephalus dorsalis* ♀

(2) *Conocephalus dorsalis* ♂

(1) *Decticus verrucivorus* ♀

(2) *Decticus verrucivorus* ♀

(4) *Decticus verrucivorus* ♂

Warzenbeißer RL

Decticus verrucivorus

L. 25–40 mm

Die kompakte **Heuschrecke (1-4)** kann grüne oder braune Grundfarben aufweisen, manchmal auch in Kombination beider. Körper und Flügel sind ungefähr gleichfarbig und durch schwarze Flecken gescheckt. Die sehr dünnen Fühler sind körperlang. Das Weibchen **(1-3)** trägt einen säbelartig gebogenen Legeapparat. Bis auf das Fehlen der Legeröhre sind die Männchen **(4)** in Größe und Farbe ihren Weibchen sehr ähnlich. Die Art besiedelt trockene wie feuchte Grasbiotope, Trockenrasen und brachliegende Äcker. Weibchen legen die Eier im Erdboden ab. Die Nahrung besteht aus Pflanzenteilen und Insekten. In Brandenburg ist die Heuschrecke auf Sandböden noch relativ häufig anzutreffen, während sie in anderen Bundesländern seltener wird.

) *Decticus verrucivorus* ♀

Punktierte Zartschrecke
Leptophyes punctatissima

L. 10–16 mm

Die **Heuschrecke (1-3)** ist bis auf die rötlichen Beinschienen und einen bräunlichen Rückenstreifen (des Männchens) hellgrün gefärbt. An den Seiten des Halsschildes sitzt ein dünner weißer Längsstreifen. Dem Namen entsprechend ist der Körper überall fein schwarz punktiert. Die Männchen **(1-2)** besitzen hinter dem Halsschild noch rudimentäre Flügel, die den Weibchen (nicht abgebildet) fast vollständig fehlen. An ihrem Hinterleib sitzt ein kräftiger, nach oben gekrümmter, grüner Legeapparat, mit dem die Eier an Baumrinden platziert werden. Bild **(3)** zeigt eine Larve, deren Fühler fein geringelt sind. Die Art hält sich besonders in niedrigem Buschwerk auf und erscheint auch in Gärten und Anlagen. Ihre Nahrung besteht aus Blättern von Kräutern und Sträuchern.

(1) *Leptophyes punctatissima* ♂

(2) *Leptophyes punctatissima* ♂

(3) *Leptophyes punctatissima* Larve

Gemeine Eichenschrecke
Meconema thalassinum

L. 12–15 mm

Die **Heuschrecke (1–2)** ist hellgrün gefärbt und somit ideal an das Laub von Bäumen angepasst, auf denen sie sich vorwiegend aufhält. Die Flügel sind vollständig ausgebildet und tragen ein engmaschiges Netzmuster. Am hinteren Rand des Halsschildes sitzen zwei gattungstypische rotbraune Flecken. Die Fühler erreichen fast die dreifache Körperlänge. Die Fotos zeigen Weibchen, die am Hinterleib eine grüne, schwach gebogene Legeröhre tragen. Ihre Eier werden in Ritzen und Spalten der Baumrinde, vorwiegend Eichen, abgelegt. Die Art ist nachtaktiv und jagt kleinere Insekten, die sich an den Blättern aufhalten. Sehr ähnlich ist die ursprünglich mediterrane Südliche Eichenschrecke (S. 1066), die inzwischen auch in Norddeutschland angekommen ist.

(1) *Meconema thalassinum* ♀

(2) *Meconema thalassinum* ♀

Südliche Eichenschrecke

Meconema meridionale

L. 12–15 mm

Die ursprünglich mediterran verbreitete **Heuschrecke (1–2)** ist der Gemeinen Eichenschrecke (S. 1065) sehr ähnlich, besitzt aber stark verkürzte Stummelflügel und ist daher flugunfähig. Die Legeröhre des Weibchens **(1)** ist nur wenig kürzer und stärker gebogen als bei der gemeinen Verwandten und die rotbraunen Flecken am Halsschild sind etwas größer. Männchen **(2)** tragen zwei lange, gebogene Hinterleibsanhänge (Cerci). Ihre winzigen Flügel sind zu einer kleinen Platte verschmolzen. Die Art lebt auf Bäumen und ist ein nachtaktiver Insektenjäger, der gelegentlich in menschlichen Behausungen Schutz sucht.

Fotobelege: Berlin, südlicher Stadtrand, Privatgarten, 9. 12. 2014 und 28. 10. 2019.

(1) *Meconema meridionale* ♀

(2) *Meconema meridionale* ♂

Zweifarbige Beißschrecke

Metrioptera bicolor (*Bicolorana bicolor*)

L. 15–18 mm

Die **Heuschrecke (1–3)** ist meistens hellgrün gefärbt. Über das gesamte Tier erstreckt sich ein braunes Rückenband. Die Flügel sind stark verkürzt. Weibchen **(1–2)** haben am Hinterleib eine kurze, bräunliche Legeröhre, die nach oben gebogen ist. Bild **(3)** zeigt eine weibliche Larve im letzten Häutungsstadium. Weibchen deponieren ihre Eier im Innern von Grasstängeln. Deutsche Funde der wärmeliebenden Art stammten früher nur aus südlichen Bundesländern. Als Folge der unbestreitbaren Erderwärmung ist sie nun auch in Brandenburg heimisch.

Fotobelege: Brandenburg, nahe Rangsdorf, extensiv genutztes Grasland, 9. 9. 2016; Larve: 7. 7. 2011.

(1) *Metrioptera bicolor* ♀

(2) *Metrioptera bicolor* ♀

(3) *Metrioptera bicolor* Larve

Roesels Beißschrecke
Metrioptera roeselii

L. 14–19 mm

Die **Heuschrecke (1-5)** kann braune, grüne oder gelbliche Grundfarben haben. Ein typisches Merkmal ist die weißliche, seitliche Umrandung des Halsschildes, die besonders bei dunkel gefärbten Tieren auffällt. Die Flügellänge kann sehr variieren. Weibchen **(1-3)** besitzen einen kurzen, sichelförmig gebogenen Legeapparat. Männchen **(4)** haben kräftige Hinterleibsanhänge, die mit einem nach innen gerichteten Zahn besetzt sind. Bild **(5)** zeigt eine Larve im Frühstadium. Die Art ist auf feuchtem wie trockenem Grasland in Brandenburg nicht selten. Ihre Nahrung besteht aus

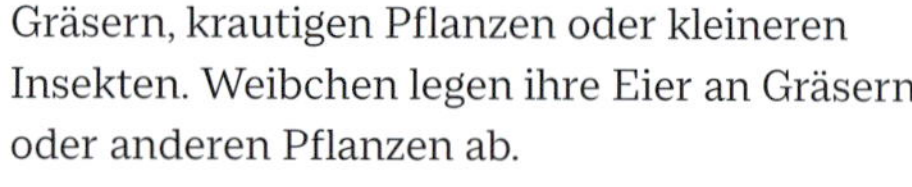

Gräsern, krautigen Pflanzen oder kleineren Insekten. Weibchen legen ihre Eier an Gräsern oder anderen Pflanzen ab.

(3) *Metrioptera roeselii* ♀

(1) *Metrioptera roeselii* ♀

(4) *Metrioptera roeselii* ♂

(2) *Metrioptera roeselii* ♀

(5) *Metrioptera roeselii* Larve

Gemeine Sichelschrecke

Phaneroptera falcata

L. 14–18 mm

Die sehr schlanke **Heuschrecke (1-3)** ist in allen Körperteilen hellgrün gefärbt und fein schwarz punktiert. Durch die weit über den Hinterleib hinausstehenden Flügel erreicht sie eine Gesamtlänge von bis zu 50 mm. Das hintere Beinpaar ist auffallend lang. Weibchen **(1-2)** tragen am Hinterleib eine sehr kurze, sichelförmig gebogene Legeröhre **(2)**, die durch die überstehenden Flügel oft verdeckt ist. Ein Männchen ist auf Bild **(3)** abgebildet. In Brandenburg findet man die wärmeliebende Art auf Trockenrasen oder grasbestandenen Laub- oder Nadelwaldlichtungen auf Sandböden. Die Ernährung erfolgt rein vegetarisch durch Blätter, Nadeln oder Früchte.

(1) *Phaneroptera falcata* ♀

(2) *Phaneroptera falcata* ♀ Legeröhre

(3) *Phaneroptera falcata* ♂

Gewöhnliche Strauchschrecke
Pholidoptera griseoaptera

L. 13-18 mm

Die kompakte **Heuschrecke (1-4)** hat eine vorwiegend graubraune, seltener rotbraune Grundfarbe. Die Oberfläche ist fein dunkel gesprenkelt. In beiden Geschlechtern sind die Flügel stummelartig verkürzt und damit zum Fliegen unbrauchbar. Weibchen **(1-2)** besitzen eine relativ kurze, nach oben gebogene Legeröhre. Männchen **(3)** sind ähnlich, aber etwas kleiner. Bild **(4)** zeigt eine Larve, die sich farblich vom adulten Tier deutlich unterscheidet. Die ziemlich häufige Art ist an Waldlichtungen, Waldrändern und Gebüschen, aber auch auf offenen, grasigen Stellen zu finden. Die Ernährung erfolgt sowohl durch Insekten und deren Larven als auch durch pflanzliches Material. Eine sehr ähnliche Verwandte ist die im Gebirge vorkommende Alpen-Strauchschrecke *(P. aptera)*. Die Westliche Beißschrecke (S. 1071) ist lang geflügelt.

(1) *Pholidoptera griseoaptera* ♀

(2) *Pholidoptera griseoaptera* ♀

(3) *Pholidoptera griseoaptera* ♂

(4) *Pholidoptera griseoaptera* Larve

Westliche Beißschrecke RL

Platycleis albopunctata

L. 18–22 mm

Die **Heuschrecke (1-3)** ist durch ihre graubraune Farbe und gesprenkelte Oberfläche an ihre Umgebung gut angepasst. Sie ähnelt der Gewöhnlichen Strauchschrecke (S. 1070), ist aber mit langen Flügeln ausgestattet und sehr flugtüchtig. Ein gutes Unterscheidungsmerkmal zur Gewöhnlichen Strauchschrecke sind die mit einer weißlichen Punktreihe ausgestatteten Flügel. Die Abbildungen zeigen Weibchen, die durch eine schwarzbraune, gebogene Legeröhre gekennzeichnet sind. Männchen (nicht abgebildet) sind etwas kleiner und sehen, bis auf die fehlende Legeröhre, identisch aus. Die Art bewohnt trockene Sandböden und ist sehr wärmeliebend. In Brandenburg ist sie stellenweise noch relativ häufig, in einigen Bundesländern deutlich rückgängig. Sie ernährt sich pflanzlich, aber auch von kleineren Insekten (siehe Bild **(3)**).

(1) *Platycleis albopunctata* ♀

(2) *Platycleis albopunctata* ♀

(3) *Platycleis albopunctata* ♀

Feldheuschrecken (Fam. *Acrididae*)

Italienische Schönschrecke RL, §

Calliptamus italicus

L. 15-30 mm

Die **Heuschrecke (1-5)** gehört zur Unterfamilie der Schönschrecken. Diese sind, ähnlich wie die verwandten Knarrschrecken, in der Lage, durch Aneinanderreiben ihrer Mundwerkzeuge Geräusche zu erzeugen. Beide Geschlechter besitzen rötliche Hinterflügel, die im Flug **(5)** sichtbar werden, und rote Hinterschienen. Weibchen **(1, 2, 5)** sind deutlich größer als ihre Geschlechtspartner. Bild **(2)** zeigt eine Eiablage im Sandboden. Männchen **(3-4)** zeichnen sich durch besonders lange, gebogene Hinterleibsanhänge (Cerci) aus, mit denen sie das Weibchen bei der Paarung festhalten. Die wärmeliebende Art ist an geeigneten Stellen noch fast überall in Brandenburg zu finden. Das sind bevorzugt Trockenrasen oder vegetationsarme Sandflächen. Unter den Feldheuschrecken befinden sich noch weitere rotflügelige Arten, deren Flügel aber schwarz berandet sind.

(3) *Calliptamus italicus* ♂

(4) *Calliptamus italicus* ♂

(1) *Calliptamus italicus* ♀

) *Calliptamus italicus* ♀ Eiablage

5) *Calliptamus italicus* ♀ Flug

(1) *Chorthippus apricarius* ♀

(2) *Chorthippus apricarius* ♂

(3) *Chorthippus apricarius* ♀ + ♂

Feld-Grashüpfer

Chorthippus apricarius

L. 14–22 mm

Die **Heuschrecke (1–3)** ist in ihrem Gesamtbild relativ unscheinbar. Die Grundfarben sind beige- oder graubräunlich, teilweise mit grünlichen Beitönen. Hinterleib und Halsschild sind oft mit schwarzen Flecken gezeichnet. Ein wichtiges Merkmal sind die etwas nach innen geknickten Seitenkiele des Halsschildes. Das größere Weibchen **(1)** ist an ihrem geraden Hinterleib zu erkennen, der die Flügel leicht überragt. Der Hinterleib der Männchen **(2)** ist oft etwas nach oben gekrümmt. Bild **(3)** zeigt beide Geschlechtspartner in etwas abweichender Farbgebung (Weibchen vorne). Die Art bewohnt Grasbiotope, bevorzugt auf trockenem Sandboden, in dem die Eier deponiert werden. Die Nahrung besteht aus Gräsern, wie bei den meisten Grashüpfern.

Nachtigall-Grashüpfer

Chorthippus biguttulus agg.

L. 13–22 mm

Die **Heuschrecke (1–5)** ist nicht nur farblich sehr veränderlich, sondern auch von ähnlichen Verwandten nur schwer unterscheidbar. Die entscheidenden Merkmale sind am Foto oft nicht erkennbar. Dazu gehören z. B. Aufbau der Flügeladerung oder die Form der seitlich im vorderen Bereich des Hinterleibes sitzenden Tympanalöffnung, dem »Ohr« der Heuschrecke. Diese ist bei *C. biguttulus* schmal spaltförmig, bei anderen Arten eher nierenförmig oder rundlich. Die Seitenkiele des Halsschildes sind deutlich nach innen geknickt. Die Abbildungen **(1–4)** stellen unterschiedliche Farbvarianten des Weibchens dar. Bild **(5)** zeigt ein Männchen, dessen Hinterleibsende oft rötlich gefärbt ist. Sehr ähnlich sind Brauner Grashüpfer *(C. brunneus)* und Verkannter Grashüpfer *(C. mollis)*. Sie wurden erst in neuerer Zeit als eigene Arten erkannt, da es hörbare Unterschiede im »Gesang« gibt. Dieser besteht aus Lautäußerungen des Männchens, die durch schnelle Bewegungen der Hinterbeine entstehen (Stridulation).

(3) *Chorthippus biguttulus* ♀

) *Chorthippus biguttulus* ♀

(4) *Chorthippus biguttulus* ♀

:) *Chorthippus biguttulus* ♀

(5) *Chorthippus biguttulus* ♂

Wiesen-Grashüpfer

Chorthippus dorsatus

L. 14–25 mm

Die **Heuschrecke (1–4)** variiert in den Grundfarben von Braun bis Grün. Oft sind beide Farbtöne kombiniert. Vollkommen grüne Tiere sind seltener. Ein wichtiges Merkmal bietet wieder der Halsschild, dessen Seitenkiele nicht geknickt, sondern seicht nach innen gebogen sind. Die hellen Seitenkanten laufen in Draufsicht hinten etwas auseinander. Der gerade Hinterleib der Weibchen **(1–2)** überragt oft deutlich die Flügel. Männchen **(3)** haben einen nach oben gebogenen, am Ende oft rot gefärbten Hinterleib. Auf Bild **(4)** wird ein größeres, geschlechtsreifes Weibchen von vier Männchen gleichzeitig bedrängt. Die Art kommt relativ häufig in verschiedenen Grasbiotopen vor. Weibchen legen die Eier an Gräsern oberhalb des Erdbodens ab.

(1) *Chorthippus dorsatus* ♀

(2) *Chorthippus dorsatus* ♀

(4) *Chorthippus dorsatus* ♀ + ♂

3) *Chorthippus dorsatus* ♂

Gemeiner Grashüpfer

Chorthippus parallelus

(Pseudochorthippus parallelus)

L. 13-23 mm

Die **Heuschrecke (1-4)** könnte leicht mit dem Wiesen-Grashüpfer (S. 1076) verwechselt werden, da ihre Seitenkiele nicht geknickt sind. Weibchen **(1-2)** unterscheiden sich durch die stark verkürzten, zugespitzten Flügel, die kaum die halbe Länge des Hinterleibes erreichen. Männchen **(3-4)** sind im Zweifel stets durch ihre dunklen Kniegelenke der hinteren Beine bestimmbar. Die Art ist eine unserer häufigsten Grashüpfer, die auf mäßig feuchten wie trockenen Wiesenhabitaten zu finden sind. Ihre Nahrung besteht aus Gräsern.

(1) *Chorthippus parallelus* ♀

(2) *Chorthippus parallelus* ♀

(3) *Chorthippus parallelus* ♂

(4) *Chorthippus parallelus* ♂

(1) *Chorthippus vagans* ♀

(2) *Chorthippus vagans* ♀

Steppen-Grashüpfer RL

Chorthippus vagans

L. 12–22 mm

Die **Heuschrecke (1–2)** ist im Wesentlichen graubraun gefärbt. Am Halsschild befinden sich deutlich geknickte Seitenkiele, die sehr an Arten der *biguttulus*-Gruppe erinnern. Die Tympanalöffnung (seitliche Gehöröffnung im vorderen Teil des Hinterleibes) ist aber nicht schmal nierenförmig, sondern oval. Auch der Gesang ist abweichend. Auffällig ist bei dieser Art die Farbgestaltung des Hinterleibes: Die vordere Hälfte ist schwarz-weiß, der hintere Teil gelborange. Die Abbildungen zeigen ein Weibchen. Die eher seltene Art bevorzugt trockene, vegetationsarme Biotope, die in Brandenburg häufiger vorkommen.

Fotobelege: Brandenburg, Sandgrube bei Zesch am See, 23. 9. 2016.

(1) *Chrysochraon dispar* ♀

(2) *Chrysochraon dispar* ♀

(4) *Chrysochraon dispar* ♂

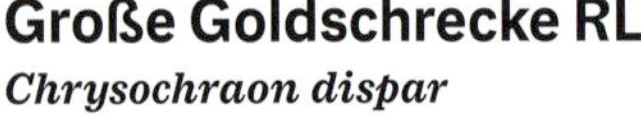

Große Goldschrecke RL

Chrysochraon dispar

L. 16–30 mm

Bei der **Heuschrecke (1–5)** können beide Geschlechter sehr unterschiedlich aussehen (Geschlechtsdimorphismus). Weibchen **(1–3)** haben meistens stark verkürzte Flügel. Dadurch erscheint der Hinterleib besonders lang. Ihre Grundfarbe ist sehr variabel. Die hinteren Beinschienen und Unterseiten der Schenkel sind stets rötlich. Das kleinere Männchen **(4–5)** ist leuchtend hellgrün und wegen der längeren Flügel flugfähig. Der Hinterleib endet in einer kegelförmig zugespitzten Subgenitalplatte. Die Knie sind in beiden Geschlechtern dunkel. Männchen könnten deshalb mit denen des Gemeinen Grashüpfers (S. 1078) verwechselt werden. Die Art besiedelt feuchte bis mäßig trockene Graslandschaften, auch bebuschte Feld- und Bachränder. Weibchen legen ihre Eier in Stängeln verholzender Kräuter, Büschen oder sogar vermorschten Laubholzstümpfen ab.

3) *Chrysochraon dispar* ♀

5) *Chrysochraon dispar* ♂

(1) *Euthystira brachyptera* ♀

(2) *Euthystira brachyptera* ♀

(3) *Euthystira brachyptera* ♂

Kleine Goldschrecke
Euthystira brachyptera

L. 13–25 mm

Die hellgrüne **Heuschrecke (1–4)** ist in ihren Grundfarben nicht so variabel wie ihre große Schwesterart (S. 1080). Das Weibchen **(1–2)** ist an den rötlich gefärbten Stummelflügeln gut zu erkennen. Die Flügel des kleineren Männchens **(3–4)** sind farblos und etwa halb so lang wie der Hinterleib. Dieser endet in einem gattungstypischen, spitzen Kegel, der den ähnlichen Grashüpfern der Gattung *Chrysochraon* fehlt. Auch ist der Kopf der Goldschrecken unterseits stärker abgeschrägt und dadurch spitzer. Weibchen legen ihre Eier in zusammengefaltete Blätter von Gräsern, eingebettet in eine schaumige Flüssigkeit. Diese erhärtet bald zu einem bräunlichen Kokon. Die ursprünglich in Süddeutschland verbreitete Art ist nun auch in Brandenburg angekommen.

Fotobelege: Brandenburg, Trockenrasen bei Wünsdorf, Weibchen: 7. 8. 2016 und 22. 9. 2016; Männchen: 10. 7. 2018.

(4) *Euthystira brachyptera* ♂

Gefleckte Keulenschrecke
Myrmeleotettix maculatus

L. 11–16 mm

Die kleine **Heuschrecke (1–5)** kann sehr verschiedene Farben aufweisen. Häufig kommen schwarze, grüne, sandfarbene oder gelbgrüne Töne vor. Körper, Flügel und Beine sind außerdem oft weißlich und schwarz gefleckt. Damit ist die Art ideal an ihre Umgebung angepasst. Männchen **(1–2)** besitzen keulenförmig erweiterte Fühlerspitzen, die meist etwas nach außen gebogen sind. Ihr Hinterleib ist im hinteren Bereich oft rötlich gefärbt. Bei den etwas größeren Weibchen **(3)** sind die Fühlerspitzen nur schwach erweitert. Bild **(4)** zeigt beide Partner kurz vor der Paarung. Auf Bild **(5)** ist eine vermutlich weibliche Larve abgebildet. Die Art liebt vegetationsarme Biotope. Sie ist in Brandenburg auf Sandflächen eine der häufigsten Heuschrecken.

(1) *Myrmeleotettix maculatus* ♂

(2) *Myrmeleotettix maculatus* ♂

(3) *Myrmeleotettix maculatus* ♀

(5) *Myrmeleotettix maculatus* Larve

(4) *Myrmeleotettix maculatus* ♂ + ♀

Rotleibiger Grashüpfer
Omocestus haemorrhoidalis

L. 12–20 mm

Die **Heuschrecke (1–2)** ist nicht immer leicht von anderen Grashüpfergattungen wie *Stenobothrus* oder *Chorthippus* zu unterscheiden. Die Männchen (siehe Fotos) dieser Art sind an ihrem oberseits rötlich gefärbten Hinterleib relativ gut zu erkennen. Die Unterseite ist mehr oder weniger gelb gefärbt. Den Weibchen fehlen meist die roten und gelben Farbtöne. Die Gattung *Omocestus* wird in Deutschland durch nur drei Arten vertreten. Im Unterschied zu *Chorthippus* ist der vordere Rand der Vorderflügel nicht ausgebuchtet und der Mittelbereich der Vorderflügel (das Medialfeld) ist kaum erweitert, wohl aber dunkel-hell gefleckt. Der Rotleibige Grashüpfer bevorzugt trockene Sandböden und ist daher in Brandenburg nicht selten. Eine gewisse Ähnlichkeit kann der Buntbäuchige Grashüpfer *(O. rufipes)* haben, der in Mittel- und Ostdeutschland bisher nicht nachgewiesen wurde.

(1) *Omocestus haemorrhoidalis* ♂

(2) *Omocestus haemorrhoidalis* ♂

(1) *Stenobothrus lineatus* ♀

(3) *Stenobothrus lineatus* Larve

(2) *Stenobothrus lineatus* ♀

Heide-Grashüpfer

Stenobothrus lineatus

L. 15–26 mm

Die **Heuschrecke (1–3)** ist durch ihre grüne Grundfarbe der Umgebung gut angepasst. An Flügeln und Vorderkörper befinden sich kräftige, weiße Linien. Die nach innen gebogenen Seitenlinien des Halsschildes verlängern sich bis zur Kopfspitze und laufen dort zusammen. Auf Mitte der dunklen Flügel befindet sich ein weißer Kommafleck. Der Hinterleib kann weiße, schwarze und rote Farben aufweisen. Die Abbildungen **(1–2)** zeigen Weibchen und auf Bild **(3)** ist eine Larve im Frühstadium zu sehen. Männchen (nicht abgebildet) ähneln den Weibchen. Ihr rötliches Hinterleibsende ist etwas nach oben gekrümmt. Die Art bevorzugt trockene Heidelandschaften, Trockenrasen und Ödland. Weibchen deponieren ihre Eier an Graswurzeln.

(4) *Stethophyma grossum* Larve

Sumpfschrecke RL
Stethophyma grossum

L. 15–35 mm

Die **Heuschrecke (1–4)** hat grüne oder braungrüne Körperfarben. Beide Geschlechter haben am Vorderrand der Vorderflügel einen dünnen gelbgrünen Strich, die Hinterschenkel besitzen eine rötliche Unterkante und die Knie der Hinterbeine sind geschwärzt. Der schwarz gefleckte Hinterleib der Weibchen **(1–2)** überragt deutlich die Flügel, während er bei den kleineren Männchen **(3)** kürzer ist. Bild **(4)** zeigt eine Larve. Die Art besiedelt ausschließlich nasse Wiesenstandorte, Gewässerränder und Sumpflandschaften. Weibchen legen die Eier oberhalb der Erde an Pflanzenstängeln ab. An geeigneten Stellen Brandenburgs ist die Sumpfschrecke noch häufig anzutreffen, z. B. an naturbelassenen Randwiesen der Spree oder in feuchten Naturschutzgebieten. Innerhalb Deutschlands sind die Bestände durch Entwässerung der Lebensräume deutlich zurückgegangen. So ist die Art inzwischen stark gefährdet.

(2) *Stethophyma grossum* ♀

) *Stethophyma grossum* ♀

3) *Stethophyma grossum* ♂

Blauflügelige Ödlandschrecke RL

Oedipoda caerulescens

L. 15-28 mm

Die **Heuschrecke (1-5)** variiert in der Intensität ihrer Farben stark. Meist handelt es sich um graubraune oder schwarze Töne. Weibchen **(1-2)** können auch rostrot gefärbt sein **(2)**. Ein für die Art typisches Farbbild geben zwei hellere Querstreifen ab, die von dunkleren gesäumt werden. Männchen **(3)** sind deutlich kleiner als ihre weiblichen Partner. Die namengebenden hellblauen, schwarz berandeten Hinterflügel können im Flug **(5)** erkannt werden. Bild **(4)** zeigt eine Paarung. Die Art ist auf den dünenartigen Sandflächen und Waldwegen Brandenburgs häufig, deutschlandweit aber rückläufig. Die Nahrung besteht vorwiegend aus Gras. Gelegentlich werden auch kleine Insekten vertilgt **(1)**. Das Weibchen legt seine Eier im Sandboden ab. Die Blauflügelige Sandschrecke (S. 1092) ist erheblich seltener.

(1) *Oedipoda caerulescens* ♀

(2) *Oedipoda caerulescens* ♀

(3) *Oedipoda caerulescens* ♂

(4) *Oedipoda caerulescens* Paarung

5) *Oedipoda caerulescens* Flug

(1) *Sphingonotus caerulans* ♀

(2) *Sphingonotus caerulans* ♀

(3) *Sphingonotus caerulans* ♂

(4) *Sphingonotus caerulans* ♀ Flug

Blauflügelige Sandschrecke RL §

Sphingonotus caerulans

L. 15–30 mm

Die **Heuschrecke** **(1-4)** ist äußerlich der Blauflügeligen Ödlandschrecke (S. 1090) ähnlich. Die Farbzeichnung weicht etwas ab und die ausgebreiteten Hinterflügel sind blasser und nicht schwarz berandet. Ein wichtiges Unterscheidungsmerkmal sieht man an der Oberkante der Hinterschenkel. Hier geht der keulenförmige Teil absatzlos in den schmaleren über. Bei der Ödlandschrecke ist dort ein deutlicher Absatz vorhanden. Weibchen **(1-2)** und Männchen **(3)** sind sich farblich sehr ähnlich. Bild **(4)** zeigt ein Weibchen im Flug. Die seltene Art ist nur auf sehr vegetationsarmen Sandflächen zu finden.

Fotobelege: Brandenburg, Sandgrube bei Zesch am See, 23. 8. 2016 und 6. 9. 2019.

Wüstenheuschrecke
Schistocerca gregaria

L. 60-90 mm

Die **Heuschrecke (1-2)** ist gelblich oder hell bräunlich gefärbt und hat im Erwachsenenstadium lange, über den Hinterleib hinausragende, dunkel gefleckte Flügel. Im Unterschied zur Europäischen Wanderheuschrecke (*Locusta migratoria*, siehe Vergleichsfotos **(3-4)**), sind die Augen der Wüstenheuschrecke längsgestreift. Die abgebildeten Wüstenheuschrecken sind Larven, deren Flügel noch stummelartig verkürzt sind. Die Tiere haben ihre Heimat in Nordafrika, Pakistan und Indien. In Europa werden sie in Zoohandlungen verkauft. Sie wurden von uns tatsächlich an einem dicht bewachsenen Feldrand in Brandenburg gefunden, vermutlich als Futtertiere gekauft und dann ausgesetzt. Auf diese Weise entstanden nachweislich in den Dreißigerjahren in Süddeutschland auch von der Europäischen Wanderheuschrecke Kleinpopulationen, die sich eine Weile halten konnten. Auf die weitere Entwicklung kann man hinsichtlich der fortschreitenden Klimaerwärmung gespannt sein.

Fotobelege: Brandenburg, Feldrand nahe Mittenwalde, 3. 4. 2019.

) *Schistocerca gregaria* Larve

(2) *Schistocerca gregaria* Larve

3) *Locusta migratoria* ♂

(4) *Locusta migratoria* Larve

Dornschrecken (Fam. *Tetrigidae*)

Säbel-Dornschrecke
Tetrix subulata

L. 8–12 mm (ohne Dorn)

Die **Dornschrecke (1–4)** zeichnet sich durch einen ungewöhnlich langen Halsschild aus, der meistens den Hinterleib deutlich überragt und dornartig zugespitzt ist. Die gut entwickelten Hinterflügel werden durch den Halsschild vollkommen verdeckt. Weibchen **(1–3)** haben am Ende des Hinterleibes abgeflachte Legeklappen, die an den Rändern gezähnt sind. Manchmal treten Exemplare auf, deren Dorn den Hinterleib kaum überragt **(3)**. Männchen **(4)** besitzen naturgemäß keine Legeklappen. Ihre Hinterleibsspitze ist auch geteilt, aber nicht gezähnt. Die Gattung besteht in Deutschland aus wenigen, schwer unterscheidbaren Arten. Die Säbel-Dornschrecke ist in Brandenburg relativ häufig und kann in feuchten wie trockenen Biotopen angetroffen werden. Sie ernährt sich vegetarisch von Moosen, Flechten und Gräsern.

(2) *Tetrix subulata* ♀

(4) *Tetrix subulata* ♂

) *Tetrix subulata* ♀

3) *Tetrix subulata* ♀

Fangschrecken (Fam. *Mantidae*)

Europäische Gottesanbeterin RL, §
Mantis religiosa

L. 55-75 mm

Die **Fangschrecke (1-4)** ist eine wärmeliebende Art. Sie hat sich, über die Mittelmeerländer kommend, in Süd- und Westdeutschland ausgebreitet. Inzwischen ist sie auch in Brandenburg und Berlin an geeigneten Stellen kaum noch selten. Es treten abhängig von der Umgebung bräunliche und hellgrüne Tiere auf. Weibchen **(1-2)** sind dominierend. Nach der Paarung **(4)** wird das kleinere, schlankere Männchen **(3)** gelegentlich aufgefressen. Die Art ernährt sich räuberisch von anderen Insekten. Diese werden mit den vorderen, zu Fangbeinen umgebildeten Extremitäten blitzartig geschnappt. Stacheln und sägeartige Kanten an Beinschienen und Fußgliedern machen das Opfer wehrlos. Das Weibchen besitzt keinen auffällig verlängerten Legeapparat. Die Eier befinden sich in einer schnell erhärtenden Schaummasse (Oothek) **(5)**, die an Pflanzenstängel, Baumrinden, Mauern und Steine geheftet wird. Eine Oothek kann bis zu 200 Eier enthalten.

Fotobelege: Brandenburg, Streuobstwiese nahe südlicher Stadtgrenze zu Berlin, 15. 8. 2019 und 5. 9. 2019.

(1) *Mantis religiosa* ♀

(2) *Mantis religiosa* ♀

(3) *Mantis religiosa* ♂

(5) *Mantis religiosa* Oothek

) *Mantis religiosa* Paarung

Grillen (Fam. *Gryllidae*)

Feldgrille RL
Gryllus campestris

L. 18–25 mm

Die **Grille (1–4)** ist glänzend schwarz. Die verhärteten Vorderflügel sind in Längsrichtung nach unten gefaltet, sodass sie einen Teil des Hinterleibes abdecken. Hinterflügel sind verkümmert. Die Tiere können kaum fliegen, sind aber flinke Läufer. Weibchen **(1)** besitzen eine schwarze, an der Spitze lanzettlich erweiterte Legeröhre. Bei Männchen **(2–3)** sind die dunklen Flügel besonders grob skulpturiert. Sie werden durch schnelles Aneinanderreiben zur Erzeugung schriller Zirplaute genutzt. Die Gehörorgane befinden sich in den Schienen der Vorderbeine. Beide Geschlechter sind am Hinterleib mit zwei langen Dornen bestückt. Bild **(4)** zeigt eine weibliche, golden bereifte Larve mit stummelartig verkürzten Flügeln. Die Art bewohnt warme, sonnige Hänge, Wiesen, Feldränder und lichte Kiefernwälder. Sie ernährt sich vorwiegend pflanzlich, frisst aber auch kleine Insekten. Die Eiablage erfolgt in vom Weibchen gegrabenen Erdröhren, in denen sich die geschlüpften Nymphen aufhalten.

(2) *Gryllus campestris* ♂

(4) *Gryllus campestris* Larve

Gryllus campestris ♀

Gryllus campestris ♂

Waldgrille
Nemobius sylvestris

L. 8-10 mm

Die **Grille (1-3)** ist farblich dem Falllaub angepasst, in dem sie sich gerne aufhält. In Brandenburg ist sie in älteren Eichenbeständen nicht selten. Beide Geschlechter besitzen stark verkürzte Flügel und eine feine, helle Strichzeichnung am Kopf. Weibchen **(1)** haben einen Legebohrer, der die beiden Dornen des Hinterleibes nur wenig überragt. Männchen **(2)** sind oft dunkler gefärbt. Die mit ihren grob strukturierten Flügelstummeln erzeugten Lautäußerungen sind für Menschen nur schwach wahrnehmbar. Auf Bild **(3)** ist eine weibliche Larve abgebildet. Die Eier werden in der oberen Bodenschicht deponiert. Die Ernährung ist vorwiegend vegetarisch.

(1) *Nemobius sylvestris* ♀

(2) *Nemobius sylvestris* ♂

(3) *Nemobius sylvestris* Larve

1) *Gryllotalpa gryllotalpa* ♂

2) *Gryllotalpa gryllotalpa* ♀

(3) *Gryllotalpa gryllotalpa* ♂

Europäische Maulwurfsgrille

Gryllotalpa gryllotalpa

L. 35–50 mm

Die **Grille (1–3)** ist die einzige Art der Gattung in Europa. Die Vorderflügel sind verkürzt und überlappen sich **(2)**. Die gut entwickelten Hinterflügel sind in Ruhestellung über dem Hinterleib dicht zusammengelegt und kaum als Flügel erkennbar, machen das Tier aber flugfähig. Eine Besonderheit sind die zu zackigen Schaufeln umgestalteten Vorderfüße **(3)**, mit denen sich die Grille schnell eingraben kann.

Beide Geschlechter ähneln sich sehr, zumal der Legeapparat des Weibchens kaum sichtbar ist. Sie können durch die abweichende Aderung der Vorderflügel auseinandergehalten werden (vgl. Fotos **1** und **2**). Männchen **(1, 3)**, Weibchen **(2)**. Die Art besiedelt feuchte, anmoorige Wiesen oder Teich- und Bachränder. Sie hält sich vorwiegend unter der Erdoberfläche auf, gräbt dort Gänge und ernährt sich von Insekten oder deren Larven. Da sie auch Pflanzenwurzeln frisst, ist sie nicht überall beliebt. Nach der Paarung im Mai oder Juni legt das Weibchen mehrere Hundert Eier in einer Erdhöhle ab.

Käfer

ÜBERSICHT DER FAMILIEN IM KAPITEL

Laufkäfer (Fam. *Carabidae*, Subfam. *Carabinae*)

Gold-Laufkäfer §

Carabus auratus

L. 18–30 mm

Der **Käfer (1-3)** hat eine metallisch-grüne Grundfarbe, je nach Lichteinfall mit Goldglanz. Die ersten vier Fühlerglieder sowie Schenkel und Schienen der Beine sind orangerot. Typisch sind auch die grob längsfurchigen Flügeldecken, die niemals scharfe Kanten aufweisen. Die Art lebt auf Feldern, Wiesen und manchmal auch in naturbelassenen Gärten, ist aber inzwischen ziemlich selten geworden. Als Nahrung dienen viele Kleintiere, z. B. Insekten, Schnecken und Regenwürmer, gelegentlich auch Aas. Der ähnliche Goldglänzende Laufkäfer *(C. auronitens)* ist eher ein Waldbewohner. Bei ihm ist an den Fühlern nur das erste Glied rötlich, die anderen sind schwarz.

Fotobelege: Brandenburg, Mallnow nahe der Oder, Feldrand, 6. 6. 2010 und 6. 5. 2013.

(1) *Carabus auratus*

(3) *Carabus auratus*

(2) *Carabus auratus*

(1) *Carabus coriaceus* ♀

(2) *Carabus coriaceus* ♀

Leder-Laufkäfer §

Carabus coriaceus

L. 30–40 mm

Der schwarze **Käfer (1–2)** ist der größte Laufkäfer in Deutschland. Die Flügeldecken haben eine grob gerunzelte Oberfläche, an der die Art leicht zu erkennen ist. Die Abbildungen zeigen ein Weibchen, welches kürzere Fühler hat als das etwas kleinere Männchen. Der Käfer ist ein Waldbewohner, der räuberisch von anderen Insekten, Würmern oder Schnecken lebt. Auch Aas wird gelegentlich angenommen. Bei Gefahr sondert er an einer Drüse des Hinterleibes eine stinkende Flüssigkeit ab, die ihn vor Feinden wirksam schützt. Der Käfer kann bis zu drei Jahre leben. Seine Larven verpuppen sich im Erdboden.

Fotobelege: Niederlausitz, NSG Schlaubetal, Eichenwald, 29. 6. 2007.

Glatter Laufkäfer §

Carabus glabratus

L. 22–35 mm

Der **Käfer (1-3)** ist schwarz gefärbt. Kopf, Halsschild und Flügeldecken sind nicht vollkommen glatt, sondern sehr fein granuliert. Auf den Flügeldecken sind keinerlei Linien oder Punkte zu erkennen. Die Art ist ein relativ häufiger Bewohner nicht zu trockener Laub- und Nadelwälder. Auf dem Paarungsfoto **(3)** lässt sich das Weibchen nicht davon abhalten, einen Rosenkäfer anzufressen. Sehr ähnlich ist der Violettrandige Laufkäfer (S. 1107), der etwa die gleiche Größe hat.

(1) *Carabus glabratus*

(2) *Carabus glabratus*

(3) *Carabus glabratus* Paarung

Violettrandiger Laufkäfer,
Goldleiste §
Carabus violaceus

L. 22–35 mm

Der **Käfer (1-3)** besitzt eine fein granulierte Oberfläche wie der Glatte Laufkäfer (S. 1106). Im Unterschied zu diesem ist seine schwarze Farbe mit violetten bis violettrötlichen Tönen gemischt, vor allem an den Rändern von Flügeldecken und Halsschild. Die Art ist nicht selten. Sie bewohnt feuchtere Wälder, manchmal auch Gärten und ernährt sich räuberisch. Ähnlich ist auch der etwas kleinere Hain-Laufkäfer (S. 1108). Dessen Flügeldecken sind mit feinen Punktreihen besetzt.

(1) *Carabus violaceus*

(3) *Carabus violaceus*

(2) *Carabus violaceus*

(1) *Carabus granulatus*

Körniger Laufkäfer §

Carabus granulatus

L. 17–25 mm

Der **Käfer (1)** ist oberseits bronzefarben, oft mit grünlichem Schein. Die Unterseite, Beine und Fühler sind mehr oder weniger schwarz. Charakteristisch ist die grobe Struktur der Flügeldecken. Auf jeder Seite befinden sich drei sog. Kettenstreifen. Dazwischen liegen erhabene, glatte Rippen. Von der farblich veränderlichen Art existieren mehrere Unterarten. Sie ist in feuchten Wäldern und Moorgebieten zu Hause.

(1) *Carabus nemoralis*

Hain-Laufkäfer §

Carabus nemoralis

L. 18–25 mm

Der schwarze **Käfer (1–2)** besitzt besonders an den Körperrändern bronzefarbene oder blaugrünliche Beitöne, manchmal auch auf der gesamten Oberfläche. Die Flügeldecken sind fein granuliert und haben je drei undeutliche Reihen vertiefter Punkte. An den mittleren Beinschienen befindet sich eine rötliche Haarleiste und die Fühler sind ab dem fünften Glied durch eine feine Behaarung matt. Die Art ist in Wäldern und Gärten nicht selten. Sehr ähnlich ist der etwas größere Garten-Laufkäfer *(C. hortensis)*. Er besitzt auf jeder Flügeldecke nur zwei Grübchenreihen, die deutlicher ausgeprägt sind. Die Art ist seltener als der Hain-Laufkäfer.

(2) *Carabus nemoralis*

Glänzender Kanalläufer, Prächtiger Kanalläufer

Amara aulica

L. 11–15 mm

Der **Käfer (1–2)** hat einen glänzend schwarzen Körper. Beine, Fühler und Mundwerkzeuge sind rotbraun. Der Halsschild ist breiter als hoch und an den Seitenrändern vor den spitzen Hinterwinkeln deutlich eingeknickt. Man findet die relativ häufige Art an Feld- und Wiesenrändern, gerne an Korbblütlern, z. B. Kratzdisteln *(Cirsium)*. Die Nahrung besteht aus Pflanzensamen oder kleinen Insekten. Es existieren einige sehr ähnlich aussehende Arten.

(1) *Amara aulica*

(2) *Amara aulica*

Ovaler Kanalläufer

Amara ovata

L. 8–10 mm

Der schwarze **Käfer (1)** gehört zu den häufigeren Arten seiner Gattung. Die Körperoberfläche zeigt eher einen matten Glanz. Die Außenränder des Halsschildes verlaufen in einem gleichmäßigen Außenbogen und enden an den hinteren Ecken fast stumpf. Die Beine sind an den Schenkeln schwarz, an Schienen und Fußgliedern mehr oder weniger rötlich aufgehellt, was besonders an den ersten drei Gliedern der schwarzen Fühler auffällt. Der Käfer ist an krautreichen Waldrändern, Wiesen und Äckern anzutreffen. Larven entwickeln sich im Erdboden und vertilgen kleinere Insekten. Erwachsene Tiere fressen zusätzlich Sämereien von Gräsern und Getreide.

(1) *Amara ovata*

Kleiner Puppenräuber RL, §

Calosoma inquisitor

L. 13–20 mm

Der **Käfer (1–2)** ist schwarz gefärbt und hat einen mehr oder weniger rötlich-metallischen Schimmer. Die breiten Deckflügel sind fein längsriefig. Der tagaktive Käfer klettert gerne auf Büsche oder Bäume, um nach Raupen oder Puppen von Schmetterlingen zu suchen, von denen er sich ernährt. Die seltene Art kann in Wäldern und Parks angetroffen werden. Der seltene Große Puppenräuber *(C. sycophanta)* ist bis 30 mm lang und schimmert prächtig grünlich. Er lebt und ernährt sich wie sein kleinerer Verwandter.

Fotobelege: Berlin, Glienicker Park, an Eiche, 30. 5. 2013.

(2) *Calosoma inquisitor*

(1) *Calosoma inquisitor*

Gewöhnlicher Schaufelläufer, Körniger Schaufelläufer
Cychrus caraboides

L. 13–20 mm

Der schwarze Käfer **(1–3)** hat einen auffällig lang gestreckten Kopf und der Halsschild ist länger als breit und deutlich schmaler als der spitz endende Hinterleib. Die Flügeldecken sind regelmäßig feinkörnig, ohne deutliche Längsstreifen, was diese Art von ähnlichen Laufkäfern unterscheidet. Gattungstypisch ist auch das löffelartig verbreiterte, vorderste Glied der Kiefertaster **(1)**. Zwischen diesem und dem nachfolgenden Fühlerglied befinden sich rotbraune Borsten. Die Art ist nachtaktiv. Sie ernährt sich bevorzugt von Schnecken, in deren Gehäuse sie aufgrund ihres schmalen Kopfes tief eindringen kann. Regenwürmer und andere Kleintiere gehören ebenfalls zum Nahrungsangebot.

(1) *Cychrus caraboides*

(2) *Cychrus caraboides*

(3) *Cychrus caraboides*

Fluchtläufer

Dolichus halensis
(Calathus halensis)

L. 15–20 mm

Der **Käfer (1–2)** ist durch seine Farbgebung sehr typisch. Die schwarzen, längs gestreiften Flügeldecken sind im vorderen Bereich oft rötlich aufgehellt, was bei Laufkäfern selten ist. Beine, Fühler und Mundwerkzeuge weisen einen gelbbräunlichen Farbton auf und der Halsschild ist an den Seiten fein gelblich umrandet. Die wärmeliebende Art bewohnt Felder und deren Ränder, in entsprechenden Gegenden auch Weinberge.

(1) *Dolichus halensis*

(2) *Dolichus halensis*

(1) *Harpalus affinis*

Metallischer Schnellläufer, Erzgrüner Schnellläufer

Harpalus affinis

L. 8–12 mm

Der **Käfer (1)** besitzt auf seiner schwarzen Grundfarbe einen mehr oder weniger deutlichen, erzgrünen oder bronzefarbenen Metallglanz. Dieser kann nur auf den Flügeldecken oder auch an Kopf und Halsschild auftreten. Beine, Fühler und Mundwerkzeuge sind rötlich. Die Art bewohnt vegetationsarme Sandflächen und sandige Felder. Der Käfer frisst Pflanzensamen, lebt aber auch räuberisch von Kleininsekten.

Sumpfläufer

Oodes helopioides

L. 8–10 mm

Der kompakt anmutende **Käfer (1)** ist einfarbig schwarz und hat eine seidenmatte Oberfläche. Der Halsschild geht an den Seitenrändern absatzlos in die längs gerieften Flügeldecken über. Die Art ist nicht selten, aber nicht überall zu finden, da sie feuchte Biotope wie sumpfige Wiesen, Auwälder und Gewässerränder bevorzugt. Das Foto zeigt den Käfer an einem jüngeren Schilfstängel am Rande eines Teiches.

(1) *Oodes helopioides*

Kupferfarbener Buntgrabläufer
Poecilus cupreus

L. 9–13 mm

Der dunkle **Käfer** (1–2) zeichnet sich durch einen metallischen, meist kupferfarbenen Glanz aus. Die Farbe ist sehr variabel und kann auch grünliche oder violette Töne aufweisen. Der Halsschild besitzt eine dünne Mittelfurche und ist an der Basis deutlich punktiert. An den dunklen Fühlern sind die ersten zwei bis drei Glieder rötlich aufgehellt. Die Art hält sich an Waldrändern, auf Wiesen und Ackerrändern auf. Sie ernährt sich räuberisch, von Aas, aber wohl auch pflanzlich. Auf Bild (2) frisst ein Käfer am Rande eines Feldes gerade an einer toten Heuschrecke. Rechts daneben liegt noch ein verstorbener Laufkäfer, vermutlich derselben Art. Die Gattung enthält mehrere schwer unterscheidbare Arten.

(1) *Poecilus cupreus*

(2) *Poecilus cupreus*

Stumpfhalsiger Haarschnellläufer
Pseudoophonus griseus

L. 9–12 mm

Der schwarze **Käfer (1–2)** ist an seinen Flügeldecken mit sehr feinen, goldgelben Haaren bedeckt, die sich im Laufe der Zeit abtragen. Beine, Fühler und Mundwerkzeuge sind rotgelb, die Kieferzangen an den Spitzen geschwärzt. Die Art liebt Sandböden und ist daher in Brandenburg verbreitet. Sie ernährt sich pflanzlich, frisst aber auch Insekten und andere Kleintiere. Sehr ähnlich ist der größere Behaarte Schnellläufer *(P. rufipes)*, dessen Halsschild an den hinteren Seitenrändern mehr eingebuchtet ist. Er bevorzugt Lehmböden.

(1) *Pseudoophonus griseus*

(2) *Pseudoophonus griseus*

Großer Grabkäfer

Pterostichus niger

L. 15-21 mm

Der schlanke **Käfer (1)** ist glänzend schwarz. Die Fühler sind ab dem vierten Glied etwas aufgehellt und die Beine zeigen eine schüttere, rostbraune Behaarung. Am Halsschild befinden sich im hinteren Bereich zwei matte Doppelgrübchen. Die erwachsenen Tiere sind flugfähig und nachtaktiv. Sie jagen kleinere Insekten, Würmer und Schnecken. Arten der Gattung *Pterostichus* sind nur mit Spezialkenntnissen sicher unterscheidbar. Der Gemeine Grabkäfer *(P. melanarius)* ist etwas kleiner und besitzt im Unterschied zum Großen Grabkäfer ein unterseits behaartes Klauenglied (das vorderste, mit Klauen besetzte Fußglied). Auch Arten verwandter Gattungen können ähnlich sein.

(1) *Pterostichus niger*

Kupferfarbener Uferläufer, Bronzefarbiger Raschkäfer

Elaphrus cupreus

L. 7-9 mm

Der **Käfer (1-3)** ist dunkel bronzefarben oder schwarzbraun. Auffallend sind die umrandeten, blau ausgefüllten Grübchen (Augenflecken) auf den Flügeldecken. Metallisch-blaue Farben finden sich stellenweise auch an Beinschienen und Fußgliedern. Durch die deutlich vorstehenden Augen ist der Kopf breiter als der Halsschild. Die Art ist nicht selten, doch auf dunklem Boden schwer zu erkennen. Lebensräume sind Moorwiesen und sumpfige Teichränder. Die Nahrung besteht aus kleinen Insekten, Spinnen und anderen Kleintieren. Die Gattung beinhaltet weitere, ähnliche Arten, die seltener sind.

Fotobelege: Brandenburg, Feuchtgebiet »Sutschketal« bei Bestensee, 22. 4. 2019.

(2) *Elaphrus cupreus*

(3) *Elaphrus cupreus*

Elaphrus cupreus

Sandlaufkäfer (Fam. *Carabidae*, Subfam. *Cicindelinae*)

Kupferbrauner Sandlaufkäfer, Dünen-Sandlaufkäfer RL, §
Cicindela hybrida

L. 11–16 mm

Der **Käfer (1–4)** hat eine kupferbraune Grundfarbe, manchmal mit grünlichem oder rötlichem Beiton. Die Flügeldecken sind mit typischen hellen Zackenbinden und Flecken versehen. In beiden Geschlechtern sind Oberlippe und Teile der Kieferzangen hell elfenbeinfarben. Die langen, dünnen Beine und Körperseiten tragen eine auffallend weiße Behaarung. Auf Bild **(3)** wird gerade ein Beutetier gefressen und Bild **(4)** zeigt eine Paarung, bei der das Männchen seine Partnerin üblicherweise mit den kräftigen Kieferzangen packt. Die Art bewohnt Dünen, Heideflächen und Sandwege in Kiefernwäldern. Sie ist in Brandenburg der weitaus häufigste Sandlaufkäfer. Der eifrige Jäger ernährt sich von kleineren Insekten und Spinnen. Ähnlich sind z. B. der Wald-Sandlaufkäfer *(C. sylvatica)* mit schwarzer Oberlippe und der Küsten-Sandlaufkäfer *(C. maritima)*, dessen Deckflügelzeichnung graziler ist.

(1) *Cicindela hybrida*

(2) *Cicindela hybrida*

(3) *Cicindela hybrida*

(4) *Cicindela hybrida* Paarung

Feld-Sandlaufkäfer RL, §

Cicindela campestris

L. 10-16 mm

Der **Käfer (1-3)** hat eine grün-metallisch glänzende Oberfläche. Seine Unterseite und die weißlich behaarten Beine setzen sich weinrot ab. Jeder Deckflügel weist einen unterhalb der Mitte sitzenden, weißlichen Punkt und wenige, spärliche helle Flecken auf. Oberlippe und Kieferzangen sind weißlich. Die Art ist auf Sand- oder Lehmböden an Feld- und Waldrändern sowie Waldwegen anzutreffen. Gejagt werden kleinere Insekten und Spinnen aller Art. Der Feld-Sandlaufkäfer bewohnt ähnliche Biotope wie sein kupferbrauner Verwandter, ist aber in Brandenburg inzwischen deutlich seltener geworden. Wir fanden die Art bisher immer im Frühjahr (Mai).

Cicindela campestris

) *Cicindela campestris*

(3) *Cicindela campestris*

Blatthornkäfer (Fam. *Scarabaeidae*)

Feld-Maikäfer

Melolontha melolontha

L. 22-30 mm

Der **Käfer (1-4)** ist mit weißen, kurzen Haaren bedeckt, die später stellenweise verkahlen. Die braunen Flügeldecken lassen die Hinterleibsspitze (Pygidium) frei. An den Seiten des Hinterleibes ist eine Reihe weißer, dreieckiger Flecken sehr auffallend. Die Fühler sind mehrfach gefächert. Bei Männchen **(1-2)** sind es sieben, bei Weibchen **(3)** nur sechs etwas kürzere Lamellen. Bild **(4)** zeigt eine Paarung. Der Käfer, der früher in manchen Jahren zur Plage wurde, ist ziemlich selten geworden. Erwachsene Tiere ernähren sich von Blättern verschiedener Laubbäume. Auf den Fotos ist es Weißdorn *(Crataegus)*. Larven (Engerlinge) entwickeln sich im Erdboden und fressen Wurzeln krautiger Pflanzen und junger Laubbäume. Bis zum Schlüpfen des fertigen Käfers vergehen mindestens drei Jahre. Beim ähnlichen Wald-Maikäfer *(M. hippocastani)* ist das Pygidium vor der Spitze knopfartig erweitert.

(2) *Melolontha melolontha* ♂

(3) *Melolontha melolontha* ♀

(4) *Melolontha melolontha* Paarung

) *Melolontha melolontha* ♂

(1) *Amphimallon solstitiale* ♀

Junikäfer, Gerippter Brachkäfer *Amphimallon solstitiale*

L. 14-18 mm

Der **Käfer (1-3)** erinnert an einen Maikäfer, ist aber kleiner. Der Name leitet sich von »Solstitium« (höchster Sonnenstand) ab, was auf die Erscheinungszeit des Käfers im Hochsommer deutet. Beide Geschlechter besitzen am Fühlerende drei Lamellen. Beim Weibchen **(1)** sind sie etwas kürzer als beim Männchen **(2-3)**. Auf Bild **(3)** sieht man die hautartigen Hinterflügel, die vor dem Flug auseinandergefaltet werden müssen. Bild **(4)** zeigt eine Larve, die zwischen Graswurzeln gefunden wurde. Die nachtaktive Art fliegt in der Dämmerung, besonders in warmen Nächten. Ernährung und Lebensweise entsprechen denen des Maikäfers.

2) *Amphimallon solstitiale* ♂

3) *Amphimallon solstitiale* ♂

(4) *Amphimallon solstitiale* Larve

Walker, Türkischer Maikäfer RL, §
Polyphylla fullo

L. 25–36 mm

Der **Käfer (1–4)** ist auffällig schwarzbraun und weiß gescheckt. Die weißen Bereiche bestehen aus feinen Schüppchen. Die Fühler des Männchens **(1–2)** sind mit sieben sehr langen, gebogenen Lamellen bestückt, die sich nicht öffnen. Beim Weibchen **(3–4)** sind diese viel kürzer und fünfblättrig. Bei einer Störung kann der Käfer deutlich hörbare, zirpende Geräusche erzeugen. Die Art bewohnt sandige Kiefernwälder und ernährt sich von den Nadeln der Bäume. Die bis zu 80 mm langen Larven entwickeln sich im Erdboden. Sie fressen Wurzeln und benötigen drei bis vier Jahre, bis das erwachsene Tier schlüpft. Der Käfer ist nachtaktiv und nur selten am Boden anzutreffen.

Fotobelege: Brandenburg, Zesch am See, Kiefernwald, 6. 7. 2017; Mellensee, Privatgrundstück, aus dem Schwimmbecken gerettet, 6. 8. 2020.

(1) *Polyphylla fullo* ♂

(2) *Polyphylla fullo* ♂

(3) *Polyphylla fullo* ♀

(4) *Polyphylla fullo* ♀

) Anisoplia villosa ♀

(2) *Anisoplia villosa* ♂

) *Anisoplia villosa* Paarung

(4) *Anisoplia villosa*

Zottiger Getreidekäfer
Anisoplia villosa

L. 10–12 mm

Der **Käfer (1–4)** ist durch seine zottige, weiße Behaarung gekennzeichnet. An Kopf, Halsschild und Flügeldecken sind die Haare kürzer und manchmal bräunlich gefärbt. Die Deckflügel der Weibchen **(1)** sind strohfarben, die der Männchen **(2)** rotbraun (siehe auch Paarung **(3)**). Sie sind meist einfarbig, können aber auch dunkel gemustert sein. Die dünnen Fühler spalten sich vorne dreifach auf. Durch den nach vorne verlängerten Kopfschild sind die Mundwerkzeuge von oben verdeckt. Die häufige Art ist einzeln oder gruppenweise ab Mai auf Getreideähren zu beobachten. Die Käfer fressen die Staubbeutel. Larven entwickeln sich im Boden und ernähren sich von Graswurzeln.

Julikäfer,
Kleiner Julikäfer
Anomala dubia

L. 10-15 mm

Der **Käfer (1-4)** ist farblich sehr veränderlich. Die häufigste Variante **(1)** ist an Kopf und Halsschild metallisch-grün und an den Deckflügeln braun gefärbt. Andere Farbvarianten sind fast einfarbig braun **(2)** oder sie sind gänzlich metallisch-grün **(3)** oder fast schwarzblau **(4)**. Die Fühler sind an der Spitze in drei Lamellen aufgeteilt. Im Unterschied zu ähnlichen Arten ist die Oberseite kahl. Der Käfer sitzt in den Sommermonaten oft auf höheren Kräutern oder Laubbäumen. Die Larven entwickeln sich im Boden und fressen Wurzeln von Gräsern.

(2) *Anomala dubia*

(3) *Anomala dubia*

(4) *Anomala dubia*

) *Anomala dubia*

Garten-Laubkäfer
Phyllopertha horticola

L. 8–11 mm

Der **Käfer (1-3)** ist an Kopf und Halsschild dunkelgrün gefärbt und hat einen metallischen Glanz. Die Flügeldecken sind braun. Der Körper ist überall dicht behaart. Wie bei vielen ähnlichen Arten sind auch hier die Fühler am Ende dreiteilig gefächert. Die häufige, tagaktive Art kann fast überall an Wald- und Feldrändern, auf Wiesen und in Gärten beobachtet werden. Die Nahrung besteht aus Blättern und Blüten diverser Büsche und Bäume. Die Larven entwickeln sich im Boden und fressen Wurzeln.

(1) *Phyllopertha horticola*

(2) *Phyllopertha horticola*

(3) *Phyllopertha horticola*

Rotbrauner Laubkäfer
Serica brunnea

L. 8-10 mm

Der **Käfer (1-3)** ist bis auf seinen schwarzbraunen Kopf überall einfarbig rotbraun. Die Flügeldecken sind deutlich längs gefurcht.

Die Art wird tagsüber kaum gesehen, da sie dämmerungs- und nachtaktiv ist. Gelegentlich findet man sie hilflos in Wassertrögen oder Privatteichen und kann sie manchmal vor dem Ertrinken retten. Der Käfer ernährt sich vegetarisch. Larven leben im Boden und fressen Pflanzenwurzeln. In Forstkulturen können sie Schäden anrichten.

(1) *Serica brunnea*

(2) *Serica brunnea*

3) *Serica brunnea*

Goldstaub-Laubkäfer,
Goldstaub-Purzelkäfer
Hoplia argentea

L. 9–12 mm

Der **Käfer (1–2)** ist farblich sehr veränderlich. Er besitzt am gesamten Körper sehr feine, glänzende Schuppen, dazwischen auch weniger auffallende Haare. Die Grundfarben können grünlich, gelblich oder, wie hier, bräunlich sein. Die Abbildungen zeigen ein weibliches Tier. Die Art ist in Süddeutschland stellenweise häufig, in Brandenburg aber anscheinend selten. Wir fanden sie bisher nur einmal an einer Blüte der Gewöhnlichen Grasnelke *(Armeria maritima)*. Erwachsene Tiere ernähren sich von Pollen, Larven fressen Wurzeln.

Fotobelege: Brandenburg, Trockenrasen bei Wünsdorf, 30.6.2018.

(1) *Hoplia argentea* ♀

(2) *Hoplia argentea* ♀

(1) *Hoplia graminicola*

(2) *Hoplia graminicola*

Kleiner Gras-Laubkäfer

Hoplia graminicola

L. 6-7 mm

Der **Käfer (1-2)** ist vollkommen mit winzigen, weißen oder grünlichen Schüppchen bedeckt und wirkt wie bestäubt. Der schwarze oder dunkelbraune Untergrund kommt erst zum Vorschein, wenn die Schüppchen abgetragen sind. Das ist üblicherweise zuerst auf der Oberseite der Fall. Ein wichtiges Merkmal zur Unterscheidung ähnlicher Arten bieten die beiden Klauen des letzten Fußgliedes: Eine Klaue ist fast verkümmert. Es sieht daher aus, als wäre nur eine Klaue vorhanden. Der kleine Käfer bevorzugt Sandböden. Er ist auf Dünen, Feldern und Wiesen zu finden. Die Ernährung ist vegetarisch. Larven leben im Boden und fressen Graswurzeln.

Stolperkäfer

Valgus hemipterus

L. 6-10 mm

Der **Käfer (1-4)** ist, besonders bei männlichen Exemplaren, mit schwarzen und weißen Schuppen bedeckt, die unterschiedliche Muster bilden. Die eckigen Flügeldecken sind deutlich verkürzt. Sie lassen einen Teil des Hinterleibes unbedeckt. Männchen **(1-3)** sieht man viel häufiger als Weibchen **(4).** Letztere sind leicht an ihrem dünnen, stachelförmigen Anhängsel zu erkennen, bei dem es sich nicht um einen Legestachel handelt. Sie sind außerdem dunkler gefärbt. Die Art ist auf Blättern und Blüten an krautreichen Feldrändern, in Auwäldern oder in der Nähe von Gewässern zu finden. Larven entwickeln sich in Totholz verschiedener Laubbäume.

(1) *Valgus hemipterus* ♂

(2) *Valgus hemipterus* ♂

(4) *Valgus hemipterus* ♀

(3) *Valgus hemipterus* ♂

Gemeiner Rosenkäfer, Gold-Rosenkäfer §

Cetonia aurata

L. 15-20 mm

Der **Käfer (1-4)** ist vorwiegend grün gefärbt und besitzt einen metallischen Goldglanz **(1-2)**. Seine Unterseite und Teile der Oberseite sind weinrötlich. Die Flügeldecken sind mit wenigen unvollständigen, weißen Querbändern und Flecken besetzt. Die Ränder sind ausgebuchtet, damit sich die hautartigen Hinterflügel entfalten können, ohne dass die Flügeldecken angehoben werden müssen **(3)**, eine Besonderheit aller Rosenkäfer. An der Unterseite befindet sich zwischen den Mittelhüften der rundlich-knopfförmige Mesosternalfortsatz **(4)**. Bei dem ähnlichen Kupfer-Rosenkäfer (S. 1136) ist dieser Fortsatz abgeflacht. Der Gemeine Rosenkäfer ist ein eifriger, kaum spezialisierter Blütenbesucher. Er ernährt sich von Pollen, Nektar und Pflanzensäften. Die Larven **(5)** entwickeln sich in moderigem Holz, nicht selten auch in Komposthaufen. Sie verpuppen sich in einer dünnwandigen Erdkapsel.

(4) *Cetonia aurata*

(5) *Cetonia aurata* Larve

(1) *Cetonia aurata*

(2) *Cetonia aurata*

(3) *Cetonia aurata*

Kupfer-Rosenkäfer §

Protaetia cuprea

(Potosia cuprea)

L. 15-20 mm

Der **Käfer (1-5)** ähnelt dem Gemeinen Rosenkäfer (S. 1134), wirkt aber durch die mit Längskanten versehenen Deckflügel etwas eckiger. Die Grundfarbe tendiert oft ins Kupferfarbene, kann aber auch Grün sein. Eine häufiger auftretende, kupferbraune Variante (*P. cuprea* var. *fieberi* **(5)**) besitzt auf den Flügeldecken keine weißen Zeichen. Ein sicheres Merkmal der Abgrenzung zum Gemeinen Rosenkäfer ist die abgeflachte, nicht kugelförmige Form des Fortsatzes der Mittelhüften (Mesosternalfortsatz **(4)**). Der Kupfer-Rosenkäfer tritt oft zusammen mit seinem Doppelgänger auf. Ernährung und Entwicklung sind identisch.

(1) *Protaetia cuprea*

(2) *Protaetia cuprea*

(4) *Protaetia cuprea*

(5) *Protaetia cuprea* var. *fieberi*

(3) *Protaetia cuprea*

Großer Rosenkäfer RL, §

Protaetia aeruginosa
(Potosia aeruginosa)

L. 22–28 mm

Der **Käfer (1–3)** ist einfarbig leuchtend grün und hat einen metallischen Glanz. Bis auf den punktierten Kopf ist die Oberfläche nahezu glatt. Von den einheimischen Rosenkäfern ist er die größte Art. Bild **(3)** zeigt die Unterseite mit dem für die Gattung typischen abgeflachten Fortsatz der Mittelhüfte (Mesosternalfortsatz). Dieser ist kürzer als bei dem verwandten Kupfer-Rosenkäfer (S. 1136). Die streng geschützte Art ist in Laubwäldern mit offenem Baumbestand und sogar in Gärten zu finden, wenn auch inzwischen sehr selten. Erwachsene Tiere ernähren sich von Baumsäften und Obst. Larven entwickeln sich im Mulm morscher, von Pilzen befallener Bäume.

Fotobelege: Berlin, Glienicker Park, an gefallenem Rotbuchenstamm, 30.5.2013 und 21.8.2013.

(2) *Protaetia aeruginosa*

(3) *Protaetia aeruginosa*

(1) *Protaetia aeruginosa*

Bronzegrüner Rosenkäfer,
Marmorierter Rosenkäfer RL, §
Protaetia lugubris
(Liocola marmorata)

L. 19–25 mm

Der **Käfer (1–2)** ähnelt sehr dem Gemeinen Rosenkäfer (S. 1134), ist aber größer, etwas plumper und auf seinen Deckflügeln dichter gezeichnet. Deutliche Querbinden sind kaum zu erkennen. Die Oberfläche wirkt eher marmoriert. Die Art hält sich ähnlich dem Großen Rosenkäfer (S. 1138) gerne in Laubwäldern auf. Erwachsene Käfer ernähren sich von Pflanzensäften oder Früchten. Die Larven entwickeln sich in Höhlungen oder im Mulm alter Laubbäume, z.B. von Eichen oder Obstbäumen.

(1) *Protaetia lugubris*

(2) *Protaetia lugubris*

Zottiger Rosenkäfer RL
Tropinota hirta

L. 8–11 mm

Der **Käfer (1–4)** hat eine schwarze oder dunkelbraune Grundfarbe. Seine Flügeldecken weisen einige weiße, längliche Flecken auf, deren Anzahl variabel ist. Sehr auffallend ist die lange, zottige Behaarung des gesamten Körpers. Diese trägt sich im Alter besonders auf den Deckflügeln ab. Die wärmeliebende Art bewohnt sonnige, kräuterbestandene Wiesen und kommt in Brandenburg zerstreut vor. Erwachsene Tiere besuchen gerne blühende Kräuter, da sie sich von Pollen und Nektar ernähren. Larven entwickeln sich im Boden und fressen verrottendes Pflanzenmaterial.

(1) *Tropinota hirta*

(2) *Tropinota hirta*

(3) *Tropinota hirta*

(4) *Tropinota hirta*

(1) *Oxythyrea funesta*

(2) *Oxythyrea funesta*

Trauer-Rosenkäfer RL

Oxythyrea funesta

L. 8–12 mm

Der **Käfer (1–2)** ist auf schwarzem oder schwarzbraunem, matt glänzendem Untergrund an Halsschild, Deckflügeln und Unterseite hell gefleckt. Die weißlichen oder fleischfarbenen Flecken sind rundlich oder laufen stellenweise kurz bandartig zusammen. Die feinen, überall vorhandenen Haare können bei älteren Tieren verschwinden. Die Art ernährt sich von Pollen und Nektar und besucht Blüten verschiedener Kräuter und Bäume. Auf dem Foto **(1)** sind es Schlehen *(Prunus spinosa)*. Die Larven fressen Pflanzenwurzeln. Der Zottige Rosenkäfer (S. 1140) hat eine ähnliche Statur, ist aber länger behaart und hat ein abweichendes Fleckenmuster.

Mönchs-Kotkäfer

Onthophagus coenobita

L. 6-10 mm

Der **Käfer (1-3)** ist an Kopf und Halsschild bronzefarben oder grünlich und grob punktiert. Die braunen Flügeldecken können einfarbig oder dunkler gefleckt sein. Männchen **(1-2)** besitzen am Hinterkopf ein verschieden ausgebildetes Horn, daneben auf jeder Seite einen abgerundeten Höcker. Beim Weibchen **(3)** fehlt das Horn. Stattdessen ist der Kopf hinten in Querrichtung scharfkantig gerandet. Auf dem Foto sieht man einen massiven Milbenbefall an den Beinen des Tieres. Die Art ist wohl die häufigste ihrer Gattung in Deutschland. Erwachsene Käfer und ihre Larven fressen Kot verschiedener Säugetiere, aber auch Aas und faulende Pilze.

(1) *Onthophagus coenobita* ♂

(2) *Onthophagus coenobita* ♂

(3) *Onthophagus coenobita* ♀

(1) *Onthophagus similis* ♀

(2) *Onthophagus similis* ♀

Kotkäfer

Onthophagus similis

L. 4–7 mm

Der **Käfer (1–2)** ist deutlich kleiner als der ähnliche Mönchs-Kotkäfer (S. 1142). Kopf und Halsschild sind oft fast schwarz gefärbt und die dunkelbraunen Deckflügel schwarz gesprenkelt. Die Abbildungen zeigen ein Weibchen, dessen Kopf am hinteren Rand kein Horn besitzt. Ökologische Ansprüche, Nahrung und Lebensweise entsprechen denen des Mönchs-Kotkäfers.

Nashornkäfer §

Oryctes nasicornis

L. 25–40 mm

Der **Käfer (1–3)** ist kastanienbraun, glänzend und oberseits kahl. Unterseits und seitlich befindet sich eine rostbraune, zottige Behaarung. Der Kopf des imposanten Männchens **(1–2)** ist durch ein langes, gebogenes Horn gekennzeichnet, gefolgt von einem kräftig-kantigen Halsschild und fast glatten Flügeldecken. Weibchen **(3)** haben am Kopf nur einen unscheinbar kleinen Höcker und der Halsschild weist keine nennenswerten Kanten auf. Die kurzen Fühler beider Geschlechter sind an der Spitze dreifach gefächert. Erwachsene Tiere ernähren sich von Pflanzensäften und Früchten. Die mit kräftigen Kieferzangen ausgerüsteten Larven **(4–5)** können eine Länge von 8–12 cm erreichen. Sie entwickeln sich in Gerberlohe, Holzmulm, Sägemehl oder Komposthaufen. Die Verpuppung erfolgt in einer kokonartigen Kapsel, bestehend aus dem umgebenden Material. Für die Entwicklung zum fertigen Käfer können bis zu fünf Jahren vergehen. Larven sind in der Lage, durch im Darm befindliche Bakterien Zellulose zu verdauen, von der sie sich ernähren.

(4) *Oryctes nasicornis* Larve

(5) *Oryctes nasicornis* Larve

(2) *Oryctes nasicornis* ♂

1) *Oryctes nasicornis* ♂

(3) *Oryctes nasicornis* ♀

Eremit, Juchtenkäfer RL, §
Osmoderma eremita

L. 25–38 mm

Der dunkelbraune **Käfer (1–3)** wirkt durch seine breiten Abmaße etwas plump. Die beiden erhabenen Längsfalten des Halsschildes und kleine Kopfhöcker über den Fühlern weisen das abgebildete Tier als Männchen aus. Bei den Weibchen sind diese Merkmale schwächer ausgebildet. Die Fühler enden in einem kurzen, dreiblättrigen Fächer, wie bei vielen verwandten Arten. Der Käfer besitzt einen typischen Geruch nach speziell gegerbtem Leder (Juchtenleder). Dieser ist auch von einigen Großpilzen, z.B. dem Juchten-Ellerling *(Camarophyllus russocoriaceus)*, bekannt. Die äußerst seltene, streng geschützte Art bewohnt Wälder mit älteren Eichen, in deren Höhlungen sie sich aufhält. Die Larven entwickeln sich in durch Pilze zersetztem Holz und Mulm der Eichen.

Fotobelege: Brandenburg, Glashütte bei Baruth, Auwald mit altem Eichenbestand, 19.7.2013.

(1) *Osmoderma eremita* ♂

(2) *Osmoderma eremita* ♂

(3) *Osmoderma eremita* ♂

Veränderlicher Edelscharrkäfer RL, §

Gnorimus variabilis

(Gnorimus octopunctatus)

L. 17–22 mm

Der **Käfer (1–4)** ist mattglänzend schwarz. Die relativ breiten Flügeldecken sind mit je vier schütter verteilten, gelblichen oder weißen Punkten ausgezeichnet. Manchmal sind auch die hinteren Ecken des Halsschildes hell gefleckt. Bei frei liegendem Hinterleib wird seitlich auf jedem Segment des Hinterleibes ein heller Punkt sichtbar. Die Abbildungen zeigen Weibchen, deren Kopfplatte am Vorderrand eingebuchtet ist. Beim Männchen ist der Vorderrand gerade. Weibliche Tiere sind unterseits im Brustbereich weniger behaart als Männchen. Die Art bewohnt ältere Laubbäume, besonders Eichen oder Esskastanien. Larven ernähren sich vom Mulm, der sich in Aushöhlungen sammelt. Der erwachsene Käfer lebt vom Nektar verschiedener Blüten oder trinkt Baumsäfte.

Fotobelege: Niederlausitz, Schlaubetal, Eichenwald, 24.7.2011, 6.7.2012 und 4.7.2013.

(1) *Gnorimus variabilis* ♀

(2) *Gnorimus variabilis* ♀

(3) *Gnorimus variabilis* ♀

(4) *Gnorimus variabilis* ♀

Glattschieniger Pinselkäfer RL

Trichius zonatus *(Trichius gallicus)*

L. 10–12 mm

Der **Käfer (1–4)** hat seinen Namen von der langen, pinselartigen Behaarung. Die gelben Flügeldecken sind kahl und besitzen je drei schwarze, bandartige Flecken, die sich jedoch in der Mitte nicht treffen. Weibchen **(3–4)** unterscheiden sich von den sehr ähnlich aussehenden Männchen **(1–2)** durch längere, gebogene Zähnchen am Ende der Beinschienen. Das ist auf Bild **(3)** deutlich zu erkennen. Die Art besucht häufig Blüten verschiedener Kräuter, um Pollen und Nektar aufzunehmen. Die Larven entwickeln sich in morschem Laubholz, welches durch Weißfäulepilze befallen ist. Von den drei *Trichius*-Arten ist der Glattschienige Pinselkäfer im Flachland am häufigsten. Der Gebänderte Pinselkäfer *(T. fasciatus)* bevorzugt eher das bewaldete Bergland.

(2) *Trichius zonatus* ♂

(3) *Trichius zonatus* ♀

(1) *Trichius zonatus* ♂

(4) *Trichius zonatus* ♀

Erdkäfer (Fam. *Trogidae*)

Knochenkäfer, Breitstreifiger Erdkäfer
Trox sabulosus

L. 8–9 mm

Der **Käfer (1–2)** ist an allen Körperteilen schwarzbraun gefärbt. Die Flügeldecken sind besonders grob skulpturiert und mit mehreren Längsleisten versehen. Kopf und Halsschild sind deutlich punktiert. Die Fühler sind an der Spitze dreifach gefächert. Deshalb gehörte die Art früher zur Familie der Blatthornkäfer *(Scarabaeidae)*. Die wärmeliebende Art ist auf sandigen Böden nicht selten. Sie wurde von uns in Brandenburg bisher nur einmal gefunden. Der Käfer frisst trockene Tierabfälle wie Aas, Knochen, Fellreste, Federn oder Kot. Eine gewisse Ähnlichkeit hat der zu den Schwarzkäfern gehörende Gemeine Staubkäfer (S. 1222), der auch in sandigen Biotopen anzutreffen ist. Seine Fühler sind nicht gefächert.

Fotobelege: Brandenburg, Kienbaum, sandiger Boden nahe der Löcknitz, 28. 4. 2020.

(2) *Trox sabulosus*

(1) *Trox sabulosus*

Mistkäfer, Rosskäfer (Fam. *Geotrupidae*)

Stierkäfer §

Ceratophyus typhoeus
(Typhaeus typhoeus)

L. 15–24 mm

Der **Käfer (1–3)** ist überall glänzend schwarz und hat längs gerillte Flügeldecken. Die Rillen sind innen dicht punktiert. Der Halsschild des Männchens (siehe Fotos) trägt drei nach vorn gerichtete Hörner, von denen die beiden äußeren den länglichen Kopf etwas überragen können. Die Hörner sind gelegentlich nur sehr schwach entwickelt **(3)**. Weibchen (nicht abgebildet) haben stattdessen am Halsschild kleine Höcker und eine Querleiste. Die vielerorts seltene Art bewohnt sandige Kiefernwälder und Heiden. Sie ernährt sich vom Kot pflanzenfressender Säugetiere, z. B. von Rehen, Schafen, Hasen oder Kaninchen. Der Kot wird in Erdgängen als Nahrung für die Larven gelagert.

(1) *Ceratophyus typhoeus* ♂

(2) *Ceratophyus typhoeus* ♂

(3) *Ceratophyus typhoeus* ♂

Wald-Mistkäfer

Anoplotrupes stercorosus
(Geotrupes silvaticus)

L. 12-18 mm

Der **Käfer (1-3)** hat eine schwarze Grundfarbe, oft mit bläulichem Metallschimmer. Die Flügeldecken sind mit je sieben Punktstreifen zwischen Mittellinie und Schulterbeule bestückt. Der Halsschild ist fein punktiert und auf dem Kopf befindet sich ein kleiner Höcker. An der Außenseite der hinteren Beinschienen sitzen zwei scharfkantige Querleisten. Die Art ist ein häufiger Waldbewohner, der Kot, Tierkadaver und Pilze frisst. Auf Bild **(3)** ist es gerade ein Steinpilz. Für die Brut werden Erdstollen gegraben und mit Kotballen gefüllt. Sehr ähnlich ist der etwas größere Gemeine Mistkäfer oder Rosskäfer *(Geotrupes stercorarius)*, dessen Hinterschienen drei Querleisten aufweisen. *G. mutator* besitzt auf den Deckflügeln zwischen Mittellinie und Schulterbeule neun statt sieben Punktstreifen. Die seltene Art bevorzugt Rindermist. Der häufige Frühlings-Mistkäfer (S. 1153) hat glattere Flügeldecken.

(1) *Anoplotrupes stercorosus*

(2) *Anoplotrupes stercorosus*

(3) *Anoplotrupes stercorosus*

Frühlings-Mistkäfer

Trypocopris vernalis
(Geotrupes vernalis)

L. 13-20 mm

Der **Käfer (1-4)** hat eine vorwiegend blauschwarze, metallisch glänzende, seltener auch grünliche Farbe. Aus einiger Entfernung wirkt seine Oberfläche glatt, was ihn vom Wald-Mistkäfer (S. 1152) unterscheidet. Kopf und Halsschild sind fein punktiert, die Deckflügel weisen eine zarte, mit Lupe erkennbare Punktstreifung auf. Der Käfer ist in Brandenburg noch relativ häufig, wenn auch seltener als der Wald-Mistkäfer. Beide Arten haben eine ähnliche Lebensweise, ernähren sich von Kot **(3)**, Pilzen **(4)** und Kadavern von Kleintieren, beispielsweise Schnecken. Für die Brut werden Erdstollen gegraben und diese mit Kotballen bestückt.

(1) *Trypocopris vernalis*

(2) *Trypocopris vernalis*

(3) *Trypocopris vernalis*

(4) *Trypocopris vernalis*

Hirschkäfer, Schröter (Fam. *Lucanidae*)

Hirschkäfer RL, §

Lucanus cervus

L. 30–80 mm

Der **Käfer (1–6)** ist mit seinem großen, eckigen Kopf und dem typischen »Geweih« des Männchens **(1–4)** die größte und imposanteste Käferart Deutschlands. Weibchen **(5–6)** sind unscheinbarer und deutlich kleiner. Bild **(3)** zeigt ein Männchen kurz vor dem laut brummenden Flug und auf Bild **(4)** kommt es bald zum Kampf, wobei der Kleinere verliert. In Brandenburg kann der Käfer im Hochsommer stellenweise noch regelmäßig an alten Eichen beim Aufsaugen von Baumsaft **(6)** beobachtet werden. Bald nach der Paarung stirbt das Männchen. Weibchen legen die Eier im Erdboden am Fuße alter, möglichst von Pilzen befallener Eichen oder an deren Stümpfen ab. Die Larven ernähren sich vom Wurzelwerk. Ihre Entwicklung bis zum fertigen Käfer dauert etwa drei bis fünf Jahre. Durch Wegnahme alter Eichen wird dem Käfer die Lebensgrundlage entzogen.

Fotobelege: Brandenburg, Dubrow bei Gräbendorf, Eichenwald, 21. 6. 2015 bis 10. 7. 2015 und 2. 7. 2019.

(1) *Lucanus cervus* ♂

(2) *Lucanus cervus* ♂

(3) *Lucanus cervus* ♂

(6) *Lucanus cervus* ♀

5) *Lucanus cervus* ♀

4) *Lucanus cervus* ♂

Balkenschröter §

Dorcus parallelepipedus
(Dorcus parallelipipedus)

L. 18–30 mm

Der schwarze **Käfer (1-4)** ist auf der gesamten Oberfläche fein punktiert. Zwischen den einzelnen Körperteilen befinden sich gelbliche Haarsäume. Der Kopf des Männchens **(1-2)** ist fast so breit wie der Halsschild. Beim Weibchen **(3-4)** ist er etwas schmaler. Die Kieferzangen sind beim Männchen besonders kräftig ausgebildet und haben einen kräftigen, nach innen gerichteten Zahn **(2)**. Der Balkenschröter könnte mit dem Weibchen des Hirschkäfers (S. 1154) verwechselt werden und wird deshalb auch als Zwerghirschkäfer bezeichnet. Die tag- und nachtaktive Art hält sich gerne an morschen Laubholzstämmen auf, wo die Weibchen ihre Eier ablegen. Erwachsene Tiere ernähren sich von Baumsäften, Larven von morschem Holz.

(1) *Dorcus parallelepipedus* ♂

(2) *Dorcus parallelepipedus* ♂

(4) *Dorcus parallelepipedus* ♀

3) *Dorcus parallelepipedus* ♀

Großer Rehschröter RL, §

Platycerus caprea

L. 13–15 mm

Der **Käfer (1–2)** ähnelt einem schlanken Laufkäfer, unterscheidet sich aber schon durch die anders aufgebauten Fühler. Die Farbe ist schwarz oder grünlich schwarz mit metallischem Glanz. Den Käfer kann man an liegenden, morschen Ästen oder Laubholzstämmen finden, seltener auch an Nadelholz. Die Art ist relativ selten, in manchen Gegenden Deutschlands als »stark gefährdet« eingestuft. Erwachsene Tiere fressen Knospen und Blätter von Laubbäumen. Die Larven entwickeln sich in von Pilzen zersetztem Holz, entweder durch Weiß- oder Braunfäule. Eine Braunfäule wird z. B. vom Birkenporling *(Piptoporus betulinus)* erzeugt, mit dem der Käfer unter anderem assoziiert ist. Der sehr ähnliche Kleine Rehschröter *(P. caraboides)* ist etwa 9–13 mm lang. Unterschiede beider Arten sind vor allem in der Form der Kieferzangen zu sehen.

Fotobelege: Brandenburg, Glashütte bei Baruth, Auwald, an morschem Laubholzast, 1. 5. 2011.

(1) *Platycerus caprea*

Kopfhornschröter RL, §

Sinodendron cylindricum

L. 12–15 mm

Der **Käfer (1)** ist glänzend schwarz gefärbt und kräftig punktiert. An Halsschild und Flügeldecken sind die Punkte vertieft, wodurch die Oberfläche runzelig-uneben erscheint. Fühler und Fußglieder sind beim Weibchen (siehe Foto) rötlich aufgehellt. Auf dem Kopf befindet sich ein kleines Horn. Das abgebildete Tier ist von etlichen Milben befallen. Männchen (nicht abgebildet) tragen ein kräftigeres Horn. Auch der Halsschild ist, ähnlich wie beim viel größeren Nashornkäfer (S. 1144), abgestuft und mit nach vorn gerichteten, dornartigen Fortsätzen versehen. Die seltene Art ernährt sich von Blättern diverser Laubbäume. Larven entwickeln sich in von Pilzen zersetztem, weiß- oder braunfaulem Laubholz.

Fotobeleg: Brandenburg, Glashütte/Baruth, Auwald, 9. 6. 2013.

(1) *Sinodendron cylindricum* ♀

2) *Platycerus caprea*

Bockkäfer (Fam. *Cerambycidae*)

Heldbock,
Großer Eichenbock RL, §
Cerambyx cerdo

L. 25–55 mm (ohne Fühler)

Der **Käfer (1–4)** ist schwarzbraun gefärbt und durch seine langen, gebogenen Fühler eine imposante Erscheinung. Beim Weibchen **(4)** erreichen sie etwa Körperlänge, während sie beim Männchen **(1–3)** den Körper weit überragen können. Die Art lebt in Laub- und Mischwäldern mit älterem Eichenbestand. Adulte Tiere sind ab der Dämmerung unterwegs und laben sich am austretenden Saft der Eichen **(2)**, gelegentlich auch an reifem Obst. Weibchen deponieren ihre Eier in Vertiefungen der Baumrinde. Die geschlüpften Larven sind in der Lage, sich in das Kambium hineinzufressen. Später gelangen sie bis ins Kernholz und hinterlassen dort fingerdicke Gänge. Die Entwicklung zum fertigen Käfer dauert bis zu fünf Jahren.

Fotobelege: Brandenburg, Dubrow bei Gräbendorf, 5. 7. 2015 und 20. 6. 2017.

(2) *Cerambyx cerdo* ♂

(3) *Cerambyx cerdo* ♂

1) *Cerambyx cerdo* ♂

4) *Cerambyx cerdo* ♀

Distelbock, Scheckhorn-Distelbock §

Agapanthia villosoviridescens

L. 12-22 mm

Der **Käfer (1-3)** besitzt auffallend grau-schwarz geringelte Fühler und Beine. Der Körper hat eine schwarze Grundfarbe. Kopf und Halsschild sind durch einen gelblichen Haarfilz längs gestreift, die Flügeldecken sind fein gelblich gescheckt. Mit der Zeit trägt sich der Haarfilz ab und die schwarze Grundfarbe schlägt durch. Die häufige Art sitzt gerne auf Blättern und Stängeln in der niedrigen Krautschicht. Ihre Larven entwickeln sich in den Stängeln größerer Kräuter, vor allem Brennnesseln und Disteln.

(2) *Agapanthia villosoviridescens*

(1) *Agapanthia villosoviridescens*

(3) *Agapanthia villosoviridescens*

Tabakfarbiger Schmalbock, Feldahornbock §

Alosterna tabacicolor

L. 6-9 mm

Der **Käfer (1)** ist schwarz und braun gefärbt. Die tabakbraunen Flügeldecken sind mit kurzen, gelblichen Haaren bedeckt und stellenweise, z. B. an der Mittelnaht oder an den Enden, etwas geschwärzt. Der schwarze Halsschild ist an den hinteren Ecken stachelartig zugespitzt. Die Art ist auf größeren Kräutern, besonders Doldenblütlern, an Wegen und Lichtungen von Mischwäldern zu finden. Larven entwickeln sich in abgestorbenen, dünneren Ästen verschiedener Büsche und Bäume. Sie ernähren sich von der Rinde.

(1) *Alosterna tabacicolor*

(1) *Anaglyptus mysticus*

(2) *Anaglyptus mysticus*

(3) *Anaglyptus mysticus* fm. *hieroglyphicus*

Dunkler Zierbock §

Anaglyptus mysticus

L. 7-13 mm

Der **Käfer (1-3)** besitzt auf seinen Flügeldecken helle Zeichen, die an Schriftzeichen erinnern. Bei der Normalform **(1-2)** sind die Schultern der dunklen Deckflügel rot abgesetzt. Exemplare mit schwarzen Schultern werden als fm. *hieroglyphicus* **(3)** abgetrennt. Die Art ernährt sich von Pollen und Nektar und ist ein eifriger Besucher von doldenblütigen Kräutern oder Büschen und Bäumen, z. B. Weißdorn oder Holunder. In deren Ästen entwickeln sich auch die Larven. Die Gattung *Anaglyptus* enthält weitere, ähnlich aussehende Arten mit abweichenden Farben und Flügelmustern.

Moschusbock §
Aromia moschata

L. 16-35 mm

Der **Käfer (1-3)** ist meist grünlich oder kupferfarben, seltener bläulich. Die Oberfläche besitzt einen metallischen Schimmer, wirkt aber durch ihre feine Körnung matt. Am Halsschild befinden sich mehrere kurze Dornen. Die Abbildungen zeigen Weibchen, deren Fühler nicht ganz körperlang sind. Bei den Männchen sind sie etwas länger. Die Art bewohnt Auwälder oder Parks mit Kopfweiden und erscheint auch in Gärten. Erwachsene Tiere sind Blütenbesucher. Sie ernähren sich von Pollen und Pflanzensäften. Die Larven entwickeln sich zwei bis drei Jahre in Stämmen von Weichhölzern, von deren Holz sie sich ernähren. Bevorzugt werden Pappel *(Populus)*, Weide *(Salix)* und Erle *(Alnus)*. Entsprechend seinem Namen kann der Käfer ein moschusartig duftendes Sekret durch spezielle Drüsen abgeben. Offensichtlich geschieht das nur bei Gefahr durch Fressfeinde, da wir den Geruch bisher nicht wahrnehmen konnten.

(1) *Aromia moschata* ♀

(2) *Aromia moschata* ♀

(3) *Aromia moschata* ♀

Gemeiner Widderbock, Wespenbock §

Clytus arietis

L. 8–15 mm

Der **Käfer (1–3)** ist auf schwarzem Untergrund typisch gelb gezeichnet, was etwas an eine Wespe erinnert. Beine und Teile der Fühler sind rotbraun. Die relativ häufige Art kann an Waldrändern und in Gärten beim Blütenbesuch beobachtet werden. Bevorzugt werden Doldenblütler, weiß blühende Bäume und Sträucher. Ihre Larven entwickeln sich unter der Rinde und dann auch im Kernholz dickerer Äste und Stämme von Laubbäumen.

(1) *Clytus arietis*

(2) *Clytus arietis*

(3) *Clytus arietis*

(1) *Xylotrechus antilope*

(2) *Xylotrechus antilope*

Zierlicher Widderbock

Xylotrechus antilope

L. 9-14 mm

Der **Käfer (1-2)** ähnelt in seiner schwarz-gelben Zeichnung sehr dem Gemeinen Widderbock (S. 1166). Die gelben Linien der Flügeldecken sind aber anders geschwungen, dünner und sparsamer verteilt. Die wärmeliebende, seltene Art wurde in mehreren Exemplaren auf der Rinde einer umgestürzten Eiche gefunden. Die Stämme und Äste älterer Eichen bilden eine Grundlage für die Eiablage der Weibchen, in denen sich später die Larven entwickeln. Die Gattung *Xylotrechus* enthält weitere, ähnlich aussehende Arten.

Fotobelege: Brandenburg, Kienbaum, nahe der Löcknitz, 27. 6. 2017.

Dunkler Klafterholzbock,
Grauer Espenbock RL
Xylotrechus rusticus
(Rusticoclytus rusticus)

L. 9–18 mm

Der **Käfer (1–3)** ist dunkelbraun bis schwarz gefärbt. Auf Flügeldecken und Halsschild befinden sich arttypische, aus helleren Haaren gebildete, oft wenig kontrastreiche Bögen und Flecken. Die Abbildungen zeigen weibliche Tiere. Auf den Fotos **(1–2)** ist der Hinterleib, vermutlich durch die enthaltenen Eier, angeschwollen. Beide Geschlechter sehen sich sehr ähnlich. Die Larven **(4)** entwickeln sich in verschiedenen Laubhölzern. Die Zitterpappel *(Populus tremula)* wird als bevorzugter Wirtsbaum genannt.

Fotobelege: Berlin, südlicher Stadtrand, in Lagerholz, vermutlich *Populus tremula*, 15.–16. 5. 2020; Brandenburg, Glau, an gelagerten Weidenstämmen, 8. 6. 2020.

(1) *Xylotrechus rusticus* ♀

(4) *Xylotrechus rusticus* Larve

(3) *Xylotrechus rusticus* ♀

(2) *Xylotrechus rusticus* ♀

Braungrauer Splintbock,
Nebelfleckbock §
Leiopus* cf. *nebulosus

L. 6–10 mm

Der **Käfer (1–3)** hat einen etwas plumpen Körperbau und im Verhältnis dazu recht lange Fühler. Diese sind weit gebogen und, wie auch die Beine, hell-dunkel geringelt. Am Halsschild befindet sich an den Seiten ein kleiner Dorn. Die Flügeldecken sind auf hellerem Untergrund teils unvollständig dunkel gebändert und gepunktet. Dadurch ist die Art gut auf holzigem Untergrund getarnt, auf dem sie sich gerne aufhält. Die Larven leben unter der Rinde morscher Äste und Stämme von Laubbäumen. Nach äußeren Merkmalen ist die Art nicht ohne Weiteres von der noch nicht lange unterschiedenen Art *L. linnei* zu trennen, die vermutlich in nördlichen Regionen häufiger ist.

(2) *Leiopus nebulosus*

(3) *Leiopus nebulosus*

(1) *Leiopus nebulosus*

Blauschwarzer Kugelhalsbock

Dinoptera collaris *(Acmaeops collaris)*

L. 7–9 mm

Der **Käfer (1–2)** ist vorwiegend schwarz bis blauschwarz gefärbt. Der fast kugelförmig abgerundete Halsschild hat meistens eine rote Farbe. Der Hinterleib ist rotorange. Die dicht punktierten Flügeldecken und der Halsschild sind mit abstehenden Haaren bedeckt. Die Art kann auf den Blüten von Bäumen, Büschen und größeren Kräutern bei der Aufnahme von Pollen und Nektar beobachtet werden. Wir fanden sie an den Blüten eines Apfelbaumes. Die Larven leben unter der Rinde absterbender Äste diverser Laubbäume. Sie verpuppen sich in der Streuschicht des Bodens.

(1) *Dinoptera collaris*

(2) *Dinoptera collaris*

Kleiner Halsbock

Leptura livida *(Pseudovadonia livida)*

L. 7–9 mm

Der **Käfer (1–2)** besitzt einfarbig braune, fein gerunzelte, mit gelblichen Haaren bedeckte Deckflügel. Der schwarze Halsschild ist nach allen Seiten abgerundet. Im Gegensatz zu ähnlichen Arten sind hier die Beinschienen nicht schwarz, sondern leicht dunkelbraun aufgehellt. Beide Geschlechter sind schwer voneinander zu unterscheiden. Die relativ häufige Art ist ein pollenfressender Blütenbesucher auf verschiedenen Dolden- und Korbblütlern. Die Larven entwickeln sich in humusreicher Erde, die mit dem Myzel des Nelken-Schwindlings *(Marasmius oreades)* durchsetzt ist. Bei flüchtiger Betrachtung sind mehrere andere Bockkäfer ähnlich, z. B. der Tabakfarbige Schmalbock (S. 1163), dessen Halsschild eine abweichende Form hat.

(1) *Leptura livida*

(2) *Leptura livida*

(1) *Leptura rubra* ♀

(2) *Leptura rubra* ♀

(3) *Leptura rubra* ♂

(4) *Leptura rubra* ♂

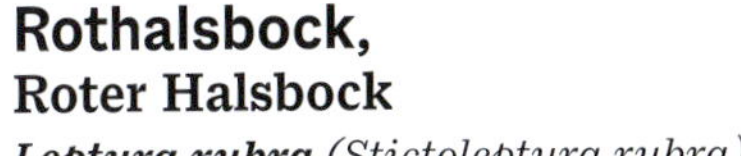

Rothalsbock,
Roter Halsbock
Leptura rubra *(Stictoleptura rubra)*

L. 12–18 mm

Der **Käfer (1–4)** ist in beiden Geschlechtern unterschiedlich gefärbt (Geschlechtsdimorphismus). Nur für das größere Weibchen **(1–2)** trifft der Name »Rothalsbock« zu, da er sich auf den roten Halsschild bezieht. Männchen **(3–4)** haben bräunliche Flügeldecken und einen schwarzen Halsschild. Auf Bild **(3)** ist noch ein kleinerer Weichkäfer *(Rhagonycha fulva)* zu sehen. Erwachsene Tiere ernähren sich von Pollen und zarten Blütenteilen verschiedener Kräuter. Die Larven entwickeln sich in morschen Stämmen oder Stümpfen von Nadelbäumen.

Blutroter Halsbock

Leptura sanguinolenta

(Anastrangalia sanguinolenta)

L. 9–13 mm

Der **Käfer (1–3)** ähnelt dem Rothalsbock (S. 1173), ist aber kleiner. Hier haben beide Geschlechter einen schwarzen Halsschild. Männchen **(2)** besitzen schwach glänzende, gelbbraune Flügeldecken, die an den Spitzen schwarz abgesetzt sind. Bei den Weibchen **(1)** sind die Flügeldecken rot und wirken eher matt. Bild **(3)** zeigt eine Paarung. Die Art ist besonders im Gebirge verbreitet, kommt aber auch im Flachland vor. Die Lebensweise ist der des Rothalsbocks ähnlich. Ihre Larven entwickeln sich ebenfalls in morschem Nadelholz.

Fotobelege: Brandenburg, Glashütte bei Baruth, Auwaldrand, an Blüten von Giersch *(Aegopodium)*, 10. 6. 2011 und 11. 6. 2011.

(1) *Leptura sanguinolenta* ♀

(2) *Leptura sanguinolenta* ♂

(3) *Leptura sanguinolenta* Paarung

Haarschildiger Halsbock RL

Leptura scutellata
(Corymbia scutellata)

L. 15–20 mm

Der schwarze **Käfer (1–3)** ist an Kopf, Halsschild und Deckflügeln deutlich punktiert. Äußere Unterschiede beider Geschlechter befinden sich auf dem kleinen Schildchen, welches zwischen den Deckflügeln unter dem Halsschild liegt: Beim Weibchen **(1)** ist es gelblich, beim Männchen **(2)** hell silbrig behaart. Foto **(3)** zeigt eine Paarung. Die seltene Art lebt in der Nähe ursprünglicher Laubwälder mit ausreichendem Totholzanteil. Käfer besuchen zwecks Nektar- und Pollenaufnahme gerne Doldenblütler. Larven entwickeln sich in absterbenden Ästen und Stämmen verschiedener Laubbaumarten.

Fotobelege: Brandenburg, Glashütte bei Baruth, Auwaldrand, 11. 6. 2011.

(1) *Leptura scutellata* ♀

(2) *Leptura scutellata* ♂

(3) *Leptura scutellata* Paarung

(1) *Molorchus minor* ♀

Dunkelschenkliger Kurzdeckenbock,
Kleiner Wespenbock
Molorchus minor

L. 6–15 mm

Der **Käfer (1)** besitzt Deckflügel, die nur die Hälfte des Hinterleibes bedecken. Sie sind schwarz-rot gefärbt und auf jeder Seite befindet sich eine weiße Schräglinie. In Ruhestellung ragen die hautartigen Hinterflügel weit hervor. Beim Weibchen (siehe Foto) sind die Fühler etwa körperlang, beim Männchen deutlich länger. Bei beiden Geschlechtern sind die Schenkel der dünnen Beine keulig verdickt. Die Art bewohnt Nadelwälder. Da sie sich von Pollen ernährt, ist sie auch gelegentlich an Blüten verschiedener Bäume und Kräuter zu sehen. Die Larven leben innerhalb abgestorbener Äste von Kiefern oder Fichten. Die Gattung *Molorchus* enthält weitere, ähnliche Arten.

Rothalsiger Weidenbock, Weiden-Linienbock §

Oberea oculata

L. 15-20 mm

Der **Käfer (1-3)** ist lang-zylindrisch. Sein orangefarbener Körper trägt hellgraue, dunkel punktierte Flügeldecken. Die ungewöhnliche Farbe wird durch eine sehr feine Behaarung hervorgerufen. Auffällig sind die beiden schwarzen Punkte auf dem orangenen Halsschild. Käfer sind nicht selten an Weiden *(Salix)* zu finden, da sie deren Holz fressen. Larven entwickeln sich ebenfalls in vorwiegend dünneren, lebenden Ästen dieser Baumart. Zunächst fressen sie an den Wucherungen, die durch Annagen des Weibchens entstehen, und bohren sich später ins Innere. Das äußere Erscheinungsbild erinnert an gewisse Weichkäfer *(Cantharis)*.

1) *Oberea oculata*

(2) *Oberea oculata*

(3) *Oberea oculata*

Variabler Schönbock

Phymatodes testaceus

L. 8-15 mm

Der **Käfer (1-2)** ist meistens dunkel gefärbt. Kopf, Flügeldecken und die keulig erweiterten Beinschenkel sind beim abgebildeten Tier schwarz, alle anderen Körperteile dunkelbraun. Die Farbe des Käfers kann sehr variieren. Dunkle Flügeldecken haben oft einen bläulichen Beiton. Die Art bewohnt Laubwälder, kann aber auch an Obstbäumen in Gärten und Kulturen als Schädling auftreten. Erwachsene Tiere ernähren sich von Baumsäften. Die Larven entwickeln sich im Kernholz dickerer, abgestorbener Äste und Baumstämme, manchmal auch in gelagertem Brennholz.

(2) *Phymatodes testaceus*

(1) *Phymatodes testaceus*

Hornissenbock, Bunter Eichen-Widderbock RL, §

Plagionotus detritus

L. 12–20 mm

Der **Käfer (1–4)** ist an Kopf, Halsschild und Flügeldecken durch eine gelbliche, kurze Behaarung gebändert. Er erinnert dadurch etwas an eine Hornisse. Männchen **(1)** besitzen am Ende der Deckflügel einen größeren Gelbanteil als Weibchen **(2)**. Sonst sehen sich beide Geschlechter sehr ähnlich. Auf Bild **(3)** bemühen sich gleich zwei Männchen um die Gunst eines Weibchens. Eine Paarung ist auf Bild **(4)** zu sehen. Die seltene, wärmeliebende Art bewohnt Laubwälder mit älteren Eichen. Wir fanden die Käfer stets an frisch umgestürzten, von Baumpilzen (z. B. dem Zunderschwamm, *Fomes fomentarius*) befallenen Baumstämmen.

Fotobelege: Brandenburg, Dubrow bei Gräbendorf, an Eichenstamm, 23. 7. 2019, und Niederlausitz, NSG Schlaubetal, an Eichenstamm, 4. 7. 2013.

(1) *Plagionotus detritus* ♂

(2) *Plagionotus detritus* ♀

(3) *Plagionotus detritus*

(4) *Plagionotus detritus* Paarung

Eichen-Widderbock §

Plagionotus arcuatus

L. 10-20 mm

Der **Käfer (1-2)** ist an seinen Flügeldecken auf schwarzem Grund mit gelben, bogenförmigen Zeichnungen versehen. Er ähnelt dem kleineren Gemeinen Widderbock (S. 1166), weicht aber im direkten Vergleich in seiner Zeichnung deutlich ab. Fühler und Beine sind bis auf die schwarzen Schenkel am vorderen und mittleren Beinpaar rotgelb gefärbt. Die Art lebt vorwiegend an kranken oder gefällten Eichenstämmen, an denen sich nach der Eiablage auch die Larven entwickeln. Wir fanden die Käfer mehrmals an gelagerten Weidenstämmen. Pappeln, Linden und Buchen werden auch als Wirtsbäume genannt.

Fotobelege: Brandenburg, Glau, 11. und 12. 6. 2020.

(1) *Plagionotus arcuatus*

(2) *Plagionotus arcuatus*

Dorniger Wimperbock
Pogonocherus hispidus

L. 4,5-7 mm

Der **Käfer (1-2)** ist sehr klein und leicht zu übersehen. Der Volksname bezieht sich auf die seitlich an der Spitze dornartig ausgeführten Flügeldecken. An der Oberfläche sitzen reihig angeordnete, dunkle Haarpinselflecken. Eine hellere, breite Querbinde im vorderen Bereich der Flügeldecken ist schräg angeordnet. Das kleine Schildchen ist einfarbig schwarz. Bei allen Wimperbock-Arten sind die Fühler lang bewimpert. Die weit verbreitete Art besiedelt Laubwälder, gebüschbestandene Feldränder und Gärten. Die Larven entwickeln sich unter der Rinde abgestorbener Äste von Laubgehölzen. Die Gattung enthält mehrere ähnlich aussehende Arten. Beim Doppeldornigen Wimperbock (unten) und weiteren Arten ist das winzige Schildchen nicht einfarbig schwarz, sondern durch eine helle Mittellinie längs geteilt.

(1) *Pogonocherus hispidus*

(2) *Pogonocherus hispidus*

Doppeldorniger Wimperbock,
Büschelflügelbock
Pogonocherus hispidulus

L. 5-7 mm

Der **Käfer (1)** ähnelt dem etwas kleineren Dornigen Wimperbock (oben). Die weiße Querbinde auf den Flügeldecken ist heller, breiter und nicht schräg ausgerichtet, sondern gerade. Ein wichtiges Merkmal zur Unterscheidung anderer Arten der Gattung bietet das kleine Schildchen, welches direkt unter dem Halsschild zwischen den Flügeldecken sitzt. Es ist hier durch eine helle Linie längs geteilt. Die Lebensweise und ökologische Ansprüche entsprechen denen des Dornigen Wimperbocks.

(1) *Pogonocherus hispidulus*

Gemeiner Wimperbock

Pogonocherus fasciculatus

L. 5-8 mm

Der **Käfer (1-3)** hat, im Gegensatz zu den zuvor beschriebenen Arten, keine zugespitzten, sondern abgerundete Flügeldecken. Die helle Querbinde auf den Flügeln ist gerade, geht aber oft nicht bis zur Mittelnaht durch. Fühler und Beine sind hell geringelt. Die Art entwickelt sich in Nadelhölzern, z. B. Kiefern *(Pinus)*, Fichten *(Picea)*, Lärchen *(Larix)* und anderen. Seltener wird Laubholz besiedelt. Es existieren noch weitere, ähnlich aussehende Arten, die durchweg seltener sind.

(1) *Pogonocherus fasciculatus*

(3) *Pogonocherus fasciculatus*

2) *Pogonocherus fasciculatus*

Kleiner Zangenbock, Schrotbock §
Rhagium inquisitor

L. 10–21 mm

Der **Käfer (1–3)** ist die häufigste Art seiner Gattung. Jede Flügeldecke besitzt drei feine Längsstreifen und die Oberfläche ist fein schwarz-beigefarben gescheckt. Manchmal ist eine schwarze Querbänderung angedeutet. Der schmale Kopf trägt relativ kurze, nach vorne gestreckte Fühler. An den Kopfseiten sitzt ein schwarzer Längsstreifen, der sich vom Auge bis über den mit zwei Seitendornen besetzten Halsschild verlängert. Die Art bewohnt Nadel- und Mischwälder. Sie ernährt sich von Blüten verschiedener Kräuter und Baumharz. Die Larven entwickeln sich in Ästen und Stämmen von Nadelbäumen.

(1) *Rhagium inquisitor*

(2) *Rhagium inquisitor*

(3) *Rhagium inquisitor*

Schrot-Zangenbock, Schwarzfleckiger Zangenbock RL, §

Rhagium mordax

L. 12–22 mm

Der **Käfer (1–3)** ähnelt dem Kleinen Zangenbock (S. 1184). Er scheint in Brandenburg noch häufiger zu sein. Ein gutes Unterscheidungsmerkmal ist der rundliche, schwarze Fleck auf jeder Flügeldecke. Dieser entsteht durch das Fehlen der gelblichen Behaarung, wodurch die schwarze Grundfarbe sichtbar wird. Die Art lebt vor allem in Laubwäldern, da sich ihre Larven in Ästen und Stämmen, vorwiegend von Eichen *(Quercus)* und Buchen *(Fagus)*, entwickeln. Erwachsene Käfer ernähren sich von Pollen und Blütenteilen diverser Kräuter und Bäume.

2) *Rhagium mordax*

) *Rhagium mordax*

(3) *Rhagium mordax*

Großer Zangenbock, Eichen-Zangenbock RL, §
Rhagium sycophanta

L. 17–30 mm

Der **Käfer (1–3)** ist der größte Vertreter der Gattung *Rhagium*. Er ähnelt dem Schrot-Zangenbock (S. 1185), besitzt aber auf den Flügeldecken keine schwarzen Flecken. Dafür bilden sich auf der Oberseite oft zwei ockergelbliche Querbänder. Die hinter den schwarzen Augen sitzenden, dunklen Schläfen sind nach hinten deutlich verdickt (Merkmal des Männchens) und behaart. Auf Bild **(2)** hat sich ein Pseudoskorpion der Familie *Chernetidae* an die rechte, vordere Beinschiene geheftet. Er ist ein Verwandter des bekannten Bücherskorpions. Der eher seltene Käfer bewohnt gemischte Laubwälder mit älteren Eichenbeständen. Als Nahrung dienen Pollen und Blütenteile von Kräuter- und Baumblüten. Larven entwickeln sich im Eichenholz, von dem sie sich auch ernähren.

(1) *Rhagium sycophanta* ♂

(2) *Rhagium sycophanta* ♂

(3) *Rhagium sycophanta* ♂

Punktierter Pappelbock §
Saperda punctata

L. 11–18 mm

Der **Käfer (1–2)** ist an allen Körperteilen durch einen filzartigen Haarbelag hellgrün tomentiert. Der Untergrund ist schwarz. Am Halsschild sitzen vier schwarze Punkte und auf jeder Flügeldecke befinden sich meistens sechs Punkte. Diese sind im mittleren Teil etwas nach innen versetzt. Die wärmeliebende Art ist in Deutschland nicht häufig. Ihre Larven entwickeln sich an abgestorbenen Ästen oder Stümpfen diverser Laubbäume und fressen direkt unter der Rinde. Zum Verpuppen wandern sie in das Kernholz. Für die Bestimmung sind Anzahl und Lage der schwarzen Punkte auf den Flügeldecken ausschlaggebend. Der Grüne Lindenbock *(S. octopunctata)* hat auf jeder Flügeldecke vier Punkte und beim Gefleckten Pappelbock *(S. perforata)* sind fünf Punkte in einer Reihe, also nicht versetzt, angeordnet.

Fotobelege: Brandenburg, Glashütte bei Baruth, am Rand eines Auwaldes, 27. 6. 2011.

(2) *Saperda punctata*

(1) *Saperda punctata*

Kleiner Pappelbock, Espenbock §

Saperda populnea

L. 10–15 mm

Der schlanke **Käfer (1–2)** hat eine schwarze Grundfarbe und ist überall mit kurzen, struppigen Haaren bedeckt. Die grob punktierten Flügeldecken sind mit je fünf versetzt angeordneten, gelblichen Haarflecken versehen. An Kopf und Halsschild befinden sich an den Seiten gelbliche Haarleisten. Das Männchen **(2)** besitzt Fühler, die mindestens körperlang sind. Beim Weibchen **(1)** sind sie kürzer. Die Art ist an Pappelarten, besonders die Zitterpappel *(Populus tremula)*, oder Weiden *(Salix)* gebunden. Ihre Larven entwickeln sich in gallenartigen Verdickungen jüngerer Triebe.

(1) *Saperda populnea* ♀

(2) *Saperda populnea* ♂

Großer Pappelbock, Walzenbock §

Saperda carcharias

L. 20–24 mm

Der **Käfer (1-3)** ist dicht mit gelblichen oder gelbbräunlichen Haarschuppen, unterseits und an den Beinen auch mit gleichfarbigen Haaren bedeckt. Die Flügeldecken sind dicht schwarz punktiert und die langen, gebogenen Fühler sind schwarz geringelt. Käfer ernähren sich von Blättern der Zitterpappel *(Populus tremula)*, anderen Pappelarten oder Weiden *(Salix)*. Larven entwickeln sich im Holz der Wirtsbäume. Sie fressen das Holz und erzeugen dabei tiefe Bohrlöcher. Die Verpuppung erfolgt unter der Rinde. Die Entwicklung bis zum fertigen Käfer dauert etwa zwei Jahre. Durch den Befall können die Bäume stark geschädigt werden.

(3) *Saperda carcharias*

(1) *Saperda carcharias*

(2) *Saperda carcharias*

Waldbock §

Spondylis buprestoides

L. 12–25 mm

Der **Käfer (1–4)** ist einfarbig schwarz. Vor und hinter dem Halsschild befinden sich dünne, goldgelbe Haarleisten. Die Fühler sind für einen Bockkäfer auffallend kurz und dick ausgebildet. Kräftige Kieferzangen sitzen vorne am Kopf **(2)**. Bei Weibchen **(1–2)** sind die Längsrippen der Flügeldecken schwächer ausgebildet als bei den kleineren Männchen **(3)**. Auf Bild **(4)** ist eine Paarung abgebildet. Die Art bewohnt Nadelwälder, vorwiegend mit Kiefernbestand. Larven entwickeln sich im Wurzelwerk der Bäume. Bis zur Entstehung des fertigen Käfers vergehen etwa zwei Jahre. Eine gewisse Ähnlichkeit können kleine Exemplare des Balkenschröters (S. 1156) haben.

(2) *Spondylis buprestoides* ♀

(4) *Spondylis buprestoides* Paarung

(1) *Spondylis buprestoides* ♀

(3) *Spondylis buprestoides* ♂

Sägebock
Prionus coriarius

L. 20–45 mm

Der kompakte, schwarz oder schwarzbraun gefärbte **Käfer (1-3)** fällt durch seine grob gezähnten Fühler auf, die beim Männchen (siehe Abbildungen) besonders ausgeprägt sind. Sie erinnern an die Schneide einer Säge (Name!). Weibliche Tiere sind meist deutlich größer als ihre Geschlechtspartner. Ihre Fühler sind dünner und weniger stark gesägt. Der Halsschild beider Geschlechter ist seitlich mit bis zu drei unterschiedlich großen Dornen versehen. Der erwachsene Käfer nimmt keinerlei Nahrung zu sich. Er hält sich gerne im Mulm alter Laubbäume auf, besonders Eichen *(Quercus)*. Die Larven entwickeln sich zunächst unter der Rinde und wandern später in den Wurzelbereich.

Fotobelege: Berlin-Spandau, Auwald mit Eichen, 4. 8. 2007.

(2) *Prionus coriarius* ♂

(3) *Prionus coriarius* ♂

(1) *Prionus coriarius* ♂

Variabler Stubbenbock
Stenocorus meridianus

L. 14-25 mm

Der **Käfer** (1-3) ist in seiner Farbe variabel. Die Abbildungen zeigen ihn in der rotbraunen Variante. Die Farbe der Flügeldecken kann auch schwarzbraun sein oder sogar mehrfarbig. Weibchen (1) haben wie bei vielen Bockkäfern breitere Flügeldecken. Die der Männchen (2-3) sind zum Ende hin deutlich verschmälert. Die Art kann auf Lichtungen und Waldrändern an blühenden Sträuchern beobachtet werden. Der Käfer ist tagaktiv und ernährt sich von Pollen und Nektar. Die Larven leben in morschen Ästen und Stämmen verschiedener Laubbäume. Sie fressen deren Holz.

1) *Stenocorus meridianus* ♀

2) *Stenocorus meridianus* ♂

(3) *Stenocorus meridianus* ♂

(1) *Stenostola ferrea* ♀

Lindenböckchen §

Stenostola ferrea

L. 9–14 mm

Der **Käfer (1)** hat eine zylindrische Form. Seine Farbe ist in allen Teilen schwarz, besitzt aber keinen deutlichen bläulichen Metallschimmer. Die gesamte Oberfläche ist mit kurzen, hellgrauen Haaren bedeckt. Im unteren Seitenbereich des Halsschildes und auf der Körperunterseite ist die Behaarung länger. Kopf und Halsschild sind fein punktiert, die Flügeldecken etwas grober gerunzelt. Die Abbildung zeigt ein Weibchen, bei dem die Fühler die Körperlänge nicht überschreiten. Die Entwicklung der Larven erfolgt im Holz verschiedener Laubbäume, darunter auch Linden. Der Metallfarbene Lindenbock *(S. dubia)* unterscheidet sich durch einen intensiveren, oft bläulichen Metallglanz.

Zweibindiger Schmalbock

Stenurella bifasciata

L. 7–10 mm

Der **Käfer (1–2)** besitzt rot-schwarze Flügeldecken mit einem typischen Zeichnungsmuster. Die rote Farbe kann durch einen gelbbraunen Ton ersetzt sein. Die Bilder zeigen ein Weibchen bei der Aufnahme von Pollen an den Blüten einer Grasnelke *(Armeria)*. Beim Männchen sind oft nur die Spitzen der Flügeldecken geschwärzt. Die wärmeliebende Art hält sich gerne an trockenen Hängen, auf Wiesen und Waldlichtungen auf. Larven entwickeln sich in Zweigen und Ästen strauch- oder baumförmiger Rosengewächse, seltener in Nadelbäumen.

Fotobelege: Brandenburg, Trockenrasen bei Wünsdorf, 10. 7. 2018.

(2) *Stenurella bifasciata* ♀

1) *Stenurella bifasciata* ♀

Schwarzer Schmalbock
Stenurella nigra

L. 7-9 mm

Der **Käfer (1-2)** ist von oben betrachtet vollkommen schwarz und sehr schlank. Kopf, Halsschild und Flügeldecken sind mit kurzen, farblosen Haaren bedeckt. In Seitenansicht **(2)** ist der am Ende rötlich behaarte Hinterleib zu sehen. Beide Geschlechter unterscheiden sich nur wenig. Beim Männchen **(1)** sind die Flügeldecken nach hinten deutlicher verschmälert. Erwachsene Tiere sind regelmäßige Besucher an Doldenblütlern und Rosengewächsen, da sie sich von Pollen und Nektar ernähren. Die Larven entwickeln sich in Ästen von Laubbäumen.

(1) *Stenurella nigra* ♂

(2) *Stenurella nigra*

Kleiner Schmalbock §

Stenurella melanura

L. 6–10 mm

Der **Käfer (1-4)** hat, ähnlich wie der Zweibindige Schmalbock (S. 1194), einen deutlichen Geschlechtsdimorphismus. Weibchen **(1)** haben auf ihren roten Flügeldecken einen breiten, schwarzen Mittelstreifen, der sich zur Spitze erweitert. Bei den Männchen **(2-3)** sind nur Spitzen und Flügelnaht geschwärzt. Die Grundfarbe ist meistens braun. Kopf, Halsschild, Fühler und Beine sind bei beiden Geschlechtern schwarz. Bild **(4)** zeigt eine Paarung. Der Käfer ist an verschiedenen Blüten, vorwiegend von Doldenblütlern, zu finden. Wir sahen den häufigen Bockkäfer stets auf weiß blühenden Kräutern. Er ernährt sich von deren Nektar und Pollen. Larven entwickeln sich in abgestorbenen oder geschwächten Ästen und Stämmen von Laub- und wohl auch Nadelbäumen.

(1) *Stenurella melanura* ♀

(3) *Stenurella melanura* ♂

(4) *Stenurella melanura* Paarung

(2) *Stenurella melanura* ♂

Schlanker Schmalbock
Strangalia attenuata

L. 10–17 mm

Der **Käfer (1–3)** ist aus der Gruppe mit auffällig schwarz-gelb gefleckten Flügeldecken die schlankste Art, was sich besonders beim Männchen **(3)** bemerkbar macht. Das Weibchen **(1–2)** besitzt oft mehr rotgelbe Farbanteile an den etwas kürzeren Fühlern. Der schwarze Halsschild ist bei beiden Geschlechtern an den hinteren Ecken zugespitzt. Die Flügeldecken sind vierfach gelborange gebändert und die Flügelnaht ist auf beiden Seiten geschwärzt. Die Art ist beim Fressen von Pollen an verschiedenen Doldenblütlern zu beobachten. Die Larve benötigt morsche Laubbäume für ihre Entwicklung. In Brandenburg scheint der Käfer etwas seltener zu sein als ähnliche Verwandte, z. B. der Gefleckte Schmalbock (S. 1202).

(1) *Strangalia attenuata* ♀

(2) *Strangalia attenuata* ♀

(3) *Strangalia attenuata* ♂

Vierbindiger Schmalbock
Strangalia quadrifasciata

L. 12–20 mm

Der **Käfer (1–4)** besitzt entsprechend seinem Namen (*quadrifasciata* = vierfach gebändert) vier gelbe Querbinden auf seinen Flügeldecken. Diese sind in der Mitte durch die schwarze Flügelnaht unterbrochen. Alle anderen Körperteile sind schwarz. Bemerkenswert ist die schwarze Farbe der Beine, wodurch der Käfer von seinen Verwandten leicht unterschieden werden kann. Beide Geschlechter ähneln sich sehr. Weibchen **(1–2)** sind an der Bauchseite nur an den Rändern der einzelnen Segmente silbrig behaart **(2)**. Bei den kleineren Männchen **(3–4)** ist es die gesamte Fläche **(3)**. Auf Fotos ist dieses Merkmal nur bei bestimmtem Lichteinfall sichtbar. Lebensweise und ökologische Ansprüche entsprechen denen der anderen hier beschriebenen *Strangalia*-Arten.

(1) *Strangalia quadrifasciata* ♀

(2) *Strangalia quadrifasciata* ♀

(3) *Strangalia quadrifasciata* ♂

(4) *Strangalia quadrifasciata* ♂

Gefleckter Schmalbock

Strangalia maculata *(Rutpela maculata)*

L. 13–20 mm

Der **Käfer (1-5)** ist durch sein typisches Farbmuster auf den Flügeldecken gekennzeichnet. Der Gelbanteil ist im vorderen Bereich bei dieser Art besonders hoch. Die etwas breiteren Weibchen **(1-2)** besitzen einige gelbe Bauchsegmente, was auf dem Paarungsbild **(5)** gut zu sehen ist. Männchen **(3-4)** haben keine gelben Bauchsegmente und sind schmaler gebaut. Die Art ist die häufigste der schwarz-gelben Schmalböcke. Sie besucht zur Aufnahme von Pollen und Nektar gerne Doldenblütler sowie andere Kräuter und Holzgewächse. Ihre Larven entwickeln sich in abgestorbenem Laubholz. Ähnlich sind Schlanker Schmalbock (S. 1200) und Vierbindiger Schmalbock (S. 1201).

(1) *Strangalia maculata* ♀

(2) *Strangalia maculata* ♀

(4) *Strangalia maculata* ♂

(3) *Strangalia maculata* ♂

(5) *Strangalia maculata* Paarung

Zimmermannsbock
Acanthocinus aedilis

L. 12–20 mm

Der **Käfer (1–4)** ist graubraun gefärbt. Die Oberfläche der Flügeldecken ist fein meliert und mit wenigen dunklen Punktreihen besetzt. Manchmal ist eine dunkle Querbänderung angedeutet. Der gleichfarbige Halsschild besitzt an jeder Seite einen dornartigen Auswuchs und vier quer angeordnete, gelbbräunliche Flecken. Sehr imposant sind die langen, dunkel geringelten Fühler des abgebildeten Männchens (**1–2, 3** rechts). Sie sind drei- bis fünfmal so lang wie der Körper. Weibchen (**3** links, **4**) haben kürzere Fühler und am Hinterende einen frei liegenden Legebohrer. Die Art ernährt sich von Kiefernnadeln oder morschen Rindenteilen. Weibchen deponieren die Eier mittels ihres Legebohrers unter der Rinde abgestorbener Kiefernstämme. Die Larven fressen den Bast oder morsches Holz.

Fotobelege: Brandenburg, bei Streganz, an gestapelten, frischen Kiefernstämmen, 27. und 28. 3. 2020, 18. 4. 2020.

(2) *Acanthocinus aedilis* ♂

(3) *Acanthocinus aedilis* ♀ + ♂

(1) *Acanthocinus aedilis* ♂

(4) *Acanthocinus aedilis* ♀

Schwimmkäfer (Fam. *Dytiscidae*)

Gaukler
Cybister lateralimarginalis

L. 30–38 mm

Der **Käfer (1–4)** ist ein ausgezeichneter Schwimmer. Er könnte leicht mit dem häufigeren Gelbrand *(Dytiscus marginalis)* verwechselt werden. Die gelblichen Seitenränder der Flügeldecken sind aber schwächer ausgeprägt. Beim Gelbrand ist zusätzlich der Halsschild gelb eingefasst, was beim Gaukler nicht der Fall ist. Die Abbildungen zeigen ein Weibchen, welches, im Gegensatz zum weiblichen Gelbrandkäfer, ungeriefte Flügeloberflächen besitzt. Lebensraum sind größere, sauerstoffreiche Teiche und Seen. Die Nahrung von Käfer und Larven besteht hauptsächlich aus Wasserschnecken und Kaulquappen.

Fotobelege: Brandenburg, Mellensee, Fischanzuchtteich, 28. 10. 2020.

(3) *Cybister lateralimarginalis* ♀

(4) *Cybister lateralimarginalis* ♀

(2) *Cybister lateralimarginalis* ♀

(1) *Cybister lateralimarginalis* ♀

Gemeiner Furchenschwimmer
Acilius sulcatus

L. 15–18 mm

Der **Käfer (1)** hat einen ovalen, abgeflachten Körper, der dem Leben im Wasser gut angepasst ist. Mit den hinteren verbreiterten Beinen kann er sich rudernd fortbewegen. In gewissen Abständen lässt er sich zur Oberfläche treiben, um Atemluft aufzunehmen. Diese wird unter den Flügeldecken gesammelt. Die Abbildung zeigt ein Männchen, dessen Flügeldecken glatt sind. Beim Weibchen (nicht abgebildet) weisen diese deutliche Längsfurchen auf. An den Beinen des Männchens befinden sich Saugnäpfe, mit denen es sich bei der Paarung am Weibchen festhält. Besonders groß sind sie an den Vorderbeinen (hier nicht sichtbar).
Die häufige Art ist flugfähig und kann somit Standorte wechseln. Sie bewohnt stehende Gewässer und ernährt sich von wirbellosen Kleintieren. Auch die Larven leben räuberisch im Wasser.

(1) *Acilius sulcatus* ♂

Furchenschwimmer
Acilius canaliculatus

L. 13–16 mm

Der **Käfer (1–2)** ist dem Gemeinen Furchenschwimmer (S. 1208) sehr ähnlich. Unterschiede sind an der Farbzeichnung des Kopfes zu erkennen, die bei dieser Art einfacher gestaltet ist (siehe Fotos). Das abgebildete Männchen wurde an Land in einem Privatgarten gefunden. In der Nähe war ein kleiner Teich. Das kommt gelegentlich vor, wenn die flugfähigen Tiere »auf Wanderschaft« sind. Auch hier sind die Flügeldecken der Weibchen längs gefurcht. Die Art hat eine gleiche Lebensweise und ökologische Ansprüche wie der Gemeine Furchenschwimmer und wird sicher oft mit diesem verwechselt.

(1) *Acilius canaliculatus* ♂

(2) *Acilius canaliculatus* ♂

Gemeiner Teichschwimmer, Dunkler Teichschwimmer
Colymbetes fuscus

L. 15–17 mm

Der **Käfer (1)** besitzt gelbliche bis gelbbraune Flügeldecken, die aber bei bestimmtem Lichteinfall durch die spezielle Oberflächenstruktur sehr dunkel wirken können. Halsschild und Kopf sind rotbraun und wenig gezeichnet. Im Gegensatz zu den Furchenschwimmern ist die Körperform schmaler und die Flügeldecken sind bei den Weibchen nicht längs gefurcht. Die häufige Art bewohnt Teiche, Tümpel und Moore, gelegentlich auch langsam fließende Gewässer. Die Eier werden an Wasserpflanzen abgelegt. Larven leben räuberisch.

(1) *Colymbetes fuscus*

(3) *Ilybius fuliginosus*

Schlammschwimmer
Ilybius fuliginosus

L. 9–11 mm

Der **Käfer (1–3)** hat eine schwarzbraune, matt glänzende Oberseite, gelegentlich mit Erzglanz. Kennzeichnend sind die gelblichen Randstreifen, welche die Art von anderen der Gattung *Ilybius* unterscheiden. Der vordere Teil des Kopfes, die Seiten des Halsschildes und die Unterseite sowie Fühler und Mundwerkzeuge sind rotbraun gefärbt. Bild **(3)** zeigt den Käfer in Vorderansicht. Die Art bewohnt stehende Gewässer wie Teiche und kleinere Seen oder wasserreiche Moorgebiete. Als guter Flieger ist sie manchmal an Land aufzufinden. Sie ist nicht selten.

(1) *Ilybius fuliginosus*

(2) *Ilybius fuliginosus*

Wasserkäfer (Fam. *Hydrophilidae*)

(1) *Hydrophilus piceus* ♀

Großer Kolbenwasserkäfer RL, §

Hydrophilus piceus *(Hydrous piceus)*

L. 35–50 mm

Der **Käfer (1–4)** lebt in nicht fließenden, vegetationsreichen Teichen und Seen mit ökologisch sauberem Wasser. Wegen fortschreitender Wasserverschmutzung sind die Bestände stark zurückgegangen. Die Fühler sind deutlich kolbenförmig erweitert (Name!). An der Bauchseite befindet sich ein kräftiger Stachel **(3)**. Die kleineren Männchen **(2)** besitzen dreieckig erweiterte Vordertarsen. Bild **(4)** zeigt beide Geschlechter im Vergleich. Hauptnahrung des Käfers sind Wasserpflanzen, manchmal auch Jungfische. Larven ernähren sich räuberisch von Wasserschnecken, deren Gehäuse mit kräftigen Kiefern aufgebrochen werden. Das Weibchen **(1)** fertigt aus pflanzlichem Material und Gespinstfäden ein schwimmendes »Schiffchen«, in dem es die Eier ablegt. Eine senkrechte Röhre, der »Schornstein«, dient der Sauerstoffzufuhr.

Fotobelege: Brandenburg, Mellensee, Fischteich, 28. 10. 2020.

(2) *Hydrophilus piceus* ♂

(3) *Hydrophilus piceus* ♂

(4) *Hydrophilus piceus* ♂ + ♀

Stachel-Wasserkäfer, Kleiner Kolbenwasserkäfer

Hydrochara caraboides
(Hydrophilus caraboides)

L. 14–19 mm

Der **Käfer (1–3)** ist glänzend schwarz und besitzt auf den Flügeldecken mehrere Punktreihen. Im Gegensatz zu den Schwimmkäfern sind die Hinterbeine der Wasserkäfer nicht zu Ruderorganen verbreitert. Die Art ist ein kleiner Verwandter des überall seltenen Schwarzen Kolbenwasserkäfers *(Hydrophilus aterrimus)*. Der Lebensraum sind Teiche und kleinere Seen. Erwachsene Tiere ernähren sich von Wasserpflanzen. Ihre Larven leben räuberisch. Die Opfer werden an der Wasseroberfläche mit einem Verdauungssaft benetzt. Käfer sind gute Flieger, die auf der Suche nach Wasser auch an Land beobachtet werden können. Bei flüchtiger Betrachtung könnte man ihn für einen Laufkäfer halten (*caraboides* = ähnlich einem Laufkäfer der Gattung *Carabus*).

(1) *Hydrochara caraboides*

(2) *Hydrochara caraboides*

(3) *Hydrochara caraboides*

Rotbeiniger Wasserkäfer,
Braunfüßiger Wasserkäfer
Hydrobius* cf. *fuscipes

L. 8–10 mm

Der schwarze **Käfer (1–2)** ist an Kopf, Halsschild und Flügeldecken deutlich punktiert. Letztere tragen zusätzlich zahlreiche Punktreihen. Mundwerkzeuge und Beine sind rotbraun gefärbt. Die Art ist überall häufig, hat aber einige Doppelgänger. Der Lebensraum sind stehende Gewässer wie kleinere Seen, Teiche oder Tümpel. Die Tiere schwimmen gerne an der Oberfläche und sind auch flugfähig, um andere Lebensräume besiedeln zu können.

(1) *Hydrobius fuscipes*

(2) *Hydrobius fuscipes*

(1) *Sphaeridium scarabaeoides*

(2) *Sphaeridium scarabaeoides*

Gemeiner Dungkugelkäfer

Sphaeridium scarabaeoides

L. 5–7,5 mm

Der **Käfer (1–2)** hat eine rundliche Gestalt mit matt glänzender Oberfläche. Auf den Flügeldecken befinden sich je ein vorderer rötlicher und ein hinterer gelblicher Fleck von arttypischer Form. Die Farbe der Flecken ist oft sehr undeutlich. Die Art lebt nicht im Wasser, sondern in frischem Dung von Rindern oder Pferden. Dort finden auch Paarung und Eiablage statt. Die Tiere bewegen sich sehr flink. Sie sind in ihrem Substrat schwer zu entdecken und kaum zu fotografieren. Ähnlich ist der weniger häufige Dungkugelkäfer *S. lunatum*. Ihm fehlen die vorderen rötlichen Flecken.

Fotobelege: Brandenburg, Diedersdorf bei Berlin, in frischem Pferdedung, 30. 4. 2019.

Ölkäfer (Fam. *Meloidae*)

Schwarzblauer Ölkäfer, Schwarzer Maiwurm RL, §
Meloe proscarabaeus

L. 12-35 mm

Der **Käfer** (1-4) hat sehr verkürzte Flügeldecken und verkümmerte Hautflügel. Er ist deshalb nicht flugfähig. Die Flügeldecken überlappen sich an der Basis etwas. Die Fühler des Männchens (1-2) sind deutlich abgewinkelt und im mittleren Bereich verdickt. Bei den Weibchen (3-4) ist beides nur leicht angedeutet. Die Art ist tagaktiv und ernährt sich pflanzlich. Bei Gefahr wird an den Kniegelenken ein gelbes, hochgiftiges Sekret abgesondert. Es enthält das Reizgift Cantharidin. Weibchen legen nach der Paarung mehrere Tausend Eier im Boden ab. Die im folgenden Frühjahr schlüpfenden Larven klettern auf Kräuter oder Grashalme, um sich an Insekten anzuheften. Als Wirte kommen einige Wildbienen infrage. Diese transportieren die Larven in ihr Nest, die sich dort als Brutparasiten entwickeln. Der Violette Ölkäfer *(M. violaceus)* ist sehr ähnlich. Farblich bestehen kaum Unterschiede, doch ist bei ihm die Basis des Halsschildes etwas eingebuchtet. Der Schwarzblaue Ölkäfer ist »Insekt des Jahres 2020«.

Fotobelege: Brandenburg, NSG bei Mallnow nahe der Elbe, 11. und 23. 4. 2010; 16. 5. 2013.

(2) *Meloe proscarabaeus* ♂

(3) *Meloe proscarabaeus* ♀

(4) *Meloe proscarabaeus* ♀

(1) *Meloe proscarabaeus* ♂

Schwarzkäfer (Fam. *Tenebrionidae*)

(3) *Tenebrio molitor* Larve

Mehlkäfer

Tenebrio molitor

L. 10–18 mm

Der **Käfer** (1–2) ist oberseits schwarz gefärbt, oft mit rötlichem Einschlag. Unterseits ist er rotbraun. Seine Flügeldecken sind mit dünnen Längsfurchen versehen. Die Art ist ein bekannter Kulturfolger und Vorratsschädling, der sich von Mehl, Getreide, Früchten und anderem pflanzlichen Material ernährt. In freier Natur ist er eher selten zu beobachten. Die mit einem Chitinpanzer umgebenen Larven (3) (bekannt als »Mehlwürmer«) werden in Zoohandlungen als beliebtes Futter für Vögel und andere Kleintiere verkauft. Puppen sind auf Bild (4) abgebildet.

(4) *Tenebrio molitor* Puppe

(2) *Tenebrio molitor*

(1) *Tenebrio molitor*

Kerbhalsiger Zunderschwamm-Schwarzkäfer RL

Bolitophagus reticulatus

L. 6–7 mm

Der schwarze **Käfer (1)** ist an Kopf und Halsschild grob punktiert und auf den Flügeldecken mit kantigen Leisten und groben Punktreihen bedeckt. Die Art hält sich dort auf, wo der Zunderschwamm *(Fomes fomentarius)* Laubbäume befallen hat. Das sind vorwiegend Birken oder Rotbuchen, seltener andere Bäume. Die Käferlarven entwickeln sich in dem mehrjährigen, konsolenförmigen Fruchtkörper des Pilzes.

(1) *Bolitophagus reticulatus*

Gelbbindiger Schwarzkäfer

Diaperis boleti

L. 6–8 mm

Der **Käfer (1-3)** besitzt auf seinen schwarzen Flügeldecken zwei gelbe bis gelborangene, an den Rändern ausgezackte Querbinden. Die relativ häufige Art findet man in Wäldern und Parkanlagen, vorwiegend an Fruchtkörpern des leuchtend gelben Schwefelporlings *(Laetiporus sulphureus)* oder am Birkenporling *(Piptoporus betulinus)*, ebenso an Fruchtkörpern des Fichtenporlings *(Fomitopsis pinicola)*. Käfer ernähren sich vom Pilzfleisch und die Larven entwickeln sich in den Fruchtkörpern.

(1) *Diaperis boleti*

(2) *Diaperis boleti*

(3) *Diaperis boleti*

Gemeiner Staubkäfer

Opatrum sabulosum

L. 7–10 mm

Der **Käfer (1–2)** ist grauschwarz gefärbt und hat eine matte, fein punktierte Oberfläche. Die Flügeldecken sind außerdem durch abgerundete Längsleisten und Höcker skulpturiert. Die Art bewohnt vegetationsarme Sandflächen. Erwachsene Tiere ernähren sich von frischem oder verrottetem Pflanzenmaterial. Die Larven entwickeln sich im Boden und ernähren sich ebenfalls vegetarisch. Der Staubkäfer *O. riparium* ist sehr ähnlich, kommt aber in feuchten Biotopen vor.

(1) *Opatrum sabulosum*

(2) *Opatrum sabulosum*

(1) *Uloma rufa*

(2) *Uloma rufa*

Kleiner Faulholz-Schwarzkäfer RL

Uloma rufa

L. 8–9 mm

Der **Käfer (1–2)** ist in allen Teilen rotbraun gefärbt. Die Flügeldecken sind mit feinen Punktstreifen besetzt und der Halsschild ist an seiner Basis nicht gerandet, was ihn vom ähnlichen Großen Faulholz-Schwarzkäfer *(U. culinaris)* unterscheidet. Die Art ist ein Waldbewohner. Erwachsene Tiere ernähren sich von Nadelholz, welches mit Rotfäulepilzen befallen ist. Eine Rotfäule erzeugt z. B. der häufig an Fichten und Kiefern vorkommende Wurzelschwamm *(Heterobasidion annosum)*. In dem befallenen Holz entwickeln sich auch die Larven.

Aaskäfer (Fam. *Silphidae*)

Flachstreifiger Aaskäfer

Silpha obscura

L. 13–17 mm

Der **Käfer (1–4)** ist mattschwarz und abgeflacht. Auf den Flügeldecken befinden sich drei glänzende Längsrippen, von denen die jeweils äußere etwas verkürzt ist. Die Zwischenräume der Rippen sind grober punktiert als Kopf und Halsschild. Der häufige Käfer wie auch seine Larven ernähren sich von toten Kleintieren. Auf den Bildern **(3–4)** werden die Reste einer toten Nacktschnecke vertilgt. Dazwischen fressen auch die Larven eines anderen Aaskäfers, der Rothalsigen Silphe (S. 1227) **(3)**. Larven des Flachstreifigen Aaskäfers sind nicht schwarz, sondern braun gefärbt. Die Gattung *Silpha* enthält weitere, sehr ähnliche Arten, die sich durch Art der Punktierung und Fühlerform unterscheiden. Der Schwarze Schneckenjäger (S. 1226) ist etwas kleiner. Er besitzt einen verlängerten Kopf.

(1) *Silpha obscura*

(4) *Silpha obscura*

(3) *Silpha obscura*

(2) *Silpha obscura*

(1) *Phosphuga atrata*

(2) *Phosphuga atrata*

(3) *Phosphuga atrata* var. *brunnea*

Schwarzer Schneckenjäger
Phosphuga atrata

L. 10–15 mm

Der **Käfer (1-3)** ist normalerweise glänzend schwarz gefärbt. Kopf und Halsschild sind gleichartig fein punktiert, die Flügeldecken fein gerunzelt. Sie besitzen je drei Längsrippen, von denen die mittlere schwächer ausgebildet ist. Der Kopf ist nach vorne verlängert, was dem Käfer ermöglicht, tiefer in kleine Schneckengehäuse einzudringen. Nicht selten treten braun gefärbte Exemplare auf (var. *brunnea* (3)). Manche Autoren sehen in dieser Abweichung nur eine Jugendform. Die Art jagt lebende Schnecken, die durch einen giftigen Biss getötet werden.

Rothalsige Silphe

Oiceoptoma thoracicum

(Oeceoptoma thoracica)

L. 11–16 mm

Der **Käfer (1–3)** ist durch seinen orangefarbenen oder roten Halsschild leicht von verwandten Aaskäfern zu unterscheiden. Die häufige Art ernährt sich vorwiegend von Aas, aber auch von Kot und faulen Pflanzenteilen. Auf Bild **(3)** frisst sie gerade an dem hohlen Stiel einer Stinkmorchel *(Phallus impudicus)*, deren Aasgeruch auch für bestimmte Fliegen sehr verlockend ist. Eine ausgewachsene Larve **(4)** ist in Gesellschaft des Flachstreifigen Aaskäfers (S. 1224) an einer toten Nacktschnecke zu sehen.

(1) *Oiceoptoma thoracicum*

(2) *Oiceoptoma thoracicum*

(3) *Oiceoptoma thoracicum*

(4) *Oiceoptoma thoracicum* Larve

Gerippter Totenfreund,
Schild-Aaskäfer
Thanatophilus sinuatus

L. 10-12 mm

Der schwarze **Käfer (1-4)** besitzt einen grubigen Halsschild und scharfkantig gerippte Flügeldecken. Die beiden äußeren Rippen sind nicht gerade, sondern verlaufen etwas bogig. Beim Weibchen **(1)** ist der Flügeldeckenrand zwischen der ersten und zweiten Rippe ausgebuchtet. Beim Männchen **(2-3)** ist dieser gerade. Bild **(4)** zeigt beide Geschlechter an einer toten Spitzmaus. Der Käfer ernährt sich von toten Säugern, Vögeln und Reptilien. Weibchen legen ihre Eier in selbst gegrabenen Erdhöhlen ab. Die Larven fressen Aas.

(1) *Thanatophilus sinuatus* ♀

(2) *Thanatophilus sinuatus* ♂

(3) *Thanatophilus sinuatus* ♂

(4) *Thanatophilus sinuatus* ♂ + ♀

(1) *Xylodrepa quadripunctata*

(2) *Xylodrepa quadripunctata* Larve

(3) *Xylodrepa quadripunctata* Larve

Vierpunkt-Raupenjäger

Xylodrepa quadripunctata
(Dendroxena quadrimaculata)

L. 12–15 mm

Der **Käfer (1)** ist an Körper, Kopf, Beinen und Fühlern schwarz gefärbt. Halsschild und Flügeldecken sind hellbraun und mit typisch angeordneten, schwarzen Flecken verziert. Der Artname (*quadripunctata* = mit vier Punkten versehen) bezieht sich auf vier schwarze, im Quadrat angeordnete, runde Flecken auf den Flügeldecken. Erwachsene Käfer ernähren sich räuberisch von auf Pflanzen sitzenden, kleinen Insekten und Raupen. Die glänzend schwarze Larve **(2–3)** hat einen orangeroten Kopf und ein ebenso gefärbtes Haarbüschel am Hinterende. Sie lebt wie der Käfer räuberisch, frisst aber auch Aas. Auf Bild **(3)** wird eine Skorpionsfliege gefressen. Die Larve ist ein nützlicher Vertilger von Aas.

(1) *Necrophorus vespillo*

(2) *Necrophorus vespillo*

(3) *Necrophorus vespillo*

(4) *Necrophorus vespillo*

Gemeiner Totengräber

Necrophorus vespillo

L.12–24 mm

Der **Käfer (1–4)** hat eine glänzend schwarze Grundfarbe. Die abgestutzten Flügeldecken bedecken nicht den ganzen Hinterleib. Auffallend sind die beiden gelborangenen, an den Rändern ausgezackten Querbänder. Ein wichtiges Merkmal bilden die drei gelb bis orange gefärbten Fühlerendglieder. Auffällig ist auch eine lange, helle Behaarung an einigen Körperstellen. Die Art ernährt sich von lebenden Insekten und Aas. Oft werden Kadaver kleinerer Tiere durch den Geruchssinn aufgespürt, an denen Weibchen ihre Eier ablegen. Danach wird der Kadaver eingegraben. Die Larven werden in den ersten Stadien vom Weibchen gefüttert. Sehr ähnlich ist der nur etwas kleinere Schwarzhörnige Totengräber (S. 1231) mit komplett dunklen Fühlern.

Schwarzhörniger Totengräber

Necrophorus vespilloides

L. 12–18 mm

Der **Käfer (1–3)** ist ein Doppelgänger des Gemeinen Totengräbers (S. 1230), besitzt aber völlig schwarze Fühler. Auch die Körperbehaarung ist kaum auffällig, das hintere, orangegelbe Querband der Deckflügel ist schmaler oder zu Flecken reduziert. Ernährung und Lebensweise entsprechen denen des Gemeinen Totengräbers. Auf Bild **(3)** ist ein Käfer an einem Kadaver am Rande eines Radweges zu sehen.

(1) *Necrophorus vespilloides*

(2) *Necrophorus vespilloides*

(3) *Necrophorus vespilloides*

Stutzkäfer (Fam. *Histeridae*)

Aas-Stutzkäfer

Margarinotus brunneus

(Hister cadaverinus)

L. 6–8 mm

Der **Käfer (1–2)** ist in allen Körperteilen schwarz gefärbt. Er hat eine gedrungene Form. Die glänzenden, hinten abgestutzten Flügeldecken lassen das matte Hinterleibsende frei. Sie besitzen vier durchgehende, sehr feine Punktstreifen. Die Art hält sich vorwiegend an Aas auf, von dem sie sich ernährt. In der Gattung *Margarinotus* im engeren Sinne sind mehrere Arten aufgeführt, die nur mit Spezialkenntnissen sicher zu unterscheiden sind. Der Aas-Stutzkäfer ist von ihnen in Deutschland der häufigste Vertreter.

(2) *Margarinotus brunneus*

(1) *Margarinotus brunneus*

Zweifleck-Stutzkäfer

Margarinotus bipustulatus
(Hister fimetarius)

L. 5-7 mm

Der schwarze **Käfer (1-2)** fällt durch seinen relativ großen, orangenen Fleck an den Flügeldecken auf, der in Form und Größe arttypisch ist. Über die seltene Art ist relativ wenig bekannt. Der ältere Name (*fimetarius* = im Mist lebend) beschreibt seinen Aufenthaltsort, wo er sich vermutlich von kleinen Insekten und deren Larven ernährt. Bild **(2)** zeigt den Käfer direkt vor dem Abflug in typischer Flügelhaltung. Es existieren weitere, rot gefleckte Verwandte, z. B. der häufigere Vierfleck-Stutzkäfer *(Hister quadrimaculatus)*, deren Flügeldeckenmakel abweichend geformt sind.

Fotobelege: Brandenburg, Streganz, Sandweg an einem Feldrand, 5. 4. 2019.

(1) *Margarinotus bipustulatus*

(2) *Margarinotus bipustulatus*

Scheinbockkäfer (Fam. *Oedemeridae*)

Gemeiner Scheinbockkäfer,
Gemeiner Schenkelkäfer
Oedemera femorata

L. 8–10 mm

Der **Käfer (1–3)** ist bis auf seine braunen Flügeldecken überall schwarz gefärbt. Im Unterschied zu ähnlich aussehenden »echten« Bockkäfern klaffen die nach hinten verschmälerten Flügeldecken deutlich auseinander. Männchen **(3)** fallen durch ihre keulenförmig verdickten Hinterschenkel auf. Bei den Weibchen **(1–2)** sind alle Beine normal dünn ausgebildet. Erwachsene Tiere ernähren sich von Pollen und sind daher häufig an Blüten verschiedener Kräuter und Bäume anzutreffen. Larven entwickeln sich in Stängeln und Wurzeln krautiger Pflanzen.

(2) *Oedemera femorata* ♀

(3) *Oedemera femorata* ♂

(1) *Oedemera femorata* ♀

Scheinbockkäfer
Oedemera flavipes

L. 6-9 mm

Der **Käfer (1-3)** ist goldgrün oder bronzefarben und hat einen metallischen Glanz. Der Artname (*flavipes* = gelbfüßig) bezieht sich nur auf die helleren, gelbbräunlichen Vorderbeine. Die Fotos zeigen Männchen mit typischen keulenförmig verdickten Hinterschenkeln. Bei dieser Art sind die klaffenden Flügeldecken mit feinen Längsrippen versehen. Auf Bild **(3)** sieht man den Käfer zusammen mit einer Krabbenspinne *(Xysticus audax)*, die bereits ein Opfer gefangen hat.

(1) *Oedemera flavipes* ♂

(2) *Oedemera flavipes* ♂

(3) *Oedemera flavipes* ♂

(1) *Oedemera virescens* ♂

(2) *Oedemera virescens* ♂

(3) *Oedemera virescens* ♀

Graugrüner Scheinbockkäfer

Oedemera virescens

L. 8–11 mm

Der **Käfer (1–3)** hat auf seiner dunkelgrünen Oberfläche einen deutlichen Metallglanz. Die Flügeldecken klaffen nur leicht. Sie besitzen zwei Längsrippen, von denen die innere sehr verkürzt ist. Alle Beinpaare sind gleichfarbig dunkelgrün. Männchen **(1–2)** haben nur leicht verdickte Hinterschenkel. Bei den Weibchen **(3)** sind alle Beinteile dünn. Zur Pollen- und Nektaraufnahme besucht der Käfer diverse Blüten. Larven entwickeln sich in Stängeln oder Wurzeln krautiger Pflanzen. Der mehr südlich verbreitete Grüne Scheinbockkäfer *(O. nobilis)* ist ähnlich. Die Hinterschenkel der Männchen sind hier viel stärker verdickt.

Scheinbockkäfer
Anogcodes ustulata

L. 8-12 mm

Der **Käfer (1-4)** besitzt in beiden Geschlechtern braune, nicht klaffende Flügeldecken. Der ganze Körper ist mit gelblichen oder silbrigen, glänzenden Haaren bedeckt. Bei den Weibchen **(1-2)** ist auch der Halsschild braun, während er bei Männchen **(3)** schwarz gefärbt ist. Die Flügeldecken männlicher Käfer sind seitlich und an den Spitzen geschwärzt. Darauf bezieht sich auch der wissenschaftliche Name (*ustus* = angebrannt). Auf Bild **(4)** bahnt sich eine Paarung an, bei der das obere Männchen im Nachteil sein dürfte. Erwachsene Tiere besuchen Blüten diverser Kräuter, um Pollen und Nektar aufzunehmen. Die Larven entwickeln sich in morschem Laubholz.

(1) *Anogcodes ustulata* ♀

(2) *Anogcodes ustulata* ♀

(3) *Anogcodes ustulata* ♂

(4) *Anogcodes ustulata*

Scheinbockkäfer

Chrysanthia geniculata
(Chrysanthia nigricornis)

L. 5-8 mm

Der zierliche **Käfer (1-2)** kann grün, kupferfarben oder blaugrün gefärbt sein, stets mit metallischem Glanz. Die Beine sind gelbbräunlich und stellenweise, vorwiegend an den Schenkeln, geschwärzt. Die Flügeldecken klaffen nicht auseinander. Die relativ häufige Art besucht tagsüber Blüten verschiedener Kräuter, vor allem Doldenblütler, da sie sich von deren Pollen und Nektar ernährt. Die Larven entwickeln sich in morschem Nadelholz. Grün gefärbte Exemplare können leicht mit *C. viridissima* verwechselt werden. Deren Beine sind vorwiegend metallisch grün und der Halsschild ist an der vorderen Kante deutlich eingebuchtet.

(1) *Chrysanthia geniculata*

(2) *Chrysanthia geniculata*

Blattkäfer (Fam. *Chrysomelidae*)

Blattkäfer

Chrysomela orichalcea

(Chrysolina oricalcia)

L. 5,5–8 mm

Der **Käfer (1)** hat einen metallischen Glanz und eine glatte Oberfläche. Auf den Flügeldecken befinden sich je zehn Punktreihen. Ein wichtiges Artmerkmal ist die seitliche, wulstige Berandung des Halsschildes. Farblich ist der Käfer sehr veränderlich. Häufig treten schwarze Exemplare auf, die einen Erzglanz aufweisen. Die relativ häufige Art ist in Auwäldern und am Rande von Gewässern auf Blättern diverser Kräuter anzutreffen. Einige Arten der Gattung *Chrysomela* (Typusgattung der Familie *Chrysomelidae*) sind nach Auffassung einiger Entomologen jetzt bei *Chrysolina* oder *Melasoma* untergebracht. Bei Vergleichen sind auch diese Gattungen zu berücksichtigen.

(1) *Chrysomela orichalcea*

Rotsaum-Blattkäfer

Chrysomela sanguinolenta

(Chrysolina sanguinolenta)

L. 6–9,5 mm

Der schwarze **Käfer (1–3)** hat grob, unregelmäßig punktierte Flügeldecken. Diese besitzen einen roten Randsaum, an dem die Art leicht zu erkennen ist. Die Punktierung auf den Flügeldecken der Männchen ist grober als bei den Weibchen. Bei den Fotos dürfte es sich demnach um männliche Tiere handeln. Der Käfer ist besonders in Gegenden mit Sandböden zu Hause. An sonnigen Tagen ist er beim Blütenbesuch an verschiedenen krautigen Pflanzen anzutreffen. Das Gemeine Leinkraut *(Linaria vulgaris)* wird in der Literatur als Wirtspflanze besonders hervorgehoben.

(1) *Chrysomela sanguinolenta*

(2) *Chrysomela sanguinolenta*

(3) *Chrysomela sanguinolenta*

Blauer Erlen-Blattkäfer
Agelastica alni

L. 6-7 mm

Der **Käfer (1-3)** ist einfarbig schwarzblau und hat einen metallischen Glanz. Weibchen **(2)** sieht man öfter mit einem aufgeblähten Hinterleib, der vermutlich voller Eier ist. Diese werden an der Unterseite von Erlenblättern abgelegt. Der Käfer und seine schwarzen Larven **(4)** treten an ihrem Wirtsbaum häufig in größeren Mengen auf und können kleinere Erlen vollständig kahl fressen. Bild **(3)** zeigt ein typisches Befallsbild eines Schwarzerlenzweiges mit den Käfern.

(1) *Agelastica alni*

(4) *Agelastica alni* Larve

(3) *Agelastica alni*

(2) *Agelastica alni* ♀

Erzfarbener Erlen-Blattkäfer

Plagiosterna aenea
(Linaeidea aenea)

L. 6-8 mm

Der **Käfer (1-2)** ist, seinem Namen entsprechend, meistens graublau oder stahlgrau gefärbt (*aeneus* = erzfarbig). Hier ist die grüne Variante abgebildet. Alle Körperteile weisen einen metallischen Glanz auf. Typisch sind die ausgeprägten Schulterbeulen am Vorderrand der Deckflügel. Auch der Kopf ist kleiner als bei vergleichbaren Verwandten, etwa bei Arten der Gattung *Chrysolina*. Auf Bild **(2)** hat das Weibchen offensichtlich einige Eier verloren, die üblicherweise an der Unterseite von Erlenblättern abgelegt werden. Wirtsbäume sind verschiedene Erlen-Arten *(Alnus)*. Die Art tritt dadurch in Konkurrenz zum häufigeren Blauen Erlen-Blattkäfer (S. 1242).

(1) *Plagiosterna aenea*

(2) *Plagiosterna aenea*

(1) *Altica impressicollis*

Blattkäfer

Altica impressicollis

L. 4–5 mm

Der **Käfer (1)** ist an allen Körperteilen glänzend blaugrün oder dunkel violett gefärbt. Die Flügeldecken besitzen an den Außenseiten eine undeutliche, kielartige Ausbuchtung. Ein typisches Gattungsmerkmal ist eine mehr oder weniger deutliche Querfurche vor der Basis des Halsschildes. Die Art frisst an Blättern verschiedener Weidenröschen-Arten *(Epilobium)*. Die Gattung enthält mehrere ähnlich aussehende Arten, die nur mit spezieller Literatur bestimmbar sind.

(1) *Longitarsus echii*

(2) *Longitarsus echii*

(3) *Longitarsus echii*

Erdfloh

Longitarsus echii

L. 2,5–4 mm

Der kleine **Käfer (1–3)** gehört zu den größeren Arten seiner Gattung. Er ist an Kopf, Halsschild und Flügeldecken schwarz gefärbt. Ein metallischer Glanz ist vorhanden. Auffallend sind seine verdickten Hinterschenkel und das dort stark verlängerte erste Fußglied. Die Schenkel aller Beine sind schwarz, Schienen und Tarsen heller bräunlich. Die Flügeldecken sind deutlich punktiert. Mithilfe der kräftigen Hinterschenkel vermag der Käfer bei einer Störung blitzschnell davonzuspringen. Seine Wirtspflanze ist der Gewöhnliche Natternkopf *(Echium vulgare)*, an dessen Rosetten er sich gerne aufhält. Erste Käfer erscheinen im zeitigen Frühjahr.

Nebliger Schildkäfer
Cassida nebulosa

L. 6–7,5 mm

Der **Käfer (1–3)** hat einen sehr flachen Körperbau. Bei den Schildkäfern sind Halsschild und Flügeldecken breiter als der Körper. Dadurch sind in Ruhestellung Beine und Kopf meistens nicht sichtbar. Die Flügeldecken weisen zahlreiche schwarze, unregelmäßig verteilte Punkte auf. Oft sind am Halsschild zwei helle Flecken zu sehen **(3)**, was vermutlich auf den Feuchtigkeitszustand des Tieres zurückzuführen ist. Der Käfer frisst Blätter verschiedener Kräuter und Kulturpflanzen. Er kann daher auf Feldern schädlich werden. Als Wirtspflanze, an denen sich die Larven entwickeln, werden Fuchsschwanz-Arten *(Amaranthus)* angegeben.

(1) *Cassida nebulosa*

(2) *Cassida nebulosa*

(3) *Cassida nebulosa*

Distel-Schildkäfer

Cassida rubiginosa

L. 6–7,5 mm

Der **Käfer (1-3)** ist vorwiegend grasgrün gefärbt. An der Basis der Flügeldecken befindet sich eine kleine Ansammlung rostiger Flecken und hellere, reihig angeordnete, warzenähnliche Erhöhungen. Auf Bild **(2)** bahnt sich eine Paarung an. Bild **(3)** zeigt einen Käfer in Schreckhaltung, bei der Fühler und Beine eingezogen sind. Die Art hält sich gerne an Disteln *(Cirsium)* und Kletten *(Arctium)* auf. Die Larven entwickeln sich vorwiegend an der Acker-Kratzdistel *(Cirsium arvense)*. Sehr ähnlich ist der Grüne Schildkäfer (S. 1251) mit einheitlich grünen Flügeldecken.

(1) *Cassida rubiginosa*

(2) *Cassida rubiginosa*

(3) *Cassida rubiginosa*

(1) *Cassida stigmatica*

Rainfarn-Schildkäfer

Cassida stigmatica

L. 5,5–6 mm

Der **Käfer (1)** ähnelt dem Distel-Schildkäfer (S. 1248), besitzt aber an der Basis der Flügeldecken braune Flecken, die eine vom Distel-Schildkäfer abweichende Anordnung haben. Die Rippen der Flügeldecken sowie die punktartigen Vertiefungen sind grober ausgebildet. Der Halsschild ist an den hinteren »Ecken« deutlich abgerundet. Käfer und Larven ernähren sich vom Rainfarn *(Tanacetum vulgare)*.

Rostiger Schildkäfer
Cassida vibex

L. 5,5–7 mm

Der **Käfer (1)** ist grünlich oder stellenweise auch goldgrün gefärbt. Die Flügeldecken sind auf beiden Seiten der Mittelnaht über die gesamte Länge rostfleckig, teils auch mit schwarzbraunen Punkten besetzt. Den Käfer findet man auf Ruderalflächen oder an Feldrändern mit unterschiedlichem Pflanzenbewuchs. Die Art frisst vorwiegend an Korbblütlern verschiedener Gattungen, z. B. Disteln *(Cirsium, Carduus)*, Kletten *(Arctium)* oder Flockenblumen *(Centaurea)*.

(1) *Cassida vibex*

(1) *Cassida viridis*

(2) *Cassida viridis*

(3) *Cassida viridis*

Grüner Schildkäfer
Cassida viridis

L. 8-10 mm

Der **Käfer (1-3)** ist an Halsschild und Flügeldecken grün gefärbt und somit auf Blättern gut getarnt. Die Oberfläche der Flügeldecken ist einheitlich grob punktiert und weist keine deutlichen Längsrippen auf. Beim Umdrehen des Käfers **(3)** sieht man, dass sämtliche Extremitäten einschließlich des Kopfes unter Halsschild und Flügeldecken Platz haben. Das wird in einer Gefahrensituation ausgenutzt und bietet guten Schutz. Erwachsene Tiere halten sich auf Blättern verschiedener Kräuter auf, die auch als Nahrung dienen. Hauptsächlich sind es Lippenblütler oder Korbblütler. An diesen fressen und entwickeln sich auch die Larven.

Ovaläugiger Blattkäfer,
Goldglänzender Blattkäfer
Chrysolina fastuosa

L. 5-6,5 mm

Der **Käfer (1-3)** hat eine metallisch glänzende, stets mehrfarbige Oberfläche. Die Farbtöne variieren zwischen Goldgelb, Rot, Blau und Grün. Eine Punktierung ist auf den Flügeldecken deutlich zu erkennen. Die ovalen (nicht nierenförmigen) Augen sind namengebend. Beide Geschlechter sind kaum unterscheidbar (siehe Paarung **(3)**). Der häufige Käfer kann auf Stängeln und Blättern diverser Kräuter beobachtet werden, bevorzugt auf Taubnesseln. Arten der Gattung *Chrysolina* vergleiche man auch mit der Typusgattung *Chrysomela* (ab S. 1240).

(1) *Chrysolina fastuosa*

(2) *Chrysolina fastuosa*

(3) *Chrysolina fastuosa* Paarung

(1) *Chrysolina graminis*

(2) *Chrysolina graminis*

(3) *Chrysolina graminis* Paarung

Blattkäfer

Chrysolina graminis

L. 8–11 mm

Der **Käfer (1–3)** ähnelt dem Ovaläugigen Blattkäfer (S. 1252), ist aber größer und besitzt eine gröber punktierte Oberfläche. Seine Augen sind ebenfalls oval. Metallisch-grüne Farben dominieren an allen Körperteilen. Seitenränder und Mittelbereich der Flügeldecken und Halsschildränder können rötlich oder goldgelb abgesetzt sein. Auf dem Paarungsfoto **(3)** ist ein deutlicher Größenunterschied zwischen Weibchen und Männchen zu erkennen. Die Art kann an verschiedenen krautigen Pflanzen vorkommen. Sie hält sich besonders in Auwäldern oder am Rande von Gewässern auf. Der Minze-Blattkäfer (S. 1254) kann ähnlich aussehen. Er ist besonders an Blättern der Wasser-Minze *(Mentha aquatica)* zu finden.

Minze-Blattkäfer
Chrysolina herbacea

L. 7-11 mm

Der **Käfer (1-3)** ähnelt dem Blattkäfer *C. graminis* (S. 1253). Er ist meistens einfarbig grünlich bis goldgrün. Manchmal sind die Flügeldecken im mittleren Bereich rötlich gefärbt, jedoch nicht am Außenrand wie bei *C. graminis.* Die Art ist in ihrer Entwicklung auf verschiedene Minze-Arten angewiesen, da sich Käfer und Larven von deren Blättern ernähren.
Wir fanden den Käfer am Rande von Teichen, aber auch im Garten, jedoch stets an Wasser-Minze *(Mentha aquatica).*

(1) *Chrysolina herbacea*

(2) *Chrysolina herbacea* Paarung

(3) *Chrysolina herbacea*

(1) *Chrysolina polita*

Geglätteter Blattkäfer

Chrysolina polita

L. 6,5–8,5 mm

Der **Käfer (1–2)** besitzt ziegelrote oder braunrote Flügeldecken, die fein punktiert sind. An den Rändern sind die Punkte noch feiner oder teils sogar erloschen (geglättet). Kopf und Halsschild sind oft grünlich-metallisch gefärbt. Die dunklen Fühler sind manchmal an den ersten Gliedern rötlich aufgehellt. Durch die braunrote Farbe der Deckflügel ist die Art gut gekennzeichnet. Sie lebt bevorzugt an Lippenblütlern, so auch an Minze, ist aber nicht streng an diese gebunden.

(2) *Chrysolina polita*

Rotbrauner Blattkäfer
Chrysolina staphylaea

L. 6-9 mm

Der **Käfer (1-2)** ist an allen Körperteilen rotbraun gefärbt. Die Flügeldecken sind grob punktiert, wobei die Punkte unregelmäßig verteilt sind. Der breite Halsschild ist an den Seiten wulstig berandet. Die Art lebt an verschiedenen krautigen Pflanzen, bevorzugt an Lippenblütlern *(Lamiaceae)*, z. B. Taubnessel *(Lamium)*, Minze *(Mentha)*, Basilikum *(Ocimum)* oder Melisse *(Melissa)*. Dort können auch die Larven gefunden werden.

(2) *Chrysolina staphylaea*

(1) *Chrysolina staphylaea*

Violetter Gundermann-Blattkäfer

Chrysolina sturmi

L. 6–10 mm

Der kompakte **Käfer (1–3)** ist violett-schwarz gefärbt und besitzt einen nicht metallischen Mattglanz. Der Halsschild ist etwa genauso breit wie die fein punktierten Flügeldecken. Auffallend sind die relativ langen, kräftigen Beine, an deren Ende breite, dunkelrote Fußglieder (Tarsen) sitzen. Diese sind unterseits dicht filzartig behaart **(3)**. Auch die Fühlerbasen sind rötlich aufgehellt. Als Wirtspflanze werden für die Art neben Gundermann *(Glechoma hederaceum)* auch Labkraut *(Galium)* und Kratzdistel *(Cirsium)* angegeben.

(1) *Chrysolina sturmi*

(2) *Chrysolina sturmi*

(3) *Chrysolina sturmi*

Ameisen-Sackkäfer

Clytra laeviuscula

L. 8–11 mm

Der schwarze **Käfer (1–2)** hat eine längliche Form. Auf seinen roten oder gelbroten Flügeldecken befinden sich je zwei sehr unterschiedlich große, schwarze Flecken, von denen die hinteren sich manchmal in der Mitte fast berühren. Die Käfer fressen Blätter von Weiden und anderen Laubbäumen. Larven entwickeln sich in Ameisenhaufen. Sie ernähren sich von den Eiern und Larven des Wirtes. Der Vierpunkt-Ameisenblattkäfer *(C. quadripunctata)* ist sehr ähnlich. Die hinteren Flecken seiner Flügeldecken sind kleiner und der Halsschild ist grober punktiert und stärker berandet.

(1) *Clytra laeviuscula*

(2) *Clytra laeviuscula*

(1) *Crioceris duodecimpunctata*

(2) *Crioceris duodecimpunctata*

Zwölfpunkt-Spargelkäfer

Crioceris duodecimpunctata

L. 5–6,5 mm

Der **Käfer (1–2)** besitzt einen roten, ungefleckten Halsschild und rote oder orangene Flügeldecken, die mit je sechs schwarzen Punkten bedeckt sind (*duodecimpunctata* = mit zwölf Punkten versehen). Den Käfer findet man ausschließlich an Spargelpflanzen, von denen sich auch die Larven ernähren. Die Art kann daher in Spargelkulturen schädlich werden.

Großgefleckter Spargelkäfer

Crioceris quatuordecimpunctata

L. 5-6,5 mm

Der **Käfer (1-2)** ähnelt dem Zwölfpunkt-Spargelkäfer (S. 1259), besitzt aber noch einen weiteren Punkt auf jeder Flügeldecke (*quatuordecimpunctata* = mit vierzehn Punkten versehen). Die Punkte sind auch abweichend angeordnet. Der rote Halsschild ist hier ebenfalls schwarz punktiert. Gelegentlich findet man beide Arten auf derselben Spargelpflanze. Bild **(3)** zeigt eine Larve, die am Spargel frisst.

(1) *Crioceris quatuordecimpunctata*

(2) *Crioceris quatuordecimpunctata* Paarung

(3) *Crioceris quatuordecimpunctata* Larve

Smaragd-Fallkäfer, Goldglänzender Fallkäfer
Cryptocephalus aureolus

L. 6-7,5 mm

Der **Käfer (1-3)** kann grünlich, goldgelb, rötlich oder seltener bläulich gefärbt sein. Er hat immer einen metallischen Glanz. Die Flügeldecken sind grob punktiert bis fast runzelig und der Halsschild besitzt, von der Seite betrachtet, einen deutlich gebogenen Rand **(2)**. Die häufige Art besucht gerne Blüten diverser Kräuter, vor allem Korbblütler. Bei einer Störung lässt er sich sofort fallen (Name!). Es existieren ähnliche Arten in der Gattung *Cryptocephalus*, z. B. der Seidige Fallkäfer *(C. sericeus)*. Eine exakte Bestimmung ist nur mithilfe spezieller Literatur möglich.

(2) *Cryptocephalus aureolus*

(1) *Cryptocephalus aureolus*

(3) *Cryptocephalus aureolus*

Fünfpunktiger Fallkäfer
Cryptocephalus quinquepunctatus

L. 5-7 mm

Der **Käfer (1-2)** besitzt rotgelbe Flügeldecken, die verschieden geformte, schwarze Flecken aufweisen. Manchmal zeichnen sich fünf getrennte Makel ab **(1)** oder diese fließen bandartig zusammen **(2)**. Der schwarze Halsschild ist rotgelb berandet und mit einem dünnen, ebenso gefärbten Mittelstreifen versehen. Der Käfer ernährt sich von Blättern verschiedener Laubbäume. Die Eier werden in einem Gehäuse aus Kot und Sekret (Kotsack) am Erdboden abgelegt. Die geschlüpften Larven fressen faulendes oder verwelkendes Pflanzenmaterial.

(2) *Cryptocephalus quinquepunctatus*

(1) *Cryptocephalus quinquepunctatus*

(3) *Donacia marginata*

(1) *Donacia marginata*

(2) *Donacia marginata*

Keulenfüßiger Rohrkäfer

Donacia marginata

L. 8–12 mm

Der **Käfer (1–3)** kann verschiedene Farben haben. Oft treten silbrige, bronzefarbene oder fast purpurne Varianten auf. Die Seiten der Deckflügel können einen blauvioletten Randstreifen besitzen. Namengebend sind die schlank keulenförmigen Schenkel aller sechs Beine. Die Art hält sich an Blättern von Wasserpflanzen in langsam fließenden oder stehenden Gewässern auf. Wirtspflanzen sind der Ästige Igelkolben *(Sparganium erectum)*, aber auch Schilf *(Phragmites)* und Seggen *(Carex)*. Die Eier werden an den Wurzeln dieser Pflanzen abgelegt, an denen auch die aquatisch lebenden Larven fressen. Die zahlreichen Arten der Gattung *Donacia* sind schwer bestimmbar.

Blattkäfer
Galeruca interrupta

L. 6–9 mm

Der **Käfer (1)** ist heller oder dunkler braun gefärbt. Kopf, Halsschild und Flügeldecken sind grob punktiert. Besonders auffallend sind die glänzenden, dünnen Längsleisten, die an vielen Stellen unterbrochen sind (*interruptus* = unterbrochen). Die Art bewohnt die niedrige Krautschicht in trockenen, sandigen Biotopen. Sie ernährt sich von Kräutern und deren Blüten. Ähnlich ist *G. pomonae*, dessen Längsleisten dünner und kaum unterbrochen sind.

(1) *Galeruca interrupta*

Rainfarn-Blattkäfer
Galeruca tanaceti

L. 6–10 mm

Der **Käfer (1–3)** ist überall schwarz gefärbt. Die Oberfläche besitzt einen Mattglanz. Halsschild und Flügeldecken sind in beiden Geschlechtern grob punktiert. Die Flügeldecken zeigen meist keine deutlichen Längsleisten, wie bei anderen Arten der Gattung. Männchen **(1)** sind etwas kleiner als ihre Weibchen, bei denen der Hinterleib durch die enthaltenen Eier stark aufgebläht sein kann **(2)**. Bild **(3)** zeigt eine Paarung. Die häufige Art ist polyphag, da sie sich von krautigen Pflanzen vieler verschiedener Familien ernährt. Weibchen legen ihre Eier gerne an trockenen Gräsern ab, die als Paket mit einem schützenden Sekret überzogen werden.

(1) *Galeruca tanaceti* ♂

(2) *Galeruca tanaceti* ♀

(3) *Galeruca tanaceti* Paarung

Knöterich-Blattkäfer

Gastrophysa polygoni

L. 4-6 mm

Der **Käfer (1-2)** ist an Kopf und Flügeldecken metallisch-grünblau, seltener fast schwarz. Halsschild und Beine sind gelborange gefärbt. Er unterscheidet sich von ähnlichen Arten durch seine kräftig ausgebildeten Fühler. Bild **(2)** zeigt ihn in Gesellschaft mit dem Sechzehnpunkt-Marienkäfer (S. 1292) auf einem Brennnesselblatt. Der Käfer ernährt sich unter anderem von Blättern des Vogelknöterichs *(Polygonum aviculare)* und Ampfer-Arten *(Rumex)*.

(1) *Gastrophysa polygoni*

(2) *Gastrophysa polygoni*

(1) *Gastrophysa viridula*

(2) *Gastrophysa viridula*

Ampfer-Blattkäfer
Gastrophysa viridula

L. 4–6,5 mm

Der **Käfer (1–2)** ist metallisch-grün, stellenweise auch glänzend rötlich oder goldfarben.

Die Art tritt überall dort auf, wo größere Ampfer-Arten vorkommen, so auf Feldern oder an Teich- und Bachrändern. Käfer und Larven ernähren sich von den Blättern und können bei stärkerem Befall diese bis auf das Skelett ausfressen. Typisches Befallsbild siehe **(2)**.

Fünfpunktiger Blattkäfer
Gonioctena quinquepunctata

L. 5–8 mm

Der **Käfer (1–3)** ist in allen Körperteilen hellbraun, manchmal mit rötlichem Einschlag. Die Flügeldecken haben deutliche Punktstreifen und dünne, helle Langslinien. Die namengebenden, schwarzen Punkte sind schütter verteilt. Ihre Anzahl und Lage sind variabel. Die häufige Art lebt bevorzugt auf Traubenkirsche (*Prunus padus* und *P. serotina*), seltener Eberesche *(Sorbus aucuparia)* oder Haselnuss *(Corylus)*. Käfer und Larven ernähren sich von Blättern und Blütenknospen **(3)**.

(1) *Gonioctena quinquepunctata*

(3) *Gonioctena quinquepunctata*

(2) *Gonioctena quinquepunctata*

(1) *Gonioctena decemnotata*

(2) *Gonioctena decemnotata*

(3) *Gonioctena decemnotata*

Zehnpunkt-Pappel-Blattkäfer

Gonioctena decemnotata

(Phytodecta rufipes)

L. 6–8 mm

Der **Käfer (1-3)** ist oberseits rot gefärbt. Die fünf schwarzen Flecken auf jedem Deckflügel verleihen ihm das Aussehen eines Marienkäfers. Beine und Fühler sind rot. Die Art lebt an Pappeln, vorwiegend Zitterpappeln *(Populus tremula)*, seltener Weiden *(Salix)* und ernährt sich von den Blättern. Die Larven halten sich am Baum in Gruppen zusammen. Sie werden vom Muttertier bewacht und so gegen Fressfeinde geschützt **(2-3)**. Der Korbweiden-Blattkäfer *(G. viminalis)* ist sehr ähnlich, doch abweichend punktiert.

Rothalsiges Getreidehähnchen

Lema melanopus *(Oulema melanopus)*

L. 4–4,5 mm

Der **Käfer (1–2)** hat blauschwarze oder dunkelgrüne, mit Punktreihen versehene Flügeldecken. Kopf, Fühler und Fußglieder sind schwarz, Halsschild und übrige Beinteile rot. Die Art ist auf Blättern von Gräsern (z. B. Knäuelgras) und Getreide zu finden, an denen Käfer und Larven fressen. Dort werden auch die Eier abgelegt. Die Entwicklung der Larven erfolgt im Erdboden.

(1) *Lema melanopus*

(2) *Lema melanopus*

Kartoffelkäfer

Leptinotarsa decemlineata

L. 8-15 mm

Der kompakte **Käfer (1-4)** ist durch seine fünf schwarzen Längsstreifen auf jeder Flügeldecke sehr auffällig. Die Untergrundfarbe kann weiß oder gelblich sein. Kopf und Halsschild sind ebenfalls durch dunkle Punkte und kurze Striche verziert. Der offensichtlich aus Amerika eingeschleppte Käfer wurde Literaturangaben zufolge im Jahre 1877 erstmalig in Deutschland aufgefunden und hat sich stark vermehrt.
Er ernährt sich von Nachtschattengewächsen, in Deutschland vor allem von Blättern der Kartoffelpflanze. Massenvorkommen können große Schäden an Kulturen anrichten.
Bild **(4)** zeigt neben einem Käfer noch zwei Larven.

(1) *Leptinotarsa decemlineata*

(3) *Leptinotarsa decemlineata*

(2) *Leptinotarsa decemlineata*

(4) *Leptinotarsa decemlineata*

(1) *Lilioceris lilii*

Lilienhähnchen

Lilioceris lilii

L. 6–8 mm

Der **Käfer** (1) hat eine schwarze Grundfarbe. Halsschild und Flügeldecken sind leuchtend rot. Die Art ist ein Schädling an Liliengewächsen, wobei die gefräßigen Larven den größeren Schaden anrichten. Auch in Gärten mit Lilienbewuchs oder angebautem Schnittlauch kommt das Lilienhähnchen vor. In freier Natur werden auch Schachblumen *(Fritillaria meleagris)* als Futterpflanzen angenommen. Larven leben in einem schleimigen Kotsack, der sie vor Fressfeinden schützt. Eine gewisse Ähnlichkeit besitzt der Hasel-Blattroller (S. 1364).

Braungelber Weiden-Blattkäfer

Lochmaea capreae

L. 5–6 mm

Der **Käfer** (1–2) ist variabel gefärbt. Halsschild und Flügeldecken können gelblich oder bräunlich gefärbt sein, manchmal auch deutlich blasser (2). Am Halsschild befinden sich mehrere dunkle Flecken. Die Flügeldecken sind an ihrem Außenrand mit einer umlaufenden, schmalen Krempe versehen, die erst hinter der Schulterbeule beginnt. Den Käfer findet man auf Blättern verschiedener Weichhölzer wie Weide, Pappel oder Birke. Die Gattung *Lochmaea* enthält weitere ähnliche Arten.

(1) *Lochmaea capreae*

(2) *Lochmaea capreae*

Pappel-Blattkäfer

Melasoma populi *(Chrysomela populi)*

L. 9-12 mm

Der kompakte **Käfer (1-2)** besitzt leuchtend rote Flügeldecken. An deren äußerster Spitze ist die Naht kaum auffallend geschwärzt und seitlich davon sitzt ein schwärzlicher Punkt **(1)**. Kopf und Halsschild sind ebenfalls schwarz, manchmal mit blauem oder grünem Schimmer. Die Art ist auf den Blättern ihrer Wirtsbäume, den Pappeln *(Populus)* oder Weiden *(Salix)*, häufig zu finden. Beide Geschlechter sind fast nur an der Größe zu unterscheiden, was auf dem Paarungsbild **(2)** zu sehen ist. Männchen sind etwas kleiner. Bild **(3)** zeigt eine Larve im fortgeschrittenen Stadium. Sehr ähnlich, aber ohne schwarze Nahtecke: *Chrysomela saliceti* und *C. tremulae*.

(1) *Melasoma populi*

(3) *Melasoma populi* Larve

(2) *Melasoma populi* Paarung

Gefleckter Weiden-Blattkäfer

Melasoma vigintipunctata
(Chrysomela vigintipunctata)

L. 6–9 mm

Der **Käfer (1–2)** besitzt auf jeder Flügeldecke zehn rundliche bis längliche, teilweise zusammenfließende, schwarze Flecken (*vigintipunctata* = zwanzigfach gepunktet). Die Grundfarbe kann rot, gelb oder weiß sein. Auch die Flügelnaht ist dünn schwarz berandet. Der schwarze Halsschild ist in der Farbe der Flügeldecken seitlich gesäumt. Die Art frisst Blätter von Weiden oder Pappeln. Bei flüchtiger Betrachtung könnte man sie für einen Marienkäfer halten. Diese haben meist eine rundliche Gestalt.

(1) *Melasoma vigintipunctata*

(2) *Melasoma vigintipunctata*

(1) *Phratora vitellinae*

Kleiner Weiden-Blattkäfer

Phratora vitellinae

L. 3,5–5 mm

Der **Käfer (1)** hat eine länglich-ovale Form und besitzt einen schwachen Erzglanz. Die Farbe ist in allen Körperteilen schwarz, bronzefarben oder bläulich. Die Flügeldecken sind mit feinen Punktstreifen bedeckt. Käfer und Larven fressen Blätter von Weiden oder Pappeln. Das Foto zeigt die Käfer auf einem Blatt der Zitterpappel *(Populus tremula)*, dem vermutlich häufigsten Wirtsbaum.

Gemeiner Langbeinkäfer
Labidostomis longimana

L. 4-7 mm

Der **Käfer (1-3)** ist an Kopf und Halsschild metallisch-grün oder fast schwarz gefärbt. Die hinteren Außenecken des Halsschildes laufen spitz aus. Sehr typisch sind der dunkle Schulterfleck an den gelbbraunen Flügeldecken und die ab dem fünften Glied gleichmäßig gesägten Fühler. Die Abbildungen zeigen ein Weibchen. Auf Bild **(3)** hat sich links noch eine Gemeine Winterschwebfliege (S. 468) dazugesellt. Beim Männchen (nicht abgebildet) sind die Schienen der Vorderbeine stark verlängert. Die Käfer fressen vorwiegend an Klee-Arten der Gattungen *Trifolium* und *Lotus*.

(1) *Labidostomis longimana* ♀

(2) *Labidostomis longimana* ♀

(3) *Labidostomis longimana* ♀

(1) *Pyrrhalta viburni* Paarung

(2) *Pyrrhalta viburni* Paarung

Schneeball-Blattkäfer

Pyrrhalta viburni

L. 4,5-6,5 mm

Der **Käfer (1-2)** besitzt eine mittelbraune Grundfarbe. Die Oberflächen können bei bestimmten Lichtverhältnissen etwas glänzen. Kopf und Halsschild haben einen schmalen, dunklen Längsstreifen, der am Kopf zu einem rundlichen Fleck erweitert ist. Auch das Schildchen und die Außenecken der Flügeldecken sind dunkel abgesetzt. Die Abbildungen zeigen eine Paarung, wobei die Größenunterschiede von Männchen (oberes Tier) und Weibchen erkennbar werden. Wirtspflanzen sind verschiedene Schneeball-Arten, besonders der Gewöhnliche Schneeball *(Viburnum opulus)*, an deren Blättern Käfer und Larven fressen. Die hellfarbigen Larven haben auf dem Rücken schwarze Querstriche und an den Seiten entsprechend gefärbte, rundliche Punkte.

Marienkäfer (Fam. *Coccinellidae*)

(3) *Coccinella septempunctata* Larve

Siebenpunkt-Marienkäfer

Coccinella septempunctata

L. 5–8 mm

Der **Käfer (1–2)** hat auf seinen roten Flügeldecken insgesamt sieben schwarze, rundliche Flecken. Der siebente Punkt sitzt in der Mitte hinter dem Halsschild in Gesellschaft zweier weißer Flecken. Kopf und Halsschild sind schwarz. Dort befinden sich je zwei weiße Flecken in typischer Anordnung. Die längliche, sehr mobile Larve **(3)** ist blaugrau und mit schwarzen und orangefarbenen Flecken bedeckt. Die schwarzen Flecken sind borstig behaart. Bild **(4)** zeigt eine Puppe, die an Pflanzenteile geheftet ist. Käfer und Larven sind eifrige Vertilger von Blattläusen und daher sehr nützlich.

(4) *Coccinella septempunctata* Puppe

(1) *Coccinella septempunctata*

(2) *Coccinella septempunctata*

Fünfpunkt-Marienkäfer

Coccinella quinquepunctata

L. 3,5-5 mm

Der **Käfer (1-2)** ist deutlich kleiner als der Siebenpunkt-Marienkäfer (S. 1278). Er könnte von oben betrachtet zunächst für einen Zweipunkt-Marienkäfer (S. 1281) gehalten werden, ist aber insgesamt schlanker und von der Seite betrachtet flacher. Auf jeder Flügeldecke befindet sich unterhalb des großen, schwarzen Punktes noch ein zweiter, kleiner Fleck. Direkt hinter dem Halsschild sitzt auf Mitte der Flügelnaht noch ein weiterer, fünfter Punkt, der seitlich von zwei weißen Makeln begleitet wird. Weitere weiße Flecken befinden sich an Halsschild und Kopf. Käfer und Larven fressen Blattläuse, nehmen aber auch Blütennektar und vermutlich auch Pollen auf.

(1) *Coccinella quinquepunctata*

(2) *Coccinella quinquepunctata*

(1) *Adalia bipunctata* Paarung

(2) *Adalia bipunctata* schwarz

(3) *Adalia bipunctata* Larve

Zweipunkt-Marienkäfer
Adalia bipunctata

L. 3,5-5,5 mm

Der **Käfer (1-2)** erscheint, wie auch andere Marienkäfer, in unterschiedlichen Farbvarianten. Die Normalform besitzt rote Flügeldecken **(1)** mit je einem größeren, schwarzen Punkt. Kopf und Halsschild sind schwarz und an typischen Stellen weiß abgesetzt. Die schwarze Variante **(2)** hat insgesamt vier rote Flecken auf den Flügeldecken. Sie kann leicht mit anderen Marienkäfern verwechselt werden, so z. B. mit Formen des Asiatischen Marienkäfers (S. 1282) oder mit dem Vierfleckigen Kugel-Marienkäfer (S. 1293). Eine Larve des Zweipunkt-Marienkäfers ist auf Bild **(3)** abgebildet. Käfer und Larven sind eifrige Vertilger von Blattläusen und daher sehr nützlich. Leider ist diese Art in vielen Bundesländern, so auch in Brandenburg, ausgesprochen selten geworden.

Asiatischer Marienkäfer

Harmonia axyridis

L. 5–8 mm

Der **Käfer (1–3)** ähnelt in seiner roten Erscheinungsform dem Siebenpunkt-Marienkäfer (S. 1278), besitzt aber auf den Flügeldecken deutlich mehr als sieben schwarze Punkte oder ist vollkommen einfarbig. Halsschild und Kopf weichen in ihrem Farbmuster ebenfalls ab. Die Flügeldecken können eine sehr unterschiedliche Grundfarbe haben. Hier sind drei häufige Varianten abgebildet. Die Larve **(4)** unterscheidet sich von der des Siebenpunkt-Marienkäfers durch ihre gelben oder orangenen Seitenlinien. Die Bilder **(5–6)** zeigen Puppen, die äußerlich ähnlich variabel sind wie Käfer. Die aus Asien stammende Art wurde ab 1916 in Nordamerika zur Schädlingsbekämpfung eingesetzt. Inzwischen ist sie auch in Norddeutschland häufig. Heimische Marienkäfer, so auch der Siebenpunkt, werden von der sehr robusten Art als Nahrungskonkurrenten verdrängt.

(1) *Harmonia axyridis*

(4) *Harmonia axyridis* Larve

(5) *Harmonia axyridis* Puppe

(6) *Harmonia axyridis* Puppe

(2) *Harmonia axyridis*

(3) *Harmonia axyridis*

Trockenrasen-Marienkäfer
Coccinula quatuordecimpustulata

L. 3–4 mm

Der kleine **Käfer** (1–2) besitzt auf seinen schwarzen Flügeldecken je sieben weißliche bis gelbliche Flecken. Kopf und Halsschild sind mit derselben Farbe in typischer Form verziert. Die Art ist wärmeliebend. Sie kann, dem Namen entsprechend, in Trockenrasen-Biotopen beim Besuch diverser Blüten beobachtet werden. In Brandenburg ist diese Art nicht selten. Die Fotos zeigen sie an Blüten des Acker-Hornkrauts (*Cerastium arvense* (1)) und der Wiesen-Schafgarbe (*Achillea millefolium* (2)).

(1) *Coccinula quatuordecimpustulata*

(2) *Coccinula quatuordecimpustulata*

Neunzehnpunkt-Marienkäfer, Teich-Marienkäfer
Anisosticta novemdecimpunctata

L. 3-4 mm

Der **Käfer (1-2)** ist lang gestreckter als die meisten Arten seiner Gattung. Die Deckflügel sind auf gelbem oder rötlichem Untergrund mit je neun (manchmal auch zehn) schwarzen Punkten verziert. Auf Mitte der Deckflügelbasis befindet sich noch ein weiterer, der neunzehnte Punkt. Der Halsschild ist ebenfalls schwarz gefleckt. Der Käfer ist besonders in Feuchtgebieten und am Rande von Teichen zu finden. Dort sitzt er auf Blättern von Sumpf- und Wasserpflanzen, gelegentlich auch an am Wasser stehenden Trauerweiden. Als Nahrung dienen ihm Blattläuse.

(1) *Anisosticta novemdecimpunctata*

(2) *Anisosticta novemdecimpunctata*

(1) *Calvia quatuordecimguttata*

(2) *Calvia quatuordecimguttata*

Vierzehntropfiger Marienkäfer
Calvia quatuordecimguttata

L. 5-6 mm

Der **Käfer (1-2)** hat auf jedem seiner braunen, rötlichen oder orangefarbenen Deckflügel sieben weiße Punkte in arttypischer Anordnung. Bild (2) zeigt den Käfer zusammen mit einer Stechmücke. Die Art ist stellenweise nicht selten. Man findet sie an Kräutern oder Holzgewächsen. Käfer und Larven fressen Blattläuse und Blattflöhe.

Dreizehnpunkt-Marienkäfer

Hippodamia tredecimpunctata

L. 5-7 mm

Der **Käfer (1-3)** besitzt einen länglichen Umriss, der bei Marienkäfern seltener vorkommt. Seine Grundfarben variieren meist von Hellgelb bis Orangerot. Auf jeder Flügeldecke befinden sich sechs rundliche, schwarze Flecken. In der Mitte der Flügelbasen sitzt ein dreizehnter Punkt, der durch die Flügelnaht mittig geteilt ist. Die Schenkel aller sechs Beine sind deutlich dunkler als Schienen und Tarsen. Bild **(4)** zeigt eine typisch gefärbte Larve. Die Art bevorzugt feuchte Biotope wie z. B. Teichränder. Auf den Blättern am Wasser lebender Pflanzen wie Schilf, Seggen oder Igelkolben werden Blattläuse erbeutet.

(4) *Hippodamia tredecimpunctata* Larve

(3) *Hippodamia tredecimpunctata*

(1) *Hippodamia tredecimpunctata*

(2) *Hippodamia tredecimpunctata*

Variabler Flach-Marienkäfer

Hippodamia variegata

L. 3-5,5 mm

Der **Käfer (1-3)** hat rote Flügeldecken mit einem Punktmuster, welches dem des Fünfpunkt-Marienkäfers (S. 1280) sehr ähnlich sein kann. An Halsschild und Kopf befinden sich jedoch deutlich mehr Weißanteile. So ist der schwarze Halsschild weiß berandet und das Gesicht ist fast vollständig weiß. Wie viele andere Marienkäfer ernähren sich Käfer und Larven von Schild- und Blattläusen.

(1) *Hippodamia variegata*

(3) *Hippodamia variegata*

(2) *Hippodamia variegata*

Vierzehnpunkt-Marienkäfer

Propylea quatuordecimpunctata

L. 3,5–5 mm

Der **Käfer (1–2)** ist an seinen Flügeldecken vorwiegend schwarz-gelb gefleckt. Form und Anzahl der schwarzen Flecken sind sehr veränderlich. Oft laufen diese teilweise zusammen, weshalb man ihre exakte Zahl kaum ermitteln kann. Kopf und Halsschild sind farblich den Flügeldecken angepasst. Auf dem Paarungsfoto (1) sehen beide Partner völlig unterschiedlich aus. Die häufige Art kann fast überall auf der Vegetation gefunden werden. Käfer und Larven ernähren sich besonders von Blattläusen. Gelegentlich werden auch andere Kleininsekten oder deren Larven gefressen.

(2) *Propylea quatuordecimpunctata*

(1) *Propylea quatuordecimpunctata* Paarung

Zweiundzwanzigpunkt-Marienkäfer

Psyllobora vigintiduopunctata

(Thea vigintiduopunctata)

L. 3–4,5 mm

Der **Käfer (1–2)** ist hellgelb gefärbt. An Halsschild und Flügeldecken befinden sich rundliche, schwarze Punkte. Auf jeder Flügeldecke sind nur zehn davon gut ausgebildet. Der elfte Punkt ist meist verkümmert, aber in Spuren oft vorhanden. Larve **(3)** und Puppe sind ebenfalls auf gelber Grundfarbe schwarz gepunktet und deshalb leicht zuzuordnen. Abweichend von anderen Marienkäfern ernähren sich Käfer und Larven von Echtem Mehltau, einem Pilz, der sich auf der Oberseite von Blättern als weißer Belag ansiedelt.

(2) *Psyllobora vigintiduopunctata*

(3) *Psyllobora vigintiduopunctata* Larve

(1) *Psyllobora vigintiduopunctata*

Zwölffleckiger Pilz-Marienkäfer

Vibidia duodecimguttata

L. 3–4,5 mm

Der **Käfer (1–2)** ist braunorange gefärbt und auf seinen Flügeldecken weiß gefleckt. Er ähnelt dem Vierzehntropfigen Marienkäfer (S. 1285), hat aber zwei Flecken weniger. Wie der Zweiundzwanzigpunkt-Marienkäfer (S. 1290) ernährt er sich von Pilzen, die als »Mehltau« auf der Oberseite von Blättern wachsen. Daher kann es vorkommen, dass beide Arten zusammen auf einem Blatt zu finden sind. Auf Bild **(2)** sieht man einen Käfer bei seiner Pilzmahlzeit. Es existieren weitere, ähnlich gefärbte Marienkäfer, deren Anzahl, Größe und Lage der Punkte oder Flecken bei der Bestimmung genau verglichen werden müssen.

(1) *Vibidia duodecimguttata*

(2) *Vibidia duodecimguttata*

Sechzehnpunkt-Marienkäfer
Tytthaspis sedecimpunctata

L. 2,5-4 mm

Der **Käfer (1-2)** besitzt eine hell beigefarbene Oberfläche, die mit schwarzen Flecken verziert ist. Auf den Flügeldecken befinden sich eine schwarze Mittelnaht und je acht Punkte, von denen die seitlichen drei in typischer Weise miteinander verbunden sind. Kopf und Halsschild sind ähnlich gefärbt und verziert. Die Art ist besonders in Gebieten mit Sandböden verbreitet und nicht selten. Käfer und Larven fressen vor allem Blattläuse, verschmähen aber auch Pollen und Honigtau nicht (siehe Fotos).

(1) *Tytthaspis sedecimpunctata*

(2) *Tytthaspis sedecimpunctata*

Vierfleckiger Kugel-Marienkäfer

Exochomus quadripustulatus

L. 3,5–5 mm

Der **Käfer (1–2)** ist glänzend schwarz. Auf den Flügeldecken befinden sich insgesamt vier rote, selten gelbe Flecken. Der vordere Fleck ist semikolonartig verlängert. Die Art hält sich vorwiegend an Nadelbäumen auf. Die Fotos zeigen ihn an der frischen Schnittstelle einer Waldkiefer **(1)** und auf einem Blatt **(2)**. Käfer und Larven ernähren sich von Schild- und Blattläusen. Da erwachsene Tiere in der Bodenstreu überwintern, sind sie schon früh im Jahr, ab März, unterwegs.

(1) *Exochomus quadripustulatus*

(2) *Exochomus quadripustulatus*

Weichkäfer, Fliegenkäfer (Fam. *Cantharidae*)

(1) *Cantharis fusca* ♂

Gemeiner Weichkäfer
Cantharis fusca

L. 12–15 mm

Der **Käfer** (1–3) hat schwarze, fein anliegend behaarte Flügeldecken. Der Halsschild ist rot mit einem schwarzen Fleck, der direkt hinter dem Kopf sitzt. Die dunklen Fühler sind an den ersten drei Gliedern rötlich aufgehellt. Der Hinterleib ist orangerot gefärbt. Männchen (1) sind etwas schmaler als Weibchen (2) und haben längere Fühler, was am Paarungsbild (3) deutlich zu sehen ist. Erwachsene Tiere halten sich gerne auf Blüten diverser Kräuter auf und jagen dort kleine Insekten, fressen aber offensichtlich auch Pollen. Die Larven leben räuberisch am Boden.

(2) *Cantharis fusca* ♀

(3) *Cantharis fusca* Paarung

Variabler Weichkäfer

Cantharis livida

L. 10–14 mm

Der **Käfer (1)** ist farblich sehr veränderlich. Die Flügeldecken variieren von Schwarz bis Hellbraun. Hier ist eine dunkle Form abgebildet, die dem Gemeinen Weichkäfer (S. 1294) ähnlich ist. Der Halsschild ist gänzlich rot und am roten Kopf befindet sich ein schwarzes Dreieck. Teile der hinteren Beinschenkel und das ganze vordere Beinpaar sind rot. Diese Variante wird deshalb als var. *rufipes* abgetrennt. Käfer und Larven leben überwiegend räuberisch von kleinen Insekten und Schnecken.

(1) *Cantharis livida*

Graugelber Weichkäfer
Cantharis nigricans

L. 8-11 mm

Der **Käfer (1-3)** besitzt dunkle, hellgrau behaarte Flügeldecken, die dadurch heller wirken. Auf dem gelben Halsschild sitzt in der Mitte ein schwarzer Fleck und der hintere Teil des Kopfes ist ebenfalls schwarz gefärbt. Die Beine sind gelbbraun und teils dunkel gefleckt. Durch die Farbgebung ist die Art gut von anderen Weichkäfern unterscheidbar. Sie lebt räuberisch von kleinen Insekten, frisst aber auch Pollen.

(1) *Cantharis nigricans*

(2) *Cantharis nigricans*

(3) *Cantharis nigricans*

(1) *Cantharis obscura*

(2) *Cantharis obscura*

Dunkler Fliegenkäfer

Cantharis obscura

L. 10–13 mm

Der **Käfer (1–2)** ist vorwiegend schwarz gefärbt. Gelb bis rotorange sind die Seiten des Halsschildes, die vor den Augen liegenden Wangen des Kopfes und die Seiten der Hinterleibsringe. Alle Körperteile sind fein behaart. Käfer und Larven ernähren sich räuberisch von kleinen Insekten. Käfer fressen aber auch Blütenteile. Sehr ähnlich ist der etwas größere, weniger häufige *C. paradoxa*. Sein Halsschild ist seitlich deutlicher abgerundet. Eine sichere Trennung ist wohl nur über Genitaluntersuchungen möglich.

Rotschwarzer Weichkäfer

Cantharis pellucida

L. 9-14 mm

Der **Käfer (1-3)** hat silbrig behaarte, schwarze Flügeldecken und einen schwarzen Hinterkopf. Halsschild und Teile der Beine sind rot. Auf dem Paarungsfoto **(3)** sieht man die hellorangenen Farben des Hinterleibes gut. Die dunklen Fühler sind an den ersten Gliedern rötlich aufgehellt. Die häufige Art kann beim Besuch von Doldenblütlern und Blüten des Weißdorns beobachtet werden. Die Hauptnahrung von Käfern und Larven bilden jedoch kleine Insekten, die auf Blüten von Kräutern erbeutet werden.

(2) *Cantharis pellucida*

(1) *Cantharis pellucida*

(3) *Cantharis pellucida* Paarung

Roter Fliegenkäfer

Cantharis rufa

L. 8-11 mm

Der **Käfer (1-3)** ist an allen Körperteilen orangerötlich oder braunrot gefärbt und fein hell behaart. Die Basis der Deckflügel ist oft verhalten dunkler gefleckt und dunkel sind auch die Augen. Die Art hält sich gerne in der niedrigen Vegetation an Wald- und Feldrändern auf, gelegentlich auch an Getreideähren. Als Nahrung dürften kleine Insekten dienen. Es existieren einige ähnlich aussehende Arten, z. B. der sehr häufige Braune Weichkäfer (S. 1303), dessen Deckflügel geschwärzte Spitzen aufweisen.

(1) *Cantharis rufa*

(2) *Cantharis rufa*

(3) *Cantharis rufa*

Weichkäfer
Cantharis rustica

L. 10–14 mm

Der **Käfer (1–3)** ähnelt in Größe und Färbung dem Gemeinen Weichkäfer (S. 1294). Er unterscheidet sich durch seinen oft herzförmigen, schwarzen Fleck auf der Mitte des roten Halsschildes **(2)**. Auch die Beine sind nicht vollkommen schwarz, sondern an den Schenkeln rot gefärbt. Auf dem Paarungsbild **(3)** ist zu erkennen, dass Männchen etwas kleiner sind und längere Fühler besitzen. Die Art ist an mit Kräutern bestandenen Wald- und Feldrändern, auf blühenden Wiesen und Trockenrasen zu finden, ist aber seltener als ihr Doppelgänger. Käfer und Larven ernähren sich von kleinen Insekten, die Käfer zum Teil auch vegetarisch von Pollen und Blütenteilen.

(2) *Cantharis rustica*

(1) *Cantharis rustica*

(3) *Cantharis rustica* Paarung

Weichkäfer
Cantharis thoracica

L. 5-7 mm

Der **Käfer (1-2)** gehört zu den kleineren Arten der Gattung. Seine Farbkombination ist dem Rotschwarzen Weichkäfer (S. 1298) ähnlich. Die Farben von Halsschild und Beinen sind aber weniger rot, sondern rotbraun. Halsschild und Kopf sind im Verhältnis zu den Flügeldecken relativ breit. Die Art bevorzugt feuchtere Biotope. Sie hält sich gerne auf Pflanzen im Uferbereich von Teichen und Wassergräben auf. Die Ernährungsweise dürfte die gleiche sein wie bei den meisten Weichkäfern der Gattung *Cantharis*.

Fotobelege: Brandenburg, Mellensee, Teichufer, 26. 6. 2017.

(1) *Cantharis thoracica*

(2) *Cantharis thoracica*

Weichkäfer

Malthinus punctatus
(Malthinus flaveolus)

L. 4-6 mm

Der zarte **Käfer (1-2)** hat eine gelbe Körperfarbe und gelbe Beine. Die graubräunlichen, etwas transparenten Flügeldecken sind an den Spitzen auffallend gelb abgesetzt. Sie bedecken nicht den ganzen Hinterleib und die Hinterflügel. Der Halsschild ist einfarbig gelb oder mit ein bis zwei dunklen Flecken besetzt. Der nach hinten konisch verengte, schwarze Kopf, an dem die Augen seitlich weit vorstehen, hat ein gelbes Gesicht. Auf den Bildern ist jeweils eine Paarung abgebildet. Die Art lebt auf Sträuchern und jungen Bäumen. Es existieren mehrere ähnliche Arten, die aber seltener sind.

(2) *Malthinus punctatus* Paarung

(1) *Malthinus punctatus* Paarung

Brauner Weichkäfer, Rotgelber Weichkäfer
Rhagonycha fulva

L. 7–11 mm

Der **Käfer (1–3)** ist fast überall rotorange, stellenweise auch braunrot gefärbt. Die hell behaarten Flügeldecken sind an den Spitzen geschwärzt (wie angebrannt). Abgedunkelt sind auch Fühler und Fußglieder. Beide Geschlechter sind farblich kaum unterscheidbar (siehe Paarung **(3)**). Die häufige Art ist oft massenhaft an Doldenblütlern zu sehen **(2)**. Sie ernährt sich von Pollen und Nektar, besonders aber räuberisch von kleinen Insekten, z. B. Läusen. Die Larven leben räuberisch am Boden.
Einige Weichkäfer sehen ähnlich aus. Dem sehr ähnlich gefärbten Roten Fliegenkäfer (S. 1299) fehlen die geschwärzten Flügelspitzen und der seltenere *R. lutea* besitzt einen schwarzen Kopf.

(1) *Rhagonycha fulva*

(3) *Rhagonycha fulva* Paarung

(2) *Rhagonycha fulva*

Werftkäfer (Fam. *Lymexylonidae*)

Sägehörniger Werftkäfer
Hylecoetus dermestoides

L. 6–18 mm

Der **Käfer (1)** hat eine sehr schlanke Gestalt. Weibchen (siehe Foto) sind orangerot oder rotbräunlich gefärbt und überall gelblich behaart. Die Spitze der Flügeldecken ist manchmal leicht geschwärzt. Der Volksname bezieht sich auf die sägeartig gezähnten Fühler. Männliche Tiere sind meistens schwarzbraun. Sie besitzen auffällige, fächerartig verlängerte Kiefertaster. Erwachsene Tiere leben nur wenige Tage, die nicht zur Nahrungsaufnahme, sondern zur Partnersuche genutzt werden. Begattete Weibchen legen ihre Eier an oder unter Rinden geschwächter Laubbäume, auch Lagerholz ab. Gleichzeitig werden Sporen eines *Ambrosia*-Pilzes *(Endomyces hylecoeti)* übertragen. Die Larven ernähren sich von den wachsenden Pilzfäden. Der Käfer wird als Holzschädling eingestuft.

(1) *Hylecoetus dermestoides* ♀

Buntkäfer (Fam. *Cleridae*)

(1) *Dermestoides sanguinicollis*

Buntkäfer RL
Dermestoides sanguinicollis

L. 7–9 mm

Der relativ lang behaarte **Käfer (1)** ist von oben betrachtet zweifarbig. Kopf und Flügeldecken sind schwarz bis blauschwarz und der Halsschild ist rotorange gefärbt. Die rotbraunen Fühler haben drei schwarze, erweiterte Endglieder. Die seltene, vom Aussterben bedrohte Art lebt an morschen Laubbäumen, bevorzugt an Eichen. Der Käfer wurde 1912 auch in Brandenburg, in der Dubrow bei Gräbendorf, von L. Wendlandt entdeckt und publiziert.

Fotobeleg: Niederlausitz, NSG Schlaubetal, an alter Eiche, 9. 6. 2013.

(1) *Thanasimus formicarius*

Ameisen-Buntkäfer
Thanasimus formicarius

L. 7–10 mm

Der flach gebaute **Käfer (1–2)** ist stark behaart und hübsch rot-schwarz gezeichnet. Auf den Flügeldecken befinden sich zusätzlich zwei weiße, geschwungene Querbinden. Die Art hält sich an Nadelbäumen auf und jagt bevorzugt Borkenkäfer, die nach Entfernung des Chitinpanzers gefressen werden. Die Larven entwickeln sich unter der Borke und ernähren sich räuberisch von Larven, Puppen und Eiern der Borkenkäfer. Leider gelangen die nützlichen Käfer auch in Borkenkäferfallen und verenden. Sehr ähnlich ist der seltene, etwas größere Eichen-Buntkäfer *(Clerus mutillarius)*, der sich an Eichen von Borkenkäfern ernährt. Beim Rotbeinigen Ameisen-Buntkäfer *(T. femoralis)* sind Fühler und Beine rot.

(2) *Thanasimus formicarius*

Gewöhnlicher Bienenkäfer
Trichodes apiarius

L. 10–15 mm

Der **Käfer (1-3)** hat eine schwarze Grundfarbe und ist überall borstig behaart. Auf den Flügeldecken befinden sich drei rote Querbinden. Die Spitze der Flügeldecken ist schwarz, was die Art von dem ähnlich aussehenden Zottigen Bienenkäfer *(T. alvearius)* unterscheidet. Bei diesem sind die Spitzen rot, weil sich dort eine weitere schmale, rote Binde befindet. Der relativ häufige Gewöhnliche Bienenkäfer ist auf Blüten verschiedener Kräuter zu finden. Er ernährt sich von Pollen, jagt aber auch andere Insekten. Die rot gefärbten Larven leben räuberisch in Nestern solitärer Wildbienen.

(2) *Trichodes apiarius*

(1) *Trichodes apiarius*

(3) *Trichodes apiarius* Paarung

Glanzkäfer (Fam. *Nitidulidae*)

Picknickkäfer

Glischrochilus quadrisignatus

L. 4-7 mm

Der **Käfer (1-2)** ist glänzend schwarz und besitzt auf den Flügeldecken je zwei gelbe Flecken (*quadrisignatus* = vierfach gezeichnet). Der Körperbau ist sehr flach. Die letzten drei Fühlerglieder sind zu einer rundlichen Keule erweitert. Die Art stammt ursprünglich aus Nordamerika. Sie kann an vielen verschiedenen Kräutern, Sträuchern und Bäumen gefunden werden, ist aber offensichtlich bisher noch nicht sehr häufig. Erwachsene Tiere ernähren sich von Früchten, Gemüse, Pilzen und Pflanzensäften. Larven fressen verrottendes Pflanzenmaterial. Die Gattung ist in Europa durch mehrere Arten vertreten. Alle besitzen vier gelbliche Makel, die jedoch unterschiedliche Formen haben.

(2) *Glischrochilus quadrisignatus*

(1) *Glischrochilus quadrisignatus*

Prachtkäfer (Fam. *Buprestidae*)

(2) *Buprestis octoguttata*

Achtpunktiger Kiefern-Prachtkäfer RL, §

Buprestis octoguttata

L. 10–18 mm

Der **Käfer** (1–3) ist dunkelblau gefärbt und hat einen metallischen Glanz. Jede Flügeldecke ist mit vier kompakten, weißen bis gelblichen Flecken besetzt. Unterhalb der Schulterbeule befindet sich seitlich oft ein weiterer, kleiner Fleck. Der Halsschild ist an beiden Seiten hell berandet. Gelblich weiße Punktreihen sind auch an der blau metallischen Unterseite zu sehen (3). Die Art ist in Kiefernwäldern zu Hause. Weibchen legen ihre Eier an abgestorbenen oder geschwächten Ästen, frei liegenden Wurzeln oder Stümpfen der Waldkiefer *(Pinus sylvestris)* ab. Erwachsene Tiere fressen Kiefernnadeln, Larven morsches Holz.

Fotobelege: Brandenburg, sandiger Kiefernwald bei Streganz, 2. 9. 2011.

(3) *Buprestis octoguttata*

(1) *Buprestis octoguttata*

Neunfleckiger Prachtkäfer RL, §

Buprestis novemmaculata

L. 12–20 mm

Der seltene **Käfer (1–5)** hat ein ähnliches Zeichnungsmuster wie der Achtpunktige Kiefern-Prachtkäfer (S. 1308). Die Grundfarbe ist mattschwarz mit schwachem Metallglanz. Die hellen Flecken auf den Flügeldecken sind unregelmäßiger umgrenzt, manchmal miteinander verbunden oder teilweise auch aufgelöst. Wichtige Unterscheidungsmerkmale: Die Unterseite des Hinterleibes ist nur am Rand heller gefleckt **(4)** und der Kopfschild ist besonders bei den Männchen **(3–4)** hell gezeichnet. Bild **(5)** zeigt eine Paarung. Die Art lebt in sandigen Kiefernwäldern. Lebensweise und Lebensraum entsprechen denen des Achtpunktigen Kiefern-Prachtkäfers.

Fotobelege: Brandenburg, Kiefernwald bei Streganz, 17. 7. 2014 und 21. 7. 2020; Kiefernmischwald bei Wünsdorf, 7. 8. 2016.

(1) *Buprestis novemmaculata* ♀

(2) *Buprestis novemmaculata* ♀

(3) *Buprestis novemmaculata* ♂

(4) *Buprestis novemmaculata* ♂

(5) *Buprestis novemmaculata* Paarung

Zweipunktiger Eichen-Prachtkäfer

Agrilus biguttatus

L. 9-12 mm

Der **Käfer (1-2)** hat die typische, schlanke Form vieler Prachtkäfer. Er hat einen metallischen Glanz. Die Grundfarbe kann grün, blau oder (wie hier) goldbräunlich sein. Auf den Flügeldecken befinden sich neben der Mittelnaht zwei weiße, ovale, dicht benachbarte Flecken (biguttatus = zweifach betropft). Weitere Flecken sind am Rand zu sehen. Sie stammen vom seitlich überstehenden Hinterleib. Die Art lebt in Laubwäldern auf Eichen. Ihre Larven entwickeln sich in der Rinde abgestorbener Äste und Stämme.

(1) *Agrilus biguttatus*

(2) *Agrilus biguttatus*

Buchen-Prachtkäfer
Agrilus* cf. *viridis

L. 6–9 mm

Der **Käfer (1–2)** ist goldgrünlich gefärbt und hat einen starken Metallglanz. Die gesamte Oberfläche wirkt durch die grobe Punktierung rau. Kopf und Halsschild sind bisweilen mehr bronzefarben. Die Art lebt an Gebüschen und Laubbäumen. Ihre Larven entwickeln sich in geschädigten Ästen und Stämmen verschiedener Laubbäume. Wir finden sie an Waldrändern oder in Gärten und Grünanlagen. Die Gattung enthält mehrere ähnlich aussehende Arten. Für eine sichere Bestimmung wird Spezialliteratur benötigt.

(2) *Agrilus viridis*

(1) *Agrilus viridis*

(1) *Anthaxia nitidula* ♂

(2) *Anthaxia nitidula* ♀

Zierlicher Prachtkäfer, Glänzender Blüten-Prachtkäfer §

Anthaxia nitidula

L. 5-7 mm

Der **Käfer** (1-2) variiert in seinen Farben, ist aber vorwiegend goldgrünlich und besitzt einen metallischen Mattglanz. Bei den Männchen (1) ist der gesamte Körper etwa gleichfarbig. Das Bild zeigt ein Männchen zusammen mit einem Bibernellen-Blütenkäfer (S. 1328). Weibchen (2) unterscheiden sich deutlich durch weinrote Farben an Kopf und Halsschild, auf dem Bild in Gesellschaft mit der Federbeinigen Tanzfliege (S. 645). Der kleine Käfer hält sich gerne in Blüten verschiedener Kräuter und Holzgewächse (besonders Rosengewächse, *Rosaceae*) auf, da er deren Pollen frisst. Er gehört in Brandenburg zu den häufigeren Prachtkäfern. Die Larven entwickeln sich unter der Rinde von Obstbäumen, Weißdorn und Schlehe (Gattung *Prunus*).

Bunter Eschen-Prachtkäfer RL, §

Anthaxia podolica

L. 4,5-6,5 mm

Der **Käfer** (1) ähnelt dem Zierlichen Prachtkäfer (links), ist aber viel seltener. Das Männchen (siehe Foto) ist einfarbig grün bis blaugrün gefärbt. Die dunklen Fühler sind ab dem fünften Glied rötlich aufgehellt. Weibchen haben auf den Flügeldecken stellenweise kupferrötliche Farben. Der Halsschild besitzt zwei tiefe, seitliche Einbuchtungen. Erwachsene Tiere ernähren sich von Blütenpollen. Ihre Larven entwickeln sich unter der Rinde von Eschen *(Fraxinus)* oder Hartriegel *(Cornus)*.

(1) *Anthaxia podolica* ♂

Marien-Prachtkäfer,
Großer Kiefern-Prachtkäfer RL, §
Chalcophora mariana

L. 25-32 mm

Der **Käfer (1-4)** ist durch seine metallischen, silbergrauen Farben an Baumrinden gut getarnt. Die Oberflächen von Kopf, Halsschild und Flügeldecken sind skulpturiert und in den Vertiefungen reifartig beschuppt. Der Hinterleib ist oberseits metallisch-goldgrün **(3)**. Die flugfreudige Art lebt in sandigen Kiefernwäldern. Larven entwickeln sich in morschen Stämmen und Stümpfen der Waldkiefer *(Pinus sylvestris)*. In Brandenburg ist die Art noch recht verbreitet und erscheint regelmäßig.

Fotobelege: Brandenburg, Kiefernwald bei Wünsdorf nahe Zossen, **(1)** 6. 7. 2017, **(2)** 11. 6. 2017 und Streganz, auf Kiefernholz, **(3-4)** 10. 5. 2020.

(1) *Chalcophora mariana*

(2) *Chalcophora mariana*

(3) *Chalcophora mariana*

(4) *Chalcophora mariana* Paarung

Großer Weiden-Prachtkäfer RL, §

Scintillatrix dives *(Ovalisia dives)*

L. 10–15 mm

Der **Käfer (1–3)** schillert metallisch in den Farben Grün, Blaugrün und Goldgelb. Auf den Flügeldecken kommt noch der rötliche Randbereich hinzu und die gesamte Oberfläche ist außerdem mit schwarzblauen Punkten bedeckt. Der seltene Käfer hält sich in der Nähe

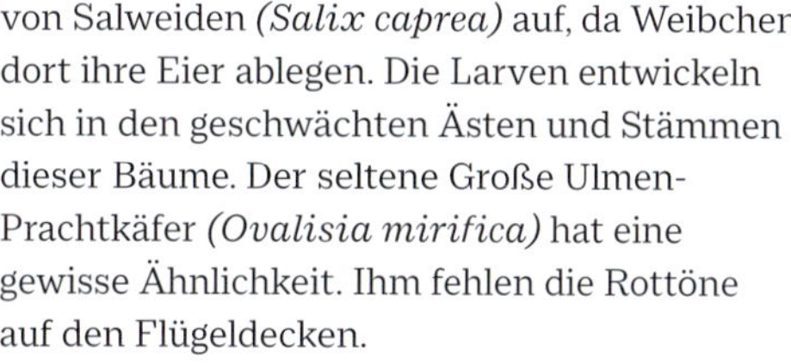

von Salweiden *(Salix caprea)* auf, da Weibchen dort ihre Eier ablegen. Die Larven entwickeln sich in den geschwächten Ästen und Stämmen dieser Bäume. Der seltene Große Ulmen-Prachtkäfer *(Ovalisia mirifica)* hat eine gewisse Ähnlichkeit. Ihm fehlen die Rottöne auf den Flügeldecken.

Fotobelege: Brandenburg, Mellensee, am Rande eines Fischteiches an junger Weide, 31. 7. 2016.

(1) *Scintillatrix dives*

(2) *Scintillatrix dives*

(3) *Scintillatrix dives*

Goldgruben-Prachtkäfer, Goldgruben Eichen-Prachtkäfer §

Chrysobothris affinis

L. 10–15 mm

Der **Käfer (1–3)** hat eine dunkel kupferbraune, metallische Grundfarbe. Auf jeder der längs gerippten Flügeldecken befinden sich zwei runde, hellere Grübchen. Ein drittes undeutlicheres Grübchen befindet sich im Schulterbereich. Weibchen **(1–2)** sind etwas breiter und größer als ihre männlichen Partner **(3)**. Der Hinterleib ist leuchtend grün gefärbt, erkennbar an der beim Weibchen oft etwas frei liegenden Hinterleibsspitze **(1)**. Auch die Fußglieder (Tarsen) sind metallisch grün gefärbt. Auf Bild **(2)** ist ein weibliches Tier bei der Eiablage zu sehen. Die Art bewohnt vorwiegend geschwächte oder frisch gefällte Eichen, an deren Rinde die Eier abgelegt werden. Wir sahen den in Brandenburg offensichtlich nicht seltenen Käfer auch an anderen Laubholzstämmen wie Birken oder Weiden.

(1) *Chrysobothris affinis* ♀

(2) *Chrysobothris affinis* ♀

(3) *Chrysobothris affinis* ♂

(1) *Phaenops cyanea* ♀

(2) *Phaenops cyanea*

Blauer Kiefernprachtkäfer

Phaenops cyanea

L. 7-12 mm

Der dunkle **Käfer (1-2)** ist einfarbig schwarz, meist aber mit blauem oder grünlichem Schein. Die Oberflächen von Kopf, Halsschild und Flügeldecken sind matt und fein punktiert. Die Art bewohnt vorwiegend geschwächte Kiefern *(Pinus sylvestris)*, an deren Rinde die Eier abgelegt werden. Bild **(1)** zeigt ein Weibchen mit ausgefahrener Legeröhre. Die bis zu 20 mm langen Larven entwickeln sich unter der Rinde und bilden Fraßgänge, die den Baum stark schädigen können.

Feuerkäfer (Fam. *Pyrochroidae*)

(2) *Pyrochroa coccinea* ♀

Scharlachroter Feuerkäfer
Pyrochroa coccinea

L. 14–18 mm

Der **Käfer (1–3)** fällt durch leuchtend rote Flügeldecken und Halsschild auf. Alle anderen Körperteile sind tiefschwarz. Weibchen **(1–2)** besitzen an den Gliedern der Fühler je einen dreieckigen Zahn. Beim Männchen **(3)** ist dieser Zahn dünner und länger. Die Fühler sind daher eher kammartig ausgebildet. Die Art ist an Waldrändern und Lichtungen oder bewachsenen Feldrändern zu finden. Erwachsene Tiere ernähren sich von Pollen, Honigtau und Pflanzensäften. Larven leben in Bodennähe unter Baumrinden und ernähren sich räuberisch von anderen Insekten und deren Larven. Beim ähnlichen Rotköpfigen Feuerkäfer *(P. serraticornis)* ist auch der Kopf rot gefärbt. Er ist etwas kleiner und seltener.

(3) *Pyrochroa coccinea* ♂

(1) *Pyrochroa coccinea* ♀

Kleiner Feuerkäfer

Schizotus pectinicornis

L. 8–10 mm

Der **Käfer (1–3)** ähnelt dem Scharlachroten Feuerkäfer (S. 1318), ist aber deutlich kleiner. Seine orangeroten oder rotbraunen Flügeldecken sind seitlich in Längsrichtung eingebuchtet und goldgelb behaart. Auf Mitte des Halsschildes sitzt ein schwarzer Fleck. Beim Männchen **(3)** sind die Fühler besonders deutlich gekämmt. Beim Weibchen **(1–2)** sind sie mit kurzen Zähnchen besetzt (gesägt). Ernährung und Lebensweise entsprechen denen des Scharlachroten Feuerkäfers.

(1) *Schizotus pectinicornis* ♀

(2) *Schizotus pectinicornis* ♀

(3) *Schizotus pectinicornis* ♂

Rotdeckenkäfer (Fam. *Lycidae*)

Scharlachroter Netzkäfer
Dictyoptera aurora

L. 8–13 mm

Der **Käfer (1–2)** besitzt auf seinen ziegelroten Flügeldecken dünne, reliefartig vorstehende Längsleisten, die durch feine Queradern verbunden sind. Der gleichfarbige Halsschild ist in der Mitte einschließlich des Schildchens schwarz und hat eine grobe, grubige Oberfläche. Der übrige Körper, Beine und Fühler sind schwarz. Der Kopf ist in Normalstellung unter dem Halsschild verborgen. Die Käfer besuchen diverse Blüten zur Aufnahme von Pollen und Nektar. Larven leben in morschem Holz und erbeuten kleinere Insekten und deren Larven.

(1) *Dictyoptera aurora*

(2) *Dictyoptera aurora*

Rüssel-Rotdeckenkäfer
Lygistopterus sanguineus

L. 8–12 mm

Der **Käfer (1–2)** ist auf seinen ziegelroten oder braunroten Flügeldecken fein längs gerieft. Die Oberfläche ist matt. Vom schwarzen Kopf zieht sich ein schwarzes Mittelband bis zum Schildchen. Der Kopf ist rüsselartig verlängert, was dem Käfer seinen Namen gab. Man findet die häufige Art auf Blüten diverser Kräuter beim Fressen von Pollen oder an Laubholzstämmen. Die Larven entwickeln sich in morschem Laubholz und fressen kleine Insekten und deren Larven. Eine gewisse Ähnlichkeit haben einige Feuerkäfer der Gattung *Pyrochroa*, deren Flügeldecken aber glatt sind.

(1) *Lygistopterus sanguineus*

(2) *Lygistopterus sanguineus*

Pilzkäfer (Fam. *Erotylidae*)

(1) *Triplax russica*

Russischer Faulholzkäfer
Triplax russica

L. 5-7 mm

Der **Käfer (1-3)** erinnert in seiner Form an einen der vielen Blattkäfer. Die Flügeldecken sind glänzend schwarz. Sie sind mit einigen feinen Punktreihen versehen. Die übrigen Körperteile sind bis auf die dunklen Fühler orange gefärbt. Die Art ernährt sich von Pilzen. Auf den Fotos sieht man sie am Fruchtkörper eines Zottigen Schillerporlings *(Inonotus hispidus)* fressen. Der relativ weichfleischige Pilz wuchs an einer Rosskastanie, die er allmählich durch eine Weißfäule zum Absterben bringt. Als Nahrung werden vom Käfer auch Schimmelpilze angenommen, die sich unter der Baumrinde entwickeln. Die Larven ernähren sich ebenfalls von Pilzen.

(2) *Triplax russica*

(3) *Triplax russica*

Rotfleckiger Faulholzkäfer
Tritoma bipustulata

L. 3,5-4 mm

Der **Käfer (1)** hat eine glänzend schwarze Grundfarbe. Auf jedem der mit feinen Punktstreifen versehenen Deckflügel befindet sich im vorderen Bereich ein großer roter Fleck. Die bräunlichen Fühler sind an den vorderen drei Gliedern keulenförmig erweitert. Die Art hält sich auf morschen, von Pilzen besiedelten Laubholzstämmen auf. Käfer und Larven ernähren sich vom Pilzfleisch. Im Foto ist ein Käfer auf der Striegeligen Tramete *(Trametes hirsuta)* zu sehen. Form und Farbgebung des Rotfleckigen Faulholzkäfers erinnern an einen Marienkäfer.

(1) *Tritoma bipustulata*

Wollkäfer (Fam. *Lagriidae*)

(1) *Lagria hirta* ♂

Gemeiner Wollkäfer

Lagria hirta

L. 7-11 mm

Der schwarze **Käfer (1-3)** besitzt braune Flügeldecken mit einer wolligen, goldgelben Behaarung. Der kleine Kopf trägt verhältnismäßig große Augen, welche die Fühlerbasis etwa zur Hälfte umschließen. Männchen **(1-2)** sind schlanker als Weibchen **(3)** und haben etwas längere Fühler. Die häufige Art ist an krautigen Wald- und Feldrändern zu finden. Käfer ernähren sich von frischen Blättern verschiedener Pflanzenfamilien. Larven leben am Boden und fressen verrottende Pflanzenteile. Der seltenere Wollkäfer *Lagria atripes* ist äußerlich kaum unterscheidbar. Er ist in Südeuropa verbreitet, in Deutschland und Österreich bisher nur stellenweise nachgewiesen.

(3) *Lagria hirta* ♀

(2) *Lagria hirta* ♂

Pflanzenkäfer (Fam. *Alleculidae*)

(1) *Cteniopus flavus*

Schwefelkäfer

Cteniopus flavus
(Cteniopus sulphureus)

L. 7-9,5 mm

Der **Käfer (1-3)** ist meistens an Kopf, Halsschild und Flügeldecken gelb gefärbt. Augen, Fühler und Fußglieder sind dunkler. Die Flügeldecken besitzen feine, kaum auffallende Längslinien und gelbliche Haare. Die Farben können auch variieren. Die häufige Art hält sich oft auf Blüten verschiedener Kräuter auf, da sie sich von deren Pollen ernährt. Oft findet man sie in Gruppen auf Doldenblütlern. Larven leben im Erdboden und ernähren sich von Pflanzenwurzeln.

(2) *Cteniopus flavus*

(3) *Cteniopus flavus*

Langhörniger Pflanzenkäfer, Veränderlicher Pflanzenkäfer
Gonodera luperus

L. 7-9 mm

Der **Käfer (1-2)** ist an Kopf, Halsschild und Flügeldecken meistens schwarz gefärbt und besitzt einen starken Glanz. Die Beine sind rotbraun, was manchmal auch auf die Fühler zutrifft. Die Farben können sehr variieren. So kommen auch rot- oder gelbbraune Varianten vor. Die Art ist häufig auf Blüten von Kräutern und Sträuchern zu finden, da sie sich von Pollen und Nektar ernährt. Larven entwickeln sich in morschem, mit Pilzen durchsetztem Holz. Sie fressen die Myzelfäden des Pilzes. Pflanzenkäfer der Gattung *Allecula* können sehr ähnlich aussehen.

(1) *Gonodera luperus*

(2) *Gonodera luperus*

(1) *Pseudocistela ceramboides*

(2) *Pseudocistela ceramboides*

Sägehörniger Pflanzenkäfer RL
Pseudocistela ceramboides

L. 10-12 mm

Der **Käfer (1-2)** hat braune, kurz behaarte Flügeldecken. Alle anderen Körperteile, Beine und Fühler sind meistens schwarz. Der Halsschild kann gelegentlich auch braun gefärbt sein. Die Fühler sind deutlich »gesägt«, also sägeartig ausgezackt. Beim Männchen erreichen sie fast Körperlänge. Daher sind die abgebildeten Tiere offensichtlich Weibchen. Die Art lebt in Laubwäldern mit älteren Eichenbeständen, wo wir sie auch fanden. Erwachsene Käfer ernähren sich von Pollen und Honigtau, sind aber tagsüber kaum unterwegs. Larven entwickeln sich im Mulm von Eichen, selten anderer Laubbäume.

Fotobelege: Brandenburg, Dubrow bei Gräbendorf, an Eiche, 21. 6. 2015 und 3. 7. 2015.

Speckkäfer, Pelzkäfer (Fam. *Dermestidae*)

Speckkäfer
Dermestes laniarius

L. 6,5–8 mm

Der **Käfer (1–2)** ist auf schwarzer Grundfarbe oberseits mit schütter verteilten, grauweißen Haaren bedeckt. Unterseits ist er sehr auffällig dicht weißlich behaart **(2)**. Die vorderen drei Glieder der braunen Fühler sind keulenförmig erweitert. Die Art bewohnt sandige Biotope. Sie ernährt sich von verrottenden Pflanzenteilen und Aas. Larven sind typisch borstig behaart. Sie entwickeln sich in tierischen Abfällen. Die Art hat keinen Volksnamen. Der Artname (*laniarius* = Fleischer) dürfte sich auf die Ernährung des Käfers von tierischen Abfällen beziehen.

(1) *Dermestes laniarius*

(2) *Dermestes laniarius*

Gemeiner Speckkäfer

Dermestes lardarius

L. 7-9,5 mm

Der schwarzbraune **Käfer (1)** ist durch seine breite, hellgraue bis hellbräunliche Haarbinde in der vorderen Hälfte der Flügeldecken gut gekennzeichnet. Der dunkle Halsschild ist durch helle, kleinere Haarflecken gescheckt. In der Natur ist die Art im Mulm von Laubbäumen, in Vogelnestern oder Bienenstöcken zu finden. Sie dringt auch häufig in menschliche Behausungen, Vorratslager oder selbst zoologische Sammlungen ein, wo Käfer und Larven Fraßschäden verursachen.

(1) *Dermestes lardarius*

Bibernellen-Blütenkäfer
Anthrenus pimpinellae

L. 3–4,5 mm

Der **Käfer (1)** ist an seiner Oberfläche mit winzigen, schwarzen, weißen und rotbraunen Schuppen bedeckt. Auf den Flügeldecken befindet sich eine unregelmäßig ausgerandete, weiße Querbinde. Der Käfer ernährt sich von Pollen und Nektar. Entsprechend ist er häufig auf Blüten diverser Kräuter zu sehen. Weibchen deponieren ihre Eier bevorzugt in Vogelnestern. Die Larven fressen Federn und Haare.

Teppichkäfer, Braunwurz-Blütenkäfer
Anthrenus scrophulariae

L. 3–4,5 mm

Der **Käfer (1–2)** ist ähnlich bunt wie *Anthrenus pimpinellae* (links). Auf den Flügeldecken sind jedoch zwei bis drei meist unvollständige, weiße Querbänder zu sehen und die Längsnaht säumt ein gelbes oder rotes Band. Erwachsene Tiere besuchen Blüten zur Aufnahme von Pollen und Nektar. Larven ernähren sich von tierischen Abfällen in Vogelnestern. Da sie auch Textilien und Wolle fressen, können sie in menschlichen Wohnungen Fraßschäden verursachen.

(1) *Anthrenus pimpinellae*

(1) *Anthrenus scrophulariae*

(2) *Anthrenus scrophulariae*

Museumskäfer, Wollkraut-Blütenkäfer
Anthrenus verbasci

L. 2–3,5 mm

Der **Käfer (1–3)** ist mit hellbraunen und weißlichen Schuppen bedeckt. Auf den Flügeldecken zeichnen sich bis zu drei helle, oft unvollständige Querbänder ab. Die Unterseite ist ebenfalls hell beschuppt. Ernährung und Lebensweise entsprechen denen anderer *Anthrenus*-Arten. Larven können in wissenschaftlichen Pilz- und Insektensammlungen erhebliche Schäden anrichten. Exponate werden deshalb vor dem Einsortieren tiefgekühlt.

(1) *Anthrenus verbasci*

(2) *Anthrenus verbasci*

(3) *Anthrenus verbasci*

Berlinkäfer

Trogoderma angustum

L. 2,5-4 mm

Der **Käfer (1-2)** hat eine braune Grundfarbe. Er kann aber auch schwarz sein. Kopf, Halsschild und Flügeldecken sind hellgrau behaart. Die Flügeldecken sind stellenweise kahl, wodurch sich ein typisches Muster ergibt. Die kurzen Fühler sind an der Spitze keulenförmig erweitert. Die nach Deutschland eingeschleppte Art ist ein Vorratsschädling, der auch in wissenschaftlichen Insektensammlungen und Herbarien für Fraßschäden verantwortlich ist. In Berlin und Hamburg ist der aus Südamerika stammende Käfer zuerst entdeckt worden. Inzwischen hat er sich weiter verbreitet, tritt aber nicht im Freiland auf.

(1) *Trogoderma angustum*

(2) *Trogoderma angustum*

Stachelkäfer (Fam. *Mordellidae*)

Schwarzer Stachelkäfer, Ungefleckter Stachelkäfer RL
Mordella aculeata

L. 6,5–8 mm

Der **Käfer (1–2)** ist mehr oder weniger einfarbig schwarz. Auf den nach hinten verschmälerten Flügeldecken ist manchmal ein angedeuteter, heller Querschleier zu sehen. Das Ende des Hinterleibes (Pygidium) ist zugespitzt und lang stachelartig ausgebildet. Die Basis des »Stachels« ist schmal hell gerandet. Die relativ häufige Art besucht oft gruppenweise Doldenblütler, von deren Pollen sie sich ernährt. Die Larven leben in morschem, von Pilzen durchsetztem Holz.

(1) *Mordella aculeata*

(2) *Mordella aculeata*

Gebänderter Stachelkäfer

Variimorda villosa

L. 6–8,5 mm

Der **Käfer (1–2)** ähnelt dem Schwarzen Stachelkäfer (S. 1332). Auf seinen Flügeldecken befinden sich meist zwei helle Querbinden. Seltener ist es nur eine. Die Basis des stachelartig verlängerten Hinterleibes ist breit hell gerandet. An der Unterseite zeigt sich eine silbrig glänzende Behaarung. Bei einer Störung zieht der Käfer sofort den Kopf ein **(2)**. Er ernährt sich offensichtlich von Pollen und wohl auch Blütennektar. Wir fanden die relativ häufige Art regelmäßig auf größeren Doldenblütlern. Die Larven entwickeln sich in morschem Holz von Pappeln *(Populus)* und Weiden *(Salix)*.

(1) *Variimorda villosa*

(2) *Variimorda villosa*

Stäublingskäfer (Fam. *Endomychidae*)

Scharlachroter Stäublingskäfer
Endomychus coccineus

L. 4–6 mm

Der glänzend rote **Käfer (1–2)** ist durch insgesamt vier große, schwarze Flecken auf seinen Flügeldecken gekennzeichnet. Schwarz sind außerdem Beine und Fühler, der Kopf und die Mitte des roten Halsschildes. Die Art erinnert an einen Marienkäfer, mit denen sie auch verwandt ist. Käfer und Larven ernähren sich vom Myzel holzbewohnender Pilze, sind aber nicht auf bestimmte Arten spezialisiert. Die Larven sehen denen der Marienkäfer ähnlich. Man findet sie auf der Rinde verpilzter Äste und Stämme. Die Abbildungen zeigen typisch gefärbte Exemplare. Gelegentlich können die schwarzen Flecken reduziert sein oder ganz fehlen.

(1) *Endomychus coccineus*

(2) *Endomychus coccineus*

Zipfelkäfer (Fam. *Malachiidae*)

Zweifleckiger Zipfelkäfer

Malachius bipustulatus

L. 5,5-7 mm

Der schlanke **Käfer (1-4)** ist an der Oberseite metallisch dunkelgrün bis goldgrün gefärbt. Namengebend sind die roten Flecken an den Spitzen der Flügeldecken beider Geschlechter. Durch die Behaarung wirkt die Oberfläche rau.

Männchen **(1-2)** besitzen an einigen Fühlergliedern hellere Auswüchse, die den Weibchen **(3-4)** fehlen. Der durch Nahrung oder Eier aufgeblähte Hinterleib der Weibchen ist seitlich auffallend hellrot gefärbt **(3)**. Erwachsene Tiere ernähren sich von Blütenpollen verschiedener Kräuter, fressen aber auch Blattläuse **(4)**. Larven entwickeln sich in morschem Holz und ernähren sich räuberisch von kleinen Insekten.

(1) *Malachius bipustulatus* ♂

(2) *Malachius bipustulatus* ♂

(3) *Malachius bipustulatus* ♀

(4) *Malachius bipustulatus* ♀

Kahnkäfer (Fam. *Scaphidiidae*)

Vierfleck-Kahnkäfer
Scaphidium quadrimaculatum

L. 4,5–6 mm

Der **Käfer (1–2)** ist glänzend schwarz. Seine vorne und hinten zugespitzte Form erinnert an ein Boot (Kahn). Auf den Flügeldecken befinden sich je zwei rote oder orangefarbene Flecken. Bei genauer Betrachtung fallen an Halsschildhinterrand und Basis der Flügeldecken je eine geschwungene, quer liegende Punktreihe auf. Die nicht seltene Art lebt an mit Pilzen befallenen Laub- und Nadelbäumen. Käfer und Larven ernähren sich von holzbewohnenden oder am Erdboden wachsenden Pilzen und vermutlich auch deren Myzel. Eine gewisse Ähnlichkeit kann der Gelbbindige Schwarzkäfer (S. 1221) haben, der vor allem auf Baumpilzen zu finden ist.

(1) *Scaphidium quadrimaculatum*

(2) *Scaphidium quadrimaculatum*

Blütenfresser (Fam. *Byturidae*)

(1) *Byturus ochraceus*

Blütenfresser

Byturus ochraceus

(Byturus fumatus)

L. 4–4,5 mm

Der kleine **Käfer (1–3)** ist einfarbig rotbraun gefärbt und oberseits seidig behaart. Seine dunklen Augen sind relativ groß, was ihn vom ähnlichen Himbeerkäfer *(B. tomentosus)* unterscheidet. Die häufige Art besucht oft in größeren Gruppen gelb blühende Kräuter, von deren Pollen und Blütenblättern sie sich ernährt. Bevorzugt werden Löwenzahn *(Taraxacum)* und Hahnenfuß-Arten *(Ranunculus)* angeflogen. Dabei ist der Käfer für die Bestäubung der Kräuter sehr hilfreich.

(2) *Byturus ochraceus*

(3) *Byturus ochraceus*

Holzbohrkäfer (Fam. *Bostrichidae*)

Karminroter Kapuzinerkäfer
Bostrichus capucinus

L. 8–13 mm

Der **Käfer (1–3)** hat einen fast zylindrischen Umriss. Kopf, Fühler, Beine und Halsschild sind schwarz gefärbt und struppig behaart. Die karminroten Flügeldecken sind grob, unregelmäßig punktiert. Namengebend ist der hochgewölbte Halsschild, der den kleinen Kopf etwas kapuzenartig überragt. In der Seitenansicht **(2–3)** sind die orangefarbenen, hinteren Segmente des Hinterleibes zu sehen. Die Art hält sich gerne an liegenden, morschen Baumstämmen auf, an denen sie nagt. Weibchen legen ihre Eier an nicht zu altem Totholz ab, in dem sich auch die Larven entwickeln. Eine ähnliche Form haben die zur selben Familie gehörenden, seltenen Kapuzenkäfer der Gattung *Lichenophanes*. Ihre Flügeldecken sind schwarzbraun.

(1) *Bostrichus capucinus*

(2) *Bostrichus capucinus*

(3) *Bostrichus capucinus*

Kurzflügler (Fam. *Staphylinidae*)

Kaiserlicher Kurzflügler

Staphylinus caesareus

L. 17-20 mm

Der **Käfer (1-2)** besitzt rotbraune oder gelbrote Flügeldecken, Beine und Fühler. Das kleine Schildchen am Vorderrand der Flügeldecken ist schwarz behaart. Kopf, Halsschild und Hinterleib sind ebenfalls schwarz, stellenweise auch goldgelb behaart. Die goldgelben Seitenflecken des Hinterleibes sind bei den gezeigten Fotos noch durch die Hautflügel verdeckt, die nach einiger Zeit vollständig unter den Deckflügeln verschwinden. Dafür wenden die Kurzflügler eine spezielle Falttechnik an, die etwas mehr Zeit in Anspruch nimmt als bei anderen Käfergruppen. Die Art ernährt sich räuberisch von anderen Insekten und Schnecken.

(1) *Staphylinus caesareus*

(2) *Staphylinus caesareus*

Kurzflügler
Staphylinus erythropterus

L. 14–18 mm

Der **Käfer (1–2)** kann leicht mit dem Kaiserlichen Kurzflügler (S. 1340) verwechselt werden. Sein Schildchen zwischen den rotbraunen Deckflügeln ist aber nicht schwarz, sondern goldgelb behaart. Die Fühler sind bis auf das rötliche Basisglied meistens dunkler gefärbt. Die Verteilung der goldgelben Haarflecken an den Seiten des schwarzen Hinterleibes beschränkt sich auf die hinteren zwei bis drei Segmente. Käfer und Larven ernähren sich räuberisch von kleineren Insekten und anderen Kleintieren. Es existieren noch weitere ähnliche Arten.

(1) *Staphylinus erythropterus*

(2) *Staphylinus erythropterus*

(1) *Emus hirtus*

Behaarter Kurzflügler RL
Emus hirtus

L. 18–28 mm

Der seltene **Käfer (1–2)** ist fast überall pelzig behaart. Teile des Kopfes, Halsschild und die letzten drei Segmente des Hinterleibes sind leuchtend goldgelb, der Rest ist bis auf die partiell grauhaarigen Flügeldecken schwarz. Bei flüchtigem Hinsehen könnte der Käfer wegen der Farbkombination für eine Hummel gehalten werden. Die Art hält sich gerne in der Nähe von Tierexkrementen auf, besonders von Pferden und Kühen. Man findet sie daher auf Viehweiden oder Komposthaufen auf der Jagd nach Insekten und deren Larven.

Fotobelege: Brandenburg, nahe Glashütte/ Baruth, an Komposthaufen von Pferdemist, 26. 4. 2014.

(2) *Emus hirtus*

Braunfüßiger Kurzflügler

Ocypus brunnipes

L. 12–15 mm

Der **Käfer (1–3)** ist am Körper schwarz gefärbt. Beine und Teile der Fühler und Mundwerkzeuge sind rotbraun, woran diese Art gut erkennbar ist. Der abgerundete Kopf ist nicht breiter als der Halsschild. Es gibt eine Reihe ähnlicher Arten, deren Beine aber schwarz sind. Die Art ist offensichtlich nicht selten und überall in der Natur zu finden. Sie ernährt sich räuberisch von kleineren Insekten.

(1) *Ocypus brunnipes*

(2) *Ocypus brunnipes*

(3) *Ocypus brunnipes*

Kurzflügler

Ocypus ophthalmicus

L. 15-22 mm

Der **Käfer (1-2)** ist an allen Körperteilen schwarz. Bei entsprechendem Lichteinfall kann ein Blauschimmer auftreten (Bild 2). Im Gegensatz zum Braunfüßigen Kurzflügler (S. 1343) ist hier der Kopf etwas breiter als der Halsschild und eckig. Die schwarzen Fußglieder sind unterseits rotbräunlich behaart. Die Art hält sich in Laub- und Nadelwäldern, aber auch in Gärten auf und jagt dort nach kleineren Insekten, Würmern und Schnecken. Sehr ähnlich ist der Kurzflügler *O. melanarius*, dessen Fußglieder nicht schwarz, sondern rötlich gefärbt sind.

(1) *Ocypus ophthalmicus*

(2) *Ocypus ophthalmicus*

Schwarzer Moderkäfer

Ocypus olens

L. 20–32 mm

Der **Käfer (1–2)** ist der größte Kurzflügler in Mitteleuropa. Er ist in allen Teilen schwarz gefärbt und hat einen seidigen Glanz. Er ist ein flinker Läufer, besitzt aber auch voll ausgebildete Flügel. Bei einer Störung stellt er, wie fast alle Kurzflügler, den Hinterleib drohend auf und öffnet gleichzeitig seine Kieferzangen **(2)**. In Gefahr wird ein übel riechendes, ätzendes Sekret aus einer Drüse am Hinterleib abgesondert. Käfer und Larven ernähren sich räuberisch von Insekten, Schnecken und Würmern. Die Gattung enthält einige etwas kleinere Doppelgänger.

(1) *Ocypus olens*

(2) *Ocypus olens*

Mausgrauer Raubkäfer

Ontholestes murinus

L. 11-14 mm

Der **Käfer (1-4)** ist an Kopf, Halsschild und Flügeldecken glänzend goldgelb behaart und durch dunklere Stellen gescheckt. Der schwarze Hinterleib ist mit weißen Flecken besetzt.

Die Art gehört zu den an Mist und Kot vorkommenden (coprophilen) Käfern, die sich am Kot größerer Säuger, z. B. von Pferden oder Rindern, aufhalten. Dort jagen sie kleinere Insekten und deren Larven. Auch auf Komposthaufen **(2)** ist der Käfer zu finden. Bild **(3)** zeigt ihn auf frischem Pferdekot. Sehr ähnlich ist der Raubkäfer *O. haroldi*, eine seltene, südeuropäische, nicht coprophile Art.

(2) *Ontholestes murinus*

(3) *Ontholestes murinus*

(1) *Ontholestes murinus*

(4) *Ontholestes murinus*

(1) *Oxyporus rufus*

(2) *Oxyporus rufus*

Roter Bunt-Kurzflügler,
Roter Bunträuber
Oxyporus rufus

L. 7-12 mm

Der **Käfer** (1-2) ist auffällig rotorange und schwarz gefärbt. Auf den Flügeldecken befindet sich je ein großer, gelborangener Schulterfleck. Die Art ist gelegentlich an der Unterseite größerer Lamellenpilze zu finden, von deren Pilzfleisch sie sich ernährt. Wir fanden den Käfer besonders am Voreilenden Ackerling *(Agrocybe praecox)*. Oft werden vor allem die Lamellen aufgefressen. Auch die Larven entwickeln sich in Pilzen.

Ufer-Moderkäfer,
Bunter Ufer-Kurzflügler
Paederus riparius

L. 5,5–8 mm

Der **Käfer (1–3)** hat eine rot-schwarze Farbkombination, die der des Roten Bunt-Kurzflüglers (S. 1348) ähnelt. Er ist aber viel graziler, die Flügeldecken sind einfarbig schwarz und der Kopf hat eine rundliche Form. Seine Lebensräume sind Feuchtbiotope, in denen er an wassernahen Pflanzen nach kleinen Insekten jagt. Die Fotos zeigen ihn am Drüsigen Springkraut *(Impatiens glandulifera)*. Die Gattung *Paederus* beinhaltet weitere, sehr ähnliche Arten, z. B. den Ufer-Kurzflügler *(P. littoralis)*.

(1) *Paederus riparius*

(2) *Paederus riparius*

(3) *Paederus riparius*

(1) *Philonthus decorus*

(2) *Philonthus decorus*

Kurzflügler

Philonthus decorus

L. 11-14 mm

Der **Käfer (1-2)** ist bis auf seine dunkel bronzefarbenen Flügeldecken nahezu schwarz. Kopf und Halsschild haben eine glänzende Oberfläche, Flügeldecken und Hinterleib sind dagegen matt. Auf dem Halsschild befinden sich reihig angeordnete, entfernt stehende Punkteindrücke, die aber nur bei günstiger Beleuchtung zu sehen sind. Ihre Anzahl ist auf beiden Seiten direkt neben der Mittellinie jeweils drei **(1)**. Die Art bewohnt Wälder und Waldränder feuchterer Biotope wie z. B. Auwälder. Sie lebt vorwiegend räuberisch. Es existieren mehrere ähnliche Arten, die deutlich kleiner sind.

Kurzflügler

Philonthus laminatus

L. 8–10 mm

Der **Käfer (1)** ist vollkommen schwarz, gelegentlich mit blauem oder grünlichem Schimmer. Der Körper ist schütter mit schwarzen Borsten besetzt. Eine anliegende Behaarung findet sich außerdem auf Flügeldecken und Hinterleib. Kopf und Halsschild glänzen, doch der Halsschild ist nicht punktiert (vgl. *P. decorus*, S. 1350). Die Art ernährt sich vermutlich räuberisch, frisst aber auch faulende Pflanzenreste und Pilze. Die Gattung *Philonthus* enthält etliche ähnlich aussehende Arten.

(1) *Philonthus laminatus*

Kurzflügler
Platydracus stercorarius

L. 12–20 mm

Der seltene **Käfer (1–2)** hat ein ähnliches Aussehen wie einige Arten der Gattung *Staphylinus*, besonders *S. erythropterus* (S. 1341). Kopf und Halsschild sind so breit wie die Flügeldecken und grober punktiert. Weitere Unterschiede liegen in Farbe und Anordnung der hellen Haarflecken auf dem Hinterleib. Die Art ernährt sich räuberisch von Insekten. Fliegenlarven werden bevorzugt gejagt, weshalb der Käfer oft an Kot von Pflanzenfressern und Misthaufen anzutreffen ist (*stercorarius* = im Mist). Die Schwesterart *P. chalcoephalus* ist sehr ähnlich. Bei ihr ist das dritte Fühlerglied deutlich länger als das zweite und die Schenkel sind normalerweise nicht gelbrot, sondern schwarz gefärbt.

Fotobelege: Brandenburg, Auwald bei Glashütte/Baruth, 11. 7. 2015.

(1) *Platydracus stercorarius*

(2) *Platydracus stercorarius*

(1) *Velleius dilatatus*

(2) *Velleius dilatatus*

(3) *Velleius dilatatus*

Hornissenkäfer RL

Velleius dilatatus

L. 16–25 mm

Der große **Käfer (1–3)** ist in allen Teilen schwarz gefärbt. Kopf und Halsschild haben eine glatte, glänzende Oberfläche. Bei entsprechendem Licht leuchten sie etwas rötlich. Flügeldecken und Hinterleib sind durch eine anliegende, silbrige Behaarung matt. Die Art hält sich stets in der Nähe von Hornissennestern auf, da sie sich von den dort anfallenden Abfällen wie Futterresten, toten Hornissen oder Fliegenlarven ernährt. Wir fanden die interessante Art am Saftfluss einer alten Eiche.

Fotobelege: Brandenburg, Dubrow bei Gräbendorf, 6. 7. 2015.

Schnellkäfer (Fam. *Elateridae*)

Mausgrauer Sand-Schnellkäfer
Agrypnus murinus

L. 13–18 mm

Der **Käfer (1–3)** ist auf dunklem Untergrund fein hellgrau beschuppt. Die Beschuppung ist ungleichmäßig wolkig, weshalb die Oberfläche scheckig wirkt. Die hinteren Ecken des Halsschildes sind spitz ausgezogen. Wenn der Käfer vor dem Abflug die Flügel öffnet, ist der hellrot gefärbte Hinterleib sehr auffällig **(3)**. Die Art ist auf Wiesen oder an Wald- und Wegrändern relativ häufig zu finden. Sie ernährt sich vegetarisch von Blättern verschiedener Kräuter, Büsche und Bäume. Die Larven leben im Boden und fressen Pflanzenwurzeln. Alle Schnellkäfer besitzen zwischen Vorder- und Hinterleib ein spezielles Gelenk, welches eine ruckartige Bewegung ermöglicht. Damit können sie sich blitzschnell aus einer Rückenlage befreien.

(1) *Agrypnus murinus*

(2) *Agrypnus murinus*

(3) *Agrypnus murinus*

Blutroter Schnellkäfer

Ampedus sanguineus

(Elater sanguineus)

L. 12–17 mm

Der **Käfer (1–2)** ist schwarz gefärbt und besitzt einfarbig rote Flügeldecken. Nur die äußerste Spitze ist kaum auffallend punktförmig geschwarzt. In Längsrichtung befinden sich feine Punktstreifen. Die beiden Hinterecken des punktierten Halsschildes sind stachelartig verlängert. Erwachsene Tiere ernähren sich pflanzlich. Bevorzugt findet man sie auf größeren Doldenblütlern. Die Larven **(3)**, auch »Drahtwürmer« genannt, entwickeln sich in morschem Laub- oder Nadelholz. In späteren Stadien ernähren sie sich räuberisch.

(1) *Ampedus sanguineus*

(2) *Ampedus sanguineus*

(3) *Ampedus sanguineus* Larven

Schnellkäfer

Ampedus sanguinolentus

L. 9–12 mm

Der **Käfer (1–2)** ähnelt dem Blutroten Schnellkäfer (S. 1355) und wird manchmal auch »Blutroter Schnellkäfer« genannt. Er ist etwas kleiner und durch einen länglich-ovalen, schwarzen Fleck auf Mitte seiner roten Flügeldecken gekennzeichnet. Sein Lebensraum sind krautreiche Waldränder und Lichtungen. Die Larven entwickeln sich in mit Weißfäulepilzen besiedeltem Laubholz, besonders Eiche. Sie ernähren sich räuberisch von kleineren Insekten, wie auch die Käfer.

(1) *Ampedus sanguinolentus*

(2) *Ampedus sanguinolentus*

Gegürtelter Schnellkäfer RL

Ampedus balteatus

L. 8–10 mm

Der **Käfer (1–2)** ist von ähnlichen Schnellkäfern gut zu unterscheiden, da das untere Drittel der Flügeldecken geschwärzt ist. Die Beine sind heller als bei den zuvor beschriebenen Arten. An der Spitze der Deckflügel hat sich beim abgebildeten Tier eine Milbe festgesetzt. Die Art ist besonders in Kiefernwäldern zu Hause. Der Käfer ernährt sich räuberisch von Insekten und anderen Kleintieren. Larven entwickeln sich in morschem Kiefernholz, von dem sie sich anfangs ernähren.

(1) *Ampedus balteatus*

(2) *Ampedus balteatus*

(2) *Athous haemorrhoidalis*

Gewöhnlicher Schnellkäfer,
Rotbauchiger Laub-Schnellkäfer
Athous haemorrhoidalis

L. 10–15 mm

Der **Käfer (1–2)** ist schlank gebaut. Seine Oberfläche ist auf braunem Untergrund mit hellen, anliegenden Haaren bedeckt. Dabei sind die Haare des Halsschildes nach vorne und die der Flügeldecken nach hinten gerichtet. Beine und Fühler sind hellbraun, seltener fast schwarz. Der Halsschild ist deutlich länger als breit und wie bei allen Schnellkäfern an den hinteren Ecken spitz ausgezogen. Die braunen Flügeldecken zeigen manchmal einen rötlichen Anflug. Oft ist die Bauchseite des Hinterleibes rotorange gefärbt, worauf sich einer der Volksnamen bezieht. Beim abgebildeten Exemplar ist das nicht der Fall. Die Art ist häufig an bewachsenen Wald- und Feldrändern zu finden. Sie ernährt sich vegetarisch. Larven leben im Erdboden und fressen an Pflanzenwurzeln.

(1) *Athous haemorrhoidalis*

Wald-Humus-Schnellkäfer
Ectinus aterrimus

L. 9-14 mm

Der **Käfer (1-2)** hat eine ähnlich schlanke Form wie der Gewöhnliche Schnellkäfer (S. 1358). Der vollkommen schwarze Körper ist stellenweise bräunlich behaart. Die Halsschildecken sind sehr ausgeprägt und weisen etwas nach außen. Bild **(2)** zeigt eine Paarung und den Größenvergleich mit einer Stechmücke. Ernährung und Lebensweise entsprechen denen des Gewöhnlichen Schnellkäfers.

(1) *Ectinus aterrimus*

(2) *Ectinus aterrimus* Paarung

Schnellkäfer

Melanotus punctolineatus

L. 12–16 mm

Der schwarze **Käfer (1)** ist breiter und kräftiger gebaut als der Wald-Humus-Schnellkäfer (S. 1359). Sein relativ grob punktierter Halsschild ist nicht länger als breit und besitzt sehr kräftige, zahnförmige Hinterecken. Oft zeichnet sich eine glänzende, nicht punktierte Mittellinie ab. Die Oberseiten von Kopf, Halsschild und Flügeldecken zeigen eine schüttere, helle Behaarung. Die Art bewohnt sandige Biotope. Erwachsene Tiere ernähren sich von Blüten und Blättern. Larven leben im Boden und fressen vorwiegend Graswurzeln. Es existieren einige ähnlich aussehende Arten.

(1) *Melanotus punctolineatus*

Seidenhaariger Schnellkäfer

Prosternon tessellatum

L. 10–12 mm

Der **Käfer (1–2)** ist dunkel gefärbt. Er fällt durch seine seidig glänzende, silbrige bis fast goldgelbe Behaarung auf. Diese ist an Halsschild und Flügeldecken unregelmäßig wolkig verteilt. Deshalb erinnert die Art etwas an den Mausgrauen Sand-Schnellkäfer (S. 1354). Der Käfer ist stellenweise häufig und bewohnt unterschiedliche Biotope wie Wälder, Heidegebiete, Moore und sogar Gärten. Die Larven entwickeln sich in morschem Nadelholz.

(1) *Prosternon tessellatum*

(2) *Prosternon tessellatum*

Glanz-Schnellkäfer
Selatosomus aeneus

L. 10–16 mm

Der **Käfer (1–2)** ist vorwiegend schwarz gefärbt. Die Oberfläche kann einen bläulichen oder grünlichen Erzglanz haben (*aeneus* = erzfarbig). Eine Behaarung ist nicht vorhanden, weshalb die Längsriefung der Flügeldecken deutlich hervortritt. Der Halsschild ist fein punktiert. Fühler und Beine sind dunkel rotbraun.
Die Art ist auf Wiesen und an Wald- und Feldrändern in der niedrigen Vegetation auf Kräutern und Büschen anzutreffen. Käfer ernähren sich von Blättern und Blüten. Larven fressen Wurzeln, leben aber auch räuberisch.

(1) *Selatosomus aeneus*

(2) *Selatosomus aeneus*

(1) *Sericus brunneus* ♂

Brauner Schnellkäfer

Sericus brunneus

L. 7,5–9,5 mm

Der **Käfer (1)** ist durch seine braunen oder rotbraunen Flügeldecken gekennzeichnet, die angedeutete, dunkle Längslinien haben. Eine Behaarung ist nur sehr schwach ausgebildet. Beim Männchen sind Kopf und Halsschild schwarz. Das Weibchen (nicht abgebildet) besitzt einen rotbraunen Halsschild. In der Mitte befindet sich ein dunkler Längsfleck und an den Seiten je ein schmaler, dunkler Längswisch. Die Beine sind in beiden Geschlechtern rotbraun. Erwachsene Tiere sind an Blättern und Blüten verschiedener Kräuter und Büsche zu finden, von denen sie sich ernähren. Larven leben im Erdboden und fressen Pflanzenwurzeln.

Schnellkäfer

Synaptus filiformis

L. 9–12 mm

Der **Käfer (1)** hat eine schwarze Grundfarbe, die aber nur zu sehen ist, wenn sich die dicht anliegende, gelbbräunliche oder hellgraue Behaarung abträgt. An Kopf und Halsschild sind die Haare nicht in Längsrichtung, sondern wirbelartig angeordnet. Die Art scheint feuchte Biotope zu bevorzugen. Wir fanden sie auf einem Schilfblatt am Rande eines Teiches. Ernährung und Lebensweise dürften anderen Schnellkäfern entsprechen.

(1) *Synaptus filiformis*

Zahnhalsiger Schnellkäfer

Denticollis linearis

L. 9-13 mm

Der **Käfer (1-2)** hat eine schlanke, fast zylindrische Form. Die braunen Flügeldecken sind durch Punktreihen längs liniert und durch eine schüttere, gelbliche Behaarung bestäubt. Auffallend ist die Form des Halsschildes, welches an den hinteren Ecken spitz zahnartig ausläuft (*Denticollis* = Zahnhals). Die Art erscheint in mehreren Farbvarianten, z. B. mit rot gefärbtem Halsschild. Erwachsene Tiere ernähren sich von Blättern. Ihre Larven leben räuberisch von Insekten und deren Larven. Sie entwickeln sich in morschem Laubholz. Beim selteneren Rotflügeligen Hakenhals-Schnellkäfer *(D. rubens)* überwiegen die roten Farben an Halsschild und Flügeldecken.

(2) *Denticollis linearis*

(1) *Denticollis linearis*

Blattroller, Dickkopfrüssler (Fam. *Attelabidae*)

Hasel-Blattroller

Apoderus coryli

L. 6–8 mm

Der **Käfer (1)** ist auffallend schwarz-rot gefärbt. Seine Gesamtform erinnert an gewisse Rüsselkäfer und an das Lilienhähnchen (S. 1272), bei dem die Beine vollkommen schwarz sind und der Kopf anders gestaltet ist. Das Weibchen des Hasel-Blattrollers bearbeitet die zur Eiablage bestimmten Blätter bereits vor der Paarung. Durch Bisse und damit Durchtrennung bestimmter Blattadern beginnen diese zu verwelken. Sie werden dann quer zur Blattachse gerollt. Ein Blattwickel kann bis zu vier Eier enthalten. Es werden nicht nur Haselblätter verwendet. Seltener dienen auch solche von Erlen, Birken oder Hainbuchen zur Eiablage.

(1) *Apoderus coryli*

Breitrüssler (Fam. *Anthribidae*)

(1) *Anthribus albidus* ♂

Langfühler-Breitrüssler

Anthribus albidus *(Platystomos albidus)*

L. 6–12 mm

Der **Käfer (1–3)** besitzt ein braun scheckiges Farbkleid. Auffällig sind weiße Bereiche bezüglich Flecken an Kopf und Hinterende, die ein typisches Farbmuster ergeben. Warzenartige Erhöhungen, die mit einem schwarzen Haarbüschel besetzt sind, befinden sich zusätzlich an Halsschild und Flügeldecken. Der Kopf ist in fast ganzer Breite spatelartig verlängert. Fühler und Beine sind hell und dunkel geringelt. Beide Geschlechter ähneln sich farblich sehr. Männchen **(1)** haben deutlich längere Fühler als Weibchen **(2)**. Auf Bild **(3)** wird der Größenunterschied deutlich. Die Art hält sich gerne an morschem, von Pilzen durchsetztem Laubholz auf, in dem sich auch die Larven entwickeln.

(2) *Anthribus albidus* ♀

(3) *Anthribus albidus* ♀ + ♂

Großer Breitrüssler
Platyrhinus resinosus

L. 8–15 mm

Der **Käfer (1-4)** hat eine gewisse Ähnlichkeit mit dem Langfühler-Breitrüssler (S. 1365), ist aber in den dunklen Bereichen stahlgrau gefärbt. Auch die Fühler sind dunkler und deutlich kürzer. Die Kopfplatte mit dem spatelartig gestalteten Rüssel und das Hinterende der Flügeldecken sind meistens gelblich oder hell beigefarben. Die Art besiedelt Laubwälder mit viel Totholzanteil. Die Larven entwickeln sich in morschem, mit Pilzen besiedeltem Laubholz. Als Pilzarten werden in diesem Zusammenhang Kernpilze der Gattungen *Ustulina* oder *Daldinia* genannt.

(1) *Platyrhinus resinosus*

(2) *Platyrhinus resinosus*

(3) *Platyrhinus resinosus*

(4) *Platyrhinus resinosus*

Breitrüssler RL
Tropideres albirostris

L. 4–6 mm

Der **Käfer (1–3)** ist schwarz und weiß gezeichnet. Das Farbmuster der Flügeldecken erinnert etwas an den Langfühler-Breitrüssler (S. 1365). Die Art ist jedoch viel kleiner und besitzt kürzere, dünne Fühler. Die Beine sind hübsch schwarz-weiß geringelt. Wie bei allen Breitrüsslern ist der Kopf nach vorne in voller Breite zu einem spatelförmigen Rüssel verlängert (*albirostris* = mit weißem Rüssel). Der Käfer ist vorwiegend an morschem Eichenholz, doch auch an Pappel, Rotbuche, Birke und Weide zu finden. Er ist seltener als die beiden zuvor beschriebenen Arten.

(1) *Tropideres albirostris*

(2) *Tropideres albirostris*

(3) *Tropideres albirostris*

(2) *Curculio glandium*

(3) *Curculio glandium*

Rüsselkäfer (Fam. *Curculionidae*)

Eichelbohrer
Curculio glandium

L. 5-8 mm

Der braune, gedrungene **Käfer (1-3)** besitzt einen langen, rotbraunen, gebogenen Rüssel. Die knieartig abgewinkelten Fühler entspringen etwa auf Rüsselmitte. Körper und Beine sind dicht braun behaart. Das abgebildete Tier dürfte ein Männchen sein, da der Rüssel etwa die Länge der Flügeldecken hat. Bei Weibchen ist der Rüssel körperlang. Sie »bohren« damit tiefe Löcher in unreife Eicheln und legen dort einige Eier ab. Die geschlüpften Larven entwickeln sich in der Frucht, wandern aber später zum Erdboden, wo sie sich verpuppen. Der etwas kleinere Haselnussbohrer *(Curculio nucum)* ist ähnlich.

(1) *Curculio glandium*

Kirschkernstecher
Anthonomus rectirostris
(Furcipus rectirostris)

L. 4-4,5 mm

Der **Käfer (1)** gehört zu den langrüsseligen Arten, deren stielrunder Rüssel nur schwach gebogen ist. An seinem Vorderschenkel sitzt ein Doppelzahn, während die hinteren Schenkel nur einen einfachen Zahn aufweisen. Die Flügeldecken sind mit einem dunkelbraunen, unvollständigen, ausgezackten Querband bestückt. Die Art lebt an verschiedenen Bäumen der Gattung *Prunus*. Wir fanden sie an Blättern der Spätblühenden Traubenkirsche *(Prunus serotina)*. Die Käfer fressen Blätter, die Larven ernähren sich von den Samen der Früchte. Bei einem stärkeren Befall kann der Käfer an Obstbäumen zum Schädling werden.

(1) *Anthonomus rectirostris*

Gewöhnlicher Steppenrüssler

Bothynoderes affinis *(Chromoderus affinis)*

L. 8-11 mm

Der **Käfer (1-4)** hat auf dunkler Grundfläche eine weißliche, gelbliche oder beigefarbene, anliegende Behaarung. Die Oberfläche ist warzig bis runzelig. Ein typisches Farbmuster bewirkt eine gute Tarnung auf sandigem Untergrund. Am Kopf befindet sich ein kurzer, kräftiger, vorne verschmälerter Rüssel. Die Art bewohnt trockene Sand-Biotope und Steppen. Sie ernährt sich von Blättern verschiedener Kräuter und Stauden. Weibchen legen ihre Eier einzeln in krautigen Pflanzen ab, wodurch sich eine Galle bildet. Darin entwickeln sich die Larven.

(1) *Bothynoderes affinis*

(2) *Bothynoderes affinis*

(3) *Bothynoderes affinis*

(4) *Bothynoderes affinis* Paarung

(1) *Bothynoderes punctiventris*

(2) *Bothynoderes punctiventris*

Rübenderbrüssler

Bothynoderes punctiventris

L. 10–12 mm

Der **Käfer (1–2)** hat ein ähnliches Erscheinungsbild wie der Gewöhnliche Steppenrüssler (S. 1370). Beim direkten Vergleich sind jedoch gewisse Unterschiede im Farbmuster erkennbar. Typisch ist wohl die dunkle Schrägbinde auf den Flügeldecken. Rüssel, Kopf und der vordere Teil des Halsschildes sind besonders deutlich gekielt (*punctiventris* = mit punktierter Bauchseite). Die Art ist dafür bekannt, dass sie bei gelegentlichen Massenvorkommen auf Feldern mit Zuckerrüben wirtschaftlichen Schaden anrichten kann. Wir fanden den Käfer einzeln auf kargem Sandboden.

(1) *Brachyderes incanus*

(2) *Brachyderes incanus*

Kiefernnadel-Rüssler, Gemeiner Graurüssler

Brachyderes incanus

L. 7–10 mm

Der **Käfer (1–2)** ist braun oder grau gefärbt. Er ist überall mit sehr kurzen, anliegenden Haaren bedeckt. Die Flügeldecken sind in Längsrichtung sehr fein liniert und durch kleine Haarbüschel punktiert. Der kurze, breite »Rüssel« geht übergangslos in den Kopf über. Die Art ernährt sich von den Nadeln der Waldkiefer *(Pinus sylvestris)*. Larven leben im Boden und fressen an Kiefernwurzeln. Sie können in Jungpflanzungen Schäden anrichten.

Distelgallen-Rüssler

Cleonis pigra

L. 10–16 mm

Der **Käfer (1–3)** ist mit einem hell beigefarbenen, anliegenden Haarkleid bedeckt, welches ein arttypisches Muster aufweist. Im Laufe der Zeit kann sich die Oberschicht abtragen, wodurch sich der dunkle Untergrund vergrößert. Im vorderen Bereich der kräftigen, rüsselartigen Verlängerung des Kopfes sitzen gekniete, relativ kurze Fühler. Die Art liebt sandige Biotope mit Beständen diverser Distel-Arten. Weibchen legen ihre Eier in den unteren Stängelbereich von Disteln *(Carduus, Cirsium)*, seltener Kletten *(Arctium)* oder Flockenblumen *(Centaurea)*. Dort bilden sich Gallen, in denen sich die Larven entwickeln. Ähnliche Lebensweise und Aussehen haben Gewöhnlicher Steppenrüssler (S. 1370) und Bunter Rübenrüssler (S. 1375).

(1) *Cleonis pigra*

(2) *Cleonis pigra*

(3) *Cleonis pigra*

Erlenwürger

Cryptorhynchus lapathi

L. 5-8,5 mm

Der **Käfer (1-2)** ist auffällig dunkel und hell gemustert. Seine Flügeldecken sind am Ende weiß abgesetzt und in Schulterhöhe befindet sich ein schmales, weißes Querband. Halsschild und Flügeldecken sind mit einigen schwarzen Haarwarzen bedeckt. Der stielrunde, gebogene Rüssel ist schwarz und trägt im vorderen Drittel gekniete Fühler. Die Art hält sich an verschiedenen Laubbäumen auf, von deren Rinde sie sich ernährt. Die Larven leben und fressen zunächst unter der Rinde und wandern später in den Splint- und Kernholzbereich. Wirtsbäume sind Erlen *(Alnus)* und andere Weichhölzer.

(1) *Cryptorhynchus lapathi*

(2) *Cryptorhynchus lapathi*

(3) *Cyphocleonus dealbatus*

Bunter Rübenrüssler,
Gefleckter Langrüssler RL
Cyphocleonus dealbatus

L. 8–12 mm

Der **Käfer (1-3)** ist an seinen Flügeldecken durch einen verschiedenfarbigen Haarbelag bunt gescheckt. Am Halsschild befinden sich helle, dünne Quer- und Längslinien. Der relativ breite Rüssel ist in der Mitte oft dunkel gekielt. Die Art bewohnt Heideflächen, Trockenrasen und Ruderalflächen, sofern die Wirtspflanzen vorhanden sind. Erwachsene Tiere sind Blütenbesucher, die sich von Pollen ernähren. Weibchen legen ihre Eier in den Wurzeln oder unteren Stängelbereichen von Korbblütlern ab. Dort bilden sich Gallen, in denen sich die Larven entwickeln. Eine gewisse Ähnlichkeit haben andere Gallen erzeugende Arten wie Distelgallen-Rüssler (S. 1373) und Gewöhnlicher Steppenrüssler (S. 1370).

(1) *Cyphocleonus dealbatus*

(2) *Cyphocleonus dealbatus*

Zitterpappel-Kätzchenrüssler

Dorytomus tortrix

L. 4–5,5 mm

Der **Käfer (1-3)** ist in allen Körperteilen einfarbig rotbraun gefärbt. Die Oberflächen sind nur schütter gelblich behaart. Die Flügeldecken sind mit deutlichen Punktstreifen versehen. Sie glänzen etwas und sind nicht gefleckt. Typisch ist auch der stielrunde, gebogene Rüssel. Der Käfer ist auf Blättern verschiedener Weidenarten zu finden, bevorzugt auf Zitterpappeln *(Populus tremula)*.

(1) *Dorytomus tortrix*

(2) *Dorytomus tortrix*

(3) *Dorytomus tortrix*

Fichten-Rüsselkäfer
Hylobius abietis

L. 9-14 mm

Der **Käfer (1-3)** ist auf schwarzem oder schwarzbraunem Grund mit gelblichen Haarflecken bedeckt. Diese bilden auf den Flügeldecken schmale, unterbrochene, gelbliche Querbänder und Flecken. Der grob punktierte Halsschild und die Basis des Rüssels sind zumindest stellenweise ebenfalls gelb behaart. Die knieartig geknickten Fühler entspringen im vorderen Teil des Rüssels. Die Art kann schon im Frühling an verschiedenen Nadelbäumen auftreten, selten an Laubbäumen. Sie ernährt sich von der Rinde und kann bei Massenauftreten erhebliche Schäden an Jungbäumen anrichten. Die Larven entwickeln sich in abgestorbenen Nadelholzstämmen oder Wurzeln.

(1) *Hylobius abietis*

(3) *Hylobius abietis*

(2) *Hylobius abietis*

Blutweiderich-Rüsselkäfer, Wurzelstock-Scheckenrüssler
Hylobius transversovittatus

L. 9-14 mm

Der **Käfer (1-3)** ähnelt dem Fichten-Rüsselkäfer (S. 1377). Seine Grundfarbe ist jedoch nicht schwarz, sondern dunkel rotbraun. Die gelblichen Haarflecken auf den Flügeldecken sind spärlicher. Der besonders grob punktierte Halsschild und die Basis des Rüssels sind nahezu unbehaart. Die Art nutzt keine Bäume, sondern den krautigen, feuchtigkeitsliebenden Blutweiderich *(Lythrum salicaria)* als Wirtspflanze. Der Käfer frisst dessen Blätter und junge Triebe. Wir fanden ihn ausnahmsweise an Kiefernrinde. Larven entwickeln sich in den Wurzeln des Wirtes, der dadurch erheblichen Schaden nehmen kann.

(1) *Hylobius transversovittatus*

(2) *Hylobius transversovittatus*

(3) *Hylobius transversovittatus*

Kiefern-Rüsselkäfer, Echter Kiefernrüssler
Pissodes pini

L. 7–9 mm

Der **Käfer (1–2)** könnte mit dem Fichten-Rüsselkäfer (S. 1377) verwechselt werden. Er ist deutlich kleiner und am Halsschild mit gelblichen Haarflecken gezeichnet. Die Fühler entspringen etwa auf Mitte des Rüssels und nicht am vorderen Ende. Die Abbildungen zeigen eine beginnende Paarung auf der verharzten Stirnseite einer Kiefer. Der Käfer ernährt sich vorwiegend von der Rinde der Waldkiefer *(Pinus sylvestris)*, seltener Weymouthkiefer *(P. strobus)* oder Zirbelkiefer *(P. cembra)*. Die Larven fressen sich unter der Rinde bis zu den Wurzelansätzen durch. Später dringen sie in das Splintholz ein.

(1) *Pissodes pini* Paarung

(2) *Pissodes pini* Paarung

Kratzdistel-Rüssler RL
Larinus turbinatus

L. 5-10 mm

Der **Käfer (1-2)** ist auf schwarzem Grund mit grauen oder gelben Haarschuppen bedeckt. Auf den Flügeldecken vereinigen sich die Haare zu rundlichen Flecken. Die Oberfläche sieht oft wie bestäubt aus. Die rüsselartige Verlängerung des Kopfes ist relativ kompakt und gerade. Als Wirtspflanzen werden verschiedene Distel-Arten, besonders die Acker-Kratzdistel *(Cirsium arvense)* angenommen. Weibchen deponieren ihre Eier in geöffneten Blütenkörben der Distel. Die geschlüpfte Larve ernährt sich von Blütenteilen und verpuppt sich dort. Der tagaktive Käfer frisst ebenfalls an Disteln. Die vielerorts seltene Art ist wärmeliebend.

(1) *Larinus turbinatus*

(2) *Larinus turbinatus* Paarung

Großer Distelrüssler
Larinus sturnus

L. 8–12 mm

Der **Käfer (1–2)** ähnelt dem Kratzdistel-Rüssler (S. 1380), da die Oberflächen von Halsschild und Flügeldecken ebenfalls auf dunklem Grund mit grauweißen oder gelblichen, locker verteilten Haarbüscheln bedeckt sind. Sein stielrunder Rüssel ist deutlich länger als bei seinem Verwandten und oberseits befindet sich darauf ein deutlicher Mittelkiel. Die Larven entwickeln sich in verschiedenen Korbblütlern wie Klette *(Arctium)*, Flockenblume (*Centaurea*), Mariendistel *(Silybum)* oder Kratzdistel *(Cirsium)*. Den Käfer findet man auch auf den Blüten anderer Kräuter.

(1) *Larinus sturnus*

(2) *Larinus sturnus*

Schierlings-Rüssler

Lixus iridis

L. 11–17 mm

Der **Käfer (1–3)** hat eine sehr schlanke Form. Durch die hellgelbe bis gelborangene Bestäubung der Oberfläche ist der schwarze Untergrund nur sichtbar, wenn sich die Schicht nach einiger Zeit abgetragen hat. Das ist meistens zuerst am leicht gebogenen Rüssel der Fall. Die Deckflügel laufen nach hinten spitz zu und klaffen etwas auseinander. Die häufige Art ist in Auwäldern oder an Teichrändern auf diversen krautigen Pflanzen zu beobachten. Sie bevorzugt Doldenblütler, ist aber offensichtlich nicht streng an den namengebenden Schierling gebunden. Käfer und Larven ernähren sich von Pflanzengewebe. Ähnlich kann der Wasserampfer-Stängelrüssler (S. 1383) aussehen.

(1) *Lixus iridis*

(2) *Lixus iridis*

(3) *Lixus iridis* Paarung

Wasserampfer-Stängelrüssler RL
Lixus bardanae

L. 8-12 mm

Der **Käfer (1-2)** ähnelt farblich dem Schierlings-Rüssler (S. 1382), ist aber etwas kleiner. Seine Oberflächen sind dicht goldgelb bestäubt. Im Gegensatz zum Schierlings-Rüssler sind die Flügeldecken an den Enden nicht zugespitzt, sondern abgerundet und klaffen nicht auseinander. Der Käfer hält sich besonders in der Nähe von Fließgewässern, Teichen oder Sümpfen auf, da sich seine Larven im Wasserampfer *(Rumex hydrolapathum)* entwickeln. Auch erwachsene Tiere fressen Ampferblätter.

(2) *Lixus bardanae*

(1) *Lixus bardanae*

Weißrandiger Rüsselkäfer

Lixus albomarginatus

(Compsolixus albomarginatus)

L. 6–15 mm

Der **Käfer (1–3)** ist auf schwarzgrauem Untergrund dunkelbraun bestäubt. Halsschild und Flügeldecken sind seitlich durch einen gleich dicken Haarstreifen auffallend weißlich berandet. Die Spitzen der Flügeldecken klaffen nur wenig auseinander. Körperunterseite und Beine sind hellgrau behaart. Die Art bevorzugt Kreuzblütler *(Brassicaceae)* und Fuchsschwanzgewächse *(Amaranthaceae)* als Wirtspflanzen, von denen sich Käfer und Larven ernähren. Der Käfer wurde früher von der mediterran vorkommenden Art *Lixus ascanii* nicht unterschieden. Sehr ähnlich ist *Lixus ochraceus*, dessen weißer Haarstreifen am Halsschild nicht gleichmäßig dick, sondern in der Mitte erweitert ist.

Fotobelege: Brandenburg, »Sanddüne« bei Glau, 1. 5. 2016 und krautreiches Spreeufer bei Mönchwinkel, 17. 6. 2017.

(1) *Lixus albomarginatus*

(2) *Lixus albomarginatus*

(3) *Lixus albomarginatus*

(1) *Mononychus punctumalbum*

(2) *Mononychus punctumalbum*

(3) *Mononychus punctumalbum*

Schwertlilien-Rüssler, Iris-Rüssler
Mononychus punctumalbum

L. 4–6 mm

Der **Käfer (1–3)** besitzt eine kompakte, rundliche Form und eine schwarzbraune Grundfarbe. Die Oberflächen sind überall grob punktiert. Namengebend ist ein weißer, aus Haarschuppen bestehender Punkt im vorderen Teil der Flügeldeckennaht. Seitlich und unterseits befinden sich ebenfalls helle Haarschuppen. Der Käfer besucht zur Nahrungsaufnahme neben der eigentlichen Wirtspflanze (Wasser-Schwertlilie, *Iris pseudacorus*) auch Blüten anderer Kräuter. Das Weibchen deponiert die Eier mittels ihrer Legeröhre im angebohrten, jungen Fruchtstand der Schwertlilie. Dort entwickeln sich die Larven und verpuppen sich.

Gefurchter Dickmaulrüssler,
Gefurchter Lappenrüssler
Otiorhynchus sulcatus

L. 8–11 mm

Der schwarze **Käfer (1–2)** ist an Halsschild und Flügeldecken grob genoppt. Die Flügeldecken sind außerdem längsriefig und fleckenweise mit gelbbraunen Haaren bedeckt. Der kleine Kopf ist mit einem kurzen, relativ breiten Rüssel bestückt. Die Art kann besonders im menschlichen Siedlungsbereich in Gärten, Gewächshäusern und Blumentöpfen schädlich werden. Der Käfer frisst Blätter und Blüten verschiedener Pflanzen. Larven können durch Wurzelfraß Kulturpflanzen zum Absterben bringen.

(1) *Otiorhynchus sulcatus*

(2) *Otiorhynchus sulcatus*

Rauer Dickmaulrüssler, Rauer Lappenrüssler

Otiorhynchus raucus

L. 5–9 mm

Der **Käfer (1–2)** ist braun gefärbt. Die Flügeldecken sind durch eine dichte, anliegende Behaarung gescheckt und etwas heller als Kopf und Halsschild. Der rundliche Halsschild ist genoppt und schütter zottig behaart. Die für alle Arten der Gattung typische Verdickung des Rüssels an der Ansatzstelle der Fühler ist auf Bild **(2)** besonders deutlich sichtbar. Käfer und Larven fressen an verschiedenen Pflanzen. Dadurch werden sie auch an Zierpflanzen gelegentlich zu Schädlingen. Es existieren mehrere sehr ähnlich aussehende Arten.

(1) *Otiorhynchus raucus*

(2) *Otiorhynchus raucus*

Grauer Kugelrüssler, Dünengras-Rüssler *Philopedon plagiatus*

L. 4–6 mm

Der **Käfer (1–2)** hat eine rundliche Gestalt und braune oder graubraune Farben. Die Flügeldecken sind typisch längsstreifig, mit dunkleren Punktreihen und helleren Flecken aus Haarschuppen versehen. Der Halsschild besitzt oft zwei hellere, aus Haarschuppen bestehende Längsstreifen. Die Art besiedelt sandige Biotope, kommt aber auch in Gärten vor. Sie ernährt sich von diversen Gras-Arten, an deren Wurzeln auch die Larven fressen.

(1) *Philopedon plagiatus*

(2) *Philopedon plagiatus*

(1) *Phyllobius oblongus*

(2) *Phyllobius oblongus*

Zweifarbiger Schmalbauchrüssler
Phyllobius oblongus

L. 4–6 mm

Der **Käfer (1–2)** ist an Kopf und Halsschild schwarz gefärbt. Die oft rotbraunen Flügeldecken sind mit feinen Punktstreifen bedeckt. Beine und Fühler sind ebenfalls rotbraun. Auf allen Flächen befindet sich eine hellere, struppige Behaarung, die auf den Flügeldecken längsreihig angeordnet ist. Die Art ist an verschiedenen Sträuchern und Laubbäumen zu finden, vorwiegend an Rosengewächsen. Sie ernährt sich von Blättern und vermutlich auch Blütenteilen. Die Larven leben im Boden und fressen Wurzeln.

Brennnessel-Grünrüssler, Nessel-Blattrüssler

Phyllobius pomaceus
(Phyllobius urticae)

L. 7-10 mm

Der **Käfer (1-4)** ist schwarz und hat rote oder schwarze Beine. Das ist nur zu sehen, wenn sich die auf allen Körperteilen befindlichen Haarschuppen abgetragen haben **(4)**. Die Oberfläche kann, unabhängig vom Geschlecht, goldgelb, grün oder blaugrün gefärbt sein. Sie hat einen metallischen Glanz. An allen Beinschenkeln sitzt ein Dorn an der Innenseite. Der häufige Käfer hält sich vorwiegend an seiner Wirtspflanze, der Großen Brennnessel *(Urtica dioica)*, auf, von der er sich ernährt. Larven leben im Boden und fressen an den Wurzeln der Brennnessel. Es gibt eine Reihe ähnlich aussehender Arten, z. B. solche der Gattung *Polydrusus*, deren Rüssel eine nach unten abgebogene, nicht parallel zum Rüssel angeordnete Fühlerrinne besitzen.

(1) *Phyllobius pomaceus*

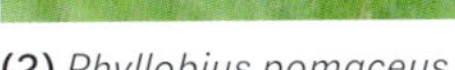

(2) *Phyllobius pomaceus*

(4) *Phyllobius pomaceus*

(3) *Phyllobius pomaceus* Paarung

Schafgarben-Blattrüssler
Phyllobius virideaeris

L. 3–4,5 mm

Der **Käfer (1–2)** ähnelt dem Brennnessel-Grünrüssler (S. 1390), ist aber deutlich kleiner. Ober- und Unterseite sind mit grünlichen Schuppen bedeckt. Seinen Beinschenkeln fehlt der Dorn. Die Art ist sowohl an Büschen und Bäumen als auch Kräutern (z. B. Brennnesseln) zu finden. Pappeln und Weiden werden besonders genannt. Vermutlich frisst er auch an der namengebenden Schafgarbe *(Achillea)*. Die Larven entwickeln sich im Erdboden und ernähren sich von den Wurzeln der Wirtspflanzen. Sehr ähnlich ist *P. roboretanus*, dessen Unterseite nicht beschuppt, sondern behaart ist.

(1) *Phyllobius virideaeris*

(2) *Phyllobius virideaeris*

(1) *Polydrusus cervinus*

(2) *Polydrusus cervinus* Paarung

(3) *Polydrusus cervinus* Paarung

Braungrauer Glanzrüssler, Hirsch-Glanzrüssler
Polydrusus cervinus

L. 4–6 mm

Der **Käfer (1–3)** ist am ganzen Körper mit metallisch glänzenden Schüppchen bedeckt. Seine Farbe variiert meist zwischen Grün und Kupferfarben. Weibchen sind etwas größer als Männchen (siehe Paarungsbilder (2–3)). Die häufige Art frisst an Blättern verschiedener Laubbäume, vorwiegend an Eiche *(Quercus)* und Birke *(Betula)*. Die Gattung *Polydrusus* unterscheidet sich von *Phyllobius* deutlich durch die Lage der Fühlerfurche, sichtbar an den Seiten des Rüssels. Bei *Polydrusus* verläuft die Furche vom Fühleransatz schräg nach unten und nicht parallel zur Rüsselachse (am Foto manchmal schwer erkennbar).

Großer Lupinen-Blattrandrüssler

Sitona gressorius
(Charagmus gressorius)

L. 7-10 mm

Der schlanke **Käfer (1-3)** ist bräunlich, stellenweise auch beige gefärbt und durch seine typische Längszeichnung auf Sandböden bestens getarnt. Die Deckflügel sind mit dunkleren Punktreihen versehen. Durch die feine Behaarung wirkt der Käfer matt filzig. Die wärmeliebende Art breitet sich offensichtlich in nördlicher Richtung aus. Wir fanden sie auf warmen, vegetationsarmen Sandflächen. Wirtspflanzen sind nach Literaturangaben Lupinen *(Lupinus)*, was im Volksnamen zum Ausdruck kommt.

Fotobelege: Brandenburg, Sandgrube bei Zesch am See, 2. 9. 2016; Feldrand bei Streganz, 10. 5. 2020.

(1) *Sitona gressorius*

(2) *Sitona gressorius*

(3) *Sitona gressorius*

Echter Streckrüssler,
Zuckerrübenrüssler
Tanymecus palliatus

L. 9–12 mm

Der **Käfer (1–3)** ist mehr oder weniger einheitlich braun gefärbt. Oft ist der Halsschild an den Seiten leicht aufgehellt. Die Fühlerfurche liegt, ähnlich wie bei der Gattung *Phyllobius*, parallel zur Rüsselachse. Die relativ häufige Art ist an verschiedenen Kräutern an Feld- und Wegrändern anzutreffen. Wir fanden den Käfer gesellig an der Acker-Kratzdistel *(Cirsium arvense)*, einer besonders häufig besuchten Wirtspflanze. Beide Geschlechter sind äußerlich kaum zu unterscheiden (siehe Paarung (3)). Bei gelegentlich auftretendem Massenvorkommen wurden Schäden an Zuckerrüben und anderen Kulturpflanzen festgestellt.

(1) *Tanymecus palliatus*

(2) *Tanymecus palliatus*

(3) *Tanymecus palliatus* Paarung

Triebstecher (Fam. *Rhynchitidae*)

(1) *Rhynchites auratus* ♂

Kirschfruchtstecher
Rhynchites auratus

L. 6-9 mm

Der **Käfer (1-4)** kann goldgrün oder purpurrot gefärbt sein. Die Oberfläche hat einen metallischen Glanz. Halsschild und Flügeldecken sind grob punktiert und mit relativ langen Haaren bedeckt. Männchen **(1-2)** besitzen an beiden Seiten des Halsschildes einen Dorn, der den sonst sehr ähnlich aussehenden Weibchen **(3-4)** fehlt. Der Dorn erinnert an Arten der Gattung *Byctiscus* (siehe dort). Der Kirschfruchtstecher ist auf Blättern von Weißdorn, Schlehe, Pflaume oder Kirsche zu finden. Die Abbildungen zeigen ihn an der Spätblühenden Traubenkirsche *(Prunus serotina)*, deren Blätter er zerfrisst. Die Larven entwickeln sich in den Früchten der Wirtsbäume. Es existieren ähnlich aussehende Arten, die sich in Größe und Rüssellänge unterscheiden.

(3) *Rhynchites auratus* ♀

(2) *Rhynchites auratus* ♂

(4) *Rhynchites auratus* ♀

Rebenstecher
Byctiscus betulae

L. 5-7 mm

Der **Käfer (1-2)** hat überall einen metallischen Glanz. Die Farben können zwischen Blau, Blaugrün oder Kupferig variieren. Der Körperbau ist gedrungen. Die Flügeldecken haben von oben betrachtet zusammen eine fast quadratische Form und sind unregelmäßig grob punktiert. Beim Männchen (siehe Fotos) befindet sich an den Seiten des Halsschildes je ein nach vorne zeigender Dorn. Bei dieser Art liegt auf der Stirn zwischen den Augen eine flache, seichte Grube, was sie von dem ähnlichen Pappel-Blattroller (S. 1399) unterscheidet. Der Rebenstecher gehört zu den sog. Blattrollern. Weibchen benagen den Stiel eines Blattes, damit es welkt. Gleichzeitig werden Eier abgelegt und das Blatt zigarrenförmig eingerollt. Darin entwickeln sich die Larven. Wirte können verschiedene Laubbäume und rankende Pflanzen sein, darunter auch Weinreben.

(1) *Byctiscus betulae* ♂

(2) *Byctiscus betulae* ♂

Pappel-Blattroller
Byctiscus populi

L. 4,5-6 mm

Der **Käfer (1-3)** hat eine große Ähnlichkeit mit dem Rebenstecher (S. 1398). Auch die metallischen Farben der Oberseite sind variabel. Die Längsgrube auf der Stirn zwischen den Augen verläuft aber nicht seicht, sondern bildet eine tiefere Furche. Auf den Fotos des Weibchens **(1-2)** ist das gut zu sehen. Bild **(3)** zeigt ein Männchen, bei dem der seitliche Dorn des Halsschildes sichtbar ist. Lebensweise und Brutverhalten entsprechen denen des Rebenstechers. Weibchen bevorzugen Blätter der Zitterpappel *(Populus tremula)* zur Ablage der Eier. Erwachsene Tiere besuchen Blüten diverser Büsche und Bäume, da sie sich offensichtlich von Pollen und Nektar ernähren.

(1) *Byctiscus populi* ♀

(2) *Byctiscus populi* ♀

(3) *Byctiscus populi* ♂

Wanzen

ÜBERSICHT DER FAMILIEN IM KAPITEL

Lederwanzen, Randwanzen (Fam. *Coreidae*)

Lederwanze
Coreus marginatus

L. 11–16 mm

Die überall häufige **Wanze (1–4)** ist lederbräunlich gefärbt und hat eine feinkörnige Oberfläche. Der Halsschild hat vorstehende Ecken und ist breiter als die Schultern. Die Vorderflügel der Wanzen entsprechen den Deckflügeln der Käfer und werden als Halbdecken (Hemielytren) bezeichnet. Der meist undurchsichtige Teil wird als Corium bezeichnet. Das an der Spitze befindliche Drittel, die Membrane, ist oft transparent. Die Ränder des Hinterleibes stehen bei der Lederwanze deutlich über und bilden einen gefleckten Saum. Die Oberseite des unbedeckten Hinterleibes ist leuchtend orangerot **(4)**, was normalerweise nur im Flug sichtbar wird. Das Tier ist leider im Netz einer Kreuzspinne gefangen. Die Art ist auf vielen Kräutern, Büschen und Bäumen zu finden. Erwachsene Tiere und Larven nehmen mit ihrem Saugrüssel Pflanzensäfte von Blättern und Früchten auf. Bild **(3)** zeigt eine Larve im Endstadium, bei der die Flügel noch unterentwickelt sind. Weibchen legen ihre Eier an Ampfer- *(Rumex)* und Knöterich-Arten *(Polygonum)* ab.

(1) *Coreus marginatus*

(3) *Coreus marginatus* Larve

(2) *Coreus marginatus* Paarung

(4) *Coreus marginatus*

Gezähnte Randwanze
Coriomeris denticulatus

L. 8–10 mm

Die **Wanze (1–3)** ist einheitlich braun gefärbt. Bis auf den Hinterleib sind alle Körperteile einschließlich der Fühler und Beine borstig behaart. Die Seitenränder des Halsschildes sind gezähnt bzw. mit spitzen Stacheln besetzt **(2)**. Die Art kann auf verschiedenen Kräutern, an Wald- und Feldrändern oder auf Wiesen beobachtet werden. Als Wirtspflanzen werden verschiedene Schmetterlingsblütler *(Fabaceae)* genannt. Die flugunfähigen Larven leben vor allem am Erdboden.

(1) *Coriomeris denticulatus*

(2) *Coriomeris denticulatus*

(3) *Coriomeris denticulatus*

Braune Randwanze
Gonocerus acuteangulatus

L. 12–15 mm

Die **Wanze (1)** hat eine schlanke Körperform. Ihre Oberseite ist braun, die Unterseite einschließlich der Beine hell beigefarben. Am Halsschild befinden sich spitze, hervorstehende Seitenecken (*acuteangulatus* = spitzeckig). Die Art ist nicht häufig und anscheinend wärmebedürftig. Sie bewohnt vorwiegend laubtragende Büsche und Bäume, deren Fruchtsaft mit dem Saugrüssel aufgenommen wird. Die Eier werden an Blättern und Stängeln der Wirtspflanzen abgelegt.

(1) *Gonocerus acuteangulatus*

(1) *Gonocerus juniperi*

(2) *Gonocerus juniperi*

Wacholder-Randwanze

Gonocerus juniperi

L. 11–14 mm

Die **Wanze (1–2)** ähnelt der Braunen Randwanze (S. 1405), ist aber unterseits hellgrün gefärbt. Die Oberseite ist etwas bunter gestaltet. Auf Bild **(2)** ist der lange, rotgelbe Saugrüssel deutlich zu sehen. In Ruhestellung wird er dicht an den Unterleib angelegt. Die wärmeliebende Art ist offensichtlich durch Zierkoniferen der Gattungen *Thuja*, *Juniperus* oder *Chamaecyparis* eingeschleppt worden. Sie wird seitdem auch in Gärten, Gärtnereien und auf Friedhöfen gefunden. Ursprüngliche Wirts- und Nahrungspflanze ist der Gemeine Wacholder *(Juniperus communis)*, dessen Früchte besaugt werden.

Amerikanische Kiefernwanze
Leptoglossus occidentalis

L. 15–20 mm

Die **Wanze (1–4)** ist oberseits heller oder dunkler rotbraun gefärbt und hübsch gezeichnet. Auf Mitte der Vorderflügel verläuft ein dünnes, weißes Zickzackband. Sehr auffallend sind die flügelartig verbreiterten Schienen der Hinterbeine. Aufgrund ihrer Merkmale ist die Wanze in Europa unverwechselbar. Bei geöffneten Flügeln sieht man die auffällige Färbung des Hinterleibes **(3)**. Bild **(4)** zeigt eine Larve im mittleren Entwicklungsstadium. Die eingeschleppte Art wurde 1999 erstmals in Europa nachgewiesen. In Brandenburg und Berlin fühlt sie sich offensichtlich wohl und ist aktuell nicht selten. Nahrungs- und Wirtspflanzen sind verschiedene Nadelbäume. Überwinternde Tiere werden nicht selten in Häusern und Wohnungen gefunden.

(1) *Leptoglossus occidentalis*

(2) *Leptoglossus occidentalis*

(3) *Leptoglossus occidentalis*

(4) *Leptoglossus occidentalis* Larve

Rhombenwanze
Syromastus rhombeus

L. 10-12 mm

Die **Wanze (1-3)** hat eine gewisse Ähnlichkeit mit der viel häufigeren Lederwanze (S. 1402). Sie ist im vorderen Bereich schlanker, hat aber einen weit überstehenden, rhombischen Hinterleib, der nur zur Hälfte von den Flügeln abgedeckt wird. Die Grundfarbe der Oberseite kann hellbräunlich bis dunkel rotbraun sein. Der eckig verbreiterte Halsschild ist fein weißlich gerandet. Die Art hält sich an offenwarmen Standorten an verschiedenen krautigen Pflanzen und Sträuchern auf. Dabei werden Nelkengewächse (Fam. *Caryophyllaceae*) offensichtlich bevorzugt. Bild **(1)** zeigt die Wanze am Acker-Hornkraut *(Cerastium arvense)*. Auf dem Paarungsfoto **(3)** sieht man, dass sich beide Geschlechter kaum unterscheiden.

(1) *Syromastus rhombeus*

(3) *Syromastus rhombeus* Paarung

(2) *Syromastus rhombeus*

Bodenwanzen, Langwanzen (Fam. *Lygaeidae*)

Ritterwanze

Lygaeus equestris

L. 10-13 mm

Die **Wanze (1)** ist auffällig rot-schwarz gefärbt. Sie ähnelt bei flüchtiger Betrachtung einer Feuerwanze (S. 1423). Die schwarzen Zeichen an den Vorderflügeln haben jedoch eine abweichende Form. Sie erinnern an ein Ritterkreuz. Die Art ist in vielen Gegenden Deutschlands eine der häufigsten Bodenwanzen. In Brandenburg haben wir sie bisher nur selten gefunden. Erwachsene Tiere ernähren sich von den Säften verschiedener Kräuter. Als Wirtspflanzen werden besonders Adonisröschen *(Adonis)*, Schwalbenwurz *(Cynanchum vincetoxicum)* und Löwenzahn *(Taraxacum officinale)* genannt.

(1) *Lygaeus equestris*

Fichtenzapfenwanze

Gastrodes abietum

L. 5,5-7,5 mm

Die **Wanze (1)** hat braune bis rotbraune, wenig gemusterte Flügeldecken. Kopf, Teile des Halsschildes und das große, dreieckige Schildchen sind schwarz. Der Halsschild hat an der Basis einen braunen Rand. Der namengebende Wirtsbaum der häufigen Art ist die Gemeine Fichte *(Picea abies)*. Es werden aber auch andere Nadelbäume wie Tannen, Kiefern, Douglasien oder Lärchen befallen. Erwachsene Tiere halten sich in den Zapfen der Wirte auf und saugen an den Samen. Sehr ähnlich ist die Kiefernzapfenwanze *(G. grossipes)*, deren erstes Fühlerglied die Kopfspitze deutlich überragt.

(1) *Gastrodes abietum*

Birkenwanze

Kleidocerys resedae

L. 4,5-6 mm

Die kleine **Wanze (1-3)** ist braun, teilweise auch rotbraun gefärbt. Die Vorderflügel sind größtenteils transparent. Das Schildchen wird mit einem durch Punktlinien verzierten Rand flankiert. Die Wirtsbäume dieser Art sind Birken *(Betula)* und Erlen *(Alnus)*. Käfer und Larven besaugen deren Fruchtstände und Samenanlagen. Bei Störungen geben die Wanzen ein stark riechendes Wehrsekret ab.

(1) *Kleidocerys resedae*

(2) *Kleidocerys resedae*

(3) *Kleidocerys resedae*

Bodenwanze
Megalonotus* cf. *chiragra

L. 5-7 mm

Die **Wanze (1)** ist an Kopf, Halsschild und Schildchen schwarzbraun gefärbt und mit braunen, struppigen Haaren bedeckt. Die Vorderflügel sind mit helleren, braunen Streifen versehen. Auffallend sind die verdickten, borstigen Schenkel der Vorderbeine. Zur Nahrungsaufnahme werden vor allem Samen verschiedener Kräuter angestochen. Weibchen legen ihre Eier an Grashalmen, krautigen Stängeln und Moosen ab. Es existieren mehrere, sehr ähnlich aussehende Arten.

(1) *Megalonotus chiragra*

Bodenwanze
Orsillus depressus

L. 6-8 mm

Die **Wanze (1-2)** ist einheitlich braun gefärbt und nur sehr verhalten gemustert. Der Halsschild besitzt eine dünne, dunkle Mittellinie. Seine hinteren »Ecken« sind abgerundet und etwas beulenartig vorgewölbt. Die wärmeliebende Art war ursprünglich mediterran verbreitet. Sie fühlt sich offensichtlich jetzt auch in Deutschland wohl. Wirtspflanzen sind Wacholder *(Juniperus)* und Zypressengewächse *(Cupressus, Chamaecyparis)*. Wir fanden die Wanze in der Nähe einer *Thuja*-Hecke.

Fotobelege: Berlin, südlicher Stadtrand, Privatgarten, 1. 5. 2020.

(1) *Orsillus depressus*

(2) *Orsillus depressus*

Bodenwanze
Raglius alboacuminatus

L. 4,5–6,5 mm

Die **Wanze (1–2)** wirkt etwas bunt, da die Flügeldecken mit weißen, schwarzen und rotbraunen Flecken besetzt sind. Der Name (*alboacuminatus* = mit weißen Spitzen versehen) bezieht sich wohl auf die weißen Flecken an der Spitze der hautartigen Flügelbereiche. Die Art bewohnt Waldränder, bewachsene Feldränder und verkrautetes Brachland. Sie ist ein Nahrungsubiquist, der kaum spezielle Pflanzen bevorzugt. Gelegentlich wird von Funden auf Lippenblütlern wie Schwarznessel *(Ballota)* und Ziest *(Stachys)* berichtet. Weibchen legen die Eier in der Bodenstreu ab.

(1) *Raglius alboacuminatus*

(2) *Raglius alboacuminatus*

(1) *Rhyparochromus vulgaris*

(2) *Rhyparochromus vulgaris*

Gemeine Bodenwanze

Rhyparochromus vulgaris

L. 7–9 mm

Die häufige **Wanze (1–2)** verkörpert das typische Erscheinungsbild einer Bodenwanze. Da es in der Gattung mehrere ähnliche Arten gibt, sollte man sehr genau Farbe und Muster der Oberseite beachten. Der dunkle Halsschild ist vor den Flügeln seitlich weiß gefleckt und mit einem hellen, punktierten Querband versehen. Das unterscheidet die Art von *R. pini* und *R. phoeniceus*. Die Gemeine Bodenwanze ist sowohl an Laubwald- und Feldrändern als auch in Gärten zu finden. Wenn es kühler wird, dringt sie öfter in Wohnungen ein. Draußen überwintern erwachsene Tiere unter Baumrinden oder zwischen Totholz.

Bodenwanze

Sphragisticus nebulosus

L. 4-6 mm

Die **Wanze (1-3)** ist an den Flügeln bunt gefleckt und gepunktet. Sie ist die einzige Art der Gattung und aufgrund ihres Farbmusters kaum zu verwechseln. Wir fanden sie auf einer künstlich angelegten Sanddüne. Bild **(2)** zeigt sie beim Nektarsaugen an einer Blüte des Fingerkrautes *(Potentilla)*. Erwachsene Tiere halten sich bevorzugt am Boden auf. Sie besaugen dort Samen verschiedener Pflanzen.

(2) *Sphragisticus nebulosus*

(1) *Sphragisticus nebulosus*

(3) *Sphragisticus nebulosus* Paarung

Glasflügelwanzen (Fam. *Rhopalidae*)

(1) *Rhopalus subrufus*

Hellbraune Glasflügelwanze
Rhopalus subrufus

L. 6,5–8 mm

Die **Wanze** (1–3) ist rotbraun gefärbt und behaart. Ihre skulpturierten Vorderflügel sind im vorderen Teil farblos und transparent. Das zugespitzte hintere Drittel ist rotbraun eingefärbt. Durch die glasklaren Hautflügel ist ein schwarz-weißes Farbmuster auf dem Hinterleib erkennbar. Das dreieckige Schildchen hat eine helle Doppelspitze. Die Art ist überall in der Krautschicht anzutreffen, ohne dass eine bevorzugte Nahrungspflanze erkennbar ist. Es werden hauptsächlich Früchte diverser Kräuter besaugt.

(2) *Rhopalus subrufus*

(3) *Rhopalus subrufus* Paarung

Zimtwanze

Corizus hyoscyami

L. 8–11 mm

Die **Wanze (1–3)** ist, ähnlich wie die Ritterwanze (S. 1410) oder Feuerwanze (S. 1423), rot und schwarz gefärbt. Der rote Farbton kann durch ein Orange ersetzt sein. Die Zeichnung auf Kopf, Halsschild und Vorderflügel ist arttypisch. Alle Körperteile einschließlich der Fühler und Beine sind mit krausen, blassen Haaren bedeckt. Die Art ist überall in der niedrigen Krautschicht anzutreffen. Sie scheint in der Wahl der Nahrungspflanzen kaum spezialisiert zu sein. Als Wirtspflanze wurde u. a. das namengebende Schwarze Bilsenkraut (*Hyoscyamus niger)* genannt.

(1) *Corizus hyoscyami*

(2) *Corizus hyoscyami*

(3) *Corizus hyoscyami*

Glasflügelwanze
Stictopleurus abutilon

L. 7–9 mm

Die **Wanze (1–3)** kann hellbraun oder dunkel rotbraun gefärbt sein. Sie unterscheidet sich von der ähnlichen Hellbraunen Glasflügelwanze (S. 1416) dadurch, dass die skulpturierten Vorderflügel kaum transparent sind und der Halsschild meist einen deutlichen Mittelkiel aufweist. Das Schildchen ist an der Spitze nicht weißlich aufgehellt, sondern gerandet und abgerundet. Ferner fällt auf, dass die Hinterschenkel an der Innenseite geschwärzt sind. Erwachsene Tiere und ihre Larven ernähren sich von Pflanzensäften. Besonders Korbblütler *(Asteraceae)* werden als Wirtspflanze genannt.

(1) *Stictopleurus abutilon*

(2) *Stictopleurus abutilon*

(3) *Stictopleurus abutilon*

Punktiertnervige Glasflügelwanze

Stictopleurus* cf. *punctatonervosus

L. 7–8,5 mm

Die **Wanze (1)** ist eine sehr ähnliche Schwesterart der Glasflügelwanze *S. abutilon* (S. 1418). Bei ihr sind die erhabenen Längsleisten der Vorderflügel dunkel punktiert, manchmal auch Halsschild und Hautflügel. Weitere Unterschiede sind am erwachsenen Tier kaum zu erkennen. Wir fanden diese Art zur gleichen Zeit auf denselben Wirtspflanzen, jedoch nur mit beigebräunlicher Grundfarbe und ohne Rottöne. Laut Literaturangaben werden auch bei dieser Art Korbblütler als Wirtspflanzen bevorzugt.

(1) *Stictopleurus punctatonervosus*

Grasgespenst

Chorosoma schillingii

L. 13–16 mm

Die **Wanze (1–2)** ist sehr schlank und besitzt lange Fühler. Die Farben können hellgrün, strohfarben oder hellbraun sein. Die Abbildungen zeigen ein Weibchen. Männliche Tiere (nicht abgebildet) sind fast zylindrisch geformt. Auf Bild **(2)** ist noch ein Insekt, vermutlich aus der Verwandtschaft der Langbeinfliegen, zu sehen. Das Grasgespenst bevorzugt trockene, grasige Biotope auf Sandböden, in denen es besonders gut getarnt ist. Nahrungspflanzen sind vor allem Süßgräser und wohl auch diverse Kräuter, an denen Saft gesaugt wird. Weibchen legen ihre Eier an Grashalmen ab.

(1) *Chorosoma schillingii* ♀

(2) *Chorosoma schillingii* ♀

Glasflügelwanze
Myrmus miriformis

L. 7–10 mm

Die **Wanze (1–2)** hat eine gewisse Ähnlichkeit mit dem Grasgespenst (S. 1420), mit dem sie auch verwandt ist. Die Abbildung zeigt ein Weibchen, welches fast immer grün ist. Männchen (nicht abgebildet) sind schlanker und oft braun gefärbt. Die Vorderflügel sind in beiden Geschlechtern meist stummelartig zurückgebildet, was eine Flugunfähigkeit zur Folge hat. Die Art lebt, ähnlich wie das Grasgespenst, an grasigen Standorten, kann aber feuchtere Gebiete besiedeln. Nahrungspflanzen sind Süßgräser und verschiedene Kräuter.

(2) *Myrmus miriformis* ♀

(1) *Myrmus miriformis* ♀

Wolfsmilchwanzen (Fam. *Stenocephalidae*)

Große Wolfsmilchwanze
Dicranocephalus agilis

L. 12–14 mm

Die schlanke **Wanze (1–2)** hat eine dunkelbraune Grundfarbe. Beine und Fühler sind arttypisch heller geringelt. In Draufsicht sieht man die hell gefleckten, überstehenden Ränder des Hinterleibes und weißliche Punkte an der Spitze des Schildchens und am Rande des lederigen Teiles der Vorderflügel (Corium). Auf dem hautartigen Teil der Flügel (Membrane) befinden sich zwischen den Adern dunkle Wärzchen. Hauptwirtspflanze, an der die Wanze den Saft saugt und Weibchen ihre Eier ablegen, ist die Zypressen-Wolfsmilch *(Euphorbia cyparissias)*. Zwei weitere Arten der Gattung, *D. albipes* und *D. medius*, sind sehr ähnlich, aber seltener.

(2) *Dicranocephalus agilis*

(1) *Dicranocephalus agilis*

Feuerwanzen (Fam. *Pyrrhocoridae*)

Gemeine Feuerwanze
Pyrrhocoris apterus

L. 7-12 mm

Die **Wanze (1-3)** hat eine sehr markante schwarz-rote Färbung. Erwachsene Tiere besitzen meist verkürzte, den Hinterleib nicht voll abdeckende Vorderflügel. Durch die verkümmerten Hautflügel sind sie flugunfähig (*apterus* = flügellos). Selten treten langflügelige Exemplare auf, sog. Macropter, die etwas fliegen können. Bei einem Angriff durch Fressfeinde sondert die Wanze ein ekelhaft stinkendes Sekret ab, welches ihr das Leben rettet. Oft werden an besonnten Baumrinden größere Ansammlungen von Tieren verschiedener Entwicklungsstufen beobachtet **(3)**. Die Art hält sich vorwiegend am Erdboden auf, wo auch die Eiablage stattfindet. Die Nahrung besteht aus Pflanzensäften, die aus den Samen verschiedener Bäume und Kräuter gesaugt werden. Bevorzugte Wirtspflanzen sind Linden *(Tilia)*, Robinien *(Robinia)* und Malvengewächse *(Malvaceae)*.

(1) *Pyrrhocoris apterus*

(2) *Pyrrhocoris apterus*

(3) *Pyrrhocoris apterus*

Erdwanzen (Fam. *Cydnidae*)

Düstere Erdwanze
Sehirus luctuosus

L. 6–8,5 mm

Die schwarze **Wanze (1–2)** hat einen breitovalen Umriss. Die Oberseite ist gleichmäßig punktiert, am Halsschild jedoch mit einer glatten Querwulst versehen. Die hintere Querlinie des schwarzen Teiles der Vorderflügel ist schwach gewellt. Der anschließende transparente Teil ist etwas milchig. Bei Gefahr sondert die Wanze ein nach Bittermandel riechendes Sekret ab. Als Wirtspflanzen werden verschiedene Kräuter der Raublattgewächse *(Boraginaceae)* genannt, z. B. der Gewöhnliche Natternkopf *(Echium vulgare)*. Es kommen aber auch Kräuter anderer Pflanzenfamilien infrage. Weibchen legen die Eier in der Erde ab. Die Gattung enthält weitere, sehr ähnliche Arten, die seltener sind.

(1) *Sehirus luctuosus*

(2) *Sehirus luctuosus*

Gesäumte Erdwanze

Legnotus limbosus

L. 3,5–4,5 mm

Die **Wanze (1–2)** ähnelt der Düsteren Erdwanze (S. 1424), ist aber kleiner und besitzt einen dünnen, hellen Seitenrand an den Vorderflügeln. Darauf bezieht sich auch der Artname (*limbolarius* = Saummacher). Die Art lebt an Labkraut-Arten *(Galium)*, wird aber auch an anderen Kräutern gefunden, so z. B. auf diversen Lippenblütlern *(Lamiaceae)*. Bild **(2)** zeigt die Wanze kurz vor dem Abflug.

(1) *Legnotus limbosus*

(2) *Legnotus limbosus*

Schwarzweiße Erdwanze

Tritomegas bicolor

L. 5-7 mm

Die **Wanze (1-2)** ist auf der schwarzen Oberseite der Vorderflügel (Halbdecke) arttypisch weiß gezeichnet. Der vordere, häutige Bereich (Membrane) ist bräunlich. Am Vorderrand des Halsschildes befinden sich zwei weiße, längliche Flecken. Die Halbdecken können einen grünlichen oder bläulichen Erzglanz haben. Die häufige Art lebt vorwiegend an Taubnesseln der Gattung *Lamium* (*L. purpureum*, *L. album* und *L. maculatum*), gelegentlich auch auf der Schwarznessel *(Ballota nigra)*. Erwachsene Tiere und Larven saugen den Saft an Blättern und Stängeln dieser Kräuter. Sehr ähnlich ist die Gefleckte Schwarznesselwanze (S. 1427).

(1) *Tritomegas bicolor*

(2) *Tritomegas bicolor*

Gefleckte Schwarznesselwanze
Tritomegas sexmaculatus

L. 6–8 mm

Die **Wanze (1–2)** ist mit der sehr ähnlich aussehenden Schwarzweißen Erdwanze (S. 1426) leicht zu verwechseln, da die weiße Zeichnung auf schwarzem Grund fast identisch ist. Unterscheidbare Merkmale sind an der weißen Berandung des Halsschildes zu erkennen, die vom Kopf bis zu den Außenecken durchgeht. Auch sind die vorstehenden Membranen der Vorderflügel nicht braun, sondern schwarz. Die Art lebt fast ausschließlich an der Schwarznessel *(Ballota nigra)*. Bild **(2)** zeigt einige Larven im fortgeschrittenen Stadium am Blatt dieser Pflanze.

(1) *Tritomegas sexmaculatus*

(2) *Tritomegas sexmaculatus* Larven

Baumwanzen (Fam. *Pentatomidae*)

Rotbeinige Baumwanze
Pentatoma rufipes

L. 13-16 mm

Die **Wanze (1-4)** ist oberseits dunkelbraun gefärbt. Beine und Unterseite sind rotorange. Der Halsschild besitzt deutlich vorstehende Schulterecken. Das große, dreieckige Schildchen läuft in einer gelben oder roten, abgerundeten Spitze aus. Im Spätherbst dunkeln die Farben nach **(3)** und die Beine verlieren den Rotton. Abbildung **(4)** zeigt eine Larve im letzten Entwicklungsstadium. Die Art kommt bevorzugt auf laubtragenden Büschen oder Laubbäumen vor, seltener auf Nadelbäumen. Die Nahrung besteht aus Säften junger Triebe oder Früchte. Gelegentlich werden auch Larven oder Puppen anderer Insekten angesaugt.

(1) *Pentatoma rufipes*

(2) *Pentatoma rufipes*

(3) *Pentatoma rufipes*

(4) *Pentatoma rufipes* Larve

(2) *Aelia acuminata*

(1) *Aelia acuminata*

(3) *Aelia acuminata* Larve

Getreide-Spitzwanze

Aelia acuminata

L. 8-9,5 mm

Die **Wanze (1-3)** hat eine beigebräunliche Grundfarbe und ist auf der gesamten Oberfläche arttypisch längs gestreift. Der Kopf der schlank-ovalen Art ist dem Namen entsprechend zugespitzt. Bild **(3)** zeigt eine Larve im letzten Entwicklungsstadium. Durch ihre Farben ist die Wanze auf Getreideähren gut getarnt. Sie ist aber auch an anderen Grasarten, besonders größeren Süßgräsern, zu finden. Die Eiablage erfolgt an den Blättern der Gräser in der Nähe der Ähren. Die Gattung *Aelia* ist in Deutschland nur noch durch eine weitere, seltenere Art, *Aelia klugii*, vertreten.

Waldwächter
Arma custos

L. 10-14 mm

Die **Wanze (1-4)** ist relativ einheitlich hell- oder dunkelbraun gefärbt. Der Halsschild besitzt deutlich überstehende, stumpfwinklige Ecken. Am großen, dreieckigen Schildchen befindet sich in jeder Außenecke ein kleiner, schwarzbrauner Punkt. Bild **(4)** zeigt eine Larve in fortgeschrittenem Stadium. Die Art ist auf Blättern und Ästen verschiedener Laubbäume zu finden. Dort lauert sie auf Insekten, die überwältigt und ausgesaugt werden. Beutetiere sind vor allem Käfer und Schmetterlinge.

(1) *Arma custos*

(2) *Arma custos*

(3) *Arma custos*

(4) *Arma custos* Larve

Nördliche Fruchtwanze

Carpocoris fuscispinus

L. 11-14 mm

Die **Wanze (1-3)** hat eine variable, gelbliche bis gelbbräunliche Grundfarbe. Die Vorderflügel können einen fleischrötlichen Farbton aufweisen. Auffallend sind die zugespitzten, weit überstehenden, schwarzbraunen Ecken des Halsschildes (*fuscispinus* = braun bedornt). Die häufige Art saugt besonders an den Samen verschiedener Kräuter. Bevorzugt werden anscheinend Doldenblütler *(Apiaceae)* und Korbblütler *(Asteraceae)*. Gelegentlich werden auch unreife Getreidekörner besaugt. Sehr ähnlich ist die Purpur-Fruchtwanze (S. 1432).

(1) *Carpocoris fuscispinus*

(3) *Carpocoris fuscispinus*

(2) *Carpocoris fuscispinus*

(2) *Carpocoris purpureipennis*

(3) *Carpocoris purpureipennis*

(4) *Carpocoris purpureipennis* Larve

Purpur-Fruchtwanze

Carpocoris purpureipennis

L. 11–14 mm

Die **Wanze (1–4)** ähnelt der Nördlichen Fruchtwanze (S. 1431). Im Idealfall besitzt sie purpurrot gefärbte Vorderflügel **(2)**, was nicht immer deutlich ausgeprägt ist. Die leicht geschwärzten Ecken des Halsschildes ragen nicht so stark vor wie bei der Nördlichen Fruchtwanze und sind besonders beim Weibchen (**(3)**, rechtes Tier) mehr abgerundet. Außerdem ist das Schildchen auf beiden Seiten eingebuchtet, was sich auch farblich bemerkbar macht. Bild **(4)** zeigt eine Larve im vorletzten Entwicklungsstadium. Nahrung und Lebensgewohnheiten entsprechen denen der Nördlichen Fruchtwanze.

(1) *Carpocoris purpureipennis*

Fruchtwanze
Carpocoris* cf. *pudicus

L. 10-14 mm

Die wärmeliebende **Wanze (1-2)** ähnelt besonders der in Nordeuropa heimischen Purpur-Fruchtwanze (S. 1432), galt aber lange Zeit als mediterran vorkommend. Inzwischen scheint sie sich auch in Brandenburg eingebürgert zu haben. Ihre schwärzliche Zeichnung an Kopf, Halsschild und Schildchen ist kräftiger als bei der Schwesterart. Die Grundfarbe ist braunorange, aber kaum purpurfarben. Ein wichtiges, schwer erkennbares Unterscheidungsmerkmal ist eine kleine Einkerbung an den Seiten des Schildchens bei *C. pudicus*. Eine sichere Abgrenzung dieser Art gegenüber *C. purpureipennis* ist nur über einen Vergleich der männlichen Genitalien möglich.

Fotobelege: Brandenburg, Trockenrasen bei Wünsdorf, 1. 7. 2018.

(2) *Carpocoris pudicus*

(1) *Carpocoris pudicus*

Föhrengast
Chlorochroa pinicola

L. 10–13 mm

Die **Wanze (1–2)** ist mittel- bis dunkelbraun gefärbt, gelegentlich auch mit olivgrünlichem Farbton. Die Ränder von Halsschild, Vorderflügel und Hinterleib sind hell gerandet und das Schildchen besitzt eine hell abgesetzte, verrundete Spitze. Wirtspflanzen sind verschiedene Kiefernarten, seltener Fichten. In Brandenburg halten sich die Wanzen im Kronenbereich der Waldkiefer *(Pinus sylvestris)* auf. Erwachsene Tiere und Larven saugen an Nadeln, jungen Trieben und Samen.

(1) *Chlorochroa pinicola*

(2) *Chlorochroa pinicola*

Beerenwanze
Dolycoris baccarum

L. 9-12 mm

Die **Wanze (1-4)** ist an Halsschild und Vorderflügel purpurfarben, seltener braun **(4)**. Frische Tiere sind fast überall grauweißlich behaart. Die schwarzen Fühler sind auffällig weiß geringelt. Die häufige Art ernährt sich von Früchten und Samen vieler verschiedener Sträucher und Kräuter. In Gärten wird sie daher öfter auf angepflanzten Beerensträuchern angetroffen. Im Herbst sonnen sie sich gerne an Hauswänden. Blattläuse und Insekteneier gehören ebenfalls zum Nahrungsangebot.

(1) *Dolycoris baccarum*

(2) *Dolycoris baccarum*

(3) *Dolycoris baccarum*

(4) *Dolycoris baccarum*

(1) *Eurydema oleracea*

(2) *Eurydema oleracea*

(3) *Eurydema oleracea* Paarung

Kohlwanze

Eurydema oleracea

L. 6–8 mm

Die **Wanze (1–3)** ist auf glänzend schwarzem Untergrund arttypisch mit farbigen Flecken und Punkten verziert. Die Farbe kann rot, gelb oder weiß sein. Sicher gibt es Zwischentöne, da sich auch verschiedenfarbige Tiere miteinander paaren **(3)**. Die sehr häufige Art ist nicht nur auf Kohlpflanzen *(Brassicaceae)* anzutreffen, sondern an Feld- und Wiesenrändern auf vielen verschiedenen Kräutern. Bei Massenvorkommen kann die Wanze durch ihre Saugtätigkeit an Kulturpflanzen schädlich werden. Bei flüchtiger Betrachtung kann eine Verwechslung mit der Gemüsewanze vorkommen.

Gemüsewanze,
Schmuckwanze
Eurydema ornata

L. 7-9 mm

Die **Wanze (1-5)** ist schwarz-rot gefärbt, wobei der rote Farbton durch Gelb oder Orange ersetzt sein kann. Der Kopf ist ebenfalls schwarzrot oder einfarbig schwarz. Der seitlich etwas überstehende Rand des Hinterleibes ist gewöhnlich nicht schwarz gefleckt, was die Wanze von den ähnlich aussehenden Arten *E. dominulus* und *E. ventralis* unterscheidet. Bild **(5)** zeigt eine Larve in fortgeschrittenem Stadium. Es gibt weitere, ähnliche Arten, deren Farbmuster nur wenig abweicht. Die Lebensweise ähnelt der der Kohlwanze (S. 1437).

(2) *Eurydema ornata*

(5) *Eurydema ornata* Larve

(4) *Eurydema ornata* Paarung

(1) *Eurydema ornata*

(3) *Eurydema ornata*

Streifenwanze

Graphosoma italicum
(früher *Graphosoma lineatum*)

L. 8–12 mm

Die häufige **Wanze (1–4)** ist in Längsrichtung auffällig schwarz und rot (bzw. orange) gestreift. Die Unterseite ist auf rotorangefarbenem Grund schwarz gepunktet **(2)**. Die Abbildung **(4)** zeigt zwei Larven im letzten Entwicklungsstadium an Wilder Möhre. Die Art ist die einzige ihrer Gattung in Europa und mit keiner anderen zu verwechseln. Eine Besonderheit ist das besonders große »Schildchen«, welches fast die gesamte Fläche des Hinterleibes überdeckt. Der überstehende Rand des Hinterleibes ist rot-schwarz gefleckt. Die Art findet man besonders auf Doldenblütlern wie Wilde Möhre *(Daucus carota)*, Giersch *(Aegopodium podagraria)* oder Wald-Engelwurz *(Angelica sylvestris)* und anderen. Erwachsene Tiere und Larven saugen an den unreifen Früchten der Wirtspflanzen.

(1) *Graphosoma italicum*

(4) *Graphosoma italicum* Larve

(3) *Graphosoma italicum*

(2) *Graphosoma italicum*

Grüne Stinkwanze
Palomena prasina

L. 11-15 mm

Die **Wanze (1-4)** ist oberseits meist einheitlich grün gefärbt. Augen und Teile der Beine und Fühler können rötliche Töne aufweisen. Unterseits sind erwachsene Tiere gelb **(3)** oder hellrot. Im Herbst tritt temperaturbedingt ein Farbwechsel von Grün nach Rot- oder Schwarzbraun auf. Bild **(4)** zeigt eine Larve im frühen Entwicklungsstadium. Ein Eigelege an der Unterseite eines Eichenblattes ist auf Bild **(5)** zu sehen. Bei Gefahr sondert die Wanze ein ekelhaft bittermandelartig riechendes Sekret ab. Die häufige Art ist an diversen Kräutern, Büschen und Bäumen zu finden. Eine sehr ähnliche, viel seltenere Art ist *P. viridissima*. Der Vorderrand ihres Halsschildes ist etwas nach außen gewölbt, was nicht immer leicht zu erkennen ist. Man vergleiche auch die Fotos der eingewanderten Grünen Reiswanze (S. 1444), die am Vorderrand ihres Schildchens drei gelbliche Punkte besitzt.

(4) *Palomena prasina* Larve

(5) *Palomena prasina* Eier

(3) *Palomena prasina*

(1) *Palomena prasina*

(2) *Palomena prasina*

Grüne Reiswanze

Nezara viridula

L. 12-17 mm

Die **Wanze (1-4)** kann der Grünen Stinkwanze (S. 1442) sehr ähneln, sofern sie vollkommen grasgrün gefärbt ist. Zur Unterscheidung achte man auf die drei gelben Punkte an der Vorderkante des Schildchens **(1-2)**. Diese fehlen der Stinkwanze. Bei Varianten der Grünen Reiswanze sind die Außenränder weißlich abgesetzt oder das Tier ist nicht grün, sondern dunkelbraun gefärbt. Auf den Fotos **(3-4)** sind verschiedene Entwicklungsstadien der Larve abgebildet. Die tropisch, subtropisch und mediterran verbreitete Art ist vermutlich durch Pflanzenimporte eingeschleppt worden. Wir fanden sie bisher nur an der Schwarznessel *(Ballota nigra)*.

Fotobelege: Brandenburg, Wegrand bei Diedersdorf, an *Ballota nigra*; Larven: 28. 9.-2. 10. 2018; adulte Tiere: 31. 10. 2018.

(1) *Nezara viridula*

(2) *Nezara viridula*

(3) *Nezara viridula* Larven

(4) *Nezara viridula* Larve

(2) *Peribalus strictus* Paarung

(1) *Peribalus strictus*

(3) *Peribalus strictus* Larve

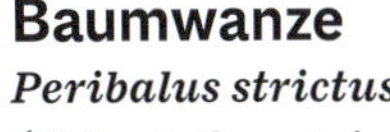

Baumwanze

Peribalus strictus

(Holcostethus strictus)

L. 6-11 mm

Die **Wanze (1-3)** variiert in ihrer Grundfarbe von Gelbbraun bis Dunkelbraun. Die abgerundete Spitze des Schildchens ist stets aufgehellt und der vorstehende Rand des Hinterleibes ist hell-dunkel gefleckt. Die ersten Fühlerglieder sind gelbrot gefärbt, was sie von der sehr ähnlichen *P. sphacelatus* (mit schwarz-weiß geringelten Fühlern) unterscheidet. Die Art ist auf verschiedenen Kräutern zu beobachten, deren Samen und Früchte besaugt werden. Auf Bild **(3)** ist eine Larve im letzten Entwicklungsstadium dargestellt.

Zweizähnige Dornwanze

Picromerus bidens

L. 10–13 mm

Die **Wanze (1–3)** ist einheitlich dunkelbraun gefärbt. Nur die abgerundete Spitze des Schildchens ist aufgehellt. Der Halsschild besitzt an jeder Seite einen spitzen, dornartigen Auswuchs. Die Art hält sich an Wald- und Feldrändern in der niedrigen Krautschicht auf. Sie erbeutet dort bevorzugt Larven von Schmetterlingen oder Käfern, die ausgesaugt werden **(2)**. Auf dem Paarungsbild **(3)** sieht man zwischen beiden Geschlechtern kaum Unterschiede. Das Männchen (rechts) ist kleiner und hat längere Fühler. Larven sind schwer zuzuordnen, da ihre Halsschilder keine Dornen aufweisen.

(1) *Picromerus bidens*

(2) *Picromerus bidens* mit Opfer

(3) *Picromerus bidens* Paarung

Graue Feldwanze

Rhaphigaster nebulosa

L. 14–16 mm

Die **Wanze (1–3)** ist überall deutlich punktiert und durch hellere und dunkle Bereiche gescheckt. Die Oberfläche kann einen metallischen Glanz haben. Die Fühler sind hell-dunkel geringelt und der überstehende Rand des Hinterleibes zeigt eine kräftige helle und dunkle Fleckung. Die Larve **(3)** besitzt (hier im vermutlich vorletzten Entwicklungsstadium) eine deutliche Behaarung, die später verschwindet. Die Wanze hält sich gerne auf beerentragenden Büschen auf, lebt aber auch auf Laub- und Obstbäumen. Von erwachsenen Tieren werden neben saftigen Früchten ebenso Larven anderer Insekten angefallen und besaugt.

(1) *Rhaphigaster nebulosa*

(2) *Rhaphigaster nebulosa*

(3) *Rhaphigaster nebulosa* Larve

Stachelwanzen (Fam. *Acanthosomatidae*)

Wipfel-Stachelwanze
Acanthosoma haemorrhoidale

L.14–18 mm

Die schlanke **Wanze (1-4)** ist in den Farben Grün und Rot auffällig bunt. Die roten Bereiche der Vorderflügel flankieren das grüne oder grüngelbe Schildchen. Der Halsschild besitzt dornartig zugespitzte, weit vorstehende Ecken. Die Fühler sind schwarz. Stachelwanzen besitzen an der Unterseite des Vorderkörpers einen nach vorne gerichteten Stachel **(3).** Bei dieser Art ist der Stachel gelb und fällt an der gleichfarbigen Unterseite kaum auf. Die Art lebt auf verschiedenen Büschen und Bäumen, bevorzugt auf solchen mit saftigen Beerenfrüchten wie Weißdorn *(Crataegus)*, Traubenkirsche *(Prunus)*, Holunder *(Sambucus)*, Schneeball *(Viburnum)* und anderen. Erwachsene Tiere überwintern am Boden in der Laubstreu.

(2) *Acanthosoma haemorrhoidale*

(1) *Acanthosoma haemorrhoidale*

(3) *Acanthosoma haemorrhoidale*

(4) *Acanthosoma haemorrhoidale*

Buntrock

Cyphostethus tristriatus

L. 9–11 mm

Die **Wanze (1–3)** ähnelt in ihren roten und grünen Farben etwas der Wipfel-Stachelwanze (S. 1448). Die breiten, roten Streifen der Vorderflügel, die das grüne Schildchen einrahmen, driften unten auseinander. Dadurch entsteht ein typisches Farbmuster. Die Hautflügel sind außerdem farblos-transparent und die Fühler haben eine rötliche Farbe. Als Nahrungspflanzen werden besonders weiblicher Wacholder *(Juniperus communis)* und weitere Zypressengewächse wie Lebensbaum *(Thuja)* und Scheinzypresse *(Chamaecyparis)* genannt. Die Art erscheint daher auch in Gärten und Anlagen.

(1) *Cyphostethus tristriatus*

(2) *Cyphostethus tristriatus*

(3) *Cyphostethus tristriatus*

(1) *Elasmostethus interstictus*

(2) *Elasmostethus interstictus*

(3) *Elasmostethus interstictus*

(4) *Elasmostethus interstictus*

Bunte Blattwanze,
Bunte Stachelwanze
Elasmostethus interstictus

L. 9-12 mm

Die **Wanze (1-4)** ähnelt mit ihren roten, grünen und gelben Farben besonders der Wipfel-Stachelwanze (S. 1448). Sie ist aber kleiner und die vorstehenden Ecken des Halsschildes sind mehr abgerundet. Wie bunt diese Art wirklich ist, sieht man erst bei geöffneten Flügeln **(4)**. Als Wirtsbäume werden hauptsächlich verschiedene Birken *(Betula)* genannt, seltener andere Laubbäume wie Erle *(Alnus)*, Pappel *(Populus)* und Weide *(Salix)*. Erwachsene Tiere und Larven saugen an den unreifen Fruchtständen der Bäume.

(1) *Elasmucha ferrugata* ♀

(2) *Elasmucha ferrugata* Paarung

(3) *Elasmucha ferrugata* Larven

Heidelbeerwanze

Elasmucha ferrugata

L. 7-10 mm

Die **Wanze (1-3)** ist relativ einfarbig rot- bis rostbraun gefärbt (*ferrugata* = eisenrostfarbig). Der Halsschild ist an den Seiten mit einem besonders kräftigen, spitzen Stachel ausgerüstet. Die Art bevorzugt als Wirtspflanze vor allem Heidelbeergewächse wie Blaubeere *(Vaccinium myrtillus)* und Preiselbeere *(V. vitis-idaea)*. Auf den Fotos ist sie an einer Felsen-Johannisbeere *(Ribes petraeum)* zu sehen. Ein Weibchen bewacht auf Bild **(1)** die junge Brut. Bild **(2)** zeigt eine Paarung und auf Bild **(3)** sind Larven in verschiedenen Altersstadien zu sehen.

Flockige Brutwanze
Elasmucha grisea

L. 7–9 mm

Die **Wanze (1–4)** ist in variablen Farben bunt gefleckt. Häufig sind gelbe, grüne, rote und braune Farbtöne gemischt. Bild **(3)** zeigt ein Weibchen beim Bewachen ihres Eigeleges, auf Bild **(4)** ist eine Paarung zweier unterschiedlich gefärbter Partner abgebildet. Das Männchen (rechts) ist dunkler. Die Unterseite des Hinterleibes ist nur an den seitlich sitzenden Atemöffnungen dunkel punktiert **(2)**. Das unterscheidet die Wanze von der sehr ähnlich aussehenden Gezähnten Brutwanze *(E. fieberi)*, deren Unterseite ganzflächig dunkel gepunktet ist. Bei beiden Arten fällt die besonders grobe Punktierung von Halsschild und Vorderflügeln auf. Die Fleckige Brutwanze lebt auf weiblichen (Kätzchen tragenden) Birken und Erlen, deren junge Fruchtstände besaugt werden.

(1) *Elasmucha grisea*

(2) *Elasmucha grisea*

(3) *Elasmucha grisea* ♀

(4) *Elasmucha grisea* Paarung

Schildwanzen (Fam. *Scutelleridae*)

Gras-Schildwanze, Gemeine Getreidewanze
Eurygaster maura

L. 9–11 mm

Die häufige **Wanze (1–2)** hat eine gelb- bis graubraune Grundfarbe. Die punktierte Oberfläche kann nahezu einheitlich gefärbt, seltener auch gefleckt sein. Bei den Schildwanzen ist das Schildchen so groß, dass es fast den gesamten Hinterleib abdeckt. Arttypisch sind die beiden hellen, kommaförmigen Zeichen an der Basis des Schildchens. Eine helle, dünne Mittellinie ist auf Halsschild und Schildchen vorhanden, aber nicht immer deutlich. Die Art ist auf eher trockenen Wiesen und Feldern an Süßgräsern zu finden, manchmal auch an Getreideähren und anderen krautigen Pflanzen.

(2) *Eurygaster maura*

(1) *Eurygaster maura*

(1) *Eurygaster testudinaria*

(3) *Eurygaster testudinaria* Paarung

(2) *Eurygaster testudinaria*

Schildkrötenwanze

Eurygaster testudinaria

L. 9-11 mm

Die **Wanze (1-3)** hat in den meisten Fällen eine variable Grundfärbung. Sie kann bräunliche oder auch rötliche Farbtöne **(2)** aufweisen. Oft ist sie oberseits an verschiedenen Stellen heller gefleckt. In der Mitte des großen Schildchens zeigt sich im unteren Bereich fast immer eine längliche Aufhellung. Die Art hat eine sehr ähnliche Lebensweise wie die Gras-Schildwanze (S. 1454), mit der sie leicht zu verwechseln ist, liebt aber offensichtlich feuchtere Biotope. Man findet sie daher auch an Sauergräsern *(Carex)* oder Schilf *(Phragmites)* in Wassernähe.

Stelzenwanzen (Fam. *Berytidae*)

Große Stelzenwanze
Neides tipularius

L. 9-12 mm

Die **Wanze (1-2)** hat einen fast zylindrischen Körperbau. Durch ihre dünnen, langen Beine erinnert sie an eine Schnake *(Tipula)*. Alle Beinschenkel sind vor den Schienen auffallend keulig erweitert. Die Fühler sind fast so lang wie die Vorderbeine. Sie sind etwa in der Mitte und an der Spitze verdickt. Die Vorderflügel sind mit wenig auffallenden, dünnen Flecken besetzt. Bild **(2)** zeigt das Tier in Rückenlage. Hier ist der anliegende Saugrüssel deutlich zu sehen. Die Art hält sich in trocken-warmen Wiesenbiotopen mit Süßgräsern auf, gelegentlich auch in der Krautschicht an Wald- und Feldrändern. Nahrungspflanzen sind neben Süßgräsern auch Kräuter aus verschiedenen Pflanzenfamilien. Ähnlich, aber etwas kleiner sind mehrere Arten der Typusgattung *Berytinus*.

(1) *Neides tipularius*

(2) *Neides tipularius*

Krummfühlerwanzen (Fam. *Alydidae*)

Rotrückiger Irrwisch
Alydus calcaratus

L. 10–12 mm

Die **Wanze (1)** hat eine schwarzbraune Grundfarbe. Die überstehenden Ränder des Hinterleibes sind weißlich gefleckt. Kopf und Halsschild sind struppig behaart. Arttypisch sind mehrere spitze Dornen an den hinteren Beinschenkeln. Den namengebenden »roten Rücken« sieht man nur bei geöffneten Flügeln. Die Art hält sich gerne auf oder in der Nähe von Schmetterlingsblütlern und Wolfsmilchgewächsen auf, deren Samen besaugt werden. Dabei werden Ginster-Arten (z. B. *Sarothamnus, Genista, Ulex*) bevorzugt. Die Larven ähneln größeren Ameisen der Gattung *Formica*.

(1) *Alydus calcaratus*

Rindenwanzen (Fam. *Aradidae*)

Rindenwanze
Aradus betulae

L. 7-10 mm

Die **Wanze (1)** besitzt dunkle Grundfarben und eine fast rhombische Gestalt. Typisch für viele Rindenwanzen ist der an den Seiten wulstig überstehende Halsschild. Der freie Rand des Hinterleibes ist hell gefleckt und an der Außenkante gekerbt. Die Fühler haben eine einheitlich dunkle Farbe. Die Art hält sich auf oder unter der Rinde verschiedener Laubbäume auf, die von Baumpilzen (Porlingen unterschiedlicher Gattungen) befallen sind. Sie ernährt sich saugend von Pilz- und Baumsaft. Als häufigster Wirtsbaum wird Rotbuche *(Fagus)* genannt. Auch gelagertes Holz wird von erwachsenen Tieren und Larven angenommen. Die Gattung enthält mehrere sehr ähnlich aussehende Arten.

(1) *Aradus betulae*

Rindenwanze
Aradus* cf. *ribauti

L. 7-10 mm

Die **Wanze (1)** gehört, wie *Aradus betulae* (oben), zu den größeren Arten der Gattung. Hellere Exemplare sind etwas bunt gescheckt und das vorletzte Fühlerglied ist deutlich heller als die übrigen. Wir fanden diese Art auf der Rinde eines liegenden, von Baumpilzen befallenen Birkenstammes, wo sie leicht zu übersehen ist. Als Hauptwirt wird Pappelholz *(Populus)* genannt. Auch hier existieren weitere Arten, die nur durch Genitaluntersuchungen sicher zu bestimmen sind.

Fotobeleg: Berlin, Kohlhasenbrück, an liegendem Birkenstamm, 30. 5. 2013.

(1) *Aradus ribauti*

Rindenwanze
Aradus depressus

L. 5-6,5 mm
Die **Wanze (1-2)** hat eine ovale Körperform. Oberseits ist sie in den Farben Schwarzbraun, Rotbraun und Weiß bunt gescheckt. Die Unterseite **(2)** ist einheitlich braun gefärbt. Der Halsschild ist vorne auf beiden Seiten weiß gefleckt. Entsprechend ihrer Länge sind die schwarzen, viergliedrigen Fühler auffallend dick. Die häufige, kleine Art wird auf Baumrinden sicher oft übersehen. Wirtsbäume sind vorwiegend Laubbäume, die von holzzehrenden Pilzen befallen sind. Birken *(Betula)* werden offensichtlich bevorzugt.

(1) *Aradus depressus*

(2) *Aradus depressus*

Weichwanzen, Blindwanzen (Fam. *Miridae*)

Gestreifte Weichwanze,
Prachtwanze
Miris striatus

L. 9–12 mm

Die schlanke **Wanze (1–2)** besitzt eine schwarze Grundfarbe. Die Vorderflügel sind auf dem lederigen Teil (Corium) auffallend gelb gestreift und an den Spitzen zusätzlich gelb abgesetzt. Die gelben Farben können teils durch orangefarbene Töne ersetzt sein. Die Beine sind einfarbig schwarz oder schwarz-rot gefärbt. Auf Mitte der langen, schwarzen Fühler befindet sich eine kurze Blässe. Die Art lebt auf verschiedenen Laubgehölzen. Sie ernährt sich von Pflanzensäften junger Triebe und Blätter, lebt aber auch räuberisch von Insektenlarven und Läusen.

(2) *Miris striatus*

(1) *Miris striatus*

(1) *Adelphocoris lineolatus*

(2) *Adelphocoris lineolatus*

(3) *Adelphocoris lineolatus*

Gemeine Zierwanze

Adelphocoris lineolatus

L. 7–10 mm

Die **Wanze** (1–3) besitzt ein variables Farbmuster, bestehend aus grünen, gelblichen und bräunlichen Tönen. Der Halsschild besitzt zwei dunkle, nebeneinandersitzende Punkte (2), die auch fehlen können. Die Art ist an Feldrändern oder auf Wiesen häufig zu beobachten. Sie ernährt sich von Pflanzensäften, die an verschiedenen Kräutern gesaugt werden. Wirtspflanzen sind vorwiegend Schmetterlingsblütler wie Klee-Arten (*Trifolium* und *Medicago*) oder Platterbsen *(Lathyrus)*, seltener Korbblütler.

(1) *Adelphocoris quadripunctatus*

(2) *Adelphocoris quadripunctatus*

(3) *Adelphocoris quadripunctatus*

Vierpunktige Zierwanze
Adelphocoris quadripunctatus

L. 7-10 mm

Die **Wanze (1-3)** kann leicht mit der Gemeinen Zierwanze (S. 1461) verwechselt werden. Sie wirkt insgesamt etwas einfarbiger. Auf ihrem Halsschild befinden sich jedoch vier mehr oder weniger deutliche, dunkle Punkte (*quadripunctatus* = vierfach punktiert). Sie bewohnt ähnliche Biotope, soll aber besonders auf der Großen Brennnessel *(Urtica dioica)* vorkommen.

Gelbsaum-Zierwanze

Adelphocoris seticornis

L. 7-9 mm

Die **Wanze (1)** ist in fast allen Körperteilen schwarz gefärbt. Die Vorderflügel glänzen durch die kurze Behaarung etwas golden und sind an den Außenrändern schmal goldgelb gerandet. An den Spitzen der lederigen Flügelteile befindet sich ein roter, rundlicher Fleck. Die Art hält sich in der niedrigen Krautschicht auf. Wirtspflanzen, an denen Saft gesaugt wird, sind vor allem diverse Schmetterlingsblütler *(Fabaceae)*. Erwachsene Tiere nehmen auch Nektar verschiedener Blütenpflanzen auf.

(1) *Adelphocoris seticornis*

(1) *Agnocoris rubicundus*

Weichwanze
Agnocoris rubicundus

L. 4,5-5,5 mm

Die **Wanze (1)** ist einfarbig rot gefärbt. Auf dem Bild ist sie an ihrem Hauptwirtsbaum, der Trauerweide *(Salix alba)*, zu sehen, an deren jungen Fruchtständen gesaugt wird. Gelegentlich werden auch andere Weidenarten oder Pappeln aufgesucht. Das Tier ist mit etlichen Pollen bedeckt. Dadurch kann die feine, anliegende Behaarung der Flügeldecken leicht übersehen werden. Sehr ähnlich ist die Weichwanze *A. reclairei*. Sie ist an denselben Wirtsbäumen zu finden. Zur Unterscheidung beachte man den Kopf der Wanzen. Bei *A. rubicundus* ist die Stirn einfarbig rotbraun, während diese bei *A. reclairei* heller gefleckt ist.

Fotobeleg: Brandenburg, Glau, an Trauerweide, 17. 4. 2011.

Weichwanze
Apolygus lucorum

L. 5-6 mm

Die **Wanze (1-2)** ist vorwiegend hellgrün gefärbt. Nur der membrane Teil der Vorderflügel ist oft abgedunkelt. Die Art hält sich in der Krautschicht an Feld- und Waldrändern auf. Nahrungspflanzen, an denen der Saft gesaugt wird, sind vor allem Beifuß-Arten *(Artemisia)* und Weidenröschen *(Epilobium)*. Die Abbildungen zeigen sie an der Großen Brennnessel *(Urtica dioica)*, die auch als Wirtspflanze genannt wird. Sehr ähnlich ist *A. spinolae*, die als Hauptwirt die Brennnessel bevorzugt. Der undurchsichtige Teil ihrer Vorderflügel besitzt an der äußersten Spitze einen dunklen Punkt. Auch bestimmte Exemplare der etwas größeren Gemeinen Zierwanze (S. 1461) sind ähnlich.

(1) *Apolygus lucorum*

(2) *Apolygus lucorum*

Zweikeulen-Weichwanze

Closterotomus biclavatus

L. 6–8 mm

Die vorwiegend schwarze **Wanze (1–3)** ist an Kopf, Halsschild und Vorderflügeln mit goldgelben, anliegenden Haaren bedeckt. Auf jedem Vorderflügel befindet sich außerdem ein weißgelblicher Fleck. Auffällig sind die langen Fühler, die an der Basis und in der Mitte keulenartig verdickt sind (*biclavatus* = mit zwei Keulen). Bild **(3)** zeigt eine Larve im vermutlich vorletzten Entwicklungsstadium. Die Art kann an verschiedenen Zwergsträuchern und Gehölzen oder in der Krautschicht gefunden werden. Als Nahrung dienen Pflanzensäfte, gelegentlich auch Kleininsekten wie z. B. Blattläuse.

(1) *Closterotomus biclavatus*

(2) *Closterotomus biclavatus*

(3) *Closterotomus biclavatus* Larve

Rote Weichwanze

Deraeocoris ruber

L. 6-8 mm

Die **Wanze (1-4)** ist variabel rot-schwarz gefärbt. Es können rote, aber auch schwarze Farben überwiegen. Die überall häufige Art besiedelt die Krautschicht, kann aber auch auf Sträuchern und vorwiegend Laubbäumen gefunden werden. Die Ernährung erfolgt sowohl durch Besaugen von Blüten, Stängeln, Blättern oder Früchten als auch räuberisch. Wie bei vielen Wanzen werden auch Kleininsekten und deren Larven angestochen und ausgesaugt.

(1) *Deraeocoris ruber*

(2) *Deraeocoris ruber*

(3) *Deraeocoris ruber*

(4) *Deraeocoris ruber*

(1) *Harpocera thoracica* ♀

(2) *Harpocera thoracica* ♀

Eichenwanze

Harpocera thoracica

L. 6–7 mm

Die **Wanze (1–2)** ist variabel braun und schwarz gemustert. Kopf, Halsschild und Schildchen haben eine helle Mittellinie. Vor der Spitze des lederigen Teiles der Vorderflügel befindet sich ein heller Fleck. Die Abbildungen zeigen Weibchen, deren Fühler durchgehend fadenförmig sind. Bei männlichen Tieren (nicht abgebildet) ist das zweite Fühlerglied vorne verdickt und mit einem Haarbüschel versehen. Die Art lebt auf Eichen *(Quercus)*, deren Knospen und Pollensäcke besaugt werden. Da sie auch Blattläuse aussaugt, findet man sie auf der Jagd nach diesen gelegentlich auf Blättern und Stängeln in der niedrigen Krautschicht.

Graswanze
Leptoterna dolabrata

L. 7-10 mm

Die **Wanze (1-3)** ist durch Farbe und schlanken Wuchs gut an ihre Wirtspflanzen angepasst. Das sind besonders größere Süßgräser der Gattungen *Holcus, Phleum* u. a., deren Ähren besaugt werden. Häufig werden auch Ähren von Getreidearten besucht. Männchen **(1-2)** besitzen lange Vorderflügel, die den gesamten Hinterleib bedecken. Bei den Weibchen **(3)** sind die Vorderflügel oft deutlich verkürzt und lassen einen Teil des fülligen Hinterleibes frei.

(1) *Leptoterna dolabrata* ♂

(2) *Leptoterna dolabrata* ♂

(3) *Leptoterna dolabrata* ♀

Gepunktete Nesselwanze

Liocoris tripustulatus

L. 4–5,5 mm

Die **Wanze (1–3)** ist auf den Vorderflügeln auf dunklerem Untergrund mehrfach heller gefleckt. Im mittleren Bereich sind es oft drei Flecken (*tripustulatus* = mit drei Pusteln), die auch zu einem undeutlichen Querband verschmelzen können. Das dreieckige bis herzförmige Schildchen ist stets heller als seine Umgebung. Der Halsschild besitzt einen hellen Mittelstreifen und im vorderen Bereich zwei helle oder dunkle Punkte. Die häufige Art ist in Auwäldern, Gärten und Ruderalflächen an verschiedenen Kräutern zu beobachten. Hauptwirts- und Nahrungspflanze ist die Große Brennnessel *(Urtica dioica)*, an deren Blattstielen die Eier deponiert werden.

(1) *Liocoris tripustulatus*

(2) *Liocoris tripustulatus*

(3) *Liocoris tripustulatus*

Wiesen-Weichwanze, Gemeine Wiesenwanze
Lygus pratensis

L. 6-8 mm

Die **Wanze (1-5)** kann sehr verschiedene Grundfarben haben, wirkt aber oft ziemlich bunt. Ihr helles, dreieckiges bis herzförmiges Schildchen ist in der Mitte oft tief eingeschnitten. Bild **(5)** zeigt eine Larve. Lebensräume sind Wald- und Ackerränder sowie Wiesen und Ruderalflächen. Die häufige Art ist vorwiegend in der Krautschicht zu finden. In der Wahl ihrer Nahrungspflanzen ist sie nicht wählerisch und gilt daher als polyphager Pflanzensauger. Eine gewisse Vorliebe wird für Korbblütler *(Asteraceae)* angenommen.

(2) *Lygus pratensis*

(3) *Lygus pratensis*

(4) *Lygus pratensis*

(5) *Lygus pratensis* Larve

(1) *Lygus pratensis*

Behaarte Wiesenwanze,
Trübe Wiesenwanze
Lygus rugulipennis

L. 5-6,5 mm

Die **Wanze (1-3)** ähnelt der Wiesen-Weichwanze (S. 1470), ist aber weniger bunt gefärbt. Die Vorderflügel wirken etwas rau und sind mit wenig auffallenden, blassen Haaren besetzt (*rugulipennis* = mit fein gerunzelten Flügeln). Als Wirtspflanzen werden viele verschiedene Kräuter, bevorzugt aus den Familien der Korbblütler, Kohlgewächse und Schmetterlingsblütler, besucht. An Kulturpflanzen kann die Art gelegentlich Schäden anrichten. Blattläuse werden vor allem von den Larven angestochen.

(1) *Lygus rugulipennis*

(2) *Lygus rugulipennis*

(3) *Lygus rugulipennis*

(1) *Notostira elongata* ♂

Gras-Weichwanze

Notostira elongata

L. 6–9 mm

Die **Wanze (1)** hat eine gewisse Ähnlichkeit mit der Graswanze (S. 1468), ist etwas kleiner und hat eine abweichende Körperzeichnung. Die Grundfarben sind der jeweiligen Umgebung angepasst. Sie können grün, gelblich, bräunlich oder rötlich sein. Die schlanken Männchen (siehe Abbildung) sind langflügelig und flugfähig. Weibchen haben verkürzte Flügel und können nicht fliegen. Die Art besiedelt verschiedene, auf Wiesen vorkommende Süßgräser *(Poaceae)*.

Eichen-Schmuckwanze
Rhabdomiris striatellus

L. 7-9 mm

Die **Wanze (1)** ist auffallend bunt gestreift und an Halsschild und Vorderflügeln arttypisch gefleckt. Die Art lebt auf Eichen *(Quercus)*, wo sie Blütenknospen und Pollensäcke besaugt. Weitere Nahrungsquellen sind kleine Insekten und deren Larven, z. B. Blattläuse, Zikaden, Kleinschmetterlinge und andere Wanzen. Da beide Geschlechter flugfähig sind, kann man sie auf verschiedenen Bäumen, Sträuchern und Kräutern antreffen. Weibchen legen ihre Eier an den Blütenknospen der Wirtsbäume ab.

(1) *Rhabdomiris striatellus*

Raubwanzen, Mordwanzen (Fam. *Reduviidae*)

Kurzflügelige Raubwanze
Coranus subapterus

L. 9-13 mm

Die **Wanze (1-2)** ist überwiegend kurzflügelig und somit flugunfähig. Sie hält sich am Erdboden auf oder klettert gelegentlich an Pflanzen hoch, um Beutetiere zu jagen. Die abgebildeten Tiere sind Larven im vermutlich letzten Entwicklungsstadium. Auf Bild **(2)** ist unterhalb der Wanze eine Zikade zu sehen, die wahrscheinlich bald ein Opfer der Raubwanze wird. Erwachsene Exemplare sind am vorstehenden Rand des Hinterleibes hell und dunkel gefleckt. Die Ernährung der nicht seltenen Art erfolgt ausschließlich räuberisch. Unter den Opfern sind neben verschiedenen Insekten auch Spinnen.

(2) *Coranus subapterus* Larve

(1) *Coranus subapterus* Larve

Geringelte Mordwanze

Rhynocoris annulatus

L. 12–15 mm

Die schwarze **Wanze (1–3)** hat gut ausgebildete Flügel und ist dementsprechend flugfähig. Die Beine sind, wie der deutsche Name aussagt, rot geringelt und der Hinterleib ist am vorstehenden Rand schwarz-rot gefleckt. Die Art kommt in der Krautschicht und auf Büschen und Bäumen vor. Beutetiere sind u. a. Larven von Schmetterlingen, Blattwespen und Blattkäfern.

(1) *Rhynocoris annulatus*

(3) *Rhynocoris annulatus*

(2) *Rhynocoris annulatus*

(1) *Rhynocoris iracundus*

(2) *Rhynocoris iracundus*

(3) *Rhynocoris iracundus*

Rote Mordwanze

Rhynocoris iracundus

L. 13-17 mm

Die **Wanze (1-3)** ist vorwiegend rot gefärbt. Im Gegensatz zur Geringelten Mordwanze (S. 1476) sind hier die lederigen Teile der Vorderflügel (Corium) rot und nicht schwarz. Auch die Beine und selbst der Saugrüssel sind zum größten Teil rot. Auf den Bildern **(2-3)** wird gerade eine Blattwespe ausgesaugt. Die wärmeliebende Art ist an trockenwarmen Standorten zu finden. Sie bevorzugt sandige oder steinige Böden und hält sich bei der Jagd nach kleineren Insekten in der Krautschicht, besonders auf Blüten von Doldenblütlern *(Apiaceae)*, auf. Das Beutespektrum entspricht etwa dem der Geringelten Mordwanze.

Sichelwanzen (Fam. *Nabidae*)

Rotbraune Sichelwanze
Nabis rugosus

L. 6–8 mm

Die **Wanze** (1–2) ist hellbraun, manchmal mit rötlichen Beitönen. Das Muster an Halsschild und Vorderflügeln ist arttypisch, bei mehreren Arten der Gattung aber kaum unterschiedlich. Der Saugrüssel ist sichelförmig gebogen und liegt in Ruhestellung nicht am Körper an (2). Meist haben erwachsene Tiere verkürzte Flügel und sind flugunfähig. Die Art hält sich am Boden oder in der niedrigen Krautschicht auf und lebt räuberisch von kleineren Insekten. Weibchen legen ihre Eier an Grashalmen ab.

(2) *Nabis rugosus*

(1) *Nabis rugosus*

Flügellose Sichelwanze, Baum-Sichelwanze *Himacerus apterus*

L. 9-12 mm

Die dunkelbraune **Wanze (1-3)** hat stark verkürzte, stummelartige Vorderflügel und keine Hautflügel. Sie ist daher flugunfähig. Auf der Jagd nach Beutetieren hält sie sich in der höheren Krautschicht oder auf Büschen und Bäumen auf. Zum Nahrungsangebot gehören Blattläuse und Milben, aber auch Schmetterlingsraupen und Käferlarven. Weibchen **(1-2)** besitzen einen rhombisch verbreiterten, am Rande gefleckten Hinterleib. Männchen sind schlanker. Auf Bild **(3)** wurde ein Männchen von roten Milben heimgesucht.

(1) *Himacerus apterus* ♀

(2) *Himacerus apterus* ♀

(3) *Himacerus apterus* ♂

(1) *Himacerus mirmicoides* ♀

(2) *Himacerus mirmicoides* ♀

Ameisen-Sichelwanze

Himacerus mirmicoides

L. 7-8,5 mm

Die **Wanze (1-2)** ähnelt der Flügellosen Sichelwanze (S. 1479), ist aber deutlich kleiner. Es existieren kurz- und langflügelige Exemplare, die auch in ihrer Farbe variabel sind. Bei den abgebildeten Weibchen sind die Beine auffallend gefleckt und die Vorderflügel relativ lang. Die Art erhielt ihren Namen, weil die Larven besonders in jüngeren Stadien einer Ameise sehr ähneln (*mirmicoides* = einer Ameise ähnlich). Die Wanze sucht ihre Beute am Boden oder in der Strauchschicht, bestehend aus diversen Insekten und deren Larven.

Sichelwanze
Prostemma guttula

L. 7,5–10 mm

Die **Wanze (1)** ist auffällig schwarz-rot gefärbt. Rote Farben befinden sich an Vorderflügeln und Beinen. Langflügelige Formen (nicht abgebildet) haben an den Spitzen der Vorderflügel einen weißen Fleck. Die Art ist wärmeliebend und bevorzugt Sand- und Kalkböden. In Norddeutschland ist sie eher selten. Als Beutetiere werden ausschließlich andere Wanzen gejagt, besonders Bodenwanzen *(Lygaeidae)* und Erdwanzen *(Cydnidae)* sowie ihre Larven.

(1) *Prostemma guttula*

Skorpionswanzen (Fam. *Nepidae*)

Wasserskorpion

Nepa cinerea *(Nepa rubra)*

L. 17-25 mm

Die **Wanze (1-4)** hat eine lang-gestreckt-rhombische Außenform und einen sehr flachen Körperbau. Das vordere Beinpaar ist zu Fangbeinen umgebildet. Am Körperende befindet sich ein stachelförmiges, in Längsrichtung geteiltes Atemrohr. Die Art lebt in nicht oder langsam fließenden Gewässern wie kleinen Teichen, Tümpeln und Wassergräben. Gelegentlich erscheint sie auch an Land. Das von uns gefundene Tier war voll flugfähig. Bei geöffneten Flügeln ist der leuchtend rote Hinterleib zu sehen. Als Nahrung dienen Wasserflöhe, im Wasser lebende Insektenlarven, Kaulquappen und Jungfische. Die Eier werden an toten oder lebenden Wasserpflanzen deponiert.

(2) *Nepa cinerea*

(4) *Nepa cinerea*

(1) *Nepa cinerea*

(3) *Nepa cinerea*

Stabwanze, Wassernadel
Ranatra linearis

L. 30–38 mm

Die seltene **Wanze (1–2)** ist im Prinzip wie der verwandte Wasserskorpion (S. 1482) aufgebaut. Ihr Körper ist jedoch viel schlanker. Das nadeldünne Atemrohr am Ende des Hinterleibes ist fast noch einmal körperlang. Die Lebensweise ist, ähnlich wie beim Wasserskorpion, räuberisch. Als Beutetiere kommen zusätzlich größere Wasserbewohner wie Rückenschwimmer und Wasserkäfer infrage. Weibchen legen ihre Eier an Stängeln von Wasserpflanzen ab.

Fotobelege: Brandenburg, Mellensee, kleinerer Fischteich, 21. 5. 2014.

(1) *Ranatra linearis*

(2) *Ranatra linearis*

Rückenschwimmer (Fam. *Notonectidae*)

Gemeiner Rückenschwimmer
Notonecta glauca

L. 13–16 mm

Die Wanze (1-3) ist die häufigste einheimische Art ihrer Gattung. Man kann sie beim Luftholen an der Wasseroberfläche fast aller stehender und langsam fließender Gewässer beobachten. Dabei ist stets die Körperunterseite der Wasseroberfläche zugekehrt (1). Die räuberisch lebende Art erbeutet fast alle von der Größe passenden Wasserbewohner und ins Wasser fallende Insekten. Dazu gehören auch Wasserspinnen und kleinere Wirbeltiere wie Kaulquappen, Larven von Molchen und Jungfische. Erwachsene Tiere können auch ähnlich wie viele Wasserkäfer fliegen, um andere Gewässer zu erreichen. Weibchen deponieren ihre Eier mittels eines kurzen Legebohrers in Wasserpflanzen.

(1) *Notonecta glauca*

(2) *Notonecta glauca*

(3) *Notonecta glauca*

Wasserläufer (Fam. *Gerridae*)

Gemeiner Wasserläufer
Gerris lacustris

L. 8-10 mm

Die **Wanze** (1-3) ist oberseits graubraun bis anthrazitfarben. An den Seiten des Halsschildes befindet sich ein dünner, gelblicher Randstreifen. Das vordere Beinpaar ist abgeknickt und zum Greifen der Beute befähigt. Die verbleibenden vier Beine halten das Tier unter Ausnutzung der Oberflächenspannung über Wasser. Sie dienen auch der Fortbewegung. Beine und Unterseite sind mit einem dichten, wasserabweisenden Haarfilz bedeckt. Dieser verhindert eine zu starke Befeuchtung des Tieres. Die häufige Art lebt auf fast allen stehenden und langsam fließenden Gewässern. Sie ernährt sich räuberisch von Insekten, die auf das Wasser fallen. Die Gattung *Gerris* beinhaltet weitere, schwer unterscheidbare Arten.

(1) *Gerris lacustris*

(2) *Gerris lacustris Paarung*

Wasserläufer
Limnoporus rufoscutellatus

L. 13–18 mm

Die **Wanze (1–2)** ist deutlich größer und schlanker als die verwandten Arten der Gattung *Gerris* und zugleich der größte einheimische Wasserläufer. Auch die Fühler sind etwas länger. Oberseite, Beine und Augen besitzen rotbraune Farbtöne. Die Art kann an ähnlichen Gewässern gefunden werden wie der Gemeine Wasserläufer (S. 1486), ist aber seltener. Sie hat eine ähnliche Lebensweise und ernährt sich ebenfalls räuberisch. Die Gattung *Limnoporus* enthält nur wenige europäische Arten.

(1) *Limnoporus rufoscutellatus*

(2) *Limnoporus rufoscutellatus*

Zikaden

ÜBERSICHT DER FAMILIEN IM KAPITEL

Blutzikaden (Fam. *Cercopidae*)

Gemeine Blutzikade

Cercopis vulnerata

L. 9–11 mm

Die **Zikade (1–3)** ist auffallend schwarz-rot gefärbt. Auf den Flügeln befinden sich blutrote Flecken, von denen die hinteren zu einem breiten, gebogenen Querband zusammenlaufen. Die Art hält sich an Wald- und Feldrändern an verschiedenen Kräutern auf, an denen sie den Pflanzensaft saugt. Auf Bild **(3)** bahnt sich eine Paarung an. Dabei sitzen die Partner in einem spitzen Winkel dicht nebeneinander. Sehr ähnlich ist die seltenere Binden-Blutzikade *(C. sanguinolenta)*, deren hinteres Querband schmaler und gerader ist.

(2) *Cercopis vulnerata*

(3) *Cercopis vulnerata*

(1) *Cercopis vulnerata*

Buckelzikaden (Fam. *Membracidae*)

Büffelzikade
Stictocephala bisonia

L. 8-10 mm

Die **Zikade (1-4)** ist aufgrund ihrer eigentümlichen Form kaum mit anderen Arten zu verwechseln. Die grüne Farbe ist der Umgebung perfekt angepasst. Die besondere Gestalt entsteht durch den breiten, eckigen, weit nach hinten verlängerten Halsschild. Dieser hat zwei seitliche Dornen und einen spitzen Endstachel. Die aus Nordamerika eingeschleppte Art fühlt sich auch in Brandenburg und Berlin offensichtlich wohl. Sie ernährt sich vom Pflanzensaft verschiedener Kräuter, Sträucher und Bäume. Die Eiablage erfolgt vorzugsweise an Rosengewächsen *(Rosaceae)*. Eine gewisse Ähnlichkeit hat die verwandte Dornzikade *(Centrotus cornutus)*.

(1) *Stictocephala bisonia*

(3) *Stictocephala bisonia*

(4) *Stictocephala bisonia*

(2) *Stictocephala bisonia*

Käferzikaden (Fam. *Issidae*)

(1) *Issus coleoptratus*

Echte Käferzikade
Issus coleoptratus

L. 6-7 mm

Die **Zikade (1-3)** hat eine variable braune Grundfarbe und ist oft etwas scheckig. Die breite Gesamtform erinnert an einen Käfer. Bei einer Störung springt die Zikade blitzartig davon. Weitere Strecken werden im Flug überwunden. Bild **(3)** zeigt eine Larve im fortgeschrittenen Entwicklungsstadium. Die Art ist besonders in Süddeutschland häufig, wurde von uns aber auch in Berlin und Brandenburg öfter gefunden. Die Ernährung erfolgt durch Aufsaugen von Pflanzensäften verschiedener Gehölze. Ähnlich ist die seltenere Fliegenzikade *(Issus muscaeformis)*.

(3) *Issus coleoptratus* Larve

(2) *Issus coleoptratus*

Laternenträger (Fam. *Dictyopharidae*)

Europäischer Laternenträger
Dictyophara europaea

L. 9-13 mm

Die **Zikade (1-3)** ist durch ihre hellgrüne Farbe zwischen Blättern oder Kräutern bestens getarnt. In einer Farbvariante (var. *rosae*) ist sie rötlich gefärbt. Beide Flügelpaare sind durchsichtig und netzaderig. Eine Besonderheit ist die typische spitz zulaufende Form des Kopfes. Bei einer Störung kann die Art sehr weit springen. Sie bewohnt trockenwarme Standorte, erscheint aber gelegentlich auch in Gärten und Anlagen. Mit dem kräftigen Saugrüssel **(3)** werden Pflanzensäfte aufgenommen. Eine Spezialisierung auf bestimmte Pflanzengruppen scheint nicht vorzuliegen.

(1) *Dictyophara europaea*

(2) *Dictyophara europaea*

(3) *Dictyophara europaea*

Schaumzikaden (Fam. *Aphrophoridae*)

Erlen-Schaumzikade
Aphrophora alni

L. 9–10 mm

Die **Zikade (1–2)** ist unauffällig bräunlich gefärbt. An den Seiten der Vorderflügel fällt ein aufgehellter, länglicher Querfleck auf. Die Art ist überall häufig. Erwachsene Tiere findet man auf verschiedenen Laubgehölzen, deren Saft sie saugen. Bevorzugt werden Weichhölzer wie Pappeln *(Populus)*, Erlen *(Alnus)* oder Weiden *(Salix)*. Die Eier werden an der Baumrinde abgelegt. Nach der Überwinterung schlüpfen dort die Larven. Diese erzeugen ein Schaumnest, in dem sie sich geschützt weiterentwickeln können. Nester der ähnlichen Wiesen-Schaumzikade (S. 1497) findet man an Kräutern.

(1) *Aphrophora alni*

(2) *Aphrophora alni*

(1) *Philaenus spumarius*

(2) *Philaenus spumarius*

(3) *Philaenus spumarius* Nest

Wiesen-Schaumzikade

Philaenus spumarius

L. 5,5-7 mm

Die **Zikade (1-2)** ist in Farbe und Zeichnungsmuster sehr veränderlich. Sie ist etwas kleiner als die Erlen-Schaumzikade (S. 1496). Typische Lebensräume sind mit Kräutern bestandene Wiesenstandorte oder offene Wälder und deren Ränder. Die Art ernährt sich von den Säften verschiedener Kräuter und Gräser. Schaumnester **(3)** findet man im Frühjahr an den Stängeln verschiedener Kräuter. Bevorzugt wird das Wiesen-Schaumkraut *(Cardamine pratensis)* als Wirtspflanze gewählt.

Zwergzikaden (Fam. *Cicadellidae*)

(1) *Cicadella viridis* ♀

Binsen-Schmuckzikade, Grüne Zwergzikade
Cicadella viridis

L. 6-9 mm

Die **Zikade (1-3)** ist vorwiegend grasgrün bis blaugrün gefärbt. Weibchen **(1-2)** sind einfarbig hellgrün, während die etwas kleineren Männchen **(3)** mehr blaugrünlich, stellenweise auch dunkelblau gefärbt sein können. Die häufige Art besiedelt feuchte Wiesen oder Sumpfgebiete. Seltener wird sie in trockeneren Biotopen angetroffen. Als Nahrungsquelle dienen vorwiegend feuchtigkeitsliebende Sauergräser *(Cyperaceae)*, darunter auch die namengebenden Binsen. Die seltenere, ebenfalls in Feuchtgebieten vorkommende Sumpf-Schmuckzikade *(C. lasiocarpae)* sieht sehr ähnlich aus. Bei ihr sind beide Geschlechter gleich gefärbt und die Flügeladerung ist etwas abweichend.

(2) *Cicadella viridis* ♀

(3) *Cicadella viridis* ♂

(2) *Acericerus vittifrons*

(1) *Acericerus vittifrons*

(3) *Acericerus vittifrons*

Streifen-Winkerzikade RL
Acericerus vittifrons

L. 5-7 mm

Die **Zikade (1-3)** hat ein arttypisches, kompliziertes Muster. Kopf und Halsschild sind hell marmoriert. Die dunklen Längsadern der Vorderflügel sind weißlich punktiert. Bei dem abgebildeten Tier handelt es sich vermutlich um ein Weibchen. Männchen besitzen einen dunklen, längs ausgerichteten Gesichtsstreifen. Die Art hält sich auf verschiedenen Laubbäumen auf, besonders Feldahorn *(Acer campestre)*. Wir fanden die Zikade an einer Korkenzieherweide *(Salix matsudana)*. Die Gattung enthält einige sehr ähnlich aussehende Arten.

Fotobelege: Berlin, südlicher Stadtrand, Privatgarten, an *Salix matsudana*, 10. 2. 2019.

Bunte Winkerzikade RL
Stenidiocerus poecilus

L. 5-6 mm

Die **Zikade** (1) ist auf braunem Grund mit weißen Strichen und Flecken verziert. Die Art wird vorwiegend auf oder in der Nähe von Pappel-Arten gefunden. Die Schwarzpappel *(Populus nigra)* wird als Wirtsbaum genannt.

Fotobeleg: Brandenburg, bei Diedersdorf, am Rand eines Pappelwäldchens *(Populus nigra)*, 3. 4. 2019.

(1) *Stenidiocerus poecilus*

Rhododendron-Zikade
Graphocephala fennahi

L. 7-9 mm

Die **Zikade** (1-3) ist durch Farbe und Zeichnungsmuster kaum mit einer anderen Art zu verwechseln. Besonders auffallend sind die orangeroten Längsstreifen auf den Flügeln und der dunkle, den Kopf umrandende Stirnstreifen. Die ursprünglich in Nordamerika beheimatete Art wurde mit Rhododendronpflanzen eingeschleppt. Inzwischen findet man die Zikade in fast allen Gärten mit Rhododendronbeständen. Gelegentlich gehen die Tiere auch auf andere Pflanzen über, an deren Blättern sie den Saft saugen. Sie wurden auf Efeu *(Hedera helix)* und verschiedenen Laubbäumen gefunden. Bei starkem Befall machen sich Schäden an den Blättern bemerkbar und außerdem können Schadpilze übertragen werden, welche die Blütenentwicklung des Rhododendrons verhindern.

(1) *Graphocephala fennahi*

(3) *Graphocephala fennahi*

(2) *Graphocephala fennahi*

Eichen-Lederzikade

Iassus lanio

L. 6-8 mm

Die **Zikade (1-3)** kann grüne oder braune Grundfarben haben. Manchmal sind grüne Farben mit braunen kombiniert. Kopf und Halsschild sind fein marmoriert. Die Augen fallen besonders bei grünen Exemplaren durch ihre leuchtend rote Farbe auf. Die Art besiedelt Eichen *(Quercus robur, Q. petraea)* in Wäldern und Parks. Besaugt werden die Knospen und Blätter der Bäume. Bei den unbehaarten Larven **(3)** sind die Augen noch nicht rot. Sehr ähnlich ist die Ulmen-Lederzikade *(I. scutellaris)*. Ihre Larven sind deutlich behaart.

(1) *Iassus lanio*

(2) *Iassus lanio*

(3) *Iassus lanio* Larve

Erlen-Maskenzikade
Oncopsis alni

L. 5-6 mm

Die **Zikade (1-2)** ist derart veränderlich, dass eine Beschreibung der Musterung und Farbe kaum möglich ist. Die großmaschige Flügeladerung **(1)** ist für die Gattung typisch. Maskenzikaden besitzen, direkt von vorne betrachtet, ein besonderes Gesichtsmuster **(2)**. Die Zeichnung erinnert an eine Maske, ist aber innerhalb einer Art recht veränderlich. Die häufige Zikade besiedelt verschiedene Erlen-Arten. Hauptwirte sind die überall häufige Schwarz-Erle *(Alnus glutinosa)* und die Grau-Erle *(Alnus incana)*, deren junge Fruchtstände und Blätter besaugt werden.

(1) *Oncopsis alni*

(2) *Oncopsis alni*

Anhang

Danksagung

Ein so umfangreiches Werk kann ohne die Unterstützung anderer kaum zustande kommen, sei es durch fachliche Diskussionen, Hinweise und Nennung interessanter Standorte oder Ausleihe von Literatur und Fotomaterial. Frau **Annelie Krämer** (Münchehofe) nannte uns Insektenstandorte und begleitete uns auf ergiebigen Exkursionen. Frau **Ines Riecke** und Herr **»Diedel« Griebner** (Potsdam) unterstützten uns stets bei der Fotografie im Schmetterlingshaus der Biosphäre Potsdam. Frau **Katja Gessele** (Münchehofe) gestattete uns, auf ihrem Grundstück den Segelfalter zu fotografieren, und Herrn **Manfred Keller** (Berlin) verdanken wir interessante Exkursionen zu Standorten mit *Mantis religiosa*. Ein besonderer Dank geht an Herrn **Lutz Ringpfeil** (Mellensee), der uns geduldig an seinen privaten Fischteichen fotografieren ließ. Die Herren **Wilhelm Eisenreich** (Gilching), **Prof. Dr. Ekkehard Wachmann** (Berlin) und unser Freund **Frank Ewert** (Berlin) unterstützten uns durch die Überlassung einiger Fotos.

Den verantwortlichen sowie internen und externen Damen und Herren des **Gräfe und Unzer Verlages** danken wir für die stets angenehme und fruchtbare Zusammenarbeit.

Bildnachweis

Prof. Dr. Ekkehard Wachmann: *Adalia bipunctata* (1+2).
Wilhelm Eisenreich: *Cerura vinula* (1+2), *Sphinx ligustri* (1+2), *Euplagia quadripunctaria* (1).
Frank Ewert: *Euplagia quadripunctaria* (2).

Alle anderen Fotos stammen von den Autoren.

Cover: Vorderseite: Blauflügel-Prachtlibelle *(Calopteryx virgo)*; Rückseite links: Büffelzikade *(Stictocephala bisonia)*; Rückseite rechts: Komma-Dickkopffalter *(Hesperia comma)*.
Seite 1: Kupfer-Rosenkäfer *(Protaetia cuprea)*;
Seite 2/3: Kleiner Perlmuttfalter *(Issoria lathonia)* und Großes Ochsenauge *(Maniola jurtina)*;
Seite 7: Hirschkäfer *(Lucanus cervus)*;
Seite 8/9: Rotschopfige Sandbiene *(Andrena haemorrhoa)*;
Seite 22/23: Baum-Weißling *(Aporia crataegi)*;
Seite 116/117: Gelb-Spanner *(Opisthograptis luteolata)*;
Seite 426/427: Gemeine Sumpfschwebfliege *(Helophilus pendulus)*;
Seite 720/721: Grüne Florfliege *(Chrysopa perla)*;
Seite 760/761: Große Heidelibelle *(Sympetrum striolatum)*;
Seite 806/807: Heide-Blattschneiderbiene *(Megachile ericetorum)*;
Seite 894/895: Goldwespe *(Parnopes grandior)*;
Seite 1056/1057: Gemeiner Grashüpfer *(Chorthippus parallelus)*;
Seite 1102/1103: Hirschkäfer *(Lucanus cervus)*;
Seite 1400/1401: Amerikanische Kiefernwanze *(Leptoglossus occidentalis)*;
Seite 1488/1489: Rhododendron-Zikade *(Graphocephala fennahi)*.

Literatur und Internethilfen

LITERATUR

Bellmann, H. (2006): Der Kosmos Heuschreckenführer. Franckh-Kosmos Verlags-GmbH & Co. KG, Stuttgart

Bellmann, H. (2009): Der neue Kosmos Insektenführer. Franckh-Kosmos Verlags-GmbH & Co. KG, Stuttgart

Bellmann, H. (2009): Der neue Kosmos Schmetterlingsführer. Franckh-Kosmos Verlags-GmbH & Co. KG, Stuttgart

Bellmann, H. (2013): Der Kosmos Libellenführer. Franckh-Kosmos Verlags-GmbH & Co. KG, Stuttgart

Biedermann, R. & R. Niedringhaus (2004): Die Zikaden Deutschlands. Wissenschaftlich Akademischer Buchvertrieb-Fründ, Schneeßel

Carter, D. J. & B. Hargreaves (1987): Raupen und Schmetterlinge Europas und ihre Futterpflanzen. Verlag Paul Parey, Hamburg und Berlin

Chinery, M. (2012): Pareys Buch der Insekten. Franckh-Kosmos Verlags-GmbH & Co. KG, Stuttgart

Deckert, J. & E. Wachmann (2020): Die Wanzen Deutschlands. Quelle & Meyer Verlag GmbH & Co., Wiebelsheim

Detzel, P. (1998): Die Heuschrecken Baden-Württembergs. Eugen Ulmer GmbH & Co., Stuttgart

Ebert, G. (Hrsg.) (1991-2005): Die Schmetterlinge Baden-Württembergs. Band 1-10. Eugen Ulmer GmbH & Co., Stuttgart

Fischer, J. et al. (2016): Die Heuschrecken Deutschlands und Nordtirols. Quelle & Meyer Verlag GmbH & Co., Wiebelsheim

Harde, K. W. & F. Severa (1981): Der Kosmos Käferführer. Franckh-Kosmos Verlags-GmbH & Co. KG, Stuttgart

Kunz, G., Nickel, H. & R. Niedringhaus (2011): Fotoatlas der Zikaden Deutschlands. Wissenschaftlich Akademischer Buchvertrieb-Fründ, Schneeßel

Mühlethaler, R., Holzinger, W. E., Nickel, H. & E. Wachmann (2019): Die Zikaden Deutschlands, Österreichs und der Schweiz. Quelle & Meyer Verlag GmbH & Co., Wiebelsheim

Reitter, E. (1908-1916): Faune Germanica, Die Käfer des Deutschen Reiches. Band 1-5. K.G. Lutz´ Verlag, Stuttgart

Rietschel, S. (2008): Insekten. BLV Buchverlag & Co. KG, München

Sternberg, K. & R. Buchwald (Hrsg.) (1990-2000): Die Libellen Baden-Württembergs. Band 1-2. Eugen Ulmer GmbH & Co., Stuttgart

Wachmann, E., Melber, A. & J. Deckert (2006-2012): Die Tierwelt Deutschlands - Wanzen. Bd. 1-5. Goecke & Evers, Keltern

Westrich, P. (2018): Die Wildbienen Deutschlands. Eugen Ulmer KG, Stuttgart

Wolff, D., Gebel, M. & F. Geller-Grimm (2018): Die Raubfliegen Deutschlands. Quelle & Meyer Verlag GmbH & Co., Wiebelsheim

INTERNETHILFEN

aramel.free.fr
commanster.eu
hantsmoths.org.uk
insektenbox.de
kerbtier.de
lepiforum.de
wikipedia.de
wildbienen.de

Register der deutschen Insektennamen

Im Text erwähnte Insektennamen sind *kursiv* gesetzt.

C/D

E

F

G

H

I

J

K

Register der wissenschaftlichen Insektennamen

Im Text erwähnte Insektennamen sind *kursiv* gesetzt.

Über die Autoren

Dr. Ewald Gerhardt
Der Naturfotograf und Biologe promovierte an der Freien Universität Berlin im Fachgebiet Mykologie. Botanik und Entomologie gehören ebenso zu seinen fachbezogenen Interessen. Dabei stehen Artenkenntnis und Systematik stets im Vordergrund.

Marina Gerhardt
Ob zu Land, unter Wasser, analog oder digital: Eine Kamera ist immer dabei. Nach ihrem Ausscheiden aus dem Berufsleben an der Freien Universität Berlin widmet sie sich nunmehr intensiver der Natur- und Makrofotografie.

IMPRESSUM

BLV ist eine eingetragene Marke der GRÄFE UND UNZER VERLAG GmbH, www.blv.de

ISBN 978-3-96747-048-2

3. Auflage 2024

Projektleitung: Sonja Forster
Lektorat und Bildredaktion: Angelika Lang
Bildredaktion (Cover): Natascha Klebl
Korrektorat: Andrea Lazarovici
Umschlaggestaltung: kral&kral design, Dießen a. Ammersee
Herstellung: Petra Roth
Layout: kral&kral design, Dießen a. Ammersee
Satz: Anton Walter, Gundelfingen
Repro: Longo AG, Bozen
Druck und Bindung: TZG Zapolex SP z o.o., Polen

Ein Unternehmen der
GANSKE VERLAGSGRUPPE

Wichtiger Hinweis

Das vorliegende Buch wurde sorgfältig erarbeitet. Dennoch erfolgen alle Angaben ohne Gewähr. Weder die Autoren noch der Verlag können für eventuelle Nachteile oder Schäden, die aus den im Buch vorgestellten Informationen resultieren, eine Haftung übernehmen.

Liebe Leserin und lieber Leser,

wir freuen uns, dass Sie sich für ein BLV-Buch entschieden haben. Mit Ihrem Kauf setzen Sie auf die Qualität, Kompetenz und Aktualität unserer Bücher. Dafür sagen wir Danke! Ihre Meinung ist uns wichtig, daher senden Sie uns bitte Ihre Anregungen, Kritik oder Lob zu unseren Büchern. Haben Sie Fragen oder benötigen Sie weiteren Rat zum Thema?
Wir freuen uns auf Ihre Nachricht!

GRÄFE UND UNZER Verlag
Grillparzerstraße 12
81675 München
www.graefe-und-unzer.de

DIE KÖNNTEN SIE AUCH INTERESSIEREN.

ISBN 978-3-96747-012-3

ISBN 978-3-96747-005-5

ISBN 978-3-8354-1808-0

ISBN 978-3-8354-1898-1

ISBN 978-3-96747-008-6

ISBN 978-3-8354-1557-7

Mehr von BLV auf **www.blv.de**